食之道

中国人吃的真谛

THE WAY TO EAT - THE TRUE MEANING OF CHINESE EATING

邵万宽 著

中国轻工业出版社

图书在版编目（CIP）数据

食之道：中国人吃的真谛 / 邵万宽著. —北京：中国轻工业出版社，2018.10

ISBN 978-7-5184-2063-6

Ⅰ. ① 食… Ⅱ. ① 邵… Ⅲ. ① 饮食—文化史—研究—中国 Ⅳ. ① TS971.2

中国版本图书馆CIP数据核字（2018）第179763号

责任编辑：史祖福　方晓艳　　责任终审：劳国强　　整体设计：锋尚设计
版式设计：史祖福　　责任校对：吴大鹏　　责任监印：张　可

出版发行：中国轻工业出版社（北京东长安街6号，邮编：100740）
印　　刷：三河市万龙印装有限公司
经　　销：各地新华书店
版　　次：2018年10月第1版第1次印刷
开　　本：787 × 1092　1/16　印张：26.5
字　　数：543千字
书　　号：ISBN 978-7-5184-2063-6　定价：88.00元
邮购电话：010-65241695
发行电话：010-85119835　传真：85113293
网　　址：http：//www.chlip.com.cn
Email：club@chlip.com.cn
如发现图书残缺请与我社邮购联系调换
180168W2X101ZBW

目录

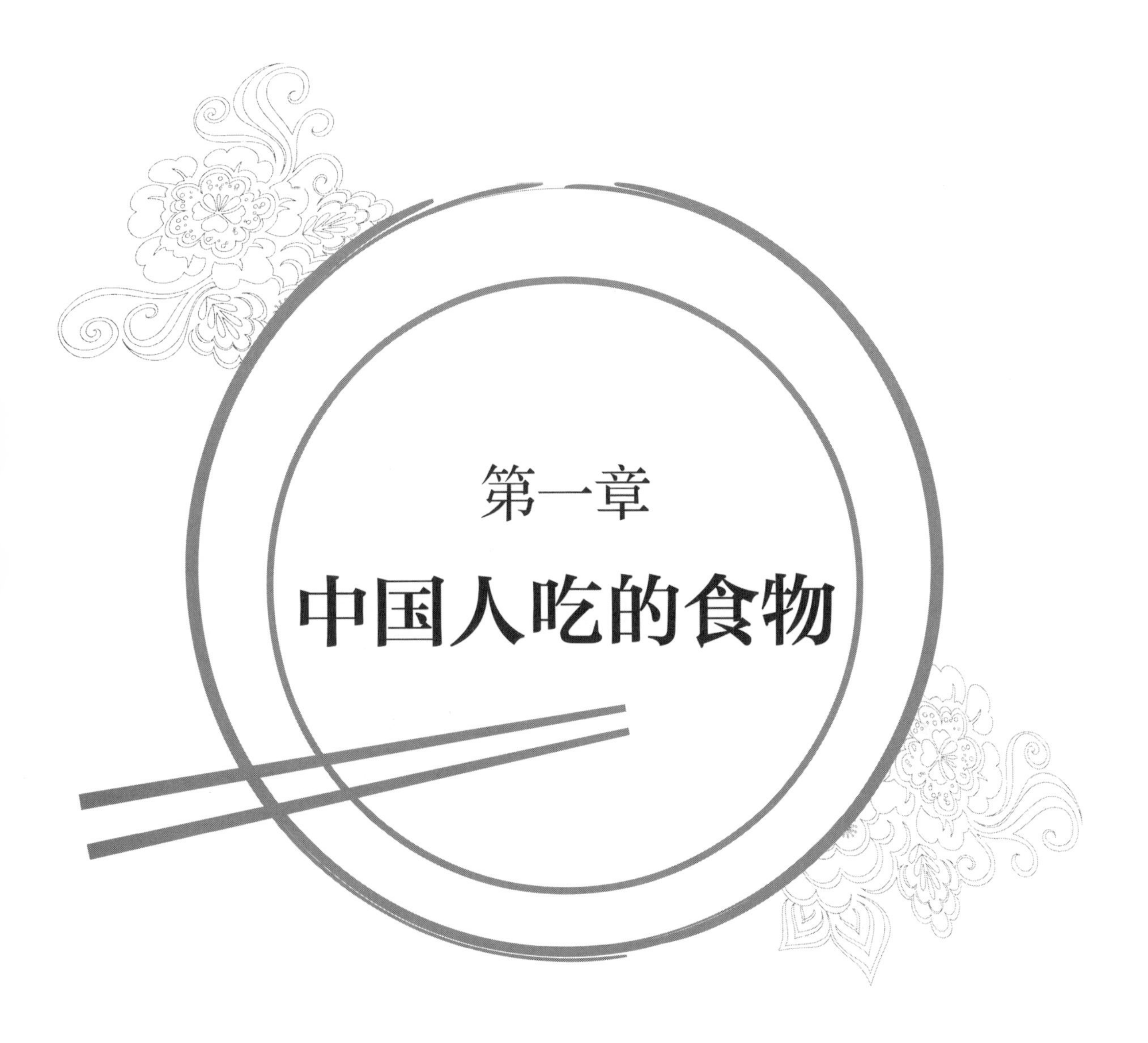

第一章

中国人吃的食物

自远古以来，饮食是人类赖以生存的最基本方式。人的饮食依赖于食物原料，而不同的国家、民族、地区所处的地域环境的差异，所提供的食物原料就有不同，人们的饮食制作方法也不一样。古代中国人有一句流传深广的俗语：“民以食为天”，足见“吃”在中国人心目中的重要地位。千万年来，人们为了寻找“吃”的食源而不停地奔波、劳作，而不同时期“吃”的状况，反映的是那个时代的生活水平和文明程度。

我国是一个农业大国，自新石器时代出现农业以来，古代先民经过一万年左右的艰辛奋斗，创造了光辉的历史文化业绩。在中国的土地上发现的最早农业遗址有河北武安磁山遗址、河南新郑裴里岗遗址、浙江余姚河姆渡遗址等。磁山遗址中发现的石器有：磨盘、磨棒、铲、镰刀、斧、凿、锤等；骨器有凿、锥、镞、网梭、鱼镖、匕、铲、针等。其中镞、鱼镖、网梭的出现，表明当时渔猎经济也占一定的比例。裴里岗遗址中石器种类有石斧、石铲、带齿镰、石刀、石磨盘等；陶器中的器物有鼎、壶、罐、三足器、钵、瓢等几种。河姆渡遗址中普遍发现了稻谷、谷壳、稻秆、稻叶等的堆积，并有骨、木、石、陶器等七百余件。

神农是中国传说中的“圣人”。他作为“始耕田者”的“鼻祖”“先农”一直受到中华民族子孙的崇奉。神农氏族，是一个绵延上万年的古老部落氏族，这个氏族在漫长的岁月中，发明并且发展了农业，不仅教给人们制造农具的技能，还教会人们在土地上种植五谷，是古代中国的农神，已成为中华民族世代膜拜的农业英雄和伟大先祖。

（清）焦秉贞《耕》

一、祖先采撷开拓的食物原料

早期的人类，我们的祖先是以采集野生植物、捕捉野生动物为主要食物的。其饮食方式与一般的动物基本无异，寻觅一切可以充饥的植物如树木的嫩叶、植物的果实和种子，猎捕一些动物以维持生命。在人类二三百万年的历史长河中，绝大部分时间是在采集、狩猎和捕捞中度过的，其特点是利用最简单的打击石器，攫取自然界现成的食物，不进行任何人为的加工，完全靠自然界的生物来保全自己的生命，这是比较低级、简单也很无奈和省事的谋食方式。在有农耕的一万年左右的历史中，有了简单的农业和家畜饲养业，以及后起畜牧业，其特点是利用比较复杂的工具和技术，对植物、动物进行较多培植或驯养，利用生产的方式谋取所需要的生活资料，这是比较发达、相当费力的谋食手段。

（一）采集植物与狩猎动物

在人类诞生之初，只能依靠简单的劳作获取自然界的资源，利用尖木棒、刮削器、尖状物、铲状器，从事采集活动。他们的食物来源主要是靠采集野生植物的种子、果实、根茎、叶芽和水生植物以充饥饿，把捉到的飞禽走兽、蚌蛤鱼虫活剥生嚼。

自然界的植物品种万千，如何识别可食与否？是摆在原始人类面前最严峻的生存问题之一。为此，"尝百草之滋味，水泉之甘苦"，就成为祖先们的重要之事。对于野生植物可食性的试验，各种直接可食或处理后可食的植物果实、种子以及花、叶、根、茎等，都被纳入了原始民族的采食谱。中国史前遗址发现的采食类植物遗存十分丰富，有菱角、橡子、薏苡、大麻子、野生稻、芡实、槐树子、栗、梅、杏梅、杏、李、野葡萄、樱桃、桃、柿、枣、酸枣、榆钱、核桃、山核桃、胡桃楸、朴树子、榛子、松子、梨、山楂、南酸枣、甜瓜、大豆、橄榄等。[①]

在旧石器时代早期阶段，由于工具粗陋和经验不足，人们能采集到的食物种类较少，数量也不丰富；肉食来源多取之于小动物，如啮齿类、小爬行类、昆虫

① 俞为洁．中国食料史［M］．上海：上海古籍出版社，2011：10.

甚至鸟蛋等，有时他们也可能去拣取大型食肉动物的剩食。狩猎主要是男人的谋食手段，对于大型动物如出没于森林的虎、狮、豹、熊、鹿、野猪、牛等还缺乏狩猎能力，当时猎取这些动物并不是轻而易举的事，较大的动物还需要依靠群体的力量来完成。新石器时代以后，野生动物的种类开始减少，完全靠狩猎来解决饮食的问题，也是比较困难的。

在漫长的发展岁月中，早期人类单纯依赖采集和渔猎的食物，已难以满足人口繁衍的需要，正如《白虎通义·号》中所说："古之人民，皆食禽兽肉，至于神农，人民众多，禽畜不足。于是神农因天之时，分地之利，制耒耜，教民农作。神而化之，使民宜之，故谓之神农也。"《新语·道基》说："民食肉饮血，衣毛皮；至于神农，以为行虫走兽，难以养民，乃求可食之物，尝百草之实，察酸苦之味，教民食五谷。"在旧石器时代向新石器时代过渡之时，由于人口的增长，我们的祖先不得不另辟蹊径，想方设法寻找更多的食物来源。正如考古学家布来恩·法干（Brian Fagan）所说："即使在最初人类以狩猎或采集方式获取食物的社会中，人们也清楚地知道，种子在种植后是会发芽的。"[①]食物在采集过程中就会有种子落地、发芽、生长的情况出现，因而，农业是偶然发生的变革，是在进化过程中无意间涌现出的一种新的方式。在农耕早期，采集仍是食物的重要来源之一，而在最初的阶段，农业耕作与食物采集都是获取食物的方式。

（二）原始农业与家畜驯化

原始农业是在采集经济基础上产生的。产生的时间大约是在一万年前的旧石器时代末期和新石器时代初期。人们在长期采集野生植物的过程中，逐渐掌握一些可食植物的生长规律，经过无数次的实践，终于将它们栽培、驯化为农作物，从而发明了农业。当农业在人类经济生活中占据相当重要的位置时，就进入了新石器时代。古文献中记载较多的几乎都提到了神农。《史记·补三皇本纪》称神农"斫木为耜，揉木为耒。耒耜之用，以教万民，始耕稼，故号神农氏"。《淮南子·脩务训》："古者民茹草饮水，采树木之实，食蠃蚘之肉，时多疾病毒伤之害。于是神农乃始教民播植五谷，相土地，宜燥湿肥墝高下，尝百草之滋味，水泉之甘苦，令民知所辟（避）就。当此之时，一日而遇七十毒。"[②]

① （美）菲利普·费尔南德斯·阿莫斯图. 食物的历史［M］. 北京：中信出版社，2005：104.

② （西汉）刘安. 淮南子［M］. 南京：江苏古籍出版社，2009：274.

在农耕活动的早期，人们首先发现的是可以直接为绝大部分人提供食用的食物。如蔬菜的种子、水果果实、块根、块茎，以后才发现经过加工才可食用的农作物。

谷物是农耕中栽培出的最重要的农作物。这类植物结籽众多，拥有较高的种植价值，粟、稻、麦是其中价值最大的。粟是一种生命力旺盛的谷物，在非常恶劣的气候条件下也能旺盛地生长。它具有很强的耐旱性和抗碱性。根据考古的有关资料，在河北武安磁山发现了粟（距今8000年左右）。水稻是我国早期生长的粮食作物，在浙江河姆渡发现了水稻（距今约7000年历史），都表明那时的农业已不是发明农业的最初阶段。在《食物的历史》一书中也有详细的描绘：

“在现在被称做中华文明的地方，随着不断涌现的新的考古证据，水稻的历史也与早期各方面文明的历史一样不断得到延伸。现在可以证明，在长江中下游一带的湖泊周围，人们已经于8000多年前在洪水退去后的地方开始了水稻的栽培。在5000多年前，一种适应干旱气候、依靠雨水灌溉的丘陵水稻已经在中国的中南部地区开始种植。在山西省境内发现了公元前6000年的陶器碎片，上面印有稻谷的轮廓图案，这也是一个非常明显的证据。”①

中国是粟（小米）和稻（大米）的故乡。这两种谷物都在考古工作中发现过，都在一万年以上。一万多年前的粟是在北京发现的，地点是门头沟区的东胡林，是北京大学和北京市文物考古研究所一同发掘的。一万多年前的稻，发现于湖南道县玉蟾岩（本名蛤蟆坑）。我国从旧石器时代发展到新石器时代，原始农业开始兴起。②

我国是世界上最大的、最古老的农作物起源地之一。水稻、粟、黍、小麦、大麦、大豆、麻类粮食作物或经济作物，以及蔬菜、果树、药材，栽培的历史非常悠久。有的科学家曾经对666种世界上重要的粮食、蔬菜、果树等植物种类做过分析，认为其中起源于中国的有136种，大约占20.42%。这是因为我国幅员辽阔、气候寒暖相宜，山川河流纵横交错，自然条件优越，野生植物资源异常丰富。中华民族的祖先，用自己的双手改造了生存环境，发明了农业，种植了五谷，为后世的文明开拓了道路。

原始人类一边采集这些野生植物，一边在驯化栽培它们，使之成为人类的一些重要的食物。在众多的原始农作物中，我国是其中最大的一个栽培植物起源中心。这可从大量的原始社会遗址出土的农业生产工具得到充分的证实。在距今

① （美）菲利普·费尔南德斯·阿莫斯图. 食物的历史［M］. 北京：中信出版社，2005：111.

② 孙机. 中国古代物质文化［M］. 北京：中华书局，2015：3.

8000年以前的黄河流域新石器时代遗址中，发现过许多石磨盘。石磨盘的体积都比较大，最大的直径73厘米，厚32厘米。在我国边远地区也有发现，如新疆喀什地区的阿克塔拉、温克洛克、库鲁克塔拉等新石器时代遗址中也发现过。[①]

与农业经济起源相关的还有家畜的驯化和饲养。首先被人们加以驯化的动物是猪，也许还有狗，晚些时候又陆续驯化了黄牛、水牛、山羊、绵羊、鸡等动物。中国古代的所谓“六畜”（马、牛、羊、猪、狗、鸡），除了马的饲养晚到商代之外，其余动物的驯化早在新石器时代中期就已经基本完成了。其中猪是最重要的家畜。伴随着农业的发展，人们的定居程度越来越高，猪可以圈养的习性尤其适合定居生活方式，这也使得家猪饲养逐渐成为中国农业经济的一个重要特征。从考古专家陈文华先生研究得出的相关结果资料可知，至少在距今8000年前左右，已经开始饲养猪、羊、牛、马、狗、鸡等家禽家畜。

猪 猪是从野猪驯化而来的，是人类最早驯养的家畜之一。广西桂林市甑皮岩遗址发现了9000年前的家猪骨骼，河北省武安县遗址、河南省新郑市裴李岗遗址发现了8000年前的猪骨骼，浙江省余姚市河姆渡遗址还发现一件7000年前的陶猪模型，其形态处于亚洲野猪和现代家猪之间，属于原始家猪阶段。在各地新石器时代遗址出土的家畜骨骼和模型中，以猪的数量最多，可见猪在我国原始畜牧业中已占据重要的位置。

羊 羊是从野羊驯化而来的。羊一直是北方居民的主要肉食对象。在北方的遗址中发现的家羊遗存较南方为多。河南省新郑市裴李岗遗址出土过一件陶羊头，陕西省临潼姜寨遗址也出土过一件陶塑器盖把钮，呈羊头状，西安市半坡遗址出土过羊骨骼。在南方，最早的发现是浙江省余姚市河姆渡遗址的陶羊，其形态属于家羊。至少在7000年前，羊的驯化已经成功，到了4000多年前的新石器时代晚期，南北各地已普遍养羊。

牛 作为肉食的牛，主要是黄牛。耕牛则包括不同属的黄牛和水牛，它们各有其野生的祖先。在河北武安县磁山遗址出土过黄牛的骨骼，河姆渡遗址出土过牛的残骨和牙齿，半坡遗址也出土过牛的牙齿，江苏省邳州市刘林遗址还发现30多件牛的牙床和牙齿。说明牛的驯养早在8000年前就已开始，至6000多年前，南北各地都已饲养黄牛。水牛的饲养在南方可早到7000年前，河姆渡遗址就出土了16个水牛头骨。在北方，山东省的大汶口遗址、河北省的邯郸涧沟村遗址、陕西省的长安客省庄遗址都发现过新石器时代晚期的水牛骨骼。[②]

马 马的驯养比较晚，在我国一些较早期的新石器时代遗址中均未发现马的

① 陈日朋等. 人类的生命能源——食品［M］. 长春：吉林教育出版社，1994：27.

② 陈文华. 中国原始农业的起源和发展［J］. 农业考古，2005（2）.

遗存。我国家马的祖先是生活在华北和内蒙古草原地区的蒙古野马，最早驯养马的也应该是这一地区的先民。目前只在半坡遗址发现两颗马齿和一节马趾骨，未能肯定是家马。在新石器晚期的龙山文化遗址（距今4000多年），如山东省章丘城子崖、河南省汤阴县白营、吉林省扶余市长岗子、甘肃省永靖县马家湾等遗址出土过马骨。

狗 狗是由狼驯化而来的。早在狩猎时代，人们就已驯养狗作为狩猎时的助手。进入农业时代，狗自然会有一部分成为肉食对象。在河北省武安县磁山、河南省新郑市裴李岗、浙江省余姚市河姆渡等遗址，都出土了距今七八千年的狗骨骼，说明至少在8000年前狗已成为家畜之一。陕西省西安市半坡遗址出土的狗骨，头骨较小，额骨突出，肉裂齿小，下颌骨水平边缘弯曲，与现代华北狼有很大区别，已具备家养狗的特征。而山东省胶县三里河遗址出土的陶狗造型生动逼真，使我们得见新石器时代家狗的形态特征。

鸡 鸡是由野生的原鸡驯化而来的。江西省万年县仙人洞新石器时代早期遗址就发现原鸡的遗骨，西安半坡遗址也发现原鸡属的鸟类遗骨，说明原鸡在长江流域和黄河流域都有分布，各地都有条件加以驯化。河北省武安县磁山、河南省新郑市裴李岗、山东省滕州市北辛等遗址都有家鸡遗骨出土，说明家鸡的驯化年代可早到8000年前，这是目前世界上最早的记录。到了新石器时代晚期，黄河流域、长江流域以及西北地区都已饲养家鸡，鸡成为主要的家禽。[①]

从相关研究资料来看，我国原始畜牧业的发展状况可分三个阶段：①初级阶段（公元前9100—公元前7000年），即早期有陶新石器文化的早、晚阶段，特征：有猪、狗、牛、羊、鸡，最初，畜牧业的地位还次于渔猎和采集，晚期有取代后两者的趋势。②中级阶段（公元前7000—公元前5000年）即有陶新石器文化晚期，特征：驯化了马，具备了六畜，畜牧业占了经济生产的第二位。③高级阶段（公元前5000—公元前4000年）即铜石并用时代，特征：大型家畜饲养普遍，家畜体质形态基本与现代家畜相同。古人类是用什么方法饲养牲畜的呢？人饲养家畜无非是三种形式：圈养、放牧、散放，三者在原始社会都已存在了。[②]

（三）早期开拓的食物原料

1. 先秦时期的食物原料

夏朝的土地实行国有制，据认为保留了夏朝一些史料的《夏小正》一书，就

① 陈文华. 中国原始农业的起源和发展［J］. 农业考古，2005（2）.

② 谢崇安. 中国原始畜牧业的起源与发展［J］. 农业考古，1985（4）.

反映了这一情况。书中所谈到的农、牧、渔、猎生产及物候、天文、气象等知识，可说明夏代的一些情况。从《夏小正》中可以看出，夏代的烹饪原料较过去有很大的发展，蔬菜有了韭和芸（即芸薹、油菜）、瓜果有了梅、杏、枣、桃，粮食作物有黍、菽、糜（即粟）、荼（即稻）、麻。这些作物至今仍是我国栽培的重要农作物。

商代人除经营农业外，也饲养着牛、马、猪、羊、鸡、犬等家畜家禽。甲骨文中有记载，那时，已是马、羊、牛、鸡、犬、豕六畜俱全了。在商代遗址中还发现镞、网坠等渔猎工具和兽骨、鱼骨，表明了渔猎在民间仍有经济上的意义。卜辞中关于渔猎的记载很多，猎取的野兽以麋鹿、野猪为最多。

商代的烹饪原料进一步增多，许多商人，特别是统治阶级对食物已开始考究起来。《吕氏春秋・本味》记载："肉之美者：猩猩之唇，獾獾之炙，隽燕之翠，述荡之擘，旄象之约；流沙之西，丹山之南；有凤之丸，沃民所食。鱼之美者：洞庭之鱄，东海之鲕，醴水之鱼，名曰朱鳖，六足，有珠百碧；藿水之鱼，名曰鳐，其状若鲤而有翼，常从西海夜飞，游于东海。菜之美者：昆仑之蘋，寿木之华，指姑之东，中容之国，有赤木、玄木之叶焉；余瞀之南，南极之崖，有菜，其名曰嘉树，其色若碧。阳华之芸，云梦之芹，具区之菁，浸渊之草，名曰土英。和之美者：阳朴之姜，招摇之桂，越骆之菌，鳣鲔之醢，大夏之盐。宰揭之露，其色如玉，长泽之卵。饭之美者：玄山之禾，不周之粟，阳山之穄，南海之秬。水之美者：三危之露，昆仑之井，沮江之丘，名曰摇水；日山之水，高泉之山，其上有涌泉焉，冀州之原。果之美者：沙棠之实，常山之北，投渊之上，有百果焉，群帝所食；箕山之东，青鸟之所，有甘栌焉；江浦之桔，云梦之柚，汉上石耳。"[①]伊尹列举了这样丰富的原料，汇集了当时天下之美食。这可充分看出人们所认识的食物范围，也足以证明商代烹饪原料的品种丰富多彩。

周代的农业有了进一步的发展，当时的主要农具是木制的耒耜。刀、镰相继出现，方便了收割庄稼。此外，在考古发掘中还有少量铜铲、铜镐、铜锄出土，在当时可能还不是普遍使用之物。农作物的种类不断增多，主要的有黍、稷，此外，还有稻、粱、麦、菽、蔬菜、瓜果等。用于手工业的桑麻和染料作物，种植也较普遍。在文献中，有不少关于丰收的记载。例如《诗・周颂・良耜》中说："获之挃挃，积之栗栗，其崇如墉，其比如栉，以开百室。"[②]这是描写庄稼丰收，粮仓之高如墙，粮仓之多如栉。

我国第一部诗歌总集《诗经》是西周至春秋时期的作品。在《诗经》这部现

① （战国）吕不韦. 吕氏春秋［M］. 上海：上海古籍出版社，1996：211-214.

② 诗经［M］. 北京：中华书局，2015：779.

实主义的诗歌总集中，粮食作物已有黍、稷、粟、麦、稻、菽、麻、粱等。现在的粮食作物那时多数都已生产。不过，最主要的粮食还不是现在的稻、麦。据统计，黍、稷、粟、麦、稻、菽、麻等粮食作物，至少出现在63首诗篇中，共95次。即《诗经》305首诗中，每5首中至少有一首要提及粮食作物。而且在诗篇中表述了当时粮食生产的规模。《诗经》中记载的果品有10余种，有桃子、李子、酸梅、大枣、酸枣、栗子、榛子、梨、猕猴桃、瓜（可能是甜瓜）。另外还有棠梨、郁李、山葡萄、木瓜、木梨、香橙、枳椇等。

战国时期的诗人屈原，曾写过一篇《橘颂》，可见公元前300多年的时候，我国湖南洞庭湖沿岸，已经盛产橘子了。其实，橘在我国栽培是极早的，它的驯化历史可以追溯到5000年以前。记述我国上古时期夏禹事迹的文献《禹贡》记载了我国淮河以南、长江中下游一带的橘子品种和栽培技术。我们的祖先远在史前时代就驯化栽培橘子，并逐渐地传布到世界各地。

最早记录中国有关养殖鱼类的历史文献《养鱼经》，成书于公元前475年，全文仅有340余字。作者是春秋战国时期越国的大夫范蠡，楚国宛人。《养鱼经》是中国养鱼的最早记录，书中记叙了范蠡与齐威王的一段对话。而后范蠡介绍了自己的养鱼情况，包括鱼的种类、数量以及致富丰收的缘由。齐威王听后，便在齐国开始发展养鱼事业。

周代的饮食业发展是很快的。原料十分丰富，荤食有六畜——马、牛、羊、鸡、犬、豕；六兽——麋、鹿、麢、熊、兔、野豕；六禽——雁、鹑、宴鸟、雉、鸠、鸽；水产：有鲂、鲤、鲲、鲔、鳟、鳍、鲨、鳢、嘉鱼、河蚌等；蔬菜有水芹、水藻、莼菜、瓠、韭、荠、芥菜、葵菜、萝卜、竹笋、蒲笋、藕、瓢菜、芋头、木耳等；果实有桃、李、杏、梨、樱桃、橘、柚、榛、栗、木瓜、杞子、枣、菱等。调味品有了盐，并且已懂得将酒应用到烹调上，如周代的“八珍”之一的“渍”，就是用香酒浸渍牛羊肉。周代已知道了制醋，有了醯人，这是专管皇家制醋的官。在未发明醋时，商代贵族以梅作酸，以此替代，用以解腻。周代已有了油（膏）、酱、蜜、饴、姜、桂、椒等调味品了。厨师们已把各种调味品和各种烹饪原料运用到各种烹调方法之中去，并做出许多色、香、味、形俱佳的菜肴来。

2. 汉唐时期食物的丰富

秦汉以来，统一的中国生产力有很大的发展，人们的饮食水平相应提高，出现了许多新的烹饪原料。据历史学家考证，当时与烹饪原料有关的作坊与店铺，就有酿酒坊、酱园坊、屠宰行、粮食店、薪炭店、油盐店、鱼店、干果店、蔬菜水果店等。

在汉代，蔬菜种植业也很发达，据《盐铁论》载：仅冬天就有葵菜和韭菜、香菜、姜、木耳等，还有温室培育的韭黄等多种蔬菜。汉代以前，烹制食物纯用动物脂肪，到了汉代，植物油（首先是豆油、芝麻油）登上了灶台。

两汉时期，中外经济文化交流出现了新局面，汉使通西域输出了丝绸等手工业品，同时也输入了胡瓜、胡豆、胡桃、胡麻、胡椒、胡葱、胡蒜、胡萝卜、安石榴、菠菜等多种蔬菜、油料及调料作物的种子，给中国烹饪提供了新的物质条件。

相传在公元前2世纪，汉代的淮南王刘安最先发明了制作豆腐的方法。这位刘安是汉高祖的孙子，封在安徽淮南，好神仙术，招集方士，研究烧炼，豆腐是方士们在烧炼过程中发明的。1959—1960年间，在河南密县（今新密市）打虎亭发掘了两座汉墓，其中一号墓所见画像石有“庖厨图”，图中就有制作豆腐的画面。画面描绘的似为一豆腐作坊，表现的是制作豆腐的工艺流程。[①]这是一幅把豆类进行加工，制成副食品的生产图像。应该说，汉代生产豆腐有十分确凿的证据。

素菜的发展在汉代是一个大的飞跃，从此以后，素菜已正式登上筵席餐桌，成为很受人们欢迎的菜品了。素菜的兴起，还由于东汉初年佛教传入我国，开始有了“寺院菜”。佛教在我国的盛行和尊重佛教徒吃“斋”的饮食习惯，素食在菜肴中逐渐占有一定的地位。豆腐的发明，可谓是使素食的发展如虎添翼。它的营养价值不仅可和蛋、奶类食品相比，而且价格便宜，生产方便，后来又制成了豆腐干、千张以及腐竹、腐乳之类的豆制品，在素食中占有相当重要的地位。

汉代的捕鱼业已有一定程度的发展。《史记·货殖列传》记载：“齐带山海……人民多文采布帛鱼盐。”“楚越之地，地广人稀，饭稻羹鱼。”[②]当时的水产品种类很多，《急就篇》载：“水虫科斗蛙虾蟆，鲤鲋蟹鳝鲐鲍虾。”《说文解字》记载了九十五个鱼类名称。汉代的人工养鱼也初具规模。各地的陂塘等水利灌溉设施大都也被综合利用，养鱼、种植菱等水生植物、饲养鸭等家禽。许多汉墓出土的陶水塘模型，对此都有形象的反映。

随着航海事业的发展，隋代已开始食用海味鱼肚。唐代捕获的海产鱼类也多了起来。唐代进入食谱的海产有：海蟹、比目鱼、海镜、海蜇、玳瑁、蚝肉、乌贼，鱼唇、石花菜等。一些珍奇异味也比前期增多，比如石发（即发菜）、蝙蝠、驼峰、蜂房、象鼻、蚁子、蜜唧（即老鼠）、江瑶柱，也在一些地方进入筵席。

值得重视的是北魏时期的农业科学家贾思勰撰写的《齐民要术》一书，内容

① 王仁湘．往古的滋味——中国饮食的历史与文化［M］．济南：山东画报出版社，2006：88.

②（汉）司马迁．史记［M］．长沙：岳麓书社，2001：735-736.

广泛丰富，从农、林、牧、渔到酿造加工，直至制作技术都作了专门介绍，这里面所叙述的原料更是丰富多彩，禽畜鱼肉、五谷果蔬等几乎面面俱到。它反映了当时我国北方发达的烹调技术，并提供了内容十分丰富的烹饪论述，在我国烹饪史上具有继往开来的作用。

二、场圃蔬菜种植与外域引进

原始居民除了食用主粮之外，还要吃一些蔬菜瓜果。“蔬菜”一词的含义，据《尔雅》的注释：“凡草菜可食者名曰蔬。”可见蔬菜原是野生的“草菜”。从古籍上可以看出，它演变成为今天生活上必不可少的食品，是经过了漫长的岁月。

（一）我国原产蔬菜与人工栽培

新石器时代是中国农耕萌芽时期，此时，野菜和野谷是人们的主要食源，也有些野菜已开始转变为人工栽培，这大约是与新石器时代颇具规模的村落定居同时出现的。

根据考古发掘的资料，目前已出土了新石器时代的葫芦、菱芡、甜瓜子、莲子、核桃、梅核、枣核、栗壳以及菜籽等实物，年代最早可达7000年前。但是大部分都是属于野生植物。不过，在甘肃省秦安县大地湾遗址曾出土过距今近7000年的油菜籽；在陕西省西安市半坡村遗址的一座房子里发现一个小陶罐，其内容物经鉴定是属于白菜或芥菜的种子。由此可见，我国人工种植蔬菜的历史已有六七千年之久了，而白菜、芥菜、油菜的起源地正是中国，至今仍然是民间最主要的蔬菜。

《诗经》是最早记载蔬菜的古籍，书中涉及的蔬菜就有38种。据《诗经》记载，西周时期人们食用的野生蔬菜较多，很多诗歌中记载了妇女到山上、原隰或水中去采野菜。这些野菜有：荇、卷耳、蕨、薇、苹、葑、菲、荼、荠、绿、莫、芑、苓、苦、芹、茆等。被人工种植的蔬菜很少，有记载的是葵、瓜、壶、韭、菽。

除《诗经》外，先秦典籍中常见的菜还有：韭、葱、薤、薑、桂、芰、莲、堇、荁、蒜等。如《礼记·曲礼》载：“凡祭宗庙之礼……韭曰丰本。”[①]《礼

①（汉）郑玄注.（唐）孔颖达正义. 礼记正义［M］. 上海：上海古籍出版社，1990：97.

记·内则》："脂用葱，膏用薤。"[①]薤俗称"藠头"，味辛苦，用作调料，也加工成酱菜。《礼记·内则》："楂梨薑桂。"[②]薑即姜，桂又称木樨、桂花，两者都是调料。《国语·楚语上》："屈到嗜芰。"《离骚》："制芰荷以为衣兮，集芙蓉以为裳。"[③]芰即菱角，莲即荷花、莲子、莲藕。《礼记·内则》："子事父母……堇荁枌榆。"郑玄注曰："冬用堇，夏用荁。"[④]《尔雅·释草》中有"山蒜"的记载，即小蒜。食用菌类的木耳、蘑菇等在先秦也有了。《礼记·内则》记有"芝栭"，芝是灵芝，栭即蕈，木上所生，及木耳。《尔雅·释草》中有"中馗菌"，注曰："地蕈也，似盖。"[⑤]即蘑菇。

据文献资料，商周时期我国种植蔬菜瓜果的园圃业已相当发达。有专门从事蔬菜种植的人。随着人类认识自然、改造自然的能力不断增强，采摘野生植物和狩猎的范围日渐缩小，这时农事生产就成为人类的主要活动。传说中的神农氏"求可食之物，尝百草之实，察酸苦之味，教民种五谷"，正是这一时期人类劳动活动的写照。

从商周到春秋战国，这一时期的谷物已成为人们的主要粮食，蔬菜和野菜随之降到副食品的地位。在殷商时期，已出现了"囿"和"圃"的字样。"圃"是用篱笆围起来的小块菜地，"囿"是养殖野生动物的地方，供帝王游猎之用。

战国时期有关种菜的农书都已失传。《吕氏春秋》也只有蔬菜的点滴和片段记载。《黄帝内经·素问》中说的"五菜"，是指葵、藿、薤、葱、韭。《管子·轻重甲篇》中，记载管子与齐桓公的一段对话，提到的"唐园"就是菜园，也说明战国时代，已出现了富家的和个体农民经营的场圃。

秦汉时期，商品经济有一定的发展，大都邑的近郊有大面积的菜圃，经营菜圃者的经济收益较高。蔬菜的种植已进入了一个新的阶段。秦朝的农民一般都有较少面积的私有土地，随着村落定居，人口不断集中，出现了更多的城镇，这就使蔬菜由自给性生产逐渐转变为半自给性的商品生产。汉代出现了更大更多的城镇，以长安为例，这里居民不下10万人，往来客商如云，这么多的人口，每天需要消费的蔬菜数以万计，生产这些蔬菜，需要千亩菜地，才能满足长安城市民的要求。《史记·货殖列传》中有"及名国万家之城，带郭千亩亩钟之田，若千亩卮茜，千畦姜韭，此其人皆与千户侯等"[⑥]的说法，可见种植蔬菜已成为当时

---

① （汉）郑玄注.（唐）孔颖达正义. 礼记正义［M］. 上海：上海古籍出版社，1990：527.
② （汉）郑玄注.（唐）孔颖达正义. 礼记正义［M］. 上海：上海古籍出版社，1990：521.
③ （战国）楚辞［M］. 北京：中华书局，2010：12.
④ （汉）郑玄注.（唐）孔颖达正义. 礼记正义［M］. 上海：上海古籍出版社，1990：516.
⑤ 尔雅［M］. 北京：中华书局，2016：77.
⑥ （汉）司马迁. 史记［M］. 长沙：岳麓书社，2001：736.

一些农民发财致富的重要门路。

中国自古就有素食的传统，以蔬菜瓜果作为主要副食品。在汉武帝时，佛教由印度传入中国，信徒日众，发展至魏晋南北朝，特别是在梁武帝时，固有的素食习惯，更带上了宗教的色彩。这是因为佛教戒律不许吃荤，在这种戒律的影响下，中国的素食就逐渐演变成为一个独立的烹饪系统，素食的涵义上也有了重大的发展。

西汉史游的《急就篇》中就记有“葵韭葱薤蓼苏姜，芜荑盐豉醯酢酱，芸蒜荠芥茱萸香，老菁蘘荷冬日藏。”①西汉成帝时著名的农学家氾胜之，他所著的《氾胜之书》在这时期的影响很大，尽管原书已失传，但此书在《汉书·艺文志》和后代的其他书中都有记述。《氾胜之书》列有12种作物的栽培技术，也记有大豆、小豆、瓜、瓠、芋等蔬菜的具体栽培方法。在蔬菜栽培方面，第一次记载了瓠的靠接和瓜、薤、小豆之间间作套种的技术。他所推广的“区种法”，种出了100千克重的特大冬瓜，堪称历史上的冬瓜大王。其他在蔬菜的选种上，特别是有机肥（包括绿肥）的使用上，氾胜之也开创了中国“有机农业”的先声。

北魏的贾思勰是中国历史上伟大的农学家，他写出了中国第一部农业百科全书——《齐民要术》。他在书中总结了古代蔬菜栽培经验，详细介绍了31种蔬菜栽培方法，以及蔬菜的选种、加工、贮藏等方法。第二卷中介绍了大豆、小豆、瓜、瓠、芋5种大田作物的蔬菜；第三卷专讲蔬菜，以葵为首，反映了葵是当时最主要的蔬菜。在蔬菜的种类中，辛香类蔬菜占很大比重，是当时蔬菜构成中的重要特点之一。从此，中国蔬菜栽培有了理论和实验的经验科学的记录，奠定了中国蔬菜栽培技术传统的基础。

蔬菜是人们的重要食物，在大型的综合性农书中一直占有较大的篇幅，宋代随着蔬菜种类的增加，还出现了一些关于蔬菜的专谱。如僧人赞宁的《笋谱》和陈仁玉的《菌谱》。

明清时期蔬菜的种类很多。明代宋诩撰著的《树畜部》所记栽培的蔬菜已多达79种。《农政全书》的树艺类下有蓏部和蔬部，叙述了瓜、葵等近50种菜蔬的性状及栽培方法。

从整体上讲，原产于中国蔬菜是从野菜转化而来，而实际上转化涉及范围很广，不断地从粮食、药材、木本植物等方面，选种各种可食性植物来壮大蔬菜的队伍。据粗略的统计，由粮转菜或粮菜结合的有大豆、菱、茭白、芜菁、萝卜和瓜等；由药转菜或药菜结合的有慈姑、枸杞、金针菜、芡实、茴香、牛蒡、百合和山药等；林木转菜或林菜结合的有榆树、香椿等。从考古资料来看，我国出现

① （汉）史游. 急就篇［M］. 长沙：岳麓书社，1989：11.

最古老的蔬菜主要有：

芥菜　芥菜是我国最古老的蔬菜之一。在陕西西安半坡村和甘肃秦安大地湾的新石器时代的遗址，先后发现了菜籽。西汉马王堆出土的菜籽，专家指明为芥菜籽。西汉刘向在《说苑》中曾记载有6种蔬菜，即瓜、芥菜、葵、蓼、薤、葱。芥菜味辣，又称辣菜或腊菜，籽可碾成芥末。

白菜　白菜古时称“菘”，历史比粮食作物还要古远，栽培史可追溯到有史以前。我国新石器时期的西安半坡村遗址中就出土有白菜籽，证明距今有六七千年了。到汉代以后，才有“菘”字出现。自秦汉以来，白菜在我国已成为一种重要蔬菜。将菘正式改名为白菜，是在宋代。

葵　葵是我国早期较有影响的蔬菜。战国时期的《黄帝内经》中所说的“五菜”，将葵排在第一位，汉代史游《急就篇》所举出的13种菜都以葵为首，有的文献中甚至将葵尊为“百菜之主”。汉代的诗歌里描写菜园，有的开头就是“青青园中葵”；《齐民要术》中还辟出专章讲葵的栽培技术，其重要性可以想见。

萝卜　我国是萝卜的原产地之一。栽培萝卜是从莱菔属植物的所谓野生萝卜进化而来。它成为我国最古老的一种蔬菜。据历史记载，上古叫芦葩，中古改称莱菔，也叫紫花菘、温菘、芦菔，后来才叫成萝卜。我国古文献如《尔雅》《诗经》和《神农本草经》中都有记载。

韭菜　韭菜是我国特有的蔬菜之一，已有3000多年的历史，夏代便有“正月囿有韭”的记载，历代劝农种韭，已蔚然成风。《汉书·循吏传》中说：“太官园种冬生葱韭菜茹，覆以屋庑，昼夜燃蕴火，待温气乃生”[1]，形象地描写了当时宫廷在室内加温种植葱韭的实况。古时称韭菜为起阳草、长生韭等。

菱角　菱角，古时叫“菱”，又称水栗子，是我国著名土特产之一，已有三千多年的栽培历史。《周礼》《楚辞·招魂》等书均有关于菱的记载。《汉书·循吏传》曾记有龚遂为渤海太守，劝民“秋冬蓄果实菱芡”。梁代陶弘景说“菱实皆取燔以为粒粮，今多蒸暴食之”。

荠菜　荠菜，虽说它是一味野菜，但味道鲜美，有一股清香。古人把荠菜誉为“天然之美”，甚至用“鸾脯凤胎”比喻荠菜，认为“殆之不及”。《诗经》云：“谁谓荼苦，其甘如荠”，师旷也说：“岁欲甘，甘草先生，荠是也。”言下之意，谓荠是菜中甘草。

除此之外，我国原产蔬菜还有：甜瓜、葫芦、芜菁、芋、大豆、蒲菜、荞头、小蒜和山蒜、笋、莲藕、茭白、芹菜、慈姑、冬瓜、山葱、莼菜、魔芋、蕹菜、牛蒡、山药、枸杞、食用菌、香椿芽、苋菜、茼蒿、芡实、茴香、螺丝菜、

① （汉）班固. 汉书［M］. 北京：团结出版社，1996：893.

黄花菜、百合、荸荠等。

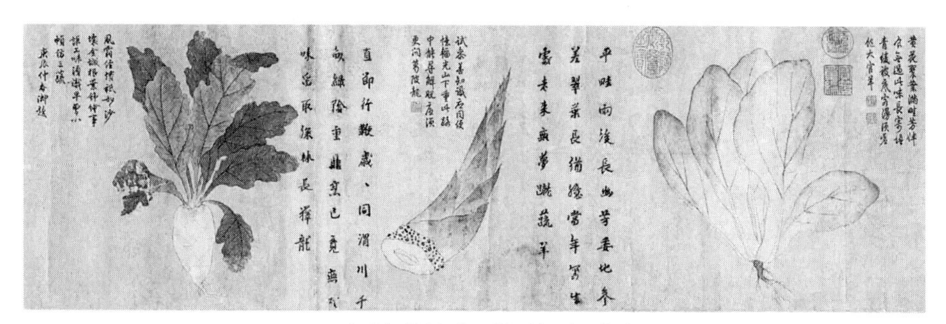

（元）钱选《三蔬图》（局部）

（二）多熟制种植与野蔬的利用

1. 蔬菜的多熟制种植

自古以来，为了解决粮食紧张、人口饥荒的矛盾，先民采取了多种措施来提高植物的产量。蔬菜多熟制就是一种极好的办法。它是在同一块土地上，一年之内种植两种以上的蔬菜，它是中国高超的栽培技术之一。据专家介绍，这种栽培技术是中国所独有的，是中国农民智慧的结晶和长期劳动经验的总结。它具体表现方式有：轮作、连作、间作、混作、套作。这些技术的栽培方式是：

（1）轮作　是在同一块土地上，按一定的年限，轮换栽种几种不同类型的蔬菜。

（2）连作　是连年栽培同一种蔬菜。

（3）间作　是在同一块土地上，种植两种或两种以上的蔬菜，它们之间有隔行、隔畦或隔株，而且是有规则的搭配。

（4）混作　是在一块土地上，不规则地混合播种，合理搭配两种蔬菜。

（5）套作　是在同一块土地上，前作与后作的蔬菜套起来种，即在前作蔬菜的生育后期，在它的行间或株间种植后作的蔬菜，在后作的蔬菜未收获前，再套种新的蔬菜，如此连环套，一年可以间套七八次之多。

在世界蔬菜种植的方式上，套作是中国一枝独秀的栽培技术，已有2000多年的历史。它富有严密的科学性，是一种高度集约化的栽培。[①]

明清时期，人口迅速增长。因此，进一步提高耕地的利用率，提高土地复种指数，就成为减缓这个矛盾的有力措施，多种种植在南北方均广泛推行。清代杨屾的《知本提纲》和《修齐直指》记述陕西兴平，在施肥充足的基础上，通过间

① 章厚朴．中国的蔬菜［M］．北京：人民出版社，1988：77.

套复种可有两年收十三料的情况：

“俟立秋后种笨蒜，每相去三寸一苗，俟苗出之后，不时频锄，旱即浇灌，灌后即锄，俟天社前后，沟中生芽菠菜一料，年终即可挑卖，及起春时，种熟白萝卜一料，四月间即可卖……四月间可抽蒜薹，二、三千斤不等，及蒜薹抽后，五月即出蒜一料，起蒜毕，即栽小蓝一料，小蓝长至尺余，空中可布谷一料。俟谷收之后，九月可种小麦一料，次年收麦后，即种大蒜。如此周而复始，两年可收十三料，及人多地少，救贫济急之要法也”。

——［清］杨屾《修齐直指·一岁数收之法》

两年之内多次收获，大大提高了土地利用率和经济效益。轮作复种是一种古老的生产技术。它通过连作、间作和套种来提高复种指数，是明清时代农业生产的重要特点之一。尤其在人口较为密集的地区，提高粮食、蔬菜的复种指数，是提高粮食和蔬菜产量的主要途径。

2. 救荒菜蔬的推广与利用

明清时期，由于山泽的大量开发，原有的生态平衡遭到了严重的破坏，在人地关系日益紧张的情况之下，以致水、旱、虫（特别是蝗虫）灾害频发。因此救荒、备荒就成了十分突出的问题，以至于野生植物的利用，得到了空前的发展。

在粮食紧缺的灾荒年代，一些志士仁人乃至清官廉吏，在多方救助灾民的同时，也开始探索新的食物资源，从而出现了“救荒”食书。这里更多的是关于各种野菜的利用，显示人们在灾荒的情况下，积极开辟食物资源的努力。

《救荒本草》（1406年），撰编人朱橚，他是明代朱元璋的第五子，明成祖同母弟，被封为周王。他在自己所管辖的河南等地，走访田夫民众，研读了许多前人的著作，甚至学神农而尝百草，寻找可食用的植物，以便帮助百姓充饥度荒。他精心选择了414种可食草类，制成图谱，注以文字，刊行于世。如“橡子”；“取子换水浸煮十五次，淘去涩味，蒸极熟食之，厚肠胃肥健人，不饥。”①该书不仅救人无数，还为后人研究植物学提供了丰富而宝贵的资料。本书在描述的精确、术语的丰富，以及绘图的精细方面，都明显超过了历代的本草书。徐光启的《农政全书》的荒政部分全文征引。

此外，还有王磐的《野菜谱》、鲍山的《野菜博录》、姚可成的《救荒野谱》、周履靖的《茹草编》、高濂的《野蔌品》、屠本畯的《野菜笺》等。徐光启的《农政全书》和李时珍的《本草纲目》里都专辟内容介绍救荒时期的主食和菜蔬品种。

汉代传入我国的芋头，被人们当做粮食食用，荒年为人类的生存作出过贡献。虽然宋代以后它的地位开始下降，但明人黄省曾还专门写出了有关种芋经验

① （明）朱橚．倪根金校注．救荒本草校注［M］．北京：中国农业出版社，2009：262.

的集大成者《种芋法》，这也是中国历史上唯一一本有关种芋的专著。此后随着美洲高产作物甘薯、马铃薯的传入，芋的代粮地位被彻底替代，转而成为一般性蔬菜和救荒食品。《农政全书》："秋月禾苗未收，斯续乏之大用欤！芋干剥去皮干之，亦蔬茹中上品。《备荒论》曰：蝗之所至，凡草木叶无有遗者。独不食芋桑与水中菱芡。宜广种之。"（卷二七）迫于人口的压力，大量的杂粮菜蔬被人们广泛使用，贵州《镇宁县志》：乡间"中等人家即多食苞谷，贫苦农民则多纯食苞谷、荞麦或甘薯、马铃薯等。"民国福建《霞浦县志》："今民间食米十之二，食薯十之八，虽曰杂粮，其效用过之，因改列谷属。"①

3. 不同野蔬的利用与甄别

我国野蔬分布极广，且一年四季都有生长，其储量之丰、品种之多是其他野生植被无法比拟的。我国约有野蔬600余种，常食的有200余种。由于野蔬在自然状态下生长，常年受大自然的恩赐，其精华往往要多于栽培蔬菜，除含有人体所需的各种营养成分外，许多野蔬的药理成分和食疗价值大大高于常见栽培蔬菜，如蕨菜、荠菜、马齿苋、野苋菜、车前草、曲曲菜、蒲公英、鱼腥草、山芹菜、苦菜、菊芋等。

与栽培蔬菜相比，野蔬有一股迥然不同的野趣和清香，俗语说的"家蔬没有野蔬香"。一般野蔬都带有苦涩或带有香辣味，不论是生食、凉拌、煮粥、做汤、作馅，其味道都别具一格。

当然，野菜也不可乱吃，有些野生植物的口感、营养都不如家种植物，有的还会给身体带来损害。比如，青青菜含有生物碱、皂苷，为凉血止血药物，常食可致人脾胃虚寒、血淤。还有许多野菜，都会对久食者产生危害，另外，现代城市空气污染严重，城市郊区土壤中铅的含量普遍增高，在自然环境中生长的野菜很容易吸收铅并贮存在体内，人们食用过多会造成中毒。

在野蔬中，还有一类是野生菌类，在山野中，每年的春夏之际，小雨过后，就生长出了各种野菌，这些菌类味道鲜美，堪称上等食品。比如"松树菇"等。野菌固然鲜美，但不会辨别食用野菌的人，尽量不要去尝各式野菌，以免发生意外。据报道，误食野生毒菌的死亡率约占中毒者的50%，所以对各式野菌要特别警戒。

（三）从外域引进的蔬菜品种

远在秦汉时代，我国向外域引种蔬菜就开始了。2000多年来，从外域陆续引进有27个种类，约占现在我国常食蔬菜的一半左右。能够如此多的从外域引

① 曹玲. 美洲粮食作物的传入对我国人民饮食生活的影响［J］. 农业考古，2005（3）.

进，这与我国的蔬食传统和地域的多宜性是密不可分的。这些蔬菜对我国蔬食的更新和发展起到了重要的作用，已成为我国蔬菜的一个重要组成部分。

据章厚朴《中国的蔬菜》介绍，两千多年来，从外域引进的蔬菜中，主要以吃果实的瓜、果、豆为主，如瓜中的黄瓜、西瓜、南瓜、丝瓜、苦瓜；果中的番茄、辣椒、茄子；豆中的豇豆、菜豆、豌豆、扁豆等，占引进蔬菜的44%。在瓜、果、豆类蔬菜中占据了主要地位，已成为我国全国性的蔬菜。

自丝绸之路打通以后，汉朝不断派使者前往西域，以及彼此客商往来，这时期是从外域引种蔬菜最多的一个朝代。从外域传入中国的蔬菜种子，大体上在秦汉时是从西北、新疆、蒙古等少数民族地区传入；汉时从中亚、西亚、近东、外高加索和印度北部传入；唐宋元时从东南亚、印度、马来西亚传入；明清时从地中海、中南美洲传入。

据石声汉著《中国农学遗产要略》认为：从两汉两晋这一时期所引种的蔬菜，都冠以一个“胡”字，如胡瓜、胡荽、胡葱等；但也有不冠以“胡”字的，如茄子、豇豆、香芹和苜蓿等。隋唐时期海上丝绸之路畅通，引进了莴苣、菠菜、豌豆等；宋元引进的有丝瓜、南瓜、苦瓜等。据石汉声说，明清时期从东南沿海一带引进的有冠以“番”和“洋”字的，如番茄、番椒、洋山芋、洋姜（菊芋）、洋白菜等，但也有不冠以此二字的，如菜豆、花椰菜、苤蓝等；近代引进的有洋葱、生菜、洋大头菜等。

黄瓜 原名胡瓜，原产于印度热带潮湿的森林地区，在我国安家落户已有2000多年历史。李时珍认为：“张骞使西域得种，故名胡瓜。按杜宝拾遗录云：隋大业四年避讳，改胡瓜为黄瓜。”[①]一般认为，黄瓜在汉代传入，将胡瓜改称黄瓜是在隋朝。南北朝时期已普遍栽培。

胡萝卜 原产于欧洲寒冷干燥的高原地区，后经西亚传入中国。关于胡萝卜的传入有几种说法：有说其种子是张骞出使西域带回来后，始在长安种植。但李时珍则说胡萝卜“元时始自胡地来，气味微似萝卜，故名”[②]。因为我国当时对西亚地区概称为“胡”，故把这种萝卜加上一个“胡”字。

菠菜 又名波斯菜、菠棱菜、赤根菜。古代阿拉伯人把菠菜称为“菜中之王”。起源于中亚，在伊朗和高加索有野菠菜。从何地传入我国，说法不一。一说是公元7世纪从尼泊尔传入，古时叫“菠棱菜”。据史籍记载，唐太宗时尼婆罗（即现在的尼泊尔）国王派使者入唐，在贡物中带来菠菜。近代有学者认为从伊朗传入，伊朗在唐代称为波斯，是由丝绸之路传入。根据史料记载分析，来自

①（明）李时珍．本草纲目［M］．北京：人民卫生出版社，1979：1701.

②（明）李时珍．本草纲目［M］．北京：人民卫生出版社，1979：1632.

尼泊尔是可信的。

辣椒　也叫番椒、辣子，古称辣茄。它的故乡在南美洲的墨西哥、秘鲁和亚马孙河等地。首先种植并食用的是印第安人。16世纪传入欧洲，17世纪由欧洲引种我国。我国最早的记载见于《花镜》和《本草纲目拾遗》，明代高濂的《遵生八笺》中对番椒有较详细的描述。辣椒在我国只有400多年的历史，但现在我国已经有了世界上最丰富的品种，产量也居世界第一。

番茄　又名西红柿。原产于南美的秘鲁和墨西哥。它在世界上栽培的历史很短。16世纪中叶葡萄牙的先遣队到了秘鲁，发现了番茄，带回欧洲，那时只是作为观赏的花卉，种植在政府的花园里。番茄传入我国大约在明代，最早见于明代《群芳谱》，该书有“番柿”的记载。当时为观赏植物。拿它来吃，仅有80多年的历史。而大量栽培和普遍食用，则是解放以后的事。

从外域引进的蔬菜还有：生姜、西瓜、茄子、豇豆、大蒜、芫荽、苜蓿、葱、莴笋、豌豆、丝瓜、南瓜、苦瓜、马铃薯、菜豆、芥蓝、甘蓝、苤蓝、花椰菜等。近代引进的蔬菜还有生菜、洋葱、芜菁甘蓝、石刁柏、结球莴苣等。

就外域引进蔬菜而言，也分为不同的情况。据章厚朴先生在《中国的蔬菜》一书中所说：“这些从西域引进的蔬菜，大体上存在着三种情况。第一种是虽属引进，但我国也有野生的，甚至是曾食用过，但已中断，如芫荽、辣椒等；第二种野生驯化与引进并存，只是品种类型不同，如茄子、丝瓜、蒜、葱等，第三种是中国并无此种原生，完全是从外域引进的，这种占大多数，如甘蓝、西瓜、菠菜、马铃薯、菜豆、扁豆等。”[①]

新中国成立以后，中外合作、相互引进和自主研发的新品蔬菜品种繁多。我国的许多蔬菜品种传布到国外，世界各地的蔬菜品种只要能适应中国人的口味，都陆续地引进，以满足国内各地百姓的生活之需。

三、食物加工贮藏与调味品生产

我国古代食物原料的腌腊、蜜渍或干制的加工贮藏是在食物原料剩余的情况之下进行的。由于食物易腐变质的特质，如何保存食物以供食物短缺时享用，成为早期人类思考的重要问题。有鉴于此，古人想了许多办法以解决日常短缺以及

① 章厚朴. 中国的蔬菜［M］. 北京：人民出版社，1988：74.

冬季和荒年之需。《尚书》早就记载："若作和羹，尔惟盐梅"①。天然果品"梅子"与"盐"是人类早期的调味品，梅子果实味酸，人们常用梅子来做调味。食物通过盐、梅的调制，还可以长时间贮藏。正如《左传》昭公二十年："……'和'如羹焉，水、火、醯、醢、盐、梅以烹鱼肉。"②通过长期的生产实践，人们掌握了"水、火、醯、醢、盐、梅"不仅可以烹制鱼肉，而且可以加工贮藏食物，食物可以通过"水与火"的加工加热或利用"醯醢盐梅"的加工使食物原料长久地存放而不腐败，这就是古代人们加工贮藏食物的最基本方法。

（一）食物的加工与贮藏

人们所取的食物原料，绝大多数来自于鲜活的动、植物产品及其加工品。新鲜的食材口感好、营养好，但这些原料随着时间的延长所含的营养成分和风味物质稳定性差，从采摘或宰杀到烹饪加工，一直都在发生着质的变化。如果不趁鲜活时食用，势必会带来食物的腐败变质，甚至会危及人的身体健康。如何使食物原料长期供人们食用而不变质，甚至有较好的风味，自古以来，祖先们采取了多种加工和贮藏办法，以延续食物原料的使用价值，如经常使用的方法有腌制、腊风、糖渍和干制等。这些方法是先民在长期的生产实践中逐步发现、运用，并成为保存食物的一种有效手段，在我国民间各地传承不断，一直延续至今。③

1. 蔬菜的腌制

我国食物的腌制技术具有悠久的历史。腌之咸菜，渍之酸菜，是自古以来我国各地不可或缺的传统食品。根据历史文献记载，3000多年前的《诗经·谷风》中就有"我有旨蓄，亦以御冬"④的诗句，其中的"旨蓄"就是我们现在用坛子腌制的蔬菜。周代时，每到秋天，人们就知道用腌渍、日晒等方法，把菜保存起来，以备冬季食用。

据文献记载，周代的先民们就已经掌握了食品的腌制加工技术。如《周礼·天官·醢人》记载："醢人，掌四豆之实。朝事之豆，其实韭菹、醓醢、昌本、麋臡，菁菹、鹿臡、茆菹、麇臡。""馈食之豆，其实葵菹。"⑤醢人，就是古

① 尚书选注. 先秦烹饪史料选注［M］. 北京：中国商业出版社，1987：21.
② 春秋左传选注. 先秦烹饪史料选注［M］. 北京：中国商业出版社，1987：132.
③ 邵万宽. 我国古代食物的加工与贮藏［J］. 农业考古，2017（4）：201-207.
④ 诗经（谷风）［M］. 北京：中华书局，2015：71.
⑤（汉）郑玄注.（唐）贾公彦疏. 周礼注疏［M］. 上海：上海古籍出版社，2010：189、190.

代腌制食品的专职人员。“菹”的含义在《辞源》中解释为“腌菜”。《释名》曰：“菹，阻也。生酿之，遂使阻于寒温之间，不得烂也。”这里的“菹”就是指蔬菜的腌制。即利用乳酸发酵来加工保藏的蔬菜。当时民众不但懂得腌菜，而且可腌的菜很多，如韭菹、菁菹、茆菹、葵菹、芹菹、笋菹等，可见蔬菜腌渍技术在周代已经被人们熟练地掌握了。据《礼记》载，春秋战国时期，皇亲国戚们在举行祭礼、婚宴时所用菜品必有腌菜。

我国古代记载腌制蔬菜技术最早的文字，是北魏贾思勰的《齐民要术》。在“作菹藏生菜法”中，介绍了39种不同的蔬菜、瓜果的腌制方法，内容十分丰富。如“藏瓜法”：“取小瓜百枚，豉五升，盐三升。破去瓜子，以盐布瓜片中，次著瓮中。绵其口。三日，豉气尽，可食之。”①作者在书中较为完整、系统地收集、整理和总结了我国古代劳动人民腌制蔬菜的技术，为后人考证我国古代的食品加工技术起到了重要的作用。

宋代《吴氏中馈录》中共记载了75款菜肴、点心，主要分三大类，一是“脯鲊”，二是“制蔬”，三是“甜食”。除15个甜食点心外，其他60个菜品，大多是腌制的菜肴。“脯鲊”类22个菜肴为动物性原料，有许多是糟、酱、腌、醉、鲊、脯等之法。“制蔬”类菜肴38个，绝大多数都是“腌菜”，主要有：配盐瓜菽、酿瓜、蒜瓜、三煮瓜、蒜苗干、藏芥、酱佛手、酱香橼、酱梨子、糟茄子法、糟萝卜方、糟姜方、做蒜苗方、蒜菜、盘酱瓜茄法、干闭瓮菜、食香瓜茄、糟瓜茄、糖醋茄、蒜冬瓜、腌盐韭法、造穀菜法、（腌）黄芽菜、酒豆豉法、水豆豉法、蒜梅等。如：

“蒜苗干：蒜苗切寸段，一斤，盐一两。腌出臭水，略晾干，拌酱、糖少许，蒸熟，晒干，收藏。”②

“盘酱瓜茄法：黄子一斤，瓜一斤，盐四两。将瓜擦原腌瓜水，拌匀酱黄，每日盘二次，七七四十九日入坛。”③

上述两个品种的制作具有一定的代表性，一是干制品；一是酱制品。元代的《易牙遗意》和《居家必用事类全集》中都有相当数量的腌菜制品，许多品种与宋代时几乎相同，但又增加了相当多的品种。《易牙遗意》中专列了“蔬菜类”，有16个品种，除一个制作“绿豆芽”外，其余都是腌制的品种，但大部分与《吴氏中馈录》中雷同。《居家必用事类全集》中的“蔬食”类有35个品种，除“造

①（北魏）贾思勰. 齐民要术［M］. 北京：中华书局，2009：971.

②（宋）浦江吴氏. 吴氏中馈录. 景印文渊阁四库全书（第八八一册）［M］. 台北：台湾商务印书馆，1982：408.

③（宋）浦江吴氏. 吴氏中馈录. 景印文渊阁四库全书（第八八一册）［M］. 台北：台湾商务印书馆，1982：410.

红花子法”“造绿豆芽法”两个品种外，其他都是蔬菜的腌制和干制加工。如“茄子”有食香瓜茄、糟茄儿法、蒜茄儿法、芥末茄儿、酱瓜茄法，“生姜”有造脆姜法、五味姜法、造糟姜法、造醋姜法。许多制法与当今的制作基本相同。“食香瓜儿”：“菜瓜，不以多少，薄切。使少盐腌一宿漉起。用元卤煎汤焯过。晾干。用常醋煎滚，候冷，调砂糖、姜丝、紫苏、莳萝、茴香拌匀。用磁器盛，日中曝之。候干收贮。”①“腌盐韭法”：“霜前拣肥韭无稍者，择净，洗，控干。于磁盆内铺韭一层，掺盐一层。候盐韭匀铺尽为度。腌二三宿。翻数次。装入磁器用。元卤加香油些少尤妙。”②

进入明清时期，各种各样的腌制蔬菜已接近现代的水平，品种异常丰富。在清代《调鼎集》中，有关腌制、糟制、干制、糖渍的蔬菜品种在百种以上，让人眼花缭乱。几乎各式蔬菜都可以腌制或干制，经腌制、干制后的蔬菜不仅可以有效贮藏，而且还便于随时食用。

腌菜是我国食用最普遍、产量最大的一种蔬菜加工品。由于其制作简易、成本低廉、容易保存、风味独特而深受人们的欢迎。自古以来在我国涌现出不少名特产品，如四川的涪陵榨菜、江苏的扬州酱菜、贵州的独山盐酸、北京的“六必居”酱菜等。

我国腌菜的种类很多，但一般分为泡酸菜、咸菜、糖醋菜和酱菜四大类。它的制作都离不开盐。盐除了能调味和使蔬菜脱去部分水分外，还能起到防腐杀菌的作用。但盐的用量以6%～8%为宜，超过10%所制腌菜就会过咸发苦，甚至不能食用。

腌菜味道鲜美，清香爽口，嫩脆而且咸、酸、甜适度，这主要是蔬菜中原有的蛋白质、糖类等营养成分流散出来，分解成氨基酸、乳酸、麸氨酸辣和乳酸钙等有机物的原因，特别是谷氨酸和麸氨酸辣是鲜味之源，乳酸钙可提高腌菜的脆性。

2. 果品的蜜渍

我国古代除了蔬菜的腌制外，对植物水果类也进行有效的加工和贮藏。主要以干鲜果品、瓜蔬等为原料，经蜜制糖渍或盐渍加工而成。这种用糖渍蜜制的方法主要运用蜂蜜和糖进行加工生产。

在果品的蜜渍方面，早在西周时期就有记载。《礼记·内则》上记载了腌

① （元）佚名. 居家必用事类全集. 续修四库全书（第一一八四册）[M]. 上海：上海古籍出版社，1996：557.

② （元）佚名. 居家必用事类全集. 续修四库全书（第一一八四册）[M]. 上海：上海古籍出版社，1996：559.

制果品的方法："枣、栗，饴、蜜以甘之。"[①]就是把枣子和栗子浸存在饴和蜜之中，以使食物甘甜。这种用蜜与空气隔开，可以存放，不使它坏。这就是我们今天用糖蜜渍方法的前身。在我国古籍中，关于用蜂蜜腌制果实的记载很多，这些记载皆是把鲜果放在蜂蜜中熬煮浓缩，去除大量水分，借以长期保存。在《齐民要术》卷四中有"作干枣法""作干蒲萄法"等。《齐民要术·种梅杏第三十六》引《食经》曰："蜀中藏梅法：取梅极大者，剥皮阴干，勿令得风。经二宿，去盐汁，内蜜中。月许更易蜜。经年如新也。"[②]除蜜渍果品之外，还可蜜渍蔬菜，《齐民要术》中记有两种不同方法的蜜姜。生姜蜜渍就是当时比较常见的一种蜜渍蔬菜。

早期果品的蜜渍加工取用的不是糖，而是蜂蜜。因为那时还没有发明"糖"。我国的甘蔗在战国时期就开始栽培了。甘蔗在中国原本不叫蔗，而叫"柘"。战国时期发明了榨取甘蔗汁的方法，这种蔗汁称为"柘浆"。到了汉代人们才将"柘"改称"蔗"。 据史家考证，东汉时期我国已经掌握从甘蔗汁中提炼凝固的糖的技术，这种初期的蔗糖叫做"石蜜"。因它状如石块，甜似蜂蜜。南北朝时期，我国发明了砂糖制法。不过在明代以前的砂糖还是红糖，而不是白糖。[③]自从有了糖，果品蜜渍才开始以糖取代蜂蜜。

进入宋代，蜜制果品品种繁多，南北各地的蜜制品丰富多彩。宋代专门设有"四司六局"负责筵会假赁，其中专设"蜜煎局"，负责蜜饯的加工与制作。吴自牧在《梦粱录》中记载的"蜜煎局"，其职责是"掌簇饤看盘果套山子、蜜煎像生窠儿。"[④]《武林旧事》中记有糖脆梅、蜜煎、蜜果、蜜枣儿、蜜弹弹、薄荷蜜、诸色糖蜜煎、雕花蜜煎、蜜煎山药枣儿、咸酸蜜煎等。

南宋绍兴二十一年十月，高宗赵构到清河郡王府第，所进御筵中，有"雕花蜜煎"，共12种。周密《武林旧事》载："雕花蜜煎一行：雕花梅球儿、红消花儿、雕花笋、蜜冬瓜鱼儿、雕花红团花、木瓜大段儿、雕花金橘、青梅荷叶儿、雕花姜、蜜笋花儿、雕花枨子、木瓜方花儿。"[⑤]这12种雕花蜜煎，与一般蜜饯是有差别的，尽管原料是杨梅、冬瓜、木瓜、金橘、鲜姜和嫩笋等，但制作工艺复杂，在糖渍的蜜饯上有雕刻的花儿，以显示蜜饯品种的高贵，所雕刻的花形有球儿、鱼儿、团花、荷叶儿、方花儿等，在糖渍的风格上有甜酸（如雕花梅球儿）、清甜（如蜜冬瓜鱼）和甜中微辣（如雕花姜）等不同风味，这是蜜饯制作

---

①（汉）郑玄注.（唐）孔颖达正义. 礼记正义［M］. 上海：上海古籍出版社，1990：516.

②（北魏）贾思勰. 齐民要术［M］. 北京：中华书局，2009：355.

③ 陈日朋等. 人类的生命能源——食品［M］. 长春：吉林教育出版社，1994：78.

④（宋）吴自牧. 梦粱录［M］. 杭州：浙江人民出版社，1980：184.

⑤（宋）周密. 武林旧事［M］. 北京：中华书局，2007：168.

的高水准和特色技艺，充分显示出清河郡王府家宴的最高规格。

在北方游牧民族中，也常常出现果品蜜渍的食品，如契丹人曾把鲜果制作加工成蜜饯作为礼品。《契丹国志》卷二一记载，在契丹贺宋朝生日礼单中，有“晒密山果十束棂椀，密渍山果十束棂，匹列山梨柿四束棂，榛栗、松子、郁李子、黑郁李子、面枣、楞梨、棠梨二十箱。”[①]其中“密晒山果”“密渍山果”就是用糖渍的蜜饯果脯。

元代以后，随着蔗糖的普及，糖渍果品开始盛行，蔗糖腌制的果品由原来的“蜜煎”开始称为蜜饯。元代贾铭的《饮食须知》中对蜜饯的存放有一个好的方法：“凡蜜饯诸果用细辛置于顶，不虫蛇。”[②]这里已改称“蜜饯”的名字。《居家必用事类全集》中专门设有“果实类”，记述了6个“蜜煎”：造蜜煎果子、蜜煎冬瓜法、蜜煎姜法、蜜煎笋法、蜜煎青杏法、蜜煎藕法；5个“糖渍”：糖脆梅法、糖椒梅法、糖杨梅法、糖煎藕法、糖苏木瓜。《易牙遗意》中的“果实类”记有10种糖渍果品。其“糖橘”所云：“洞庭塘南橘一百个，宽汤煮过，令酸味十去六七。皮上花开四五刀，捻去核，压干，留下所压汁，和糖二斤，盐少许，没其橘，重汤顿之。日晒，直至卤干乃收。”[③]

明清时期的食谱中有关糖渍的食品更加丰富，在《宋氏养生部》中，专列“糖剂制”分别介绍了16种糖渍果品和蔬菜，如糖椒梅、糖紫苏梅、糖薄荷梅、糖卤梅、糖李、糖橙、糖木瓜、糖冬瓜、糖豇豆等。清代的《食宪鸿秘》中设有“果之属”类，记载了31种果品的加工贮藏方法，这里除了用糖渍的加工方法以外，大多数果品是用盐腌渍，这些特别适应不爱吃甜的人食用。如“腌柿子”：“秋柿半黄，每取百枚，盐五六两，入缸腌下。春取食，能解酒。”[④]

据清盛京内务府档案记载，远在清入关前，专管皇室事务的盛京（今沈阳）内务府里就有专为皇室采蜜渍果的“蜜人”。清入关后，直至顺治年间，清廷每年都要派蜜人从盛京往北京送蜜和渍果。到光绪年间，“蜜红果”仍是皇宫必备的盛京贡品。[⑤]

在糖渍果品方面，人们一般把含水分低并不带汁的称为果脯；而将经蜜或糖煮不经干燥工序的果制品，表面湿润柔软，含水量在30%以上，一般浸渍在糖汁中的称为蜜饯。自古及今，由于蜜饯制作的原料和风格的不同而形成了多种风味

① 张景明. 中国北方游牧民族饮食文化研究［M］. 北京：文物出版社，2008：97.

②（元）贾铭. 饮食须知［M］. 北京：中国商业出版社，1985：46.

③（元）韩奕. 易牙遗意. 续修四库全书（第一一一五册）［M］. 上海：上海古籍出版社，1996：635.

④（清）朱彝尊. 食宪鸿秘［M］. 上海：上海古籍出版社，1990：133.

⑤ 王仁兴. 中国饮食谈古［M］. 北京：中国轻工业出版社，1985：196.

流派，代表性的有京式蜜饯、广式蜜饯、苏式蜜饯、闽式蜜饯等。京式蜜饯以苹果脯、桃脯、梨脯、金丝蜜枣、山楂糕最为著名；广式蜜饯以糖莲心、糖橘饼、奶油话梅享有盛名；苏式蜜饯以无花果、金橘饼、白糖杨梅最有名；闽式蜜饯以橄榄制品为代表，以大福果、加应子、十香果影响最大。

3. 肉类的腌腊

有关肉类的腌制，早在6000年前的西安半坡遗址中，发现先民们就在灶坑上用树枝挂肉熏烤，以后逐步改烟熏为日晒。而在《周礼·天官》中已有专门的“腊人”，其曰：“腊人，掌干肉，凡田兽之脯腊膴胖之事。”郑玄注云：“大物解肆干之，谓之干肉，若今凉州乌翅矣。薄析曰脯。”[①]由此可见，我国先秦时期的脯是薄片条状的肉干，或称之为干肉。古籍中每每提到脯，差不多总是和腊连在一起的。其实，脯和腊都是干肉，腊与脯的区别是：脯是干肉条，而腊是不进行分解的动物整体。郑玄在《周礼·天官》“腊人”注释说：“腊，小物全干。”[②]近人林尹在《周礼今注今译》中说得更加明白：“腊：凡小禽兽如鸡兔等，不加分割使其全干者。”[③]

醢，在《辞海》里面解释为：“用肉、鱼等制成的酱。”《广雅·释器》解释说：“醢，酱也。”醢，就是把肉切成块状制成的肉酱。郑玄在注释《周礼·天官·醢人》时说：“作醢及臡者，必先膊干其肉，乃后莝之，杂以粱曲及盐，渍以美酒，涂置瓶中，百日则成矣。”[④]这种方法，就是把盐撒在肉上，让其放置一段时间，然后晒干，再把肉切成块状，最后渍在装有酒糟的瓶子里，过一段时间就可以食用了。这就是今天酒糟腌肉的基本方法。

从马王堆汉墓遣策的发现资料中，也可以看到西汉初年肉类腊制的文化痕迹。在遣策的文字记载中，食物的加工方法多种多样，有制羹、濯、煎、腊、脯、熬、炙、蒸、炮、濡、菹、脍等10余种，其中以腊、菹、煎、熬见长。可见汉代人的烹调方法已是十分丰富，有的一直流传至今，如腊、脯、菹等。这里的制腊法，即是制干肉。如：“羊昔一笥”“昔兔一笥”。昔，《说文·日部》：“干肉也。从残肉，日以晞之……籀文从肉。”故“昔”即“腊”。马王堆汉墓中大量腊制品的出现，既具有湖南地方特色，更是南方饮食文化的体现。[⑤]

北魏《齐民要术》中对“脯腊”进行了较详细的说明，重点介绍了7种脯腊的制作工艺。如“作五味脯法”：“正月、二月、九月、十月为佳。用牛、

---

① （汉）郑玄注.（唐）贾公彦疏. 周礼注疏［M］. 上海：上海古籍出版社，2010：142.

② （汉）郑玄注.（唐）贾公彦疏. 周礼注疏［M］. 上海：上海古籍出版社，2010：142.

③ 林尹. 周礼今注今译［M］. 北京. 书目文献出版社，1985：43.

④ （汉）郑玄注.（唐）贾公彦疏. 周礼注疏［M］. 上海：上海古籍出版社，2010：189.

⑤ 陈顺荣. 从马王堆汉墓遣策中管窥汉代饮食文化［J］. 中华文化论坛，2015（3）.

羊、麞、鹿、野猪、家猪肉。或作条，或作片。罢，凡破肉皆须顺理，不用斜断。”[①]实际上，这里介绍了六种原料的制作。另一种“五味脯法”：“腊月初作。用鹅、雁、鸡、鸭、鸧、鳵、凫、雉、兔、鸽、鹑、生鱼，皆得作。”[②]这里包括了12种原料，都可用腊制的方法。

在《齐民要术·养鹅鸭第六十》中还介绍了“作杬子法”，即“咸鸭蛋”的加工盐腌方法。取鸭卵，用杬木皮加工煮汁、下盐和之，入瓮中浸没。“一月任食。煮而食之，酒食俱用。”[③]到宋元时期，腌制咸鸭蛋的技术有所改善和丰富，出现了一些腌制配料。

宋代肉类的脯腊加工已比较流行。在司膳内人撰写的《玉食批》中，真实地记录了清河王张俊府第盛宴高宗皇帝的筵席食单，专门列有“腊脯一行”，计有8个腊脯品种：“线肉条子、皂角铤子、虾腊、云梦把儿肉腊、奶房旋鲊、金山咸豉、酒腊肉、肉瓜齑。”[④]这些腊脯类的食物与现今的称谓有些差异，据人们考证，它们分别是腊肉、熏腊肉、大虾干、酱肉干、拌奶酪片、豆豉干、酱肉、酱瓜。本文的作者未注其名，“司膳内人”即掌管皇家膳食的宫人。郑玄注《周礼》：“内人，女御也。”此“玉食批”，是指皇家珍贵的食单。可见，宋代已将腊脯类食品作为皇家的重要接待品种。宋代是肉制品加工贮藏的大发展时期，从宫廷到民间腌腊制品已十分普遍，其中宫廷御膳中有相当一部分美馔直接从民间酒肆中获得。如“肉瓜齑”和“虾腊”的制作就是民间的制法，《吴氏中馈录》中就记有此烹制方法：“酱瓜、生姜、葱白、淡笋干或茭白、虾米、鸡胸肉各等分，切作长条丝儿，香油炒过，供之。”[⑤]“虾用盐炒熟，盛箩内，用井水淋，洗去盐，晒干。色红不变。”[⑥]

宋代的肉制品加工增加了新的品种，最明显的是发明了火腿，《格物粗谈》记载：“火腿用猪胰二个同煮，油尽去。”“藏火腿于谷内，数十年不油，一云谷糠。”[⑦]元末明初的韩奕在《易牙遗意》中记有一款“火肉”：“以圈猪方杀下，只

① （北魏）贾思勰．齐民要术［M］．北京：中华书局，2009：825.

② （北魏）贾思勰．齐民要术［M］．北京：中华书局，2009：827-828.

③ （北魏）贾思勰．齐民要术［M］．北京：中华书局，2009：597.

④ （宋）司膳内人．玉食批．景印文渊阁四库全书（第八八一册）［M］．台北：台湾商务印书馆，1982：402.

⑤ （宋）浦江吴氏．吴氏中馈录．景印文渊阁四库全书（第八八一册）［M］．台北：台湾商务印书馆，1982：405.

⑥ （宋）浦江吴氏．吴氏中馈录．景印文渊阁四库全书（第八八一册）［M］．台北：台湾商务印书馆，1982：406.

⑦ 俞为洁．中国食料史［M］．上海：上海古籍出版社，2011：334.

取四只精腿，乘热用盐，每一斤肉盐一两，从皮擦入肉内，令如绵软。以石压竹栅上，置缸内二十日，次第翻三五次。以稻柴灰一重间一重叠起，用稻草烟熏一日一夜，挂有烟处。初夏水中浸一日夜，净洗，仍前挂之。”[①] 从操作方法来看，这“火肉”正是“火腿”的加工。而到清代，朱彝尊的《食宪鸿秘》中就记有“金华火腿”的具体制作方法，其制作过程十分详细。书中介绍吃火腿的方法有很多，如煮火腿、熟火腿、糟火腿、辣拌法等多种。清光绪年间曾懿撰写的《中馈录》第一节就收有云南“制宣威火腿法”，方法也很精细，其腌制的佐料与浙江金华略有不同，显示出各自的特色。随后还附有收藏火腿的方法，其曰：

“火腿阴干现红色后，即用稻草绒将腿包裹，外以火麻密缠，再用净黄土略加细麻丝和融糊上，草与麻丝毫不露。泥干后如有裂处，又用湿泥补上，须抹至极光。风干后，收于房内高架上，无须风吹日晒。俟食时连草带泥切下；另用麻油涂纸封其口。虽经岁肉色如新。此真收藏之妙法也。”[②]

在北方游牧民族的饮食生活中，猎取动物后，为了防止腐坏，腌晒加工成腊肉是极普通的事。在《辽史》中有很多“以酒脯祀天地”之类的记载，其脯肉就是腌制的干肉。

元末的《易牙遗意》中有腊肉腌制的三种制作方法，明代的《宋氏养生部》中有“火猪肉”“风猪肉”两制品。“火猪肉”是先腌制、重石压，煎石灰汤，洗洁后悬挂寒风中戾，通燥、烟熏再挂起收藏；“风猪肉”是腌制后压渍，再悬风中戾燥，这是风腊之法。清代《随园食单》中介绍的“尹文端公家风肉”，制作精良，“常以进贡”，尹府的“风肉”常送给皇帝膳用，可见腊风肉的口感和地位。在《食宪鸿秘》中有“腊肉”腌制的6种方法，这些都足以说明腌腊制品的不同风味特色以及它在民间的普遍性。

在历代的饮食菜谱中，几乎都有腊肉之类的记载。腊肉的“腌制”最关键的是调料，一般使用的有食盐、花椒、五香粉、八角粒等，将这些调料放在铁锅内炒熟，然后将它们一起均匀地涂抹在肉身上，放在陶缸内腌渍。目的是让盐、香料与肉充分融合、相互浸透。食盐是为了使肉脱水、防止肉腐烂变质，同时也是为了使肉有咸鲜味；香料是为了除去肉的腥味，提升肉的香气。一周左右，将肉一块块取出，挂于太阳下或阴凉处晒晾，除去肉中的水分，使肉不易霉坏。在西南的云贵川地区，因这里潮湿、多雨，老百姓常常把腊肉挂在有火塘的地方烤干，这就是当地的熏肉制作。类似的肉类，如腊鱼、腊鸡、腊鸭等都是采用这样

①（元）韩奕. 易牙遗意. 续修四库全书（第一一一五册）[M]. 上海：上海古籍出版社，1996：624.

②（清）曾懿. 中馈录 [M]. 北京：中国商业出版社，1984：4.

的方法腌制的。这些腌制脯腊的肉品加工，正是我国人民自古以来贮藏食物的最好方法，这不仅可以延缓食物的享用时间，供随时需要之用，还增加了食物原料的风味和花色品种，起到了两全其美的效果。

如今，无论是城市还是乡村，各家饭店、餐馆以及南北方家庭中家家户户都挂着腊肉，尤其是湖南、湖北、四川、重庆等地，腊肉深受当地人们的喜爱。

4. 水产的干制

在我国古代，脯腊加工的食物原料主要是畜禽肉，但水产鱼类也较普遍。《齐民要术》中记有“作鳢鱼脯法”“作浥鱼法”两例。“作鳢鱼脯法”：“十一月初至十二月末作之。不鳞不破，直以杖刺口令到尾。作咸汤，令极咸；多下姜椒末。灌鱼口，以满为度。竹杖穿眼，十个一贯；口向上，于屋北檐下悬之。经冬令瘃。至二月三月，鱼成。生刳取五脏，酸醋浸食之，隽美乃胜逐夷。其鱼，草裹泥封，煻灰中爊之。去泥草，以皮布裹而槌之。白如珂雪，味又绝伦。过饭下酒，极是珍美也。”[①]这是一种加工鱼脯的方法。书中下一例记载的“五味脯法”亦可用鱼为原料，只是用来加工作脯的鱼要求个体比较大。古代文献中的“干鱼”或者“枯鱼”，大抵即是采用“脯腊法”加工而成的；当然也不排除将鱼清除内脏后直接晒干者。

另一款“作浥鱼法”：“四时皆得作之。凡生鱼，悉中用；唯除鲇鳠耳。去直鳃，破腹，作鲏。净疏洗，不须鳞。夏月特须多著盐；春秋及冬，调适而已，亦须倚咸。两两相合。冬直积置，以席覆之；夏须甕盛泥封，勿令蝇蛆。肉红赤色，便熟。食时，洗却盐。煮、蒸、炮任意，美于常鱼。”[②]这是一种“腌鱼”的加工方法。食用时洗好后可直接烹调。若做成鱼脯（或咸鱼干）还需要经过晒干、风干或者熏干。上面两种鱼品的加工方法在当时鱼类的加工中具有典型性，一是脯腊，一是腌鱼。

宋代人沿袭前人的加工方法，在《吴氏中馈录》的“脯鲊”类中就记载了水腌鱼、风鱼法、鱼酱法、醉蟹等。尽管品种数量不多，但制作方法都有一定的代表性。如：

“水腌鱼”：“腊中鲤鱼切大块，拭干。一斤用炒盐四两擦过，淹一宿，洗净晾干，再用盐二两、糟一斤，拌匀，入瓮，纸、箬、泥封涂。”

“风鱼法”：“用青鱼、鲤鱼破去肠胃，每斤用盐四、五钱，腌七日。取起，洗净，拭干。腮下切一刀，将川椒、茴香加炒盐，擦入腮内并腹里，外以纸包裹，外用麻皮扎成一个。挂于当风之处，腹内入料多些方妙。”

① (北魏) 贾思勰. 齐民要术 [M]. 北京：中华书局，2009：827.
② (北魏) 贾思勰. 齐民要术 [M]. 北京：中华书局，2009：829.

“鱼酱法”：“用鱼一斤，切碎洗净后，炒盐三两、花椒一钱、茴香一钱、干姜一钱、神麯二钱、红麯五钱，加酒和匀拌鱼肉，入瓷瓶封好，十日可用。吃时加葱花少许。”

“醉蟹”：“香油入酱油内，亦可久留，不砂（澥）。加糟、醋、酒、酱各一碗，蟹多，加盐一碟。又法：用酒七碗、醋三碗、盐二碗，醉蟹亦妙。”[①]

中国古代的近海居民一直在对海洋产品进行开发和利用，其中主要精力集中在可食性海产品方面。宋代形成中国海耕史上第一次大发展，出现“蚝田”“珠池”“种蛤”“养珧”，以及海盐“晒卤成盐”等新技术。

宋元时期，随着海洋捕捞和海涂养殖的发展，各种海货的干制逐渐的增多起来。在《梦粱录》中就记载了许多在鮝铺兼售的腌制海味：“鲞鱼聚集于此。城内外鮝铺，不下一二百余家，皆就此上行合摭。鱼鮝名件具载于后：郎君鮝、石首鮝、望春、春皮、片鳓、鳓鮝、鳘鮝、鲒鮝、鳗条弯鮝、带鮝、短鮝、黄鱼鮝、鲭鱼鮝、鱿鮝、老鸦鱼鮝、海里羊。更有海味，如酒江瑶、酒香螺、酒蛎、酒龟脚、瓦螺头、酒垅子、酒鳗鲎、酱鳡蛎、锁官鳒、小丁头鱼、紫鱼、鱼膘、蚶子、鲭子、鲩子、海水团、望潮卤虾、鲚鮝、红鱼、明脯、鲒干、比目、蛤蜊、酱蜜丁、车螯、江撒、蚕撒、鳔肠等类。”[②]杭州城内的鲞鱼店铺如此之多，“遇坊巷桥门及隐僻去处，俱有铺席买卖”，“虽贫下之人，亦不可免”，道出了当时市场的繁荣和盛况，也说明了鱼鮝已成为杭城家家户户普遍享用的食品。在《武林旧事》中还记述了民间代表酒肆的接待方式和叫卖品种，确是异常的丰富。其水产加工制品也有不少，如：“又有卖玉面狸、鹿肉、糟决明、糟蟹、糟羊蹄、酒蛤蜊、柔鱼、虾蓉、鳑干者，谓之‘家风’。又有卖酒浸江瑶、章举蛎肉、龟脚、锁管、蜜丁、脆螺、鲎酱、法虾、子鱼、鯯鱼诸海味者，谓之‘醒酒口味’。”[③]这些都说明当时水产加工菜品已十分普遍了。

进入元代，在《居家必用事类全集》中已专设“腌藏鱼品”，共记载了江州岳府腌鱼法、法鱼、红鱼、鱼酱、糟鱼、酒鱼脯、酒曲鱼、酒蟹、酱醋蟹、法蟹、糟蟹、酱蟹12个品种。在“造鲊品”中也有“鱼鲊”“玉版鲊”“蛏鲊”等8个品种。明清时期，这些水产腌制加工已成为广大普通百姓日常生活中的平常之事，特别是东部地区的人，每到冬季，人们都习惯地准备一些腌制水产，有待过年过节或遇客人来访时拿出来食用。

明清时期形成中国海耕史上又一次大发展，继种养蚝、珍珠、蛤、珧等海洋

---

①（宋）浦江吴氏．吴氏中馈录．景印文渊阁四库全书（第八八一册）[M]．台北：台湾商务印书馆，1982：405-406.

②（宋）吴自牧．梦粱录[M]．杭州：浙江人民出版社，1980：150.

③（宋）周密．武林旧事[M]．北京：中华书局，2007：160.

生物外，又出现“蚶田”“蛏田”“鲻池”“药田”，以及海盐“海水制卤”等新技术。[①]为了改善自己的生活增加海产品的经济价值，古人对各类海产品进行了深度加工。如有一种用贻贝肉加工的干制品称为淡菜，也叫壳菜。这种海产贝类曾经风靡食界。淡菜，顾名思义，就是干制时不加盐。《清稗类钞》说：“淡菜，蚌属也，以曝干时不加盐，故名。”[②]

东部沿海人民以干制的鱼鲞海味入馔，这是当地的自然资源使然。由于古代没有冷藏设备，渔民将捕获的鲜鱼和贝类一部分拿到市场上叫卖，一部分进行干制后再出售，因曝干后可以久藏，而这些经加工贮藏的产品稍作调治即成佳肴。袁枚《随园食单》有“糟鲞”一味，“冬日用大鲤鱼腌而干之，入酒糟，置钵中，封口。夏日食之。”[③]这正是古代人们平常的生活之需。

中华民族是世界上最早掌握腌、渍和干制食物的民族，能够在收获的季节保存大量的蔬菜、水果和肉类等食品，使得人们在一年四季里特别是寒冬都有食物进食并能摄取多种营养，不出现食物中断，满足了不同民族在生存、繁衍和发展过程中的饮食需要。除上述诸种方法加工、贮藏食物之外，自古民间还有烟熏制、草灰制、石灰制等方法。我国人民在历代的生产实践和长期的农耕生活中，养成了丰年防灾年的食物加工收藏的习惯，才使得人们生活安定、不担心食物的匮乏，尽管遇到天灾，人们仍旧可以过上比较正常的生活。

（二）调味品的加工生产

远古时代，我们的祖先不知道制作调味品，只能尝到食物的本味，饮食是单调的。自从陶器产生以后，才促进了调味品的产生与发展。《淮南子·脩务训》记载着在伏羲氏和神农氏之间，诸侯中有宿沙氏（夙沙氏）始煮海作盐。《世本·作篇》说：“夙沙氏煮海水为盐。”可见早在新石器时代，我国东部海滨的夙沙氏族已发现煮海水为盐的方法，而没有陶器是煮不成海水盐的。有了盐，才有了所谓调味。熟食加上调味，人类食品便开始丰富多彩。盐不仅是调味品的基本原料，而且盐能和胃酸结合，加速分解肉类食物，增添滋味促进吸收，是人类增强体质的一个积极因素。烹饪加上调味，人类食物才有了多样化的必要条件。有了盐，食品的储藏加工更方便。盐的使用，在烹饪中是继火的使用后的第二次重

---

① 孙关龙，孙永．古代海耕与今日海洋农牧化［J］．固原师专学报（社会科学版），2002（5）．

②（清）徐珂．清稗类钞［M］．北京：中华书局，1986：6485.

③（清）袁枚．随园食单．续修四库全书（第一一一五册）［M］．上海：上海古籍出版社，1996：675.

大突破。

调味原料的制作和应用，在我国有着悠久的历史。殷墟出土的甲骨文字中已有“蜜”字，距今亦已3000余年。至周代，调味品已达到酸（梅子、浆水、醯）、苦（苦菜）、辛（葱、芥、蓼、薤、姜、蒜）、甘（蜜、饴、柘浆、枣）、咸（盐、醢）等五味俱全，并用到了桂、蘘荷、芗等香料，还用到了油（膏）、椒、酒以及若干具有鲜味的肉酱、鱼酱、卵酱、螺酱、贝酱等。《周礼·天官·食医》中已根据季节变化，总结了“凡和，春多酸，夏多苦，秋多辛，冬多咸”的调味规律。《吕氏春秋·本味》也指出了“酸而不酷，咸而不减，甘而不浓，澹而不薄，辛而不烈”的调味标准。

周代已知道了制醋，有了“醯人”，这是专管皇家制醋的官。在未发明醋时，商代贵族以梅作酸，以此替代，用以解腻。厨师们已把各种调味品和各种烹饪原料运用到各种烹调方法之中，并做出许多色、香、味、形俱佳的菜肴来。《周礼·天官》就记载了我国最早的“名菜”——“八珍”。

秦汉时期，调味品又不断增加，出现了豉和蔗糖，这时期人们还提出了许多调味理论。汉代发明了用黄豆和面粉经发酵制成的豆酱、面酱。后来又出现了从酱中析出的酱油。豆酱、面酱和酱油，取代了先秦时期的各种醢。早期人们吃辣，主要是生姜、茱萸、花椒的辛辣调料。至魏晋南北朝，调味品已比较丰富了，如植物油（如麻油等）、糖（如饴饧、蜜、石蜜等），酱（如豆酱、麦酱、肉酱、鱼酱、虾酱等）、豉、齑、芥酱等等的运用。此外，在烹调时，还临时把安石榴汁、橘皮、葱、姜、蒜、胡芹、紫苏、胡椒等物作为调味料放入菜肴中。可以看出，调味原料已选用优质调味品。在马王堆汉墓中，遣策记载的调味品有酱、脂、菹、糖、蜜、盐、豉、菽、姜、韭、芥等，反映出人们讲究酸、辣、香的地方风味。特别是豆豉的出现，便是中原饮食文化与西域饮食文化交流的结晶。

北魏《齐民要术·卷八》中，介绍了“作酱法”18种、“作酢法”24种、“作豉法”4种、“八和齑”5种等。其中的“八和齑”，是由8种不同风味的原料调制而成的辛香味型复合调料。现将基本制法的部分文字摘录如下：

“蒜一，姜二，橘三，白梅四，熟栗黄五，粳米饭六，盐七，酢八。”

“齑臼欲重，不则倾动起尘，蒜复跳出也。底欲平宽而圆。底尖捣不着，则蒜有粗成。以檀木为齑杵臼，檀木硬而不染汗。杵头大小，令与臼底相安可，杵头著处广者，省手力而齑易熟，蒜复不跳也。杵长四尺。入臼七八寸圆之；已上，八棱作。平立急舂之。舂缓则荤臭。久则易人；——舂齑宜久熟，不可仓卒。——久坐疲倦，动则尘起；又辛气荤灼，挥汗或能洒污，是以须立舂之。”

……

"右件法，止为脍齑耳。余即薄作，不求浓。"[①]

该书较完整地总结与记录了汉魏时期酱类等调味品的制作方法及微生物发酵技术，它是我国迄今为止记录酱类等调味品最多的古籍。

宋代出现了红曲，到明代在江南盛行起来。明代出现的糟油、腐乳、草果、砂仁、豆蔻、苏叶等也几乎成了当时宫廷不可缺少的调味品。

我国烹调用胡椒，始于后汉，当时是由马来西亚、印尼从海陆以贸易或朝贡方式输入我国，明代开始在两广、云南等地栽培。果实作香辛调味品（胡椒粉）。日常作料应用最多的是花椒，它是"五香粉""八大味""十三香"的主要原料。属芸香科灌木或小乔木，有刺。种子黑色，产于我国，野生或栽培。《本草纲目》说："秦椒，花椒也。始产于秦，今处处可种。"

明代的食谱书中记有许多调味品的制作方法，如《宋氏养生部》有专章介绍"酱制"，有九种特色酱和酱油，"醋制"中介绍了13种不同醋的酿制。清代《食宪鸿秘》中的"酱之属"介绍了52种不同调味品的制作方法。如"糟油"："做成甜糟十斤、麻油五斤、上盐二斤八两、花椒一两，拌匀。先将空瓶用稀布扎口，贮甕内，后入糟封固。数月后，空瓶沥满，是名'糟油'。甘美之甚。"[②]明朝末年，辣椒传入我国，直至清代中后期，中国人吃的辣味菜才逐渐增多。

近代引进了咖喱、番茄酱、辣酱油等。咖喱，为泰米尔文（印度达罗毗荼语系），意即调味。盛行于东南亚和南亚次大陆，20世纪中叶传入我国。有粉末状和酱状两大类，配方和味型因地而异。我国生产的咖喱粉，是由辣椒、姜黄、小茴、桂皮、八角、花椒等粉末的混合，味香辣，色橘黄。

古人调味，不只是以可口为标准，还要求性能适中，有益于人体健康。因此，讲究主食与副食的搭配，讲究季节调味的搭配，通过调味来调节人的身体，保障身体的健康。

四、农作物输入与食物原料的培植

（一）多种农作物的传入

两宋至清，我国人民的饮食原料结构，较之隋唐以前有很大的变化。总的来

① （北魏）贾思勰. 齐民要术［M］. 北京：中华书局，2009：804-805.

② （清）朱彝尊. 食宪鸿秘［M］. 上海：上海古籍出版社，1990：77.

说，不论是粮薯、瓜菜、果品，还是畜禽、鳞介乃至菌藻，都是日渐增加的，但是不同的品种在人们生活中所占的比重却有增有减。这种变化与食物加工科学的发展和人们饮食生活的取向是互为因果的。如宋代以前享誉甚高的菰米，到南宋以后，日渐减少，到明清时期被彻底淘汰；古时作为饮食原料的麻籽，逐渐退出主食行列，改作油料或他用。

值得一提的是，明清时期美洲原生食物原料的引进与食用，大多是西班牙人在南美洲发现了这些农作物，他们不但带回到欧洲大陆，经多种途径也带到了远东来，在我国最早是南方福建和广东一带种植，后来就很快传播到内陆各地，给我国人民的饮食生活产生了很大的影响。对明清时期我国人口的急速增加提供了非常重要的粮食后盾，尤其是在旱灾和饥荒的年代，救了无数的百姓。因为这些农业作物都是耐旱型的植物，在旱灾中发挥了很大的作用。而每种食物来到中国，几乎都有一段传奇的色彩。

1. 甘薯的引种

甘薯原产地在美洲。美洲古代印第安人采掘地下根茎之类嚼食的时候，发现了美味的甘薯块根。他们辛勤地将它驯化、栽培成甘薯。

甘薯又名番薯、金薯、白薯、山芋、地瓜等，由于食味佳、产量高、种植地域广阔，成为一种重要的粮食作物。一般认为甘薯传入有两条途径。据资料记载，最早把甘薯引入中国的是广东东莞人陈益。据《东莞县志》引《凤冈陈氏族谱》记载，万历八年（1580年），陈益去安南（越南），“陈益皆往。比至。酋长延礼宾馆。每宴会。辄飨以土产薯。美甘。以觊其种。购于酋奴获之。未几伺间遁归。以薯非等闲。栽种花坞。久蕃滋。掘啖念来自酋。因名番薯云。嗣是播种天南。佐粒食。人无阻饥。”万历十年（1582年）夏，陈益带薯种在家乡东莞试种成功。

又据清代陈世元的《金薯传习录》记载，福建长乐人陈振龙“久在东夷吕宋（菲律宾），深知金薯功同五谷，利益民生，是以捐资买种，并得夷岛传受法则，由舟而归，犹幸本年五月中开棹，七日抵厦门”。据考证陈振龙引进甘薯的时间在万历二十一年（1593年），农历五月中下旬。陈将薯藤挟入小篮内，航海七日，私密输入中国。[①]陈振龙的儿子陈经纶在家乡试种成功，并得到福建巡抚金学曾的重视与支持，指令各县学种推广。第二年遇荒年，栽种甘薯的地方减轻了灾荒的威胁。后来陈的子孙又将甘薯在浙江、胶州等地推广。因此，甘薯传播的途径不只一路。[②]

① 马南邨. 甘薯的来历. 燕山夜话［M］. 北京：北京出版社，1979：130.

② 阎万英，尹英华. 中国农业发展史［M］. 天津：天津科学技术出版社，1992：262.

甘薯在中国的广泛种植，与农学家徐光启也是分不开的。17世纪，江南水患成灾，五谷绝收，百姓流离失所。其时徐光启就委托学生送来种薯，在上海郊区试种，结果收益颇丰。徐光启于是写成《甘薯疏》，归纳出种植甘薯的十三项益处，“四季可种，到处可生，地尽其力，物尽其用，一岁成熟，终岁足食……。”竭力倡导、推广种植甘薯。甘薯的适应性很强，能耐旱、耐瘠、耐风雨，单位面积产量很高，适宜山地、坡地和新垦地的栽培。这些优点更加吸引着人们大力发展甘薯的种植。

2. 马铃薯的种植

马铃薯又称土豆、洋（羊、阳）芋、山药蛋、荷兰薯、地蛋、洋番薯等，属茄科一年生草本植物，起源于中美洲和南美洲。根据史料记载和学者们的考证，明代时期，马铃薯可能从东南、西北和南路或海路等路径传入中国。[①]

马铃薯在我国推广要相对晚一些，但很快在一些主要种植区内就取得了不可替代的地位。马铃薯通过多种途径传入中国，19世纪传播区域集中稳定在气候适宜、利于其生长发育和种性保存的高寒山地及冷凉地区，如四川、贵州、云南、湖北、湖南、陕西等地的山区。如道光二十四年（1844年）四川《城口店志》记：“洋芋，店境嘉庆十二三年（1807—1808年）始有之，贫民悉以为食”；同治五年（1866年）湖北《宜昌府志》记：“内保所种之羊芋，可当半年粮”；同治七年（1868年）湖北《恩施县志》记：“环邑皆山……近则遍植洋芋，穷民赖以为生”。可见，马铃薯可以生长在最贫瘠、最寒冷的地带，比玉米、甘薯对地力、气候的要求更低，所以荒山野岭不长他物之地均可种植马铃薯为生。

20世纪起，马铃薯在中国进一步传播和扩散，山西、甘肃、辽宁、吉林、黑龙江、福建的方志中开始有马铃薯的记载。

马铃薯推广种植的时间较晚，对于明清两代粮食亩产量的提高作用不如玉米、甘薯显著。总之，这些高产粮食作物的传入与推广种植，适应性较强，耐旱耐瘠，使过去并不适合粮食作物生长的沙砾瘠土、高岗山坡、深山老林等地成为宜种土地，这在扩大耕种面积、提高单位产量的同时，也促进了粮食总产量的提高，缓解了长期以来人口与土地之间的矛盾。

马铃薯在中国传播的早期，作为粗粮的首选，它的重要作用体现在它的救荒作用。在方志中有许多这样的记载，在粮食贸易不发达的时代，马铃薯在一定程度上解决了高海拔地区人民的生计问题。在社会经济条件恶劣、人口压力剧增的时代，马铃薯营养均衡全面、产量高、生长期短等特点使得它极大程度上缓解了人粮矛盾，为解决人们的粮食问题起到了十分重要的作用。

① 丁晓蕾. 马铃薯在中国传播的技术及社会经济分析［J］. 中国农史，2005（3）.

3. 玉米的引进

野生的玉蜀黍发源于美洲，墨西哥和南美洲的玻利维亚、秘鲁的安第斯山地区是它们的故乡。在当地至少有7000年的种植历史。玉米原称玉蜀黍，又称玉麦、芦粟、苞谷等。明代杭州人田艺衡在万历年间写就的《留青日扎》中记载，玉米“干叶类稷，花类稻穗，其苞如拳而长，其须如红绒，其实如芡实，大而莹白。花开于顶，实结于节，真异谷也！吾乡传得此种，多有种之者。”另外，明代李时珍的《本草纲目》、徐光启的《农政全书》都对玉米有所记述。17世纪后玉米已在全国普遍推广。

玉米在中国的传播大致经过先丘陵山地后平原地区的过程。明清时期，玉米首先在山区广泛栽培，成为人们的主要粮食，其传播、推广的速度很快。乾隆十二年（1747年）安徽巡抚潘思榘奏称：“芦粟一种，宜于山地，不择肥瘠，六安州民种甚广，舂煮为粮，无异谷米，土人称为六谷。”18世纪60年代纂修的《河南嵩县志》说：“玉米粒大如豆，粉似麦而青，盘根极深，西南山陡绝之地最宜。”又说：“今嵩民食用，近城者以麦粟为主，其山民玉黍为主。”[①]道光年间陕西《石泉县志》记述：“乾隆三十年以前，秋收以粟谷为大庄，与山外无异。其后，川楚人多，遍山漫谷皆包谷矣！”这时的陕西《留坝县志》记载：“五谷皆种，以玉黍（即玉米）、荞麦为最，稻菽次之。”万国鼎先生据各省通志和府县志记载认为，玉米在明末（1643年）已经传播到河北、山东、河南、陕西、甘肃、江苏、安徽、广东、广西、云南等十省。至于福建、浙江两省明代方志虽未记载，但有其他文献证明在明代已经栽种玉米[②]。19世纪中后叶，玉米在平川地区也有相当发展。其发展推广原因，主要是由于玉米有多种特有的优点。玉米籽粒可做粮食。成熟晒干后可磨成面粉，作面食；还可碾成玉米糁，做饭或煮粥。玉米在没完全成熟时，可采收青玉米煮食。在夏秋之交，其他作物还未成熟的青黄不接时，人们可采收玉米以解燃眉之急。玉米从播种至收获，田间管理比其他作物简单，产量也比其他旱地粮食作物高。在温饱问题不得解决的情况下，吃玉米比吃大米或面粉耐饥，这又是玉米深受贫苦百姓欢迎的原因之一。晚清至民国时期，玉米发展成为中国仅次于水稻和小麦的第三大作物。

4. 花生的输入

花生，又名落花生、长生果、地果等。最早产于巴西和秘鲁。在巴西曾发现十几种野生型的花生，美洲最早的古籍《巴西志》里有关于花生植株形态的描述。在

① 陈树平. 玉米与番薯在中国传播情况研究［J］. 中国社会科学，1980（3）.

② 万国鼎. 五谷史话［M］. 北京：中华书局，1961：26.

秘鲁利马北部安孔镇的古墓里，发掘出距今2000多年前的保存完好的炭化花生粒。

公元1492年，哥伦布发现新大陆后，揭开了花生种植的新历史，早期的航海家把花生荚果从南美洲带到西班牙。西班牙人将它视为珍奇的食品，由于花生具有优良的食用价值，所以迅速传遍欧洲。

公元16世纪初期，通过各国的交往，花生又从南美洲经过印度洋和太平洋，传播到非洲和亚洲各地。中国从南洋群岛引入花生，最初只在沿海各省种植。据记载，最早引入中国种植的是小粒型花生，壳薄粒小、早熟、含油量高。后来经过一百年以后，又从国外引进一种大粒型花生，又叫“洋花生”。它籽粒大、产量高，分直立型和蔓生型两种。花生最初在广东福建一带种植，据《广东新语》记述，清初已普遍种植。《滇海虞衡志》更称：“落花生为南果中第一，……高、类、廉、琼多种之。”17、18世纪花生种植不断向北方延伸。19世纪初，大粒花生传播到山东沿海各地，由于它产量高、品质好，迅速在黄河、长江流域大面积推广开来。

现在，中国是世界上种花生最多的国家之一，而原产地的巴西和秘鲁却产量不高。另一种说法，我国也是花生原产地之一。早在14世纪中期成书的《饮食须知》和15世纪成书的《滇南本草》中就有花生的记载。元代贾铭的《饮食须知》“卷四”中记有“落花生”，其曰：“味甘，微苦，性平。形如香芋，小儿多食，滞气难消。近出一种落花生，诡名长生果，味辛苦甘，性冷，形似豆荚，子如莲肉。”①这是一种小粒型花生。

（二）食物原料的培植

食物原料是饮食制作活动的必备之品，古语云：巧妇难为无米之炊。从古到今，不同的时期人们食用的材料是有差别的，从早期的采集和渔猎，到后来的种植和养殖，再到引进外来的食物，今天丰富繁多的食物原材料是历代人们不断努力地探索、寻找、拓展、培育而来的。

1. 我国古代食物原料的繁育

在食物原料的利用方面，我国古代很早就注意动物原料的良种繁育和植物原料的培植。春秋战国时期，人们已掌握了一定的家畜繁育技术。经过长期的养猪实践，劳动人民于秦汉时期培育出多种优良种猪，并对优良鸡种进行培育。魏晋南北朝时期，对禽畜的选种与繁育更加重视，《齐民要术》中有专章对养牛、养羊、养猪、养鸡、养鸭、养鹅等进行阐述。

① （元）贾铭. 饮食须知［M］. 北京：中国商业出版社，1985：42.

如《齐民要术·养羊第五十七》载："圈中作台、开窦（排水口），无令停水。二日一除，毋使粪秽。秽则污毛，停水则'夹蹄'，眠湿则腹胀也。"[①]《齐民要术·养鸡第五十九》载："鸡种，取桑落时生者良。"这样的鸡"守窠，少声，善育雏子。""鸡楼，宜据地为笼，笼内著栈。虽鸣声不朗，而安稳易肥。"[②]《齐民要术·养鹅、鸭第六十》载："鹅、鸭并一岁再伏者为种。"因为，"一伏者得卵少；三伏者，冬寒，雏亦多死也。"[③]这里的"再伏"指第二次孵化。其孵化一般在三四月间，这时天气转暖，青草初生，白昼放养时间长，苗鹅、苗鸭长得好，发育快，最适宜留作种。而第一次孵化与第三次孵化，都在冷天，受精率、孵化率和成活率都不高。

隋唐、宋元时期，都对各个优良品种进行培育，并出现了特色品种。元代《农桑辑要》中分列专章对马、牛、羊、猪、鸡、鹅、鸭、鱼都有养殖的经验介绍。如"养羊法"：辑《家政法》曰："当以瓦器盛一升盐，悬羊栏中。羊喜盐，自数还啖之，不劳人牧。"[④]在养"猪"法中，辑《四时类要》中的"肥豕法"："麻子二升，捣十余杵，盐一升，同煮后，和糠三升饲之，立肥。"[⑤]明清时期畜禽良种的培育及外传，优良牛种有秦川牛、南阳牛等；优良羊种有湖羊、洮羊、封羊等；优良猪种有华北猪、华南猪；优良鸡种有泰和鸡、九斤黄、狼山鸡、辽阳鸡、寿光鸡等；优良鸭种有北京鸭、高邮鸭、凤头鸭、建昌鸭等。

明清时代家禽人工孵化已发展成专业性的行业。《三农纪》载："孵化有炒糠孵伏者，有炒麦孵伏者，有马屎孵伏者。"以后出现用人工方法提高温度，大批量地孵化禽蛋。其主要方法有三种：炕孵法、缸孵法、桶孵法。

明清时期发明了填鸭法。填鸭法可以促使鸭速肥。包家吉的《滇游日记》记载，用白米作成饭，和盐花成团，作成枣核状，强喂之，每日喂一团，共喂二十一日，至期宰食，其味肥嫩无比。另《顺天府志》也有填鸭法的记载，当鸭子羽毛刚刚长成时，用麦面和配料拌之，张其口而填之，填满其嗉，即驱之走，不使停息。一日填三次，不数日，鸭即肥大矣。

2. 现代食物原料的引进与培植

在食物原料方面，这时期比以前更加丰富多彩，全国各地、世界各地有名的食物原料源源进入各地的饮食市场。广大的科技人员、食品原料的生产者和制造

① （北魏）贾思勰．齐民要术［M］．北京：中华书局，2009：554.

② （北魏）贾思勰．齐民要术［M］．北京：中华书局，2009：585-586.

③ （北魏）贾思勰．齐民要术［M］．北京：中华书局，2009：594.

④ （元）大司农司．农桑辑要［M］．上海：上海古籍出版社，2008：361.

⑤ （元）大司农司．农桑辑要［M］．上海：上海古籍出版社，2008：369.

者也把保障人们的健康放在工作的首位，同时，由于环保意识的增强和持续发展观念的树立，全国饮食原料的生产、制造和管理正朝着多样、天然方向发展，农、林、牧、副、渔各业纷纷利用生物工程技术、无公害栽培管理技术、天然及保健生产技术开发和生产了一批批田园美食、森林美食和海洋美食，建设并规范了无公害果蔬基地、禽鸟生产基地、放心肉定点屠宰加工场所和绿色食品研究及制造定点企业。

（1）优质原料的引进与利用　随着近现代的对外开放，特别是近十多年提倡优质高效农业，我国从世界各国引进了许多食物原料，引种工作开始注重优质和多样化，并掀起了一个引种热潮，成功引进了长白猪、杜洛克、汉普夏皮特兰等瘦肉型猪，以及法国菜牛、西门达尔牛、摩拉水牛、利波尔华斯羊、罗姆尼羊、杜泊绵羊、澳大利亚和非洲的鸵鸟、火鸡、日本白鸡、星布罗肉鸡、罗曼肉鸡、英国的樱桃谷鸭、美国王鸽等一大批优质畜禽良品，极大地丰富了我国的食品供应市场。

水产的引进和驯养开始于解放前后，先后引进了泰国的罗非鱼、野鲮鱼，朝鲜的虹鳟，日本的白鲫、罗氏沼虾、虾夷扇贝，加州鲈鱼，古巴的牛蛙，亚马孙河的淡水白鲳，埃及的罗非鱼和大种胡子鲶，澳大利亚的淡水黑鲷、淡水龙虾，欧洲的比目鱼、多宝鱼等，大多数是改革开放以后引进和繁育成功的优质品种。

植物性原料有玉米笋、微型番茄、夏威夷果、荷兰豆、西蓝花、洋葱、洋姜、朝鲜蓟、芦笋、抱子甘蓝、凤尾菇、奶油生菜、结球茴香等。这些动植物原料经过科研人员的驯化、培植与利用，已大量地用于烹饪生产中。每一种原料在烹调师的研究与开发中都制作出许多系列新品种、新风味。

（2）珍稀原料的种植与养殖　新中国成立以后，科研人员利用先进的科学技术对一些珍稀动植物原料进行人工培植和养殖，并获得了成功。如今，人工培植成功的珍稀植物原料有猴头菇、银耳、竹荪、虫草及多种食用菌；人工饲养成功的珍稀动物原料有鲍鱼、牡蛎、刺参、湖蟹、对虾、鳜鱼、中华鲟、河豚等。这些珍稀原料的培育，能够更多地满足众多食客的需求。如鲍鱼，常栖息于海藻丛中、岩礁的海底，但天然产的鲍鱼数量有限，因此价格十分昂贵，历代皆视为珍品。到20世纪70年代以来将鲍鱼人工养殖成功，产量逐步增长，使更多的人得以品尝美味。

野生动物的规模化驯养和食用，是近现代兴起的一个新兴产业，我国目前形成规模驯养的，主要有安徽的扬子鳄，广东的鸵鸟和果子狸，四川、广东的鹌鹑和鹧鸪，广东、广西和湖南的龟和蛇，安徽、浙江、广东的野鸭和山鸡，辽宁的林蛙（雪蛤），广东、湖南和安徽的牛蛙，广东、湖南、江苏和河南的甲鱼、广东和山东的蝎子、广西的蛤蚧等。我国养殖技术水平的进一步提高，也为全国各地输送和提供了极好的食物资源。

（3）加工原料更加广泛而科学　当前医学和营养学的研究已经取得分子水平的突破。这一划时代的成就，指导着人们按照健康目标开发和生产各种食物，烹制和深加工各种健康食品，也改变着人们的饮食观念。食物的烹调方法也在不断优选和革新，改进那些对人体不利的因素，使食品既保持原有的风味效果，满足人们的食欲需求，又可以保障食用的健康。方便食品、营养食品、功能保健食品、速冻食品等工业制成品已进入人们的一日三餐。

方便食品多指由工业化大规模加工制作而成的、可直接食用或稍加烹调即可食用的食品，具有食用简便、携带方便、易于储藏等特点，是近现代食品加工的发展方向之一。原料几乎包括所有的食材，加工涉及烹煮、糊化、粉碎、膨化、干燥、冷冻、杀菌等技术。营养强化食品也是现代发展非常迅速的一类食品，添加的主要种类有维生素、氨基酸、矿物质和脂肪酸类。目前世界上所用的营养强化剂约有130种，我国已生产、使用的约有30种。

速冻食品，就是在最短时间内使食品完全冻结，这个过程越短，冷冻品的质量就越好，因为结冰的速度越快，形成的冰晶就越小，对细胞的损伤就越小，而且速冻时，细胞内外水分同时结冰，就不会因为液体渗透压而使细胞严重失水，因此速冻食品保鲜效果远高于一般的冷冻品。目前常见的速冻食品基本可分为水产、畜禽、果蔬、调理食品（即菜肴）和点心五类。食品工业的飞速发展，标志着我国饮食开始步入更高更自由的美食境界，为中华饮食文化做出了新的贡献。

（4）食物资源不断发掘和开拓　当前人类面临五大问题，这便是资源、环境、粮食、能源、人口。其中人口和粮食，也就是人口和食物问题最为突出。随着城市化发展迅速，农田土地面积日益减少，人口的膨胀，工业的扩展，对于自然资源的索取必然增多，自然资源面临枯竭。石油危机，能源危机，森林破坏，草地沙化，野生动物、野生植物种类锐减，造成食物资源的缺乏，严重威胁人类未来的生存。在不久的将来解决人类食物问题必然迫在眉睫。富有社会责任心的科学家，在不断寻找新的食物资源。因为人们目前习惯吃的各类食物，已经不能满足需要。人类对于自然界的探索，工业的高度发展，技术上的重大进步，为人们发掘新的资源提供了条件，使它成为可能。科学家认为，有几条途径具有现实意义。首先是对于现有各类农业作物的充分综合利用。例如植物的叶子，它含有大量的蛋白质，完全可以成为提取食用蛋白的原料；另一途径是利用酵母、藻类和真菌，可以使用培养液培养，进行工业化生产。漫山遍野的野菜、野果，都可能被“驯化”成蔬菜、水果。放眼占地球表面6/7的汪洋大海，那里取之不尽的水产资源，还未被人类充分利用。解决未来的食物问题，人们可以抱着乐观的态度。

（5）现代食物原料面临的问题　农业是社会进步、文化发展和人类尊严的基础。自古及今，从采集狩猎到刀耕火种，从粗放农业到现代农业，均不能脱离对资源环境生态系统的依赖。人类从自然中产生，自然资源环境生态系统是人类生存、繁衍和进化的物质基础。在现代发展的进程中，我们在征服自然时，"向自然索取"已超出了一定的界限，以至于造成许多危及人类生存的重大问题，如资源匮乏、环境恶化、生态破坏等。人与自然的协调情况如何，将直接影响着人类是否稳定和能否永续发展的关键所在。

在中国人口增长和经济实力持续提升的境况下，也带来了新的问题。许多食物原料消耗过大以至于造成食料的匮乏和多样物种面临灭绝，我们吃的食物原料只有依赖于人工养殖和培植。广大农村使用耕地减少，城镇居民居住环境污染，自然生态遭到一定程度的破坏，许多食物原料的质量也在一定程度上受到影响。

我们不禁要问，让廉价食物损害我们的健康是否值得？为了生产廉价食物而破坏环境是否值得？在化肥、农药泛滥成灾的农业社会，农业生产依赖杀真菌剂、杀虫剂和除草剂，为我们的食物和环境中增加了大量抗生素、基因工程激素、药物成分和各种掺杂物。我们迫切需要能人志士对我们的食物、饮食和农业生产方式进行认真的思考，从社会的前途出发，为了我们的健康需要寻找答案。

有专家提出了"农业生态思想"，如：采用轮作复种、间作套种、土壤轮耕等生态型农业措施，兼顾经济效益和生态效益；合理利用和保护自然资源，维持生物多样性，促进生态系统良性循环；采用用地、养地相结合的耕作措施，保护耕地，保持地力永续利用；利用生态方法防治病虫害和杂草，施用有机肥，保护生态环境①。为我们的农村耕地、农业生产提供健康的思路。

世人的饮食状况同时朝着更好和更坏的方向发生转变。随着现代速食文化取代各地的传统美食，食物原料的优与劣已很难把控。尽管如此，现在每天都有人做出远离劣质食材、摒弃垃圾食品和让自己活得更自由一些的选择。人们这样做，使提供有机食材以及天然、全营养食物的基础得到了逐步增加。相当多的人已经开始选择正确饮食和饮食内容，以及哪些食物安全、哪些食物不安全方面达成新的共识。这种共识正出现在永远都非常重要的市场中。

① 胡火金. 协和的农业——中国传统农业生态思想［M］. 苏州：苏州大学出版社，2011：215-217.

我们迫切需要所有市场售卖的原料从种植开始，包括运输、加工再到销售，实行全方位的原料与生产的安全控制，实行“从地头到手头”的全程控制，可以确保售卖的所有食物原料的安全性。这种全程控制，不过是还原了食物的本来面目，保留了食物的天然成分和天然风味。正是树立优良好食材、保护传统烹饪的最佳选择之地，缩短我们与天然食物间的距离，才能让我们重新回归到大自然的食物链中。

第二章

中国人烹的技术

从古到今，人们每天都得在厨房加工一些食物、制作自己所喜爱的菜品。古今的很多人在司厨时使用工具就像使用双手那样自然，不论是锅碗瓢盆还是刀砧灶火，从笨拙的加工开始逐渐地越来越灵活的操作。中国的厨师与家庭主妇们都很习惯地操弄这些厨房工具，利用各种烹调方法完成各种不同的菜品杰作。这就是烹的技术，是从人的饮食需要出发，对烹调原料进行选择、切割、组配、调味与烹制，使之成为符合营养卫生，具有民族文化传统，能满足人们饮食需要的菜品的制作方法。

中国人烹制菜品的方法为什么会如此丰富？对这样的问题确实难以说清楚，只能解释它是随人类历史的发展而慢慢积累演化的。我们今天使用的炊具之所以会被发明，都是以史前时代的事物为基础的。

我国先民用火熟食的传说，在许多史书中多有记载，如《太平御览》卷第七十八引《礼含文嘉》中就记载着发明用火的圣人——燧人氏，说："燧人始钻木取火，炮生为熟，令人无腹疾，有异于禽兽，遂天之意，故谓燧人。"①这就是中国历史上传说的钻木取火以化腥臊的"燧人氏"时代。《古史考》曰："有圣人以火德王，造作钻燧出火，教人熟食。"②这便是我国烹饪中用火烧烤技术的先河。

据考古学家考证，在"北京人"的洞穴中，已发现了用火的痕迹，木炭、灰烬、烧石、烧骨等堆在一定的地区，叠压很厚，显然这不是野火留下的痕迹。这种现象证明了北京人不仅在使用天然火，而且已能有意识地对火进行控制使用。据考古学界的推断，在距今50余万年的北京周口店"北京人"遗址是迄今为止全世界已知的、人类最早用火熟食的发现。

汉画像石《庖厨图》

①（宋）李昉．太平御览（第一卷）[M]．石家庄：河北教育出版社，1994：670.

②（宋）李昉．太平御览（第一卷）[M]．石家庄：河北教育出版社，1994：670.

在我国，新石器时代出现了原始的农业和畜牧业，同时，还有一定的切割，一般用石刀、蚌刀等。这是最原始的切割，加之陶器的普遍使用，至此，一般地说，烹饪的主要因素：火、炊具、调味品在新石器时代已经具备了。从此，我们的祖先才开始告别简陋的野蛮生活，真正进入基本完备的烹饪时代。

中国烹饪经过历代烹调师的苦心钻研，新的工艺方法不断增多，新的菜肴品种不断涌现。许多烹调师在菜品制作与创新中，都善于从工艺变化的角度作为菜肴变新的突破口，通过这条道路向前探索，人们摸索出了许多规律，创造出许多制作菜品的新风格、新技术。

一、蒸与炒：中国烹食文化的奇葩

中国人的饮食在全世界占有重要的地位，中国无论在菜肴的数量、品质还是在制作方法方面都堪称“吃的王国”。从就餐方式来看，中国人用筷子进餐代表了东方饮食文化，筷子与刀叉、手抓代表了世界三大饮食文化圈。中国菜常用的烹调方法有上百种，而最具代表性的，当属“蒸”和“炒”。“蒸”和“炒”是我国特有的且与我国人民生活密不可分的烹制方法，更是中国烹饪对世界烹饪文化的一大突出贡献。[①]

（一）我国蒸菜的伟大贡献

使用蒸的方法离不开蒸笼，蒸笼已成为中国人烹食的代表。只有中国人会做竹制蒸笼，有专门的职业叫“篾匠”。竹制蒸笼是中国人厨房里重要的使用工具，北方人爱吃的馒头、花卷要蒸，南方人爱吃的糕点、包子要蒸；南瓜、茄子、芋艿等蔬菜要蒸，鸡肉、鱼肉、猪肉等荤菜也要蒸，几乎是无蒸不成席。用竹制蒸笼烹制菜点不但保存竹子清香，还可以吸收溢出的水蒸气，不会使凝聚在盖子上的水珠落到食物上。

1. 蒸制源起

我国远古时期早就出现了蒸制烹调法。在史前的新石器时代，我们的祖先在陶罐、陶釜的基础上发明了陶质器具“甑”。《古史考》有云：“黄帝作釜甑”，

① 邵万宽. 蒸、炒——我国烹食文化的奇葩［J］. 江苏调味副食品，2015（2）：40-44.

“黄帝始蒸谷为饭，烹谷为粥”。[1]据考证，蒸制法的运用距今已有6000多年的历史。虽然在古文献中经常看到釜、甑器具并提，但它们是两种炊具。陶釜的发明改变了人类直接烧烤的方法，甑是在陶釜的基础上发展演变而来。我国仰韶文化时期已开始见到甑的遗存，但数量不多，到龙山文化时期已十分普遍，黄河中游地区的每个遗址几乎都能见到陶甑。长江中游地区的大溪文化已有甑，屈家岭文化中更为流行。在长江中下游地区的三角洲，马家滨文化和崧泽文化居民都用甑蒸食，著名的河姆渡文化则发现了最早的陶甑，其年代为公元前4000年上下。[2]这说明我国的先民那时已经开始利用蒸汽的热能进行饭菜加工了。这是世界人类文化史上最早对蒸汽能的开发利用。

有了甑就有了“蒸”。甑是蒸制食物最原始的笼屉，底部有许多小孔（利于蒸汽上升而把食物蒸熟），它置于釜或鬲上配合使用，这是一种分体式的蒸制炊具。进入新石器时代晚期，在炊具“甑”的基础上又发明了一种新型陶制炊具“甗”，甗的结构由上下两部分组成，上部为甑，下部为鼎、鬲或者釜，中间有箅。鬲中煮水，蒸汽经箅上达于甑。甗是一套复合型的炊具，下部高足间可举火加热用于炊事，而甑与釜组合而成的甗则需要与灶搭配才能使用，这也就是最早的蒸锅。龙山文化时期，甗的上下两器常常连塑为一个整体，应用十分普遍。商周时期，甗开始用铜铸成，上下两器有合铸的，也有分体的。甗的使用一直延续到汉代，东汉之后，逐渐衰亡，“甗”的名称尽管仍然存在，然而实际上指的是釜、甑的结合体。

陶甑、陶甗的出现，是我国烹食史上一次划时代的创举。从科学技术意义上看，是我国陶制炊具发展到一定水平时，人们运用聪明才智对原有釜、鼎进行了加工和改进，这是早期人类烹食具综合利用的结果。这对于当时我国先民来说，是一件具有科技创新意义的行为。从煮到蒸，看似很小的变化，但实际上却大大提高了我国先民的饮食水平，蒸不仅可以加工米粒类食品，还可以加工块茎、面食等，从而扩大了食物的种类，为蒸饭、蒸肉、蒸蔬菜开辟了新的途径。

就“蒸”字而言，《说文解字》曰：“蒸，火气上行也”。《诗经·生民》中形容蒸饭曰：“释之叟叟，蒸之浮浮。”[3]《正义》解释说：“洮米则有声，故言叟叟之声，蒸饭则有气，故言浮浮之气。”这是火的燃烧使水吸收火的热能，使得甑的内压形成100℃以上的蒸汽。

利用水蒸气的热量使食物变熟，这种方法的使用是人类的一大进步。人们使

① （宋）高承等. 事物纪原（四库类书丛刊）[M]. 上海：上海古籍出版社，1992：217.
② 王仁湘. 民以食为天[M]. 济南：济南出版社，2004：32.
③ 诗经[M]. 北京：中华书局，2015：628.

用这种方法不仅可以使食物原料保持不变形，而且可以腾出手干其他的活计。热腾腾的食物不仅保持它的水分，而且充分体现食物的原味和鲜味。因此，在古代人们利用蒸制法大量制作菜肴和面点。如春秋时《论语》中已提到的“蒸豚（小猪）”，《离骚》中记载了战国时楚国的美食“蒸凫（野鸭）”，北魏时期《齐民要术》所记载的蒸菜包括蒸熊、蒸鸡、蒸豚、蒸猪肉、蒸鹅、蒸羊、蒸猪头、裹蒸生鱼、毛蒸鱼菜、蒸藕等，[①]这些食物一般都是用葱、姜、盐、豉汁及香料调好味后，直接放入甑中蒸熟。在《齐民要术》如此多的“蒸菜”中，按照制作方法的划分，已有粉蒸、清蒸、糁蒸、裹蒸、竹蒸、蜜蒸等之别。唐代“蒸羊肉”较为有名，《云仙杂记》云：“阶前旋杀羊，令众客自割，随好者，彩锦系之。记号毕，蒸之，各自认取，以刚竹刀切食，一时盛行，号过厅羊。”[②]到五代时，西域地区蒸全羊的方法流入中原，成为朝廷中的食羊方式。宋代《清异录》中记载“于阗法全蒸羊，广顺中，尚食取法为之。”[③]《山家清供》有利用蒸制法制作的“蟹酿橙”“莲房鱼包”，浦江《吴氏中馈录》中有“蒸鲥鱼”；元代《易牙遗意》《居家必用事类全集》中有“盏蒸鹅”“碗蒸羊”“蟹黄兜子”以及“糕饵类”点心（如藏粢、五香糕、松糕、生糖糕、裹蒸、夹沙团），等等，都是蒸制成熟的。明清时的蒸菜更加丰富，有盏蒸鸡、清蒸肉、藏蒸猪、和糁蒸猪、干锅蒸肉、粉蒸肉、蒸小鸡、黄芪蒸鸡、干蒸鸭、剥壳蒸蟹、芭蕉蒸肉、糟蒸肉、蒸猪头、蒸醉黄雀、蒸酱风鱼、蒸鲈鱼、清蒸甲鱼等。

我国蒸菜历史悠久，它是最传统、最古老的菜肴制作方法之一。从古到今，全国各地的蒸菜十分普遍，但西方国家的肴馔中极少使用“蒸”制法。这是中国饮食文化菜品烹制的特色所在。

2. 全国人民爱蒸菜

说中国人爱吃“蒸”菜，这是恰如其分的。各种动物、植物原料都可用蒸的方法烹制，面点使用蒸法更加普遍。从蒸的工艺来看，蒸法是对蒸锅中的水进行加热，使其形成热蒸汽，在高温的作用下，使蒸笼中的蒸汽剧烈对流，把热量传递给原料，将原料加热成熟。蒸能保持菜肴外形完整、美观，质地柔软；蒸可降低食物营养素的流失。蒸的菜肴通常带有汤汁，所以在加热时要用有深度的容器放置食物，避免最精华的汤汁流失。

（1）民间蒸菜流传广　蒸是我国烹饪技艺中最传统、最简便的烹饪方法。全国各地各大菜系都爱用蒸法制菜。比较著名的有四川乡村流行的“田席”（因就田

① （北魏）贾思勰．齐民要术［M］．北京：中华书局，2009.

② 王赛时．唐代饮食［M］．济南：齐鲁书社，2003：60.

③ （宋）陶谷．清异录［M］．上海：上海古籍出版社，2012：111.

间院坝设筵，故名)。其特点就是就地取材，不尚新异，菜腴香美，朴素实惠。其菜式以蒸、扣为主(扣也是蒸的一种方式)，也称“三蒸九扣”。因席桌多，出菜要快，因此菜肴多用蒸扣之法烹制，如烧白、粉蒸肉、八宝饭、蒸肘子、扣鸡、扣鸭、炖酥肉等。湖北“沔阳三蒸”是影响较广的蒸制菜品，又称“沔阳粉蒸”。它既专指粉蒸五花猪肉、蒸珍珠圆子、蒸白圆，也泛指蒸肉(包括所有的禽畜)、蒸鱼(包括一切鱼鲜)、蒸菜(有白菜、苋菜、芋头、豆角、南瓜、萝卜、茼蒿、莲藕、菱角、马齿苋等数十个品种)。从古到今，沔阳一带的民间筵席必上三道粉蒸大菜，故而当地的系列蒸菜习以“三蒸”命名。湖北“天门蒸菜”全国闻名，其蒸菜系列共有八大类。实际上，我国各地的民间乡村都喜爱制作蒸菜，农村的“六大碗”“八大碗”的席筵基本上离不开蒸、炖、扣的菜肴。

(2)蒸菜特色很分明　从早期的陶甑，到后来的竹笼，再到今天的不锈钢蒸笼、蒸箱，几千年以来不管使用什么工具，中国南北方城乡居民都爱将菜蒸着吃。其原因主要有三大方面：

第一，蒸的方法较为简便。蒸是以蒸气为传热介质的烹调方法。在菜肴烹调中，蒸的使用比较方便，它不仅用于烹制菜肴，而且大量的面食都可用蒸的方法成熟。蒸制菜肴是将原料(生料或经初步加工的半成品)装入盛器中，加好调味品和汤汁或清水(有的菜肴不需加汤汁或清水，只加调味品)后上笼蒸制，其难度相对不大，只需根据品种掌握不同的火候、不同的时间。蒸制法省事简单，人人会用；蒸制的食物鲜嫩可口，个个爱吃。

第二，蒸制菜点较有营养。蒸制食品的最大特点就是能够保持菜肴的原形、原汁、原味。由于蒸具将食与水分开，即使水沸，也不致触及食物，使食物的营养全部保留于食物内，不易遭受破坏，能保持食物的原汁原味。蒸比起炸、煎等烹饪方法，蒸出来的菜肴所含油脂少，且能在很大程度上保存菜品的各种营养素，更符合健康饮食的要求。蒸菜中水的沸点只有100℃，菜点在笼内不但形状不受破坏，而且营养物质可以较多地保留下来。研究表明，蒸菜所含的多酚类营养物质，如黄酮类的槲皮素等含量显著地高于其他烹调方法制作的菜肴。同时，蒸的食物相对更软、更烂，更有助于人体消化吸收。

第三，蒸法使用十分广泛。蒸菜的口味清淡，且能保持食物的原味，如鸡、鸭、鱼、肉、海鲜、鸡蛋、豆腐、蔬菜等，无一不可用蒸的方法，就连面食、点心，也有很多是用蒸来制作的。不论用蒸笼还是电蒸锅，也不论是蒸什么食材，水开后再放入是蒸的关键。蒸制菜肴所用的火候，要根据材料性质和烹调要求来掌握。材料质地鲜嫩、只要蒸熟不要蒸酥的菜，应该用旺火速蒸；材料质地老、形状大又需要蒸酥烂的菜要用旺火沸水长时间蒸；需要保持原料鲜嫩的菜要用中小火沸水慢慢地蒸。

（3）蒸制菜肴风味多　由于以上三大原因，蒸制法至今仍然是广受欢迎的主食和菜肴加工方法，蒸制器具除了材质在不断改进外，其基本结构和使用方法与远古时期几乎没有差别。这说明蒸制方法具有非常合理的技术内涵和不可替代的实用价值。

蒸菜发展到今天已形成多种不同的蒸制方法，且每种蒸法都各具特色，能最大限度地保持原料的本味。从蒸制工艺来看，主要有清蒸、粉蒸、封蒸和扣蒸等。我国各地蒸菜品种丰富多样，且风味各不相同。

苏菜中的清蒸刀鱼、粤菜中的江南百花鸡、鲁菜中的清蒸全鸡、鄂菜中的清蒸鮰鱼、清真菜中的生蒸羊肉等，这类清蒸菜的制作方法，系选用质地较嫩的动物性原料，进行初加工后，用调料拌渍，通过旺火沸水快速蒸至成熟，然后淋入调料。此类菜基本能保持原料本色，汤汁颜色较浅，口味鲜咸醇厚，清淡爽口，质地松软细腻。

浙菜中的荷叶粉蒸肉、川菜中的粉蒸牛肉、鄂菜中的沔阳三蒸、苏菜中的粉蒸排骨、清真菜中的粉蒸羊肉等，这些粉蒸菜的制作方法，是选用质地老硬、体形大的原料，进行初步加工后，用多种调味拌渍，然后拌上大米粉或淀粉、菱角粉、玉米粉等，装入器皿或直接铺入笼中蒸至酥烂。此类菜品质感软烂、酥嫩、味香。

粤菜中的九制陈皮花雕鸡、瑶柱八珍汤，湘菜中的腊味合蒸、五元神仙鸡，苏菜中的火腿酥腰，台湾菜中的东门当归鸭等，制作这类蒸菜采用的是封蒸之法，是利用有盖容器，将主料诸如瑶柱、火腿、腊肉、腊鱼、咸鸡等，用荷叶、锡纸、牛皮纸或保鲜膜封口，盖紧后进行蒸制。此法取用原汁原味的汤料，制作的菜肴芳香诱人、味中有味。

广西的花菇扣山瑞、荔浦芋扣肉，上海的扣三丝以及各地的扣鸡、扣鸭、扣肘子、八宝饭等，这类食物的制作方法是，将原料调味后，或斩件排列装入扣碗，直接上笼蒸制，待蒸熟后翻扣入盘，然后淋上芡汁。这是我国城乡居民广泛使用的一种制作方法。用这种方法制作的食物外形完整，装盘饱满，质地软嫩不腻、酥而不烂。

（二）飞火炒菜独树一帜

炒是中国人颇爱使用的一种烹调方法，炒菜不仅家家会做，而且人人爱吃。到目前为止西方国家的人并没有使用这种中国式烹调方法。

中国人使用的炒锅是深底锅，又称尖底锅，常见的有双耳式和带把式。这种锅很少有外国人使用。西餐锅是平底锅，只适宜煎制菜肴；而中餐炒锅底较深，便于翻炒烹制，适合大火爆炒，利于料、味的融合和变化；炒菜时锅边四周甚至锅内会有火苗飞溅，可以五味渗透，快速成菜，这就是炒菜口味爽滑、鲜嫩的原因，也是中国菜肴制作的奥秘。

1. 炒法探源

炒是一种特殊的烹调法，从它的发展来看，炒制法经历了两个阶段。一是远古时期的干炒法阶段。远古时期人们直接对颗粒状的食物进行翻拌加热使之成熟。如《礼记·礼运》中记有"燔黍捭豚"。郑玄注曰："中古未有釜甑，释米捋肉，加于烧石之上而食之耳，今北狄犹然。"[①]这就是米、肉石炙法，它包括两种烹制方法，一是烙炕；二是炒拌。烙炕法是简单翻动或不翻动，炒拌法是多翻动、勤翻动。谷物较小，只有勤翻动，才能使谷物受热均匀，保持最佳口感。比如在烧石上炒豆子、炒麦子、炒稷子，其方法是，用火加热烧石，放上谷物，利用木棍、枝条或竹片翻拌，使之炕炒成熟。这类似于今天的炒瓜子、炒花生。这时期既没有油脂传热，也没有刀工切配，只有简单的烤、炕、炒。炒比烤、炕更能够使谷物加热均匀，口感更好。二是商代以后的炒制法阶段。这个阶段的炒才是完全意义上的炒，它依赖于金属炊具、油脂和刀具。商代已出现了青铜器，并发现了早期锅的原型。据考古发现，商代已有铜釜，春秋有王子婴次之炒炉，战国有青铜炉盘，等等。这些金属炊具是最早实现金属炒制的器具，把原料切碎放入器具内，用铜铲、木质或竹制的铲子就可以完成翻炒。但那时金属炊具尚属奢侈品，只有贵族王室才有条件用它来烹制食物。先秦时期，炒制烹饪还处于萌芽时期，条件还不够成熟。直至汉代，大量炼铁技术的盛行，铁锅在各地比较流行，这才为炒制烹饪法提供了良好的物质基础。

实际上，在"炒"字未出现之前，炒制方法就已经存在了。早期盛行的是干炒、生炒、煸炒和水炒。南北朝以后，才开始有熟炒、滑炒和软炒的方法，这些方法的使用需要利用动物油脂和铁锅。铁锅导热性能适中，经得起碰撞，适宜爆炒的方法在较短时间内加热、急速翻炒、快速成熟。

到目前为止发现的"炒"字的最早记载，是北魏时期贾思勰的《齐民要术》。他在书中多次谈到"炒"字。如在介绍"炒鸡子法"时说："打破，著铜铛中。搅令黄白相杂。细擘葱白，下盐米，浑豉，麻油炒之，甚香美。"[②]在介绍"鸭煎法"时又说："用新成子鸭极肥者，……细锉如笼肉，细切葱白，下盐豉汁，炒令极熟，下椒姜末。食之。"[③]在"酸豚法"中曰："细切葱白，豉汁炒之，香。微下水，烂煮为佳。"[④]这就是今天所说的滑炒、煸炒和水炒，这说明南北朝时期利

① （汉）郑玄注.（唐）孔颖达正义. 礼记正义［M］. 上海：上海古籍出版社，1990：415.
② （北魏）贾思勰. 齐民要术［M］. 北京：中华书局，2009：587.
③ （北魏）贾思勰. 齐民要术［M］. 北京：中华书局，2009：877.
④ （北魏）贾思勰. 齐民要术［M］. 北京：中华书局，2009：883.

用炒制法烹制菜肴已习以为常。

唐宋时期，各式动物性原料的炒菜已经成熟定型。如《东京梦华录》中有炒兔、炒蟹、炒鸡、炒蛤蜊、生炒肺；《玉食批》中有炒鹌子、南炒鳝；《梦粱录》中有腰子假炒肺、炒鸡蕈、炒鳝、炒栗子等。宋代浦江吴氏撰写的《吴氏中馈录》中有一款“肉生法”菜肴，名为“肉生”实则为“炒肉片”。其曰：“用精肉切细薄片子，酱油洗净，入火烧红锅、爆炒，去血水、微白即好。取出，切成丝，再加酱瓜、糟萝卜、大蒜、砂仁、草果、花椒、橘丝、香油拌炒。肉丝临食加醋和匀，食之甚美。”[1]此菜的炒制方法是先炒肉片，再炒配料，然后混合炒拌，与今天的炒法是完全一样的。

明清时期的炒菜已十分丰富，有些菜肴已几乎接近现代的水平。从明代的饮食典籍中可以看到，家禽、家畜、水产、野味各式动物性原料均有炒制的菜肴，从其菜名来看，有油炒、辣炒、煎炒、盐炒、生炒、酱炒等不同风格。明代食谱中载录了较多的炒蔬菜，尽管《遵生八笺》在“野蔌类”菜肴制作中较少提到“炒”字，实则多种熟制法还是以“炒制”为主。《宋氏养生部》中的蔬菜炒制就相当丰富，在“油酱炒”中共列举“三十五制”；“油炒”共“四十二制”；“炒”共“七制”，可谓洋洋大观。而最丰富、最具特色的炒菜还要数清代袁枚的《随园食单》和佚名的《调鼎集》，它把中国烹饪的各式特色炒菜都展现出来。这也奠定了中国炒菜的制作基础。《调鼎集》可称得上是清代的食谱大全，收录了清代许多的菜肴，也包括《随园食单》。而《随园食单》中的炒菜更耐咀嚼。常规原料如肉、鸡、鱼的丝、片、丁等炒菜各具特色，并对各式炒素菜也分别加以叙述。除叙述某一种炒菜之外，还谈到相关的炒菜。如论述“韭”和“芹”两款蔬菜时云：“韭，荤物也，专取韭白，加虾米炒之便佳。或用鲜虾亦可，蟞亦可，肉亦可。”“芹，素物也，愈肥愈妙。取白根炒之，加笋，以熟为度。”[2]在“炒虾”一菜中介绍：“炒虾照炒鱼法，可用韭配。或加冬腌芥菜，则不可用韭矣。有捶扁其尾单炒者，亦觉新异。”[3]袁枚不仅介绍某一个菜肴，还有相关的分析和论道，可谓是一本绝佳的“美食小品集”。其中较有代表性的炒菜如虾油豆腐、生炒甲鱼、酱炒甲鱼，都是我国古代炒制法的经典菜品。

---

①（宋）浦江吴氏．吴氏中馈录．景印文渊阁四库全书（第八八一册）[M]．台北：台湾商务印书馆，1982：406．

②（清）袁枚．随园食单．续修四库全书（第一一一五册）[M]．上海：上海古籍出版社，1996：682．

③（清）袁枚．随园食单．续修四库全书（第一一一五册）[M]．上海：上海古籍出版社，1996：678．

2. 南北炒菜皆流行

在我国南北方经常听到广大厨师们自我介绍，南方的厨师自称“我是炒菜的”，北方的厨师说“我是颠大勺的”。“炒菜的”“颠大勺的”已成为职业厨师的代名词。北方人将炒菜锅称为大勺。“颠大勺”就是“翻锅”，也就是炒菜。可厨师未必都是在炒菜，也可能烧菜、炖菜、煮菜，而只有“炒菜”才能代表我国的菜肴烹制，可见炒菜的“炒”地位之高。

烹饪初学者接触炉灶，首先要学习的技术就是“翻锅”，锻炼炒菜的手腕、手臂，掌握了翻锅技术才能上灶台炒菜。炒菜是厨师的基本功，要想成为厨师必须从炒蔬菜开始一步步练习。大师傅都是炒菜技术比较高的人，不会炒菜何谈大师傅？我国的厨师围绕炒菜水平论高低、拼地位，炒菜是进入厨师行业的关键门槛。

所谓完全意义上的炒，是将加工成丝、片、丁、条等小型形状的原料，以油为传热介质，用旺火中油温快速翻炒成熟的一种烹调方法。它适宜细小、质嫩的原料。炒的操作大多需急火速成，能保持原料本身风味特点，菜肴的质地鲜嫩、脆嫩，咸鲜不腻。

（1）炒菜的优点很明显　许多炒制的菜肴需经过上浆处理，上浆是菜品丰润饱满的前提。通过上浆，能够保持甚至增加菜肴的营养成分。荤料（鸡鸭鱼及其他肉类）如果直接与高温接触，蛋白质、脂肪、维生素等营养成分均会遭受到严重的破坏，大大降低了营养价值，如果经上浆处理，水分和养料就会受到有效保护，使用鸡蛋浆时，鸡蛋浆还会与原料起互补作用，从而大大的提高菜肴的食用价值。炒制法可以保持原料的水分和鲜味，使菜肴软嫩而香，口感鲜爽。

（2）“南炒北爆”显风格　在烹饪技法上，“爆”与“炒”是一对孪生兄弟。“爆”是从“炒”法中分化出的一种技法，在清代曾属于炒法的范畴，称爆炒。民国以来，我国有“南炒北爆”之说，即南方以小炒见长，北方以爆菜擅长。比如江浙的小炒、粤闽的小炒都较有名。炒菜原料来源广、加工精、速度快、口感鲜，在南方炒软兜、炒鳝糊、炒虾球、生炒鲩鱼片、炒鱿鱼卷、香汁炒蟹、蚝皇炒鸡球、七彩炒鹅丝等菜肴，赢得了广大就餐者的青睐。北方特别是山东、辽宁地区，在渤海、黄海地区的人们，以海产品为主，人们品尝海产品图的是一个“鲜”字，所以在烹制海鲜原料时，使用了“爆”菜的方法，用小碗提前兑制好调料，以“兑汁芡”的方法急火快炒，成菜速度比炒更快，以保持海鲜爽嫩的口感。此法在北京、天津广为流行。如油爆双脆、油爆海螺、爆鱼丁、辣爆蛏子、汤爆肚仁等。无论是爆还是炒，目的都是保持爽、鲜、嫩、滑的口感。

（3）炒菜的特色各不同　炒菜一般都是旺火速成，在很大程度上保持了原料的大部分营养成分。烹炒食物时，食物原料在锅中不断翻拌使之均匀成熟，其炒制过程，食物总处于运动状态，因而烹炒可使荤菜肉汁多、味道美，可使蔬菜嫩又脆。不同的原料、不同的工艺还可产生不同的口感效果。

上海的生煸草头、四川的生炒盐煎肉、广东的蒜蓉炒通菜、清真菜中的酱炒笋鸡等，是将生的原料经过改刀后，与配料一起，不上浆不挂糊，直接放入少量热油锅中快速炒制成熟。此为生炒法，一般选用质地脆嫩或有一点韧性、久炒不易散碎的原料。

四川的回锅肉、江苏的料烧鸭、炒蟹粉、炒软兜、湖南的东安鸡等，是把经过加工后煮熟的原料，不需要上浆、码味，直接倒入少油量中用中小火，加调料炒至成熟。调料多选用蒜瓣、豆瓣酱、甜面酱等调味品，配料多选青蒜、蒜薹、芹菜、大葱、洋葱等芳香气味较浓郁的蔬菜，体现的是熟炒的风味。

江苏菜中的滑炒虾仁、冬笋鸡丝，粤菜中的碧绿鲜带子、五彩里脊丝，浙菜中的莼菜炒肉丝等，是将原料经过改刀处理后上浆，投入中温油锅中加热成熟，再与配料翻拌并勾芡成菜。这种烹制方法避免了受热不均的缺点，保持了原料质嫩的长处，体现的是滑炒爽嫩的特点。

干煸牛肉丝、干煸鱿鱼、干煸冬笋、干煸四季豆等，是将原料切配加工后，以少量热油、中小火较长时间翻炒，把原料中大部分水分煸出后，调味出锅装盘。此法的原料不上浆、不挂糊、不勾芡。煸炒烹制时火力应先大后小，以免原料焦煳。

广东的大良炒鲜奶、北京的三不粘、江苏的芙蓉鸡片、河北的白玉鸡脯等，是将生的主料加工成泥蓉，用汤或水澥成液状（以牛奶、鸡蛋、鸡蓉、鱼蓉、肉蓉为主），加入调味品、蛋清、淀粉等调匀后，再用适量的热油迅速拌炒或滑炒后成菜。这种软炒之法使菜肴具有松软无汁、清爽利口、细嫩滑软的特色。

二、原始与时尚：中国人烹的向往

在我国各地的饮食活动中，尽管经常使用的烹饪方法丰富多彩，但人们时常离不开那种原始而古老的烹饪法——“烧烤”“石烹”。千年万年以来，随着社会的发展，这种原始的烹饪法一直在各地长久地使用，而是随着时代的变迁越发显现出它的价值和光彩。在现代的饭店里，古朴的烹饪之风掺进了现代的生活气息，吸引着四面八方南来北往的人群。

（一）烧烤之法人人爱

烧烤，即是将食物在明火上加热以化腥臊等异味使食物至熟。它是世界上最古老的烹饪方法，原始人类本来只知道茹毛饮血，将猎获物拿来生吃。后来，他们发觉被雷电烧死或火山爆发时烧焦的兽肉吃起来更为可口，于是便逐渐学会用火来烧烤食物。起初时是把肉类在火上直接烧烤，以后又发展为用泥裹食物烧烤——即泥烤法，后来又逐步发展，以至于用炉烧烤。在烧烤法的发展过程中，其制作工艺日渐其精，且精粗制法长期共存。在漫长的历史岁月中，从野蛮时代到文明社会，烧烤之法能够长盛不衰，正是由于它繁简咸宜、肉香味美的独特风格被世界各地人民所称绝。经过历史的变迁，今日之烧烤，是将经过腌渍或加工处理后的原料，放入以柴、炭、煤、煤气、液化气等为燃料的明火上或各式烤炉中，利用辐射直接或间接将原料烤熟的一种烹饪方法。

1．烧烤历史

提及烧烤的历史，可以追溯到人类的远古时期。那时，自然火启迪了我们的祖先，使他们从生吞活剥、茹毛饮血的时代进入到用火烧烤食物的阶段，最初人类会用火烤制食物的时候，并没有炊具，也不懂得什么“蒸”“炖”等烹饪方法，只知道把捕捉到的鱼和兽类直接放在火上去烧烤，这种“炮生为熟”的生活，至少持续了一百多万年。

古代烧烤法的称谓较多。《说文解字》：“炙，炮肉也，从肉在火上。”[①]清代段玉裁注：“《瓠叶传》曰：‘炕火曰炙’。《正义》云：‘炕，举也。谓以物贯之而举于火上以炙之。’”又“《瓠叶传》言炮、言燔、言炙。”《礼记·礼运》注曰：“炮，裹烧之也。燔，加于火上也。炙，贯之火上也。”[②]可见，炮、燔、炙都是早期烧烤肉食的一种方法。

如果说，火的使用是人类发展史上的一个里程碑，那么，烧烤的产生则是烹饪术的开山鼻祖。在我们的祖先最初学会用火熟食的一百多万年以后，到人类发明烧制陶器的新石器时代，人类饮食才出现了新的变化。在此之前，人们用以熟食的，只有那保持常年不断的火堆。正是这一堆堆篝火，才使人类进入烧烤而食的熟食阶段。熟食不但好吃，而且使“人”脱离了“野兽”状态。似乎可以这么说，利用常年不断的篝火将猎取物至熟的“烧烤”，就是烹饪方法的起源。

由于烧烤是烹饪熟化的开山鼻祖，又是人类在一段漫长的历史中惟一的熟食美味，因而它在中国古代饮馔史上占有特殊的地位。《帝王世纪》载：“纣宫九

---

①（汉）许慎．说文解字［M］．北京：中华书局，1963：212.

②（汉）郑玄注．（唐）孔颖达正义．礼记正义［M］．上海：上海古籍出版社，1990：416.

市，车行酒，马行炙。”说明殷商宫室的膳馔主要是各种肉类制作的烧烤食品。著名的周代“八珍”中的“炮豚”“炮牂”，即今天的烤乳猪、烤小羊。按照《礼记》中的解释，将小猪、肥羊宰杀后，剖腹去内脏，把枣子填在肚内，用草绳捆扎好，扎完后涂以黏泥，再放进火里烧烤。这才是第一道工序，而烤炙是一个很重要的工序。“八珍”中的最后一道菜“肝膋”，膋是网油，取狗肝一只，用网油覆盖，架举在火上烧烤。周天子吃的8种名贵菜肴，其中就有3种是用的烤炙法。秦汉以后，烧烤之风更加盛行。《西京杂记》说：汉高祖刘邦即帝位后，朝夕常以鹿肝、牛肝两种烧烤品下酒。皇室在烧烤食风上如此标新立异，仕宦豪富更以烧烤为日常膳馔，并雇用专人“行炙”。在北魏《齐民要术》中，专列一项“炙法”，共介绍了20种以上的烤炙菜肴。烤制的原材料有猪、牛、羊、獐、鹿、鹅、鸭、白鱼、蚶、蛎以及脚爪、肝等内脏。在“炙乳猪”的特点中载道：“色同琥珀，又类真金；入口则消，状若凝雪，含浆膏润，特异凡常也。”[①]这烤制的技术水平是相当的高超。

唐代烹调方法虽然已经发展到多种多样，但烧烤之品仍占重要地位，仅韦巨源宴请唐中宗的“烧尾宴”，烧烤食品就达五六款之多。及至宋代，城市饮食市场空前活跃，烧烤食品又成了市肆的主角。虾、鸡、鹑、鹿、獐等肉均一一烤之，还有托盘、担架者沿街叫卖。从史料看，这时期可算是烧烤食品较繁盛的时期了。元代人对烧烤情有独钟，全羊、羊腿、羊背以及羊心、羊肝、羊腰等都可以拿来烤制。明清两代，无论是宫廷御宴或市肆宴席，烧烤菜品往往是作为头菜而上桌的。值得一提的是明代的“炙鸭”：“用肥者全体𤆵汁中烹熟，将熟油沃，架而炙之。”[②]明代朱元璋御厨使用炭火烤鸭，使烤成的鸭子外焦里嫩，原先的叫法是金陵烧鸭。朱元璋之后，由燕王朱棣迁都北京时把其方带到北京。最早使用的鸭子，是浑身黑羽的南京湖鸭。

烧烤菜品从产生之日起到今日，在食品制作中始终都占有十分重要的地位，从历代烹饪古籍中，都可随手翻阅到烧烤之菜品，各地的民族烹饪更是以烧烤之法作为日常生活的主要制作方法。它之所以这样受历代的各地人民所欢迎，并且历久不衰，主要是烧烤制作香味扑鼻，风格独特，可简可繁，可粗可精，可俗可雅，适应面广，且口感独树一帜，情趣盎然。今日的北京烤鸭，江苏的烤方，广东的烤乳猪，山东的烤双肉，四川的烤酥方，内蒙古、新疆的烤全羊、烤羊肉串，浙江的叫化童鸡，云南的竹筒肉等，更是影响海内外的美味佳肴。

---

①（北魏）贾思勰．齐民要术［M］．北京：中华书局，2009：889.

②（明）宋诩．宋氏养生部［M］．北京：中国商业出版社，1989：122.

2. 烧烤方法有情趣

自古以来，烧烤之法精粗相宜、雅俗共赏。在狩猎过程中，如果没带上炊具，可拾上一堆干柴，将猎获物烤而食之，酌以薄酒，以解饥渴，其制作虽然粗糙，而其乐则可以想见。文学名著《红楼梦》在第四十九回“脂粉香娃割腥啖膻”中，史湘云和贾宝玉自己动手烧烤鹿肉，取铁炉、铁叉、铁丝蒙（用铁丝编成的烘烤食物的网状架子）来烤鹿脯下酒，烤得香气四溢，连嫌它“怪脏的”宝琴尝了以后，“果然好吃，便也吃起来”，当黛玉嘲笑他们是一群叫花子时，湘云大不以为然，认为这“是真名士自风流”，“我们这会子腥膻大吃大嚼，回来却是锦心绣口。”[①]这种烧烤方法虽然显得有点粗劣，但它也代表了“是真名士自风流”的独特情趣。

烧烤食品在饮食大世界中以其肉香、外脆、松嫩、味美、色鲜的风格特色被世界各国人民所叫好。近几年来，我国传统的烧烤菜品随着对外开放的扩大，传统的烧烤食品伴随着外来的烧烤食风，已在我国各大酒店、餐馆大行其道，它的香、鲜、嫩、脆的风味特色，吸引了无数的美食家。

目前，我国传统的烧烤餐类大约可以分为三大类。

（1）直接烧烤　将食物原料用工具叉起、串起或吊起放在火上烧烤至熟。这种火在下、料在上的明火烧烤烹调法，即是最早被人类应用的“炮生为熟”熟制法，用此法制成的“烤鱼”“烤肉”，就是世界人类史上最早烹调的菜肴。如篝火野炊烧烤以及用炭烤制作的广东烤乳猪、南京叉烤鸭、新疆烤羊肉串、内蒙古的烤全羊等。

南方人有将烤鸭叫“烧鸭”的，北京烤鸭的前身是金陵烧鸭，烤鸭进京后的名称是“金陵片皮烤鸭”。袁枚《随园食单》中的“烧鸭”：“用雏鸭上叉烧之。”这就是一种叉烤法。其中的“烧小猪”：“小猪一个，六七斤重者，钳毛去秽，叉上炭火炙之。要四面齐到，以深黄色为度。皮上慢慢以奶酥油涂之，屡涂屡炙。食时酥为上，脆次之，硬斯下矣。”[②]

（2）涂物烧烤　将肉类食物在其外表涂上泥巴或面粉等物料烧制的方法。古代“以物涂烧谓之炮”，以火烤熟谓之炙，这是烧烤之法中的两种特色。早期有文记载，某些富豪之家，将刚生下来的猪崽子去掉肠胃，用黄泥涂裹，埋于暗火中烧熟，取出后去泥皮，拌以佐料，其味非常鲜美。常熟名菜“叫花鸡”又名“黄泥煨鸡”，是用黄泥涂于腌渍的光鸡之上，投入火中煨烤而成。江苏名菜

①（清）曹雪芹．红楼梦［M］．北京：人民文学出版社，1982：684.

②（清）袁枚．随园食单．续修四库全书（第一一一五册）［M］．上海：上海古籍出版社，1996：663.

“泥煨火腿”“泥煨蹄髈”亦然，都是用黄泥包裹，放入火堆或烤箱中烤制。而今的涂物烧烤，在调味的原料外部先用猪网油紧包鸡身，后用荷叶包裹，再用玻璃纸包住，外面再包一层荷叶，用细麻绳扎紧后，再包裹上黄泥烤制。食时打开黄泥，满屋飘香，入口酥烂肥嫩，风味独特。如今香港名菜“富贵鸡”，是借“叫花鸡”之法，弃泥土而取面团，各具特色。

（3）炉具烧烤　利用各式炉具作为烧烤炊具制作菜品的方法。一般原料须经腌渍码味，或烤成后调味食用。如利用焗炉、烤炉烧烤。以“北京烤鸭”为例。在北京，要吃挂炉烤鸭，可上全聚德；要尝焖炉烤鸭，则可去崇文门便宜坊。两者所用原料及处理填鸭的操作程序都是一样的，但烤制方法有所不同。传统的“挂炉烤鸭”，是用果木为燃料，在特制的烤炉中，明火烤制而成，烤出的鸭子分外香美，皮更酥脆；“焖炉烤鸭”，是一秫秸为燃料，先将烤炉的炉墙烤热，由于火力文而不烈，烤出来的鸭子格外细嫩腴美。

在烧烤食品的大世界里，各国各地区还有转炉烧烤、铁板烧烤、边炉烧烤、围炉烧烤和铁板烧烤机烧烤等特色工具和设备。

3. 烧烤菜肴味香美

烧烤之法与其他的烹调方法比较起来，它无损材料原有的形状，最适宜用烧烤法烹制的材料是鱼和肉，及一些能够于短时间内熟透的材料，更由于烧烤法会使原材料中的蛋白质迅速凝固，以及材料内的汁液不易流出，而得以保存材料的原味。

烹制烧烤制品，必须善于鉴别原料的质地，掌握肉料的刀切加工技巧，注意各种原料的腌制方法，正确使用工具，恰当运用火候。在烧烤过程中，尤其要识别菜品的生熟程度，烧烤时的要点就在于掌握火势和烤制时间，故必须考虑到原材料的性质和味道，从而根据原材料的大小、厚薄、生熟程度适当调节火势。

烤肉随着肉块的大小和肉质的差异，烧烤的温度和时间是不同的。在肉类放进烧烤炉前，可先用热开水或热清汤浇一下，这样可使烤出来的肉松软，但不可用冷水浇肉，否则肉就会烧得很硬。在烤肉过程中，必须将一面烤熟以后，再翻过来烤另一面，不可一会儿翻过来一会儿翻过去地烤，这样既浪费时间，又不易把肉烤得熟透。

明炉烧烤乳猪，在腌制、上糖程序以后，烧烤时应先将炭火拨成前后两堆，把猪头、臀部烤至嫣红色，再用特制的针打针排气，把猪身刷上油，然后将炉炭拨成一字形烧烤猪身。烧烤时手叉转动要流利快速，以使火候均匀，把猪烤熟成大红色。

挂炉烤鹅，将鹅加工腌制、沸水淋身以后，待皮身干爽。即可挂在已生火的烧烤炉内，使其先烤背部，起红色后，转而烧烤胸部，直至鹅眼稍突，流水清而无血色，色泽呈红时，即为烧烤恰到好处。

金陵叉烤鸭，是选用特制烧叉从鸭的两腿肌肉处插至两肩，叉尖直通鸭下颌，穿出头顶两边保持平衡，将鸭子放炭明火烤炉内，先烤两肘，后烤脯肉，烤时，手要转得流利快速，火候均匀，视鸭肉成熟时，离火用麻油刷遍鸭皮，然后将火拨旺，再烤至鸭皮吱吱、毛孔微微冒出油花、皮色呈金红色时离火，片下鸭皮。

说到烤鸭，北京人尤盛。旧时有说法："京师美馔，莫妙于鸭，而炙者尤佳。"北京城内烤鸭店林立，而且几乎家家生意兴隆。吃烤鸭，还讲究搭配。因为"便宜坊"最初为山东人所创，其搭配是山东人的吃法。吃烤鸭的配搭，一般是荷叶饼、甜面酱加葱条。《顺天府志》："烧鸭子，以片儿饽饽夹食之。"片儿饽饽就是荷叶饼。用甜面酱和葱条夹饼，就是典型的山东气派。①

需要注意的是，烧烤之法切不可将原料直接放在浓烟滚滚的炉上烤，也不可以在火焰燃烧很强烈时上烤炉。因为这样会影响原料的色泽，易造成食品污染。也会造成外焦内不熟的现象。烤制好的菜肴应迅速上桌，以保持其脆度、香味和色泽。

在国内，各大小餐馆大量制作烧烤菜，恰是迎合和满足当地人的饮食需要的，而今，我国人民的饮食口味之所以越来越青睐烧烤菜，正是由于其香味扑鼻、美味可口的缘故。

（二）古法新用石烹情

在我国众多的烹调方法中，利用固态介质导热烹调是传统烹调法中较有特色的制作方法。它是运用一定形状、体积，质地较硬的无毒无害物质为主要传热介质，通过热传导，将原料加热成熟的一类烹调技法。我国传统使用的固态介质有盐、沙粒、石子、鹅卵石等，而最具代表性的方法是"石烹"法。

"石烹"是古代一种原始的烹饪方法，它是利用石板、石块（鹅卵石）作炊具，间接利用火的热能烹制食物至熟。我国古代利用石烹制作菜肴主要有两种方法：一种是外加热，将石头堆起来烧至炽热后扒开，将食物包严，埋入，利用向内的热辐射使食物成熟；一种是内加热，是将石头烧红后，填入食品（如牛羊内脏）中，使之受热成熟。而今的"石烹"烹制已发生了些许的变化，主要是利用石板、鹅卵石、石锅等石具来烹调操作，既保持了原始烹饪的风貌，又体现现代烹饪之气息。

① 朱伟．考吃［M］．北京：中国人民大学出版社，2005：221.

1. 石烹缘起

自从人类懂得用火烹食以来，食物的熟化即可认为是原始烹饪的开始。用火，熟食，这是烹饪的第一阶段，捕捉到的禽与兽类可以直接上火烤熟食用。由于野生兽禽畜类繁衍周期较长，人类的狩猎工具原始落后，肉食来源有限，逐渐地不适应人口增长的需要，人类要想生存下去，必须在食源开发上另辟蹊径，于是原始农业应运而生。农业为人们提供了新的较为稳定的食物来源，谷物渐为农业部落的主要食物。先民们对于早期获取、采摘和耕植的谷物种子却不能直接上火烧烤，怎样使之成熟可食呢？

据史料记载，早期的烹谷方法是“加物于燧石之上”，或把灼热的石块投入有谷物的水中，一直至水沸谷物煮熟为止。即是我们的祖先发明的所谓“石烹法”和“石上燔谷”法。王仁湘先生考证曰：“不论烤法或炮法，都不会使人类萌发制作釜灶的动机。当石板石块用作烹饪器材以后，这种契机就出现了。”①

当谷物种植的种子成为人类主要的食物来源以后，人们的首要问题主要是如何去食用这些谷物。谷物一般不宜生食，人们就想方设法用各种手段使之成熟便于食用，起初人类多将谷粒放在烧热的石板上烤熟，或放在竹筒中烹熟，类似的方法可能沿用了许多世纪。这种早期以石烹制之法，古人也多有论述。如《礼记·礼运》注说：“中古未有釜甑，释米捋肉，加于烧石之上食之。”②《古史考》云：“神农时，民食谷，释米加烧石上而食之。”远古的烧石器烹制食品是较盛行的，从有关记录中也可以得到证实。如唐代《岭表录异》一书曾记载：“康州悦城县北百余里山中，有樵石穴，每岁乡人琢为烧食器，但烧令热彻，以物衬阁置之盘中，旋下生鱼肉及葱韭齑葅腌之类，顷刻即熟，而终席煎沸。南中有亲朋聚会，多用之，频食亦极瘫热。”③这段记载即是利用烧石烹生鱼肉，因鱼肉易碎只可为煎，若是牛、羊、猪肉就可翻动炒制，成熟更快，这是可行的方法。

古之石烹法“释米加烧石上而食之”的烙炕成熟法，以后一直为后代人所沿用。比如清代袁枚《随园食单》中的“天然饼”就是靠烧石加热的：“泾阳张荷塘明府家制天然饼，用上白飞面加微糖及脂油为酥，随意搦成饼样如碗大，不拘方圆，厚二分许，用洁净小鹅子石衬而熯之，随其自为凹凸，色半黄便起，松美异常。或用淡盐亦可。”④以石烹法煮制食物，突破了原来直接烧烤食物及石上焙

① 王仁湘. 饮食与中国文化. 北京：人民出版社，1994：8.

② （汉）郑玄注.（唐）孔颖达正义. 礼记正义［M］. 上海：上海古籍出版社，1990：415.

③ （唐）刘恂. 岭表录异. 文津阁四库全书（第五八九册）［M］. 北京：商务印书馆影印，2006：374.

④ （清）袁枚. 随园食单. 续修四库全书（第一一一五册）［M］. 上海：上海古籍出版社，1996：696.

炒谷粒的局限性，经水煮熟的食物适口性更好，更易于消化吸收。

利用烧石烹饪的石烹之法，起源于远古，以后历代多有使用。但古代这些烹饪遗风并没有因时间的推移而被人们遗忘，用烧热的石子烙馍，唐朝称“石鏊饼”，到清代仍能见其踪迹，保留至今的陕西渭北地区的历史名点“石子馍”、山西民间的“石头饼”，在当地仍然很流行，是地方风味小吃中的奇葩。在陕西农村，石子馍是当地孕妇生产前后常食的食品，也是待客馈赠亲友的礼品。而今，那些传统的、乡土的、原始的饮食风貌在现代化的都市里被广大群众越加青睐，可以说是返璞归真。在豪华的餐厅里，石烹菜肴不仅占有一席之地，而且重新焕发着它的青春。

2. 石烹菜例原生态

陕西省渭北地区的历史名点“石子馍”，是用烧烫的石子烙馍。在平底铁鏊中放入洗净的小鹅卵石，用火烧热。面粉加水放调料和成面团，分割成面剂，擀成5～6厘米的薄饼，将烧热的石子取出一部分，面饼置于鏊中石子上，取出的石子覆盖于面饼上，稍压。最后加温使薄饼上下受热而烙熟。其成品有凹凸不平的窝，窝形、火色自然。因石子传热慢，成品不易焦煳，在缓慢的烙烤中，馍中含水量少，经久耐贮。山西省晋东太行地区的传统风味小吃“石头饼”、甘肃省临洮地区的“石子锅馈”与“石子馍”的制作方法相同，只是面剂子逐个擀开，抹一层油，卷起盘成旋，按扁擀成饼坯。其他制法如出一辙。山东省武城的石子饼叫“暄饼”，内包馅心后放铺有石子的平锅中烙熟，此饼外酥内软，鲜香味美。

20世纪80年代初《人民日报》曾载杨澄浣《怒族的石板粑粑》一文，其介绍说：“云南贡山独龙族、怒族自治县丙中洛公社青拉筒附近的怒族群众，用来烙粑粑的不是铁锅、铝锅或铜锅，而是一块石板。这种石板一般出产在背风背阴的地下，青黑色，刚挖出来的时候特别‘嫩’，可用刀削成各种形状。一般石板用火烧后遇水易裂，但这种石板火烧不坏，水浇不裂。怒族群众把它挖出来，削成自己喜爱的形状，用来当锅，放在火塘三脚架上烙粑粑吃，不用放油，粑粑也不会粘在石板上，烙出的粑粑特别松软，味道也好。这种石板，一般可用三年以上的时间。”[①]

在西藏南部的门巴族地区，这里林海如织，水田阡陌，稻花涌浪，瓜果飘香，人称“西藏的江南”。石锅烹制饭菜、石板烙荞麦饼是门巴族人常用的方法。于乃昌在《门巴族石锅、石板做饭真奇妙》一文中介绍，门巴族最初的石锅较为粗糙，石窝较浅，周壁厚薄不匀。后来人们不断琢磨，才制作得比较精美。[②]门巴族人的石锅焖米饭，格外喷香爽口；石板烙饼配上泡辣椒、野蒜和新

① 杨澄浣. 怒族的石板粑粑［N］. 人民日报，1981-3-13.

② 颜其香. 中国少数民族饮食文化荟萃［M］. 北京：商务印书馆国际有限公司，2001：504.

鲜奶渣佐餐回味无穷；石锅炒菜更加滑嫩可口。

在东北地区朝鲜族人家，家家户户喜爱吃石锅拌饭。这是朝鲜族特有的主食。石锅，是用整块石头凿出来的锅，它厚实有重量能够长时间保温，直到吃完饭还热气腾腾。石锅里面涂抹油做出来的饭油光发亮黏性特别大。饭上面放豆芽菜、胡萝卜丝、葱花、萝卜丝、腌菜等各种菜和炒鸡蛋，再放点辣椒酱，边拌边吃。这种石锅做出来的拌饭，色调多样。待客人时，把拌饭装在小铜盆或大铜碗里，饭上面放各种菜，并放萝卜片泡菜和暖烘烘的大酱汤，围坐在一起吃，更增进食欲。用牛排骨汤做的拌饭其味道更为别致。拌饭时把各种菜肴放在饭里边，用汤来搅拌，加香油和酱油调咸淡拌饭。古时有办祭礼吃拌饭的习惯，因为既方便又好吃。参加祭礼的亲戚朋友共餐拌饭，便可感受到大家族的温暖和整体的凝聚力。这种石锅拌饭目前已在全国许多地区流行，特别适合冬季寒冷的天气食用。

3. 石烹新品好时尚

近年来，复古食风泛起，谁料祖先的这一发明，经过若干世纪的演进变革却又激起了现代人的饮食情趣。于是，在国内近年又兴起了具有时代特色的，且又融入传统食风的“石板烧”“桑拿菜”“石锅饭”等。香港地区、台湾省的一些有名的饭庄、酒楼，都以这“石板烧”作为创新的菜品引来了八方食客；而上海、广州、南京等大都市的大小饭店曾一度流行“桑拿石烹菜”，现在的“石锅饭”又在全国多地中等档次的餐厅里流传开来。

（1）鹅卵石烹　鹅卵石烹是将鹅卵石作为传热介质加热食物。用鹅卵石烹制菜肴的方法有很多种，一种是选用大小均等的小型鹅卵石，洗净后，放入烤盘中，投入烤箱，待烤烫后，取出用铲子盛入耐高温的器皿中，同鲜活原料一起上桌，当着客人的面将原料放在鹅卵石上，然后浇淋上兑制好的调味汁，盖上盖，烧烫的卵石遇上生的原料和汤卤汁，冷热相触，发出吱吱啦啦的响声，紧接着一股浓浓的蒸汽喷涌而出，这是利用高温聚热产生的蒸汽使原料成熟的一种烹调方法。由于现场烹制时会有大量蒸汽弥漫，如同桑拿室的蒸汽一样，故又称此方法为“桑拿菜”。如“桑拿牛蛙”“桑拿大虾”等。它利用鹅卵石和蒸汽双重作用，一会儿就将生料烫熟，加之浇入的调味汁使其原料入味，成菜口感鲜爽而嫩。另一种是将已经入油锅加热滚烫的鹅卵石先放入容器中，再将烹制好的菜肴连同汤汁一起浇淋至鹅卵石上，趁热端上桌的方法。这种古为今用的新烹法，关键是要掌握好卵石烤制的时间，温度过高，卵石太烫，必然会将原料烫焦，水分大量挥发，导致肉质老化，口感似柴；温度偏低，原料烫不熟，又不能食用。其实，“桑拿菜”是一种“噱头菜”，主要是营造餐桌气氛，迎合一些食者求新、求异的需要。

用鹅卵石烹制的菜肴，宜选用鲜嫩易熟的原料，如大虾、牛蛙、肥牛、鲜贝、贝肉等。菜肴的汤汁要多，多为半汤半菜。烹制菜肴的鹅卵石要为质地坚硬、加热后又不至破裂的石头，如南京的雨花石、三峡石。鹅卵石使用时一定要事先洗净表面的污渍。

（2）石锅烹　石锅，是现代许多饭店厨房内的必备器具。它是用小型的石锅作为盛器（有时也可作炊具）直接盛放菜品上桌供客人使用。使用时，石锅可以先用火烧至滚烫，也可以放在烤箱中烤至220℃左右，然后随鲜嫩的生料和汤汁上桌，最后在客前一并倒入锅中加热。或者把荤素原料用调味品调制好装入石锅中直接加热成熟后上桌而成。因石锅温度很高，故上桌时一般用木托底板盛装，或外用竹篮相隔，以防烫伤用餐客人。成菜特点：菜品口味清鲜，肉质柔嫩、爽脆，情趣雅致，风味独特。

（3）石板烧　石烧食品店曾在广州、香港、台湾走红，其食法利用原始的饮食文化，加上现代调味和各式鲜活原料，独具田园特色。石烧炊具是石板，这种石板是选用特殊的优质花岗石，用200℃高温加热后，可保持恒温达1个多小时。它原是做建筑材料的，而今将天然石材经过裁切、减薄、磨光，制成约25厘米见方的石块，用于石烹。厨房在预加工时，先用炉将石板烧至300℃左右，趁热放在一只铁盘内，石板面上涂些芝麻油即可上桌供客人使用。食客享用时，可任意选一片新鲜切好的牛排、猪排、鲜虾鱼肉或是果蔬等，放在石板上，烙烫成熟。其熟度可自由调控，并随意蘸入调味食用，颇具回归大自然的风韵。

可供石烹的原料很多，如新鲜的鱿鱼、平鱼、虾肉、蟹肉、鲜贝、蚌、蛤、猪、牛、羊、鸡、鸭、鹅及野禽之类，茄子、芦笋、冬笋、冬瓜、番茄等。调味的佐料亦多种多样，也可自由调配。石板烧的菜品特色鲜明，其风味特点是：皮脆肉鲜，色艳味鲜，火候可以自行掌握，调味可因人而异。它的营养价值甚高，基本上能保留原汁原味，其中所含的脂肪、蛋白质、维生素、纤维素及矿物质，不会因常规的直接煎炒烹炸而损失。食之醇香味浓，情趣盎然。

传统与时尚：蟹黄伊府面

三、中国烹食文化的传统经典技法

自火化熟食以来，人类早期的烹食方法主要依靠炙烤、石烹法来制作食品，《礼记·曲礼上》有："脍炙处外……毋嘬炙。"[①]《诗经·小雅·瓠叶》："有兔斯首，炮之燔之。君子有酒，酌言献之。"[②]随着陶罐不断分蘖出釜、鼎、鬲、甑、甗、斝、鬶等，以水煮、汽蒸、油烹之法逐渐形成。

在以水为传热的菜品中，出现较早的菜品是"羹"。《韩非子》："尧之王天下也，粝粢之食、藜藿之羹。"[③]《周礼·天官·亨人》曰："祭祀，共大羹、铏羹。宾客亦如之。"[④]

先秦时期出现的烹饪方法有炙、炮、燔、烹、煎、脍、蒸、炒等法；秦汉时期又出现了烩、濯、鲊等烹调法。早期的庖厨掌握火候的能力已较强，正如《周礼·天官·亨人》所言："亨人，掌共鼎、镬，以给水、火之齐。职外内饔之爨亨煮，辨膳羞之物。"[⑤]这个亨人的官职不仅备办鼎和镬，烹煮鱼、肉，要掌握烹煮时用水量的多少，火的大小和时间的长短，还要认清膳夫食官所需用的六牲和珍味之物。

我国厨师历来十分注重火候的运用。远在两千多年前《吕氏春秋·本味》中曾有这样的记载："五味三材、九沸九变、火之为纪，时疾时徐，灭腥去臊除膻，必以其胜，无失其理。"[⑥]宋朝大诗人苏东坡擅长烹调，做菜也很讲究火候，在总结烧肉经验时，曾写过这样的句子"慢着火，少着水，火候足时它自美。"清朝袁枚《随园食单》中也强调："熟物之法，最重火候"。纵观古今都是"火之为纪"，把火候的掌握列为菜肴创作的关键。所以厨师必须学会掌握火候。第一，火候掌握得是否恰当是决定菜肴质量的主要因素。第二，火候是形成多种烹调方法和不同风味的重要环节。如果火候掌握不当，该香的不香，该嫩的不嫩，就会失去各种烹调方法的特点。所以，自古以来火候的掌握被视为厨师的第一技

---

① （汉）郑玄注.（唐）孔颖达正义. 礼记正义［M］. 上海：上海古籍出版社，1990：38-40.

② 诗经（小雅）［M］. 北京：中华书局，2015：569.

③ （战国）韩非子. 韩非子（五蠹）［M］. 郑州：中州古籍出版社，2008：466.

④ （汉）郑玄注.（唐）贾公彦疏. 周礼注疏［M］. 上海：上海古籍出版社，2010：133.

⑤ （汉）郑玄注.（唐）贾公彦疏. 周礼注疏［M］. 上海：上海古籍出版社，2010：132.

⑥ （战国）吕不韦. 吕氏春秋［M］. 上海：上海古籍出版社，1996：210.

术，也是衡量厨师技术水平高低的重要标准。

烹调技法是我国烹饪技艺的核心，是前人宝贵的实践经验和科学总结。它是把经过初步加工和切配成形的原料，通过加热和调味，制成不同风味菜品的操作工艺。由于烹饪原料的性质、质地、形态各有不同，菜品在色、香、味、形、质等诸要素方面的要求也各不相同，因而制作过程中加热途径、糊浆处理和火候运用也不尽相同，这就形成了多种多样的烹饪技法。我国菜肴品种虽然多至上万种，但其基本方法则可归纳为以水为主要导热、以油为主要导热、以蒸汽和干热空气导热、以盐为导热体的烹调方法，可谓千姿百态、风格各异。这里主要针对古代常用的烹调方法作一技术探索。①

（一）水传热常用烹制法

以水为介质导热，水的沸点是100℃，水温只能达到100℃，超过了水就会变成气体逸出。质地软嫩的原料只要内外热度平衡，就基本成熟，有脆嫩、清爽的口感，又保护了营养成分。质地老的原料用较多的水长时间的加热，才能使原料水解、膨松，从而达到具有酥烂的质感。

1. 煮

煮是继烧烤、石烹以后，祖先们发明陶器后最早采用的烹调法。尽管那时没有什么菜肴记载的文字，但我们可以从“黄帝始烹谷为饭”和“仲秋之月，养衰老，授几杖，行糜粥饮食”②的记述中得知，最早的饭、粥都是采用煮制法而完成的。

古代早期“羹”的制作大多是用煮制法加工而成的。《礼记·内则》曰：“雉羹，脯羹，鸡羹，兔羹；羹食，自诸侯以下至于庶人，无等。”③《左传》曰：“小人有母，皆尝小人之食矣。未尝君之羹，请以遗之。”④《楚辞》中记载“和酸若苦，陈吴羹些”⑤。此时，煮制的羹已是上自帝王下至百姓的普通食品。《齐民要术》载“羹臛法”有三十种菜品，如“作芋子酸臛法”“作鸭臛法”“作鳖臛法”“作羊蹄臛法”“作兔臛法”“作酸羹法”“作胡麻羹法”“作鸡羹法”“食脍鱼莼羹”“菰菌鱼羹”“鳢鱼臛”等等。如“作芋子酸臛法”：“猪羊肉各一斤，水一斗，煮令

---

① 邵万宽. 我国古代常用烹调方法探究［J］. 四川旅游学院学报，2017（6）：14-18.
② （汉）郑玄注.（唐）孔颖达正义. 礼记正义［M］. 上海：上海古籍出版社，1990：324.
③ （汉）郑玄注.（唐）孔颖达正义. 礼记正义［M］. 上海：上海古籍出版社，1990：521-527.
④ （春秋）左传. 中国古代文学作品选（上）［M］. 南京：江苏人民出版社，1983：39.
⑤ （战国）楚辞［M］. 北京：中华书局：2015：219.

熟。成治芋子一升，别蒸之。葱白一升，著肉中合煮，使熟。粳米三合，盐一合，豉汁一升，苦酒五合，口调其味。生姜十两，得臛一斗。”[①]在《齐民要术》中还专设“煮粿”一项，粿，即为米屑。“粿末一斗，以沸汤一升沃之……折米白煮，取汁为白饮。”[②]在“醴酪”一项中，有“煮醴酪”“煮醴法”“煮杏酪粥法”等等。

煮制菜品在人类早期的应用是比较广泛的。在釜、鼎中投放食物原料加水煮制成熟，制作较为简便。即使在唐代《烧尾宴》中也少不了这类方法。其中的“生进二十四气馄饨”“生进鸭花汤饼”“长生粥”都应是煮制而成的。宋代《吴氏中馈录》中记有“煮鱼法”和“煮蟹青色、蛤蜊脱丁”两种，都有制作的诀窍。“凡煮河鱼，先下水下烧，则骨酥。江海鱼先调滚汁下锅，则骨坚也。”“用柿蒂三五个同蟹煮，色青，后用枇杷核内仁同蛤蜊煮，脱丁。”[③]

元代以后，煮制法的菜肴更加丰富多彩。元代倪瓒的《云林堂饮食制度集》中记述了相当多的煮制菜点，如煮面、煮蟹法、酒煮蟹法、煮馄饨、煮麸干法、煮蘑菇、煮鲤鱼、煮猪头肉、煮决明法等。全书除“灰法”“洗砚法”外共记载了约50种菜点、饮料的制法，而煮制法有9个。较有特色的“煮鲤鱼”曰：“切作块子，半水半酒煮之。以姜去皮，先薄切片，捣如泥，花椒为姜和，研匀，略以酒解开。先以酱水少许入鱼，三沸，次入姜、椒，略沸即起。”[④]元末的《居家必用事类全集》中有“煮肉品”专栏，其中的“煮诸般肉法”，详细介绍了羊肉、牛肉、马肉、獐肉、鹿肉以及驼峰、熊掌、老雁、虎肉、獾肉等的煮制法。清代的《食宪鸿秘》中有“煮老鸡”“煮羊肉”“煮猪肚”“煮火腿”。许多书中的腌腊肉、火腿、风干鱼等都是经过煮、蒸之法烹制后而食用的。《调鼎集》中有一款“关东煮鸡”较有特色，其制如下：

关东煮鸡

先用冷水一盘放锅边，另用水下锅，不可太多，约腌过鸡身就好，俟水滚透，下鸡一滚，不可太久，捞起即入冷水拨之，再滚再拨，如此三五次，试熟，即可取用。久炖走油，大减色味。煮鸭同。[⑤]

---

①（北魏）贾思勰．齐民要术［M］．北京：中华书局：2009：835.

②（北魏）贾思勰．齐民要术［M］．北京：中华书局：2009：937.

③（宋）浦江吴氏．吴氏中馈录.景印文渊阁四库全书（第八八一册）［M］．台北：台湾商务印书馆，1982：407.

④（元）倪瓒．云林堂饮食制度集．续修四库全书（第一一一五册）［M］．上海：上海古籍出版社，1996：613.

⑤（清）佚名．调鼎集［M］．郑州：中州古籍出版社，1988：163.

按照现代烹饪工艺的制作，煮是将经初步熟处理的半成品，放入汤汁或清水中，先用旺火烧开，再用中火或小火煮制成熟的方法。煮能保持原料的本色和原味，调味灵活，便于切配造型。煮制时要选新鲜质嫩的原料，掌握好煮的火候，锅中加水烧开，放入原料慢煮，熟后即刻捞出，煮熟后捞出调味，兑好调味汁即可。

2. 烧

烧制法是在煮制法的基础上的进一步发展，两者都是以水为传热介质，烧制法只是水比煮要少，而且是汤水与菜料一起调味。烧的方法在全国各地十分流行，菜肴品种也相当多。自从有了金属的铜制炊具就开始有烧制法的菜肴加工。周代的饮食业发展很快，原料十分丰富，荤食已有六畜、六兽、六禽、水产等，蔬菜、果品也较多样，调味品已经有了盐，并且已懂得把酒应用到烹调上。《礼记·内则》就记载了我国最早的名菜“八珍”，其中“淳熬”“淳母”中的熬制肉酱必须经过烧制的环节制作而成。而在《楚辞·招魂》中记载了较多的荤素菜肴，其中“烧制”加工的菜肴，就有烧甲鱼、红烧野鸭、卤汁鸡等。

烧制菜肴大量出现在菜谱中是宋元时期。宋代《梦粱录》中记有“酒烧江瑶”“酒烧蚶子”“生烧酒蛎”“烧麸”等，在杭州的“下饭”菜中，“则有熻鸡、生熟烧、对烧、烧肉等下饭。”在当时的饮食店铺中，“杭人侈甚，百端呼索取覆，或热，或冷，或温，或绝冷，精浇熬烧，呼客随意索换。”[①]古代烧制法比较有影响的一味佳肴，还要推元代倪瓒的《云林堂饮食制度集》中的“烧鹅”，这是得到袁枚十分推崇的，还被他收进了《随园食单》。其制曰：“用‘烧肉’法。亦以盐、椒、葱、酒多擦腹内，外用酒、蜜涂之。入锅内。余如前法。但先入锅时，以腹向上，后翻则腹向下。”[②]元末《易牙遗意》中记载了多种烧制的菜肴，如“生烧猪羊肉法”，需要加椒油、草果、砂仁等香料；“大爊肉”是取用猪前胛和肚肉，先焯水，再加豆酱等调料，后下红曲末、虾汁等料，以文武火烧制，色泽红润，肉烂味香。“豉汁鹅”与大爊肉制法相同，只是不加红曲，加些豆豉，紧收卤汁，味美异常。《居家必用事类全集》中有“烧肉品”专栏，记有“筵上烧肉事件”：“羊膊（煮熟，烧），羊肋（生烧），麞、鹿膊（煮半熟，烧），黄羊肉（煮熟，烧），野鸡（脚儿生烧），鹌鹑（去肚，生烧）水扎、兔（生烧），苦肠、蹄子，火燎肝，腰子，膂肉（已上生烧），羊耳、舌，黄鼠、沙鼠，搭剌不花，胆灌脾（并生烧），羊妳肪（半熟，烧），野鸭、川雁（熟烧），督打皮（生烧），

① （宋）吴自牧. 梦粱录［M］. 北京：浙江人民出版社，1980：146.

② （元）倪瓒. 云林堂饮食制度集. 续修四库全书（第一一一五册）［M］. 上海：上海古籍出版社，1996：615.

全身羊（炉烧）。”[1]另外，还记载了“锅烧肉”“划烧肉”“酿烧鱼”“酿烧兔”等菜肴。

明清时期的烧制菜肴就更加多姿多彩，这里就不多加赘述，值得一提的是袁枚在《随园食单》中的“烧猪肉”，其曰：“凡烧猪肉须耐性，先炙裹面肉，使油膏走入皮肉，则皮松脆而味不走；若先炙皮，则肉上之油尽落火上，皮既焦硬，味亦不佳。烧小猪亦然。”[2]这是袁枚多次品鉴后得出的制法，是经验之谈。

如今的各种原料都可以运用烧制法操作。所谓烧制法，是将经过热处理的原料，加入调料和汤汁，用旺火烧开，转中火烧透入味，再用旺火收浓卤汁或用淀粉勾芡的一种方法。烧主要用于一些质地紧密、水分较少的植物性原料和新鲜质嫩的动物性原料，如土豆、冬笋、油菜、豆腐、鸡、鱼、海参等。烧的菜肴有的需要勾芡，如红烧，有的要自来芡（通过小火加热而成），如干烧。因此，在成品的特点上也不一致，但烧的菜肴多为质地软嫩、口味醇厚、汤汁较少。

3. 烩

烩，《现代汉语词典》解释为“炒菜后加少量的水和芡粉。”言简意赅地说出了此法的内涵。在现实生活中，烩的烹制方法比煮、烧之法要晚一些，而现存的食谱书中记载的那要晚得更多。据《中国菜肴史》分析，在秦汉时期新出现的烹调方法中记有“烩”的方法。其代表菜肴就是“五侯鲭”，这是根据晋代葛洪撰写的《西京杂记》（卷第二）中的记述。汉成帝的五个王侯竞相送奇异的佳肴给娄护吃，而娄护将所送来的佳肴混合起来烧煮，于无意之中发明了被世人称为“奇味”的“五侯鲭”。这“五侯鲭”类似后代的“杂烩”。而在汉魏南北朝时期，“五侯鲭”已作为名菜被记入菜谱。[3]《齐民要术·脏腊煎消法第七十八》中的“五侯脏法”所云：“用食板零揲杂鲊，肉，合水煮，如作羹法。”[4]脏，指水煮（或烩）的方法。腊，为烹煮鱼、肉。这是一道将鱼、肉等多种熟料加水或汤煮成的汤汁较浓如羹的菜肴，其烹调方法类似于后代所说的烩。

《齐民要术》中还收录有“脏鱼鲊法”“脏鲊法”“纯脏鱼法”等脏类菜肴。如：

“脏鱼鲊法”：“先下水，盐、浑豉、擘葱，次下猪、羊、牛三种肉。腊两

① （元）佚名．居家必用事类全集．续修四库全书（第一一八四册）[M]．上海：上海古籍出版社，1996：571.

② （清）袁枚．随园食单．续修四库全书（第一一一五册）[M]．上海：上海古籍出版社，1996：663.

③ 邱庞同．中国菜肴史［M］．青岛：青岛出版社，2001：40.

④ （北魏）贾思勰．齐民要术［M］．北京：中华书局：2009：875.

沸，下鲊。打破鸡子（蛋）四枚，泻中，如瀹鸡子法，鸡子浮，便熟，食之。”①

“纯脏鱼法”：“用鲩鱼，治腹里，去腮不去鳞。以咸豉、葱白姜、橘皮、酢。一细切一合煮；沸乃浑下鱼。葱白浑用。”②

烩制菜肴见诸菜单食谱的还是在清代。在《调鼎集》中，有关烩制的菜肴有：清汤烩燕窝、火腿烩面条鱼、烩春班、烩鱼卷、烩鱼翅、鸽蛋烩青菜心、鸽蛋烩珍珠菜、烩胖头鱼皮（假甲鱼）、苋菜烩嫩豆腐等。上述这些菜单中，只是“烩鱼翅”有具体的做法：“鱼翅拖蛋黄。衬蟹腿、鸭掌、核桃仁、冠油花、虫车螯、肉丝、鹿筋。”③在《调鼎集》的食谱中，还有几款菜肴实际上也是烩制菜肴。如：

“脍斑鱼肝”：“鱼肝切丁，石膏豆腐打小块，另将豆腐、火腿、虾肉、松子、生脂油一并斩绒，入作料、肝丁、豆腐块，一同下锅，鸡汤脍，少加芫荽。”④

“脍青鱼圆”：“（青鱼）刮去肉，和豆粉斩绒，馅用火腿丁，作圆，蔬菜头梗随时配脍。”⑤

以上两个菜肴中的“脍”实为“烩”制方法而成。古代的烹调方法没有现在区分严格，“烧”与“烩”其差别也不大。清代以后把“烩”从烧制法中分蘖出来。所谓的“烩制法”是将质嫩、形小的原料放入汤中加热成熟后，用淀粉勾成米汤芡的一种方法。烩属于制作汤菜的一种方法，烩菜的汤与原料的比例一般为1∶1，或汤略多于原料，而汤汁呈米汤芡，如烩什锦、芙蓉三鲜等。烩的菜肴是汤菜各半，并且由多种原料构成，以鲜咸味为主。其主料滑嫩，汤鲜味醇，口感滑润。

（二）油传热常用烹制法

以油为介质导热，油脂所能吸收、保持的热量比水高得多，当油温升高到开始冒青烟时，植物油可达170～190℃。

1. 煎

煎的文字在先秦时期就出现在食品制作中。《礼记》中记载我国最早的名菜“八珍”中就有“煎”字。如“淳熬，煎醢加于陆稻上，沃之以膏，曰淳熬。淳

①（北魏）贾思勰. 齐民要术［M］. 北京：中华书局：2009：874.
②（北魏）贾思勰. 齐民要术［M］. 北京：中华书局：2009：875.
③（清）佚名. 调鼎集［M］. 郑州：中州古籍出版社，1988：48.
④（清）佚名. 调鼎集［M］. 郑州：中州古籍出版社，1988：212.
⑤（清）佚名. 调鼎集［M］. 郑州：中州古籍出版社，1988：221.

母，煎醢加于黍食上，沃之以膏，曰淳母。”[①]这里“煎”的含义有将其水分收干之意，但“沃之以膏”有动物油脂的加入，有“熬”和“煎”混合的做法在内。而在后面的“炮豚”中记载的方法是“以付豚，煎诸膏，膏必灭之”[②]，是乳猪用动物油脂煎（炸）而成的。《楚辞·招魂》中也有“煎”字的记载，如“鹄酸臇凫，煎鸿鸧些”[③]，只是不知具体的制作方法。从上面的记载可以说明，先秦时期油煎之法已经开始运用了，这主要是周天子及一些贵族们所用菜肴，普通百姓当时是没有可能享用的。

晋代张华《博物志》中有：“煎麻油，水气尽，无烟，不复沸则还冷……得水则焰起。”[④]这是加热煎制之法。北魏《齐民要术》中记有“脏腤煎消法”，这里特别注明了“煎”的制法。其中介绍了“蜜纯煎鱼法”“煎鸭法”两例。“蜜纯煎鱼法”曰：“用鲫鱼，治腹中，不鳞。苦酒、蜜，中半，和盐渍鱼；一炊久，漉出。膏油熬之，令赤。浑奠焉。”[⑤]此煎鱼法用酒、蜜、盐先腌制鱼，动物油脂煎制成红色，整鱼上席。“膏油熬之”较详细地说出了“煎”制的方法。在“炙法”中，有“作饼炙法”，取好白鱼去骨，与肥猪肉及多种调料、鱼酱汁一起调和，制成饼状，“作饼如升盏大，厚五分，熟油微火煎之，色赤便熟，可食。”[⑥]

宋代时期，煎制的菜肴已不断增多，在《梦粱录》中记载了当时“面食店”兼卖“下饭”的菜，店面中就有多种煎制的菜肴，如煎小鸡、煎鹅事件、煎衬肝肠、肉煎鱼、煎黄雀等。“更有专卖诸色羹汤、川饭，并诸煎鱼肉下饭。”[⑦]又有专卖家常饭食的，“有煎肉、煎肝、煎鸭子、煎鲚鱼等下饭……又有卖菜羹饭店，兼卖煎豆腐、煎鱼、煎鲞、煎茄子。”[⑧]

元代煎制法中有一款特色的回族面点“捲煎饼”，其制曰：“摊薄煎饼。以胡桃仁、松仁、桃仁、榛仁、嫩莲肉、干柿、熟藕、银杏、熟栗、芭揽仁。以上除栗黄片切，外皆细切，用蜜糖霜和，加碎羊肉、姜末、盐、葱调和作馅，卷入煎饼，油炸焦。”[⑨]

---

① （汉）郑玄注.（唐）孔颖达正义. 礼记正义［M］. 上海：上海古籍出版社，1990：530.
② （汉）郑玄注.（唐）孔颖达正义. 礼记正义［M］. 上海：上海古籍出版社，1990：530.
③ （战国）楚辞［M］. 北京：中华书局：2015：219.
④ （晋）张华. 博物志［M］. 上海：上海古籍出版社：2012：21.
⑤ （北魏）贾思勰. 齐民要术［M］. 北京：中华书局：2009：877.
⑥ （北魏）贾思勰. 齐民要术［M］. 北京：中华书局：2009：895.
⑦ （宋）吴自牧. 梦粱录［M］. 杭州：浙江人民出版社，1980：146.
⑧ （宋）吴自牧. 梦粱录［M］. 杭州：浙江人民出版社，1980：147.
⑨ （元）佚名. 居家必用事类全集. 续修四库全书（第一一八四册）［M］. 上海：上海古籍出版社，1996：579.

明代《宋氏养生部》中的煎制菜肴突出了“盐煎”“酱煎”“油煎”之法。代表菜肴有盐煎牛、盐煎猪、酱煎猪、油煎猪、藏煎猪、盐煎兔、油煎鸡、盐煎鸭、油煎鸭。如“油煎鸡”：“用鸡全体，揉之以盐、酒、花椒、葱屑，停一时，置宽热油中煎熟。用鸡全体，先在热油中爁黄色，以酒、醋水、盐、花椒慢烹，汁竭为度。”[①] 清代《食宪鸿秘》中有一味“淡煎鲥鱼”，制法绝妙。其曰：“切段，用些须盐花、猪油煎。将熟，入酒浆，煮干为度。不必去鳞。糟油蘸佳。”[②]此菜口味清淡，糟香、酒香，淡雅至极，高雅至上。而《随园食单》中的“虾饼”：“以虾捶烂，团而煎之。”[③]此菜虾色白净而微黄，口感鲜嫩而脆爽。煎制菜肴在于火候的把握，通过中小火的加热，使得菜肴清雅酥香。

油煎的菜肴体现的是油香、酥香。其制法是将原料改刀后腌制，然后锅内放入适量的油，将原料放入直接加热制熟的一种方法。煎在烹调中具有双重的意义，既是一种独立的烹调法，也是一些菜肴的初步加热的辅助手段，如煎焖鱼，就是先煎后添汤再焖；又如煎烹鱼片，是煎好后再加入汁烹。如干煎黄花鱼、煎猪排、煎茄盒等。

2. 炸

金属炊具的出现和动物脂肪的运用，炸制烹调法就会应运而生。炸与煎的不同，主要是油量的差别，炸是大油量，煎是小油量。在最早的“周代八珍”中，其中的“炮豚”是“以付豚，煎诸膏，膏必减之”，据人们考证，多量的动物脂肪，这也是油炸的工序，当时煎、炸是没有大的区别的。

《齐民要术》中有“细环饼”，一名为“寒具”（即今之馓子）。用牛羊脂膏和面，制成后有“令饼美脆”的特色，这是用膏油炸制而成的。陶谷在《清异录》中记述了唐代“烧尾宴”食单，其中记载了两道点心，一为“巨胜奴”（酥蜜寒具），这是加油、加蜜的馓子；一为“见风消（油浴饼）”，这是一道放入油锅中炸制的饼。进入宋代，炸制法比较流行。宋代《玉食批》中，记载了宋高宗在张俊家御宴中劝酒菜有江瑶炸肚、香螺炸肚、牡蛎炸肚、蟑蚷炸肚、炸肚胘等。宋代《梦粱录》在“分茶酒店”中记载了多款油炸的菜肴，例如油炸春鱼、油炸鲊鲫、油炸假河鲀、炸肚燥子蚶等。

在元代末韩奕的《易牙遗意》中有一个“风消饼”的制作，正是上述“见风消（油浴饼）”之品，此饼的做法是：“用糯米二升，捣极细为粉，作四分。一分作粹，一分和水，作饼煮熟，和见在二分，粉一小盏、蜜半盏，正发酒醅两

① （明）宋诩. 宋氏养生部［M］. 北京：中国商业出版社，1989：117-118.

② （清）朱彝尊. 食宪鸿秘［M］. 上海：上海古籍出版社，1990：222.

③ （清）袁枚. 随园食单. 续修四库全书（第一一一五册）［M］. 上海：上海古籍出版社，1996：677.

块，白饧同顿溶开，与粉饼擀作春饼样薄，皮破不妨，熬盘上煿过，勿令焦，挂当风处。遇用量多少，入猪油中煠之。煠时用筯拨动。另用白糖、炒面拌和得所，生麻布擦细糁饼上。”[①]另一个“糖榧”小吃的制作，其曰：“白面入酵待发，滚汤搜成剂，切作榧子样。下十分滚油煠过，取出，糖面内缠之。其缠糖与面对和成剂。”[②]这两样都是用油锅炸制而成的点心。

在明代《金瓶梅》的第三十四回中，记述的午餐案鲜中有一盘香喷喷“油炸的烧骨”。烧骨，即为猪的肋排骨。此菜以油为加热体，使排骨油炸成熟，故酥香、鲜嫩、香味扑鼻。即类似于今日的“椒盐排骨”。

清代袁枚在《随园食单》中记有一款特色的“油灼肉”，其曰：“硬短勒切方块，去筋绊，酒酱郁过，入滚油中炮炙之，使肥者不腻，精者肉松；将起锅时，加葱、蒜，微加醋喷之。”[③]由于肉在大油锅中炸过，控去了许多油腻，使肉的口感更加可口。《调鼎集》是清代菜谱的大融合，内容相当丰富，共分十卷。其中“炸制”的菜肴花样众多。如油炸肉、油炸肝、炸腰胰、炸脊髓、炸火腿皮、炸羊肉圆、油炸羊肉、炸鸡脯、炸鸡卷、醋炸鸡、油炸八块、油炸青肫、炸肉皮煨鸭、炸变蛋、油炸鲤鱼、炸鲚鱼、炸刀鱼、炸面条鱼、炸银鱼、炸虾圆、炸小虾圆、炸虾段、炸金针、炸芋片、炸熟芋片等等。“油炸八块”曰：“嫩鸡一只切八块，滚油炸透，去油，加酱一杯，酒半斤，用武火煨熟便起，不用水。”[④]“炸虾段”：“嫩腐皮包虾绒、火腿绒、猪膘作长卷，切段油炸，半边配红萝卜丝或芫荽丝。”[⑤]徐珂在《清稗类钞》中记述了一款“走油”的肉制品，运用大油锅预制加热“油炸”再加调料烧煮。如“走油猪蹄”：“猪蹄加水、盐，煮一滚，入沸油炸之，以皮皱色黄为度，再加盐、酒、酱油煮之，曰走油蹄。其皮不油而松，颇适口。”[⑥]

炸制法应用广泛，制作简便，关键就是要根据具体菜肴掌握好油温。而今的制作，一般是将原料改刀腌制后，挂糊或不挂糊，用热油或温油使之成熟的一种方法。炸主要适用于形小质嫩的原料。在操作时需要用多量的油，一般要用旺火速成，以保持原料对油温的要求。炸的菜肴多体现外焦里嫩、香酥干爽的特色，多数菜肴要带调料（椒盐、番茄汁等）食用。

---

①（元）韩奕．易牙遗意．续修四库全书（第一一一五册）[M]．上海：上海古籍出版社，1996：631.

②（元）韩奕．易牙遗意．续修四库全书（第一一一五册）[M]．上海：上海古籍出版社，1996：632.

③（清）袁枚．随园食单．续修四库全书（第一一一五册）[M]．上海：上海古籍出版社，1996：660.

④（清）佚名．调鼎集[M]．郑州：中州古籍出版社，1988：165.

⑤（清）佚名．调鼎集[M]．郑州：中州古籍出版社，1988：248.

⑥（清）徐珂．清稗类钞[M]．北京：中华书局，1986：6436.

（三）菜肴特殊烹制法[1]

1. 醪香四溢的“糟”

糟制食品，风味独特，异香四溢，这是我国较传统的食品。有了酿酒技术后就有了糟制菜肴。在周代，周天子食用的“八珍”菜肴中就有一款“渍”的珍馐，它是用酿造的美酒浸制新鲜牛肉。屈原的《楚辞·招魂》中已有“挫糟冻饮，酎清凉些”[2]的记载。秦汉以前，糟已在膳食中作调味增香之用。一般认为，汉淮南王刘安始做豆腐，不久，糟制腐乳就相继问世。晋朝江南人家用糟腌蟹赠送北方宾客，还作为贡品进献王室。北魏《齐民要术》中也记有糟制菜品“作糟肉法”：“春、夏、秋、冬皆得作。以水和酒糟，搦之如粥，著盐令咸。内棒炙肉于糟中，著屋下阴地。饮酒食饭，皆炙啗之。暑月，得十日不臭。”[3]

糟制法有熟糟和腌糟两种。熟糟是将原料先白煮成熟，放入坛中，加入香糟卤和盐，密封坛口，经几小时或数天入味后食用。腌糟是将腌制过的食物洗净晒干，浸入酒糟卤中糟制，经过数天入味后再蒸熟食用，如江南的糟青鱼等。

香糟是做黄酒剩下的酒糟经加工而成，含有10%左右的酒精，有与黄酒同样的调味作用。由于我国谷物酿酒起源极早，所以糟制食品的历史亦很悠久。隋代的“糟”制食品已成为进贡皇室的“贡品”。陶谷在《清异录》中记有“糟蟹”：“（隋）炀帝幸江都，吴中贡糟蟹、糖蟹。每进御，则旋洁拭壳面，以金缕龙凤花云贴其上。”[4]这是地方贡奉皇帝的御膳，特别讲究品级和档次，注重在蟹面上装饰，这种糟蟹称为“缕金龙凤蟹”。到了唐宋之时，以糟制之法加工的食物，已大量扩展到肉食、禽蛋、水产、蔬菜等，并成为江南民间较为普通的家常菜。

唐代《岭表录异》记载岭南人制作的“糟姜”：“山姜花茎叶，即姜也。根不堪食，而于叶间吐花穗如麦粒，嫩红色。南人选未开拆者，以盐腌藏入甜糟中。经冬如琥珀，香辛可重用为脍，无加也。”[5]

宋代时期，民间市场上的糟制则体现了大众化和季节特色，在《梦粱录》中记载了丰富的糟制菜肴，如糟羊蹄、糟蟹、糟鹅事件、糟脆筋等，并将四时细色菜蔬采用糟藏之法加工。《吴氏中馈录》中记录了“糟猪头、蹄、爪法”“糟茄子法”“糟萝卜方”“糟瓜茄”等品种。其中“糟茄子法”曰：“五茄六糟盐十七，更加河水甜

---

① 邵万宽．古代菜肴特殊烹制方法探析［J］．四川旅游学院学报，2017（5）：19-22.

②（战国）楚辞［M］．北京：中华书局：2015：219.

③（北魏）贾思勰．齐民要术［M］．北京：中华书局：2009：913.

④（宋）陶谷．清异录［M］．北京：中华书局，2012：106.

⑤（唐）刘恂．岭表录异．文津阁四库全书（第五八九册）［M］．北京：商务印书馆，2006：379.

如蜜。茄子五斤，糟六斤，盐十七两，河水二三碗，拌糟，其茄味自甜。此藏茄法，也非暴用者（不是马上就吃）。”[①]上面记载的“糟茄子法”是有制作口诀的。更有特色的是元明之际的“糟蟹”，在民间一直流传着制作方法，而且有歌诀：

“歌括云：三十团脐不用尖（水洗，控干、布拭），

糟盐十二五斤鲜（糟五斤，盐十二）。

好醋半升并半酒（拌入糟内），

可飡七日到明年（七日熟，留明年）。”[②]

元朝鲁明善所辑的《农桑撮要》说，农户在十二月份不要忘记“收腊糟”，并举其方法为“干糟盐拌，捺实泥封则香……”明代李时珍在《本草纲目》中也指出酒糟对于食品有“藏物不败，揉物能软”[③]的作用。明清时期，很多食品店、南货铺等，以糟制的糟醉鸡、鸭、鱼、肉供应市廛，脍炙人口，名扬大江南北。明代《金瓶梅》中记载了较多的糟制菜肴，如糟鹅肫掌、红糟鲥鱼、糟鸭、糟蹄筋、糟笋等。清代《随园食单》中有糟肉、糟鸡、糟鲞、糟菜等。新中国成立以后，各地糟制食物佳品迭出，不但深受国内市场欢迎，而且远销东南亚和日本。

自古以来，糟醉食品来自民间，所以它的原料及加工方法都因地制宜，各有不同。腐乳、鸡蛋、鱼、肉、鸡、鸭，以及萝卜、辣椒、豆豉、生姜等，各地都根据本地原料自行糟制。其加工方法，大致分为三种类型：一种是用谷物蒸馏酒的酒糟，这种酒糟，香味浓烈，江南地区称为香糟。它带有谷皮等粗物质，不能直接食用，但用于糟制各种生腌的鱼和肉类，能使香味渗透入内。食用时，需把糟洗去再烹烧，糟香仍在，启人食欲。另一种是用未经蒸馏的米酒糟，江南俗称白糟，食物经糟制后，不需洗去，可粘附在食物上一起食用，如糟方腐乳、糟蛋等。再一种是用香糟加米酒拌和，滤去其汁，使浓郁的糟香和清冽的酒味互相融合，用以浸制熟食品，如糟禽、糟肉等。

2. 晶莹凝爽的“冻”

冻，是利用含有胶质的原料经加热溶化后冷凝而成的制作方法，俗称“水晶”。这是我国传统冷菜制作中的一种独特技艺。利用蛋白质的胶凝作用制菜，是古代厨师的一大发明。早在宋代时期，我国水晶凝冻制法就较有特色。在当时的饮食市场上，售卖冻制品的菜肴就大量出现。如《梦粱录》中记载的“分茶酒店”提供的菜品就有：冻蛤蝤、冻鸡、冻三鲜、冻石首、冻鲑鲫、三色水晶丝、

---

①（宋）浦江吴氏．吴氏中馈录.景印文渊阁四库全书（第八八一册）[M]．台北：台湾商务印书馆，1982：409.

②（元）佚名．居家必用事类全集．续修四库全书（第一一八四册）[M]．上海：上海古籍出版社，1996：565.

③（明）李时珍．本草纲目[M]．北京：人民卫生出版社，1979：1569.

（北宋）赵佶《文会图》（局部）

冻三色炙等。[①]“面食店”中提供有冻鱼、冻鲞、冻肉等下饭菜肴。《武林旧事》中“市食”的菜品中也有一款“水晶脍”。这些冻制的菜肴，利用动物胶体的冷凝，口感凉爽，最适合人们夏季时食用。

元代的《居家必用事类全集》中就记有“水晶冷淘脍”“水晶脍”等菜肴。“水晶冷淘脍”是以猪皮冻丝为主，间码生菜丝、春韭、春笋丝、萝卜丝等春季冷菜，具有“迎新之意”。宋代已有的“水晶脍”，在该书中有两种制作的方法，一是利用猪肉皮的胶质，一是利用鲤鱼皮、鳞的胶质，这是两种风格不同的冻制菜肴，特别具有代表意义。

水晶脍

猪皮，刮去脂，洗净。每斤用水一斗，葱、椒、陈皮少许，慢火煮皮软，取出，细切如缕，却入原汁内再煮稀稠得中，用绵子滤，候凝即成。脍切之。酽醋浇食。[②]

又法

鲤鱼皮、鳞不拘多少。沙盆内擦洗白，再换水濯净。约有多少，添水，加葱、椒、陈皮熬至稠粘，以绵滤净，入鳔少许，再熬再滤。候凝即成，脍缕切。用韭黄、生菜、木犀、鸭子、笋丝簇盘，芥辣醋浇。[③]

① （宋）吴自牧. 梦粱录［M］. 杭州：浙江人民出版社，1980：144.

② （元）佚名. 居家必用事类全集. 续修四库全书（第一一八四册）［M］. 上海古籍出版社，1996：572.

③ （元）佚名. 居家必用事类全集. 续修四库全书（第一一八四册）［M］. 上海古籍出版社，1996：573.

上述两种冻制菜肴，一是猪皮冻；一是鱼皮鳞冻，冻凝后再用刀切成细丝，蘸调料食用，或用其他配料一起凉拌而食。因皮冻的颜色洁白，故将其命名为“水晶脍”。若将冻制菜肴中加入其他有颜色的菜料，还可以形成不同的特色，如宋代的“三色水晶丝”、“冻三色炙”等。《易牙遗意》中有一款“带冻姜醋鱼”，也是用鱼鳞熬煮冷凝与鲤鱼一起拌食。明代以后，冻制菜肴的制作更加多样化，品种也更加丰富。《宋氏养生部》中有“冻猪肉”“冻鸡”“冻鱼”，《养余月令》中有“猪蹄膏”，《调鼎集》中有“冻蹄”“冻羊肉”“冻鸭”“冻青鱼”“青鱼膏”“冻鲟鱼”“冻连鱼”“冻胖头”“蟹膏”等。

冻猪肉

“惟用蹄爪，挦洗甚洁。烹糜烂，去骨，取肤筋，复投清汁中，加甘草、花椒、盐、醋、桔皮丝调和，或和以笔熟（焯熟）蕈笋，或和以笔熟甜白莱菔，并汁冻之。”①

青鱼膏

“鱼切小块，去骨刺，配腌肉小块同煮极烂，加作料，候冷成膏，切块。”②

明代已有琼脂制冻的方法。《宋氏养生部》记曰：“琼脂，洗甚洁，用水煮，调化胶，加退皮胡桃或赤砂糖，和内盛盆器，冷定切用。又名石花菜。”③

利用动植物蛋白的胶凝作用是怎样形成晶莹似玉的结晶体呢？这是因为亲水胶体具有特殊的性质：在胶体溶液冷却过程中，胶原蛋白质分子在胶体溶液中运动逐渐缓慢，以致彼此联结成许多不规则的、特殊的网络结构组织，把水分子牢牢地保持在网中，使水不能自由流动。于是胶体溶液逐渐变成包含大量水分的胶体。水晶冻制菜肴就是这个道理。

古代菜谱中的水晶、冻、膏（糕）等字样，都是冻制冷凝菜肴的一大类型。这是冷菜制作中的特殊烹调法。新中国成立以后，这种冷凝冻制的方法一直在各地流行，如猪蹄冻、层层（猪耳）脆、鸡肉冻、鳝鱼冻、羊糕（膏）以及利用琼脂制作的杏仁豆腐、西瓜冻、蚕豆冻等，在酒店和民间食用特别广泛。

冻类菜肴在制作中有原料与胶质料一起熬制的，也有为了成菜后的形状完整，把熬煮的原料提前捞出整齐地摆放方盘中，然后再浇入较稠的汤汁，以保持切块后的形状美观。而今的冻制法是指用含胶质丰富的动植物原料（琼脂、猪肉皮等）加入适量的汤水，通过烹制过滤等工序制成较稠的汤汁，再倒入烹制成熟的原料中，使其自然冷却后放入冰箱冷冻，将原料与汤汁冻结在一起的一种烹制方法。

①（明）宋诩．宋氏养生部［M］．北京：中国商业出版社，1989：99.
②（清）佚名．调鼎集［M］．郑州：中州古籍出版社，1988：221.
③（明）宋诩．宋氏养生部［M］．北京：中国商业出版社，1989：183.

冻的制法较为特殊，它要运用煮、熬或蒸、烧等方法使原料熟烂后制成冻菜。冻能使菜肴清澈晶亮，软嫩鲜醇。根据季节的不同，选用的烹饪原料也有所差别。夏季多用含脂肪少的原料，如冻鸡、冻虾仁、冻鱼等；冬季则用含脂肪多的原料，如羊糕、水晶肴蹄等。

3. 味香醇厚的“熏”

熏，是烟、气等接触食物原料，使其变颜色或沾上某种气味而使其成熟的制作方法。食品的烟熏处理技术有着悠久的历史，常用于鱼类、肉制品的加工贮藏之中。烹调中有意识的运用和记载最迟在元代，因烟熏的食品能赋予制品独特的烟熏风味，这是由多种化合物混合组成的复合香味，其中酚类化合物是使制品形成烟熏味的主要成分。利用谷糠等原料烟熏食物的方法在明代十分流行，因带有一种特殊的香味，得到了古代人们的广泛喜爱。通过烟熏的原料还可以长时间的存放贮藏，如烟熏腊肉、腊鸡等。

熏腊肉，即是用烟火熏烤的方法制成的肉肴。这种烹调方法在我国古代运用较为普遍。元末的《易牙遗意》中记有“火肉”，即将腌制二十天的四只猪精腿，以稻草灰一重间一重叠，用稻草烟熏一日一夜，挂有烟处。古代饮食典籍中的熏制，以明代称多。我们先看看明代《宋氏养生部》的载录：

熏鸡

用鸡背刳之，烹微熟，少盐烦揉之，盛于铁床，覆以箬盖，置砻谷糠烟上，熏燥。有先以油煎熏。①

火猪肉

冬至后杀猪，不宜吹气，乘热取其肩腿，每斤炒盐一两，先揉肤透，次揉肉透，平布器内，重石压四五日，复转压四五日。煎石灰汤，冷取清者，洗洁，悬寒劲风中戾。通燥，焚砻谷糠烟高熏黄香，收置烟突间。有云涂以香油、熏以竹枝烟不生虫。②

熏牛肉

破(音pi，切，批)为二三寸长阔薄轩，用酱揉融液，焚砻壳糠烟熏熟，即齮龁（咬食）之。熏物仿此。③

火牛肉

轩之为二斤、三斤，计一斤炒盐二两，揉擦匀和，腌数日，石灰泡汤待冷，取清者洗洁。风戾之，悬烟突间。④

---

①（明）宋诩．宋氏养生部［M］．北京：中国商业出版社，1989：119.

②（明）宋诩．宋氏养生部［M］．北京：中国商业出版社，1989：99.

③（明）宋诩．宋氏养生部［M］．北京：中国商业出版社，1989：88.

④（明）宋诩．宋氏养生部［M］．北京：中国商业出版社，1989：88.

看罢上面四则食谱，我们对“熏”有了一个全面的认识。该书中还记有熏田鸡、熏豆腐、熏竹笋等熏制菜肴。文学名著《金瓶梅》中分别在第三十四回、第九十五回都写到了“火熏肉”，两者都是以冷菜的形式出现的。

明代熏法，以置“焚砻谷糠烟上熏燥”“悬烟突间”熏制；清代则用“柏树枝熏”；今之熏法，是以木屑、茶叶、白糖等为燃料，用火慢燃时发出的浓烟熏制。熏制法是将原料置于密封的容器（熏锅）中，利用熏料的不完全燃烧所生成的热烟气使原料成熟入味的一种烹调方法。熏制法常使用的熏料有：白糖、茶叶、香料、花生壳、柏枝、稻米、锯木、松针等。熏时原料置于熏架上，其下置火引燃熏料，使其不完全燃烧而生烟，烘熏原料至熟。

熏制法明代盛行，清代沿用，当代效仿。流传至今，熏菜在我国还有着广泛的影响。我国八大菜系中的湖南菜，就以烟熏腊味烹法见长，特别是湘西山区常以柴炭作燃料烟熏菜蔬野味，且有浓郁的山乡风味，这与当地的地理气候有很大的关系；安徽的沿江菜，尤以烟熏技法别具一格，熏料以特产茶叶和木屑为主，菜肴色泽金黄，茶香清馨，独具风味，如“毛峰熏鲥鱼”、“无为熏鸭”等。其他菜系也有一些熏制菜肴，如江苏的“烟熏白鱼”“烟熏鲥鱼”等。

值得提出的是，尽管熏制方法别有风味，古人今人熏法不同，但都是不够科学的。熏是把成熟的食品放到密封容器内，靠燃料产生烟气，使食品增色入味的。因烟熏后食品内存在着3，4-苯并芘、硫化物、砷等有害物，对人体有害，同时会使维生素（特别是维生素C）受到破坏，所以不宜多用之。这也是人们应该注意的。

4. 瓮藏生香的“鲊”

在我国古代，鲊菜的种类丰富多彩，在2000多年间，它是上从皇帝下至平民日常佐酒下饭的美味。大抵从两宋绵延到清代中叶，都是盛吃鲊菜时代。因为在那时，“鲊”几乎是全中国普遍享用的菜肴。

“鲊”本是一种生食菜肴，将新鲜原材料鱼或肉等切片、腌制，与米饭、调料调理，盛放容器中，经过多天的密封，不用火力来烹、煮、煎、炒，就投入口中领略其滋味。

“凡作鲊，春秋为时，冬夏不佳。”《齐民要术》在“作鱼鲊”中开篇就说得很明白。古之“正统”的鲊，原材料是鱼，其中有青鱼、鲤鱼大者肉厚味佳，作鲊自古珍重。从史籍记载，我国至迟在秦汉以前就有鲊类食物了。不过鲊类盛行起来，似乎在三国时代以后。东汉末年刘熙的《释名》说：“鲊，菹也，以盐米酿鱼以为菹，熟而食之也。”这已把制鲊的原料和方法明确地说出来了，然而说得很不详细。时代最早而又说得详细的当推北魏时的《齐民要术》，在“作鱼鲊”中详细介绍了鱼鲊的方法：

“取新鲤鱼，去鳞讫，则脔。脔形长二寸，广一寸，厚五分；皆使脔别有皮。手掷著盆水中，浸洗，去血。脔讫，漉出，更于清水中净洗，漉著盘中，以白盐散之。盛著笼中，平石板上，迮去水。水尽，炙一片，尝咸淡。炊秔米饭为糁；并茱萸、橘皮、好酒。于盆中合和之。布鱼于瓮子中；一行鱼，一行糁，以满为限。腹腴居上。鱼上多与糁。以竹蒻交横帖上。削竹，插瓮子口内，交横络之。著屋中。赤浆出，倾却；白浆出，味酸，便熟。食时，手擘；刀切则腥。”①

古代食谱中生食加工的菜肴是比较多的。在北魏《齐民要术》中，“作酱法”中有18个品种，“作豉法”中有4个品种，“八和齑”中有5个品种，这些品种大多是生食的食品。该书中的“作鱼鲊”中共有8个品种：作鲤鱼鲊、作裹鲊法、作蒲鲊法、作鱼鲊法、作长沙蒲鲊法、作夏月鱼鲊法、作干鱼鲊法、作猪肉鲊法。早期人类是较重视于生食方法的。人类在数十万年前就知道了用火，于是进入熟食时代，生鱼生肉的滋味，人们还是特别钟爱的。据史籍记载，在“鸿门宴”，项王就请汉王的猛将樊哙吃生猪肉。时代稍晚，西汉景帝的太尉周亚夫喜吃生肉。况且“鲊”并非道地的生鱼生肉，而是特别加工过的，应是饶有风味的。

宋代，在吴自牧的《梦粱录》中，记载北宋末年京师汴梁市街繁华情景，市场所卖的鲊类，就有海蜇鲊、大鱼鲊、鲜鳇鲊、筋子鲊、寸金鲊等多种；《吴氏中馈录》中有肉鲊、蛏鲊、黄雀鲊、胡萝卜鲊、茭白鲊、笋鲊。《清异录》中记载了吴越有一种“玲珑牡丹鲊”，以鱼片拼合成牡丹状，食用时从盛器取出，微红，如初开牡丹，甚为神奇。元代佚名的《居家必用事类全集》和韩奕的《易牙遗意》里，明代刘基的《多能鄙事》和高濂的《饮馔服食笺》等著作里，都记载了多种鲊法。例如《多能鄙事》制鲊法有18种之多。

制作鲊菜，乳酸发酵是最紧要的一环。在鲊的腌制中，米饭里混入了乳酸菌（由空气或所接触的器具传播而来），在放置中，起着乳酸发酵作用，产生的乳酸和一些其他物质，渗入鱼片之中，这样就能防止鱼片腐败，同时也使它改变风味。当然因原料不同、要求不同等，制鲊的办法是很多的。

明清时期，鲊菜的制作已逐渐发生改变，人们已将过去的“生食”通过精心制作变为“熟食”。明代兴起的“熟鲊”，弥补了过去生食的弊端，既保持了“鲊菜”的风味，又保证了菜肴的卫生。《金瓶梅》中就记载了两款“熟鲊”菜肴，在第十一回中，有一道“银丝鲊汤”②，此“鲊汤”就是作熟而食的。第七十六回有“把肉鲊拆上几丝鸡肉，加上酸笋韭菜，和成一大碗香喷喷馄饨汤来。”③作者

①（北魏）贾思勰．齐民要术［M］．北京：中华书局，2009：815-816.

②（明）兰陵笑笑生．金瓶梅［M］．济南：齐鲁书社，1987：170.

③（明）兰陵笑笑生．金瓶梅［M］．济南：齐鲁书社，1987：1206.

所记载的“鲊汤”不但如此讲究，而且自己也是深谙鲊汤的作法：肉鲊（亦称鲊肉）配上鸡丝、酸笋、韭菜，与馄饨一起制作出鲊汤。此汤荤素搭配，口味和谐，菜点融汇，别具一格。“银丝鲊汤”也应该是鸡丝等与鲊肉一起调配的汤菜。

到清代，“熟鲊”之食开始丰富起来。如清初朱彝尊的《食宪鸿秘》记载的几种“鲊菜”，都是制熟的：

合鲊

“肉去皮切片，煮烂，又鲜鱼煮，去骨，切块，二味合入肉汤，加椒末各调料和（北方人加豆粉）。”①

熟鲊

“猪腿精肉切大片，以刀背匀搥三两次，再切细块，滚烫一焯，用布扭干。每斤入飞盐四钱，砂仁、椒末各少许，好醋、熟香油拌供。”②

另外还有一款保留古风制法又将其制熟的“柳叶鲊”，其曰：

柳叶鲊

“精肉二斤，去筋膜，生用。又肉皮三斤，滚水焯过，俱切薄片。入炒盐二两、炒米粉少许（多则酸）拌匀，箬叶包紧。每饼四两重。冬月灰火焙三日用，夏天一周时可供。”③

清代以后，“鲊菜”的制作已被人们所忽视，在所留存的食谱中，鲊菜已不见踪影。其“熟鲊”之法，既有古代之遗风，又有“鲊”的特色，还具“熟食”卫生消毒之措施，却是有许多进步的。而在我国民间，南方的少数民族地区，如苗族、侗族、瑶族、黎族等地还有利用米饭与盐一起腌制鱼、肉等制作的鲊菜，南方那些以酸为特色的民族腌渍的酸鱼、酸肉、酸鸭等，其做法与鲊菜制法基本相同，有生食（鲊），有熟食（鲊），风味依然佳美。

传统与经典：米汤辽参

① （清）朱彝尊．食宪鸿秘［M］．上海：上海古籍出版社，1990：191.

② （清）朱彝尊．食宪鸿秘［M］．上海：上海古籍出版社，1990：192.

③ （清）朱彝尊．食宪鸿秘［M］．上海：上海古籍出版社，1990：194.

四、砂锅、瓦罐、煲仔与火锅情结

在中国人的饮食生活中，从南到北的人都特别钟爱老祖先留下的陶器炊具，利用这种陶制锅具制作的菜肴，在国内广为流传，男女老少都有一种吃的情结，那砂锅菜、瓦罐菜、煲仔菜以及各式火锅成为城乡居民日常生活中酷爱的菜品。

（一）砂锅、瓦罐的流行

1. 陶釜砂锅之演变

陶釜、砂锅之器的炖煨烹制法，是由人类早期使用的水烹法演化而来的一种独特技法。在漫长的烹饪发展中，陶器能够长盛不衰，正是因为炖焖的菜品肉质酥烂、汤醇鲜香、原汁原味的风格为全国各地的城镇乡村的广大人民所钟爱。

人类经过漫长的旧石器时代，大约距今一万年前，我国进入到新石器时代，由于食物的来源扩大，人类得以逐渐转向定居生活，特别是陶器发明后，人类又跨进了一个新的里程碑——产生了人类最早使用的锅：陶罐（锅）。

火的运用和控制促使陶器诞生。大约在八九千年前的新石器时代，原始人发现黏土经过火烧之后变硬，不再变形，于是经过多次试验和探索，发明了陶器，在裴李岗文化遗址中就发现了大量的三足陶器。陶器发明之后，马上就被用作炊具和食具了。

随着制陶工艺的发展和提高，早期的陶器也开始分化出釜、鼎、鬲、甑和鬶，这是最早出现的陶制炊具。前三种都是煮食用的锅子。区别是：釜底部无足；鼎有三个实心足，主要用以煮肉食，负载大；鬲有三个空心足，主要用来煮粥饭，负载小，空心足可以加大受热面。在陶器中煮粥、饭，米放在釜中（或“鬲”中）加热，上面有盖以保热，下面有水作导热介质，温度均匀而稳定，而且能够很快地把水煮沸或把食物煮熟，提高了烹煮的速度。由此，也将人类的烹饪历史由简单的烧烤烹饪转而进入了煮炖阶段。那时的陶罐煮法极为简单，以水传热直接把食物烹熟。

先民们制造的陶器最初多是型制简单的敞口罐和盆，主要用其作为煮制食物，人们在煮制的实践过程中，又发现敛口的比敞口的在加热时菜品更容易成熟，而且热量不易散发。后来，罐和盆随着不同的用途而开始演变和专门化。应该说，陶罐、陶盆产生之日起，以水传热的煮制法就存在了。早期的煮制法中，在不同的水量、温度与时间作用下，煮制菜品会形成不同的风格特色。“水”又作为溶剂，在加热过程中，原料经水解后，会形成为汤汁，这在调制菜肴风味方面具有重大意义。后来，随着烹饪技术的发展，陶釜、瓦罐、瓦煲逐渐从煮中分化出来，独立成宗，而对火候的要求也越来越讲究了。

在以后的发展中，水烹法随着陶、铜、铁等炊具的发明而不断完善起来，由煮而分化出许多不同的水烹特色法，不知从何时起，炖制法由煮演变而来，它对成菜的汤汁、形态有更高的要求，是求精的产物。用陶釜、瓦煲烹肉是我国古代常用的烹饪方法，用其炖煮肉类食物，不易与酸或咸发生化学变化，能保其固有风味，吃起来清新可口，香而不腻，嫩而不生，鲜而不腥，烂而不糜。如砂锅白肉、砂锅甲鱼、砂锅狮子头等。

至迟在元代就已出现砂锅、瓦罐“炖”法的文字。如元代《云林堂饮食制度集》中记载的“酒煮蟹法”，将蟹剁成块加调料后“于砂锡器中重汤顿熟”[①]，明代《金瓶梅》中有不少菜肴是用砂锅、瓦罐炖制而成的，如第二十二回中的“四碗顿烂”菜肴中有“顿蹄子”、四十一回中的“顿烂蹄儿”、七十九回中有“把鸽子雏儿顿烂一个儿来”等，此时都写着“顿”。清代《食宪鸿秘》就载有顿豆豉、顿鸡、顿鲟鱼、蟹顿蛋、顿鸭、炖鲂鲏等，此时“顿”与“炖”同时运用。在《调鼎集》中也记有多种炖法，有酒炖、白糟炖、红炖、干炖、葱炖等。

我国最早的砂锅餐馆出现于1741年，即清代乾隆六年。北京西四缸瓦市路东有一座“和顺居”，刚开业时，用一口直径约四尺的大砂锅煮肉。由于这口砂锅大得出奇，成了招徕顾客的幌子，大家习惯称它为“砂锅居”，其正式名称“和顺居”反倒不被人提起了。店主人也就顺水推舟，同时挂起了“和顺居”和“砂锅居”两块招牌。

民国年间，宜兴蜀山人士周润身和周幽东父子合著的《宜兴陶器概要》，于1932年出版，书中对陶器锅罐类产品推崇备至，并曰：“菜社与酒家如无陶罐专席不得称为美备；精究庖厨者不以陶罐煨炖可谓未尝真味；不以紫砂陶壶品茗虽有甘泉其淳难极致。”又云：“以陶罐炖食品，其味特别醇美，是一般铅铁铝磁等锅罐所迥不能致。故考究调味者，靡不够用。颇多菜社酒家，亦以陶罐为专席。”[②]这字里行间道出了陶器锅罐类烹饪具在中国餐饮业的地位和价值。

解放后，砂锅居依然以各式砂锅菜品为主要品种吸引海内外的宾朋。餐厅门

---

①（元）倪瓒. 云林堂饮食制度集. 续修四库全书（第一一一五册）[M]. 上海：上海古籍出版社，1996：611.

② 王忠东. 美食美器宜帮菜 [M]. 北京：中国商业出版社. 2016：20.

前的超大砂锅依然在招揽着中外顾客。今日的砂锅居，旧貌换新颜。走进餐厅，每张餐桌上都有砂锅在炖、焖、煨，好像到了砂锅的“王国”。这里不仅经营着散座，还举办宴会，谓之砂锅宴。

2. 砂锅、瓦罐的偏爱

砂锅、瓦罐、瓦煲，为陶瓦质，一般为圆肚，平底，砂锅大多无耳，也有带耳或长单把者；瓦罐、瓦煲腹部带双耳或者长单把，也有无耳者。它是人们生活中常备的炊具之一，多用来煮炖带汤的菜品。

砂锅是我国城镇乡村家家户户都必不可少的饮食炊具。各种荤素原料都可以用砂锅、瓦罐来烹制。特别是立冬以后，气温骤降，人们会更加渴望从餐桌上袭来那袅袅热气，当砂锅、瓦罐菜上桌，伴随着咕噜咕噜还未消停的响声，掀开锅盖的一瞬间，香味扑鼻，香气四溢，特别温暖舒服，让人最为想念。我国砂锅、瓦罐菜最著名的菜肴要数佛跳墙、清炖狮子头、砂锅鱼头、瓦罐煨汤等。

江苏地区最擅长的烹调方法就是炖、焖、煨、焐，这不仅是因为江苏省宜兴市为中国的“陶都”，更是由于江苏人爱用砂锅烹制菜肴。江苏菜的特点是：突出主料，强调本味，注重火工，清淡适口，保持原汁原味；浓而不腻，淡而不薄，酥烂脱骨而不失其形，滑嫩爽脆而不失其味。这正是砂锅炖焖、原汁原味的个性特色。如清炖蟹粉狮子头、炖生敲、母油鸭、清炖鸡浮、砂锅菜核等。湖南地区也是砂锅菜肴偏爱的地方，湘江流域和洞庭湖区的菜肴，油重色浓，讲究实惠，口味上以香鲜酸辣软嫩为主，烹调方法以煨、炖、腊等技法见长；煨炖菜品，讲究微火长时间炖㸆煨焖，菜肴软糯汁浓；洞庭地区炖菜常用火锅上桌，民间则常用蒸钵炖制鱼、肉，菜肴香鲜热烫，最为当地人所爱。

东北地区由于天气寒冷，他们对菜肴的烹制离不开砂锅炖菜。冬季天干气燥，最宜炖制热气腾腾菜、汤以滋润身心。又因天气冻凉，寒为主气，人们较为厌倦寡淡滋味，转而想喝些口感厚重又营养丰富的炖菜、炖汤。在他们的家常风味菜制作中，粉皮炖肉、海带炖肉、猪肉炖粉条、土豆炖牛肉、排骨炖白菜、雪里蕻炖豆腐、罐焖肉、罐焖牛肉等是他们日常生活的常备菜肴。

江西地区瓦罐煨汤的瓦罐菜肴最有特色。以瓦罐为器，配以各种食物，加入汤水，锡薄纸覆盖，用炭火慢煨。此法煨出的汤料，不但口味鲜美、肉质细嫩，而且营养价值极高。在江西各地，大多数的饭店在门口或餐厅里都有一两个密封的大瓦缸，高约一米五，系粗陶制成。这是制作瓦罐菜肴的炉子，缸底部有一圆形的铁桶，里面生炭火，缸内有铁架多层，能放置不同原料的瓦罐菜肴，菜单上列出了许多不同的瓦罐菜肴，几乎进餐厅的客人都会点一道这种瓦罐菜肴品尝，原料种类较多，鸡鸭鱼肉、菌蔬果品均可作为底料，最普通的是瓦罐鸡汤、瓦罐鸭汤、瓦罐排骨汤。即使小餐厅也会用各式小陶盅、紫砂盅、小汽锅放入烤箱或蒸箱煨炖成熟，以各客位上的方式招待客人。广东地区的城乡居民使用的瓦罉㷛制菜品也很普遍，如瓦罉㷛水鱼、瓦罉㷛鸡、瓦罉焗乳鸽、瓦罉焗鱼嘴、瓦罉醉肉蟹、瓦罉㷛鲤鱼、瓦罉㷛海龙凤等，并以原瓦罉上席，肉软烂、骨易脱、汁浓稠、有胶质，鲜香味厚，又有滋补功能。

砂锅、瓦罐炖制法，是运用多量水传热、长时间恒温加热，能均匀持久地把外界热能传递给内部原料，相对平衡的环境温度有利于水分子与食物的相互渗透，锅中汤温保持在一定范围内，使原料内所含的氮浸出物被充分溶解，鲜香成分溢出得越多，菜肴滋味就越鲜醇。由于汤汁微沸，对原料组织结构的变形破坏力相对较小，不仅能够保持原料的形状完整，而且可使器皿中汤汁清鲜醇厚，肉质酥软不碎。由于砂锅、瓦罐器皿要求原料密封于容器中，因罐口盖严密，因此鲜味物质挥发少，使汤汁醇清、肉质酥烂，较好地保持了菜肴的原汁原味。对于所炖制的原料，需先经过初步熟处理后，才能放在砂锅中，以保持汤汁的清纯和鲜美。

砂锅、瓦罐菜品一般选用无异味的和质地韧性的原料以及一些海味干货，如老鸡、鸭、鹅、鸽、鹌鹑、牛、羊、猪肉及干贝、鲍鱼、鱼皮、鱼骨等，也选用一些鱼类及其他动物，如鳖、龟、鳝鱼等，常用根、茎、菌类蔬菜作为辅料一同炖制，嫩小的或有异味的原料不宜炖制。代表菜肴有：冬笋砂锅炖全鸡、枸杞炖乌鸡、花菇瓦罐炖全鸡、板栗炖鹌鹑、砂锅东坡肉、瓦罐鞭笋炖猪手、菌菇瓦罐炖猪肘、砂锅炖猪下水、黄豆炖猪爪、花生炖牛尾、冬菜瓦罐鸭、人参瓦罐鸭、天麻炖鱼头、砂锅雪菜炖黄鱼、砂锅粉皮炖鲩鱼、瓦罐虾米炖白菜、火腿干贝炖冬瓜、砂锅一品豆腐等。

自古及今，砂锅、瓦罐的应用与流行，与几千年来中国老百姓一直由衷喜爱有关。尽管中国炊具经过多少次变迁，而陶釜、瓦罐虽然易破，且貌不华彩，但它始终立于不败之地，原因在于它的特殊功效是许多现代化的金属炊具所望尘莫及的。瓦煲砂罐，具有导热慢，散热慢，保温时间长，加热时汤汁气化少，原料在罐内封闭受热，又能保持住原料的营养不外溢，直到汤醇料烂，无金属等异味，能保证菜肴的清正纯美等特点，用砂锅、瓦罐烹制的菜肴，大都具有独特而美妙的风味。

（二）南方煲仔的风行

早期曰“煲”者，多为广东人，他们称沙锅为煲仔，所以它是由广东方言转化而命名的。煲制法是从瓦罐煮炖制法中分蘖出来的。近几十年来，随着广东煲饭、煲粥逐渐盛行，“煲”制烹调法也在全国广泛地流传开来。就其“煲”字，它有两种含义：一为烹调法，用文火煮食物，如煲汤、煲肉；一为炊具，锅子、铫子，如瓦煲、水煲等。

1. 煲法概述

煲制法，一般是指使用有盖的器皿（以前多数用瓦煲，现在质地多样），放入清水和原料（即汤码，包括主料和配料），加盖用慢火长时间煮制，并调以味料，使原料烹制酥烂、汤水浓香的烹调方法；也有时间较短的，如鱼头煲，腌制加工、油炸后，加葱、姜爆香，加汤，下主配料，调味炖制后即可供食。《中国烹饪辞典》释曰："用于汤菜，一般先将原料煎后，下沙锅，并下沸水、配料，以文火炖至软烂，调味供食"。[①]煲制菜肴，多是以汤为主、汤码为辅的汤菜，尤以使用瓦煲来煲汤的为佳。它的特点是：通过长时间的加温过程，使主料和配料的滋味，溶集在汤水之中，使汤芬香、滋润而味鲜。如冬瓜煲老鸭、虎皮凤爪煲、鱼香茄子煲等。

古代大多是把肉类食物放在封闭的陶器中煮熟或熬烂，如唐代万年县尉段公路在《北户录》中记载说："南朝食品中有奥肉法，奥即煲类也。"[②]。唐代由于饮食业的高速发展，"煲肉"的花色品种也随之多起来。《北户录》中还详细介绍了两种煲肉菜：一是"煲牛头"，一是"煲猪肉"。"煲牛头"载曰："南人取嫩牛头火上燂过，复以汤毛去根，再三洗了，加酒、豉、葱、姜煮之，候熟切如手掌片大，调以苏膏、椒、橘之类，都内于瓶瓮中，以泥泥过煻火重烧，其名曰煲。"[③]段公路自己食后分析说，此味如同熊掌之美。"煲猪肉"的做法是将猪肉加工切块腌制，后用中小火煮约三四个小时，再放入砂瓮中使之相伴，人们多在腊月制成煲肉，因为寒冷季节放置一段时间而不易腐败。

自唐代段公路"煲菜"的记载到现在，已有1000多年的历史，食物原料的煲制一直是岭南地区比较偏好的制作方式。岭南是高温多雨的热带，高温闷热，自然会多流汗，水分的补充是饮食养生的第一需要，故粥饮、汤煲类食物甚多，与北方有明显的区别。岭南地区人的煲汤对食材、时节特别讲究，他们不仅仅是为了填饱肚子，更上升为一种文化、一种养生健身的文化——春祛湿，夏散火，秋润燥，冬进补。由此看来，汤煲在岭南地区已成为一种文化饮食方式。

煲汤是我国南方人特别推崇的。它的主要工艺过程是：把原料洗净，经焯水或炒、爆、煎等处理后，按所需汤量加一倍的清水一齐放入煲内，先用大火，后改用小火煲2小时以上（至适度），使部分水蒸发，浓缩成汤水鲜美、香浓的菜肴。广东人煲汤，根据季节安排，一般可分为清煲和浓煲两种。清煲适用于夏秋

---

① 萧帆. 中国烹饪辞典［M］. 北京：中国商业出版社，1992：270.

②（唐）段公路. 北户录. 文津阁四库全书（第五八九册）［M］. 北京：商务印书馆，2006：344.

③（唐）段公路. 北户录. 文津阁四库全书（第五八九册）［M］. 北京：商务印书馆，2006：344.

两季，汤清润，味鲜而不腻；浓煲适用于冬春两季，汤芬香而浓郁。

煲制菜肴以煲汤为主体以外，又兴起了一种料多汤少的“煲仔菜”，将易成熟的荤素原料配好后放入砂锅或黑釉煲或双耳彩釉煲内加热成熟，边煲上桌，供客食用；或者将荤素原料加工至七八成熟，再装入煲中，上火加热至熟，上桌后热气沸腾。在南方，煲肴可作为零点、宴席菜在各大小饭店大行其道，特别是冬春季节，深受广大顾客的欢迎。如毛蟹豆腐煲、虾子什锦煲、香菇滑鸡煲、蒜豉河鳗煲、鲶鱼豆腐煲、开洋鱼肚煲、火腿素鸡煲、小煲双足跳等等。

煲仔饭最早出现在广东的茶楼，它是以砂锅作为器皿来煮米饭。其制作方法，类似于3000年前“周代八珍”中的“淳熬”（稻米肉酱饭）、“淳母”（黍米肉酱饭）。煲仔饭就是把淘好的米放入煲中，加好水量，加盖，把米饭煲至七成熟时加入配料，再转用慢火焖熟。用“煲”制作在火候控制方面比较灵活，煲出来的饭齿间留香，美味无比。煲仔饭作为粤菜菜系的特色产品，传统品种主要有豆豉排骨饭、腊味饭、滑鸡饭、田鸡饭、咸鱼香肉饭等，正宗的要用丝苗米，取其坚实细密晶莹、口感好、滋味浓又易被汤汁浸润，口味绝妙。

2. 粤港人善用煲

广东、香港人善于把含纤维结缔组织丰富的原料，如猪手、猪肚、牛腩、老鸭等放入瓦煲中，加入一定量的水，用慢火加热至熟透，使其口感软烂、糯滑、可口。翻开广东菜谱，记载着多个煲制菜肴，如桂圆乌鸡煲、乳香鹌鹑煲、陈皮野兔煲、水瓜花蟹煲、章鱼煲猪脷、银丝鱼香茄子煲、金钩银丝绍菜煲、七彩什锦煲等。

提到煲法，人们自然对广东、香港人煲出来的粥感兴趣。殊不知这种煲法有自己专门的章法，它要求先用旺火把原料烧沸，后用微火煮透（粤语谓之曰：“武火煲滚，文火煲透”），而且煲时极强调一气呵成。用煲法烹制菜肴或粥品，一般使用瓦铛或瓦煲。当然，用煲法进行烹调时，也是可以适当作些变通的。如在制“煲仔饭”时，先是把煲底放在炉上烧，等煲内米水干后，把饭煲翻转置于炉上，至饭微焦时拿起。这样煲出来的饭不会太软或太硬，也不会夹生或煲至焦煳。

在广东、香港，无论是街边大排档，还是在豪华的大酒店里，都可见到热气腾腾用瓦煲盛着的菜肴。广东人煲法的盛行，还与广东人的饮食习俗有关。古时粤地文化发展较慢，被视为“南蛮”，古粤人的饮食不拘小节，并不以是否能登大雅之堂作为菜肴的标准，加之，广东气候炎热潮湿，给各种动植物的生长繁殖提供了良好的条件，因而烹饪原料范围极广，以至于蛇、鼠、猫、禾虫之类均可入馔。粤人笃信汤有清热降火的功效，因此会用各种食材和药材按不同季节煲出不同的汤来。这些都为广东煲制菜肴品种的成功奠定了坚实的物质基础。

香港人最爱喝“老火靓汤”，又称“老火汤”，每餐无汤不欢。煲制细火慢熬而成的老火汤在香港人心中占有非常重要的地位。在香港，几乎每个主妇都是煲汤高手，随便一个主妇都可以告诉你，春天要煲什么汤水可以消毒祛湿，夏天要煲什么汤水才可以清热解暑，秋天要如何滋润养颜，冬天要如何滋补养生。此外，上至天上飞的，下至水里游的，皆可以成为老火汤中的食材。其代表性的有：佛手瓜煲猪软骨汤、参苓白术健脾汤、火腿白菜煲鸡汤、干贝白菜煲汤、山药莲子小排汤、青豆香菇排骨汤、甘蔗荸荠煲排汤、黑枣煲猪尾汤等。香港人公认的美食“腊味煲仔饭”，色香味俱全，而熬煲仔饭的卤汁是一大关键。

粤港人的煲肴是丰富多彩、老少皆宜的。其煲的种类也很多，有带把黑釉煲、双耳黑釉煲、双耳彩釉煲和汤煲，规格有大、中、小号，汤煲还有特号者，似罐，高身。煲肴的类别也是多种多样，广东人善制煲馔，凡是用煲烹制和盛装者都为煲肴。现在的煲肴已从过去的汤煲中派生出许多品种（有些菜品与江苏菜中的沙锅炖焖相似）。它用料广泛，款式繁多，味道各异，口感鲜美，深受广大消费者的普遍喜爱。

（三）火锅涮烹的盛行

涮，是把东西放在水里摆动使干净，即洗涮。作为烹调方法，是把肉片等食物放在开水里烫一下蘸作料吃。利用涮制烹调需要有相应的物品——涮锅，即火锅。

涮是一种特殊的烹调方法，用火锅将汤烧沸，把形小质嫩的原料放入汤内烫熟，随即蘸着调料食用，是就餐者的自我烹调，所以，带有很大的灵活性，如涮羊肉、涮生片、涮海鲜、涮什锦等。现在也有一种火锅，事先在锅内调好汁的味道，将原料涮熟后不用蘸着调料食用。涮必须具备特制的火锅，按热源分为碳火锅、电火锅、燃气火锅、液体或固体酒精火锅等。涮的最大特点是主料鲜嫩、调味灵活、汤鲜味美。

1. 火锅寻踪

我国的火锅从何时开始使用，这是多少学者一直在研究和寻觅的。从有关文献记载，可以说汉代是出现火锅的重要时期。

在西汉时期，一种青铜染炉非常流行，以至于在许多地方都有出土。这种染炉分为三个构造：主体为炭炉，下部是承接炭灰的盘体，上面放置一具活动的杯。过去学者们对它的用途一直迷惑不解，直到今天，考古界才确认它就是一种类似现代意义上的“小火锅”。著名考古学家王仁湘曾撰文认为，染炉是汉代前后贵族饮食生活的一个侧面，是一种雅致的食器。由于汉代实行的是分餐制，一人一案，一人一炉，甚是惬意。这一幕也被记录在汉代画像石上。[①]

江西省南昌市郊西汉海昏侯墓出土2000多年前青铜制作的火锅。墓室里出土的火锅，和北方的涮羊肉锅极为类似，中放炭火，外沿烫菜，其外形比现在的火锅精致许多。考古研究所人员说，该器物做工精细，整个火锅是个三足器，支撑比较稳定，上端是个肚大口小的容器，便于盖上盖子，下端连接着一个炭盘，之间并没有连通。考古专家认定，这是个实用型的火锅，因为它有被用过的痕迹，炭盘里有炭迹，锅内也有使用过的迹象，甚至还有板栗等残留物，[②]是一个距今有2000多年的青铜火锅。《深圳晚报》刊载：1968年在河北省保定市发现满城汉墓，其中在西汉中山靖王刘胜的墓中便发现了一只可以用来吃火锅的铁暖炉。此炉系采用鼎结构三足造型，在足腿中部设可以旋置燃料的托盘（炉底）。这种炉子温酒、热饭、吃火锅均很方便。[③]《现代快报》记者走访南京博物院“江苏古代文明馆”汉代馆，在展厅的展柜中，有一个非常大的分格鼎，这是汉代的火锅，出自江都王刘非墓中。这个分格鼎，就是古代版的鸳鸯火锅。鼎分五格，中间圆隔外面再分出四格，可以放置不同的肉品，能吃到五种不同的风味。[④]西汉刘非是一个生活非常奢靡的地方官，在其墓葬中发现了大量价值连城的绝品，这种锅具又称为“五熟釜”，在铸造时将鼎中的空间分成五部分，将鼎中分成不同的烧煮空间，避免不同味道的料汤串味。《三国志》也曾记载，魏文帝曹丕还是太子的时候，曾让人铸“五熟釜”，赐予相国钟繇。这就是分隔式火锅，可以同时煮不同的食物。汉代的墓葬中已发现大量的类似火锅的器具，这已是确信无疑的。

魏晋南北朝时出现了“铜爨”，则与近代的涮锅几无什么区别了。爨，既当灶又当锅，兼具两种功能。锅与灶都结合在铜爨之内，已近似今天的铜火锅，用时不需要另起炉灶，而是四周作锅，中间是烟筒，底座设火膛。燃料一般是木炭，也可用松塔、玉米轴等。演变至唐朝，火锅曾称为“暖锅”。唐朝白居易的《问刘十九》的诗：“绿蚁新醅酒，红泥小火炉。晚来天欲雪，能饮一杯无？”[⑤]就惟妙惟肖地描述了当时食火锅的情景。

---

① 梁燕. 专家考古证实：汉代吃火锅撸串儿喝酒很流行［N］. 北京晨报，2016-5-25（A15）.

② 程迪. 袁慧晶. 南昌西汉海昏侯墓出土2000多年前的青铜火锅［EB/OL］. 新华网，2015-11-10.

③ 汉代中国人吃鸳鸯火锅［N］. 深圳晚报，2012-12-06（A24）.

④ 胡玉梅. 南京展出汉代鸳鸯火锅：古代王爷可尝五种风味［N］. 现代快报，2013-10-22.

⑤（唐）白居易. 问刘十九. 唐诗鉴赏辞典［M］. 上海：上海辞书出版社，1983：900.

20世纪80年代，从内蒙古昭乌达盟敖汉旗出土的壁画中考证，辽代初期已有涮肉用的火锅。壁画中画有三个契丹人于穹庐之中，围着火锅，席地而坐，有的用箸在锅中涮食羊肉。火锅的前面放着一张方桌，上面陈放着盛配料的两个簋（盘子），还有两盏酒杯，桌的右侧备有大酒瓶，左侧用特制的铁筒，盛以满满的羊肉块，形象逼真，栩栩如生，是极为珍贵的历史佐证，为研究火锅的发展，提供了可靠的形象依据。说明在1000多年以前的辽代民间，已有吃火锅的饮食习俗了。宋代林洪的《山家清供》中有较详细的“涮”食记载，其名“拨霞供”，为涮兔肉：“向游武夷六曲，访止止师，遇雪天，得一兔，无庖人可制。师云：‘山间只用薄批，酒、酱、椒料沃之。以风炉安桌上，用水少半铫，候汤响，一杯后，各分以箸，令自夹入汤，摆熟啖之，乃随意各以汁供。’因用其法，不独易行，且有团圆暖热之乐。”[①]这里所说的是兔肉，薄批成片，桌上安炉，烧烫后用调料沃蘸，这已与当今吃火锅的方法大同小异。

至清朝，火锅不仅在民间盛行，而且成了一道著名的“宫廷菜”，清宫御膳食谱上有“野味火锅”，用料是山雉等野味。顾禄《清嘉录》十二月饮食“暖锅”节云：“年夜祀先分岁，筵中皆用冰盆，或八、或十二、或十六，中央则置以铜锡之锅，杂投食物于中，炉而烹之，谓之暖锅。”[②]潘荣陛《帝京岁时纪胜·元旦》：“至于酌酢之具，则镂花绘果为茶，十锦火锅供馔。”[③]《老残游记》第十九回：“端上饭来，是一碗鱼，一碗羊肉，两碗素菜，四个碟子，一个火锅，两壶酒。”[④]古代有关吃火锅的记载是较多的。人们喜好这种火锅的共同特点，就是在餐桌上自烹自调，自娱自乐，有汤有菜，汤热菜嫩，并可依个人喜好，加用各种调料，既可以佐餐，又可以下酒，众人围坐，无拘无束，不管荤素杂料，明火小炉，即烫即食。这种以火锅形式的烹调方法，古代爱食，现代更加普及。而今，不仅中国人爱吃，外国朋友也十分喜爱。

火锅按其所用燃料的不同，从早期以木炭为燃料的炭火锅（分为设有烟筒和不设烟筒锅具两类），以后又有酒精火锅、煤气火锅和电火锅等。随着时代的发展，火锅涮食也越来越简便，特别是酒精（液体、固体）、煤气、电的广泛使用。20世纪80年代以后，各地火锅品种不断增多，人们在传统的基础上不断开拓，卡式炉、电火锅、酒精炉等形式应运而生。从卫生、分食的需要出发，人们又发明了每人一客的小火锅。这种各客小火锅，为高档宴席又增加了一道特色的

---

①（宋）林洪．山家清供［M］．北京：中华书局，2013：79.

②（清）顾禄．清嘉录［M］．北京：中华书局，2008：208.

③（清）潘荣陛．帝京岁时纪胜．续修四库全书（第八八五册）［M］．上海：上海古籍出版社，2002：592.

④（清）刘鹗．老残游记［M］．乌鲁木齐：新疆人民出版社，1996：133.

风味，火锅的层次也由此更上一个新台阶，大众化的火锅，可分可合成为一种雅俗共赏的就餐形式。在香港这个美食天堂，厨师们借用火锅这种形式，开辟了明炉新思路，由众人涮料形式改为盆菜与火锅的结合体方式，将带汤水的菜品放入明火小炉中，这不仅起菜品的保温作用，而且又开创了一种新菜种——热菜与明火小炉的有机结合。这种明炉菜品一面世，迅速传遍港澳和大江南北，由此开创了“明炉火锅”的新天地。

2. 火锅的风潮

从20世纪80年代中期起，火锅作为一种饮食潮流风靡大江南北、遍及城市乡镇，当人们大快朵颐迷恋着“涮锅”而情有独钟之时，放眼全国之餐饮，中国民众的火锅食潮之风此起彼伏，加入其队伍的人流也在不断的增多。人们向往它、追寻它、喜爱它，而且许多人是那么的执著。[①]

（1）风味多样，各领风骚　传统火锅向来有南北之分，南派火锅的代表，无疑是川味火锅。川味火锅因源于重庆，故又称重庆火锅或山城火锅，最具特色也最盛行的，当属毛肚火锅和红汤火锅，尤以“麻、辣、烫”的正宗川味著称。其卤汁是用牛肉汤、牛油、郫县豆瓣、永川豆豉、冰糖、姜米、花椒、辣椒末、川盐、绍酒、醪糟汁等制成，味道特别浓香、醇厚。北派火锅以涮羊肉火锅为主要代表，吃法简单，调料丰富，著名品牌有历史悠久的北京东来顺等。

中国地域广阔，火锅的风味也因地因人而异，并形成了各不相同的地方特色。除上述之外，其他地区也有一些特色火锅，例如：东北地区多为“白肉火锅”，其涮肉多为煮成大半熟的猪肉片，佐料以蒜泥、酱油为主，其菜肴实惠，滋味鲜美；湖南火锅以鱼圆火锅、什锦火锅、四生片火锅等为代表，尤以体积比普通火锅大一半至一倍的“大边炉”最有特色；广州火锅又称“打边炉”，边炉亦称便炉。打边炉与通称的火锅不尽一样，普通火锅是围坐而食，而打边炉讲究站着吃，所用的筷子也特别长，几乎比普通的筷子长一倍；海南火锅用陶灶，上支大铁锅，烧荔枝木，火力很旺，且有微烟，火锅席地而设，就餐者用小凳围坐而食，盛夏不辍。或海滨、或树下，面对炉火，头顶烈日，虽大汗淋漓，但意犹未尽；上海火锅集南北之大成，故又有海派火锅之称，其传统火锅为菊花火锅。汤用纯鸡汤，再加虾米、口蘑、冬笋吊汤；“朝天锅”因火锅置于露天而得名，风行于山东一带，以潍坊最为著名，是一种集市型的路边饮食小摊，常以猪杂碎、粉条、萝卜合煮一锅；“沙茶火锅”是台湾流行的一种火锅，食法是用沸汤把鲜菜和薄生肉片汆熟，加上沙茶酱、酱油等调料食用。

如今的火锅，早已冲破了冬季食用的界限，品类更是五花八门：从规模上

① 邵万宽. 思辨火锅潮［J］. 餐饮世界，2005（12）：10-11.

说，有几十人一同聚餐的超大火锅，也有各客自助的袖珍小火锅；从能源上说，有传统的木炭、酒精锅，也有现代的燃气、电磁炉；从用料上说，有肉类、水产，也有蔬菜菌菇以及专用于涮锅的各种制品，几乎无所不涮；从调味上说，有涮锅中已加调料、涮熟即食的，也有涮烫后佐蘸店家调制的味料而食的，还有食客自行调制味料的，味无定式、悉听尊便；从功用上说，有果腹的、品味的，也有滋补健身的、食疗祛病的；烧烤火锅、什锦火锅、双味火锅、三味火锅……伴随着时代的发展，人们从欢聚、享乐的饮食刺激中，不断体味着火锅的真谛。

（2）简便快捷，适应面广　千家火锅城，万名品尝客，火锅成了“挡不住的诱惑”“关不住的春色”。细究起来，火锅之“红火”可以找出太多的理由，似乎不想火都不行。

首先，不尚奢豪、价廉物美、大众认可，是火锅旺盛生命力之所在。对于火锅经营者来说，无论全国各地城镇乡村，只要有一块地方，有几张桌子，能够生火并放上锅或盆传热即可。因此，火锅店不必过于讲究市面地段，不必花费巨资进行豪华装修，不需要配备多么高档奇贵的原料，不需要特别精湛的烹饪技艺，从业“门槛”低，投资小，成本微，售价自然不高，能够满足广大工薪阶层的需求，是一种平民文化，所以广大老百姓都能受用得起。

其次，取材广泛、吃法灵活、粗精相宜，可适应各类消费者的不同需求。肉鸡鱼虾蛋、菜蔬花瓜豆、菌菇豆腐面条等，差不多是举凡食物皆可涮，而且选择权完全交给你，爱吃什么点什么，老嫩、味道、营养搭配等都可以自行掌握，这对于任何再挑剔的食客来说，恐怕都是乐不可支的。

其三，贵贱皆可、形式快捷、轻松随意，显扬现代人追求自我的生活理念。求廉的，清汤锅底，一盘肉、两碟蔬菜、一瓶小酒，虽花费一二十元而不“掉价”，尽可酒足饭饱；讲排场的，滋补锅底、鲍鱼、大虾等高档原料都可点而涮之，茅台酒、五粮液尽管上，一餐下来决不会因是涮锅而嫌寒碜。同时，与正餐筵席相比，火锅少了许多拘束客套，更显简便快捷，轻松随意，自然深受无拘无束、快节奏的现代人欢迎。

其四，体验刺激、寻求快感、自娱自乐，满足人们寻找变化和快乐的要求。火锅之所以吸引顾客，决不光是因为从盘食改为火锅，而是火锅对餐桌艺术的丰满。有人说，火锅是一种独特的“味”。以川味为例，且不说它一股浓烈的香辣味被人们津津乐道，面对火锅烈焰之上，红汤如同火山中的熔浆一般翻腾激荡，一箸提起，全身的感觉马上升腾澎湃，每个毛孔都在呐喊，体液奔流，直如长鲸吸虹，又如洪水出闸。这时，你长舒一口气后咀而嚼之，当真酣畅淋漓、惬意无比！

火锅是一种文化，一种美食文化，从制作到消费整个过程笼罩着文化气息，唐宋明清，文人围炉诗话，觥筹交错，击节歌吟。如今生活节奏加快，人们的生活圈也在扩大，许多信息需要交流，正餐略为烦琐，而火锅的简便方式、明快节奏与实惠餐资正好符合了大众的进食要求。

伴随着火锅茁壮成长的过程，也不断出现质询火锅的微词。清代袁枚在其《随园食单》中开列的14个饮食“戒单”中，第九戒就是“戒火锅”，其原文如下：“冬天宴客，惯用火锅。对客喧腾，已属可厌；且各菜之味，有一定火候，宜文宜武，宜撤宜添，瞬息难差，今一例以火逼之，其味尚可问哉！近人用烧酒代炭以为得计，而不知物经多滚，总能变味。或问：菜冷奈何？曰：以起锅滚热之菜，不使客登时食尽，而尚能留之以至于冷，则其味之恶劣可知矣。”①

近些年也有一些人指责火锅的声音，认为一双“万能筷”夹遍生熟，不管荤素，不论新鲜冷冻，均靠在一锅热汤中一涮。据某项民意调查显示，造成部分人不太愿意走进火锅店的原因，一是因为这里喧嚣，嘈杂声不绝于耳；二是这里食法单调，从头到尾一个味，菜品风格缺少变化；三是满屋子里都是些麻辣油香味，甚至从头到脚、衣服上全都是这火锅味。可喜的是，针对餐厅大气污染，有企业专门设计出针对性很强的废气吸排系统，试用效果很好，正待大面积推广。

从近几年的相关资料看，火锅业的发展步伐尤其是连锁扩张势头极为迅猛。从整体看，火锅不仅在我国各地生根开花，而且已成为和洋快餐抗衡的中坚力量。目前，许多火锅品牌连锁企业生产加工已发展成为系统工程，这种快餐式火锅，从底料到锅料统一配送，在餐饮业独放异彩，火锅业的明天定会更加辉煌。

附：中国菜品常用烹调方法

中国菜品常用烹调方法大类

类别	成熟法	烹调方法
冷菜烹调方法	冷制冷吃	拌、炝、腌、醉、糟、泡
	热制冷吃	煮、卤、酱、冻、浸、油焖
热菜烹调方法	水传热法	煮、烧、烩、扒、炖、焖、煨、汆、涮、灼
	油传热法	炒、炸、煎、爆、贴、熘、煽
	气或辐射	蒸、烤、熏、微波
	固态介质	烙、泥煨、石烹、盐焗、铁板
	熬糖制法	拔丝、挂霜、蜜汁
	特殊烹法	煒、熬、炆、烘、焐、焗、焯、炊、烫

① （清）袁枚．随园食单．续修四库全书（第一一一五册）[M]．上海：上海古籍出版社，1996：652.

第三章

中国人调的美味

五味调和是中华民族传统饮食文化的核心，它源远流长，内涵丰富。自古及今，不同地域、不同时空、不同人的进食要求培育出无比丰富的调味技艺和饮食文化资源，也促进了烹调技术手段的多元特色和风味多样的美馔佳肴。中国传统的调味技艺是对饮食五味的性质和关系深刻认识的结果，这种认识，一直指导着人们的烹饪生产与实践。

中国人对美味的追寻由来已久，自有了文字以后，关于味的记述便屡有出现。先秦文献中已经有了相当深刻的认识。如《孟子》云："口之于味，有同嗜焉。"《黄帝内经》曰："五味之美，不可胜极。"其他如"味以行气"（《左传》）、"五味实气"（《国语》）等，汉代《淮南子》中有"五味之化，不可胜尝也"等等。由于善于知味、辨味、用味、造味，便产生了数不清的味道。

就滋味的调和而言，国学大师林语堂先生认为："中国的全部烹调艺术即依仗调和的手法。虽中国人也认为有许多东西，像鱼，应该在它本身的原汤里烹煮，大体上他们把各种滋味混合，远甚于西式烹调。"[①] 味是食物的灵魂，而味之"和"即是要用"射御之微""阴阳之化""四时之数"等烹饪技巧，恰当地调好五味，使食物保持其美好的滋味，给人以美的享受。

人类在千万年的饮食活动中，每天都和不同食物的味打交道，每天都从饮食中分辨着各种各样不同的味，同时也不断地寻找和品尝着美味。历代的烹调师也千方百计地想方设法满足不同时代、不同人群的饮食与美味要求，并调制出数以万计的美味佳肴。

（清）佚名《滇南盐法图卷》（局部）

① 林语堂．吾国与吾民［M］．南京：江苏文艺出版社，2010：324.

一、中国传统调味技艺的基础理论

中国传统的调味技艺体现的是一个“和”字。要使菜肴的味给人们带来美妙的感受，就需要调味技艺达到“和美”的状态。自古以来，我们的祖先对调味有许多独到的见解，并积累了许多宝贵的经验。早在先秦时期，古人就讲究“五味调和”了。由于味的组合无穷变化，人们常用“百菜百味”“五味调和百味香”等词来表达调味的多样化，这也是恰如其分、毫不夸张的，这是“有味使之出，无味使之入”的精辟阐述之理，这句古话，正是对用各种烹饪技术手段使调味达到美味可口的最好概括。

我国古代的调味理论中，运用烹调的技术手段，将各种调味品进行巧妙的组合，并运用加热的技术，调制出变化精微的非常适口的多种味道来。这就是我国古代“调和五味”的基本原理。其包含的内容十分广泛，它是对饮食五味性质、关系深刻认识的结果，这种认识，在烹饪制作中主要体现出以下10种调味理论。[①]

（一）“中和”调味论

“中和”理论最早源于中古时代的“中和之道”。春秋时期孔子的中庸思想进一步深化，并作为一种社会意识，从而形成了系统的思想体系，对后世产生了巨大的影响。《礼记·中庸》曰：“和也者，天下之达道也。致中和，天地位焉，万物育焉。”[②]中庸作为一种道德范畴和哲学观念，其含义有“中度”“执两用中”“和”，提倡“无过无不及”的中庸适度原则。“过犹不及”是孔子中庸思想的核心，乃是贯彻孔子思想体系各个方面的一条主线，同时又是他处理社会问题的方法论。

“中和”调味理论，强调的是“适中”“适度”“中正”。“和”，本是中国古代哲学的一个极重要的范畴。2500多年前的政治家晏婴对“和”的概念以烹调等为例作了发挥，曾讲过如下的话：“和如羹焉。水火醯醢盐梅，以烹鱼肉，燀之以薪。宰夫和之，齐之以味，济其不及，以泄其过。君子食之，以平其

① 邵万宽．中国传统调味技艺的十大基础理论［J］．中国调味品，2014（2）：115-123.
② （汉）郑玄注（唐）孔颖达正义．礼记正义［M］．上海：上海古籍出版社，1990：877.

心。”[1]齐（音剂）之，使酸咸中和；济，指增益之意；不及，谓酸咸不足，则加盐梅；泄，指减；过，指太酸太咸，则需加水以减之。调味时若“济其不及”和“以泄其过”，必须用“齐”之技去达到“和”之目的。这是“中和”调味理论形成的基础。

调味中的“和”强调的是“中和”，这是我国最传统的“调味”方法。它是一种不偏不倚的调和理论，利用不同的调味品，经过合理的调配使菜品达到美味可口的最佳状态。讲得最详细的还是中国第一部烹调专论《吕氏春秋·本味》，它对“中和”调味理论作了深刻的阐释：“调和之事，必以甘、酸、苦、辛、咸，先后多少，其齐甚微，皆有自起。鼎中之变，精妙微纤，口弗能言，志弗能喻；若射御之微，阴阳之化，四时之数。故久而不弊，熟而不烂，甘而不哝，酸而不酷，咸而不减，辛而不烈，淡而不薄，肥而不膑。”[2]这是古代早期调味理论的经验总结。其核心理念就是讲究调味的“中和”和恰到好处，不偏不倚、不过不欠，持中协调，才是调味最好的菜品。这个调味原则至今仍有指导意义。味必须求其醇正、适中、和美，要求浓厚而不重，清鲜而不薄。这就是我国调味的基础理论和基本规律，也是菜肴形成美味佳肴的圭臬。

在我国各地方菜系中，“中和”调味理论已深植各地烹调师的烹调技艺中。如江苏菜强调的是“浓而不腻，淡而不薄，咸甜适中，清鲜平和”的调味特色；广东菜的口味讲究“清而不淡，鲜而不俗，嫩而不生，肥而不腻”的调味特色。各地菜系都以适应本地的调味特色，调辅料的中和运用，达到口味和美的目的。

“中和五味”是中华民族饮食文化的核心。在中国烹饪中，“五味”是本体，“调”是手段，“和”是目的。它是一个烹调目的和手段的统一体，是一个系统。“五味调和”，尽在“中和”。中国烹饪从调味出发，在烹饪生产过程中，运用不同介质进行加热，运用不同原料调汤，勾出不同式样芡汁，以渍、腌、泡、酱、浸等手段加工透味，都是力求使“五味”通过“中和”，既能满足人的生理需要，又能满足心理需求，使人的身心需要在五味中和中得到和谐、统一。同时，避免“五味”偏嗜，而引起相对应的脏腑受到损失，失去平衡。

（二）“本味”调味论

中国烹饪“本味”调味理论就是要充分体现烹饪原料的自然之味和自然之美，突出原料之本，并把握原料的优劣，通过调味全力灭腥、去臊、除膻，排除

① 春秋左传注·昭公二十年［M］. 北京：中华书局，1981：1419.
②（战国）吕不韦. 吕氏春秋·本味［M］. 上海：上海古籍出版社，1996：210-211.

一切不良的气味。

“本味”之词，首见于《吕氏春秋》的篇名——本味。全书160篇，“本味”乃其中一篇。所谓“本味”，主要指烹饪原料本身所具有的甘、酸、辛、苦、咸等味的化学属性，以及烹饪过程中以水为介质，经火的大、小、久、暂加热变化后的味道。清代袁枚对“本味”调味有许多独特的见解，他在《随园食单》中阐述：“一物有一物之味，不可混而同之”，“善制菜者，须多设锅、灶、盂、钵之类，使一物各献一性，一碗各成一味”；“余尝谓鸡猪鱼鸭，豪杰之士也，各有本味，自成一家”。[①]他反复强调烹饪菜肴时要注意本味。为使本味尽显其长，避其所短，袁枚指出了选料、切配、调和、火候等方面要注意的问题，如荤食品中的鳗、鳖、蟹、牛羊肉等，本身有浓重的或腥或膻的味道，需要“用五味调和，全力治之，方能取其长而去其弊”。

历代人们对“本味”的追求是持续不断的。金元时期朱丹溪在《茹淡论》中说：“味有出于天赋者，有成于人为者。天之所赋者，谷蔬菜果，自然冲和之味，有食之补阴之功，此《内经》所谓味也。”清代《养小录》的序言中也谈到：“烹饪燔炙，毕聚辛酸，已失本然之味矣。本然者，淡也。淡则真。昔人偶断肴馐，食淡饭，曰：‘今日方知真味，向者几为舌本所瞒。’”[②]李时珍的《本草纲目》也指出：“五味入胃，喜归本脏，有余之病，宜本味通之。”

由于“本味”理论的影响，使得“淡味”、“真味”的菜品不断涌现，如各种鲜活原料的烹制正是以鲜美之“本味”得到各地人们的广泛欢迎。袁枚说：“味要清鲜，不可淡薄。……清鲜者，真味出。”

从菜肴成品的接受者方面来看，一般人在品尝中注重的主要还是原料的美味，“吃鸡要有鸡味，吃鱼要有鱼味”，其次才是调味品的滋味。正如袁枚所讲，“切葱之刀，不可以切笋，捣椒之臼，不可以捣粉。”以免影响原料的本味，使其风味尽失。过分的依赖调味品，会使人在品味菜肴时产生单调之感，不利于在烹调中显示出“一物一性，一菜一味”的多样风格。

菜肴中强调“原汁原味”，正是味的核心表现。我国山东、江苏、广东、福建等沿海地区，多提倡“本味菜”的制作。在制作菜品时，以淡味、真味的菜肴占主体，那里的海鲜、江鲜、河鲜、地鲜或鱼虾、或蟹贝、或时菜蔬果，原料鲜活，即烹即食，其味之妙，尽在本味之绝佳特色。如清蒸、清炖、白煮、白灼、盐焗、白汤烩、清汤煨、清卤焐等制作的菜肴。正如李渔在《闲情偶寄》里所写

① （清）袁枚．随园食单．续修四库全书（第一一一五册）［M］．上海：上海古籍出版社，1996：647.

② （清）顾仲．养小录［M］．北京：中国商业出版社，1984.

的“笋”曰：“论蔬食之美者，曰清、曰洁、曰芳馥、曰松脆而已矣。不知其至美所在，能居肉食之上者，只在一字之鲜。”[①]这是本味者的真实体验。到过农村的人，到菜地里采摘新鲜的蔬菜，往锅里投入刚收割打出的稻米，从厨房里烹出刚捕捞的活鱼……尽管烹调方法异常简单，但那种特殊的本味之鲜，是给人无限回味的。

（三）“四时”调味论

调和饮食滋味，要符合四时变化，注意时令差异。这个观点是根据春夏秋冬四时的特点，把人的饮食调和，与人体和天、地、自然界联系起来分析。调味之“四时”论，是由《周礼》和《黄帝内经》最早提出来的。

《周礼》中对于“调和”的讲究：“凡和，春多酸，夏多苦，秋多辛，冬多咸。调以滑甘。”[②]《黄帝内经》则按阴阳论的理论，说明四时的气候变异，能够影响人的脏腑，同时联系人体、四时、五行、五色、五音，来论述天人之间与各方面的联系。而古代养生家更是以四时时序为调和之纲。

“四时”调味理论，讲究适时而食、适时配味，对我国饮食的影响十分深远。在孔子的饮食调味理论中也提出了“不时不食”的要求，强调了季节调理的重要性。这种优良传统顺应了人体内生物钟的节奏进食，舒缓自如，张弛有序。这些都是符合现代饮食科学要求的。它促进了营养食谱和滋补饮食的发展，并讲究时令饮食和重视季节食谱的设计与变化，这也是流传至今的按季节排菜单的优良传统。在烹制调味时，要遵循调味的季节性，冬则味醇浓厚，夏则清淡凉爽。

饮食调和需按四时月令进行，已成为中国人饮食烹饪的共识。对饮食调和要重视时序的调理。孙思邈在《孙真人卫生歌》中提出了“四时”饮食宜忌要求：“春月少酸宜食甘，冬月宜苦不宜咸。夏月增辛聊减苦，秋来辛减少加酸。冬月大咸甘略戒，自然五脏保平安。若能全减身健康，滋味能调少病缠。”丘处机的《摄生消息论》按四季养生的需要，指出各个季节饮食滋味应当注意的问题，春天要“选食治方中性稍凉利，饮食调停以治”，夏日“饮食之味宜减苦增辛以养肺”，当秋之时，“饮食味宜减辛增酸以养肝气”，冬日则应“调其饮食，适其寒温”。

菜肴制作注重适令时节的组配，讲究“四时”得当，已成为中国烹调生产的一大传统特色。对于烹饪所用的佐料，也规定了一些调配的法则。例如《礼

① （清）李渔. 闲情偶寄［M］. 上海：上海古籍出版社，2000：263.

② （汉）郑玄注（唐）贾公彦疏. 周礼注疏［M］. 上海：上海古籍出版社，2010：152.

记·内则》中谈做“脍”，规定调料“春用葱，秋用芥”；而烹豚，则“春用韭，秋用蓼”。《饮膳正要》讲四时的主食烹调应有所变化，以适应四时的温凉寒热。《随园食单》所列有“时节须知”，对饮食调和的时令问题更是作了详尽而周到的说明：“夏日长而热，宰杀太早，则肉败矣；冬日短而寒，烹饪稍迟，则物生矣。冬宜食牛羊，移之于夏，非其时也。夏宜食干腊，移之于冬，非其时也。辅佐之物，夏宜用芥末，冬宜用胡椒。当三伏天而得冬腌菜，贱物也，而竟成至宝矣。当秋凉时，而得行鞭笋，亦贱物也，而视若珍羞矣。有先时而见好者，三月食鲥鱼是也；有后时而见好者，四月食芋艿是也。其他亦可类推。有过时而不可吃者，萝卜过时则心空；山笋过时则味苦；刀鲚过时则骨硬。所谓四时之序，成功者退，精华已竭，褰裳去之也。”[①]袁枚把“四时”调味理论更加完善化了，他从不同的角度对原物料、辅佐料适应季节的变化作了深层次的表述，对后世饮食烹调的制作影响深远。

（四）“地缘”调味论

不同的地域环境形成了不同的饮食文化，这是各地的气候、物产、风俗的差异造成的。我国疆域南北温差比较大，东西之间自然条件反差特别明显，高原、草原、平原、山区、海滨等不同地缘形成了不同的气候条件和物产原料，靠山吃山、靠水吃水的自然饮食状况造成了不同地区的饮食特色。由于气候和饮食的原因，东北地区人阳刚豪迈，与他们雄健的体魄有关，而这些又与北方气候寒冷、进食动物性原料以及风沙肆虐的炼就有关。这一区域古代以游牧文化为基本形态，兼有渔猎和农耕成分，其流动性和开放性与以农耕为主的中原文化有明显区别，与岭南开放兼容、实利重商的品格也不一样。岭南气候炎热，其饮食以生猛海鲜著称，真正生猛，而更以一般中国人不敢问津的生猛材料为主：鹧鸪、乳鸽、果子狸、蛇、鼠、猫等。无论是岭南土著还是汉人移民，岭南人灵活精悍，充满运动性，其精力凝聚，也就是猛的来源。[②]这就是地缘的特性。

自然条件的不同形成了各地调味的个性特征。在贵州黔东南人口最多的苗族、侗族地区，历来有“三天不吃酸，走路打转转”的民谣。特殊的地域条件，形成了酸辣一体的饮食习惯。这种习性与地处亚热带高温高湿的气候环境密切相关，生活在这一多疾热的地带，人易疲劳困顿，饮食中调以酸辣，可解困和防瘴疾病。

---

①（清）袁枚．随园食单．续修四库全书（第一一一五册）［M］．上海：上海古籍出版社，1996:648.

② 郑刚．岭南文化的风格．鲁迅等．南人与北人［C］．北京：中国人事出版社，2009:273.

山西人爱吃酸味，黄土高原水中含钙量大，醋酸可以帮助钙质沉淀，防止体内结石。“山西人爱吃酸菜，雁北尤甚。什么都拿来酸，除了萝卜、白菜，还包括杨树叶子、榆树钱儿。有人来给姑娘说亲，当妈的先问，那家有几口酸菜缸。酸菜缸多，说明家底子厚。”①

在湘西山区和皖南山区，当地山民地处崇山峻岭中，山民口味侧重于咸香酸辣，常以柴炭作燃料，烟熏腊肉和各种腌肉适合当地的自然条件。山区水质清澈含矿物质较重，久饮有“刮肠”之感，需多食些油重、口重的食品菜肴。加之温热、湿润的气候条件，熏、辣食品不仅风味别具，也容易保存。这就形成了利用火功入味、重视熏辣的山乡特色。当人们的饮食习惯形成之后，基本的口味改变甚难。这就是不同地域菜系之间的差异所在。

我国各地自然环境差别较大，南暖北寒，南湿北旱，西高东低，东临大海。因气候、地形、水文、生物等自然地理因素的不同，对不同地区的饮食生活、烹饪制作产生了全方位的影响。在寒冷地区，首先要想方设法避寒取暖，饮食活动都以防御严寒为准则；而在热带地区，则刚刚相反，一切以消暑纳凉为准则。前者如东北，是我国典型的高寒地区；后者如广东、海南，是我国典型的酷热地区。人们的饮食活动都刻上了自然环境深深的烙印。生活在不同类型的自然环境中的人们，他们的饮食习俗、生活方式等，一般来说都不可避免地受这一自然环境的包围和熏陶，并深深地打上地域的印迹。正是由于各地环境和习俗的不同，才会形成我国鲁、川、苏、粤等不同的地方风味及各地不同的风味流派。

（五）“适口”调味论

在古代传统理论的基础上，利用调味技术使烹饪菜点口味不断丰富，使其达到绝妙的境地。通过调味，人类面对各种烹饪原料，就要充分发挥人的主观能动性，使它不仅呈现出原本的味道，而且要使之比原本的味道更美。这就是调味带给人的美味享受。

烹调上无论物之贵贱，只要调至适口，便是美味、珍味。否则，即使山珍海味，也难为人所爱。调味的适口不仅满足了人的物质欲望（生理需要），还满足了人们的精神渴求（心理需要），这正是中国烹饪“适口”调味论的精髓所在。

调味中的“适口”理论，用一句话来概括，即是凡菜品之适口者皆为珍品。这是由儒家学者、追求美味的达官显宦、富商大贾，和文人学士中的老饕，在不同历史条件和不同场合提出来的。古云：“口之于味，有同嗜也”（《孟子·告子

① 汪曾祺．五味．食事［M］．南京：江苏人民出版社，2014：1.

章句上》)。意思是说，人们的口对于味道有着相同的嗜好。那么，到底什么是好的味道呢？“物无定味，适口者珍”[①]。就是说，味道要随个人的口味而定，“适口”便是好味道。这是宋代林洪在《山家清供》中记述的苏易简在回答太宗“食品称珍，何物为最？”的问题时所回答的内容，他通过自己的经历叙述感知到人对于饮食滋味的感觉既有共性、又有个性的差异，即使是同一个人也会因时间、地点、环境、情绪、体质、饥饱等状况的不同，对美食的感觉也会不一样；他提出并总结了“适口者珍”的美食标准，确是客观的、实际的、也让人易于接受的调味理论，这是具有广泛的指导意义的。

“适口”调味理论影响广泛，历史上运用此观点来阐释适口美味的论述较为普遍。明代高濂在《遵生八笺》中记曰：“唐刘晏五鼓入朝，时寒中，路见卖胡饼处热气腾辉，使人买以袍袖包裙褐底啖，谓同列曰：‘美不可言。’此亦物无定味，适口者珍之意也。”[②]清代钱泳在《履园丛话》论治庖时说：“烹调得宜，便为美馔。”“饮食一道如方言，各处不同，只要对口味。”“平时宴饮，则烹调随意，多寡咸宜。但期适口，即是嘉肴。”[③]曹慈山的《老老恒言》强调“食取称意，衣取适体，即是养生之妙药。”这些“适口”调和理论，都是具有现实和代表意义的。

调味技术的进步，集中表现为两个方面：一是运用调味料的化学性质，巧妙地进行组合，把单一的味变为复合的味；另一是与烹饪的其他因素紧密结合，特别是利用加热的手段调制出变化精微的非常适口的多种味道来。关于这一点，古代烹饪理论就曾指出：要使“有味者使之出，无味者使之入”，以达到美味适口的效果。

适口调味理论的发展，也促进了我国不同地域的风味特色的形成，带动了不同特色的风味菜品的创制。一个高明的烹调师，应能够根据不同客人的生活喜好制作适合其口味特色的风味佳肴。

（六）“相物”调味论

根据原材料的特点有针对性的施加调味品，可使菜品相得益彰、美味可口。这种调味方法从古代开始一直沿用至今。袁枚在《随园食单》的“调剂须知”里，作了详尽的论述，他指出了味的调和要“相物而施”，酒、水的并用或单用，盐、酱的并用或单用，等等，需要加以区别对待，不能千篇一律。

---

①（宋）林洪．山家清供［M］．北京：中华书局，2013：15.

②（明）高濂．饮馔服食笺．景印文渊阁四库全书（第八七一册）［M］．台北：台湾商务印书馆，1982：619.

③（清）钱泳．履园丛话［M］．上海：上海古籍出版社，2012：220-222.

《随园食单》开宗明义就提出了“凡物各有先天，如人各有资禀。人性下愚，虽孔孟教之，无益也。物性不良，虽易牙烹之，亦无味也。”这作为烹调之人的“先天须知”，提出了食物原料的不同特性，该如何去把握对待？首先应了解它，然后再去调理它。接着袁枚提出了具体的调理方法：“调剂之法，相物而施；有酒水兼用者；有专用酒不用水者；有专用水不用酒者；有盐酱并用者；有专用清酱不用盐者；有用盐不用酱者；有物太腻，要用油先炙者；有气太腥，要用醋先喷者；有取鲜必用冰糖者；有以干燥为贵者，使其味入于内，煎炒之物是也；有以汤多为贵者，使其味溢于外，清浮之物是也。”①

如何去相物搭配，袁枚继续进行了阐述。谚曰：“相女配夫。”《礼》曰：“拟人必于其伦。”（比拟一个人，必须从他的同类中去找。）“烹调之法，何以异焉？凡一物烹成，必需辅佐。要使清者配清，浓者配浓，柔者配柔，刚者配刚，方有和合之妙。”②

在“相物”调味理论中，袁枚不仅用系统理论进行深入阐述，而且在书中还用多个菜肴进行说明。如“连鱼豆腐”，用酱多少，须相鱼而行。杨明府“冬瓜燕窝”甚佳，以柔配柔，以清入清，重用鸡汁、蘑菇汁而已。燕窝皆作玉色，不纯白也。“干锅蒸肉”，在制作中，“不用水，秋油与酒之多寡，相肉而行，以盖满肉面为度。”

相物而施就是要根据原料的特点进行调理。原料本身具备鲜味的，如新鲜的鱼、虾、鸡、鸭等，烹制时要突出原料本身的鲜味，不要让调味品的味道掩盖其本身的鲜美滋味，所以在调味时对鲜味足的原料，宜淡不宜重，在口味上避免调味过重而适得其反，失去美味效果；原料本身味薄的如海参、鲍鱼等，应以其他鲜香的美味促进它，如用调制的高汤套味、吸味，以增加其鲜美之味；原料带有臊、腥、膻气味的如牛、羊肉和鱼等，应利用调味品（如料酒、葱、姜、蒜、醋等）来改变臊、腥、膻的不正之味，并使其美味突出。总之，在调制时须因物而异，合理搭配调味品，而且下料的先后、用料的多少，却不能丝毫的差错。要达到“相物”调味的目的，就要分别注意两个方面或两个层次的问题：一是某一种具体物料“先天”自然美质的味性，如何来保护它的自然之味；二是诸种具体物料在组配的“调”的过程中实现的复合味性，如何来美化它、丰富它。总之是振食欲、饱口福的美味。

“相物”调味，因材施艺，是历代厨师调味技艺的结晶，也是衡量烹调技术高低的重要标志。在味的配制上，不仅注意原料的本味，而且还重视原料加热后

① （清）袁枚．随园食单．续修四库全书（第一一一五册）[M]．上海：上海古籍出版社，1996：645-646.

② （清）袁枚．随园食单．续修四库全书（第一一一五册）[M]．上海：上海古籍出版社，1996：646.

的美味，并注意掌握原料配合产生的新味，这是我国烹调技术配制巧妙多变的关键，从而形成中国菜“一菜一味，百菜百味”的口味特色。

（七）“优选”调味论

选用优质调料，针对原料的不同情况进行调味，是古代调味理论的一大特点。早在《吕氏春秋·本味》中就有对调料优选的要求：“和之美者：阳朴之姜，招摇之桂，越骆之菌，鳣鲔之醢，大夏之盐，宰揭之露，其色如玉。”①

清代袁枚的《随园食单》对调味料的优选有特别精辟的理论，在20项“须知单”中特别专列了“作料须知”，告诫烹饪操作者进行味的组合时应选用好调味品，因为，“善烹调者，酱用伏酱，先尝甘否？油用香油，须审生熟；酒用酒酿，应去糟粕；醋用米醋，须求清冽。且酱有清浓之分，油有荤素之别，酒有酸甜之异，醋有新陈之殊，不可丝毫错误。其他葱、椒、姜、桂、糖、盐，虽用之不多，而俱宜选择上品。”②

《养小录》中的“上品酱蟹”，优选“上好极厚甜酱”；“百日里糟鹅蛋”选“预制米酒甜糟（酒酿糟更妙）”。李渔在《闲情偶寄》中说“芥辣汁”：“制辣汁之芥子，陈者绝佳，所谓越老越辣是也。以此拌物，无物不佳。食之者如遇正人，如闻谠论；困者为之起倦，闷者以之豁襟，食中之爽味也。”③

《随园食单》中所记菜品取于各家之长，所记载的菜肴也是深得美食家袁枚赞许，在书中“十二项”食单中随处可看到袁枚对各家烹制的菜肴点心进行的品评，其用语丰富多彩，有最佳、最精、最鲜、绝妙、绝品、最有名、极鲜、极佳、更佳、更妙、尤佳、尤妙、精绝无双、鲜妙绝伦等语。这些都是这位美食家品尝后“优选”的精美菜品。不少菜肴对调料的选择很讲究。如“猪肺二法”，猪肺用酒水烧滚一日一夜，“入鸡汤煨烂亦佳；得野鸡汤更妙。以清配清故也。用好火腿煨亦可。”④“汤煨甲鱼”：“将甲鱼白煮，去骨拆碎，用鸡汤、秋油、酒煨；汤二碗收至一碗起锅，用葱椒、姜末糁之。吴竹屿家制之最佳。”⑤“虾油豆

---

①（战国）吕不韦．吕氏春秋·本味［M］．上海：上海古籍出版社，1996：213.

②（清）袁枚．随园食单．续修四库全书（第一一一五册）［M］．上海：上海古籍出版社，1996：645.

③（清）李渔．闲情偶寄［M］．上海：上海古籍出版社，2000：269.

④（清）袁枚．随园食单．续修四库全书（第一一一五册）［M］．上海：上海古籍出版社，1996：659.

⑤（清）袁枚．随园食单．续修四库全书（第一一一五册）［M］．上海：上海古籍出版社，1996：677.

腐"："用陈虾油代清酱，炒豆腐须两面煎黄，油锅要热，用猪油葱椒。"①

优质的调味料，是制作好菜肴口味的基本保证。它不仅可使菜肴口味鲜美、丰富，而且能吸引不同层次的回头客人。而劣质的调味料制作的菜肴，不仅破坏了菜品的质量，而且影响人们的进食口感，也损坏了店家的形象。从某种意义上说，优质的菜品依赖于货真价实和新、奇、特的调料。

在西南地区的四川，为了表现不同层次、不同风格的麻辣各味，分别选用泡辣椒、干辣椒、辣椒末、辣椒油、郫县豆瓣、元红豆瓣、油辣子、煳辣壳等料，虽然都沾一个"辣"字，与其他调味品组合的效果就大不一样。因优选不同的品种，才调制出不同风格的味型，才有红油味型、麻辣味型、酸辣味型、煳辣味型、陈皮味型、鱼香味型、怪味味型、家常味型的出现。

烹调得宜，菜肴至味，需优选调料。各大菜系的烹饪佳味正是精选优质调料而形成的。如章丘的大葱、莱芜的生姜、镇江的香醋、太仓的糟油、汉源的花椒、阳江的豆豉、古田的红曲等，正是这些优质调味料才培育出风味独特的地方菜品。

（八）"养生"调味论

"养生"调味论，旨在通过特定意义的饮食调味去达到长寿目的的理论与实践。调味与养生是相辅相成的。口味与身体的调和屡见于本草家和医家典籍的记载，最具代表性的是《黄帝内经·灵枢》中所记录的"五味"与"身体"的关系，"五味入于口也，各有所走，各有所病，酸走筋，多食之，令人癃；咸走血，多食之，令人渴；辛走气，多食之，令人洞心；苦走骨，多食之，令人变呕；甘走肉，多食之，令人悗心。"②这是中医理论对五味与身体关系的规律性经验总结。

五味之甘而致四时之和气，可补五脏之不足。而四时各自有吸收、消耗、贮藏、平衡等问题，因此根据季节及食物调味合理安排饮食也是非常重要的内容。中医学主张饮食的五味要配合得当，否则就会使某一味的作用过偏。日常膳食中，酸、甘、苦、辛、咸五味调配得当，可增进食欲，有益健康，反之则会带来弊端。《黄帝内经》中非常重视五味的调和，反对五味偏嗜。《素问·五脏生成篇》中说："是故多食咸，则脉凝泣（血流不畅）而变色；多食苦，则皮槁（皮肤不润泽）而毛拔（毛发脱落）；多食辛，则筋急而爪枯（指甲干枯）；多食酸，则肉胝腐（变硬皱缩）而唇揭（口唇掀起）；多食甘，则骨痛而发落，此五味之

① （清）袁枚. 随园食单. 续修四库全书（第一一一五册）[M]. 上海：上海古籍出版社，1996：681.

② 黄帝内经（灵枢）[M]. 北京：中华书局，2010：1292.

所伤也"[1]。从现代医学的角度来看，中医学五味调和的观点也是符合科学道理的。

中国饮食养生，最集中的表现是以味养生。因为味是人生命活动的物质基础，是人体气血阴阳的生化之源，正如《黄帝内经》所反映出的："阴之所生，本在五味。"五味有这样的功能特点：甘缓、酸收、辛散、苦泄、咸软。长期以来，"五味调和"使之逐渐形成了具有中国特色的营养观念，以饮食的"性味"为人兴利除弊，通过五味与五脏的不同亲和力产生的功能，调和五脏和人体的阴阳平衡，使之精充、气足、神旺、健康长寿。"味过于酸，肝气以津，脾气乃绝；味过于咸，大骨气劳，短饥，心气抑；味过于甘，心气喘满，色黑，肾气不衡；味过于苦，脾气不濡，胃气乃厚；味过于辛，筋脉沮弛，精神乃央。是故谨和五味，骨正筋柔，气血以流，腠理以密，如是则骨气以精。谨道如法，长有天命。"[2]这就是说，各种食物的味性和所含营养物质不尽相同，因此平时进食不宜偏嗜。这种配膳、调味与饮食的原则，乃是维护人体健康与长寿的原则。远在2000年以前，《黄帝内经》对这一原则的提出，确是世界营养学史上的一项富有远见卓识的科学创举，直至当前仍有普遍的指导意义。

汉末张仲景也指出："饮食滋味，以养于人，食之有妨，反能为害"，而元代忽思慧从健康原则考虑，指出"以五味调和五藏，五藏和平，则气血资荣，精神健爽。"[3]五味调和则滋养天年，五味失和则损人年命。

调味养生功在淡味。淡味并非忌盐，而是以清淡为上。就历来养生实践而言，适当进食五味，也是富有美感意义的感官享受。这是人们深受厚味腻食之害后，在老庄"返璞归真""清静无为"思想影响下提出的一种饮食养生的标准。"淡味养生"的说法至迟在晋唐时期已经产生，晋以前，养生家反复指出饮食应"去肥浓，节五味"，已有淡食思想。[4]古代饮食养生调理家们都有相关理论，明代万全《养生四要》说："五味稍薄，则能养人，令人神爽；稍厚随其脏腑，各有所伤。"谦启敬《修龄要旨》说："厚味伤人无所知，能甘淡薄是吾师。"陈继儒《养生肤语》说："食淡极有益，五味盛多能伤生。"逍遥子《逍遥子导引诀》说："五味之于五脏，各有所宜，若食之不节，必致亏损，孰若食淡谨节之为愈也。然此淡亦非弃绝五味，特言欲五味之冲淡尔。"[5]清代朱彝尊说："五味淡

---

① 黄帝内经（素问）[M]. 北京：人民卫生出版社，1963：71.

② 黄帝内经（素问）[M]. 北京：人民卫生出版社，1963：22.

③（元）忽思慧. 饮膳正要 [M]. 上海：上海书店，1989：5.

④ 鞠兴荣. 论烹饪与养生的统一体——味 [A]. 李士靖. 中华食苑（第四集）[C]. 北京：中国社会科学出版社，1996：310-317.

⑤ 乙力. 中国古代养生秘籍 [M]. 兰州：兰州大学出版社，2004：99-101.

泊，令人神清气爽少病”[①]。自古及今，淡味养生已成为一种普遍现象，“养生真味是清淡”，这是一种保健调味法，是饮食调味的一种类型，是相对于浓味、厚味、重味而言的饮食调味思想。

（九）“秘制”调味论

“秘制”调和技艺，它不是大众的普泛的技术，而是一种独特而绝妙的操作工艺，或是一种祖传秘方的调味技术。从古到今，许多独门绝技普遍存在。我们常常看到，某个人家的菜肴就是特别的香，某个厨师的技艺就是特别的绝，别人无法模仿，因为这里有秘制配方。它一般不外传，只是独家传授。

在烹饪行业中，有的子承父业，这种秘制方法可以一代一代的流传下去。有的烹调秘笈也由师傅传承给自己的徒弟。利用这种独门秘制特色的调和方法使得餐厅生意兴旺，并吸引着外地和周边的客人前来品尝。这就是许多“老字号”生存发展的原因。从另一方面来看，独门秘制的调和手段也为我国烹饪技艺写下了风格多变、丰富多彩的绝妙篇章。

明代张岱在《陶庵梦忆》中介绍“乳酪”时说：“苏州过小拙和以蔗浆霜，熬之、滤之、钻之、掇之、印之，为带骨鲍螺，天下称至味。其制法秘甚，锁密房，以纸封固，虽父子不轻传之。”[②]此秘制方法保密甚严，一锁二封，“虽父子不轻传之”，一方面反映了家传秘制特色产品的社会影响，另一方面则反映了市场竞争的需要。

清代顾仲《养小录》中就记有“秘传造酱油方”：“好豆渣一斗，蒸极熟，好麸皮一斗，拌和。罨成黄子。甘草一斤，煎浓汤，约十五六斤，好盐二斤半，同入缸。晒熟，滤去渣，入瓮，愈久愈鲜，数年不坏。”[③]

我国古代秘制调味菜品的例子是很多的。袁枚在《随园食单》中记载了许多秘制调味的菜肴。如“王太守八宝豆腐”，碎切八宝料同入浓鸡汁中炒滚起锅。其记道：“孟亭太守云：此圣祖（指康熙皇帝）赐徐健庵尚书方也。尚书取方时，御膳房费一千两。太守之祖楼村先生为尚书门生，故得之。”[④]“程泽弓蛏干”的调和技艺不同凡响，水发后“如鲜蛏一般，才入鸡汤煨之。扬州人学之俱不能

---

① （清）朱彝尊．食宪鸿秘［M］．上海：上海古籍出版社，1990：17．
② （明）张岱．陶庵梦忆［M］．上海：上海古籍出版社，2001：66．
③ （清）顾仲．养小录［M］．北京：中国商业出版社，1984：12．
④ （清）袁枚．随园食单．续修四库全书（第一一一五册）［M］．上海：上海古籍出版社，1996：680．

及。”[①]此乃有妙法秘招。“剥壳蒸蟹”的调制“比炒蟹粉觉有新式。杨兰坡明府以南瓜肉拌蟹，颇奇。”[②]这是与众不同的绝技。“生炒甲鱼”的绝妙风味，“将甲鱼去骨，用麻油炮炒之，加秋油一杯、鸡汁一杯。此真定魏太守家法也。”[③]此四道菜肴都是秘制配方调和而成的，令美食鉴赏家袁枚所折服。

清代文人李渔吃面条有秘法，不同寻常，其秘制方法就是“以调和诸物尽归于面，面俱五味，而汤独清。”[④]他在《闲情偶寄》中记载的“五香面”“八珍面”，将多种原料、调料一起与面粉和面、擀面、切面。面条中有鸡、虾、笋、蕈、芝麻、椒末等味，还有酱、醋、鲜汤汁佐面，风格独特。

《调鼎集》中的“艾家鸭”，并说明是“传自艾氏”[⑤]。“云林鹅”是传自元代画家倪云林的制作方法，因他善制烧鹅，且用料和烹调方法独特，因而被称为“云林鹅”。

《红楼梦》中“茄鲞”菜肴的制作，正是秘制调味的代表。在曹雪芹的笔下，较详细地记述了“茄鲞”的制作工艺：“把才下来的茄子皮削了，只要净肉，切成碎丁子，用鸡油炸了……用鸡汤煨干，将香油一收，外加糟油一拌。”[⑥]只有像贾府这样的人家才如此这般操作。这种秘制之法是把普通的茄子进行深加工，利用不同的调味品来改变茄子本身的味道，使其达到出神入化的效果，最终使得刘姥姥咂舌拜服。

（十）“模糊”调味论

自古以来，中国调味技术大多是不同的师傅以不同的风格出现，这在古代的菜肴食谱中可见端倪。从古代典籍中查看部分食谱，其中绝大多数食谱是模糊的。在北魏《齐民要术》“饮食部分”的“饼法”中，品种的数据标示不同，有些主料有大致分量，如“作白饼法”：“白米七八升、白酒六七升”；有些没有分量，如“髓饼法”：“以髓脂、蜜，合和面。厚四五分，广六七寸。”[⑦]而调料几乎

---

①（清）袁枚. 随园食单. 续修四库全书（第一一一五册）[M]. 上海：上海古籍出版社，1996：679.

②（清）袁枚. 随园食单. 续修四库全书（第一一一五册）[M]. 上海：上海古籍出版社，1996：678.

③（清）袁枚. 随园食单. 续修四库全书（第一一一五册）[M]. 上海：上海古籍出版社，1996：676.

④（清）李渔. 闲情偶寄［M］. 上海：上海古籍出版社，2000：273.

⑤（清）佚名. 调鼎集［M］. 郑州：中州古籍出版社，1988：176、193.

⑥（清）曹雪芹，高鹗. 红楼梦［M］. 北京：人民文学出版社，1982：564.

⑦（北魏）贾思勰. 齐民要术［M］. 北京：中华书局，2009：921.

是没有具体分量，如“少与盐”“豉汁及盐”等。

进入元代，在《易牙遗意》(卷上)的“脯鲊类”菜品中，共29个菜，其中主料、调料有基本数据的8个，其他21个菜肴的主料、调料都没有具体分量。明代的《宋氏养生部》，在“禽属制”鹅、鸡、鸭类33个菜肴中，只有1个菜肴是有具体分量的，其他的全部没有。再看清代的《随园食单》，在“特牲单”的43个菜肴中，有8道菜肴是有数据分量的，其他35个菜肴也是没有数据。通过检索查看，可以充分地说明，我国古代的菜肴制作是以模糊制作为主，其制作技术都是以大概的情况说明，因具体的菜肴标准不明确，这就看厨师的技术水平而定了。进入明清时期，尽管我国烹饪食谱的刊刻问世已经走上了一个新的里程，但许多烹饪食谱的编写还是以“模糊化”为主要内容。

综观得知，我国古代的食谱编写一般有这样几种情况：一是只写出食谱的名称，没有制作过程；二是笼统地概括一下制作情况；三是只注明主料的数量。对于食谱中主、辅、调料的分量，所标示的食谱相当少见。

明清士大夫们在搜集史料、改订成书的历程方面，与前人著作更有许多突出之处，这就在于作者有实际的烹饪经验，又善于品鉴和总结，最具典型代表的当属袁枚的《随园食单》。袁枚曾亲自试验过去食谱的做法，也发现其中有许多不切实际之处，并根据自己的所得记录下来而编就此书。但袁枚的这些食谱也不是所有的品种都那么清晰地标出具体的分量，不少品种也还是与过去一样，笼统地说明，有的还十分简单。从古代食谱类书中可以看出，尽管有些食谱的主料有大概的分量，而调味品几乎没有具体的数据。这对新中国成立后的烹饪生产模糊化调味操作影响是很大的。

许多食谱常常出现诸如“不要太咸”“不要太甜”“少点酱油”“放点辣椒”等语词，都不能给出明确的数据，给学徒者带来许多不确切性，新中国成立以后，许多菜谱编写者对调料的分量也是如此模糊应对，以少许、大概、适量等完成调味的份额，令人莫衷一是。

自古以来中国传统菜肴模糊化的调味习惯养成，调制者能够随意调配，还可以自由发挥，因人而异，又不受条条框框的限制，即使口味上略有出入也无关大碍，这就是模糊调味理念能够长久存在的主要原因。

中国传统调味技艺的十大基础理论从不同的角度阐述了调味的基本法则，系统地总结了中国传统调味技术理论的精华，对中国传统饮食烹饪文化的形成和发展产生了极其深刻的影响。在我国饮食史上，不同的时代都有对于美味调理的论述，从先秦的思想家，到历代的文人雅士，再到平民百姓，都在探索、追求和享受着“美味”。这些调味理论，对味的崇尚和对味的丰富性体验，打通了物质生活与精神体验之间的藩篱，将日常、凡俗的饮食上升到高雅的艺术的境界。其实一份菜肴、一桌菜肴的味道调制得好，都融合了相关的调味理论。中国传统十大调味理论，尽管每一方面都形成了鲜明的个性特点，但它们并不是孤立存在的，而是你中有我，我中有你，相互交叉并举。它们在“调和至美”的整体框架下相互联系、相互作用，通过不同“调理”最终达到“和美”的目的。中国十大调味理论的结合，构成了中国烹饪调味多变、齐味万方、至味适口的美食文化体系。它为中华饮食文化的发展与传播发挥了巨大的作用。

二、中国四大风味传统调味的比较

千百年来，我国各地菜肴的风味特色一直在传承、繁衍并潜移默化地变化着，各地传统的调味技艺在地域性、民族性的基础上，运用本土的调味料和调味方法彰显着本地的个性风味特色。在我国各地的风味菜系中，四川、山东、广东、江苏四大风味菜系特色较为明显，在全国各地的影响也比较大，这里对四大风味菜系的传统调味技艺和风味特色进行一下分析，以便于人们更广泛地了解它、利用它。

这里是以20世纪90年代初期中国财政经济出版社出版的《中国名菜谱》丛书为蓝本。这套丛书共出版了16种不同的风味，是在中华人民共和国商业部饮食服务局、中国烹饪协会组织全国各省、自治区、直辖市饮食服务部门的专业人员和名厨师，在中国财政经济出版社20世纪70年代出版的《中国菜谱》一套书的基础上重新增订编写的。这套书应是20世纪我国各大地方风味菜谱中的典型代表，具有一定的权威性和指导性。该套书印刷精美，红色封面，16开本，每种书正文之前配彩色图片30~40幅，是那个时期菜谱的精品之作。每种书重印了3次，印刷量3万~5万本不等。这里以较有影响的中国传统的四大风味菜谱为例，对四大风味的调味技艺进行分析与比较，让人们更加明晰传统风味菜系调味的特色与价值。①

（一）对四大风味菜肴情况的分析

分别对四大风味菜系菜谱中的菜肴进行统计，尽管此套菜谱中的菜肴数量不完全代表各菜系的各自的数字，这里就暂且按照此数据进行分析。综观四本书中的菜肴，其数据情况如表1所示。

① 邵万宽．中国四大风味菜系传统调味特色的比较研究［J］．中国调味品，2015（8）:132-140.

表1　四大风味菜系菜肴数量的比较　　单位：个

风味菜肴	总计	山珍海味	肉菜	禽蛋菜	水产菜	植物菜	其他菜
四川风味	255	33	63	60	46	37	16
山东风味	269	36	43	43	80	44	23
广东风味	245	31	30	54	71	28	31
江苏风味	299	21	30	69	109	27	43

这是根据书中的目录情况而记录的，在“其他菜”中，个别花色冷拼的菜例中还包括多个围碟、单拼凉菜，它是以一道整体菜出现的，在此就以目录为准。

从表1中不同类型的原材料可以看出，各地方菜系中的菜肴所占比例还是较为合宜的，广东、山东的水产海鲜原料多，所以水产菜肴排在第一位；江苏的淡水水产资源非常丰富，水产菜肴占到了36%，而山珍海味比较少，菜肴也较少；四川有山珍、缺少海味，水产相对较少，但肉、禽丰富。

在这套书中也发现一些不足之处，有的菜谱编写不够规范，在调料的配方上也有些出入。如在原料中没有介绍的调料，但在制作中出现了；有的将配料写成调料；有的调料前后都未标明，等等。但总体来看，这套书的价值还是不容忽视的。

（二）四大风味主要调味特色比较

根据四大风味菜系的调味情况，对菜谱中较有代表性的调味料进行析出比较，四川风味中查找出加辣椒的菜肴、加花椒的菜肴和加豆瓣酱的菜肴；江苏风味菜系中找出咸鲜味菜肴、加糖的菜肴和加花椒盐的菜肴；山东风味菜系中的咸鲜味菜肴、加糖的菜肴和加花椒盐（油）的菜肴；广东风味菜系中的咸鲜味菜肴、加糖的菜肴和甜酸味菜肴等进行比照，通过检索得到下列一些数据。具体分述如下。

1. 四川风味菜肴调味分析

在《中国名菜谱》四川风味①中，麻味、辣味菜肴所占比例较多，但有56%左右是不麻不辣的菜肴，这也符合四川餐饮界人士所说的数据。四川的辣椒菜所用的原料品种较多，风格各不相同，在表2的数据中，许多辣味菜肴中既有辣椒，又有胡椒粉或豆瓣酱，表格中的辣味数据有些是重叠的，不少菜肴既加辣椒又加豆瓣酱、胡椒粉；在花椒的运用上有花椒粒、花椒粉，当时调味中还没有使

① 四川省蔬菜饮食服务公司．中国名菜谱（四川风味）[M]．北京：中国财政经济出版社，1991.

用新鲜的花椒。这当中真正比较香辣和麻辣的菜肴有94款，约占37%，其他属于微辣的菜品。在四川风味菜谱中，虽然收集编撰的品种略少了点，但也不影响川菜的全面性，不同的烹调方法、丰富的调味手段，为川菜的广泛影响夯实了技术基础。

表2　四川风味菜肴调味情况分析　　单位：个

四川风味	合计	山珍海味	肉菜	禽蛋菜	水产菜	植物菜	其他菜
加辣椒菜	88	6	29	18	26	6	3
加花椒菜	48	—	17	16	6	4	5
加胡椒粉	99	21	15	25	18	11	9
加豆瓣酱	28	1	10	—	13	3	1
不麻辣菜	145	27	30	37	11	29	11

从四川风味菜谱中得知，川菜的调料大多就地取材，朴实无华，川盐、泡红辣椒、花椒、醪糟、郫县豆瓣等调制的各种复合味型是川菜风味千变万化的基础。独具特色的郫县豆瓣，是一种红辣椒豆瓣酱，为四川郫县特产，具有色泽红亮、油润滋软、辣味浓厚的特点，是川菜的调味佳品。

2. 山东风味菜肴调味分析

山东风味是以咸鲜味型为主体的地方风味，在《中国名菜谱》山东风味[①]中也已充分地体现出来，约占62%。山东菜系中海鲜菜的比例较大，特别是胶东半岛的青岛、烟台、威海等地，当地人爱海吃鲜，所以菜肴风格大多是咸鲜味型。山东菜系中加糖菜肴有65个（其中甜菜有17个），热菜中放糖的只有48个，只占总数的17.8%。其他菜肴中放糖量都较少，不少菜肴中的糖量只有0.5~2克。山东地处我国的北方，当地民众对咸味情有独钟，咸菜、咸酱运用较为普遍，所以许多炒菜和红烧菜都不放糖，只有个别红烧菜放一点糖。多数山东人烧菜时不喜欢加糖，这种现象在菜谱中也较明显地体现出来。

表3　山东风味菜肴调味情况分析　　单位：个

山东风味	合计	山珍海味	肉菜	禽蛋菜	水产菜	植物菜	其他菜
咸鲜味菜	168	26	31	25	53	18	15
加 糖 菜	65	10	9	11	11	22	2
花椒（盐）	68	7	14	16	23	6	2
甜 面 酱	19	—	5	6	3	3	2

① 山东省饮食服务公司. 中国名菜谱（山东风味）[M]. 北京：中国财政经济出版社，1990.

从菜谱中看出，传统的山东风味也是不吃辣的（见表3），所以书中的辣味菜肴只有2个，有个别菜肴放辣酱油，加花椒的菜肴中，有花椒粒、花椒盐、花椒油和花椒水不同品种，所以，这些都是微辣、微麻的菜肴。山东风味中放甜面酱的菜肴比其他地方的多，总体口感比南方要咸一些。

3. 广东风味菜肴调味分析

广东风味是以咸鲜味型为主的菜系，在《中国名菜谱》广东风味[①]中占63%。菜谱中加糖菜肴包括甜酸味菜肴，其微辣菜有3个，广东菜为了配色加甜椒的菜有多个，但体现不出辣味，有些菜肴加胡椒粉的分量为0.05克、0.1克，或是辣椒米2克，其量是微乎其微，吃不出辣味。有些加糖菜肴中糖的分量较少，有0.1克、0.5克的不等，用盐量也很低。从菜谱中看出，传统的广东风味甜酸菜肴也不是很多，如“糖醋咕噜肉”还是用传统的糖醋汁调制，而不是用番茄汁；广东地处热带，瓜果丰富，而传统菜谱中利用水果制作菜肴所占的比例也不高。

表4　广东风味菜肴调味情况分析　　单位：个

广东风味	合计	山珍海味	肉菜	禽蛋菜	水产菜	植物菜	其他菜
咸鲜味菜	155	24	11	35	49	16	20
加 糖 菜	92	7	17	20	24	12	12
甜 酸 菜	18	—	4	9	5	—	—
特色调料	9	—	3	5	1	—	—

表4中的特色调料，是指广东地区最早使用的西汁、茄汁、果汁、喼汁、柠檬汁、沙茶酱、柱侯酱等调料。除沙茶酱、柱侯酱是福建、广东自己研制的调味品外，其他调料都是从西方引进的。加这些调料的菜肴在全书中只占1.6%，说明这套菜谱是比较传统的，还未像现在这么开放，所编菜谱对每种引进调料只选择1～2个菜肴，这也说明菜谱编制时中外菜肴的结合还处在起步阶段。

4. 江苏风味菜肴调味分析

在《中国名菜谱》江苏风味[②]中，主要是以咸鲜味为主的菜肴，如清蒸菜、汤菜、炒蔬菜以及经过加工腌制的菜肴等，约占53%，大多数菜肴主要是加盐和味精等；其次是咸甜味菜肴，以红烧菜为主。传统的江苏人基本上不吃辣味菜，菜谱中真正加辣椒的辣味菜只有1款，用胡椒粉的菜肴还比较多，但加的量大多是

① 广东省饮食服务公司. 中国名菜谱（广东风味）[M]. 北京：中国财政经济出版社，1991.

② 江苏省饮食服务公司. 中国名菜谱（江苏风味）[M]. 北京：中国财政经济出版社，1990.

0.5～2克之间；在放花椒中，主要有三种情况，一是花椒粒，二是花椒盐，三是花椒油。江苏菜肴中加糖的菜肴占45%左右，其甜味的主要来源有白糖、冰糖、饴糖、蜂蜜、黄糖等，这主要是甜咸味的红烧、酱汁菜肴和甜酸味的糖醋菜肴以及甜菜类。在江苏风味中，有些清蒸菜、炝拌菜和烩菜中也要放点糖以提鲜开胃。

表5　江苏风味菜肴调味情况分析　　单位：个

江苏风味	合计	山珍海味	肉菜	禽蛋菜	水产菜	植物菜	其他菜
咸鲜味菜	159	18	9	38	59	7	28
加 糖 菜	136	4	20	30	48	20	14
加胡椒粉	65	10	3	10	38	—	4
花椒（盐）	28	1	2	9	13	—	3

江苏地处南北之间，长江把苏南、苏北一分为二，苏南菜肴放糖量较大，代表菜肴有蜜汁火方、无锡肉骨头，苏北地区偏于咸鲜和咸甜，盐量略重。江苏菜肴清淡入味，其使用的调料相对比较简单，主要依靠菜肴的原汁原味和炖、焖、煨、焐的火工菜见长。

（三）四大风味菜系调味特色综述

1. 四大风味菜谱中主要调料的比较

我国传统的四大风味菜系分布在我国的不同地区，不同的地理环境与气候，提供着不同的饮食资源，形成了不同的饮食习惯和风味特色。我国的三大流域孕育了四大菜系。地处南方珠江流域的广东地区气候炎热，与地处北方黄河流域的山东地区气候寒冷，自然界的孕育使得饮食调味上形成了鲜明的对比；地处长江流域东部的江苏地区水网密布、气候温润，与地处长江流域西部地区的四川地区高山峻岭、潮湿多雾，也形成了风格上的差异。这在各地饮食菜肴的搭配与调味上就显现出各自不同的特色。这里选取四大风味的几款菜肴对调味品的投放作简单的说明，见表6。

表6　不同风味菜肴的调料比较

四大风味	咸甜味菜　放糖量	咸鲜味菜　放盐量	辣味菜　菜谱量
四川风味	红烧鸭卷：冰糖糖色15克	半 汤 鱼：川盐4克	110个
山东风味	红烧鱼唇：白糖20克	奶汤鳜鱼：精盐25克	2个
广东风味	肇庆扣肉：白糖7.5克	清蒸石斑鱼：精盐5克	3个微辣
江苏风味	老烧鱼：白糖40克	清蒸鲻鱼：精盐10克	1个

表6中列举的这些菜肴可能编写者也没有准确地称量出具体的分量，上面所选菜肴应该具有一定的代表性和典型性，这里只是通过简单的比较来进行分析，或许也能看出一些基本的差别。从放糖量来看，在主料相似的情况下，江苏用得最多；而放盐量，山东偏多；四川对辣味情有独钟，而其他三大风味菜系对辣味较少涉猎，最多只能是微辣的菜肴。

2. 四大风味菜系调味的个性风格

“近山者采，近水者渔”是饮食区域性的物质条件。“就地取材，就地施烹”是地域饮食文化的主要表现。在地方风味的调制方面，同一种菜肴，南北之地具有不同的方法和风格。袁枚在《随园食单》中记述“猪肚菜”制作方法时曾说：“滚油炮炒，加作料起锅，以极脆为佳，此北人法也。南人白水加酒煨二枝香，以极烂为度。”[①]徐珂在《清稗类钞》中记述清末的饮食状况时称：“各处食性之不同，由于习尚也。则北人嗜葱蒜，滇黔湘蜀嗜辛辣品，粤人嗜淡食，苏人嗜糖。”书中还分析道“粤闽人之饮食，食品多海味，餐食必佐以汤，粤人又好啖生物，不求火候之深也。”[②]这是不同地区自然因素的差异所形成的风格。大自然赐给人类无尽的保藏，依赖于大自然固有的生物生长繁殖，这是基于不同地区的特定条件而言的。从四大风味菜系的不同地域特点来看，它们各有所长，各显技艺，调味各具特色，已成为我国菜肴宝库中各式鲜艳而独特的花朵。

（1）四川风味的调味特色　四川地处我国的西南地区，这里江河纵横，崇山峻岭，独特的气候条件使当地民众的饮食口味形成了独特的风格。川地湿度大，云雾多，日照少，这是爱吃麻辣辛香的主要原因。当地的调味品多彩多姿，特色分明，地方风味和乡土气息浓郁，如自贡盐、保宁醋、潼川豆豉、郫县豆瓣等。在调味品的运用上讲求灵活多变，“辣椒”本为普通调味品，在用法上有青椒、红椒、鲜椒、干椒、泡辣椒、煳辣椒、辣豆瓣、辣椒酱、辣椒面、辣椒油等之分，并与花椒、姜、葱、蒜、醋、糖等巧配妙合，烹调成千变万化的复合美味，形成鱼香、麻辣、红油、家常、怪味、椒麻、煳辣、蒜泥、姜汁、豆瓣、酸辣十分丰富的特殊味型。

（2）山东风味的调味特色　山东地区地处北方黄河流域下游，胶东半岛凸出于黄海和渤海之间，当地的海洋渔业十分发达。海参、对虾、鲍鱼、扇贝、海螺、带鱼等丰富的海产品，使得当地厨师烹制海产品有独到之处。烹调方法以爆、扒、熘为主，突出咸鲜，加上北方地区气候寒冷，形成了粗犷浓厚的调味

① （清）袁枚. 随园食单. 续修四库全书（第一一一五册）［M］. 上海：上海古籍出版社，1996：658.

② （清）徐珂. 清稗类钞（第十三册）［M］. 北京：中华书局，1986：6238-6242.

风格。这种菜肴的调制特色，不仅影响山东境内，而且辐射京津、华北、东北地区。菜肴风味鲜咸味浓、讲究原味，也影响了黄河以北的大片区域。山东盛产大葱、大蒜、生姜等调味料，故当地人爱吃生葱、生蒜，山东大葱葱白长至15～20厘米，味美甜净，许多菜肴的烹制都离不开大葱佐助调味，在菜肴烹调上善于用面酱和葱香调味成为其代表特色。

（3）广东风味的调味特色　广东地区地处我国珠江流域，是我国的南大门，这里气候炎热，地处热带、亚热带，气温高，冬暖夏长，酷暑炎热决定了当地人的口味习惯。南部临海以海鲜为美，北部山区以野产为珍，因此当地民众喜吃生猛海鲜。广东的风味特色是重清淡，讲究清中求鲜，淡中求美，强调清而不淡，鲜而不俗，嫩而不生，油而不腻，调味上以鲜咸为主，清、鲜、嫩、爽、滑、香是其菜肴的基本风格。改革开放以后，广泛吸取中外烹饪技艺，特别是借鉴西方技法和调味手段，利用西汁、柠檬汁、番茄酱、奶油、喼汁等调味方法。在调味品的运用上，喜用蚝油、鱼露、海鲜酱、柱侯酱、沙茶酱、红醋以及烤、焗、煲等法烹制菜肴，这是岭南人的调制特色。

（4）江苏风味的调味特色　江苏地区地处长江中下游，这里襟江临湖，河海相通，素称鱼米之乡。境内江河湖海水鲜特产丰富多样，使得当地人的饮食用料以水产鱼鲜为主。在江苏风味菜谱中水产品菜肴有109个，占整个菜肴的36%。因为自然气候和水鲜原料的原因，调味上的清鲜平和，是江苏肴馔烹制的基调，江鲜、河鲜、湖鲜、海鲜，鲜瓜、鲜果、鲜蔬、鲜花等原料，都突出主料一个“鲜”字。咸鲜味、咸甜味、酸甜味等是其主要味型，代表菜肴如清炖蟹粉狮子头、母油船鸭、醉蟹清炖鸡、酱汁肉、腐乳汁肉、霸王别姬等，突出炖、焖、煨、焐，原汁醇浓，而荤素组合、重视火工、咸鲜味浓、甜咸醇正，正是江苏菜肴的基本风格。

四大风味的自然条件形成了各自调味的个性特色和饮食风俗习惯，而这种对食物选择、加工和调味的个性习惯又具有相对的稳定性和排他性，因此，千百年来一直这样代复一代地延续着、传承着。进入21世纪，整个世界发生了变化，各地在传统调味特色的基础上，随着社会的发展、交通的便捷、中外交往的频繁，各地的饮食风味也在不断地吸收外来文化和特色调味品，使得全国各地菜肴的调味特色发生了微妙的变化。如山东、江苏人也开始喜欢辣味菜，广东菜中的微辣特色更加显现，江苏菜的调味在降低用糖量，山东菜的烹制在减少用盐量，各地引用西餐、东亚的调味品增多，特别是全国各地调味品厂生产的各式新款调味料在厨房广泛应用，四大风味菜系在传统调味的基础上也在不断地充实与丰富，这种吸取和变化，是现代社会发展的需要，也是为了迎合和适应现代人饮食需求的康庄之路。

三、中国传统菜肴调制的主干味型

人们的口感，不仅是舌尖上辨出的滋味，也包括口腔内的一切乃至咽喉在内的协调感受。谚语云：“无油无盐，吃死不甜。”这里的“甜”是鲜美有味之意。的确，在调料中油与盐是最基本的。我们做菜，可以无油，却不可无盐。几千年来的中国饮食，在菜肴烹调上早已形成自己的调味特色，油盐酱醋糖，葱蒜酒椒姜，这是中国菜必不可少的调味料。

我国各地的自然风味是随着地域和气候的不同而形成差异的，自古以来就有“南甜北咸，东辣西酸”之说。尽管各地区存在不同风味的特色，但我们也能从各地传统菜肴调味文化方面寻找到一些相近和相通的地方。通过仔细分析后发现，我国调味文化至少有四大主干风味，即红烧风味、糖醋风味、咸鲜风味和香辣风味。①

（一）国人最爱的红烧风味

世界各国菜品的风格特色，绝大多数都是由不同国家使用的调味料所决定的。如西餐的黄油、奶油、各式香叶的运用，东南亚地区使用的咖喱、香茅草、沙姜等。中国的特色调料就是酱油、葱、姜、八角等。中餐相较于外国各地餐式的不同，其最大的特点就是使用“酱油”调味。中国菜的许多美味佳肴都是由它调制出来的，而最典型的就是由酱油所调制成的“红烧风味”。

在我国成千上万个菜肴品种中，假如来一份全国问卷调查，了解一下中国人最喜欢吃的是什么菜。这是一个很有意思的话题。应该说最代表中国人口味的是利用酱油调制出的“红烧类”菜。如红烧肉、红烧牛肉、红烧羊肉、红烧鸡块、红烧鱼等。而在这些红烧类菜肴中最有代表性的菜又是什么？那绝大多数人，特别是男人都会选择“红烧肉”。这已是深入人心的菜了。从南方到北方，各大小饭店、餐馆的餐厅都会在其菜单中列出它。它可称得上是中国肉类菜肴中的经典。因为，食客们要吃荤，都自然会想到“红烧肉”。它是最普通最简单也是最有魅力的菜肴，甚至是许多男人百吃不厌的佳品。它的最大好处是突出了猪肉自身的肥

① 邵万宽. 中国传统菜肴调味文化的四大主干味型［J］. 中国调味品，2018（3）：192-197.

瘦搭配、荤香肥腴的鲜美特色。不同的宴会上也经常提供，以满足不同人群的需要。在全国各地单位的食堂菜单上，也会定期有红烧肉、红烧牛肉、红烧羊肉、红烧鸡块、红烧鸭块、红烧鱼、红烧肉圆、红烧萝卜、红烧土豆等菜肴出现。红烧菜肴在我国是最普遍不过的，高至宴会接待、国家领导人和集团董事长们的宴席，低至小餐馆、大排档以及普通百姓的日常餐桌上。几乎家家会做、人人爱吃。

这里所讲的"红烧风味"是一个广义的"红烧"概念，更确切地说应该是"咸甜风味"带酱油烹制的菜品。它也包括红煨、红焖、红扒等烹制的菜肴在内。即用多量酱油烹制的颜色红润的各类菜肴。诸如东坡肉、腐乳肉、红煨牛肉、酒焖羊肉、扒烧蹄髈、酱汁肘子、冰糖甲鱼、栗子烧肉、土豆烧肉、干菜烧肉等。梁实秋先生很赞许回民卖的"红烧羊肉"，刷洗干净的"大块羊肉，入锅煮熟，捞出来，俟稍干，入锅油炸，炸到外表焦黄，再入大锅加料加酱油焖煮。"[①]煮到深红色即可出锅。这样的羊肉，走油不腻，十分畅销。

红烧菜肴在明清时期已被人们广泛运用，那时人们大多利用"酱"或"酱油"、加"糖"来调味，为了烧制的菜肴色泽光亮，还常常利用糖色缀色。如清代《调鼎集》中的"东坡肉"："肉取方正一块，刮净，切长宽约二寸许，下锅小滚后去沫，每一斤下木瓜酒四两，炒糖色入，半烂，加酱油，火候既到，下冰糖数块，将汤收干，用山药蒸烂，去皮衬底，肉每斤入大茴三颗。"[②]在该书中，有关"红烧"的菜肴还有红烧肉、红烧苏肉、红烧猪头、红烧羊肉、红烧鲤鱼唇尾，还有较多的红炖、红煨、酱烧等类菜肴。

红烧风味，主要的调料是盐、糖、酱油，酱油起着重要的作用。酱油是在酱的基础上派生出来的一种调味品。它是我国特产调料之一，有着悠久的历史。在南北地区，红烧风味的调料比例是有一定差别的，南方糖偏多，北方糖偏少，但酱油是不可或缺的。

我们翻检一下20世纪后期的菜谱，先看《中国名菜谱·江苏风味》，有红烧大乌（鱼）、红烧沙光鱼，另外，酱方、蜜汁火方、枣方肉、樱桃肉、酱汁肉、糟扣肉、腐乳汁肉、扒烧整猪头、无锡肉骨头、酱油嫩鸡、贵妃鸡翅、苏州卤鸭、老烧鱼、青鱼甩水、荷包鲫鱼、大烧马鞍桥等[③]，都是红烧风味类的菜肴。再看一下《中国名菜谱·山东风味》，有红扒鱼翅、葱烧海参、红烧鱼唇、红烧鱼皮、九转大肠、五香脱骨扒鸡、福山烧小鸡、板栗山鸡、烧鸡酥、熬黄花鱼、油焖凤尾鱼、酿荷包鲫鱼、红烧甲鱼、红烧海螺、烧素鱼翅等[④]。这里简要将南

① 梁实秋. 梁实秋谈吃［M］. 哈尔滨：北方文艺出版社，2006：159.
②（清）佚名. 调鼎集［M］. 郑州：中州古籍出版社，1988：261.
③ 江苏省饮食服务公司. 中国名菜谱. 江苏风味［M］. 北京：中国财政经济出版社，1990.
④ 山东省饮食服务公司. 中国名菜谱. 山东风味［M］. 北京：中国财政经济出版社，1990.

北红烧风味的调料进行比较，可以看出国人的喜爱程度。

表7　江苏风味红烧菜肴调料对比　　单位：克

菜肴	酱油	白糖	精盐	辅助调料	主料	相关调料
红烧大乌（鱼）	50	25	2.5		1000	葱、姜、醋
大烧马鞍桥	100	20	55	糖色10	1000+300	葱、蒜、姜、醋、胡椒粉
无锡肉骨头	5500	2500	1000		50000	葱、姜、八角、桂皮
青鱼甩水	50	30			500	葱、姜

表8　山东风味红烧菜肴调料对比　　单位：克

菜肴	酱油	白糖	精盐	辅助调料	主料	相关调料
红烧鱼唇	15	20	4	糖色10	1000	葱、姜
红烧鱼皮	25	25	4	糖色10	500	葱、蒜
红烧甲鱼	200			黄面酱50	700+400+200	葱、姜、花椒、八角
红烧海螺	10	5	12.5		250	葱、蒜、姜

再来看一下其他地方风味所记载的红烧菜肴。在《中国名菜谱·湖北风味》中有红烧瓦块鱼、红烧青鱼尾段、红烧肚裆、荷包鲫鱼、红烧鲶鱼、红烧大鲩、红烧蹄髈、黄州东坡肉、元宝肉、红烧野鸭等[①]。《中国名菜谱·福建风味》中有红烧兔、红烧麂肉、红烧花雀、红烧甲鱼、葱烧肥鸭、葱烧蹄筋以及红焖猪蹄、红煨猪舌、红焖田蛙等[②]。《中国名菜谱·上海风味》中有红烧鮰鱼、红烧肚裆、下巴甩水、鳝段烧肉、红烧圈子、红烧羊肉以及走油蹄、冰糖圆蹄、乳腐汁肉、绍酒焖肉等[③]。在《京菜经典菜谱》中有红烧目鱼丁、红烧回王鱼、红烧白鱼、葱焙鲫鱼、红烧鲍鱼、红烧裙边、虎皮肘子、干焙肉条、东坡羊肉、冰糖肘子等[④]。《浙菜经典菜谱》中有红烧划水、红烧圆菜、红烧裙边、红烧卷鸡、东坡肉、以及走油肉、南乳肉、樱桃肉、红煨乳鸽等[⑤]。

① 湖北省饮食服务公司. 中国名菜谱. 湖北风味［M］. 北京：中国财政经济出版社，1990.

② 福建省饮食服务公司. 中国名菜谱. 福建风味［M］. 北京：中国财政经济出版社，1988.

③ 上海新亚（集团）联营公司. 中国名菜谱. 上海风味［M］. 北京：中国财政经济出版社，1992.

④ 王文福. 京菜经典菜谱［M］. 西安：太白文艺出版社，1995.

⑤ 王文福. 浙菜经典菜谱［M］. 西安：太白文艺出版社，1995.

表9　不同地区的红烧菜肴选　　单位：克

地方风味菜肴	主料分量	精盐	酱油	白糖	特色料	相关调料
红烧河鳗（福建）	900	1.5	30	25	熟猪油	葱、姜
红烧裙边（北京）	750	7.5	15	10	胡椒粉	葱、姜
红烧雪猪（四川）	1500	3	65	冰糖汁30	醪糟	花椒、胡椒、八角
红烧猴菇（陕西）	100	3	10	5	麻油	葱、姜、八角

红烧肉

糖醋鱼

（二）妇孺喜好的糖醋风味

我国各地的人都爱吃糖醋风味的菜肴。糖醋排骨、糖醋鱼是南北地区的人都念念不忘的，更是妇女和儿童的最爱。近30年来，几乎所有的汉族家长都曾给自己的小孩吃过“糖醋排骨”这道菜，这是儿童们的偏爱，而且是刻骨铭心的喜欢。北方最有名的菜是“糖醋黄河鲤鱼”，河南、山东、山西、甘肃等地都作为本地的名菜；南方的“糖醋瓦块鱼”人人爱吃，江苏、浙江、上海、安徽等地的饭店里都有叫卖；广东、福建的“糖醋咕噜肉”不仅国内人钟爱，还吸引着海外世界各地的客人。这里所说的糖醋风味，是指以糖和醋或番茄酱、水果汁等主要调料为主调制的味型，是一个广义的范畴。既包括糖醋味，也包括酸甜味，有重糖醋味，也指轻糖醋味，还包括用番茄酱或水果汁调制的甜酸味等。

1. 南北地区传统糖醋风味比较

糖醋风味口味酸甜，但南北方地区差异较大，糖醋汁的兑制往往随各地方风味的特点而异，甚至在同一地方菜系中，配料及制法也有差别。广东地区地处最南方，又临近港澳和东南亚，最早吸收西方菜肴制作中调味汁的提前预制，其制作方法大多是一次性大量配制，且配料品种较多。而其他地区制作之法比较传统，符合传统中餐现做现调。

（1）广东菜系配制糖醋汁的方法　用料分量：红曲米250克，白砂糖10.5千克，白醋（上海制白醋）4千克，精盐450克，辣酱油300克，冰糖山楂片500克，番茄沙司2瓶，大蒜泥25克，洋葱片50克，香葱段25克，芹菜段50克，生姜15克，胡萝卜片50克，花生油50克。

加工方法：红曲米包在布袋里，烧成10千克红米水；花生油入锅，下大蒜、洋葱、葱姜、芹菜、胡萝卜炒香；注入红米水烧出香味后，用布滤去渣，再加白砂糖、盐、番茄沙司、冰糖山楂片、辣酱油烧开至白砂糖完全溶化，端锅离火，再加白醋搅匀即可。

另一法：用中火烧热炒锅，下白醋500克、片糖300克，溶解后，加入精盐19克、茄汁35克、喼汁35克调匀即成。[①]

（2）京、苏等地方菜系配制糖醋汁的方法　京、苏菜系配制糖醋汁的方法与其他地方菜系的方法大致相似，只是在糖和醋的用量比例上有些差别。京、沪、川、扬等地用醋略重，苏州、无锡等地则用糖略重。一般都是现用现做。

用料分量：植物油约50克，米醋50克，白糖60克，红酱油20克，葱、姜、蒜末各少许，水100克。

加工方法：先将油下锅烧热，然后下葱、姜、蒜末炒一下，使香味透出；再下水、红酱油、糖、醋等，烧沸即成。

在菜肴制作中加糖、加醋的量偏多就成为糖醋风味的菜品。四川也有不少糖醋菜品，比如当地有影响的“荔枝味”，它就是酸甜味，是醋略多于糖，口味特点是“酸甜”，如荔枝腰花、荔枝肉片、荔枝鱿鱼卷等；而糖醋味的“甜酸味”，是糖略多于醋。这是调制糖醋风味巧妙变化的特色。

2. 不同地区代表的糖醋风味菜肴

糖醋风味菜肴在全国各地都比较受人们欢迎，每个家庭都有制作糖醋菜肴的经历。我们再来了解一下其他地区的菜肴：北京菜有“糖醋青鱼”“糖醋鱼卷”“糖醋瓦块鱼”“松鼠黄鱼”“菊花鳜鱼”“菊花青鱼”“茄汁鱼丸”“糖醋排骨”等；湖北菜有“糖醋脆皮鱼”“糖醋麦啄”“茄汁鳜鱼”“熘松花”“糖枯鳝丝”等；福建菜有“熘鹌鹑脯”“茄汁烧鹧鸪”“菊花鲈鱼”“炸熘瓜片”“荔枝肉”等。这里选取《中国名菜谱》不同风味的糖醋菜肴作一比照。

① 广东省饮食服务公司. 中国名菜谱. 广东风味［M］. 北京：中国财政经济出版社，1991：257.

表10　不同地区的糖醋风味菜肴　　单位：克

地方风味菜肴	主料分量	精盐	白糖	香醋	酱油	相关调料
糖醋河鲤鱼（江苏）	750		200	150	50	葱、蒜、姜
糖醋瓦块鱼（北京）	1250	4	100	75	5	京葱、姜、蒜
糖醋黄河鲤鱼（河南）	750	8	200	50		姜汁、葱花、绍酒
糖醋咕噜肉（广东）	300	1.5	糖醋汁250			茄汁、喼汁、汾酒
糖醋脆皮鱼（湖北）	750	3	150	50	5	葱、蒜、姜
糖醋 里 脊（湖南）	250	1.5	100	25	15	葱、姜
糖醋空心鸡元（四川）	400	3	50	50		葱、蒜、姜
糖醋鱿鱼卷（陕西）	200	0.5	100	50	10	葱、蒜、姜

中国菜肴中的糖醋味型大多运用的是“熘”制烹调法，熘又可分为脆熘、滑熘和软熘。脆熘又称炸熘或焦熘，运用此法制作的菜肴外酥脆、里香嫩，如江苏的松鼠鳜鱼、糖醋瓦块鱼，北京的焦熘丸子等；滑熘又称醋熘或糟熘，如醋熘白菜、糟熘鱼片等；软熘的菜肴鲜嫩滑软，汁宽味美，如西湖醋鱼、软熘豆腐等。糖醋味型中有大糖醋和小糖醋（轻糖醋）之别。熘菜中大多数为糖醋味，也有一些不是糖醋味的，还有一些炒和熘制菜为轻糖醋菜，如江苏的五柳青鱼、熘松子牛卷、熘雀脯、荔枝鱼、熘鱼白、料烧鸭等。

表11　不同地区熘类风味菜肴选　　单位：克

甜酸风味菜肴	主料分量	白糖	醋	酱油	其他	相关调料
软熘鱼扇（天津）	黄花鱼1000	75	75	盐1	糖色4	姜葱、花椒油
熘核桃肉（安徽）	猪里脊200	100	50	1.5	酱油15	葱段、红椒片
醋熘鳜鱼（江苏）	鳜鱼1000	250	75	75	绍酒50	葱、姜、蒜
熘松花蛋（湖北）	皮蛋6个	75	30	5	胡椒粉1	葱、蒜、酒

现代的糖醋风味，随着番茄酱、番茄沙司的广泛应用，大多菜品已一改传统的白糖、醋、酱油的配比方式，而是以番茄酱为主料进行调配的糖醋汁，抑或叫“茄汁”。目前传统的松鼠鳜鱼、菊花鱼、瓦块鱼等菜肴，基本都采用番茄酱来调制，这一方面颜色比较鲜亮美观，另一方面菜肴摆放时间略长也不会影响其本色（因采用多量酱油调味的糖醋菜稍摆放颜色就深黑，影响美观）。

在上海，以往菜肴中糖醋卤汁的口味比较单纯而稀薄，有的上海厨师就在糖醋卤汁上进行了改进，他们在糖醋卤汁中添加了适量的冰糖、山楂、柠檬汁等天然酸甜果汁，使糖醋卤汁的口味变得厚实自然起来，而外观的颜色则保持不变，受到众多消费者的喜爱。

（三）南北皆宜的咸鲜风味

咸鲜风味是远古时期祖先最早品尝的味道，从煮海水为“盐”以后，祖先们就开始了咸鲜风味的饮食生活。经过千万年的发展，尽管各种各样的味型千变万化，但最适合人们口味的还是淡雅之美的咸鲜味。在我国的版图上，几乎没有哪个地区不爱吃咸鲜味道的菜肴。它的特色，可以品尝到食材新鲜本原的味道，新鲜的原料中只要加点盐就可以了。烤熟的土豆撒点盐、煮熟的芋艿蘸点盐，余熟的鲜鱼补点盐，蒸熟的鲜肉浇点咸汁，羹汤中放点盐更鲜美等。

咸鲜味代表性的调味品除了“食盐”以外，经过后来的发展加工，还有虾油、蟹油、虾子酱油、虾酱、豆豉、鲜酱油等，而调制咸鲜味的普通调料就是“食盐＋味精”，这也是使用最广泛、调制最普通的味型。在中国菜中，如果按照味型来进行统计菜肴，那品种最多的味型就是咸鲜风味了。在我国北方的广大地区，最突出的主干味型就是咸和鲜，在气候的影响下，咸味中带鲜正是北方人民的基本风格，在寒冷的冬季，人们在烹制荤素原料中，加点盐就是最美的滋味。从北到南沿海地区的人们普遍喜爱的海鲜菜，就是以咸鲜味占主流，新鲜的海产品不加雕琢，加点盐就鲜美无比。如广东菜、福建菜、浙江沿海菜、山东胶东菜等。北方人不爱吃加糖的菜，制作菜肴和面食都是不加糖的咸鲜味，如大白菜炖粉条、烧地三鲜、羊肉泡馍以及各式面条都是以咸鲜风味为主导的。

全国各地的煲炖类汤和烧煮的汤菜都是以咸鲜味为主打的。东北的人参炖鸡汤、浙江的鞭笋老鸭汤、海南的椰奶炖鸡汤、江苏的萝卜丝鲫鱼汤，四川的归芪羊肉汤，湖北的排骨煨藕汤，福建的鸡皮蘑菇汤，山东的鸳鸯珍珠汤，千家万户的炖老鸡汤，家常的番茄蛋汤、榨菜肉丝汤、虾皮紫菜汤、萝卜排骨汤等，无一不是咸鲜口味的。

南方大部分地区都爱用咸鲜味烹制菜肴，江浙、粤闽地区的菜肴就是以咸鲜味型为主体；炎热的夏季，全国各地都爱用咸鲜味烹调菜肴，各式炒蔬菜，如炒青菜、炒豆芽、炒苋菜、炒芦笋，生菜、花菜、豆苗、山药、扁豆、白菜等蔬菜的炒制，基本都是以咸鲜味型为主。从地域来讲，南方地区咸鲜味较清淡，北方地区相对浓厚些。

南方人虽说是吃糖量相对较多，但也不是所有的菜肴都放糖的，加糖与不加糖的菜肴相比，根据《中国名菜谱》分析，占比例较大的还是不加糖的咸鲜风味的菜肴。南方人爱煲汤、爱喝汤，各式汤菜多是不加糖的，许多不加酱油的菜肴也几乎不加糖，如表12所示。

表12　南方不同地区咸鲜风味比例选　　单位：个

地方风味	山珍海味菜		禽蛋菜		水产菜		其他类菜	
	加糖	不加糖	加糖	不加糖	加糖	不加糖	加糖	不加糖
江苏风味	6	15	32	37	50	59	20	23
广东风味	8	23	23	31	56	45	13	18
福建风味	9	17	22	25	44	56	4	6

表12中简单将南方三大风味菜系中加糖与不加糖的菜肴作了比较，表中显示，不加糖的菜肴是多于加糖的，而这些不加糖的菜肴绝大多数是咸鲜风味，常以食盐、味精调制为主。但因不同菜肴的风味需要，“咸鲜味型也可用酱油、白糖、香油及姜、盐、胡椒调制。调制时需掌握咸味适度，突出鲜味，并努力保持以蔬菜为烹饪原料本身具有的清鲜味；白糖只起增鲜作用，须控制用量、不能露出甜味来；香油亦仅仅是为增香，须控制用量，勿使过头。”[①] 在上述三大菜系的菜肴中，有些加糖的菜肴只有0.5～1克的用糖量，也属于咸鲜味的菜肴，糖在菜肴中主要起鲜的作用，吃不出甜味。通过分析可以说明，在南方多省也是咸鲜味的菜肴占主导地位的。从全国范围来看，咸鲜味型是使用最广、品种最多、八方咸宜的大众化味型。我国各地的咸鲜风味几乎差别不大，只是北方略咸于南方，这是南北方气候差别的缘故。这里选取《中国名菜谱》丛书中不同风味的菜肴简单对比分析之。

表13　不同地区咸鲜风味菜肴选　　单位：克

咸鲜风味菜肴	主料分量	精盐	味精	鸡汤	鸡油	相关调料
奶汤蒲菜（山东）	蒲菜250	3		750		姜汁、葱油
鸡粥菜心（江苏）	菜心400	9.5	5	1050		熟猪油
金钩白菜（福建）	菜心750	1	5	200	50	
烧酿香菇（河南）	香菇250	4	2	150		绍酒
干贝菜心（四川）	菜心600	3.5	1	250	15	绍酒、葱、姜
椰奶炖鸡（海南）	鸡肉150	1	1.5	200		椰汁、姜、绍酒
开花豆腐（黑龙江）	豆腐400	8	5	150	40	葱、姜

前面已经分析，四川及西南地区也不是所有的菜肴都那么辣，其实当地有许

① 张富儒. 川菜烹饪事典［M］. 重庆：重庆出版社，1985：234.

多菜肴是不辣的。在四川菜肴的味型中有咸鲜为特色的白油味，许多炒时蔬和汤菜中都是不辣的咸鲜味菜品，许多的汤羹和烧烩类菜肴，如清汤豆花、开水白菜、竹荪肝膏汤、清汤燕菜、白汁鱼唇、白油肝片、白汁鱼肚卷、清汤银耳羹等鲜咸味菜品早已为四面八方的食者所喜爱。西南其他地区亦然。

（四）西南独尊的香辣风味

我国的西南地区包括四川、重庆、贵州、云南、西藏。这里崇山峻岭，气候复杂，有“一山分四季、十里不同天”之说。故而西南地区生机旺盛，物种奇多，历来号称“动物王国”和“植物王国”，烹调资源取用不竭。西南地区湿润阴雨天多，空气湿度大，再加上云雾多、日照少，潮湿的自然环境，在饮食上自然形成了本地特有的风格特色：吃辣能去风湿，故西南地区人民喜食辣椒成为共同的特点。四川的麻辣，贵州的酸辣，成为西南部地区的重要口味特色（除此之外，湖南、湖北、江西也都是吃辣的先锋）。而西藏的菜肴风格除了传统藏餐外，已基本复制了四川、重庆菜肴的特色，各地的餐馆大都以川味麻辣香鲜风格为主。

辣椒的煎、炸、烹，体现的最大特点就是香，无论是麻辣、酸辣，还是干辣，其主要特征就是香辣风格。西南地区的调味品大都离不开“三椒”（辣椒、花椒、胡椒）和“三香”（葱、姜、蒜），且使用量大，远非其他菜系能相比。那香味独特的“干辣椒”“辣椒酱”“豆瓣酱”“辣椒油”形成了西南地区不可或缺的主体调味料，几乎家家会做，人人爱吃，是一日不可无的命根子。

在遥远的古代，西南地区的人吃的是什么样的辣味原料？明代末年辣椒才传入我国，而在明代以前并不是我们今天吃的辣椒，而是以花椒、姜、茱萸、芥辣为主。在中国古代典籍中记有川椒、汉椒、巴椒、秦椒、蜀椒等多个名字，指的都是花椒。先秦以后，历朝历代都会用花椒作调料。历史上，四川一直是最重要的花椒产地和食用地。早在晋代的《华阳国志》中，就记载蜀人“尚滋味，好辛香”的饮食特色。蜀地先民的“辛”，是姜、花椒之类的东西。而辛辣味的主要功能有两个，一是压腥膻；二是祛寒湿。这与西南的地理气候有相当大的关系。在西南地区的调味味型中，如鱼香、酸辣、椒麻、红油、怪味、姜汁、家常、煳辣等，辣椒是其主味，利用甜味的“糖”来进行调节，使辣味变化万端，风格怡人。如咸甜酸辣辛香都有的鱼香味，咸甜麻辣鲜香各味兼备的怪味，菜式与风格口味多变。香辣风格的味道，以咸鲜辣香为主要特色，拿干辣椒在油锅里煸炒，取其香。像辣子鸡丁、贵州辣子鸡这样的菜肴，客人把煳辣壳放进嘴里，其香味不亚于吃油炸花生仁，而辣味几乎所存无几了，只有香味回味无穷。

香辣特色的辣味因“香”的支撑才更加魅人。自从引进了辣椒以后，西南人吃辣就更加普遍了。西南人吃菜、吃面食最有特色的就是熬辣油、炸干辣椒，现做现吃，辣香风味浓郁。食用辣椒，可以直接感受到唾液分泌及淀粉酶活性增加，能促进食欲，加强胃的运动，强烈刺激感觉神经末梢，引起温暖感。在各不相同的辣味味型里，都有不同程度的辣味在其中，或唱主角，或当配角，或跑龙套，体现的都是辣香风格特色。

表14　香辣味料的制作特色

香辣味料	制作特色
辣椒油	又称红油，将植物油烧至七成热，冲浇入辣椒面中，搅拌均匀
泡辣椒	又称鱼辣子，将鲜红辣椒加盐、糖、酒、花椒、老姜、清水腌泡数天即可
辣椒面	把干红辣椒磨成面状，多用于制作辣椒油
煳辣椒	辣椒必须干制，干红辣椒用油煸炒，至色泽深红（待酥香质脆时或用刀剁细末）
豆瓣酱	郫县特产，以鲜红辣椒、蚕豆、精盐为主要原料制成，是烹制辣味热菜的主要调料

表15　西南地区的代表味型

香辣风味味型	香辣料	口感特色	典型菜例	适用范围
鱼香味型	泡红辣椒	咸、甜、辣、微酸	鱼香肉丝	热菜、冷菜
麻辣味型	辣椒、花椒/郫县豆瓣	麻辣味厚，咸鲜而香	水煮肉片	冷菜、热菜
家常味型	郫县豆瓣、泡红辣椒	咸、鲜、微辣	回 锅 肉	热菜
怪味味型	花椒面、辣油	咸甜麻辣酸香鲜	怪味鸡丝	冷菜
酸辣味型	胡椒粉	醇酸微辣，鲜咸味浓	酸辣莴笋	热菜、冷菜
煳辣味型	干红辣椒、花椒	香辣咸鲜，回味略甜	宫保鸡丁	热菜、冷菜

表16　不同地区的香辣风味菜肴选　　单位：克

香辣风味菜肴	主料分量	辣椒	盐	白糖	花椒	其他	相关调料
干烧岩鲤（四川）	岩鲤 1000	40	5	5		郫县豆瓣50	醪糟汁50 葱姜蒜、醋
酸菜烧鱼（贵州）	鲤鱼750	辣油25		3		盐酸菜100	葱、姜
陈皮兔丁（重庆）	白条兔1000	200	10	12	15	红油150	陈皮、葱姜
煮大头鱼（云南）	大头鱼1000	50	40			胡椒粉7	葱、姜、醋
麻辣子鸡（湖南）	鸡肉750	100	1		1	醋10	酱油20、麻油

爱吃辣椒的人，到一个地方总喜欢寻找辣椒吃。西南地区吃辣是可以找到许多特色的，如在川北，“有一种辣椒本身不能吃，用一根线吊在灶上，汤做得了，把辣椒在汤里涮涮，就辣得不得了。云南佧佤族有一种辣椒，叫‘涮涮辣’，与川北吊在灶上的辣椒不相上下。”[①]西南地区吃辣有如此多的讲究，不同的辣味料可以制作不同风格的辣味菜品，具体选择和运用，还要做到“料随菜定”。当人们在品尝西南地区宴席菜肴时，整桌菜肴总有高低起伏、变化多端的辣爽感觉，让嗜辣者吃得痛快淋漓、特别过瘾。这就是西南地区香辣风格吸引人的鲜明特点。

进入21世纪，西南地区的香辣风味已冲破固定区域挺进全国，那些香辣菜肴和川味火锅香飘大半个中国，得到了全国各地人特别是年轻人的由衷喜爱。

《渔樵耕读》（局部）

在我国传统菜品的调味中，古人早就用“齐味万方”来形容其变幻莫测。中国菜之所以能够在世界上被世人所公认、所钟爱，其关键点还是调味的特色吸引着世界各地的人。尽管中国菜的味型变化万端，而覆盖面最广、影响力最大、最能体现中国人饮食口味的还要数红烧、糖醋、咸鲜和香辣味最有特色，最能代表绝大多数中国人饮食口味的需求。

四、中国菜肴齐味万方的调味特色

调味是烹调工艺的一个重要环节，2000多年前的《吕氏春秋·本味》中就对饮食调味作了许多精辟的论述。调味就是根据主、辅料的特点和菜肴的质量要求，在烹调工艺中加入调味料，使菜肴产生美味。要使一个菜肴的色、香、味、形都达到美的境地，除了依靠原料的精良、火候的调节适宜之外，还必须有高超的调味技艺。味是菜肴之灵魂，味正则菜成，味失则菜败，调味在烹调中作用重大。

① 汪曾祺. 五味. 食事［M］. 南京：江苏人民出版社，2014：3.

（一）中国菜肴调味审美的技术表现

善于调味是中国烹饪的一大特色，也是形成菜肴丰富多彩的重要因素之一。利用酸、甜、苦、辣、咸五味，经过厨师灵巧之手，就能烹制出味道醇美、脍炙人口的菜品。我国烹调技术中的调味一般有两个方面的内容：一是利用不同的原料巧妙地搭配，使不同原料的滋味互相渗透、融合，产生新的美味。二是利用调味料对原料渗透、扩散及相互作用，以调和滋味，达到去除异味、突出本味、增加滋味、丰富口味的效果，这是菜肴调味的根本内容，也是菜肴口味成败的关键。我国常使用的调味品，有天然的调味品，也有酿造调味品，还有复合调味品。目前常用的调味品有咸味类、甜味类、酸味类、苦味类、鲜味类、辛香类、芳香类等上百种之多。

菜肴调味审美的技术表现是源于多方面的，它并不局限于调味品本身，而在于烹调过程中的技术加工和利用。一份美食不仅要求味道好，而且在品尝时从原料的质地、色彩、形状、温度以及在咀嚼中的触觉都要给人以愉悦感，才能产生最佳的味觉效果。①

1. 调味的淡雅美

菜肴制作与调味是手脑并举的一项工作。在调味审美的乐园里，人们对美食的追求不断，同时，也不断地发现美、追随美、体味美、创造美。古人对菜肴的审美评价是"大味必淡"。这是一种高标准的要求，技术一般的烹调者是难以达到这个境界的。这里的"淡"，不是淡而无味，不是单调乏味，而是天然的原料用天然的调味品调制，使其淡而不薄，淡中见雅，淡而有味的"真味"。如四川名菜"开水白菜"，此开水非真的白开水，而是经调制的特别清汤，汤清澈见底，视之如开水。此菜的特色从选料到成菜的整个过程中，都突出一个"鲜"字，这不是味精、鸡精使然，而是高级清汤所致，它是川菜中清鲜淡雅一类汤菜中的上乘之作。

淡雅美调味强调质朴、自然的本味，能把人带进一种典雅、隽永的审美意境。它不过多地依赖调味品，而是巧妙地运用原料的天然本味，调味品只是辅助和衬托，"寄至味于淡泊"。淡雅的味美对味觉的刺激虽然不大，但内涵丰富而细腻，能使人在品味中引发更多的联想和回味。

菜肴之美，当以味论，而味首在本味、淡味。一物有一物之味，要使一物各显一性，一碗各成一味，就必须突出原料的本来之味、淡雅本味。清代李渔在《闲情偶寄》中说："茹斋者食笋，若以它物伴之，香油和之，则陈味夺鲜，

① 邵万宽．中国菜肴调味审美的技术表现［J］．美食研究，2017（2）．8-12.

而笋之真趣没矣。”[①]清代顾仲在《养小录》的序中曰：“本然者淡也，淡则真。昔日偶断肴羞食淡饭曰：‘今日方知其味，向者几为舌本所瞒。’”[②]新鲜的原料应突出本身的鲜淡滋味，不能被浓厚的调味品所掩盖，如鸡、鸭、鱼、虾及新鲜蔬菜等。这些原料本身具有的鲜美滋味，烹调时应尽可能激发出来，减少调味品对本味的影响。这里不是否认调味品烹制美味的作用，毕竟调味品是处于从属的、辅助的地位，它始终不可能替代原料本身的味道。所以在调味时对鲜味足的原料，宜淡不宜重。古人曾云：“有味者使之出，无味者使之入”。在烹调加热与调味过程中，对有腥膻味的原料，需用调味品去解除异味，使其本味突出，美味可口。对无味和淡味的原料需用其他鲜香的美味提调它，使原料中所含有的鲜味等物质充分地溶于汤中，使它更好地体现出本味，或适当增加滋味，如火腿鲜笋汤、清汤炖三丝等，而像鲍鱼、海参、燕窝等原料，烹制时常常需加入高级清汤及其他调味品，以补其鲜味的不足。

20世纪80年代，苏州作家陆文夫先生在他的《美食家》中，借书中人物朱自冶之口，对烹饪调味也作了精辟的论述：“苏州菜除掉甜之外，最讲究的便是放盐。盐能吊百味，如果在鲃肺汤中忘记了放盐，那就是淡而无味，即什么味道也没有。盐一放，来了，鲃肺鲜、火腿香、莼菜滑、笋片脆。盐把百味吊出之后，它本身就隐而不见，从来也没有人在咸淡适中的菜里吃出盐味，除非你把盐放多了，这时候只有一种味：咸。完了，什么刀工、选料、火候，一切都是白费！”[③]

陆文夫先生道出了调味淡雅美的技术关键。俗话说：“唱戏的腔，厨师的汤。”许多淡雅美的菜肴离不开一般清汤和高级清汤。利用老母鸡、鸡鸭肉等骨架、猪蹄髈、火腿、干贝等吊制的清汤，可以使菜肴的淡雅美达到极致。像江苏菜中的开洋扒蒲菜、灌蟹鱼圆、莼菜鱼片汤、大煮干丝、沙锅炖菜核等名菜就是利用美味的原料和一般清汤烹制的，那鲜美淡雅的特色令人回味无限。

中国素斋技术中的“素汤”制作，选用黄豆芽、鲜笋、冬菇、口蘑等植物性原料熬制，通过放入葱、姜、清水，加热至鲜味溶于水中（去掉原料）提炼而成。用其佐配的素菜正是“寄至味于淡泊”，体现了原生态的“淡中之雅”之美。

2. 调味的浓郁美

浓妆艳抹也相宜，口味的浓郁也是一种美。中国古代把“丰屋、美服、厚味、娇色”列为美的对象。厚味者，即滋味浓郁也。浓郁的味道常常给人带来更

① （清）李渔. 闲情偶寄［M］. 上海. 上海古籍出版社，2000. 263.

② （清）顾仲. 养小录［M］. 北京. 中国商业出版社，1984. 2.

③ 陆文夫. 美食家［M］. 北京：人民文学出版社，2014：91-92.

强烈的口腔刺激感受。如疲劳之时来一餐“麻辣火锅”，或在平淡的饭菜、宴请中来一二道有刺激性的菜肴，如“毛血旺”“麻辣烫”“酸汤鱼”更过瘾。这就是麻辣火锅、酸辣米粉、酸汤鱼如此受人喜爱的缘故。

在淡味之美以外，人们经常喜欢享受一些味道浓郁的菜品，以使生理达到快感。自然界提供的食材原料基本上都是寡味的，只有经过烹调加工后，才有可能成为美食。对浓郁之味的需求，一是气候环境的原因，为了达到身体平衡，人们需要浓郁的味道来补充，如四川的麻辣、湖南的鲜辣、贵州的酸辣、湖北的干辣等。生活在北方或群山环绕之地的人，常年气候寒冷、潮湿，人们都希望吃一些口味浓重的菜肴，如以多量的盐、辣椒来满足自己口味的欲望。二是人们品尝菜肴时也需要味觉起伏，不能一味的淡、一味的辣，而是要错落有致、高低起伏，即一桌菜或是一组菜，总希望清淡与浓郁相协调，所以各地都有一些口味浓郁的菜肴。

浓郁的味在给人味觉、触觉美感的同时，能增加味觉器官和消化器官的兴奋度。像香味扑鼻、越吃越过瘾的剁椒鱼头、岐山臊子面，甜香味美而浓腻厚实的酱汁肉、八宝饭等都是这类菜的代表。

西南之地，群山环拥，云遮雾障，宜阴性之物生长，清鲜纯美不对胃口，麻辣烫浓恰到好处。麻辣、酸辣既是生理上的需要，同时也是地域条件生成的必然。东北之地，长年气候寒冷，冬季温度低至零下20℃以下，最低时可达零下40℃以下。这样冰寒阴冷冻伤之地，没有刺激性、刚烈性的口味相伴，是很难达到生理和心理的平衡的。重咸、重辣的口味，便成为人们生活的家常习惯和口味需求。

南方人也爱吃滋味浓郁的菜，不仅是麻辣火锅在南方也有市场，就是南方人喜吃甜食也是如此。上海人和苏南人吃甜食也有刺激性，正如贵州人吃“酸”、重庆人吃“辣”一样。如传统菜肴“冰糖蹄髈”“冰糖甲鱼”“蜜汁火方”用糖量特别大，甜得舒爽也甜得发齁，但他们感觉很过瘾。这是一种浓郁的甜。

浓郁的味型，能够给人一种厚实、雄浑、豪放、强烈的感受。它在本质上显示出一种阳刚之美、力量之美。在日常生活中，我们会遇到这样的情形：一个人精神疲乏、情绪低落、体力下降时，往往比正常状态下更渴望在饮食中得到强烈的刺激，更喜欢追求浓郁型的味感。在这里浓郁的滋味不仅会唤起味觉的感受能力，而且能调节情绪，振奋精神，增强机体的活力。[①]它是一种震撼舌尖的美味，能给人以味觉上的冲击和快感，这种强烈的刺激带给人痛快淋漓，壮实豪迈的感觉，并渐渐化为祥和，化为期盼，化为心理的满足。

① 张振楣．张振楣谈吃［M］．哈尔滨：北方文艺出版社，2006：113.

3. 调味的协调美

美味可口的菜肴，就是由于不同的原材料与调味品之间的相互组配协调产生的。这是需要具有一定的烹调技术才能完成的。

调味的协调美，一方面是通过不同原料的组配，使原料之间相互渗透，融合出一种全新的美味。最典型的就是名菜“佛跳墙”“全家福”（大杂烩）。福建名菜“佛跳墙”之所以能够几百年经久不衰，受全国人钟爱，最关键的是“坛盖揭开，满堂荤香，令人陶醉”。它是利用鱼翅、鱼唇、刺参、鱼肚、母鸡、鲍鱼、蹄筋、蹄尖、猪肚、火腿、鸽蛋、干贝、冬笋、冬菇等10多种原料和猪骨汤等一起（分类加热）用小火煨2个多小时而成。这是多味组配使味道产生一种特殊的协调的香美。“全家福”的美味也是缘于荤素多种原料组配，产生特殊的芳香美味。“北京烤鸭”如此被国人所看重，成为国菜，其巧妙之处，一是在于烤制产生的鸭香美味，二是烤鸭饼的韧性咬劲、京葱段的爽脆微辣、黄瓜条的嫩脆爽口、甜面酱的咸甜之香与烤鸭皮的酥脆香美的有机结合，多重复合组成了香、咸、甜、爽、脆、酥、嫩、韧的味觉与触觉的协调之美。

另一方面，在菜肴的制作中，调料与调料之间相互配合是产生调味协调美的关键。汉代的《淮南子·原道训》曰：“味者，甘立而五味亭矣。”[①]亭，适中、调节、均衡也；甘，甜，中央味也。在味道中，甘味确定五味便可以调和均衡了。有了五味，则味之变化就无穷；但要味道适中，五味调和，关键在于甜味要合适。“甘”好似五味中的一根中轴，中轴正了，其他的味也就可以平衡，道出了“甘味”是调节五味的关键点。这里在五味中强调“甘味”的协调作用是显而易见的，它可以中和咸味、辣味、苦味和酸味，使菜肴达到味觉平衡。

川菜的“鱼香肉丝”“宫保鸡丁”两款菜能闻名全国乃至全球，是有一定的道理的，其味美的关键点就是调味品的协调配合相当巧妙。鱼香肉丝的“鱼香”味型，其特点是色红而艳，香气浓郁，咸甜酸辣兼备，葱姜蒜味突出。此菜用泡红辣椒，咸味略重，酸味略轻，醋与糖相近。宫保鸡丁的“煳辣”味型，特点是色泽棕红，散籽亮油，辣香酸甜，滑嫩爽口；调制此味时，须有足够的咸味，在此基础上方能显示酸味和甜味；此菜用干辣椒节在油锅里炸，使之成为煳辣壳而产生的香辣味道。这两款菜在海外中餐馆的点击率是最高的，能适应世界各地的客人。其奇妙之处就是甜、酸、辣三大主味的作用。喜欢辣的人可以重点辣，轻点糖与醋；不喜欢辣的人可以轻辣、重糖和重醋，如欧美等国人，他们喜欢甜酸味的菜肴，把糖醋味加大，辣味减少到最低，同样受到不爱吃辣的人的欢迎。这里归根结底一句话：甘味是调节和协调此类菜肴的平衡点。

① （西汉）刘安. 淮南子［M］. 南京. 江苏古籍出版社，2009. 15.

4. 调味的节律美

我国菜肴的烹调技术在调味上注重品味的节律美，一份菜肴在品尝时可以给人有不同的味觉感受：一方面是菜肴品味的节律美，入口、咀嚼和下咽有不同的层次感，这来源于我国烹调技术中的分阶段调味法；另一方面，我国筵席菜品的安排注重调味的节律美，整桌菜肴讲究不同口味的节律韵味和错落有致。

一是注重分阶段的调味法。中国烹饪的调味方法变化之妙，其步骤从前期、中期到后期分三个阶段调味，分别是辅助调味、决定性调味和补充调味的有机结合，协调一致，使菜品味中有味。这是西菜所难以比拟的（西餐大多是浇汁类菜肴）。正如“清蒸鱼”在蒸之前要将整条鱼用盐、料酒、葱、姜先腌制一下才更有味道，蒸鱼时适当调味，用精盐、葱姜、料酒补味；假如蒸鱼前不事先调味，到蒸制时再调味，蒸出的鱼就不会入味，这就是辅助调味产生的效果。这样鱼肉有底味、有鲜味，若鱼的底味不足还可以用调味碟补充调味，这样蒸鱼的味道感觉就会有层次感。调味上根据不同的原料、不同的口味要求，运用不同的技法采取细腻的分阶段的调味方法，既可使口味变化多端，而且还可以互相补充，互相渗透融合。加热中的调味是决定性的调味，这个阶段的调味，可使原料在受热中与调料更好地融合在一起，去除异味，增加香味。但加热中的调味也有一定的局限性，有时不能除尽异味，不能适应多种烹调方法的需要，为此辅以加热前的辅助调味或加热后的补充性调味，把异味充分涤除、压盖、化解，本身的美味被激发、烘托、发挥出来，使不同的菜品体现出不同的美味。调味工艺的多变，多次的调味使其味觉不断地递进和丰富，这种细腻的调味方法，适应了多种烹调技法、多种原料性质，达到了最佳的调味效果，形成了我国独特的调味方法和技术体系，也体现了调味的节律之美。

如南京“盐水鸭”的制作，鸭坯先经过花椒、精盐的前期腌制，中期煮制时用老卤浸泡、小火慢煮，辅助调味与决定性调味使鸭味鲜咸嫩香，这是老卤与椒盐之味的美感。而“香酥鸭”的烹制，鸭坯经桂皮、花椒、精盐的前期腌制；上笼蒸制时加料酒、葱段、姜片调味，这是决定性调味；蒸酥烂时取出再放入高温油锅中炸至金黄色，斩剁装盘后，配上花椒盐碟一起上桌，这是补充性调味。在品尝这些菜肴时，菜肴的口味有一定的层次感，菜品在口腔里咀嚼时是味中有味，越品越有味道。

二是筵席菜品的调味注重节律美。自古以来，筵席菜品的调味安排，都有一定的节律之美。例如，按照常规，筵席先上冷菜，其性清凉，可以慢慢品尝，节奏是缓慢的，犹如音乐中的序曲；从上热菜开始，节奏加快，进入高潮，主菜是顶峰；此后便上清汤、水果，节奏由快而慢，相当于音乐的尾声。在菜品的味型安排上，整桌菜品的口味形成一定的韵律之美。这里选取一份商务菜单来进行分析：

八味冷盘：盐水乳鸽（咸鲜味）、五香牛肉（香咸味）、蝴蝶鱼片（糖醋味）、卤猪耳（甜咸味）、芥末鸭掌（香辣味）、酸辣白菜（酸辣味）、拌黄瓜（咸鲜味）、虾子冬笋（鲜咸味）。

十味热菜：富贵佛跳墙（咸鲜味）、虾仁炒时果（酸甜味）、黑椒炒甲鱼（香咸味）、栗香扣排骨（甜咸味）、脆皮鳜鱼条（甜酸味）、水煮大鳝片（麻辣味）、西芹炒百合（咸鲜味）、韭菜莴笋丝（咸鲜味）、扁尖炖乌鸡（咸鲜味）。

四味果点：三鲜春卷（咸鲜味）、锦绣八宝饭（香甜味）、莲枣炖雪耳（鲜甜味）、时令鲜果盘（鲜甜味）。

这种节律美感使人感觉到韵味悠长，它是由生理引起，而后才反映到心理、精神方面。举行筵席，尤应以味的节律为尚，以适应宴者的生理和心理需求，最终给人以美妙的享受。

5. 调味的变化美

凡调和饮食滋味，必须适合时令、环境、对象的外在变化，应因人、因事、因物而异，传统调味理论已说理十分清晰。人们的口味往往随外在的变化而有所改变，我国古代的烹饪调味早就注意到这一调味的外在规律。

调味因人而变化，即各人的口味要求也不尽相同，口味由于体质、职业、宗教信念、环境等因素彼此大有差异。在保持菜肴风味特色的前提下，针对性地进行调味，以适应人们不同的口味需要。所谓“食无定味，适口者珍”就是这个道理。调剂之法，相物而施，还要根据原料的性质加以调味，取其长而避其短，充分显现原料特性和调味的作用，防止千篇一律。东西南北形成不同的调味特色、调味手段正基于此。

中国菜享有“一菜一味，百菜百味，注重变化”的美誉。调味中甜、酸、苦、辣、咸五味调和，就像画家三原色能调出富有感染力的各种色彩，如同作曲家由音符演绎出美妙的乐曲一样，不同调味品及其数量，经过适当的组合，就形成各种不同的复合味。我国复合味的变化之多、种类之广在世界上是独一无二的。譬如，咸甜味、酸甜味、甜酸味、鲜咸味、咸香味、香辣味、酸辣味、麻辣味、鱼香味、怪味、荔枝味、椒盐味以及五香盐、沙茶酱、香辣酱、姜汁醋、柱侯酱等丰富多彩，变化无穷。

由盐水虾到油爆虾再到茄汁虾、蒜蓉虾，这是菜肴调味的变化之美；从白斩鸡、卤鸡到香酥鸡、油淋鸡，这都是调味变化所产生的结果。糖醋汁加上辣椒酱，就形成了“甜辣酱”；酸梅酱加红辣椒酱就成了“椒梅酱”；豆豉与红油、辣椒酱、苹果酱、花生酱组合就成了“辣甜豆豉酱”。如四川名菜“棒棒鸡丝”调味料的配制是独树一帜的：芝麻酱5克、红辣椒油10克、白糖3克、醋2克、口蘑酱油25克、花椒粉2克、葱丝10克、芝麻油2克、味精1克调制成味汁，淋在煮熟的鸡丝上即成。[1]品尝此菜，甜、酸、麻、辣、香、咸、鲜多味聚集，不同味道的交叉变化，给人一种爽而厚的美感。

调味的变化美还在于把握调味的轻重之别。同样一个菜可以根据不同人、不同原料在口味的层级方面形成变化。在中国菜肴的调味中，不同的味型差异明显，而同是一种味型还有浓淡之分，轻重之别。即在同一类味型中注意变化的美感。比如甜酸味和酸甜味，虽然调料品种使用相同，但数量配比不同而形成两种味型，在口味差异上就十分明显。甜酸味是甜中带酸，稍有咸味；而酸甜味是上门酸、收口甜、稍有咸味。另外同是糖醋的甜酸味，又有重糖醋和轻糖醋之异，如"糖醋鱼"为重糖醋，甜酸味浓烈而甜香，而江苏菜中的"五柳鱼"则为轻糖醋，糖醋用料降了一半，甜酸味轻淡，菜肴带有鲜香，其口味的差异是十分明显的。在调制中，"甜味"可利用白糖、红糖、冰糖，还可以利用饴糖、蜂蜜等，"酸味"可利用黑醋、白醋、番茄酱，还可以用柠檬汁等，这些不同的调味品可以调制出变化多端、不同口味的"糖醋汁"。这是调味的变化美形成的特色。再如川菜中的辣味，有的用干辣椒，辣得呛口；有的用泡辣椒，辣得爽口；有的用辣椒面，则辣得麻口。这就形成了口味上的各种微妙差异。各味之间层次清楚，注重变化，不雷同，在一个整体中，是大同而小不同，目的是突出菜肴之间的变化之美。

中国套餐和筵席菜的组配除注重调味的节律美之外，菜品的变化美也是其基本的手段，否则菜肴口味单一，整桌菜肴就显得平平淡淡，激不起客人的兴趣，那肯定是很难成功的。筵席菜单中菜肴之所以能够吸引人，即是在菜单的配制方面除了搭配不同的荤素原料，更重要的是合理配制各种菜肴的味型，根据消费者的口味要求，按照先清淡后浓厚、高低起伏错落有致、多种味型的协调配合等原理进行配置菜品，给客人产生味美的感受。纵观全国饭店的筵席菜单的设计，有一定水平的厨师都要考虑到这一点。因为，只有调味的变化美才能展现饭店筵席菜肴的特色和厨师的技术功底。

6．调味的新奇美

大多数客人是追逐创新菜肴和奇特美味的，而善于调味、追求新奇是中国烹饪的一种艺术表现。正如《淮南子·原道训》中所说："味之和不过五，而五味之化，不可胜尝也。"[2]这里道出了调味技术的丰富和新奇味的不断涌现与创新。追求新是人的天性。在审美中，美常常与新奇联系在一起。在饮食中，新和奇的

① 四川省蔬菜饮食服务公司．中国名菜谱．四川风味［M］．北京：中国财政经济出版社，1991：112.

②（西汉）刘安．淮南子［M］．南京．江苏古籍出版社，2009．15.

食物与调味能引起人们更大的兴趣和更多的味觉美感。吃惯家常菜肴的人偶尔尝到饭店的菜肴会难以忘怀；旅游者总会在异地的传统食品和风味小吃中获得味觉的满足，留下美好的印象；外国朋友在品尝风味独特的中餐时，会表现出极大的兴趣。追求新奇的饮食心理使创新品种和创新味型总是分外受人欢迎。

古今利用调味出新出奇的菜品是相当丰富的。在宋代林洪所撰的《山家清供》中有一只“酿菜”是相当精彩的，不仅口味新，造型也很奇异，此菜叫“蟹酿橙”，其制法是：“橙用黄熟大者，截顶，剜去穰，留少液，以蟹膏肉实其内，仍以带枝顶覆之，入小甑，用酒、醋、水蒸熟，用醋、盐供食，香而鲜，使人有新酒、菊花、香橙、螃蟹之兴。”[①]此菜肴的制作是颇具匠心的，其调味手段通过多种单一味烹制，加之跟碟之调料佐食，在品尝时，其味无穷，别具一格。

蟹酿橙

改革开放以来，从西方陆续引进了一系列调味品，国内食品厂家又不断研制、生产了许多复合调味品，这为调味的组合、变化、创新提供了很好的条件，如近些年来我国调味品市场不断出现新的调味酱、汁，酱类如复合奇妙酱、椒梅酱、辣甜豆豉酱、XO海鲜辣酱、红烧酱、甜辣酱、复合橙汁、OK酱；汁类如鲜皇汁、豉蚝汁、西柠汁、黑椒酱、沙嗲酱、柱侯酱、煎封汁、香橙汁、烧味汁、叉烧汁、鲍鱼汁等等，为菜品创新开辟了广阔的途径。这些研制出来的新味酱、汁，还可以进一步地组合调配，创新、开发出一系列的新型复合味型菜肴。

厨师在烹调实践中创制出来的新味型，都在不断地得到大众认可和接受。如蒜椒味、藿香味、青花椒味等作为新的味型也被一部分人认可。这些新味型的菜品风味独特，使用的调味料也与以往有所不同，如蒜椒味的主要调味品是干花椒、青花椒、蒜、葱、盐、香油、味精等，成菜风格是咸鲜椒麻、蒜香浓郁；而藿香味和青花椒味则分别用藿香和青花椒调制而成，都有其非常独特的风味。

如传统菜“生炒甲鱼”，在袁枚的《随园食单》中记曰：“将甲鱼去骨，用麻油炮炒之，加秋油一杯、鸡汁一杯。”[②]20世纪末，南京的厨师对其进行了改

① （宋）林洪．山家清供［M］．北京．中华书局，2013．89.

② （清）袁枚．随园食单．续修四库全书（第一一一五册）［M］．上海：上海古籍出版社，1996：676.

良，在保持南京风味的基础上，适当加入一些蚝油，起锅时再加黑胡椒末煸炒，其风味更加醇美、独特。北京某饭店研制的“虾镶豆腐”一菜，是在江苏菜“镜箱豆腐”的基础上采用多种味道的组合而创制的新品，口味上将甜、酸、微辣与豆豉、甜酱组合成全新的美味。而上海传统菜“鸡骨酱”，一般做法是在鸡块煸炒后加上酱油和糖，如今的上海厨师在调味中加入适量的李锦记骨酱，同时适当减少原有酱油和糖的用量，这样可使鸡骨酱的美味更加诱人。四川一酒店的厨师，利用市场上所售的柱侯酱、海鲜酱、蚝油、红曲米等产品调制出一种复合味卤汁，再用它制作酱猪手，成品风味独特，在市场上非常受欢迎。

新奇的美味带给人们的是全新的菜品，这是餐饮企业吸引客人的较好手段。历代的烹调师在继承传统菜肴调味的基础上，不断地研制、组配和追寻新的调味品和复合味，许多厨师在为自己的创新菜、拿手菜和特有的秘制味型在苦苦求索，都希冀能成为餐饮市场的佼佼者并为此发奋努力着、探寻着。

（二）中国菜调味的求变与出新思路

中国菜肴调味技术的高超，不仅仅是滋味鲜美，还在于不断地求新求变，调制出许多独特的风味菜肴。菜肴烹制的变化，首先是具有食物原料和调味品。高明的烹调师必须掌握各种调味品的有关知识，并善于适度把握，五味调和，才能创制出美味可口的佳肴。一款新菜品的成功，很大一部分也取决于调味品的利用与合理的调制。

1. 分辨调味料的不同之味、变化之味

熟悉了解调味品，是形成菜肴风味多姿多彩的重要一环。利用调味的变化与出新，首先要熟识调料的不同之味和风格特色，了解调味品调和之间的口味变化以及产生的效果。在使用中，根据不同的调味品合理地组合与调配，可以将原始调味品、粉末调味品、油状调味品、酿造调味品、复合调味品、西式调味品依据菜肴的要求进行巧妙的变化利用。五味之变，风味无穷。比如说，利用香茅、沙姜、藿香、薄荷、辣根、莳萝、紫苏、草果、刺柏等自然香料的风格特色，与不同酱、汁的口感特色和其他调料配合后会产生什么样的口味等，需要有见地的调试才能出奇制胜。如调料“复合奇妙酱”，它是由卡夫奇妙酱与花生酱、番茄沙司、山楂片、黄油、辣椒油、甜酒酿等组合而成的。这种香、酸、甜、微辣的“奇妙酱”可使人们的佐餐增添特殊的风味。

除传统调味品以外，我国调味品市场上的海鲜汁、佐蟹汁、麻辣汁、豉油鸡汁、蒸鱼鸡汁、苏梅酱、樱桃酱、山楂酱、辣椒酱、海鲜酱、捞面酱、色拉酱、蒜蓉酱、炝拌酱、甜辣酱、辣甜豆豉酱、蒸鱼豉油等，这些调味品在烹饪中的应用已经越来越广泛，而经过相互的配合、兑制成新的调味酱汁，将是菜肴调味变化出新的常用方法。①

2. 合理调配新味型为菜肴翻新服务

调味工艺是对食物主、辅原料固有口味进行改良、重组、优化的过程。菜肴的味型都是不同的调味品组合而成的，多种调味品的混合运用，可以生成不同特色的风味味型。把各种单一的调味品和复合调味品混合在一起使用，能够使菜肴产生各种复杂的滋味，不再局限于简单的口味，使菜肴的口味更趋于多样化。“冰糖扒蹄”首先表现的是冰糖味特色，而不是猪蹄本身；“樟茶鸭子”是樟茶香味特色，而不是鸭子本身。②调味品的质量和品种是影响菜肴风味发展的关键。千百年来，如果没有四川的豆瓣辣酱，没有泡辣椒和花椒，川菜风味将不再麻辣鲜香；如果没有甜面酱和大葱，北京烤鸭的风味将荡然无存！当然，不同调味品的质量对菜肴风味特色显现其差别也是不言而喻的。

原料固有的原味叫基本味，一般有酸、甜、苦、辣、咸、香、麻、鲜八大类基本类型，这是最常见的八大类基本味，而每一类基本味中都有许多不同的调味料，每一种调味料之间存在着味质的差异性，这就构成了味觉的丰富性。运用调味品调配新味，与绘画色彩中原色原理相似，调味以八原味为基础，将两个以上的基本味相加可以产生无穷多的复合味，这就可以研究和调制出各不相同的调味酱汁和味型。复合味的口感是丰富多变的，当多种呈味物质同时入口，味觉的敏感度因味蕾分布和数量的不同而不同。味蕾对不同味素强弱感受构成了具有层次性、程序性，具有浓淡节奏的复合式味觉快感，这就是多种调味料、调味方法的灵活调制而产生的“味中有味”、越嚼越有味的感觉。利用调制出的新酱汁可以制作出丰富多彩的新菜肴。这里介绍流行的调味酱汁两例。

虾米四喜酱配方：虾米50克，海鲜酱75克，柱侯酱60克，花生酱50克，芝麻酱40克，阳江豆豉65克，干姜粉5克，玫瑰露酒15克，白糖45克，叉烧粒45克，肥肉粒30克，青椒粒25克，冬笋粒35克，植物油85克，美美椒3克，文蛤精10克，蒜蓉12克，黄酒25克，鲜汤200克。制作：用黄酒将虾米浸软并切碎；将豆豉剁成末，起小油锅将虾米、豆豉和蒜蓉煸香至松软，再加入叉烧粒等四种粒料炒匀，下海鲜酱等四种酱料炒香，最后加其余配料炒匀成黏稠状即可。

沙茶咖喱汁配方：沙茶酱185克，海鲜酱150克，油咖喱175克，花生酱75克，喼汁110克，蒜泥110克，洋葱末75克，精盐20克，鸡精10克，红椒油100克，白糖25克，植物油110克，鲜汤1200克。制作：将蒜泥、洋葱末用植物油煸香，

① 邵万宽. 调味料配制与菜肴创新的研究［J］. 中国调味品，2013（11）：98-102.

② 陈苏华. 中国烹饪工艺学［M］. 上海：上海文化出版社，2006：125.

下红油与沙茶酱、油咖喱与海鲜酱煸散起香，花生酱用200克鲜汤调开下锅煮沸，将其余各料投下调匀熬制成酱汁即可。

3. 调味品的组合与变化出新

有了调味品和调味酱汁，人们就可以烹制出丰富多样的美味佳肴。在菜肴制作中，只要善于了解、研究和配制不同的调味品，创新菜肴就较容易制作而成。如“椒豉鸡球”，是在“清炒鸡球”中加进了苏梅酱、蒜蓉豆豉酱，口感酸甜鲜香微辣，使口味发生了新的变化；“香辣牛腩”，是在传统烧牛腩中加进一定量的蒜蓉辣椒酱，并以老抽调色，使菜肴肉质嫩滑，颜色鲜艳；“孜然甲鱼”，在剁成块状的甲鱼烹熟后，撒上孜然味料翻炒而成，其口感独特，孜然味香；“OK蒜蓉鸭柳”，用OK汁、甜辣酱、姜葱、生抽等调理，具有香辣而微酸的风味；“蒜珠瑶柱脯”，用瑶柱的鲜、蒜子的香一起烹制，以蚝油、豉油鸡汁、胡椒粉等烹味，色泽金黄，鲜咸微甜，蒜香浓郁，酥软滑口，是港、沪名肴。拥有了新的调料，调配出新的味型后，就可创制出许多与众不同、独树一帜的新潮菜品。

（1）一味百菜法　事厨者调制好某一味型之后，即可烹制出同一味型的不同菜肴。以香糟（油）、香醋、喼汁等调配的“香糟汁”为例，依据此味汁，用什么料就可以烹制出香糟味型的菜，如香糟鱼片、香糟鸡柳、香糟鸭掌、香糟猪爪、香糟蹄筋、糟熘鱼片、糟熘腰穗、香糟藕片……都是可以如法炮制的。香糟具有增香、调香、去腥、除膻的作用，还可以提鲜开胃，促进食欲。其他如糖醋汁、酸甜汁、豉油汁等味也可以照此办理。但需要注意一点，一定要按照每种味型的风味特点去调制，掌握好不同调味汁的调料比例关系，根据冷菜、热菜的不同特点，就可以调制出各具特色的风味菜品。

柱侯酱是广东佛山调味品厂根据100多年前的梁柱侯师傅的研究配方而生产的调味品。当这一产品问世后，各种柱侯菜品并应运而生。利用柱侯酱掺入不同的调味品还可以调出不同风味的柱侯酱汁。如制作的菜品有柱侯鳗鱼球、柱侯瓿肥鹅、柱侯鸡柳、柱侯烧鸭、柱侯炖牛腩等。

（2）一料百味法　即使固定了某一种原料，而去变换不同的调味品，也可创制出一系列新创品种。若以“土豆”为主料变换调料来开发菜品，可以制成彩椒土豆丝、椒盐土豆、咖喱土豆、酸辣土豆、土豆烧肉、烤土豆球、奶香焗土豆、土豆炒肉片、土豆焗鸡块、奶油土豆条、葱油土豆泥、三鲜土豆汤……只要把调味品变换一下，还可以调制出许多品种。如酸辣汁、沙嗲汁、鱼香汁、蚝油汁、腐乳汁、豆豉汁等都可以烹制出“土豆菜肴”，其他鸡鱼肉蛋、瓜果蔬菜只要变化不同调料，都可以调制出不同风味的系列菜品。

近年来，各式排骨菜成了宴席上的时令菜品，诸如“蒜香骨”“酱香骨”“卤水骨”等。“酱香咖喱骨”即是采用变换调料的方法，利用咖喱粉、海鲜酱、沙茶酱、花生酱等一起配制的复合味，使排骨入味而成。多重味的复合，突出咖喱的特殊风味，使普通的排骨菜，变得芳香诱人。而“香槟红糟排骨”，是嫁接红糟、香槟酒等调料与排骨共烹，此菜略带甜味，有香槟、糟香风味，这是新式海派、苏菜味。

利用通脊肉批片成长方形，加调料腌制后卷起成肉卷（稍用粉糊黏粘），经过油炸后，可制成各种不同味型的肉卷菜。肉片用盐、胡椒粉、葱姜汁腌渍后卷起直接放油锅中炸制，称“香酥肉卷”，用麻辣味腌渍肉片卷起炸叫“麻辣肉卷”，用柱侯酱腌渍叫“柱侯肉卷”，用OK酱腌渍叫“OK肉卷”，用沙茶酱腌渍叫“沙茶肉卷”，用XO酱腌渍叫“XO酱炸肉卷”，等等。肉卷通过不同味型的制作，使菜肴味美成新，风味各异。

（3）换味更新法　丰富多彩的传统菜肴只要考虑在口味上翻新，变换不同的调味品，就能产生特殊的效果。“十三香龙虾”“麦香龙虾”是模仿“红烧龙虾”的制作方法而创制的，“红烧龙虾”是加盐、糖、酱油、葱姜等烹制而成，“十三香龙虾”是烧制中加入十三香调料，“麦香龙虾”（或叫奶油焗虾）是龙虾放在有浓汤、鲜奶、香料等的汤中煮熟，取出晾干后涂上奶油，入烤箱烘烤，其口感是干爽、鲜嫩、奶香浓郁。由“盐水虾”到“椒盐虾”再到“XO酱焗大虾”，都是由改变调味品创制而成的。南京的“生炒甲鱼”一菜，就是在保持淮扬风味的基础上，稍加一些蚝油，起锅时再加少许黑胡椒，其风味更加醇美、独特。如前所述，四川一酒店的厨师，用市售柱侯酱、海鲜酱、蚝油、红曲米等调制出一种复合味卤汁，再用它制作酱猪手，成品风味独特，非常受欢迎。

凤爪菜是许多人十分钟爱的品种，从传统的红烧凤爪、糟香凤爪、水晶凤爪到潮汕的卤水凤爪以及走红的芥末凤爪、泡椒凤爪等等，其口味不断变换和翻新，又体现了凤爪菜的筋道滑爽的风味特色。潮汕正宗的卤水凤爪以卤水、丁香、大料、桂皮、甘草、陈皮、大茴、小茴、花椒、沙姜、罗汉果、玫瑰露等原料配制而成，食之使人唇齿留香，回味无穷。芥末凤爪以芥末粉为底料，与精盐、酱油、味精、醋、白糖、麻油、高汤调成咸味汁，食之质地软嫩，芥末香浓。

在全国各地的菜品制作中，利用调料变化创新层出不穷。“沙嗲炒牛蛙”，运用沙嗲酱、花生酱、南乳汁与番茄酱、辣椒末调制，口味鲜咸微甜、轻辣。“梅椒蒜子虾”，以酸梅、红椒、蒜子和梅子汁治味，其口感酸中带辣。“鲜皇红斑鱼”，以鲜皇汁、虾油卤、喼汁、鱼露、生抽等一起烹制，鲜淡滑爽、清香怡人，滋味新颖。

第四章

中国人写的食谱

食谱，又称菜谱。它是介绍菜肴、面点食物调配和制作方法的书籍。它是一个地区、一个国家、一个时代吃出来的文化认同，具有明显的时代性和地域性。正如中国人喜爱用炒、蒸的方法烹制食物，西方人爱用煎、扒的方法加热食物，东南亚人喜用咖喱调味食物；西北地区的人爱吃手把肉，西南地区的人喜爱糯米粑粑，江南人爱做清蒸鱼，东北人爱吃白菜炖粉条，等等。食谱文化，体现的是不同地区群体饮食消费的文化认同点。现代如此，古代更是如此。

中国古代的食谱文化，一向依靠王公贵族的特权、富商大贾的金钱和百姓提供的食料通过各地庖厨的制作以及文人和官宦的撰写使其丰富和完善。从地域来看，地区越是富庶，烹饪文化就越是发达，食谱的编录也就越是多样。从遗留下来的古代食谱来看正说明了这些道理。

隨園食單序
詩人美周公而曰籩豆有踐惡凡伯而曰彼疏斯稗古
之於飲食也若是重乎他若易稱鼎亨書稱鹽梅鄉黨
內則瑣瑣言之孟子雖賤飲食之人而又言飢渴未能
得飲食之正可見凡事須求一是處都非易言中庸曰
人莫不飲食也鮮能知味也典論曰一世長者知居處
三世長者知服食古人進鬐離肺皆有法焉未嘗苟且
子與人歌而善必使反之而後和之聖人于一藝之微
其善取于人也如是余雅慕此旨每食于某氏而飽必
使家廚往彼灶觚執弟子之禮四十年來頗集眾美有
學就者有十分中得六七者有僅得二三者亦有竟失

（清）袁枚《随园食单》书影

一、我国现存古代食谱的编写情况

在我国古代，上下几千年，有关谈论饮食的书籍不计其数，但真正算是食谱类的书并且能保存下来的还真是屈指可数。有所谓的百科全书式的日用手册书籍，如《居家必用事类全集》等；有以养生食疗为主旨的书籍，如《饮膳正要》等；有以饮膳为内容的书籍，如《食宪鸿秘》等。有的书籍是记载地方民俗的，只有零星的饮食内容；还有的是笔记性质的书籍，虽算不上是真正的食谱，但其中也编录了不少菜品的制作情况。称得上“食谱”的应该有原材料（数量）、制作方法（包括成菜特点）。这里主要针对我国现存的古代食谱作一分析研究，旨在探讨它的特色及其文化价值。[①]

（一）古代食谱是文人和官宦们编写的

在检索我国古代食谱书籍时，不难发现一个现象，即古代的食谱几乎都是不同时期的文人和官宦编写而成的。如北魏的贾思勰撰写的农学著作《齐民要术》，其中有两卷二十六篇是“饮食谱”。其人曾做过高阳郡（今山东境内）太守，此两卷食谱记载了当时黄河流域食品制造情况，是我国及世界上被完整地保存下来的最早的一部杰出的农学和食品学著作，较早地记载了冬、夏季节发酵面制作的不同比例，展现了我国北魏时期饮食制造和烹调技术的成就。

元代的忽思慧，在仁宗延祐年间就被选任掌管皇帝饮食保健工作的“饮膳太医”，并在此期间撰写了《饮膳正要》。全书共分三卷，从皇帝所用的珍馐异馔到民间的日常蔬食淡饭都有所述，是一部十分丰富的面粥菜点制作与饮食养生类书。元代的倪瓒是江苏无锡人，其家豪富，他本人既是一个大地主兼大商人，也是流传画史的元末四画家之一，作品多用水墨作成，以描绘江南景色为擅长。他编著的《云林堂饮食制度集》，记载约50种菜点、饮料的制法。元明之际的韩奕为苏州人，其父韩凝精通医理，韩奕将其医术继承了下来。当时的郡守邀其做官，他始终不肯。其编著的《易牙遗意》记载了150多种调料、饮料、菜肴、面点、蜜饯等。

明代的宋诩，对食品与烹调比较迷恋，他编撰的《宋氏养生部》菜点品种繁多。关于他生平情况后世几乎没有什么记载，仅从该书的自序中可见一鳞半爪：宋家世居江苏松江，宋母朱太安人（为六品官之妻的封号），幼随宋之外祖，长随宋父，是官宦后代。明代高濂撰写的《遵生八笺·饮馔服食笺》，其人浙江钱塘（今杭州）人，曾任鸿胪寺官，提倡清修养生、四时调适。计三卷十二类，共253方。

清代的朱彝尊，康熙十八年举博学鸿词，授翰林院检讨。他的诗词均负盛名。撰写的《食宪鸿秘》共记载了400多种菜肴、面点、调料、饮料、果品、花卉，内容相当丰富。清代的袁枚，12岁为县学生，旋为进士，为翰林院庶吉士，出任溧水、江浦、沭阳、江宁等地知县，是清代著名的文学家。他撰著的《随园食单》是我国清代一部系统地论述烹饪技术和南北菜点的重要著作。清代四川名人李化楠撰写的饮食手稿《醒园录》，其人为乾隆时期的进士，曾任浙江

① 邵万宽. 对我国现存古代食谱编写情况的研究［J］. 农业考古，2016（6）：216-220.

余姚、秀水县令。书中记载了食品加工、糕点小吃、酿造、饮料等共121种。清代宣统时翰林院侍读学士、咸安宫总裁、文渊阁校理薛宝辰，撰写的《素食说略》分为四卷，共记述了清朝末年比较流行的170余品素食的制作方法，内容丰富而多样，制法考究而易行。

除此之外，还有一些代表性的食谱，这里不一一赘述。通过检索可以断言，古代所有的食谱类书，几乎都是出自文人或官宦们之手。从这些作者的情况来看，有的是善于动手制作者，有的是美食爱好者，有的是美食记录者。大多数人是三者俱备，如袁枚、李渔等人。如美食记录者，《宋氏养生部》的撰写人宋诩，他在"序"中说，是受家母的影响较大，他跟随父母并随任在外地几个省会生活过。他的母亲，这位朱太安人是一位见多识广、多才多艺的家庭主妇，是一位善主中馈的烹饪能手，宋诩之所以能写成此书，乃得益于其母的口传心授。

在现存的许多食谱中，没有一位作者是当时的厨师、烹调者。因为古代的厨师地位低下，又没有文化，他们只能干苦力，靠手艺吃饭，根本没有能力去写什么食谱。古代的食谱只有靠那些对美食感兴趣的文人或官宦们，因为他们有文化、有地位，吃的地方多，并能够加以比较和品鉴。而食谱的内容主要是来自于那些为美食烹制的厨师以及对美食追求的文士、官吏和美食爱好者们。从某种角度来说，如果没有这些文人和官宦的记录，也就没有今日中国食谱之浩繁和丰富。

（二）不同历史时期的食谱编写情况

20世纪80年代初，中国商业出版社根据国务院1981年12月发出的《关于恢复古籍整理出版规划小组的通知》的精神，整理出版了《中国烹饪古籍丛刊》，这一浩大的工程，对中华民族文化的继承和发扬起到了积极的作用。这套30余种烹饪古籍是从历代浩繁的古籍中搜索整理出来的，它对专业人员的查阅和学习起到了相当积极的作用，对广大青年进行传统文化教育也有极大的重要性。

1. 北魏至宋时期的食谱

在我国早期食谱类书中，秦汉时期遗留下来的是相当少见的，有的只是零星的以简单叙说的形式出现。现存最早最完整的食谱当属北魏时期贾思勰所撰写的《齐民要术》，它是早期食谱的典型代表。该书在饮食烹饪部分（篇六十四至篇八十九）的内容中都有许多酒、酱、菜、点的制作方法和原料分量，在其26类食品制作中，食谱编写是较为详细的，有些食品还突出了不同季节的用料变化。其编写体例比较完整，制作方法叙述比较严谨，食品原材料和制作过程较为完善，并且很多菜点有较详细的数据标示，显示出那时食谱的先进性、完整性、可操作性。如“作鸡羹法：鸡一头，解，骨肉相离。切肉，琢骨，煮使熟。漉去骨。以葱头二升，枣三十枚，合煮羹一斗五升。”[①]它是我国早期饮食品制作中宝贵的文化遗产。

隋唐宋时期，我国饮食业的发展十分兴旺，各地的饮食店铺空前繁荣。但就饮食谱而言，唐代有《严龟食法》十卷、杨晔《膳夫经手录》四卷、段文昌《邹平公食宪章》、韦巨源《烧尾宴食单》、无名氏的《斫鲙书》等，这些著作大多已亡佚，仅部分内容保存下来，且没有完整的食谱模样，有的介绍原料，有的介绍产地，有的叙述性味，也有的涉及食用方法，但都比较简单。如孙思邈所著的《千金食治》，它是介绍原料食疗功能的，这不是食谱，而是对食材的论述。从所保留下来的食谱来看，所记载的内容都比较简单。我们目前能够看到的大多是后人记录下来的食单，只有一个菜名，从名称难以辨别出具体菜品的制法，有些菜单中原材料也未说明，只有根据当时的原料和制作情况进行分析和甄别。如曾任隋炀帝尚食直长的谢讽所记的《食经》，载有53种之多，它只是一个食单，现列选几种共赏：

“北齐武威王生羊脍、细供没忽羊羹、急成小餤飞鸾脍、咄嗟脍、剔缕鸡、爽酒十样卷生、龙须炙、千金碎香饼子、花折鹅糕、修羊宝卷、交加鸭脂、君子饤、越国公碎金饭、云头对炉饼、剪云析鱼羹、虞公断醒鲊、鱼羊仙料、紫龙糕、十二香点臛、春香泛汤……”[②]谢讽《食经》所记载的只是菜点名称，不是菜谱，难以详考其用料及作法。

宋代的烹饪著作比较多，可大多数已亡佚，真正留存的也不多，编写都比较简单。现存的如浦江吴氏《吴氏中馈录》、陶谷《清异录》、林洪《山家清供》、陈达叟《本心斋疏食谱》、郑望（一说郑望之）《膳夫录》、司膳内人《玉食批》等几部。如浦江吴氏的《吴氏中馈录》载录脯鲊、制蔬、甜食三个部分，共70多种菜点制作方法，都是江南民间家食之法。陈达叟的《本心斋疏食谱》是素食菜谱，所记20种素食品种。郑望的《膳夫录》记载了14种类型的食品，都是非常简单的食单、食品名。倒是有两本“随笔集”具有较高的史料价值。一是北宋陶谷的《清异录》，一是南宋林洪的《山家清供》。这两本书都不是食谱。陶谷历任翰林学士、户部侍郎、兵部侍郎、礼部尚书等，此书是杂采隋、唐至五代典故所写的一部随笔集。其中谈到果、蔬、禽、兽、鱼等内容。此书的形式多是消遣取乐的幽默文字，但它反映了丰富的历史情况，为我们提供了可贵的烹饪历史资料。林洪为浙江钱塘人，书中绝大部分内容抒写菜、羹、饭、粥、面、糕、点

①（北魏）贾思勰．齐民要术［M］．北京：中华书局，2009：838.

②（宋）陶谷．清异录［M］．上海：上海古籍出版社，2012：105-106.

的佳味雅意，选料大部分为家蔬、野菜、花果、粮米，间也有取料于禽鸟、兽畜、鱼虾的，书中记载的许多品种别出心裁，各具一格，展示了当时烹饪水平的技艺高超。如“蟹酿橙”“拔霞供”“梅花汤饼”等，为中国烹饪精湛技艺提供了可靠而翔实的资料。如《清异录》中的“玲珑牡丹鲊”：“吴越有一种玲珑牡丹鲊。以鱼叶（鱼片）鬥（拼）成牡丹状，既熟，出盎中，微红如初开牡丹。”①

在《山家清供》中有一特色的“椿根馄饨”，记曰：“刘禹锡煮樗根馄饨法：立秋前后，谓世多痢及腰痛，取樗根一大两，握捣筛，和面捻馄饨，如皂荚子大，清水煮，日空腹服十枚，并无禁忌。山家良有客。至，先供之十数，不惟有益，亦可少延早食。椿实而香，樗疎而臭，惟椿根可也。”②

隋唐宋时期留下的食谱，若与《齐民要术》中的食谱相比差别甚远。实际上这时期市场上供应的菜肴、点心是相当丰富的，从《东京梦华录》《武林旧事》的饮食市场上就可发现有成百上千的菜点品种，可真正留存下来的食谱类书却显得十分的单薄。

2. 元明清时期的食谱

进入元代，中国食谱的撰写发生了一些变化，相对比较完整，与北魏时期的《齐民要术》相近似。这可从《饮膳正要》《居家必用事类全集》《易牙遗意》中见其一斑。《饮膳正要》共分三卷，其中第一卷记录了大量的食品，在“聚珍异馔”中共记载了95款菜肴和点心。所记食谱有原料，大多数有具体数量，也有一些加工操作过程，还有食疗效用，便于人们依谱操作。如：“炙羊心：治心气惊悸，郁结不乐。羊心一个，带系桶；③咱夫兰三钱。右件，用玫瑰水一盏浸取汁，入盐少许。签子签羊心于火上炙。将咱夫兰汁徐徐涂之，汁尽为度。食之，安宁心气，令人多喜。”④

元代的《居家必用事类全集》和《易牙遗意》是这时期代表性的食谱。前者共十集，其中己集、庚集均为“饮食类”，又分为“诸品汤”“熟水类”“浆水类”“果实类”“诸酱类”“蔬食”“肉食”“回回食品”“女真食品”“湿面食品”“干面食品”“从食品”“素食”“煎酥乳酪品”“造诸粉品”“庖厨杂用”等30多类。共收录了400多种饮料、调料、乳制品、蔬菜、荤菜、糕点、面食、素食的制法。后者共二卷，分12类，其中，上卷为“醖造类”“脯鲊类”“蔬菜类”；下卷为“笼造类”“炉造类”“糕饵类”“汤饼类”“斋食类”“果实类”等，共记载了150多种调料、饮料、糕饼、面点、菜肴、蜜饯、食药的制作方法，内容非常丰

① （宋）陶谷．清异录［M］．上海：上海古籍出版社，2012：104.
② （宋）林洪．山家清供［M］．北京：中华书局，2013：36.
③ 系桶：指连结心的脉管。
④ （元）忽思慧．饮膳正要［M］．上海：上海书店，1989：34-35.

富。该书所收的食谱适应面广，其制作方法简明，有许多菜点，一看便能制作，并有一些特色的菜点品种。如“燥子蛤蜊”载曰：“用猪肉肥精相半，切着小骰子块，和些酒煮半熟。入酱，次下花椒、砂仁、葱白、盐、醋和匀，再下绿豆粉或面水调，下锅内作腻，一滚盛起。以蛤蜊先用水煮，去壳，排在汤盏子内，以燥子肉浇供。新韭、胡葱、菜心、猪腰子、笋、茭白同法。”①

明清时期的食谱书籍随着商品经济的发展逐渐地丰富起来，这是因为一些官宦、商人和土豪开始追求奢侈生活，许多有钱人讲究吃喝、饮食求奢之风不断蔓延。烹饪食谱出现了繁盛期，代表性的食谱有：《宋氏养生部》《饮食绅言》《遵生八笺》《闲情偶寄》（饮馔部）《便民图纂》《墨娥小录》《古今秘苑》《多能鄙事》《随园食单》《食宪鸿秘》《农圃便览》《醒园录》《粥谱说》《调鼎集》《乡味杂咏》《养小录》《随息居饮食谱》《中馈录》《粥谱》等等，真可谓洋洋大观，食谱名吃荟萃。

为了更详细地了解明清时期烹饪食谱编写的特点，现抄录两则不同作者所撰述的菜点制作实例于下，以供品味和鉴赏。

“冻猪肉：惟用蹄爪，挦洗甚洁。烹糜烂，去骨，取肤筋，复投清汁中，加甘草、花椒、盐、醋、桔皮丝调和。或以芼熟蕈笋，或和以芼熟甜白莱菔，并汁冻之。”②

“内府玫瑰火饼：面一斤、香油四两、白糖四两（热水化开）和匀，作饼。用制就玫瑰糖加胡桃白仁、榛松瓜子仁、杏仁（煮七次，去皮尖）、薄荷及小茴香末擦匀作馅。两面粘芝麻熯熟。”③

上面列举了不同烹饪书籍中的菜点制作情况，依据上面的食谱介绍，稍微有点技术的人都可以制作出相应的品种。这比前代的食谱编写要详细得多。但这些烹饪食谱也不是所有的品种都那么清晰地说明制作方法，不少品种也还是与过去一样，笼统地说明，有的还十分简单。但总体来讲，食谱类书的编写出版比前代是前进了一大步。

（三）对现存古代食谱编写情况分析

在收集整理我国现存的古代食谱中，可以发现古代食谱有两大重要的丰碑。一是北魏时期贾思勰撰写的《齐民要术》，保存了公元6世纪前期烹调业、食品

① （元）韩奕．易牙遗意．续修四库全书（第一一一五册）［M］．上海：上海古籍出版社，1996：627.

② （明）宋诩．宋氏养生部［M］．北京：中国商业出版社，1989：99-100.

③ （清）朱彝尊．食宪鸿秘［M］．上海：上海古籍出版社，1990：50.

制造业的基本成果。它不仅是一部影响深远的农学书，许多佚失的烹调技艺都可以在该书中找到，对烹调与菜点的记载较为详细，并记录下许多食品制作的数据，具有较高的历史价值和文化价值。二是清代前期袁枚的《随园食单》，它不仅仅是一部食单、食谱，而且有烹饪理论的系统论述，对烹调操作的具体要求，所收菜点是自己游历江苏、浙江、广东、山东、安徽、江西、东北等地品尝和品鉴过的品种，并对326种南北菜点食谱的特色进行品评。这两部书称得上是中国食谱文化的两座丰碑，代表了古代不同时期的最高水平。

1. 现存的古籍资料保存了许多亡失的食谱与食单

在我国浩瀚的古籍中，有许多饮食与烹饪类的古籍资料，但在漫漫的历史长河中由于多种原因，许多的资料都亡失了。在现存的资料中由于相互的摘录或转引，也记载和保存了许多亡失的书籍。如《齐民要术》记载了已亡失的《食经》《食次》以及《氾胜之书》《四民月令》等相关内容。如在该书卷九中引录《食经》的内容就有“作麦酱法”“作豉法”“作芥酱法”“作蒲鲊法”“作芋子酸臛法”“白菹”“豉丸炙法”“啖炙”“作饼酵法”“粟黍法”“面饭法”“蘘菹法”“藏瓜法”“饴法”等13处之多。《食次》被引录的有“苞牒法”“粲”“糉”“葱韭羹法”等6处。

在《清异录》中也记载和保存了隋代谢讽的《食经》和唐代韦巨源《烧尾食单》等，这是我们今天所能看到的隋、唐两代宫廷、官府筵席唯一较为齐全的食单了。

2. 食谱的相互摘编、转录现象突出

中国各地的食谱花样繁多，除各地区的一些特色制作以外，大多数的食谱书中菜点品种雷同的元素比较多，同样一个菜，多本书有载。这有两种情况，一种是同样的菜名，有不同的制作方法；另一种是同样的菜品相互摘编、转录的现象。

宋代郑望的《膳夫录》中的“八珍”就是辑录的《礼记》中的“八珍”，好几个菜品都是记录其他书中的内容，如“五生盘”“王母饭”等，都是唐代《烧尾食单》中所记录的。

《居家必用事类全集》中的菜点品种，也被后来成书的《多能鄙事》《饮馔服食笺》转录了大量的饮料、菜点品种。直至清代，该书中所收录菜点仍然被一些菜谱所转引。

从内容上看，《易牙遗意》《遵生八笺·饮馔服食笺》中尽管有相当数量的菜点具有独创性，但也有不少菜点是从宋代浦江吴氏的《吴氏中馈录》中转引的。此外，其后高濂所撰的《遵生八笺·饮馔服食笺》中，又转引了不少《易牙遗意》中菜点的品种。而后人朱彝尊《食宪鸿秘》、顾仲《养小录》中的不少条目又是从《遵生八笺·饮馔服食笺》中移过去的。

顾仲在《养小录》的“序”中表明了读书、撰写该书之过程：康熙戊寅年（1698年），在游中州之时，从杨子健家中借得其先世所辑《食宪》一书，“……得以借录。其间杂乱者重订，重复者从删，讹者改正，集古旁引，无须食经者置弗录，录其十之五，而增以己所见闻十之三，因易其名曰《养小录》。”[①]从序文中说明，《养小录》的成书，是因为借录了杨子健家先世所辑之《食宪》一书，再加增删而成的。现将两书拿来比较，《养小录》的体例与《食宪鸿秘》相似，其中的菜点品种也较相似，只是数量少一些。但也正如顾氏所言，也增加了一些新的菜点内容。在这时期的烹饪书籍，由于许多文人士大夫都热衷于编撰烹饪食谱，这一方面扩大了这类饮馔书籍的社会影响，但另一方面互相辑录，书中雷同的内容也比较多，《养小录》收集《食宪》，《调鼎集》也转录了《随园食单》中的许多食谱，如焦鸡、白片肉、醋搂鱼几乎一字不漏的雷同。

3. 食谱的真实记录与真假谬误的并存

在我国丰富的食谱类书中，许多菜点都是人们亲自制作和品尝的品种。那些文人和官商把他们所食用的菜点如实地记录下来，《随园食单》就是这样记载了袁枚自己几十年来喜欢吃的各式菜点。许多史料笔记中也常常真实地记录了一些民间烹饪能手制作的美味佳肴，在乡间、坊间周围影响着、传颂着。如清代史料笔记《乡言解颐》记载：“王达斋襟丈家之粱五妇，善炙肉不用叉烤，釜中安铁叏，置硬肋肉于上，用文火先炙里，使油膏走入皮肉，以酥为上，脆次之，硬斯下矣。蟹肉炒面亦佳。芮宣臣明经家之高立妇，善煨肉，大约硬短肋肉五斤，切十块，置釜中，加酒料酱汤，以盎覆之。火先武后文，一炷香为度，色香味俱佳，不但熟烂也。……林亭有红白事家，日至数十席，惟王姓厨父子兄弟三四人，同力合作，绰有余裕。其时席面用四大碗、四七寸盘、四中碗，谓之四大八小。所用不过鸡豚鱼蔬，而必整必熟，无生吞活剥之弊，亦属能手。”[②]

古代的食谱留下了许多时代的烙印，如元明清时期的食谱中有吃野兽的记载。在元代《饮膳正要》中记载大汗们的食谱有炒狼汤、狐肉汤、熊肉羹之类的菜品珍馐；明代的《宋氏养生部》记录了食用狼、狐、虎肉、豹肉的食谱；清代王士雄的《随息居饮食谱》介绍了虎肉、豹肉、熊肉、象肉、狸肉、狼肉等野兽原料的特点，其味虽不佳，肉也粗糙，却介绍了它们的饮食效用。远古的遗风在有些地区还零星的保留着，但在大多数食谱中已不见其踪影。

在尚存的古代食谱中，也有的食谱是胡编乱写的，有的作者本身不会烹调，听别人交口相传，甚至以讹传讹，或者对某一菜点只了解其皮毛，没有亲自操作实验过，并记录下来。有些食谱相当简单，制作过程不清；有些食谱抄录时有误，有

① （清）顾仲. 养小录. 丛书集成初编（第一四七五册）[M]. 北京：商务印书馆，1937：8.

② （清）李光庭. 乡言解颐 [M]. 北京：中华书局，1982：43.

些食谱根本无法操作等等。正如袁枚在《随园食单》的“序”中所说：“若夫《说郛》所载饮食之书三十余种，眉公、笠翁[①]亦有陈言，曾亲试之，皆阏于鼻而蜇于口，大半陋儒附会，吾无取焉。”[②]《随园食单》是袁枚40多年亲自品尝过或由自己的厨师王小余亲自操作过的菜点，许多菜点袁枚都进行过比较，并品评出哪里口味最佳、哪里口感最好。他是一个真实的体验者、美食的品鉴者和食谱文化的开创者。

二、模糊与量化：古代食谱文化的两重特性

自古以来，中国人的饮食生产与菜肴制作都有一定的套路和规范要求，我国烹饪古籍中记载的许多食谱，都是人们在生产实践中总结而来的制作经验。古代遗存的食谱，是历代烹调师和文士们认真地探究和斟酌原料的具体使用，以期保持食品的口感和最好质量。但在研究中发现，古代不少食谱中讹误者、杂乱者众多，撰写也较粗疏；有些文字稀少，制作十分简单，这些都让人无法依样烹制。就现存的中国古代食谱而言，始终并存的是饮食调理的“模糊”与“量化”两大系列，体现了古代食谱的不同风格特色。[③]

菜品制作的模糊与量化形式的同时交互出现，特别是模糊式的菜肴占绝大多数，这就形成了我国菜肴的烹制技术不同的师傅以不同的风格和口味出现，因为许多食谱缺少具体的量化，所以食谱的记载常常以适量、少许等语词作为烹调的范式，也就是没有一个统一的数据规范，许多菜肴的制作方式基本上奉行的是大差不差、差不多就行了。千百年来人们习惯了这种模糊操作的调理方式，以此代复一代地传承着。

（一）古代食谱模糊与量化的比照

查阅我国古代的烹饪典籍，不同时期的情况略有差异，但总体来看，中国人的饮食调制和食谱编写绝大多数都是模糊化的，只有部分食谱的主辅调料是量化

① 眉公：明代文学家陈继儒，字仲醇，号眉公，华亭（今上海松江）人，著有《眉公全集》。笠翁：即清代著名作家李渔，著有《闲情偶寄》十六卷。

② （清）袁枚．随园食单．续修四库全书（第一一一五册）[M]．上海：上海古籍出版社，1996：644.

③ 邵万宽．模糊与量化：中国古代食谱文化述论 [J]．农业考古，2015（3）：219-224.

的。具体品种的量化标示主要有四种不同情况：第一类是主辅调料的数量全部量化，标明具体的分量，制作过程比较明晰；第二类是主要原料有大致分量，调料没有分量，较为笼统；第三类是主辅调料都没有分量，有简单的制作过程；第四类是只写出食谱的名称，没有过程，实际是菜单。

北魏时期的《齐民要术》是现存比较早且较为完整的食谱书。在其中两卷“食谱”的编写中，是早期食谱书籍的代表，其使用原料和制作方法都比较详细，这其中量化数据的食谱较多，模糊化的食谱也不少。

先看食谱量化的部分。如“作鱼酱法”：“大率：成鱼一斗，用黄衣三升，一升全用，二升作末。白盐二升，黄盐则苦。干姜一升，末之。橘子一合，缕切之。和令调匀，内瓮子中，泥密封，日曝。勿令漏气。”[①]“作夏月鱼鲊法”：“脔一斗，盐一升八合，精米三升，炊作饭，酒二合，橘皮、姜半合，茱萸二十颗。抑著器中。多少以此为率。”[②]“蒸鸡法”：“肥鸡一头，净治；猪肉一斤，香豉一升，盐五合，葱白半虎口，苏叶一寸围，豉汁三升。著盐，安甑中，蒸令极熟。”[③]这些制作有具体的主辅料，还有具体的调料数量，文中的“大率”、“多少以此为率”的“率”，即有“以此为标准”之意。这种量化标准的制作方式，为我国食谱的编写树立了一个很好的榜样。

再看调料模糊的部分。如“蒸猪头法”：“取生猪头，去其骨；煮一沸，刀细切，水中治之。以清酒、盐、肉蒸。皆口调和。熟，以干姜椒著上，食之。”[④]“作兔臛法”：“兔一头，断，大如枣。水三升，酒一升，木兰五分，葱三升，米一合，盐、豉、苦酒，口调其味也。”[⑤]；“作烧饼法”：“面一斗。羊肉二斤，葱白一合，豉汁及盐，熬令熟。炙之。面当令起。”[⑥]有些没有分量，如“髓饼法”：“以髓脂、蜜，合和面。厚四五分，广六七寸。便著胡饼炉中，令熟。”[⑦]这里的主配料都有具体的量化，而调料几乎是没有具体分量，让人们根据自己的口味来调制，如“皆口调和”“口调其味”“豉汁及盐”等。

隋唐时期的食谱留存下来的较少，大多数都已亡失。这时期与其说是食谱不如说是食单。如唐代韦巨源“烧尾”宴只是食单：“单笼金乳酥（是饼，但用独隔通笼，欲气隔）。曼陀样夹饼（公厅炉）。巨胜奴（酥蜜寒具）。

①（北魏）贾思勰. 齐民要术［M］. 北京：中华书局，2009：747.
②（北魏）贾思勰. 齐民要术［M］. 北京：中华书局，2009：819.
③（北魏）贾思勰. 齐民要术［M］. 北京：中华书局，2009：861.
④（北魏）贾思勰. 齐民要术［M］. 北京：中华书局，2009：864.
⑤（北魏）贾思勰. 齐民要术［M］. 北京：中华书局，2009：837.
⑥（北魏）贾思勰. 齐民要术［M］. 北京：中华书局，2009：921.
⑦（北魏）贾思勰. 齐民要术［M］. 北京：中华书局，2009：921.

婆罗门轻高面（笼蒸）。贵妃红（加味红酥）……”[①]等。段成式的《酉阳杂俎》中，介绍的鲤鲋鲊法、五色饼法、蒸饼法[②]等都是简单述说，制作较模糊。

宋代的烹饪著作大多也已亡失，现存的内容较多且具有代表性的《吴氏中馈录》有食谱75款，[③]其中数据量化的只有20个，而模糊化的食谱占73%。其余几本书内容都较少，《本心斋疏食谱》只有21款，《膳夫录》有14款，《玉食批》的内容更少，这些都不是纯粹的食谱，只是简单的随笔。

经过唐宋时期的发展，进入元代，有关食谱类书逐渐地多了起来。明清时期随着商品经济逐渐发达，这种追求饮食美味之风也带动了烹饪技术的不断发展，

从而导致食物调理与烹饪制作方面的书籍与食谱不断丰富多样，成为我国食谱编写的繁盛时期。在现存的20多种食谱书中，其编写的形式都大同小异，量化与模糊食谱交互共存。现列举几本食谱以说明：

如在元代的《居家必用事类全集》（庚集）的“肉类菜品”[④]中，共有54个（类）品种，其中主料、辅料和调料有数据的有15个，主、辅、调料部分量化的有9个，其他30个菜肴的主料、调料都没有具体分量，只是笼统地叙述。明代的《宋氏养生部》在“鳞属制”[⑤]的水产鱼类中共有46个（类）菜肴，只有1个菜肴是有具体分量的，有1个菜肴部分调料有分量，其他的全部没有。再看清代的《随园食单》，在“羽族单”[⑥]的47个菜肴中，有7道菜肴是有数据的，有9个菜肴部分主、调料有量化，其他31个菜肴也是没有数据的。上面这三本食谱基本代表了这一时期的制作情况，从其量化情况看，绝大多数的食谱都是比较模糊的。这里选两则共赏：

量化食谱，如：“灌肺”：“羊肺带心一具，洗干净，如玉叶。用生姜六两，取自然汁，如无，以干姜末二两代之，麻泥、杏泥共一盏、白面三两、豆粉二两、熟油二两，一处拌匀，入盐、肉汁。看肺大小用之。灌满，煮熟。”[⑦]

---

①（宋）陶谷. 清异录［M］. 上海：上海古籍出版社，2012：105.

②（唐）段成式. 酉阳杂俎［M］. 上海：上海古籍出版社，2012：41.

③（宋）浦江吴氏. 吴氏中馈录. 景印文渊阁四库全书（第八八一册）［M］. 台北：台湾商务印书馆，1982：405-414.

④（元）佚名. 居家必用事类全集. 续修四库全书（第一一八四册）［M］. 上海：上海古籍出版社，1996：567.

⑤（明）宋诩. 宋氏养生部［M］. 北京：中国商业出版社，1989：130-146.

⑥（清）袁枚. 随园食单. 续修四库全书（第一一一五册）［M］. 上海：上海古籍出版社，1996：667-673.

⑦（元）佚名. 居家必用事类全集. 续修四库全书（第一一八四册）［M］. 上海：上海古籍出版社，1996：574.

模糊食谱，如：“干锅蒸肉”：“用小磁钵，将肉切方块，加甜酒、秋油，装大钵内，封口，放锅内，下用文火干蒸之，以两枝香为度。不用水，秋油与酒之多寡，相肉而行，以盖满肉面为度。”①

通过对古代烹饪食谱检索，可以得出一个结论，即：我国古代的食谱撰写和菜肴制作大多是以模糊制作为主，厨师们在制作菜肴过程中大都以大概、少许、适量的情况出现，由于制作菜肴时多未有具体的量化，这就带来了厨师们制作菜肴的随意性和不稳定性。进入明清时期，尽管我国烹饪食谱大量刊刻问世，但各类食谱的编写还是缺少量化比例，而是以简约的“模糊”化方式为主要内容。

（二）对烹调食谱编写的有关认识

1. 古代士大夫对烹调食谱的要求

在古代典籍中，先民们对烹制调和也有具体的分量要求，但是比较含糊。如《周礼·天官》载：“亨人，掌共鼎镬以给水火之齐。”郑玄注：“齐，多少之量”②《周礼》中的“食医”是“掌和王之六食、六饮、六膳、百馐、百医、八珍之齐。”③《吕氏春秋·本味》曰：“调和之事，必以甘酸苦辛咸，先后多少，其齐甚微，皆有自起。”④高诱注：“齐，和分也。”齐，其本义是用禾麦吐穗上平的形象表示整齐之义。整齐是人为约束的结果，所以齐又有约束之义。规定各物的统一比例加以混合或化合也叫“齐”，就是后来的“剂”。由此可以看出，食品的调和与医药的配方在古代同名，都叫“齐”（“剂”）。⑤

可见，“齐”是一种调和规范，在传统烹调中，配方的多少叫“齐”。《周礼》中的“水火之齐”实指水量和火候的适宜量。清代训诂学家孙诒让强调：“齐即分量之法。”菜肴的分量配比合适与否，菜肴的调和五味情况，必须要掌握一个尺度。古人有具体的要求，但真正分量的多少很难见到确切的文字和说明。实际上这个“齐”也是“模糊”的，是要靠自己去把握的。

从这些论述中可以看出，古人对食谱的配方是有一定的要求的，即要掌握好一个“度”。这个“度”到底是多少？这就要看某个菜肴的情况，总之就是要掌

---

①（清）袁枚．随园食单．续修四库全书（第一一一五册）[M]．上海：上海古籍出版社，1996：660.

②（汉）郑玄注（唐）贾公彦疏．周礼注疏[M]．上海：上海古籍出版社，2010：132.

③（汉）郑玄注（唐）贾公彦疏．周礼注疏[M]．上海：上海古籍出版社，2010：151.

④（秦）吕不韦．吕氏春秋[M]．上海：上海古籍出版社，1996：210.

⑤ 陆宗达．烹饪与医药[J]．中国烹饪．1980（2）：10.

握一个范围，过犹不及，不能过咸、过甜、过辣，也不能不足和欠缺，就是要不偏不倚，中庸、适当就是好。因此，在食谱的配制方面，主配料与调料的投放就要适当，恰到好处是最好。正如袁枚所言："调剂之法，相物而施。""要使清者配清，浓者配浓，柔者配柔，刚者配刚，方有和合之妙。"[①]这种和合之妙，全在于烹饪基本功与调和之经验。

从古代食谱中可以看出，尽管有些食谱的主料有大概的分量，但调味料中的分量标示少之又少，可以断言，我国古代菜肴的调味都是以"模糊"调味的方式为主，这对以后的餐饮生产模糊化操作影响是很大的。

（明）仇英《桃李园夜宴图》（局部）

2. 模糊与量化理论的不同看法

（1）模糊论说：模糊体现的是变化之美、个性之美、技艺之美　有人认为，中国饮食观念是一种感性饮食观念，中国人重直观感悟、经验和实际感官效果。模糊论者认为，所谓"适量"，是有一个大概的范围，可由烹调人员自由发挥，还可体现不同师傅的技艺之美、不同餐厅的个性特色。正如中国烹饪的过程既有科学与理性的一面，又有情感导向与人文色彩，反映着华夏民族不同于西方民族的维护体质与思维模式，因而追求由感官而至内心的愉悦为要。这种饮食倾向与以宏观、直观、模糊及不可捉摸为显著特点的中国哲学相结合，与"中庸""阴阳五行"等思想学说相融汇，致使中国人追求和乐、

① （清）袁枚. 随园食单. 续修四库全书（第一一一五册）[M]. 上海：上海古籍出版社，1996：646.

身心兼顾的总体观念。中国人追求的是难以言状的“意境”和“只可意会不可言传”的美妙感觉，用色、香、味、形、器等可感可述可比因素将这“境界”具体化，一切以菜肴味道的美好、和谐为度，度以内的“鼎中之变”决定了中国菜的丰富和富于变化。因而中国烹饪界流行“千个师傅千个法”的宽松标准和“适口者珍”的准则，显现的是烹调技术的变化之美和个性特色之妙。这种传统思维方式使中国文化呈现出与西方绝然不同的一面，表现在传统烹调工艺各个环节与调味之关系上，形成了中国人独特的调味理念：即以个体情感为导向，这就是“齐”。正因为如此，使得随意性的模糊观念长久存在。

（2）量化论说：量化体现的是规范之美、整齐之美、速度之美　量化论者认为，模糊的烹饪调味难以把握，菜肴质量不稳定，那种感性饮食观念是非理性的，容易以自我为中心，凭个人的感觉，缺少严格的配方和规范化的操作规程，让人莫衷一是、摸不着头脑，最多只适合于小作坊生产，要花费大量的人力物力。在《建国方略》中，孙中山先生赞扬中国烹饪技术“大盛于欧美”的同时，也讲过另外一句话，中国烹饪艺术“暗合于科学卫生”，要“从科学卫生上再做功夫，以求其知，而改良进步”。[①]正因为中国烹饪的发展，长期以来没有把烹饪中的许多“暗和”变为“科学”，造成了烹饪生产过程中的随意性和模糊性，菜点的质量标准往往信奉“跟着感觉走”，操作过程取决于人的经验、审美观和心情状况。甚至在一家饭店各位厨师在制作同样一个菜品上都有差异，从而造成了烹饪生产的混乱性和菜品质量的多样性。在烹调操作中，诸如“不要太粗”“不要太咸”“不要太老”等语词，都不能给出明确的数据，给制作者带来许多不确切性；而菜肴制作有量化，可体现菜品的规格化、整齐化，更可以批量化生产，提升制作速度。

从模糊食谱的分析中不难看出，模糊的食谱让人难以把控，也很难达到应有的要求，对于没有多少烹调技术的人来说，实在是无从下手，更会出现咸淡不一，形状不同，颜色差异，最终会导致菜品质量有偏差，厨房生产处于极不稳定的状态之中。特别是原料数量的多少不好把控，这就会出现成本难以计算，若在经营上就会影响核算。如一款“酿烧鱼”，购买多大的鱼，酿入多少的肉馅，没有具体的数据规定，将会带来成本上的不准确，还会出现鱼的大与小，酿馅的饱满与瘪塌，在经营上就会出现许多不必要的麻烦，造成经营上的被动。

① 孙中山．建国方略［M］．呼和浩特：内蒙古人民出版社，2005：8.

（元）忽思慧《饮膳正要》书影

（三）模糊与量化不同调理现象分析

1. 模糊烹调与食谱分析

（1）模糊中有范围，不是糊弄　古代食谱的编制，虽然是短短几句话，但总是在一定的范围之内。如元代忽思慧《食疗方》中的“羊脏羹”：“羊肝、肚、肾、心、肺，各一具，汤洗净，牛酥一两，胡椒一两，荜拨一两，豉一合，陈皮二钱去白，良姜二钱，草果二个，葱五茎。”[①]元代韩奕《易牙遗意》中的“蒸鲥鱼”：“鲥鱼去肠不去鳞，用布拭去血水，放荡罗内，以花椒、砂仁、酱擂碎，水、酒、葱拌匀其味，和蒸之。去鳞供之。”[②]从两则食谱中可以根据其内容烹制出相应的菜肴。前者的主料没有分量，但基本已说明清楚，取一只羊的几个内脏，调料已十分清晰，制作后的口味基本不会有太多的出入。后者主辅料虽没有具体分量，但鲥鱼的加工和所放的调料也已清楚，调料的多少根据自己的需要投放，其风味也不会有太多的差异。

（2）模糊中有变化，因人而异　许多菜肴的制作可以因人而异，正如辣椒有干辣椒、泡辣椒、辣椒酱、朝天椒等的不同可以调制不同风格的辣味菜肴一

① （元）忽思慧. 食疗方［M］. 北京：中国商业出版社，1985：133.

② （元）韩奕. 易牙遗意. 续修四库全书（第一一一五册）［M］. 上海：上海古籍出版社，1996：627.

样。有了具体的量化数据，菜肴就已经定格了，不可改变了。古籍食谱中的撰写，尽管较为粗犷，但可以据此依照自己的口味变化。如《随园食单》中“猪里肉”：“尝在扬州谢蕴山太守席上食而甘之。云以里肉切片，用纤粉团成小把入虾汤中，加香蕈、紫菜清煨，一熟便起。”[①]此菜实际是“清煨里脊片”，这里用虾汤煨，是自家的喜好，有自己的特色。《食宪鸿秘》中的“辣汤丝”：“熟肉，切细丝，入麻菇、鲜笋、海蜇等丝同煮。临起，多浇芥辣。亦可用水粉。”[②]这里熟肉与三种料丝同烹，其量多少可以自定，用芥辣多少还是用水粉制作可以自由选用，但菜肴的基本制法都有一个大概的框框，还可以自由变化创新。

（3）模糊中有随意，酌情把握　每一个厨师、每一店制作菜肴都有自己的习惯，模糊的食谱中给出一个大概的范围，让人根据自己的需求来把握。再说古代厨师又没有多少文化，只能凭借自己的技术和经验，在烹制菜肴时大多是酌情把握。另外，文士们编写食谱也不会个个去试验称量。如《易牙遗意》中的“川猪头”：“猪头先以水煮熟，切作条子，用沙糖、花椒、砂仁、酱拌匀，重汤蒸顿。”[③]这里“条子”的大与小没有交待，调料的数量没有说明，只靠自己去把控，因基本原料已清楚，就在于自己的控制。《居家必用事类全集》中的“酿烧鱼”更为简单，“鲫鱼大者，肚脊批开，洗净。酿打拌肉。杖夹烧熟供。”[④]这是一道鱼腹中酿有肉馅的烧菜，相当于现在的“荷包鲫鱼”。这里只有主料和辅料，没有调料，制作看似简单，实际较为复杂，需要有一定烹饪技术的人才能完成。其口味可以根据自己的经验随意投放，只是要便于人们的食用，口味要得到食用者的认可才行。

2. 量化烹调与食谱分析

（1）秘制菜有量化，保证品质稳定　古代的一些有影响的食品都是世代传承而来，因为商业竞争的缘故，一般不外传，有些是传给自己的后代，有些是传给自己的徒弟，其他人是学不到真传的。袁枚在《随园食单》中记载了许多秘制的菜肴。如“王太守八宝豆腐”的秘方，是圣祖康熙皇帝赐给徐健庵尚书的，“尚书取方时，御膳房费一千两”[⑤]银子。此菜的配方价值连城，否则也难以得到

① （清）袁枚．随园食单．续修四库全书（第一一一五册）[M]．上海：上海古籍出版社，1996：659.

② （清）朱彝尊．食宪鸿秘[M]．上海：上海古籍出版社，1990：211.

③ （元）韩奕．易牙遗意．续修四库全书（第一一一五册）[M]．上海：上海古籍出版社，1996：627.

④ （元）佚名．居家必用事类全集[M]．续修四库全书（第一一八四册）[M]．上海：上海古籍出版社，1996：571.

⑤ （清）袁枚．随园食单．续修四库全书（第一一一五册）[M]．上海：上海古籍出版社，1996：680.

此方，这就是祖传菜肴秘制配方的价值所在。袁枚在介绍元代画家倪云林善治的鹅肴时感觉特别美味，便把自己爱吃的“云林鹅”秘法载入书中：“整鹅一只，洗净后，用盐三钱擦其腹内，塞葱一帚，填实其中，外将蜜拌酒通身满涂之；锅中一大碗酒、一大碗水蒸之；用竹箸架之，不使鹅身近水。灶内用山茅二束，缓缓烧尽为度；……柴俟其自尽，不可挑拨锅盖，用绵纸糊封，逼燥裂缝，以水润之。起锅时，不但鹅烂如泥，汤亦鲜美。以此法制鸭，美味亦同。每茅柴一束，重一斤八两。擦盐时，搀入葱椒末子，以酒和匀。”[①]这里的制作方法十分明晰，烹制的火候和加入的调料非常精细，一旦有所变化，其品质特色就难以保证，也就很难带来应有的口感效果。

（2）滋补菜有量化，保证功能效果　有关滋补类、药膳类等功能性的菜肴，为了达到滋补功能的效果，对原材料的投放要求比较高，这是不能模糊的，一般都有具体的分量。如宋代陈直的《寿亲养老新书》中记载的药膳菜品，对原料都有一定的分量要求。例“冬瓜拨刀（馎饦）”：“治产后血壅消渴，日夜不止。冬瓜（研，取汁三合）、小麦面（四两）、地黄汁（三合），上三味一处搜和。如常面，切为拨刀，先将獐肉四两细切，用无味调和煮汁，熟后，即漉去肉，取汁，下拨刀面，煮令熟，不拘多少，任意食之。”[②]这样的配方可以产生较好的效果。在元代忽思慧的《饮膳正要》中也可充分体现出来。这是一本摄食养生、防病治病的食疗食谱。其内容丰富，对后代影响较大。如“炒鹌鹑”：“鹌鹑二十个，打成事件；萝卜二个，切；姜末四两；羊尾子一个，各切如色数。面二两，作面丝。右件，用煮鹌鹑汤炒，葱、醋调和。”[③]“肉饼儿”：“精羊肉十斤，去脂膜、筋，捶为泥；哈昔泥三钱；胡椒二两；荜拨一两；芫荽末一两。右件，用盐调和匀，捻饼，入小油炸。”[④]其滋补功效都与具体的配方有关，尽量不要有所偏颇。

（3）批量菜有量化，保证口味一致　在制作数量较多时，往往需要有一定的分量比例，这样可使总体菜肴的配比和口味不受影响。《饮膳正要》中的许多食品菜肴制作由于数量大，所以绝大部分的菜品制作都有数据。如“蒲黄瓜齑”：“净羊肉十斤，煮熟，切如瓜齑；小椒一两；蒲黄半斤。右件，用细料物一两、盐同拌匀。”[⑤]“攒羊头”：“羊头五个，煮熟，攒；姜末四两；胡椒一两。右件，

---

①（清）袁枚．随园食单．续修四库全书（第一一一五册）[M]．上海：上海古籍出版社，1996：673.

②（宋）陈直．寿亲养老新书．景印文渊阁四库全书（第七三八册）[M]．台北：台湾商务印书馆，1982：413.

③（元）忽思慧．饮膳正要[M]．上海：上海书店，1989：35.

④（元）忽思慧．饮膳正要[M]．上海：上海书店，1989：37.

⑤（元）忽思慧．饮膳正要[M]．上海：上海书店，1989：38.

用好肉汤炒。葱、盐、醋调和。”[1]大批量制作的菜肴因受众面广，用餐人数多，需要把控菜肴制作的配方，以保证得到绝大多数人的认同，一旦数据变化和偏差，会带来较大的影响，产生不好的效果。

（4）特色菜有量化，保证风味诱人　古代较有名的特色菜主要是在某酒店、某官府、某家厨之中，如《红楼梦》贾府中的“茄鲞”之制，加工精致，特色鲜明。明朝人陈继儒号眉公，松江华亭人，一生著述颇丰，对饮食烹调亦颇有讲究。他烹制的“煮猪头”就很有特色，其制法是：“治净猪首，切大块，每肉一斤，椒末二分，盐、酱各二钱，将肉拌匀，每肉二斤，用酒一斤，磁盆盖密煮之（眉公制法）。”[2]袁枚《随园食单》中记载的特色菜较多，如“八宝肉”：“用肉一斤，精肥各半，白煮一二十滚，切柳叶片。小淡菜二两、鹰爪（茶叶）二两、香蕈一两、花海蜇二两、胡桃肉四个，去皮笋片四两、好火腿二两、麻油一两；将肉入锅，秋油、酒煨至五分熟，再加余物，海蜇下在最后。”[3]用8种原料烹制的肉肴，其风味口感多味组合，可谓是味中有味。

（5）风味点心有量化，保证成品特色　风味点心的制作，要达到其口感效果，主辅料的搭配比较重要，有的暄软、有的筋道、有的糯黏，都在原料的配合上。如元代的“玛瑙团”：“沙糖三斤半、白面二斤、胡桃肉十两。先用糖一斤半、水半盏和面炒熟，次用糖二斤，水一盏溶开，入前面在内再炒。候糖与面做得丸子，拌胡桃肉，搜匀作剂，切片。”[4]明代的“鸡酥饼”：“白梅肉十两，麦门冬六两，白糖一斤，紫苏六两，百药煎四两，人参二两，乌梅二两，薄荷叶四两，共为末，干草膏和匀为饼。或丸上加上白糖为衣。”[5]清代的“蒸鸡蛋糕法”：“每面一斤，配蛋十个，白糖半斤，合作一处，拌匀，盖密，放灶上热处。过一饭时，入蒸笼内蒸熟，以筷子插入，不粘为度。取起候冷定，切片吃。若要做干糕，灶上热后，入铁炉熨之。”[6]这些品种都清晰地标示出具体的数据，稍微有点技术的人都可以制作出相应的品种。

---

①（元）忽思慧．饮膳正要［M］．上海：上海书店，1989：39.

②（清）佚名．调鼎集［M］．郑州：中州古籍出版社，1988：110.

③（清）袁枚．随园食单．续修四库全书（第一一一五册）［M］．上海：上海古籍出版社，1996：661.

④（元）韩奕．易牙遗意．续修四库全书（第一一一五册）［M］．上海：上海古籍出版社，1996：637.

⑤（明）高濂．遵生八笺．景印文渊阁四库全书（第八七一册）［M］．台北：台湾商务印书馆，1982：669.

⑥（清）李化楠．醒园录．中国本草全书（第一〇九卷）［M］．北京：华夏出版社，1999：561.

三、明清食谱与明清小说中的饮食描写

明代中叶以后，随着商品经济逐渐发达，传统的饮食生活模式受到了冲击，一些官吏、商贾和土豪开始追求奢侈生活，在社会上讲究吃喝、饮食求奢之风不断蔓延。清人入关以后，在保持自己饮食习惯的同时，又吸收了汉族的饮食文明，在宴饮上，显示出前所未有的饮食铺陈之风。

明清时期也是美食家、名厨师辈出的时代，饮食专著也纷纷问世。高度发展的饮食文化，作为明清时期的社会特征，反映在明清小说中，便是名目繁多的菜点罗列，从《金瓶梅》西门大府的一日三餐，到《红楼梦》贵胄贾府中的珍馐美味，无一不是当时的饮食写照。

明清时期一些有身份的人开始对饮食精挑细选，并极度讲究起来。晚明才子张岱在《陶庵梦忆》卷四《方物》中记载了许多美食和趣闻，详细叙述了自己嗜食的地方土特产有58种之多。书中还阐述了他的父亲及叔父“家常宴会，留心烹饪，庖厨之精，遂甲江左。”[①]这种讲究饮食、追求烹饪美味之风也带动了烹饪技术的不断发展，从而导致食物调理与烹饪制作方面的书籍与食谱不断地丰富多样，这时期流入民间的饮膳书籍和食谱也逐渐地多了起来。[②]

（一）明清文人士大夫刊刻食谱的流行

查阅明清时期饮食专著，菜肴、点心品种真是灿若繁星。明代的饮食书籍在前代的基础上不断地丰富起来，有单纯以饮食为内容的书籍，如韩奕的《易牙遗意》、宋诩的《宋氏养生部》、龙遵叙的《饮食绅言》等；有以养生或尊生为主旨的书籍，如高濂的《遵生八笺》；有所谓的百科全书式的“日用类”书籍，如《便民图纂》《墨娥小录》《古今秘苑》《多能鄙事》等。较有代表性的如：《易牙遗意》共二卷，分十二类，所收150多种菜点等食品，体现了江南地方特色；《宋氏养生部》共六卷，兼收并蓄了1010种食物、1340多种制法，是相当丰富的一本烹饪食谱；《遵生八笺》中提倡清修养生，燕闲清赏，全书计十九卷，第

① （明）张岱. 陶庵梦忆［M］. 上海：上海古籍出版社，2001：128.

② 邵万宽. 从明清时期食谱刊刻的流行看明清小说中的饮食描写［J］. 农业考古，2014（4）：270-275.

十一、十二、十三卷为《饮馔服食笺》，介绍了12类253方食物与食品，包括荤素菜肴和粉面点心，采用了南京浦江吴氏的《吴氏中馈录》、刘基《多能鄙事》中的不少内容。当时的《便民图纂》在民间流传深广，其中“起居类”及“制造类”都与饮食烹饪有关。在“制造类”上编中，共收录了82种食品的制造、收藏方法。这是一本汇编、摘抄而成的书。

（明）仇英《临清明上河图》（局部）

明代的江南，物产丰饶，人们对饮食的要求愈来愈讲究，追求美味美馔者日趋增多，编撰饮食书籍得到了一些文士们的重视，搜集、整理和发掘的人逐渐地多了起来。这里录其明人所撰食书之《序言》，以观其详。

“今天下号极靡，三吴尤甚。寻常过从，大小方圆之器，俭者率半百，而《食经》未有闻焉，可怪也。……独韩氏方为豪家所珍。予效其书治之，醲不鞔胃，淡不槁舌，出以食客，往往称善。因梓以公。”①

——韩奕《易牙遗意》

① （明）韩奕．易牙遗意．续修四库全书（第一一一五册）[M]．上海：上海古籍出版社，1996：617.

“余家世居松江，偏于海隅，习知松江之味，……凡宦游内助之贤，乡俗烹饪所尚，于问遗饮食，审其酌量调和，遍识方土味之所宜，因得天下味之所同，及其肯綮。虽鸡肋羊肠亦有隽永存之而不忍舍。至于祭祀宴饮，靡不致谨。又子孙勿替引长之事，余故得口传心授者，恐久而遗忘，因备录成帙。”①

——宋诩《宋氏养生部》

明中叶以后，江南地区的饮食书籍不断增多，有关菜点品种的记载呈类别或系列的出现，特别是江南地区许多文人以美食为尚好，互相切磋、借鉴、传授，这时期菜点的搜集、采录较为普遍，并涌现了许多有价值的书籍。

从明代社会讲究吃喝的风气来看，作为文士大夫，在饮食中更以精致细作为标榜，出现了许多美食家，他们不仅精于品尝和烹饪，也善于总结烹调的理论和技艺，更为重要的是，撰写饮食论著被视为文人的风雅。这种风气一直影响着清代的文人。

清代是我国菜点食谱出现的繁盛期，与明代有关菜点书籍相比较，无论是形式上还是内容上以及数量上都达到了自古以来的最高峰。代表著作有：李渔的《闲情偶寄》(饮馔部)、蒲松龄的《日用俗字》、朱彝尊的《食宪鸿秘》、丁宜曾的《农圃便览》、李化楠的《醒园录》、曹廷栋的《粥谱说》、袁枚的《随园食单》、施鸿保的《乡味杂咏》、佚名的《调鼎集》、顾仲的《养小录》、顾禄的《清嘉录》、王士雄的《随息居饮食谱》、曾懿的《中馈录》、黄云鹄的《粥谱》等。如李渔在《闲情偶记》的饮馔部中，全面阐述了主食和荤、素菜点的烹制和食用之道。作者提倡崇俭节用，且能在日常精雅的膳食中，寻求饮馔方面的生活乐趣。朱彝尊撰写的《食宪鸿秘》，全书分上、下两卷，主要按原料所属归类。书内“食宪总论”称：“五味淡泊，令人神清气爽少病。”②这当中最著名的也是古代烹饪著作影响最大的就是袁枚所著的《随园食单》，该书出版后曾多次再版。这是一部系统地论述烹饪技术和南北菜点的重要著作，各种烹饪方法兼收并蓄，各地风味特点融会一册，有326种具体菜肴饭点的操作过程，也有抽象的理论阐述，把我国烹饪理论推向发展的高峰。

清代文人士大夫对饮馔史料的搜集比明代更为积极，在这些食谱书籍的序言中，可见一斑。乾隆七年（1742年）进士李化楠，系四川人，在浙江余姚、秀水担任过县令，他在宦游江浙时搜集的饮食资料手稿《醒园录》，其子李调元整理编纂而刊印成书。他在其“序”中所言：

“至于宦游所到，多吴羹酸苦之乡。厨人进而甘焉者，随访而志诸册，不假

① (明)宋诩．宋氏养生部［M］．中国商业出版社，1989：2.

② (清)朱彝尊．食宪鸿秘［M］．上海古籍出版社，1990：17.

抄胥，手自缮写，盖历数十年如一日矣。……不敢久闭笈笥，[①]乃寿诸梓。书法行欵，悉依墨妙。”[②]

清代士大夫们在收集资料、撰写食谱的过程之中，更有许多突出之处，这就在于作者善于品鉴和比较，并对实践经验进行归纳总结，最具典型代表的当数袁枚的《随园食单》，他在“随园食单序”中说：

“余……每食于某氏而饱，必使家厨往彼灶觚，执弟子之礼。四十年来，颇集众美。有学就者，有十分中得六七者，有仅得二三者，亦有竟失传者。余都问其方略，集而存之，虽不甚省记，亦载某家某味，以志景行。……”[③]

在这时期由于许多文人士大夫都热衷于编撰烹饪书籍，这一方面扩大了这类饮馔书籍的社会影响，但另一方面互相辑录，书中雷同的内容也比较多，《养小录》[④]收集《食宪鸿秘》的内容，《调鼎集》也收录了《随园食单》等书中的大量食谱。

明清时期文人士大夫崇尚吃食、讲究美味、注重养生的风气在各类食谱中是显而易见的，而当时撰写与刊刻食谱之风，也为当时的文人章回体小说的饮食描写提供了很好的素材。文人士大夫生活在这样一个崇尚吃食和刻印食谱之风的时代，这对明清小说中的叙事描写和日常的饮食产生了很大的影响，在那些小说中自然也会随着生活和角色的需要，穿插和铺陈那些饮食的场面和菜点的制作，不可否认，明清时期章回体小说既具有小说文学性华美丰富的一面，又兼具历史客观性真实还原的特质。

（二）《金瓶梅》《红楼梦》展现了明清时期的菜点

明代官府、商人、文人的奢华饮食举动带动了当时的饮食市场，由此出现了明代饮食业经营的繁华盛景以及文士们讲究吃喝和刊刻食谱之风。此风气也给当时的社会传达了一个信号，即文人对饮食生活的迷恋与追求，这也自然地流露在文人士大夫的文学作品中。小说要写人、写事，必然会联系到人的吃喝三餐、宴请往来和烹煮售卖。为了给小说增添叙事的真实性，自然就离不开“食饮”之事。作者的经历和食事，包括品尝过的菜点、市场中的名食、听说过的食品都会

---

① 笈笥：指装书用的箱子。

②（清）李化楠．醒园录．中国本草全书（第一〇九卷）[M]．北京：华夏出版社，1999：521.

③（清）袁枚．随园食单．续修四库全书（第一一一五册）[M]．上海：上海古籍出版社，1996：643.

④（清）顾仲．养小录．丛书集成初编（第一四七五册）[M]．北京：商务印书馆，1937.

出现在他们的笔下。这也直接影响着清代的小说创作。

小说中的饮食描写，一方面记载了当时官府内外、民间家庭和店铺市肆中的饮食之事，以展示作者在追求饮食的大环境下对菜点食品的品鉴范围与制作喜好；另一方面，作者利用小说的特点，详略得当地通过各种饮食场面和具体品种来刻画不同人物的形象及食饮之相，以达到叙事之目的。《金瓶梅》和《红楼梦》所记载的饮食菜点、果品、茶酒等丰富的品种，每一本归纳起来不亚于一本食谱。又因为是小说，它不能把那么多的食品一一展开，绝大多数叙述只能一带而过，但作者也特别用心地根据人物、场景抓住重点，对个别菜肴、点心进行较详尽的描写。

诞生于16世纪晚明社会的世情小说《金瓶梅》，生动地描绘了明代人的饮食之事和菜点制作状况，书中提到的主食、菜肴、糕点、糖食、干果、鲜果、酒类，品类名目等食品多达200余种。兰陵笑笑生把视线集中于市井群体和官府之家，描摹了中下层人群的饮食百态以及当时的饮食市场。在小说中，西门庆是一个从地痞恶棍的市民一跃而发迹成为一个官僚富商的，他的饮食是有一个发展过程的。他游荡于市井民间，那些市井细民、帮闲无赖、娼伎牙婆、道士和尚又是他主要的接触对象。所以，在他的餐桌上，既有市上所购之物和自家烧制的家常风味，也有一般市民、娼伎、地痞等献给他的各类地方小吃。作者用很多的笔墨，写了一个接一个的宴饮场面和名目繁多的饮食菜点。《金瓶梅》在叙事过程中写到的代表性菜肴有烧猪头、炖蹄子、水晶蹄髈、糟鹅胗掌、干蒸劈晒鸡、油炸烧骨、炮炒腰子、火熏肉、炒面筋、酸笋汤、水晶鹅、八宝攒汤、羊贯肠、一龙戏二珠汤、烧泥鳅、骑马肠、烧羊肉、春不老炒冬笋、木樨银鱼鲊、炖鸽子雏、鸡蛋头脑汤、鸡子肉圆子、山药肉圆子、鸡尖汤。仅用鸭制作的菜肴就有糟鸭、卤鸭、熏鸭、烧鸭、炉烤鸭、腌腊鸭、割烧鸭、炙鸭、炖鸭等等。鸡、鹅、猪肉、羊肉亦然。这些菜肴所用到的烹调方法有炖、烧、烤、煠（炸）、蒸、炒、煎、燎、川（氽）、摊、煮、烙、炮、卤、熬、腊、腌、糟、烹、拌、熏以及酿、鲊、水晶等多种制法。在那些繁多的菜肴中，其中有不少是运用多种烹调法综合而制成的菜肴。如炒的豆芽菜拌海蜇、清蒸糟鲥鱼、羊角葱川炒核桃肉、卤炖炙鸭、馄饨鸡，以及先蒸后酿再炸的“酿螃蟹”等。这些烹制方法，从冷菜、热菜，到点心、汤羹，比照明代的肴馔食谱，不仅是明代食谱的真实写照，而且可称得上是明代官府、市井中的“烹技大全”。

《红楼梦》虽然不是描写“吃”的著作，但曹雪芹在《红楼梦》中所描写的烹调食谱、点心饮料，宴饮场景，无不精妙异常，令人叹服，拍案叫好！红楼菜点作为钟鸣鼎食之家的贾府食品，有它一定的历史条件和特色。一方面贾府作为皇亲国戚，翰墨诗书之族，饮食较一般的仕宦要豪华而讲究，高至喜庆寿宴逢年过节四时游宴等，低到府中的平常之食，都具有了官府特有的饮食烹饪特色。另一方面，红楼食品受到作者本身的历史条件影响，曹雪芹作为江宁织造府的公子家庭，有童年的生活基础，品尝江南菜肴、面点实属易事。在《红楼梦》的菜肴里，直接提及的菜肴有40余种，根据其用料和形式可分为汤类、禽类、肉乳类、水产类、素菜类等多种。代表的菜肴有酸笋鸡皮汤、莲叶羹、野鸡崽子汤、合欢汤、火腿鲜笋汤、虾丸鸡皮汤、火肉白菜汤、烧野鸡、野鸡瓜子、炸野鸡、炸鸡骨、炸鹌鹑、糟鹌鹑、糟鹅掌、胭脂鹅脯、酒酿清蒸鸭子、鸽子蛋、炖鸡蛋、火腿炖肘子、牛乳蒸羊羔、烤鹿肉、茄鲞、鸡髓笋、豆腐皮包子、油盐炒豆芽、蒸芋头等等。《红楼梦》中贾府主食用料以稻米为大宗，书中所记述的饭粥品种繁多，有绿畦香稻粳米饭、碧粳粥、红稻米粥、江米粥、鸭子肉粥、枣儿粳米粥、腊八粥、香薷粥、燕窝粥等，所提及的面食有银丝挂面等。这些丰富的米食都是向所属田庄佃户搜刮而来的。第五十三回“宁国府除夕祭宗祠，荣国府元宵开夜宴”中的黑山村乌庄头向宁国府缴纳的粮食为：御田胭脂米二担、碧糯五十斛、白糯五十斛、粉粳五十斛、杂色粱谷各五十斛、下用常米一千担。[①]如此多的稻米品种，便汇成了红楼米食的精美世界。

（三）《金瓶梅》《红楼梦》中的菜品寻踪

大量的文化典籍表明，饮食文化从来都是与历代的政治、经济、民俗风情息息相关的，而且渗透到社会生活的各个层面。在中国封建社会中，饮食文化发展到明清时期，达到了一个辉煌的高度。不仅烹饪技艺已十分精湛，而且在菜品的制作上更加讲究色香味形，许多富贵人家对烹调技艺已精益求精，并有许多制作秘笈。从明清小说中所记载的菜肴、点心来看，书中记载的许多食品都可以在当时的饮食书籍中查找到。

1.《金瓶梅》《红楼梦》与明清时期食谱的对照

《金瓶梅》书中出现的大量菜肴、点心，已是明代食谱中常有的食品。如第三十四回李瓶儿“切了一碟火熏肉”、西门庆陪应伯爵吃饭“有一瓯儿炮炒的腰子”“一瓯儿水晶髈蹄”“红邓邓的泰州鸭蛋”；第三十五回应伯爵要吃的“腌螃蟹”；第三十七回王六儿在家做的“炒面筋儿”；第四十九回李娇儿生日“有一碟肥肥的羊贯肠”、招待梵僧“厨下上了一碟光溜溜的滑鳅”；应伯爵的蒸鲥鱼法等，这在明代的《易牙遗意》《宋氏养生部》和《遵生八笺》等食谱中都是有记载的。书中多次出现的烧鸡、烧鸭、烧鹅以及腌腊制品如腊肉、腊鹅肉、腊烧

① （清）曹雪芹 高鹗．红楼梦［M］．北京：人民文学出版社，1982：741.

鸡、腌腊鹅脖子、腌腊鹅等，出现的次数相当多，这在当时已是有条件的人家的平常之食。

在进行食谱的比对时，不难发现《红楼梦》中写到的许多饮食菜点，也都是当时市面上的品种，与曹雪芹同时代诗人、美食家袁枚所写的《随园食单》来对照，有不少食品是相同的。第十回写蓉大奶奶“吃了半盏燕窝汤”的燕窝；第十六回王熙凤向平儿说的“早起我说那碗火腿炖肘子很烂，正好给妈妈吃”的火腿炖肘子；第四十回写“凤姐儿偏拣了一碗鸽子蛋放在刘姥姥桌上”的鸽子蛋；第四十九回写到贾府众姊妹和贾母、宝玉吃饭时“有新鲜鹿肉”的鹿肉，第五十回凤姐来叫吃晚饭“老祖宗快回去，已备下稀嫩的野鸡，再迟一回就老了”的野鸡，第六十二回柳嫂子给芳官送来的“清蒸鸭子”，第七十五回贾珍在八月十四的夜宴中“烧了一腔羊”等等，都能在《随园食单》中找到各自的出处和具体的做法。而《红楼梦》中所记菜肴中的原材料基本都可在《调鼎集》中查找到。

以粉皮、豆腐皮作外衣包入馅心的品种，在元、明、清时期比较风行，其品多称“兜子”。《金瓶梅》第五十九回中春鸿告知吴月娘道：“我和玳安、琴童哥便在阿婆房里，陪着俺每吃酒并肉兜子。”[①]这是粉皮中包入肉馅后上笼蒸熟的点心品种。元明之际的《居家必用事类全集》记述了用粉皮制作的多种“兜子”品种。以肉作馅的叫“肉兜子”，以鹅肉作馅的叫“鹅兜子”，蟹黄作馅的叫“蟹黄兜子”[②]等。在《红楼梦》第八回中，宝玉问晴雯：“今儿我在那府里吃早饭，有一碟子豆腐皮的包子，我想着你爱吃，和珍大奶奶说了，只说我留着晚上吃，叫人送过来的，你可吃了？”[③]豆腐皮包子也称为“兜子”。清代《调鼎集》记曰：“豆腐皮在锅前守着，用竹箸做兜，逐张揭起盛之，如粽包式扎紧。”[④]制作“兜子”须将豆腐皮蒸软乘热现做，方可折包成型而不断，食用时口感软香肥美。

《金瓶梅》《红楼梦》均淋漓尽致地记录和描绘了明清时期平民百姓的日常生活和普通食品，而利用米、面、杂粮粉料制作各式糕、饼点心的品种相当丰富。《金瓶梅》中所记载的“糕品”，有白糖万寿糕、雪花糕、定胜糕、黄米面枣儿糕、寿糕、花糕、果馅凉糕等；就其特色点心而言，有武大郎沿街卖的“炊饼”，奶子如意儿吃的“玉米饼”，书童教人买的“搽穰卷儿”，小玉安排的“薄脆”和“蒸酥”茶食，西门庆买的“酥烧”，应伯爵等人吃的“桃花烧卖”，李娇儿生日吃的“高装肉包子”以及各式“果馅饼”“椒盐饼”“顶皮饼”等，许多

① （明）兰陵笑笑生. 金瓶梅［M］. 济南：齐鲁书社，1991：877.

② （元）佚名. 居家必用事类全集. 续修四库全书（第一一八四册）［M］. 上海：上海古籍出版社，1996：584.

③ （清）曹雪芹，高鹗. 红楼梦［M］. 北京：人民文学出版社，1982：131.

④ （清）佚名. 调鼎集［M］. 郑州：中州古籍出版社，1988：278.

风味食品如葱花羊肉匾食、艾窝窝、裹馅肉饺儿、黄芽韭烧卖等，这些面食点心在明代的食谱中都可以找到出处。《金瓶梅》中体现其风味特色的“香茶饼”“松花饼”等，在明初韩奕所撰写的《易牙遗意》和宋诩《宋氏养生部》中都记有具体的制作方法。

在红楼美食中，制作点心的原料比较丰富，如山药糕、栗粉糕、藕粉糕、菱粉糕等。在第十一回中“昨日老太太赏的那枣泥馅的山药糕”；第三十七回中，宝玉给史湘云送去的食品，其中一个盒子里用玛瑙碟盛着一碟“桂花糖蒸新栗粉糕”；第四十一回中，史太君两宴大观园时，有一样很新奇的点心叫“藕粉桂糖糕”；第三十九回中李纨命一个婆子去给王熙凤送螃蟹，他一时拿着盒子回来说：“……这个盒子里是方才舅太太那里送来的菱粉糕和鸡油卷儿，给奶奶、姑娘们吃的。”在清代朱彝尊的《食宪鸿秘》中就专辟一栏“粉之属”，[①]分别介绍了粳米粉、糯米粉、黄米粉、藕粉、鸡豆粉、栗子粉、菱角粉、松柏粉、山药粉、蕨粉、莲子粉等的加工制作。《随园食单》也专门介绍了百果糕、栗糕、雪花糕、鸡豆糕、软香糕、藕粉百合粉等多种糕团的制作。在《调鼎集》中均可以找到山药糕、栗粉糕、藕粉糕、菱粉糕等的具体制作方法。

2.《金瓶梅》《红楼梦》中均有记录详细的精细而独特的菜品

（1）烧猪头　《金瓶梅》中第二十三回记载了擅烧猪头的宋蕙莲制作猪头的方法：“舀了一锅水，把那猪首、蹄子剃刷干净。只用的一根长柴禾安在灶内，用一大碗油酱，并茴香大料，拌的停当，上下锡古子扣定。那消一个时辰，把个猪头烧的皮脱肉化，香喷喷五味俱全。”[②]此法在民间习用是源于有技术者，宋蕙莲曾因嫁于厨役蒋聪为妻，所以学得一手烧菜的技艺。这种制作方法在元末倪瓒的《云林堂饮食制度集》中就有“川猪头”和“烧猪肉”相似的记述。在“烧猪肉”中记曰：“洗肉净，以葱、椒及蜜少许盐、酒擦之。锅内竹棒阁起。锅内用水一盏、酒一盏，盖锅，用湿纸封缝。干则以水润之。用大草把一个烧，不要拨动。候过，再烧草把一个。住火饭顷。以手候锅盖冷，开盖翻肉。再盖，以湿纸仍前封缝。再以烧草把一个。候锅盖冷即熟。”[③]这里只用了三个“草把”就把大块猪肉烧烂，关键点在于“用湿纸封缝”，使其不漏气。从燃烧值来看，草把还不抵长柴火的火力持久，足见宋蕙莲烧猪头是可行的，更因为宋蕙莲用“上下锡古子扣定”，类似于今天的高压锅，烧烂猪头定是不成问题的。

①（清）朱彝尊．食宪鸿秘［M］．上海：上海古籍出版社，1990：3.

②（明）兰陵笑笑生．金瓶梅［M］．济南：齐鲁书社，1991：350.

③（元）倪瓒．云林堂饮食制度集.续修四库全书（第一一一五册）［M］．上海：上海古籍出版社，1996：615.

（2）酥油泡螺（鲍螺）《金瓶梅》书中两次谈到“酥油泡螺（鲍螺）”。第五十八回记载：“不一时，画童儿拿上果碟儿来，这应伯爵看见酥油鲍螺，浑白与粉红两样，上面都沾着飞金，就先拣一个放在口内，如甘露洒心，入口而化，说道：‘倒好吃’。”[①]第六十七回记载：“郑春道：‘小的姐姐月姐，送两盒儿茶食儿来与爹赏人。’揭开，一盒果馅顶皮酥，一盒酥油泡螺儿。”[②]此蚫螺、泡螺与鲍螺就是同一品种，它在明代市场上已较多见，自己可以制作，也可以直接在市肆上购买到。明人的《市肆记》中记有“鲍螺”，并将其列为“果子”类。它是一种用酥油制作的甜食品，因形似螺丝而得名。明代张岱在《陶庵梦忆》中介绍“乳酪”时说：“苏州过小拙和以蔗浆霜，熬之、滤之、钻之、掇之、印之，为带骨鲍螺，天下称至味。其制法秘甚，锁密房，以纸封固，虽父子不轻传之。”[③]从文中所看，过小拙家的鲍螺要比一般的鲍螺品质、口感要绝，因其口感特殊，一锁二封，“虽父子不轻传之”，这也反映了明代市场竞争的需要。《清稗类钞·鲍酪》中有详细的解释：“有以蔗饧法制如螺形，甘洁异常。始于鲍氏，故名鲍螺，亦名鲍酪。”[④]

（3）酿螃蟹　在《金瓶梅》第六十一回中有一道记载比较详细的菜肴“酿螃蟹”，这是比较有特色的一款菜肴，常峙节为了感谢西门庆成了房子，专门叫他娘子制造了特色的螃蟹菜，因“别的东西儿来，恐怕哥不稀罕。”而常二嫂专门做了一道稀罕菜品，其法曰：“四十个大螃蟹，都是剔、剥净了的，里面酿着肉，外用椒料、姜蒜米儿，团粉裹就，香油煤，酱油醋造过，香喷喷酥脆好食。”[⑤]民间理家能手常二嫂是工巧于烹调烧煮的。此“酿螃蟹”运用多种技法，具有一定的技艺性，作者运用“剔、剥、酿、裹、煤、造”等手法描绘此肴，应该是真正食用过此菜。其实在《云林堂饮食制度集》中有“蜜酿蝤蛑（梭子蟹）”一菜，是同出一辙的，只是烹法略有不同。其曰：“盐水略煮，才色变便捞起。擘开、留全壳，螯脚出肉，股剁作小块。先将上件排在壳内，以蜜少许入鸡弹内搅匀，浇遍，次以膏腴铺鸡弹上蒸之。鸡弹才干凝便啖，不可蒸过。橙齑、醋供。”[⑥]这里的“蜜酿蝤蛑”与常二嫂的“酿螃蟹”所不同的只是最后的烹调法有异，此为蒸，而常二嫂为“炸”制而成。

---

①（明）兰陵笑笑生．金瓶梅［M］．济南：齐鲁书社，1991：856.
②（明）兰陵笑笑生．金瓶梅［M］．济南：齐鲁书社，1991：1108.
③（明）张岱．陶庵梦忆［M］．上海：上海古籍出版社，2001：66.
④（清）徐珂．清稗类钞（第一三册）［M］．北京：中华书局，1986：6374.
⑤（明）兰陵笑笑生．金瓶梅［M］．济南：齐鲁书社，1991：909.
⑥（元）倪瓒．云林堂饮食制度集.续修四库全书（第一一一五册）［M］．上海：上海古籍出版社，1996：611.

（4）茄鲞　《红楼梦》中“茄鲞”菜肴的制作，是描写得比较详细的。曹雪芹较细致地记述了它的制作工艺：“把才下来的茄子皮削了，只要净肉，切成碎丁子，用鸡油炸了，再用鸡脯子肉并香菌、新笋、蘑菇、五香腐干、各式干果子，俱切成钉子，用鸡汤煨干，将香油一收，外加糟油一拌，盛在瓷罐子里封严，要吃时拿出来。”[1]贾府对普通的茄子如此这般操作，是把茄子进行深加工，使其达到出神入化的效果，最终使得刘姥姥咂舌拜服。其实，此菜是在明代“油肉豉茄”和“鹌鹑茄”菜肴的基础上的进一步加工。元明之际的《居家必用事类全集》中所记“油肉豉茄”载：“白茄十个去蒂。切作两半钱厚，半月切（形）。油炸得黄色漉出。用精羊肉四两切碎，油二两，将肉炒熟。用生姜一两、陈皮三片，各切作丝碎。葱二握，盐酱各一两，醋少许，将物料、茄、肉同拌过。加蒜酪食尤佳。”[2]在《遵生八笺》中记有“鹌鹑茄”一菜：“拣嫩茄切作细缕，沸汤焯过，控干用盐、酱、花椒、莳萝、茴香、甘草、陈皮、杏仁、红豆研细末拌匀，晒干蒸过，收之，用时以滚汤泡软，蘸香油炸之。”[3]通过上述两菜的比较，都类似“茄鲞”的烹制方法。“鲞”，原指一种海鱼或干鱼，可引申为一种干制的菜肴。茄鲞是一种干制的菜鲞，“盛在瓷罐子里封严，要吃时拿出来。”曹雪芹在书中也进行了加工，使得官府贾家的菜肴更加精细、有品位。

（5）莲叶羹　在《红楼梦》第三十五回“白玉钏亲尝莲叶羹，黄金莺巧结梅花络”中，宝玉为琪官儿金钏的事挨了他父亲的一顿痛打，躺在怡红院里动弹不得。贾母、王夫人、薛姨妈、薛宝钗、凤姐等来探望，王夫人问宝玉想吃些什么，宝玉说：“也倒不想什么吃，倒是那一回做的那小荷叶儿小莲蓬儿的汤还好些。”于是“贾母便一叠声的叫人做去”。“薛姨妈先接过来瞧时，原来是个小匣子，里面装着四副银模子，都有一尺多长，一寸见方，上面凿着有豆子大小，也有菊花的，也有梅花的，也有莲蓬的，也有菱角的，共有三四十样，打的十分精巧。”[4]进入明代以后，利用模具压印成型的食品已较普遍，这在明清食谱类书中较为常见。但民间作坊和家庭所用的模具大多是木质的，形状多样，如《易牙遗意》中薄荷饼；《遵生八笺》中的松子饼、白闰方（甘露筋）、豆膏饼方等；《宋氏养生部》中记载的松黄饼、蒲黄饼、雪花饼、蜜和饼、蜜酥饼等的制作。《红楼梦》中所用的模具可不是普通木质的，而是用银器加工的，小巧玲珑，形状可

①（清）曹雪芹，高鹗．红楼梦［M］．北京：人民文学出版社，1982：564.

②（元）佚名．居家必用事类全集.续修四库全书（第一一八四册）［M］．上海：上海古籍出版社，1996：579.

③（明）高濂．遵生八笺．景印文渊阁四库全书（第八七一册）［M］．台北：台湾商务印书馆，1982：647.

④（清）曹雪芹，高鹗．红楼梦［M］．北京：人民文学出版社，1982：476.

爱，十分精巧。“莲叶羹”其实就是利用软的冷水面团用模具压成型做成了半成品再放入爽口的鸡汤中加热成熟。那“小荷叶儿小莲蓬儿”正是各式小型模具制作成型的。难怪凤姐说道“口味不算高贵，只是太磨牙了”，“不知弄些什么面印出来，借点新荷叶的清香，全仗着好汤。”[①]因是造型的面疙瘩汤，佐以新荷叶吊汤，食之较筋道、有咬劲，显然是挺费牙的。

明清时期商品经济的发展，促进了文人士大夫和中上阶层对烹饪饮食的狂热追求，其直接影响就是烹饪食谱的搜集、整理与刊刻，并成为当时社会的一种时尚潮流，这也推动了明清小说作者有意识地在叙事中增添大量的饮食描写来丰富故事情节。分析比较《金瓶梅》《红楼梦》中所记载的菜肴食品与明清时期10多种烹饪书籍，不难发现小说中记载的食品几乎全是当时的实有之物，小说中除了极个别的形容高档菜品像“龙肝凤腑”“琼酥金脍”的夸张虚化的词语外，其他的菜品基本都是当时社会不同阶层人群的常用之品。尽管个别菜品的称谓找不到完全雷同的名字，这当中包含着许多的民间地方语，但都是那个时代的官府、市井和民间家庭曾出现过的。可以肯定地说，作者生活在那个时代，一日三餐自然与那个时代的饮食密切相关。在所记述的菜品中，作者自己亲自品尝过并留下深刻印象的菜品就会在小说中花费很多笔墨较详细地记录下来。《金瓶梅》《红楼梦》本是一部小说，为什么会记载那么多的菜点食品呢？一是为了小说中人物的需要和叙事的真实性，更重要的是当时文人的一种喜好、一种时尚，也是社会文化发展后现实生活的自然表露。

《红楼梦》插图：史太君两宴大观园

《红楼梦》插图

① （清）曹雪芹，高鹗. 红楼梦［M］. 北京：人民文学出版社，1982：477.

四、1949—2000年我国食谱编写出版情况分析

新中国成立以后，我国食谱的编写出版发生了很大的变化，编写人员来源广泛，已不再是古代时期只有文人和官宦才能编写食谱，当时的饮食管理机构引领行业厨师加入了编写的队伍。但新中国成立初期，我国人民的饮食生活还处在一个较为困难时期，许多老百姓的日常生活仅仅处于温饱阶段。从大跃进到十年“文革”，这期间的食谱没有较为完整的资料。据何宏先生研究，新中国成立后的17年间（1949—1966）食谱按时间分类可分为三个时期，即1949—1956年是食谱出版的复苏期，但“这一时期出版的菜谱类书不超过20本”；①1957—1962年是食谱出版的繁荣期，一批地方风味食谱出现；1963—1966年是食谱出版的萧条期。总的来看，这时期的主要贡献是《中国名菜谱》11本系列丛书的出版。而中国食谱的编撰与研究还是1978年改革开放以后的事情，许多的研究成果是随着改革春风和人民生活水平提高应运而生的。

20世纪中后期（1970—2000）的食谱出版是新中国成立后的第一个出版高峰期，经过70年代的孕育、80年代的发展，90年代出现了食谱出版的第一个高峰阶段，到20世纪末，中国食谱的编写出版出现了蜂拥而上的势头，这与前时代相比出现了许多喜人的景象。作者队伍已扩展到烹饪专业教师、餐饮行业的厨师和烹饪爱好者，应该说，编写人员的队伍十分广泛，编写的食谱品种花样繁多，食谱的内容丰富多彩，数量不计其数，足有上万种之多，各中央和地方出版社都相继出版各类相同的和不同名称的食谱。因为随着人们生活水平的提高，家家户户都有改善一日三餐的愿望，所以全国各地的出版社都会根据市场的需求陆续编印出版，成千上万种食谱图书琳琅满目地展现在人们面前。研究这时期的食谱，是无法将其收齐或罗列的，只能选取其中的部分书目进行分析。这里将从20世纪中后期（1970—2000）浩瀚的食谱书海中寻找一些代表品种进行叙述和分析。②

① 何宏．建国十七年间（1949—1966）菜谱述论［J］．扬州大学烹饪学报．2008（3）．

② 邵万宽．20世纪中后期（1970—2000）中国食谱编写出版情况分析——出版食谱的主要类型［J］．南宁职业技术学院学报．2017（5）：1-5.

（一）新中国成立以后食谱编写出版的主要类型

新中国成立以后至20世纪70年代，我国食谱的编写者绝大多数是当时政府管理部门省、市的饮食服务公司组织相关人员集体编写，基本上是以大师为制作者、口述者，公司中有一定文化基础的人执笔来完成，多是集体创作。那时交通不便、信息闭塞，各地饮食公司交流甚少，所以各地基本上都是以本地区风味特色菜肴作为编写的对象，大多为内部培训资料。偶有个别文化基础好的善烹者单独编写。20世纪70年代中期，许多地区招收了一批工农兵学生，为后备人才的培育起到了重要的作用。再加上一批下农村的知识青年返城，从事了饭店厨房工作，补充了当时厨师队伍的不足。1977年恢复高考以后，全国各地招收了一大批烹饪专业的中专生、中技生，为当时青黄不接的厨师市场培育了许多接班人。1980、1981、1982年的烹饪专业毕业的学生与20世纪70年代中期投入到烹饪行业中的广大人员，为当时的厨师队伍增添了活力，特别是有文化的一代厨师的出现，改变了传统的师承关系，为20世纪80年代的饭店厨师队伍注入了新的生机。这批人员也是后来20世纪80、90年代菜谱编写的生力军。实际上，这为后来中国食谱的编写培育了一批又一批的人员，使得后来食谱的编写出版呈现出繁花似锦、蔚为大观的局面。

在20世纪后30年里，是中国食谱编写出版的黄金期，每年以上百种图书递增，在各新华书店的柜台上食谱类书成为生活类图书品种数量的榜首。综观历年来食谱的出版，很难用一两篇文章概括，出版的书籍不计其数，这里从食谱出版的类型和特点来分析，大体上将这段时期的食谱分为12大类型。

1. 以教学培训为主要目的的“教学菜谱”

20世纪70年代，不少学校和饮食管理机构开始编写有关烹饪专业学生学习和培训的讲义材料和出版教学菜谱，如陕西省副食服务公司与西安市饮食公司合编的《陕西菜谱》共四册（1970年）、四川省成都市饮食公司编的《四川菜谱》（1972年）、江西省南昌市饮食服务公司技术培训班编的《江西菜谱》（1974年）、黑龙江省商业学校与黑龙江省饮食服务公司编的《黑龙江菜谱》（1975年）等。1973年广州市服务旅游中等专业学校编的《粤菜烹调教材》，并于1973、1975、1979年先后三次整理和修订了教材。在这个讲义中，除了有一定的理论之外，重点内容是粤菜菜式的配制食谱，以便学生在初步掌握烹调技术的基础上，丰富和充实菜式制作的技能，并介绍了广东烧卤食品的制作等。与此相类似的资料，全国许多地方的饮食公司都编印过。

1974年南京市饮食公司烹饪培训班编印的《南京菜谱》第一辑，1980年再版出了一、二两辑，并提供相关菜肴的彩色照片。1975年江苏商校印刷了《扬州菜谱》，这是20世纪70年代烹饪专业学员一起编写的，该教材培养了10多批的学员，为当时学员提供了较好的学习材料，恢复高考后的中等专业学校烹饪专业学生仍采用这一范本。上海市饮食服务学校编写的《烹饪技术》《点心制作技术》等共四册（1977年），这些教材中菜谱与烹饪理论一起，为当时学校教学与厨房实习操作提供了较好的资料。

20世纪80年代，这些讲义陆续改头换面由出版社出版，如1980年广州市服务局烹饪教研组编写的《广东菜》（广东科技版），1981年吉林省饮食公司编的《菜谱选编（上、下册）》（吉林人民版），1987年劳动部培训司组织编写的《实习菜谱》（中国劳动版），并有多省菜系分册，作为当时技工学校、中专院校的学生学习之用。

20世纪90年代初期，高等教育出版社编辑一套烹饪教学菜点谱，1991年南京旅游学校烹饪教研室编写的《烹饪教学菜点谱（第一册）》，之后山东、四川、广东菜系分册烹饪教学用书由相关学校编写陆续出版。1992年沈兴龙主编的《风味特色创新教学菜点》（中国商业版）、1993年李刚主编的《中国烹饪教学菜式指导丛书》（农业版）、1994年李常友主编的《实用教学菜谱》（陕西科技版）等相继出版之后，一系列教学培训菜谱相继问世，为当时学校学生学习与实操提供了相关的资料。

2. 以地域和民族特色为主要内容的食谱

以地域特色编写出版的食谱是1949年以后食谱图书的重要内容。在当时国家商业部的指引下，全国各地饮食公司开始组织有关力量，收集整理各地的菜肴和点心。编写者大多依据本地方特色，在用料和调味方面比较能把握食谱的地域风格和关键点，大多具有本地域的代表性和权威性。如1957年江苏省服务厅编撰的并于1958年由江苏人民出版社出版的《江苏名菜名点介绍》，共分“江苏名菜”、“江苏名点”两部分。较有代表性的是1975—1981年间，由中国财政经济出版社出版的一套各地区系列菜谱丛书《中国菜谱》，分不同的风味单行本，如四川、广东、山东、江苏、安徽、福建、上海、北京等。这是20世纪70年代中后期广大厨师难得的一套丛书，编写比较全面。在此基础上，于1990—1995年间，由各地饮食服务公司编写了一套新的地域菜谱系列丛书，由中国财政经济出版社出版，共出19本，16开本，每本书的前面附有几十张彩色照片，主要是以各地域风味为主，此次出版还增加了“清真风味”“素菜”两本。1985年，中国财政经济出版社出版的一套各省饮食公司编写的系列小吃丛书《中国小吃》，分不同风味的单行本，为24开本，如四川风味、江苏风味、北京风味、上海风味、湖北风味等。1990年，吉林、辽宁、黑龙江三省饮服公司合编的由辽宁科技出版社出版的《关东菜肴荟萃》。早期的地方名菜彩色版大多是香港印刷出版的，如1986年由叶荣华主编、香港万里书店出版的《中国名菜大全》；1991年刘傑主编的香港饮食天地与中国财经出版社合作出版的《中国名菜精华》，都是大16开本，彩色图片，豪华精装，为早期的食谱编撰带来了视觉上的冲击力。

进入20世纪90年代，以地域特色为内容出版的菜谱较多，代表性的丛书有：1994年出版的“东方美食”系列，共出版了12本，由于国俊、刘光伟主编，中国商业出版社出版，除了八大菜系以外，还有《中国蔬馔》《中国素菜》《中国面点》等。1995年出版的“餐桌菜典”系列，由10个分册组成的一部普及性烹饪丛书，由袁洪业、李荣惠主编，青岛出版社出版，除八大菜系以外，另有《西餐风味》和《烹调百诀》；同年王文福主编的“中国名菜经典菜谱丛书”8本，由太白文艺出版社出版，如《鲁菜经典菜谱》《苏菜经典菜谱》《京菜经典菜谱》《沪菜经典菜谱》等。1997年出版的“中国名菜系列丛书”共20本，由冉先德主编，中国大地出版社出版，如《齐鲁风味》《岭南风味》《苏扬风味》《巴蜀风味》《秦陇风味》《滇黔风味》《素斋风味》《药膳风味》等。1999年出版的“新概念中华名菜谱”系列，出版了8本，由谢定源主编，中国轻工业出版社出版，如《山东名菜》《湖北名菜》《广东名菜》《上海名菜》等。2000年，江苏科技出版社出版了大型系列丛书“中国淮扬菜”6本，彩色大16开本，分为《淮扬传统菜》《淮扬家常菜》《淮扬宴席菜》《淮扬新潮菜》《淮扬面点与小吃》《淮扬冷拼与食雕》。安徽科技出版社出版了32开本的“中国名城大众菜点”丛书，计有13本13个城市，包括上海、杭州、苏州、扬州、长沙、成都、重庆、合肥、烟台、西安、武汉、桂林、济南。

有关中国四大菜系、八大菜系的菜谱品种较多，多家出版社都有出版，有选编，有精编，有丛书，有单本合编等。比较有影响的单行本，20世纪80年代有：石荫祥编写的《湘菜集锦》，陈照炎编写的《福建名菜大全》，孙晓春编写的《热河承德御膳名菜》，云南省饮食服务公司编写的《云南烹饪荟萃》，贵州传统食品编写组的《贵州传统食品》，朱世金等编写的《三楚名肴》，汤其舜编写的《台湾民间食品》等。而1986年金盾出版社出版的由中国人民解放军空军后勤部军需部编写的《中国南北名菜谱》，在国内十分畅销，并多次印刷，在当时各地厨师培训班中十分流行。20世纪90年代的如史正良、张富儒、王旭东编的《中国川菜大观》，李长茂主编的《中国北方菜谱》，朱宝鼎、胡畏编的《南京烹饪集萃》，中州美食编写组的《中州美食》，郑昌江、张慧编的《东北菜》，孙润田主编的《开封名菜》，王长信、亚飞编的《山西面食》，等等。

突出民族和宗教特色的食谱有：杨永和、马景海编的《北京清真菜谱》，吴杰、郭玉华编的《清真特色菜点精选》，张豫昆、王富编的《云南民族菜谱》，范云兴等编的《中国少数民族特色菜》，唐文编的《东北朝鲜族咸菜》，李应编的《西南少数民族风味菜谱》等。

3. 各地烹饪大师编写的食谱

各地烹饪大师撰写的食谱（前面地域特色食谱中的编写者有许多是当地的烹饪大师）一般侧重于地域风格，还具有个人的制作特色。各位大师本身具有较高的权威性，他们撰写的食谱往往根据自己制作菜肴的个人特点而进行，有许多本人制作的诀窍和经验。

如南京胡长龄大师，是中国烹饪协会成立后第一位大师级的副会长，他在编写的《金陵美肴经》（1987年江苏人民版）中曾说："我从事饮食烹饪工作已是整整六十个年头了，在这不算短暂的人生经历中，历经了新旧两个社会饮食行业的兴衰，饱尝了厨师工作的欢乐与辛劳。同时也掌握了一手较完整的烹饪技术，积累了一部分经验……我要写，把南京菜的独特风格表达出来，以免失传。"[①]这是大师为后人留下的宝贵财富。

20世纪80年代中后期，许多烹饪大师拿起笔，为地方的饮食传承与发展尽最大努力抒写着自己拿手的菜肴和点心。如广东黎和主编的《粤菜荟萃》、朱彪初大师的《潮州菜谱》，山东郭经纬的《海味菜》，南京杨继林的《金陵冷盘经》等。90年代有：北京崔玉芬的《中国海鲜名菜》、孙宝和的《创新吉祥菜100例》，广东许衡的《粤菜精华》、黄辉等整理的《罗坤点心选（1～4辑）》，苏州吴涌根的《新潮苏式菜点三百例》，四川杨国钦的《大千风味菜肴》等。

值得一提的是由曹秀英、于壮编写的《中国面食点心谱》一书，由中国商业出版社1989年出版，共87.8万字，这是东北特一级面点师师徒俩人合作编写的，该书较系统地汇编了全国各地的风味面点，堪称是当时的面点大全。

20世纪90年代全彩色精装本食谱大量出现，许多大师制作的菜肴多为16开本全彩图，图片清晰而华丽，如扬州薛泉生大师自编的《薛泉生烹饪精品》，上海李承智编写的《名厨胡丽妹京帮菜150款》，陈红军主编的《点心状元作品集：葛贤萼点心集锦》；宁波戴永明的《宁波菜与宁波海鲜》，该书除菜谱外，还有几十种海鲜的图片与文字的介绍；王荫曾编写的《烹坛奇葩——中国驻英美大使馆宴会菜点集锦》，介绍的是自己在英国、美国大使馆接待使用的菜品，具有一定的独特性。

当时，也有一些综合性的名厨食谱，如商业部饮食服务局编写的《名厨师与名菜点》、吴联声的《名人名厨菜谱》、锦江集团教育培训中心编的《名厨新潮菜肴》等。这些以各地名厨制作的菜品成书的菜谱，得到了许多专业厨师的仿效学习和收藏。

① 胡长龄．金陵美肴经［M］．南京：江苏人民出版社，1987.

4. 以古代菜肴或古典书籍中的菜品整理出版的食谱

这时期比较重视古代菜品的编撰和古典食谱书籍的整理。一是古典食谱的发掘、整理和注释，如中国商业出版社于20世纪80～90年代初期，由当时的商业部组织相关专家集中整理出版了一套中国烹饪古籍丛刊，收集的书籍从先秦时期至明清民国，有30余种之多；其他出版社也零散出版了一些古典食谱，如清代袁枚的《随园食单》被多家出版社相继出版发行。另外，单行本如巴蜀书社的《齐民要术》（1988年版）、中州古籍的《调鼎集》（1988年张延年校注）、上海书店的《饮膳正要》（1989年版）、上海古籍的《食宪鸿秘》（1990年版）等。二是古典菜肴面点的收集与编撰，如宫廷菜传人唐克明编写的《宫廷菜与传说》（1983年辽宁科技版），这是作者回忆整理的曾在宫廷里流传的菜品，不仅能看出帝王将相们是如何过着穷奢极侈的生活，也展示了宫廷厨师高超的烹调技艺和丰富的想象力。其他如邱庞同、于一文的《古代名菜点大观》（1984年江苏科技版），张廉明的《孔府名馔》（1985年山东科技版），王子辉的《仿唐菜点》（1987年陕西科技版），王仁兴的《中国古代名菜》（1987年中国食品版），庞长红、范云兴的《中国满汉全席菜谱》（1988年华夏版），林正秋、徐海荣、陈梅清的《中国宋代菜点概述》（1989年中国食品版），薛文龙的《随园食单演绎》（1991年南京版），赵建民的《孔府美食》（1992年中国轻工业版），邵万宽、章国超的《金瓶梅饮食大观》（1992年江苏人民版），王柏春的《红楼梦菜谱》（1992年中国旅游版），清代佚名编、王仁兴等校的《全羊谱》（1993年北京燕山版），胡德荣等的《金瓶梅饮食谱》（1995年经济日报版）等。

5. 以某饭店名义编写的食谱

在20世纪70年代中期，上海的著名酒店相继编印了代表饭店主要风味的食谱。这些食谱内部销售之后，在全国各大饭店产生了很大的影响。每本书在前面都有印刷精美的菜肴彩色照片，在当时的餐饮界互相传阅，影响深远。后来在原有6本食谱内部资料的基础上，于1979年上海科学技术出版社正式出版了这套丛书：《四川菜点选编》（锦江饭店编），《淮扬菜点选编》（上海大厦编）、《北京菜点选编》（国际饭店编）、《上海菜点选编》（和平饭店编）、《广东菜点选编》（锦江饭店编）、《福建、潮州菜点选编》（华侨饭店编）。

以后各地饭店陆续出版了一些代表本饭店的食谱书籍，如1980年北京仿膳饭庄编的《仿膳菜谱》，1981年丰泽园饭庄编的《丰泽园饭庄菜谱》，1982年北京民族饭店编的《北京民族饭店菜谱》、上海黄浦区第二饮食公司编的《功德林素菜谱》，1986年王柏春编的《北京美味斋家宴菜谱》，1988年徐海荣、张恩胜编的《中国杭州八卦楼仿宋菜》，1990年张德善编的《成都锦江宾馆菜谱》，1995年胡永辉主编的《金陵饭店食谱88》、1999年《金陵饭店点心100》，1996

年北京国际饭店编写的《中国名菜图谱与营养分析》等。

在20世纪80年代，北京饭店在程清祥总经理的带领下，组织餐饮部各位特级大师，于1988年由经济日报出版社出版了一套“北京饭店菜点”丛书10本，北京饭店大师荟萃，名厨众多，充分利用企业自身资源发挥价值，在国内饭店业产生了很好的文化效应。如《北京饭店的谭家菜》《北京饭店的素菜》《北京饭店的面点》《北京饭店的宴会》《北京饭店的四川菜》《北京饭店的广东菜》《北京饭店的淮扬菜》等。

6. 以原料特点为主要内容的食谱

以原料为特点编写的食谱，品种、数量十分丰富，围绕某一种或某一类原料进行收集整理或编制，可以举一反三。如以豆制品和蔬菜为原料的食谱有：张德生的《豆腐菜400种》，马凤琴、徐广泽的《豆腐菜谱》，陈士瑜的《中国菌菜谱》，崔泽海等的《中国素菜》，陈青霞、魏开庭的《四季蔬菜中西式烹调300法》，童永光的《白菜萝卜豆腐美味636法》，杨建、晏岷《百吃瓜果》，董淑炎等的《中国野菜食谱大全》，焦守正的《花卉保健美食》，张遵强编写的《竹笋菜谱》等。

以山珍海味原料编写的食谱有：张慧中的《干货山珍海味的发制与烹调》，邵万宽、章国超的《干货食品原料的涨发与菜肴制作》等。以家畜类原料编写的食谱有：王翰文、朱礼成的《猪牛羊风味制法300例》，唐克明等的《全羊席菜谱》，李景文、李建伟编写的《全猪菜谱》等。以动物内脏、下水编写的食谱有：江永林、孟冀的《巧做家常菜300款——内脏》，时云的《杂碎下水烹调350法》，李兴春、王丽茹的《巧做下水500法》等。以家禽类原料编写的食谱有：严仁棠的《鸡的烹调一百种》，杜福祥的《中国风味名鸡制作秘诀》，陈明国、张曙光的《鸡鸭鹅风味制法300例》，鹏飞、文秀的《巧做鸭鹅菜》，许骅的《中国鸭肴》等。以水产河鲜海鲜原料编写的有：丁导生的《鱼餐》，陈耀文、江南春的《美味鱼肴》，车鉴的《塘鱼百味》，李淑萍、何振宇的《鱼虾蟹风味制法300例》，陈光新、陈伟等的《中华淡水鱼鲜谱》，晏岷、杨健等的《百吃鱼》《百吃海鲜》，肖明光等的《巧做海鲜、河鲜菜500例》，赵建民的《实用海鱼菜谱》，王祖衍等的《菜谱：中外海鲜四百味》，董淑炎等的《海鲜水产菜谱大全》等。

这时期以原料为主题编写的丛书有：1992年天津科技翻译出版公司出版的“中西趣味食库丛书”，由李傲阳主编，共6本，基本是以原料为主而编写的，如《趣味大众百果滋补》《趣味大众鱼虾菜1000种》《趣味大众素菜1000种》《趣味大众禽菜1000种》等。1999年中国轻工业出版社出版的“小餐馆大排档丛书”，由祁澜主编，共10本，也是以原料为主的单行本，如《杂粮类食品制法500例》《禽类菜肴制法500例》《鱼虾类菜肴制法500例》《米类食品制法500例》等。

7．以烹调法或器具为主要内容的食谱

根据烹调方法编写的菜谱，以专业学校的烹饪老师为编写主体，因为在烹饪教学中往往按照烹调方法进行教学，编写者只要善于收集和总结就可以编出特色。1984年李曾鹏展编撰的烹调法食谱在香港出版，并于1993年在广东科技出版社出版了“广东风味菜”系列，包括《蒸》《炆》《煎炸》《烤焗》《汤羹》等。1991年，农村读物出版社也出版了《蒸》《煮》《炸》等不同烹调法制作的食谱。

较有代表性的有：陈辉的《微波烹调食谱》，黄鑫等的《美味烤制食品500例》，陈友记的《和味煲仔菜》，张宁等的《煲菜》，吴万里等的《川味火锅》，金毅的《电烤箱食谱》，臧力等的《烤箱烤炉微波炉食品制作四百种》，阮汝玮的《卤制菜肴与糟制凉菜》，张哲普等的《涮锅火锅和砂锅菜谱》，马凤琴等的《中国火锅菜集萃》和《中国砂锅菜大全》，唐文的《东北炖菜与火锅》等。

以家庭烹调的菜谱有：1991年聂凤乔主编、中国商业出版社出版的“家庭烹调入门丛书”共11本，都是以烹调方法而编撰的，如《教你做好拌炝菜》《教你做好熘烩菜》《教你做好炒爆菜》《教你做好炖煮菜》《教你做好煎炸菜》《教你做好熏烤菜》《教你做好汤羹菜》《教你做好卤酱菜》《教你做好蒸扒菜》等等。

8．以菜品类别为主要内容的食谱

菜品有冷热之分、荤素之别，也有高档与普通之不同。不同的菜品类别中都出版了相当多的食谱。1966年轻工业出版社出版了一本《大众菜谱》，这是“文革”期间出版的符合当时需求的一本食谱，并于1976年出了第二版，当时在社会上产生了一定的影响。

根据不同菜品类别出版的食谱有：如冷菜，有肖宝林编的《凉菜谱》，周金镖等编的《冷菜制作》，周妙林等编的《冷盘制作》，张豫昆编的《云南凉菜制作工艺》，唐福志编的《冷菜制作》，张鸿庆、王淑华编的《冷盘原料制作与拼摆》，陆禾编的《四季凉菜与拼盘》，冉先德编的《中国凉菜大全》等；斋菜，有香港陈湘记书局印行的麦可明编写的《斋菜大全》，广东科技出版社于1981年重印；汤菜，有曹宗慧的《汤谱》，李国有的《汤菜谱》，李世伦的《羹烩谱》，刘永生的《美味汤谱》等；面点，有上海黄浦区第二饮食公司编的《点心制作技术》，刘青山、徐文范编的《面食谱》，吕德望编的《面点制作300种》，食品科技杂志社编的《中国糕点集锦》，孙宪化编的《各类点心制作》，董德安口述、扬州市饮食服务公司整理的《淮扬风味面点五百种》，叶荣华主编的《中国点心大全》，董玉祥编写的《金陵宴点》等；主食，有笠翁、秋滨编的《中华风味饭谱》，窦乃荣、贾宝义等编的《中华面条》，叶连海等编的《巧做粗粮500例》等；甜菜，有陈德炽、黄永根等的《甜品·冷饮》，阮汝玮的《风味甜菜150种》等；小吃，有袁洪业主编的《中国小吃集萃》，谢桂芳编的《宫廷风味小吃》，熊四智编的《四川名小吃》，天津饮食公司编的《津门小吃》等；快餐，有欧阳纫诗编的《美点佳肴省时快餐》，李洁芳的《家庭快餐》，晓美等编的《小家庭快餐谱》，赵齐川等编的《快餐888》等。

9. 以外国风味为主要内容的食谱

这时期外国风味菜谱的整理和编译出版不断增多。这类食谱最早在香港出版的较多，还有的就是北京、上海的外事饭店中烹饪大师撰写的。除此之外，大多是翻译和编译的。如香港万里书店出版、发行的有：1975年关淑仁编的《欧西名菜100种》，1978年庄以均编《沙律食谱精选》，1984年林青的《西餐入门》、卢美珠的《沙律》等。改革开放以后，相关的外国食谱逐渐的多了起来，如1981年北京市第一服务局编的《西餐菜谱》、1983年孙福全编的《怎样做西餐》、1986年北京民族饭店编的《西餐名菜四百例》、1987年陈宝成、尹秀萍的《日本名菜四百例》、1987年高仁旺编译的《法式西餐》、1988年李作荣的《意大利菜谱》、1989年胡永安的《英法意菜肴精选》、1989年锦江联营（集团）公司服务食品技术研究中心编译的《外国菜》、1989年王文斌等的《西餐名菜荟萃》、1992年孙立等译的《俄罗斯风味菜肴》、1993年李壮等编的《世界各国地方风味菜精选》、张志华等编的《世界风味菜肴与小吃》等。

还有系列丛书的出版，如1990年王仁兴、侯开宗组织相关人员编译的《实用外国风味菜肴烹饪指南·厨师实用手册》由轻工业出版社出版，共8本：《法国现代名菜烹调技艺》《苏联现代佳肴烹调艺术》《东南亚最新正宗风味名菜》《德意匈现代名菜精选》《拉美流行美食制作》《日本四季美食荟萃》《朝鲜正宗风味菜精选》《阿拉伯正宗烹调大全》；1996年焦守正编的《法国名菜》《日本料理》《韩国风味》《俄罗斯佳肴》系列菜谱，由中国建材工业出版社出版。

10. 以保健养生为主要内容的食谱

保健养生之食谱，古代已有较多记载，1949年之后这方面的内容更加丰富，食谱编写也更加多样化，这些食谱中不少是以食疗为中心，所有食谱均按功效、原料用量、烹饪方法、营养成分等给予详细介绍，并结合中西医学、食品营养学、烹饪学进行分析引证。如20世纪80年代的有：张然、郭卉的《妇女保健食谱》，索颖等的《日常营养保健食谱》，陈毅楠的《康疗食谱》，俞长芳的《滋补保健药膳食谱》，程尔曼等的《膳食保健》，董淑炎等编的《保健素菜谱》等。20世纪90年代的有：蔡武承等的《中国药膳大观》，李之桂的《大众养生食谱》，周光武等的《中国食疗养生粥谱精选》，欧英钦的《中国饮食补疗大全》，徐岩春等编的《中医保健食谱》等。在丛书方面有：陈英武、臧怡民等编的“百果滋补养生食谱丛书”，由农村读物出版社出版，分别是：《五禽滋补养生食谱》《六畜滋补养生食谱》《百果滋补养生食谱》《蔬菜滋补养生食谱》《海鲜滋补养生食谱》；董淑炎主编的《中国食物营养保健大全》，由中国旅游出版社出版，收集、整理近1000种食物及有关食谱，共分为山珍海味、蔬菜水果、海产水鲜、家禽家畜、五谷杂粮五个分册等。家庭保健的食谱丛书，如1998年由谢英彪主编、河海大学出版社出版的《家庭保健食品丛书》共16本，主要有《家庭蔬菜保健食谱》《家庭豆制品保健食谱》《家庭畜肉保健食谱》《家庭河鲜保健食谱》《家庭食用菌保健食谱》《家庭花卉保健食谱》《家庭药膳保健食谱》等。

11. 以家庭家常特点为主要内容的食谱

1949年以后，针对家庭烹调的食谱大量出现。这类食谱的编写风格比较多样化，品种相当丰富。作者中有不少是专业厨师和烹饪专业学校的老师，还有不少是真正的家庭主妇和美食爱好者，家庭风格比较浓，适合城乡广大家庭烹制。如1957年上海文化出版社出版、李雯编著的《家常菜》印刷面世，该书出版不到一年的时间里先后印行了4次，在当时图书市场上产生了很大的影响。

这时期一系列的家常菜谱出版面世，如20世纪70年代后期至20世纪80年代的《家常菜谱》《家常点心》《家庭饮食》《家常面点》《家制酱菜》《家庭营养风味菜谱》《家庭牛肉食谱》《家庭日用西菜糕点》《家常素食制作》《家庭学做西餐》《家庭西餐一百例》《家庭西餐烹调法》《家庭鱼虾菜一百例》《家庭食补疗营养菜谱选》等。除单行本以外，家庭系列食谱丛书的出版也是这时期的一大特色，如1988年中国商业出版社出版了“地方家庭菜谱丛书”4本，即四大菜系《家庭川菜》《家庭苏菜》《家庭粤菜》《家庭鲁菜》。1988年重庆出版社出版的“川菜大全”系列丛书，有《家庭筵席》《四川家常菜》《家庭冷菜》《家庭素菜》《家庭小吃》《家庭药膳》《家庭泡菜》等。

20世纪90年代是家庭食谱出版的旺盛时期，几乎全国各家出版社都有相关食谱出版。如《家庭蔬菜烹调350种》《家庭汤菜制作》《巧做家宴冷盘300例》《家庭健身食谱》《家庭食品全书》《家常下酒菜》《新编家庭蔬菜烹调法》《家常野菜新吃》《家庭炒菜》《双休日家庭菜谱》等。在新华书店的生活柜台上，家庭食谱丛书总是琳琅满目，摆在显要的位置。如上海科技出版社推出的“家庭食谱丛书”不定期成册，共21本之多，1990年开始出版，如《家庭海鲜河鲜制作》《家庭热炒菜制作》《家庭营养粥谱》《家庭煲菜制作》《家庭饮料制作》《家庭假日菜制作》等；20世纪90年代初期开始，金盾出版社出版了一系列的家庭菜品食谱，如《家庭凉拌菜》《家庭火锅、砂锅、汽锅菜谱》《家庭美味汤谱》《家庭泡菜100例》《家庭自制小食品150例》《美味家常菜320例》等，有40余种；1999年延边人民出版社出版的“现代家庭美食丛书”共10册，如《家庭豆制品烹调300款》《家庭面点制作300款》《家庭风味菜烹调300款》《家庭火锅制作300款》《家庭清真菜肴烹调300款》等。多家出版社都相继推出一系列成套的家常菜谱，这里就不一一赘述。

在家庭食谱类书中，20世纪90年代出现了一日一菜、三菜一汤、四菜一汤等相关书籍，代表的有《节日菜谱》《一日三餐》《一日一菜（家庭菜谱365款）》《365盘菜出锅——家常热菜荟萃》《365天一日三餐》《家庭四菜一汤》《家庭三菜一汤制作》等。

12. 其他类型的烹饪食谱

这时期我国食谱的编写是丰富多彩的。自1983年中国商业部举办第一届全国烹饪技术表演赛以来，以后每隔五年在全国范围内都要举办烹饪大赛。为了满足广大厨师参加大赛的需要，也相继出版了相关的食谱，如《烹坛荟萃（第二届全国烹饪大赛获奖作品集）》《中国烹饪大赛撷英》《烹坛精萃（第三届全国烹饪技术比赛个人赛作品集）》《烹坛瑰宝（历届全国烹饪技术比赛评委作品集）》等。

有以味型为主的食谱，如刘自华的《辣味菜肴烹调270种》，俞宗德等的《酸甜苦辣菜谱》，分甜、辣、酸苦三册编写，叶连海、郝淑秀的《味型菜谱》等。

以某一特定风格编写的食谱，如任广寿等的《丸子》，利用不同原料制作的各式丸子菜肴各具特色；张志华、于峻编写的《生食食谱》；而1995年卢郎编写的《怪菜》，该书分食花、食异、知青菜三部分，正如作者所言，冠之以"怪"，是因为书内所述的菜肴，无论是川、粤、京还是闽、沪、扬等菜系里，都不曾记有，可谓怪之至极。李乐清的《宴会实用造型糁菜》，糁是对肉料制蓉，加盐、水、蛋清等搅拌而成的糊状原料然后制成不同的造型菜肴，风格独特。

比较有特色的还有：黑龙江刘立群的《中国诗词典故菜谱》（1986年黑龙江科技版），利用著名的诗词佳句入菜制作，正如他在书中所说："我在实际工作中，随着大量探索和烹制各地特有名菜及不同的风味佳肴，促使我对诗词和古典文学发生了浓厚的兴趣，并进而产生了创作以诗词典故命名的新菜，使烹调艺术与诗词典故结合起来的想法。"[①]方青华的《中国典故名菜》（1989年中国食品版），以历史典故菜肴作为介绍的对象；邵万宽的《风靡欧洲的中国菜》（1998年江苏科技版），是作者在欧洲中餐馆工作两年所记载的多地中餐馆菜单中比较流行的菜肴和点心。其他综合性的食谱有：谢桂珍的《春夏秋冬菜谱》、佳音的《四季时令菜谱》，谢玉艳等的《野味·粗食·烧烤食谱》等。

① 刘立群. 中国诗词典故菜谱［M］. 哈尔滨：黑龙江科技出版社，1986.

（二）对现代食谱编写出版情况的分析

1. 撰写食谱的作者队伍

在食谱编写的队伍中，饮食行业管理机构组织牵头，会同各地名师出版传统名菜名点是新中国成立以后早期食谱编写的主要力量。20世纪50、60年代到20世纪70、80年代，大多地方菜系的食谱都是经过组织召集各店名师而为的。特别是20世纪80年代以前，人们还没有条件甚至没有这种想法去完成这样的任务，尤其是一个地区的菜谱，一至两人是无法完成的，只有依靠政府和饮食管理公司集体编写。如1976年湖南省商业局副食品公司与长沙市饮食公司合编的《湖南菜谱》（湖南人民版），1980年福州市饮食公司编写的《福建菜谱》（福建科技版）以及前面介绍的早期地方菜系的系列丛书等。

各地烹饪学校的专业教师是食谱编写的生力军。20世纪70年代中后期，随着国家恢复高考，全国涌现出许多开设烹饪专业的技工学校和中专学校，在教师青黄不接的情况下，从饭店企业抽调有一定文化知识的厨师进入学校担任老师和教授课程，在早期毕业的学生中再选拔一些学员留校当老师，成为当时全国烹饪专业的基本情况。20世纪80年代中后期，烹饪大专生毕业后到各地中职学校烹饪专业任教，成为这个队伍的中坚力量。在社会需求和出版社要求下，在担任老师的队伍中，许多老师拿起笔编写教学菜谱和烹调食谱，有些食谱在当时的地方报刊上发表。这是食谱编写的重要力量，前面介绍的许多食谱都是各地烹饪老师所为。

在企业工作的专业厨师热衷于食谱的编制。与古代厨师的没有文化不同，20世纪50年代以后，中国的厨师开始有一点文化，特别是从初中、高中毕业后走向厨房的烹调师，以及从职业学校、中专、大专毕业的烹饪专业人员，顺应报纸杂志的需求，把自己所学所感的思路和诀窍记录下来，并用食谱的方式编写并发表，许多有能力者编写食谱出书，而且许多人员不止一次一本地编，有的编写了多本，有的编写了系列丛书，成为一方有影响的儒厨。

美食爱好者是食谱撰写的一支有生力量。上面介绍的1957年出版的《家常菜》一书，该书作者就是一位家庭主妇、美食爱好者，书中介绍的菜肴都是家常制法，正如再版后的说明所讲："它与许多名为家常菜却仍是属于饭店烧法的不同，完全出于家庭主妇之手，所介绍的烧法也真正是家常的，更适合家庭的条件和实际需要。"[①]1985年上海科技出版的《江南家宴小吃》，作者胡济沧是一位烹饪爱好者，他在前言中介绍说："大学文科毕业后，曾在嘉兴、嘉善、平湖一带

① 李雯. 烧好家常菜［M］. 上海：上海文化出版社，1987.

任教。由于学的是文学，而且更爱好诗词，因此常常在饮食之际会同诗友随意小吃，对烹饪也有了一些研究。”[①]在这支队伍中，有不少是出版社的编辑，自己喜欢美食，加之食谱编辑多了，他们自己也动手整理编写。如《中国烹饪》杂志和中国商业出版社的编辑是最典型者，其他如《家常菜谱》《一日三餐》《家庭快餐》等食谱都是相关编辑亲自操刀所为。

2. 出版社有关食谱出版的情况

（1）20世纪80年代至90年代是食谱出版高峰　从上述的食谱介绍中可以看出，20世纪70年代的食谱比较少，许多是内部资料，供内部培训所用，出版社出版的食谱数量较有限。进入20世纪80年代，这些内部培训资料开始正式出版向全国发行。20世纪80年代在开放的大潮中，中国人的生活水平有了大幅度提高，食谱的需求量开始递增。从传统食谱的出版与设计来看，20世纪80年代，出版社一般将普通厨师和供家庭主妇学习的食谱，定位为一种简易的价廉物美、使用方便的书籍，大多是作为生活消费、休闲类图书出版发行，为有更多的读者购买，食谱书定位比较低端，所以出版的食谱基本都是简装的普通书。进入20世纪90年代，随着国家经济的飞速发展，食谱等生活类书籍的需求量开始增大，各出版社的兴趣点频频上升，烹饪食谱、家庭菜谱的系列丛书不断增多，特别是菜点彩色印刷的食谱需求量大，图文并茂，既方便饭店厨师学习之用，又得到全国广大家庭的欢迎。全国的新华书店在生活类的柜台上都会大面积地陈列各种食谱之书，观赏的、购买的人络绎不绝，成为各书店销售的一大亮点。

（2）20世纪90年代中后期出现了彩印食谱系列版本　20世纪90年代，在图书市场上出现了一系列彩色印刷、包装美观的食谱丛书，彩色菜肴图片，比纯粹的文字书更加清晰易学，适合不同人士的学习与制作，特别受到广大年轻厨师和家庭主妇的欢迎。如1995年贵州科技出版社的“中国餐馆菜”系列丛书，分别由不同的作者编写；福建科技出版社由陈建新主编的“名菜精华”系列丛书；1998年辽宁科技版的“生活美食家”丛书，包括《简易素食谱》《营养豆腐食谱》等；黑龙江科技版的“蔬菜菜谱”丛书，包括《土豆菜谱》《白菜菜谱》《西红柿菜谱》等；1999年辽宁科技版的“大众饮食与健康”丛书和“吃出健康吃出美”丛书10本，包括《海鲜篇》《肉类篇》《蔬菜篇》《水果篇》《果菜汁》《保健饮料》等；上海文化出版社的“中华美食林・粤菜”丛书，李承智主编，共5本，包括《广式粥饭篇》《广式汤煲篇》《广式刺身卤水篇》《广式烧焗炸煎篇》等；2000年江苏科技版的“食味鲜”系列丛书12本，由邵万宽、周妙林主编，包括《四季冷菜》《时鲜鱼肴》《美味禽肴》《虾蟹贝类》《果蔬小荤》《滋补靓汤》《雅致西

① 胡济沧. 江南家宴小吃［M］. 上海：上海科技出版社，1985.

餐》《特色点心》《缤纷果盘》等。

20世纪90年代中后期，餐饮业的迅速发展，除了一些简装的彩版食谱外，又出现了一大批的精装版食谱，因餐饮行业的大厨和管理者相对收入不菲，需要一种供酒店高管、烹饪大师、厨房基层和高层管理者使用的豪华精装版食谱，这也受香港版的豪华食谱影响，彩版食谱大多为大16开装帧精美的版本，价格偏高，读者定位为收入较高的大厨和高星级酒店餐饮经营者之用等。

3. 所出版的食谱质量参差不齐

从1970年至2000年，30年来我国食谱的出版有万种之多。综观这些食谱，有作者自己去检验、试制而归纳的；也有的是转抄别人的；还有一些是个人想象甚或杜撰的，没有经过试制而编写成的；更有以讹传讹的。从内容来看，早期饮食管理机构组织烹饪大师编写的食谱，大多是经过一遍又一遍的试制而采录的，有的花了几年的工夫才得以完成。这些食谱是最权威的、有广泛影响力的，也是后人转抄、改写的范本。不少个人编制的食谱在改写过程中并没有锦上添花，反而让人唏嘘难懂，如专业厨师使用的食谱有些内容很简单，许多技术关键都没有说明清楚，年轻厨师难以照此学习；而家庭食谱中的菜肴也不是家庭厨房制法，有些制作工艺专业性很强，技术要求较高，家庭主妇懵懂难辨；也有一些食谱，有胡编乱造的现象。因此，在所出版的食谱中至少有下列几种情况：

（1）编写体例的单一性　几十年来，各出版社出版的食谱虽种类繁多，食谱书名异彩纷呈，但编写的体例较为单调，基本上是“三大块”：即原料、制法、特点的固定模式，形式比较单一，甚或是千篇一律。这种定式一直延续着：即以传统的手工操作和个人经验为主导，以三段式固定程式概而套用之。

（2）同名食谱的翻版性　在我国食谱出版的市场上其形式和内容难有创新，大多是翻版炒冷饭，就有关“川菜”的食谱不下百余种，不仅是每个出版社都出，就是一个出版社也出版了不同版式、不同档次的多个版本。像《家常菜谱》《家庭菜谱》类书也有百种之多，即使是某一种食材的食谱，如“豆腐”，就有《豆腐菜肴》《豆腐菜谱》《豆腐菜肴200种》，接着就有250种、300种、350种的出版，是那么不厌其烦，不同的出版社都在这里较量。还有一种翻版情况，即同一个作者把同样的或相关的食谱以不同的方式或不同的书名，改头换面地在不同的出版社出版。出版社也在做翻版的事，一个出版社新创意的食谱书发行销量不错，多次印刷，就会有相关出版社模仿跟风，很快相类似的食谱就应市而出，抢占市场，出版社之间也在较劲。

（3）缺乏编写的严谨性　许多作者对食谱的编写较为随意，一些食谱是作者凭自己的主观想法编造而来的。有些用地方土语，缺少规范的称谓，甚或是自说自夸，这不仅让人难懂，还会误导读者；再加上自己的文字组织能力的局限，让读者看起来、学起来比较吃力。有的干脆就用“适量”“少许”以至于用“若干”“一勺”“一碗”等方式简而概之。这些词语和勺、碗的大小很难把握。一些作者编制的食谱，前面介绍的原料，在操作中没有用到，或者是前面没有介绍的原料，而在后面制作中又冒了出来，让人无法去识别、去操作；有些食谱中的原料、调料的数量比例缺少具体而精确的数据，甚至出入较大，难以依此试做。作者在编写时，对原料的配伍、技术的阐述、要领分析、质量评价等，缺少科学的试验和最佳的数据量化说明。有些关键的操作要领也是简单介绍甚或是一带而过。另外，在不同的食谱书中，同样的菜肴也有不同或多种的用料配方和制作方法，比较零乱，让人难以适从，不知孰是孰非。

在许多食谱中最大的问题还是质量。还有些食谱错别字较多，这都是因为没有认真琢磨、修改和审校，以至于出现一些让人摸不着头脑的东西，这是值得广大食谱编写者特别要注意的。对于出版社更需要对技术和质量把关，这样对食谱书的购买者才能发挥更好的学习效果。

4. 食谱出版涌现出的创新亮点

在20世纪70年代后30年食谱编写与出版中，除传统的三段式编写程式外，也出现了一些让人眼前一亮的作品。

（1）教学实训菜谱详细且具有操作性　就食谱的编写来看，较为详细的应该是学校使用的教学实训菜谱。如全国就业训练烹饪专业统编教材的《实习菜谱》，由劳动部培训司组织编写（1992年中国劳动版），其编写体例就有许多特色，把每一个菜肴按照讲课流程来逐条细化分解，编写方式为：烹调类别、使用原料、原料选择、切配、烹调、风味特点、掌握关键、思考题等。把菜谱分步骤解剖得比较详细，便于广大学生和读者学习和使用，特别是制作菜肴的关键点的罗列，学习后每道菜都有3～4个思考题，便于学习和巩固。上面介绍的《风味特色创新教学菜点》等相关教学菜谱都有菜肴简介、教学目的和要求、制作工艺（原料、制作方法、烹调、菜肴特点、技术要点及说明）、思考题，每个菜肴分解步骤都十分到位，便于读者学习使用。

（2）菜谱编写体例创新发展　在所出版的食谱丛书中，也看到了一些较有特色的食谱。如1999年谢定源主编的《新概念中华名菜谱》，其编写体例也是别具一格，每个菜谱的编写分“成名原因”“原料配方”“工艺流程与制作方法”“做好此菜的诀窍”“营养保健指导”“菜品花样变化”几个部分，细细品读，每个菜肴就是一篇文章，具有可读性、可模仿性、保健性和可创新性。该丛书的最大特点就是对每个菜品总体文化特征及其量化方面进行了深入的探讨，在“菜品花样变化”上有新的突破。正如赵荣光教授在这套丛书的“序”中所说：“人们呼唤着反映更新食生活、食文化的新概念、新风格、新式样的菜谱快快诞生！……面向21世纪新概念菜谱的出现和普及，无疑是当今饮食文化发展的必然趋势。”①

（3）菜谱编写纳入营养元素　在浩瀚的食谱海洋中，还可以找到少量的让人引以自豪的食谱。如1996年北京国际饭店编写的《中国名菜图谱与营养分析》，由北京国际饭店与中国预防医学科学院营养与食品卫生研究所合作完成，首次大规模地较全面地科学测定240种中国风味菜的营养成分。这些风味菜精选自五大菜系，其中包括山东风味菜50种，广东风味菜50种，四川风味菜50种，淮扬风味菜50种，全素风味菜40种。每种菜肴的采样均在对菜肴配方、烹调及风味特色进行规范化、定量化总结的基础上进行。菜肴由有经验的厨师烹制，原材料和调味品均经过准确称重，力求做到选料标准、投料准确、工艺合理、操作正规，菜肴具有应具备的感官性状和风味特色。历经三年时间，取得了一万余科学数据和菜肴营养价值综合分析资料，这是值得餐饮业庆幸之事。著名营养学家于若木在该书的“序”中说：“这项研究成果以大量的科学数据和资料揭示了中国风味菜的营养内涵，为提高中国烹饪的科学化、现代化程度和管理水平提供了理论依据，为制定科学食谱与宴席菜单提供了实验数据，对进一步完善和改进烹饪技艺，扩大中国菜肴在海内外的影响有一定的作用……这本书是中国烹饪史上第一本以科学实验为基础的美食与营养有机结合的食谱，是一份很珍贵的资料。”②该书为营养研究的专业人员与厨房烹调大师的紧密合作，这是对中国烹饪事业和中国人科学饮食的一大贡献，她将有助于中国烹饪技术和餐饮管理的科学化，也为全民族膳食食谱营养化水平的提高开辟了新的道路。

我国烹饪食谱书籍在30年的出版过程中，已经占有了中国图书市场中的一个重要的份额，它为改善和推动广大人民群众的饮食生活作出了不可磨灭的贡献。但从整体质量上看，中国食谱在国际上的地位还有待提高。出版社应根据现代社会的发展、行业的需要和广大读者的需求，策划编写出版一些既具有传统的技术特色又具有科学普及性、量化规范性、营养保健性的食谱。根据新时代的需求，烹饪食谱书籍应在科学性和实用性上有所突破，技术关键部分、食材的科学配方上更加规范，便于广大读者科学地模仿学习。传统食谱编写叙述的随意性、食材与调料的模糊化方式，这种莫衷一是的编写风格，不仅制约了中国菜品的稳步发展，而且也影响了中国菜品走向国际的步伐。我们不能停留在中国烹饪是“王国”、中国菜肴世界领先的空谈上，而应用实际行动，拿出科学化的、规范化的食谱文字来，真正体现出它的美味和领先，让世人由衷地敬佩。从另一方面

① 谢定源. 新概念中华名菜谱丛书［M］. 北京：中国轻工业出版社，1999序.

② 北京国际饭店. 中国名菜图谱与营养分析［M］. 北京：中国轻工业出版社，1995序.

来讲，我国食谱的编写需要有一批专心研究食谱标准化、营养化的作者队伍。目前，国内许多地区如安徽、四川、重庆等地早已建立起适合本土风味特色的标准化食谱，全国各地的餐饮、烹饪行业协会会同相关企业和研究院所都正在加紧建设当地标准化的食谱资源。相信21世纪的中国食谱类书必将迎来一个规范、标准、繁荣的新时代。

第五章

中国人食的差异

在我国各地不同的地理环境中，造就和孕育了丰富多样的动植物资源。辽阔的疆土上，由于地理、环境的差异，各民族的生活习惯不同，自古就形成了饮食风味的差异和区别。古语云：“凡民禀五常之性，而有刚柔缓急音声不同，系水土之风气。”不同的地理环境与气候，提供不同的食物原料，形成不同的饮食习惯与文化。

青藏高原自远古就生长着牦牛，牦牛身长腿短，善于攀登，能耐高寒缺氧，爬峭壁，越冰坡，涉沼泽；《吕氏春秋》中就有“肉之美者，牦象之肉”的记述。长白山区林间的猴头菇，生长于树木上，外观呈中实的块状，在枝的末端垂生多数柔软的长针形的毛，淡黄色至褐色，状如猴头，其味道鲜美，营养价值较高。广西的罗汉果早已闻名于世，它是一种高级清凉食材兼调味佳品，含有丰富的天然葡萄糖和果糖，具有清热、润肺、止咳、化痰、益肝、健脾、生津提神的功能。内蒙古的肥尾羊是羊的优良品种，出肉多，品质极好，味道鲜美，肥瘦相宜，是肉类中的珍品，也是涮羊肉、烤全羊的上等原料，也可依不同人的口味，经爆、炒、熘、烧制成各种美味佳肴。所有这些动植物原料来源于不同的地区，都是大自然的赐予。

人们居住在不同的地区，生活在不同的社会层面，各个社会等级的政治、经济地位均不相同，相应地也决定了人们在社会精神、文化生活上的地位的不同。反映在饮食生活中，各个地区之间、等级之间，在食物用料、烹饪技艺、吃的排场、加工精细及基本的消费水平和总体的文化特征方面，存在着明显的差异。这种差异有地域性的，也有人文性的，还有社会性的，人们所处的不同地区、不同层次、不同级别，在饮食上都会有不同的差异，而且这种差异是明显的、长久的，尽管社会的政治、经济因素总是处在变化发展的运动状态中，但这种差异却是难以改变的。

唐代壁画《野餐图》

一、南方与北方：美食文化的自然习性

中华美食文化的南北差异，是由于南北各地自然环境的不同而形成的。在漫长的历史长河中，传统美食文化在主食、口味、制法和习俗诸方面都形成了南北不同的自然风格。南北不同地区的饮食个性在一定的时空中延续，最终汇聚成中华美食五彩斑斓的文化特色。

我国各地的饮食风味形成是有着悠久的历史渊源的。在我国现存最早的医学专著《黄帝内经》中的《素问・异法方宜论》（卷四）中云："东方之域，天地所始生也，鱼盐之地，海滨傍水其民食鱼而嗜咸，皆安其处，美其食。……西方者，……其民陵居而多风，水土刚强，其民华食而脂肥，故邪不能伤其形体……。北方者，天地所闭藏之域也，其民高陵居，寒风冰冽，其民乐野处而乳食……。南方者，天地之所长养，阳之所盛也，……其民嗜酸而食胕……。中央者，其地平以湿，天地所以生万物也众，其民食杂而不劳。"[①]因地理环境而产生的饮食嗜好的不同当然地反映在人们的饮食生活中，而这样的饮食生活习惯又自然地受到不同地理环境中产生的文化风格的影响。晋朝张华在《博物志》中也说："东南之人食水产，西北之人食陆畜。""食水产者，龟蛤螺蚌以为珍味，不觉其腥也；食陆畜者，狸兔鼠雀以为珍味，不觉其膻也。"[②]这些古时期的文字表明：五方之民的地理环境、气候、物产、饮食风俗是构成各地食品风味特色的物质基础。

人类的食物取决于生物资源，生物资源又是构成生态环境的主体。生物资源的丰富与否又取决于地理位置，尤其是气候条件和地理条件。"近山者采，近水者渔"是饮食区域性的物质条件。中国南、北方饮食文化显著的区域差异，不仅食物原料品种有一定的不同，而且不同地区形成了相应的区域意识，即本区域文化的认同感，这种认同感与其他因素一起，使得中国各地的饮食文化具有较强的稳定性和继承性。不同区域的自然条件和文化传承逐渐地形成了这一区域内人民的饮食风俗和习惯，而这种饮食的习惯又具有相对的排他性，人们对食物的选择和加工的方法就是这样代复一代地延续着。[③]

① 黄帝内经・素问［M］. 北京：人民卫生出版社，1963：80-81.

②（晋）张华. 博物志. 博物志校注［M］. 北京：中华书局，1980：12.

③ 邵万宽. 中国南北区域美食文化自然习性之比较［J］. 楚雄师范学院学报，2014（5）：18-23.

（一）水土与气候带来吃的差异

自古以来，由于水土、气候等自然环境的不同，江南与黄河流域在远古时所播种的食物原料是有区别的。南方气温相对较高，生长各类蔬菜、水果、水产和家禽，北方气候相对寒冷，玉米、高粱等杂粮和牛羊等家畜较多。这在先秦时期就显现出来，从当时的古文献中就略见端倪。如北方的《礼记·内则》所记载的“周代八珍”与南方的《楚辞·离骚》所记载的楚国贵族的菜品就有明显的差异。南方热带水果品种丰富，食用广泛，如芒果、菠萝、香蕉、杨桃、荔枝、椰子、龙眼、木瓜、柑橘、话梅、香橙等，北方的菌类山珍品种殊异，如人参、松茸、黄芪、黑木耳、猴头蘑、松蘑、榆蘑、蕨菜、松子、飞龙、鹿茸、哈士蟆等。

1. 南北地区主食需求的差异

几千年来，我国北方盛产小麦，南方盛产稻米。据考古专家发掘证明：先秦时期，我国北方人民的主粮是黍、稷；南方人民的主粮是稻谷。食的文明分成两大系统，早在公元前5000年就已确立。秦汉以后，北方黍、稷的主食地位逐步让位给麦；在南方，稻始终是广大人民的主食，而北方却列为珍品。产小麦者，面是主食。千百年来，北方人民善于烹制面食，有“一面百样吃”之说。在面食制作方面，蒸、炸、煎、烤、烙、焖、烩、浇卤、凉拌等，任意制作，都别有风味。

在中国食品史上，稻米是江南人自古以来最主要的粮食。酿酒、制醋、炊饭、熬粥、作糕点和小食品等都离不开它。到了商周时期，也开始逐渐推广稻谷的种植，距今3000多年的河南安阳殷墟遗存的甲骨文中，发现有卜丰年的“稻”字和穛（籼）、秔（粳）等不同稻种的原体字，以及关于稻谷生产丰歉的记录。[①]

大致从春秋时期以后，由于农业技术的提高，其他粮食作物，特别是稻、麦日益扩展，致使粮食生产结构有所变化，其显著特征是南方稻的地位逐渐上升，而中国古代早期的产麦区域，主要集中在黄河中下游、陕西渭水及其支流、山西汾水流域、河南、山东等地。先秦时期人们就开始重视麦子，因为麦饭较黍饭、稷饭、粟饭好吃，所以古人十分珍惜它。

从远古开始，北方的劳动人民在源远流长的农事活动中，经过长期的定向培育，发展起一大批适应北方水土的农作物品种：小麦、玉米、高粱、莜麦、荞麦等，为北方面食制作提供了丰富的主食原料。以面食为主的黄河地区，其面食的主要烹制方法是煮、蒸、烘、烤、炸的食品，如刀削面、饸饹面、荞剁面、窝窝头、摊饼、烙葱饼、馒头、花卷、馍馍、锅盔等。所以，北方人以面粉、杂粮为主要原料的各种食品，丰富多彩。北方人的日常食品是花卷、面条、糖包和大

① 姚伟钧. 中国饮食文化探源［M］. 南宁：广西人民出版社，1989：31.

饼。其面食不但制作技术精湛，而且口味爽滑，筋道，被称为北方四大面食的抻面、刀削面、小刀面和拨鱼面，受到北方各族人民的喜爱。他们不仅天天要吃面食，而且几乎家家会做。

晋陕面食花样百出，三晋地区使用各不相同的面，有白面（小麦）、红面（高粱）、米面、豆面、荞面、莜面、玉米面和小米面等，可以说，五谷之粉，无所不用。制作时，各种面或单一制作或三两混作，各有千秋，风味各异。如特色面食掐疙瘩、饸饹、剔尖、抿圪蚪、猫耳朵等。其吃法或浇卤、或凉拌，或有浇头、或有菜码、或蘸作料，风格多变。陕西的面食也是千奇百怪，“渭南的乒乓面，以蘸辣醋水吃之；有长安的粘面，以拌大油、蒜泥搅匀吃之；有岐山吊面，以韧、薄、光、煎、稀、汪为特色；有兴平涎水面，数十人捞面回汤而出名；兼之武功扯面，三原削面，大荔拉面，其形不同，味不同，各领风骚。”①

长江、淮河以南，襟江临湖，盛产稻米和水产。明清时期就有许多苏式糕团点心的名称记载，著名品种有麻饼、月饼、松花饼、盘香饼、棋子饼、薄脆饼、油酥角、马蹄糕、雪糕、花糕、蜂糕、百果蜜糕、脂油糕、云片糕、火炙糕、定胜（定榫）糕、年糕、乌米糕、三色玉带糕等。明末清初屈大均《广东新语》中记下广州人所食的点心就有炒米饼、糖环、薄脆、煎堆、粉果、粽子、荷叶饭达数十种之多。

长期以来，南方的劳动人民多以大米为主食，米粉、糕团、汤圆、煎堆等风味食品都用米制成。南方人认为面食只能当点心。他们制作的食品随季节的变化和群众的习俗应时更换品种。如各式汤圆、方糕、拉糕、松糕、年糕、萝卜糕、糯米糕、油炸糖环等，是当地人们的最爱。如“甑儿糕”用白糖和糖油与米粉和制，讲究黏、松、散，在南方的大街小巷都能见到边制作边销售的场面。

在民俗节令方面，除夕守岁吃团圆饭也有很大的差异。北方不可以没有面食饺子。饺子，形如元宝，音同“交子”，除夕子时进食，有招财进宝和更岁交子的双重吉祥含义；而南方守岁必备年糕和鱼，年糕是粳米和糯米混合制成粉后而成，寓意“年年高”，鱼含有“连年有余”吉祥之意和辟邪消灾的双重含义。

2. 南北地区饮食口味的差异

我国疆域南北跨越温、热两大气候带，黑龙江北部全年无夏，海南岛则长夏无冬，黄淮流域四季分明，青藏高原常年积雪，云贵高原四季如春。正如《齐乘》中所说“今天下四海九州，特山川所隔有声音之殊，土地所生有饮食之异”。

我国各地自古以来就有不同口味特色的差异。长江以南的人们大都喜欢吃甜食，烧什么菜都放糖，就连咸菜都带甜味。北方人多“口重”，即爱吃咸，总缺不了咸菜、咸酱和酱油之类。从中国饮食史上看，最早的地方菜只有两大派，即

① 贾平凹. 关中论. 北人与南人［M］. 北京：中国人事出版社，2009：233.

南方菜和北方菜。《诗经》中反映出来的食品原料，主要是猪、牛、羊，水产仅有鲤鱼、鲂鱼等少数几种，代表着西起秦晋、东至齐鲁以黄河流域为主的北方风味。而《楚辞・招魂》中反映出来的食品原料，则以水产和禽类居多，具有长江流域特色的南方风味，这就是明显的分野。南北的差异，不仅仅局限于原材料上，人们在饮食口味上也有相当大的差别。清朝钱泳在《履园丛话》中说："北方嗜浓厚，南方嗜清淡。"[①]徐珂《清稗类钞》说："食品之有专嗜者焉，食性不同，由于习尚也。兹举北人嗜葱蒜，滇、黔、湘、蜀人嗜辛辣品。粤人嗜淡食，苏人嗜糖。"[②]在我国各地，流传着好几个版本的《口味歌》。如"南味甜北味咸，东菜辣西菜酸。辣味广为接受，麻辣独钟四川。少者香脆刺激，老者烂嫩松软。秋冬偏于浓厚，春夏偏于清淡。"

南甜北咸已是我国人民饮食的自然特色，这主要反映了环境对人们饮食口味的影响。南方湿度大，人体蒸发量相对较小，不需要补充过多盐分，又盛产甘蔗，所以南人爱用甜食。北方干燥，人体蒸发量大，需要补充较多盐分，性喜咸味。另外，北方气候寒冷，人们习惯吃味咸油重色深的菜；南方气候炎热，人们就偏向吃得清淡些；川湘云贵多雨潮湿，人们惟有吃辣才能驱风祛湿。这些都是自然条件影响促使人们在生理上的要求，只有这样，才能达到身体平衡，保障健康。

南方菜肴比北方甜，也与我国制糖业始于南方不无关系。我国甘蔗制糖已有2000多年的历史。战国时期的甘蔗汁是祭品之一，称为"柘浆"，是用甘蔗榨出的糖汁，尚未形成糖的结晶体。唐朝，我国产糖地区，已由广东、福建扩展到四川、湖南一带。从古代的文字记载，广东、福建自然条件优越，制糖工艺先进，也进一步证实了南方是我国食糖的发祥地。进入16世纪，开始"南糖北运"，糖成了南北交流的主要商品之一。率先生产食糖的南方人，人均食糖量高于北方地区，而北方人吃糖不多，只是过去糖难得。这种"南甜北咸"的地域饮食差异，延续至今。

在作家和美食家的笔下，对"南甜"的描述和评论就很生动："广东人爱吃甜食。昆明金碧路有一家广东人开的甜品店，卖芝麻糊、绿豆沙，广东同学趋之若鹜。'番薯糖水'即用白薯切块熬的汤，这有什么好喝的呢？广东同学曰：'好嘢！'"[③]在谈到无锡人的"南甜"时："都说苏州菜甜，其实苏州菜只是淡，真正甜的是无锡。无锡炒鳝糊放那么多糖！包子的肉馅里也放很多糖，没法吃！"[④]在《北人与南人》一书中，记录了各地中国人性格和文化，其中杨东平先生在《上

① （清）钱咏．履园丛话［M］．上海：上海古籍出版社，2012：221.
② （清）徐珂．清稗类钞（第十三册）［M］．北京：中华书局，1986：6238.
③ 汪曾祺．五味．食事［M］．南京：江苏人民出版社，1996：2.
④ 汪曾祺．五味．食事［M］．南京：江苏人民出版社，1996：2.

海人和北京人》的文章里说："上海人和北京人，在人格特殊性、典型性上，正是南北两地文化的恰当体现。"其中也包括"南甜"的口味特征：江浙一带的南方人"吃大米和甜糯的食物"，"喝燕窝汤，吃莲子"。[①]

饮食口味习惯，积习难改。不同地域的气候特点和物质条件是形成各地口味特色的最主要原因。当人们的饮食习惯形成之后，基本的口味改变甚难。这就是不同地域菜系之间的差异所在。

（二）南北文化培育不同的制作风格

一方水土养一方人。南北自然气候的不同特点使得南北方的社会环境形成了一定的差别，也造成南北地带生物品种发生较大的变化。早在2500年前的《黄帝内经》中就对南北不同区域的地理、气候、食物的不同特点进行了深入的阐述。因环境的差异造成北方干旱少雨多产粗杂粮，南方水网密布多产大米等细粮。北方温度下降，生物品种减少。南方温度上升，生物品种增多。生物品种丰富的地方，食物种类也比较丰富。

在北方常常听到一个"大"字，环境是大森林、大草原、大油田、大工厂。人称是大丫头、大小伙子、大老爷们。与吃有关的是大葱、大酱、大饼、大馒头、大白菜，大口吃肉，大碗喝酒。[②]而在南方则大不一样，南方地区常体现一个"小"字，环境是小桥流水、小径通幽、小河弯弯、小船荡漾。人称是小伙子、小妹妹、小姑子、小老太太。与吃有关的是小馒头、小烧饼、小笼包、小白菜、小萝卜。

在一日三餐的生活习惯上，南、北方人民在菜肴、点心的制作中也形成了不同风格，如南方的较细薄、北方的较粗厚的外形特征。中国南北方的地理、气候孕育着不同的人文、物产与饮食特色。南方菜肴讲究精工细作，刀工整齐划一，肉切得薄薄的、细细的，摆放得齐齐的。在南方，厨房里切的"生姜丝"能穿绣花针，江苏人吃的"水晶肴蹄""鸡汁烫干丝"是不可或缺的；扬州的名菜"大煮干丝"，一块豆干要批16片以上，切出的干丝，细如发丝。在江苏，鳝鱼可以做100多道不同的菜肴；几尾刀鱼就可以制成刀鱼全席。而在北方，菜肴风格就截然不同。酱爆、葱爆、扒制菜肴比较多，颜色深、味道重、块形大、刀工粗。东北最常见的烹调方法是炖，什么都炖，如白菜炖粉条、小鸡炖蘑菇、土豆炖茄

① 杨东平．上海人和北京人．北人与南人［M］．北京：中国人事出版社，2009：72.

② 胡兆量，阿尔斯朗．琼达等．中国文化地理概述［M］．北京：北京大学出版社，2006：132.

子，没有烦琐工序，不讲究色与形，比较省心省力。因东北气温低，人们多喜热食、口感酥软的菜肴，因而炖菜居多，连汤带肉一起吃下，痛快淋漓。

在面点制作方面，北方人利用粗杂粮制作的玉米饼、窝窝头、高粱团、山芋条、棒子面以及杠子头火烧、面疙瘩、河漏等，这些食品的烹调制作都体现了北方的特点，体现的是粗、硬、实。而小馒头、小花卷、小笼包、小菜包、小元宵、小茶馓、伊府面、鱼汤面等体现了南方食品制作的风格，其特点是软、暄、柔。陕西人吃泡馍，用大海碗盛装，碗大似盆，馍大、挺硬，倾倒了大批南方人；江南人吃小烧饼，一两三只，一口一个，饼香、酥脆，折服了不少北方人。“关中十大怪”中有四项都与饮食有关：“面条像腰带，烙饼像锅盖，碗盆难分开，泡馍大碗卖”[①]，体现了“大”“宽”“厚”“粗”的特色，反映的是粗犷豪放的民族性格。“馒头有200克一个，油条长的有半米，土豆大得像婴儿脑袋，粉条粗得像筷子。餐馆的菜码都很大。不仅盘子大，而且量也足。同样的一盘菜，哈尔滨能大南方三倍以上。”[②]山东的高桩馒头，形高体大，干硬夯实；山西的刀削面，面硬有韧性，粗得像皮带；陕西的馍、新疆的馕、东北的李连贵大饼等，都体现的是形大、硬实、有咬劲。东南一带的点心小品，玲珑剔透，街头小吃，花色繁多。南京夫子庙的小吃（宴）用的是小茶碗、小茶盅、小果碟、小汤匙，品种繁多、花样精美。而南方的小馒头暄软、小馄饨细巧、小笼包精致，展现的是另一种风格：小巧、细腻、松软。清代袁枚的《随园食单》记曰：“作馒头如胡桃大，就蒸笼食之。每箸可夹一双。扬州物也。扬州发酵最佳，手捺之不盈半寸，放松隆然而高。小馄饨小如龙眼，用鸡汤下之。”[③]

在谈到南北地区的饮食差异时，生活在北方的南方人最有发言权。“南方人对于北方，最不敢恭维的，便是食物，日常的饭菜之粗糙和匮乏，随意和简便，常常是南方人渲泄不满的话题。”“哈尔滨人买菜，不用篮子而用筐……主妇们便成筐成筐地往家买。”[④]这是用“粗糙”和“量大”来描绘北方人的生活习惯的。而北方人到江南，对那里的小碗、小碟看不惯，吃不饱。

南北食品的差别是固然存在的，这与气候、物产、风俗习惯、地域经济、性格差异等都有很大的关系。我国北方冬季漫长，食物品种受气候的影响，群众主要靠越冬储存的大白菜、萝卜度日。东北十大怪之一是“大缸小缸腌酸菜”。腌酸菜是储存白菜的好方法。南方四季常青，终年温暖。丰富的食物原材料是精

① 黄留球．秦文化卷．中国地域文化［M］．济南：山东美术出版社，1997：959.

② 阿成．哈尔滨人［M］．杭州：浙江人民出版社，1995：49.

③（清）袁枚．随园食单．续修四库全书（第一一一五册）［M］．上海：上海古籍出版社，1996：695.

④ 张抗抗．一个南方人眼中的哈尔滨［J］．文化月刊，2008（4）：17-21.

工细作的基础。虽然北方也有些小点、小茶食，但不具有普遍性。周作人先生在《再谈南北的点心》中就认为“南北点心粗细不同”，并具体地叙述道：“中国南北两路的点心，根本性质上有一个很大的区别……我们只看北京人家做饺子馄饨面总是十分茁实，馅决不考究；面用芝麻酱拌，最好也只是炸酱；馒头全是实心。本来是代饭用的，只要吃饱就好，所以并不求精。若是回过来走到东安市场，往五芳斋去叫了来吃，尽管是同样名称，做法便大不一样，别说蟹黄包子、鸡肉馄饨，就是一碗三鲜汤面，也是精细鲜美的。”①

江浙一带，自古烹饪技术讲究精细，用料考究，在烹调上，注重火工，并以炖、焖、煨、焐见长，调味特别注重清鲜，造型秀丽雅致，菜肴力求保持原汁，突出本味，讲究浓而不腻，淡而不薄，酥烂脱骨而不失其形，滑嫩爽脆而不失其味。而北方寒冷的气候不需要那么慢工出细活，要求块形大，菜肴色调深，要热烫可口，更要实惠量大。这都是自然条件形成的难以改变的特色。

水稻

小麦

高粱

南北地区不同经济作物

① 周作人．再谈南北的点心．知堂谈吃［M］．北京：中国商业出版社，1990：203.

二、乡村与都市：菜品制作的雅俗风格

从远古走来的华夏文明古国，随着地下历史文物的不断出土，作为一种历史现象的中国饮食文化，它的起点也不断地往前伸展。五六千年来我们的祖先在这片土地上所创造的物质财富和精神财富一直深刻地影响着中华文化的发展。乡村，亦称村野，是先人最早建立的稳定居住之地；最早的“市”是集中做买卖的场所，村镇的发展，乡村集中做买卖的场所，也可称为市，如集市、菜市等。都市文化是在乡村发展的基础上而建立起来的。由“村”扩展到“镇”，由“镇”又发展到“市”。最早的市，是社会生产发展的产物。那个时候人类还处在原始社会时期的后期，社会生产力的水平还十分低下，农业、手工业和商业的分工才刚刚萌芽，产品的交换开始增多，并逐渐有了较为固定的做买卖的场所，出现了最早的“市”。跨入奴隶社会后，这个时期的“市”不但时间、地点已逐渐固定，而且导致早期城市的产生。在社会的发展进程中，乡村与都市是两个不同层面的文化主体，自古以来在饮食方面就形成了不同的风格特色，谱写着不同的饮食乐章。

（一）乡村食文化风格与特色

如今，人们一提起乡村，就会浮现一种“采菊东篱下，悠然见南山”的大自然的广阔空间。乡村，是如今“绿色食品”的发源地。而今的乡村不仅有原汁原味的乡野清香风味菜品，也有现代都市里所具有充满活力的文化气息。[①]

乡村菜，则是指广大农村所制作的具有乡土风味的菜品。它根植于各民族、各地方的乡野民间。乡村菜具有独特的地区性，它是地方菜的源泉，是在一定区域内，利用本地所特有的物产，制作成具有鲜明乡野特点的民间菜。从地域空间而论，乡村文化是一种与都市文化相对应的独特文化。

乡野菜品分布在全国各地的村落。城镇从村落演进而来，城镇一经出现，市井、都市文化也便应运而生。如果说，都市菜品是一种都市饮食文化的表现形式，那么，乡村菜品就是一种与之相对应的郊外饮食文化，它与都市饮食文化在

① 邵万宽．乡村食文化述论［J］．扬州大学烹饪学报，2002（1）：10-13.

中国文化中处于同一层次，却居于不同的地域空间，扮演着不同风格的角色。[①]

乡村菜品是乡村之民所创造的物质财富和精神财富的一种文化表现，它包括各类谷物及其加工制品、主食品以及饮料，等等，也包括各种饮食礼俗、菜品文化的表现形式等内容。

乡村菜品既无都市商人一掷千金的挥霍浪费，也无都市官场饮食的雕龙画凤，乡村菜品的最大特色是：朴实无华，就地取材，不过于修饰，体现其乡土味，淡饭蔬食，聊以自慰。乡村菜品在朴实中蕴藏着丰厚，取自天然，犹如一曲淋漓酣畅的歌，一首和谐浑厚的诗，一卷气息清新的画，叫人陶醉，令人神往。

1. 乡村菜品的地位与风格

中国数千年以农为主的文化史，决定了乡村饮食文化在整个中国饮食文化中所占的重要地位。地域广阔的中华民族，形成了中国乡村菜品所特有的风格特色。

（1）乡村是中国菜品之根　中国菜品的产生，来源于乡野菜品的滋养。居于乡村菜品之上的官府菜品、繁胜于乡村菜品的市井菜品，都是乡村菜品发展到一定阶段才出现的历史现象，都保留着乡村菜品的印迹。可以这样说，乡村菜品乃是其他层次菜品包括宫廷、官府、市肆菜品的母体。乡村菜是各地方菜的根基，中国烹饪中千变万化的菜品，都是从这里发源而经厨师之手精心加工、发扬光大、不断成熟的。

乡村菜品是各地菜品最原始、最稳固的阵地。几千年来，中国始终是一个以农业为基础的国家，占总人口十之八九的村民，是中国文化的创造者。乡村菜品的发展，直接影响着中国其他菜品的发展。乡村菜品虽然没有宫廷、市肆菜品的精工细作，但是它以其人口众多、覆盖面广的优势，对其他菜品包括宫廷菜品、都市菜品都起着不可抗拒的影响作用。

中国古老的传统面食制品无一不是乡村人民饮食制造的杰作。面条是历史久远的传统食品，面条的制作起源于乡村，而今分布在全国各地的煮面、蒸面、卤面、烩面、炒面、麻酱面、担担面、炸酱面、刀削面、拉面、过桥面、饸饹面等，都是从乡村各地产生发展起来的。烙饼、煎饼、馒头、春饼、饺子、猫耳朵、拨鱼条等传统食品，也都是从乡村大地走上全国各地的餐桌的。

（2）乡村菜品的风格特色　我国是一个多民族的国家，幅员辽阔，崇山大川纵横遍布，自古交通不便。一山相隔，有声音之殊；一水相望，有习俗之异。这就造成了虽然同属乡村菜品，各地菜品风格却有很大不同，从原料的特性、加工处理、烹调方法到菜肴的风味，呈现着明显的地域差异性。饮食方面的地域特点

① 周山. 村野文化［M］. 沈阳：辽宁教育出版社，1993：4.

同物质文化其他方面的特点相比，有着难以比拟的稳定性和长久性。

乡村菜品具有明显的地域性和民族性。各地区、各民族的乡村菜品，都以本地区所生产的经济作物在农村中所占的地位及其在饮食中所占的比重而突出自己的菜品特色。“靠山吃山，靠水吃水”，“就地取材，就地施烹”，这是乡村饮食文化的主要特色。乡村菜晨取午烹，夕采晚调，取材极便，鲜美异常。具体来说，菜品制作体现以下特色：

① 取料本土，立足乡野本色：每个地区的乡土原料都具有本土文化的特色，田野山涧、江河海滩，一方水土造就一方独特风格。不同的地理环境、物产资源和气候条件，有着不同的饮食习俗，反映着乡村菜品的地域性特点。如江河湖海地区，鱼、虾、参、贝等水产资源多，乡村之民烹制水产品有独特之功；聚居山区的广大人民，野味山珍举手可得，多以辅助粮食作物为日常生活饮食的补充；广大平原乡村，都以各种菜蔬、杂粮、养殖的动物原料作为肴馔的物质基础；草原牧区，牛羊成群，不善农耕和鱼类养殖，水产品较少，他们的食物主要来源于陆地动物，牛羊肉、奶制品就成为乡野村民的主要食品。

② 烹制简约，色彩丰富浓重：乡土菜来源于乡野农村，用的是土方法，菜品制作遵循当地传统工艺流程，各地菜品的制作方法以本地擅长和喜爱的为主体，保证原料的健康美味。在原料的使用方面，以家禽、家畜、水产为主，海滨地区以海鲜为主，各地的乡土菜加工制作方法都较简单，以烧、煮、蒸、炖法为主流，如四川的“三蒸九扣”，湖北的“沔阳三蒸”“天门八蒸”，江苏的“砂锅炖焖”，广东的“白灼”“盐焗”等，烹制方法大多简约，用料实惠。许多乡村多用酱和酱油烹制，菜品颜色略深，口味浓重，如传统徽菜的“三重”特色：重油、重色、重火功；东北的“炖”菜，把荤素原料一并用炖钵、砂锅等一起烹制。不少乡村爱用木炭风炉熬煮，原锅上桌，以求味正。湖南、安徽和大兴安岭地区的山区，爱用腌腊食品，浙江地区的霉干菜、安徽的臭鳜鱼、毛豆腐等制作方法不求复杂，而重乡土口味，这就是乡村菜品的代表特色。

③ 口味稍浓，注重原汁原味：乡土菜一般较都市菜口味稍浓，咸味略重，大多以咸鲜味、咸甜味和香辣味为主，特别讲究“鲜”，而且是原汁原味的鲜，各种山货、海货、河鲜、蔬菜，原料清鲜，无不以鲜美著称。如黄河流域的人民普遍喜欢腌制食品，口味较重，如齐鲁地区的村民常吃的菜肴有：醢、菹菜、酱等腌制食物。长江流域的人民饮食习俗与黄河流域大相径庭，如长江中上游的四川，沃野千里，物产丰富，当地村民调制菜品时多用辣椒、胡椒、花椒和鲜姜，味重麻、辣、酸、香；长江中下游地区，由于水产禽类居多，牛羊奶品较少，蔬菜居多，当地村民制作食品鲜咸味佳，咸甜适度，酸香适口，少用麻辣。珠江水系，地处南方，气候炎热，水网交织，其乡村菜品讲究清鲜、淡爽的风格特

色。各地由于自然条件的不同，形成了各区域乡村人民的饮食习俗，使菜品文化具有突出的地域特点。即使社会发展变化，也难以改变乡村这种特有地域风貌特色。

④ 菜形朴实，体现原真风格：乡土菜不讲究过多的刀切加工，而是以质朴的外形和实惠的特点著称。菜肴形状处理一般较为粗犷，菜肴的造型以大块或整只的居多，呈现出乡土菜原真的“土”味。如广大农村传统的六大碗、八大碗等，多以整只、大块的鸡、鱼、肉、蛋为主，就是常食用的南瓜、山芋、芋艿、玉米棒以及南瓜藤、山芋藤、南瓜花等，也多以大块、长条的形式出现，体现其粗犷、味真、乡土之气息。传统的农家烧饭用柴火或秸秆，同样是炒肉片、蒸馒头、炖排骨、烙大饼，尽管形状是大的，但从那口大锅里端出来的食物，吃起来格外香，真正体现了乡土菜浓浓的原真风格。

2. 朴实清新的恬淡之味

淳朴厚实、恬淡宁静的村野人民，创造了朴实清新、恬淡自然的乡村菜品文化，使得乡村菜品具有质朴清新的乡土味，这是其他菜品所不可得的。这种取之自然、不加雕琢的制作方法，使得菜品充分体现其鲜美本味和营养价值，体现出本地特色和季节变化规律，形成了极强的亲和力和凝聚力，加深了在外游子对家乡的眷恋和对“乡村味”的希冀。

（1）淳朴乡村味的魅力　自古以来，乡村风味令许多文人骚客及官僚所倾倒、所难忘。《晋书·张翰传》记载，晋代吴郡人张翰在洛阳做官，秋风起了，他突然想起家乡的鲈鱼脍和莼菜，家乡的美味促使他忘情时事，最终弃官回乡。

乡村恬淡之味常常激发起人们的无限情思，调动人们的饮食情趣。古今食谱中多见记载，文人著作也常有描述。像陆游《蔬食戏书》中写道：“贵珍讵敢杂常馔，桂炊薏米圆比珠。还吴此味那复有，日饭脱粟焚枯鱼。”[①]杨万里《腊肉赞》中写到的“君家猪红

① （宋）陆游．蔬食戏书.//陈淑君 唐艮．中国美食诗文［M］．广州：广东高等教育出版社，1989：64.

腊前作，是时雪后吴山脚。公子彭生（即螃蟹）初解缚，糟丘挽上凌烟阁。却将一脔配两螯，世间真有扬州鹤。”[①]郑板桥在《笋竹》中记曰：“江南鲜笋趁鲥鱼，烂煮春风三月初”“笋菜沿江二月新，家家厨爨剥春筠”[②]等。

乡村风味不仅吸引国内客人，对外国人也颇具魅力。1986年2月4日《人民日报》载，河北省首次举办国际经济技术合作洽谈会，在“河北宾馆”宴请外宾的宴席菜品是：烤白薯、老玉米、煮毛豆、咸驴肉等品种，外宾品尝后一致称赞这风味特色。正是这种乡村风味菜品的独特风味，赢得了好评。

乡村菜品的流行与风靡，是一种回归大自然的向往。山坡上放养的猪和羊，果园内放养的鸡，大河里捕捞的鱼虾，田埂里的南瓜花、山芋藤，树上的椿芽等，农家一一端上了饭桌，口味地道。乡村人熏制的腊制品，那可真正是用微火细细熏出来的，完全不着色素，颜色自然就油光发亮。城里人之所以爱上乡村土菜，很大一部分是基于对原始真味菜肴的怀念。

乡村菜能够根据各地的现有条件，重视原料的综合利用，尽管加工简易，风味朴实，但在不同地域、场所、季节中都能体现不同的特色。它既不寻觅珍贵，又不追美逐奇，处处显得恬淡而自然。

（2）充满活力的乡村农家味　在我国乡野农村，广大的老百姓并无多少商品交换，而只有自耕自足的欢愉。尤其当村民们享受着自己的辛勤汗水浇灌出来的饭食时，所产生的那种别有香甜滋味之感，更是食不厌精的市肆大贾和达官贵人所无法体味的。

乡村田园菜，质朴无华，却蕴藏着诱人的真味。新收割的稻米刚刚舂出壳，呈透明状的新大米在灶上缓缓烘煮，揭开锅盖，那清新的米香弥散在村野所独有的清新空气中；将洗净的甘薯、芋艿、花生、红菱倾倒在一只大铁锅中，洒上适量的水，乡村的厨房里就会飘出一股浓浓的蒸汽，那特有的甜甜的清香味，顿时使人忘掉一天的疲劳。

淡淡的自然情调，浓浓的乡土气息，在乡野农村俯拾即是。田埂上采来山芋藤或南瓜藤，去茎皮，用盐略腌，配上红椒等配料，下锅煸炒至熟即是下酒的美味；去竹地里挖上鲜嫩小山笋，加工洗净后切段，与腌菜末烹炒或烩烧，其山野清香风味浓郁，且鲜嫩异常；捉来山溪水中的螃蟹，用盐水浸了，下油锅炸酥，呈黄红色，山蟹体积小，肉肥，盖壳柔软，入口香脆清馨，是上等的佳肴；把鲜亮的蚕蛹，淘洗干净之后，放油锅内烹炒，浇上鸡蛋液，加鲜嫩的韭菜，搅拌炒

① （宋）杨万里．腊肉赞．//汪福宝，庄华峰．中国饮食文化辞典［M］．合肥：安徽人民出版社，1994：616.

② （清）郑燮．郑板桥文集［M］．成都：巴蜀书社，1997：168.

成，上盘后相当鲜美；把煮熟的羊肉的各个部位切成小块放原汁肉里，加葱丝、姜末，滚几个开锅，再加香菜、米醋、胡椒粉，搅拌均匀，舀进碗里，吃肉喝汤同时进行，酸、辣、麻、香诸味皆有，别具风味，食后肚里十分舒适，令人妙不可言。

在全国各地农村，还涌现了一大批传统乡土席，如豆腐全席、三笋席、玉兰宴、全藕席、全菱席、白菜席、菠菜席、海带席、甘薯小席、茄子扁豆席等等。在长期的历史发展中，各个民族也创造出本民族的乡村食品，而且有着本民族的制作风格、饮食习俗和饮食方法。如蒙古族的炒米、满族的饽饽、朝鲜族的打糕、维吾尔族的抓饭、傣族的竹筒米饭、壮族的花糯米饭、布依族的二合饭等等，这些丰富多彩的地方、民族的乡土风味食品，体现出各地方、各民族独特的饮食文化，也大大丰富了乡村之民的饮食生活。

3. 乡村菜品与其他菜品的关系

（1）相互依存性　在古代，乡村菜品具有十分复杂的社会阶层性，因为乡村有贵族、富豪、文人墨客和普通劳动者。尽管他们相互之间有着内在的联系，但也各自表现出不同的文化特征，这些都是中国菜的源泉。其实，乡村菜品使用的都是土生土长的地方原料，利用地方特色技艺和当地人喜爱的口味而烹制出的菜肴。

首先，宫廷饮食、官府食馔财富源于民众，这已无须多言。其次，乡村向宫廷、官府提供食源的同时，也提供了各种有关的技术和经验，如烹饪技术、贮藏技术、饮食卫生技术与经验等。在封建社会，御厨、官厨大多是由民厨充任，民厨进入宫廷和官府，自然输入了许多民间烹饪技艺，这是一种自下而上的影响，体现了高层次饮食对低层次饮食的依存性。再者，乡村饮食菜品也受到上层社会的影响。宋代开辟了许多规模宏大的饮食市场，《梦粱录》中收集了南宋都城临安各大饭馆的菜单，菜式计300余款，其中有不少菜式来自于宫廷和官府。因而饮食市场的出现和繁荣，体现了乡村饮食对宫廷、都市饮食的依存性。

（2）与都市菜品的渗透、交融　乡村菜品与都市菜品，虽然所处的地方不同，但两者之间是相互沟通、相互渗透并交融的。乡村菜品不仅是都市菜品得以产生的母体，而且是都市菜品得以发展的源泉。它对于都市菜品的渗透与交融，主要体现在以下三方面：

一是菜品所使用的原料来源于广大农村和牧区，都市人每天使用的各种动植物原料，都是从乡村源源不断地运进都市，供给着城镇市民。原料的老嫩、软韧、新陈以及品种等，都受着生产条件、采集条件的影响。都市菜品的繁荣与稳定需要以乡村食物原料作为基础。乡村的食物原料源源输入城市，对于城市菜品的发展起着较大的影响。

二是随着城镇的不断扩大，乡村之民不断流向城镇，转变为市民。他们虽然转为市民，但乡村菜品的那些加工制作、风味特点不可能彻底改变，在日常生活、社会交往中，还不时将食用乡村色彩的菜品影响其他市民，以此渗透进都市菜品，影响着都市菜品的发展。此外，还有众多的农村之民，因为种种原因，诸如走亲访友、小商品买卖、交换等，常来常往于城乡之间，这些人的饮食方式、制作菜肴的方法，也对都市菜品的发展起着一定的渗透和交融作用。

三是城镇居民不断返回到自然，到广阔的天地中去，加上一大批从乡村到城市定居的市民，每年因为探亲访友、考察、旅游、工作的缘故经常到乡村去吃和饮，他们像城市与乡村之间架起的一座座桥梁，使两者饮食相互连接、交融。他们一方面把城市菜品带入乡村，另一方面又把乡村菜品带回城市。

江苏兴化市水乡垛田

4. 乡村菜品的诱惑力

乡村菜朴实无华的农家风味、自然本味，由于其鲜美、味真、朴素、淡雅，令当今都市人十分向往。特别是食品工业化的发展，人们更追求着健康食品，所以世界饮食潮又趋向“返璞”“回归”“自然”。

乡村菜品，在鲜明的乡村特点的基础上，田园风味浓郁，运用的是土原料，加工、烹制是土方法，这在今天则成了都市人追逐的时尚，人们在越吃越高级的同时，也更显现出越吃越原始。在现代酒店的餐桌上，那些烤白薯、煮玉米棒、羊肉串、老菱角、糯米藕等食品，已成为人们津津乐道的美味佳肴。

空前繁荣的都市餐饮业，对乡村菜产生了极大的诱惑力。越是偏僻处，乡土菜的诱惑力越大，那地道的柴火铁灶，那小火炖了2个小时的瓦罐鸡汤，那用木柄扁勺舀出一大团玉米面放在柴房的铛上烙出来的大饼，那在牧区的帐篷里刚煮熟的一大块块手把羊肉等；乡村的风鸡、风鸭、腊肉、醉蟹、咸鱼、糟鱼等都成了宴席上时兴的冷碟；村民的腌菜、泡菜、酸菜、渍菜、豆酱、辣酱等成了宴席上的重要味盘；猪爪、大肠、肚肺、鸭胰、鸭肠、鸭血等成了宴席上的“常客”；咸的芋艿、盐水豆荚、花生、老红菱，配上咸鸭蛋，简单又多样；臭干、咸驴肉、窝窝头、玉米饼、葱蘸酱、野菜团子等，竟也登上了大雅之堂……这些都是为了满足现代人的“尝鲜”心理，因而能诱发起人们的食欲。人们在品尝这些乡野菜味时，闻到了乡村的清香，吃到了山野的滋味，给平常生活增添了不平常的感觉，从而将饮食文化推向一个更高的层次。

（二）都市菜品的风格与特色

自古以来，都市烹饪始终领导着一个地区乃至一个国家的菜品饮食潮流，影响着全国的烹饪时尚。就目前餐饮经营来讲，都市餐饮在其规模、档次上都堪称中国饮食菜品的最高境界。

所谓“都市”，它指的是一种行政单位，即工业、交通、商业和文化科技比较发达、人口比较集中的城市。在我国，由于城市规模和建制的不同，因而城市又有直辖市、省辖市及县级市的区别。“市”，还有另一种含义，是指集中做买卖的场所，即城市里特定地段或特定时间里的商业活动，如闹市、夜市、早市、菜市等等。这里的“都市”，主要指的是大中型城市。都市菜品，就是指各大中城市酒店、餐馆经常买卖的饮食菜点，主要体现都市的生活方式、审美情趣、价值取向、行为习俗、生产活动、宗教信仰等特征的饮食风格。它是中华饮食文化的重要组成部分，是一种有相对独立特征的、最活跃、发展最快的层次饮食文化，它以其特有的风格特色和文化内涵丰富着中国的饮食文化主体，并推动着中国饮食文化的演变和发展。

都市是经济发达、人文荟萃、对外交往的重要地区，随着都市间交通、文化的发展与都市烹饪技术队伍交流的频繁，都市人的饮食思维变化较快，国际流行色最先得知，加之饮食的规模效应和行业优势，先进的、开放的观念最先进入都市饮食行列，都市饮食的竞争最激烈，都市顾客的需求最强烈，加之社会的舆论、新闻媒体宣传的优势，促使都市烹饪不断推陈出新，推起阵阵新潮。这是都市的发展、繁荣和行业兴旺的一个重要标志。[①]

1. 都市饮食的发展

我国的城市和城中之市虽然都出现的较早，但是，到了春秋战国这个社会大

① 邵万宽. 试论都市菜品的风格与特色［J］. 中国烹饪研究，1999（4）：7-11.

变革时期，城才大量涌现，市也空前繁荣。春秋战国时期形成的市井格局和制度，一直被沿用到唐代，基本上没有大的变化。有变化的主要是市的规模和对市的具体政策。

唐宋时期，我国都市饮食业开始发展起来，饮食文化日渐繁荣，形成了我国饮食史上的一个昌盛时期。唐宋时期饮食文化中最突出的特点，即都市饮食发展十分迅速，并在短期之内达到十分繁荣的地步。

唐代，大都市里的饮食业除日市外，还有早市、夜市。在唐代长安，大臣上早朝，在路边、街旁很容易买到“胡饼”“聚香团”（类麻团）之类的食品，当时都市的饮食供应点的分布也是很广的。

到宋代，都市饮食业更是空前繁荣。就孟元老《东京梦华录》中提到名字的包子、馒头、肉饼、油饼、胡饼店铺就不下10家。其中，“得胜桥郑家油饼店，动二十余炉”，而开封“武成王庙前海州张家、皇建院门前郑家，每家有五十余炉”，其经营规模空前扩大。当时京城的街巷，酒楼、食店、饭馆、茶肆比比皆是，小食摊蜂攒蚁聚，出现了历史上空前的繁荣景象。据《东京梦华录》记载，与餐馆饮食有关的有：州桥夜市、酒楼、饮食果子、食店、饼店、筵会假赁等等，有关饮食的记述可说是不胜枚举。在其“食店”中，有川饭店、南食店、寺院斋食。在饭店服务中，“行菜者左手杈三碗、右臂自手至肩驮叠约二十碗，散下尽合各人呼索，不容差错。”[①]餐厅生意兴隆，座无虚席，由此可见当时的餐馆业在城市中所占的重要性。南京刘屏山的《汴京绝句》有：“忆得少年多乐事，夜深灯火上樊楼”。由此可见，此时餐馆业的兴盛，已成为城市繁荣的象征。

北宋著名宫廷画家张择端的《清明上河图》，以汴河为构图中心，描绘出北宋京城汴梁都市生活的一角，为我们提供和展示了宋代饮食文化的形象史料。使我们清楚地看到当时的饮食业竟是如此的发达兴旺。由于都城食市的发展，使得讲究饮食之风遍及朝野上下，当时的庖厨与民间的嫁娶丧葬、酒食游饮、节日尚食紧紧相连，从而使烹饪技艺在民间广为传播，为以后我国都市烹饪的进一步发展和普及打下了社会基础。

都市也是历代商人经营和栖息之地，各地方的商人和手工业者大批涌现，盐商、粮商、铜铁冶炼、制瓷业、造船业、印刷业、制糖、制茶等商人在都市云集，古代的徽商、晋商以及江浙、广东、四川商人争雄的商业队伍，在都市中的饮食生活刺激了各地都市的饮食业发展。唐宋时期饮食店铺林立以及都市中的官、商饮食的需求，致使都市菜品的档次不断提升，接待水平不断提高。

① （宋）孟元老. 东京梦华录［M］. 北京：中华书局，1982：127-128.

都市菜品是随着贸易的兴旺发达而迅速发展起来的。进入明清时期，以大中型都市为中心，社会上对饮食菜品的各种不同的需要相对集中，以大中型都市为中心，烹饪技术迅速发展。如清代京城北京的饮食烹饪，汇集了全国肴馔的精品。乾隆二十三年，潘荣陛所写的《帝京岁时纪胜》说，“帝京品物，擅天下以无双”。“至若饮食佳品，五味神尽在都门……京肴北炒，仙禄居百味争夸；苏脍南羹，玉山馆三鲜占美。清平居中冷淘面，座列冠裳；太和楼上一窝丝，门填车马。聚兰斋之糖点，糕点桂蕊，分自松江；土地庙之香酥，饼泛鹅油，传来浙水。佳酷美酿，中山居雪煮冬涑；极品茶芽，正源号雨前春岕。……关外鱼秦鳇长似鲸，塞边麕鹿大于牛。熊掌驼峰，麋尾酪酥槌乳饼；野猫山雉，地狸虾醢杂风羊。……”[①]这时期，都市饮食市场上繁花似锦，高、中、低档饭店、食摊都有各自的食客，其菜品之多，为中国各种类别菜之最，这为以后都市烹饪的发展开辟了广阔的道路。

2. 都市菜品的特征

（1）都市菜品的包容性　从其层面来讲，都市与乡村比较是一个集中与分散的差别，都市是一个地区的集中体，它不仅是一个地区的政治、军事、经济和文化中心，而且有可能吸引、汇聚四乡的物质和精神文化成果，又有能力把城市中的物质和精神文化以政治、军事和经济手段扩散到四乡乃至更远的地方去。

都市菜品的风格特征是：它把一个地区乃至全国的各种主副食产品、烹调或制作技艺及工具、饮食风味、饮食习俗等，集中于一城乃至一店，形成具有不同帮派的菜系、不同风味的糕点、小吃及其他熟食、佐料等，又向各地传播，进而形成既有共同主色调，又有不同地方特色的都市饮食文化。

都市菜品是各地方菜的结合体。在古代，它是宫廷菜、官府菜孕育的场所，为商贾菜提供了肥沃的土壤，为民族菜提供了有利的市场。而现在，它为仿古菜、特色菜、外来菜、养生菜、创新菜创造了有利条件。因为这里有一大批技术过硬的厨师队伍。

都市由于人口集中，分工复杂，人与人的交往也比乡村频繁得多，文化传播、文化积累的信息量也比乡村大。政治、军事、经济和文化机构荟萃四面八方能人志士，加之外事交往和庞大的流动人群，这一切，使得都市菜品具备东西南北地区的风味（包括外国风味），去满足四面八方人群的口味。由于都市所处的地位以及为了地区发展的需要，由此而出现了不同档次、不同接待能力的高档饭店菜品和普通饭店菜品。

① （清）潘荣陛. 帝京岁时纪胜.续修四库全书（第八八五册）[M]. 上海：上海古籍出版社，2002：679-681.

（2）都市菜品的对流性　都市是一个地区交通、文化、科技等较发达的地区，因而信息量大，接受能力较强，由此，就总体上说，都市菜品在地区乃至全国具有带头作用、先锋作用。

其实，菜品的制作与发展、变易，并不只是由城市到乡村的单向变易，而是具有对流性质。但这种对流，由于城市是政治、经济、文化的中心，具有极大的优势。“四方”农村的乡土菜品，会流向城市，城市又对“四方”乡村的饮食风俗以自己的政治、经济和文化优势予以汇聚、变易，再向“四方”传播。

同样，都市菜品的制作和风味，也并不只是城与乡之间的变易，也包括都市与都市之间的互相影响，中心城市与地域城市之间的互相影响。但是，都市与都市之间的互相影响，从根本上说，仍然是城市与乡村之间的相互影响。因为每一座城市的饮食风尚、口味嗜好的特征，从根本上说，是这个城市所在地区（城市文化辐射圈）的代表。

都市菜品的变化潮流此起彼伏，内容广泛，但主要表现为都市人的生活方式和思维观念两个方面。这两个方面又是互相影响、互相作用的，生活方式的变化会推动思想观念的变化，思想观念的变化也会促进生活方式的变化。两者也互相制约，思想观念会制约生活方式，生活方式又会制约思想观念。都市菜品的发展与变化、更新，是通过人们的思想观念和生活方式而逐渐改变的。

3. 都市菜品的吸纳与特色

乡村菜是中国烹饪的根。都市菜品在不断汲取乡村菜精华的同时，不断与都市人的思想理念、生活方式相一致，去不断满足都市人的饮食要求。

（1）都市菜品离不开乡村菜　这是一个不容置疑的事实。都市人的一日三餐所需的食物原料，都是乡村广大百姓辛勤劳作而提供的，瓜果蔬菜、禽畜肉类、水产鱼虾、粮食油料等都来源于各地乡村，许多简易的食品加工也是从乡村开始的，不少原始调味品也都来源于乡野农村。北魏时期的重要历史文献《齐民要术》是中国著名的古代农书，我们通过这本农书有关食物原料、食品、烹饪的记载，可以很直观地了解当时乡村饮食菜品种类之丰富。随着都市的不断繁荣，乡村的食料、食品加工方法、菜品制作流入都市，并在都市中得到了发展和利用。

（2）都市菜品是乡村菜的升华　都市是经济发达、人文汇集之所，在餐饮业拥有一大批技术较强的烹饪队伍。乡村菜一旦被都市的厨师所吸收，他们定会在烹饪工艺上、色香味形上、器具与装饰手法上都发生一些新的变化，并使其做得更加精致和可口。如《红楼梦》中记载贾府菜品的“茄鲞”，加工精细、配料多样、工序复杂，与刘姥姥乡村的茄肴确是有很大的差别。都市菜品常将鸡、鸭整料脱骨，填入八宝馅心，要求皮不破、形完整，也是乡村菜里烧、煮、蒸、炖所难以达到的。都市菜在餐具的选用上、服务的规格上都达到精益求精的地步，这与都市中工、商、贸等顾客需求和接待要求是分不开的。

（3）都市菜品的融会与吸收　都市菜品的一个显著特征，还表现在各兄弟民族之间、中国和外国之间包括风味特色在内的文化交流上。就兄弟民族之间来说，汉民族的菜品特点，就是在不断吸收各兄弟民族的饮食文化成分的过程中逐渐丰富和演变的。这种吸收的表现形式是多方面的，有城市之间不同民族的影响，也有在乡村中的直接交往影响。如汉民族与各兄弟民族居住区的邻接地带及杂居区。接界区、杂居区的交流，一般都是区域性的，影响范围不大，通过城市之间的交流，其经济上、文化上的无声力量，往往能够广泛地辐射传播。今天，汉民族面食中的许多花色，牛羊肉及奶食品的许多烹调制作方法及制品、调料品、香料等的运用等，都是在民族文化交流中演变为汉文化的一部分。

中外之间的文化交流，是都市菜品不断丰富发展的又一重要方面。如佛教在我国的广泛流传并在思想信仰、文学艺术、生活方式、饮食菜品诸方面都产生了深远的影响。汉代张骞出使西域带来的“胡食”，明代郑和下西洋引进的“番食”，都是中外文化交流所取得的成果。鸦片战争以后，西餐进入中国，不少原料和制法运用到中餐制作中。改革开放以后，中国都市菜品大量吸纳西式原料、调料、制法，都市菜品大胆融会、常变常新的饮食风格，不断地满足人们多变求异的饮食需要。

而今，随着都市生活的繁闹喧杂，都市人向往着回归大自然，出现了返璞归真的饮食潮流，都市菜品打破原有框框，大量引用乡村风味和绿色食品，开设一个个“乡村风味馆”，又出现了“都市菜品乡村化”的另一种风格特色。

（4）都市菜品的风格特色　都市菜品是中国菜的主体，代表都市菜品风格的是坐落在都市大街小巷的各个餐馆菜、酒店菜，这些菜品在都市广大餐饮经营者、工作者、美食家和各行业顾客的参与下，经常引导餐饮菜品新潮流，使其蓬勃而有朝气。具体说，它有以下特色：

①重视规格、质量，迎合场景，讲究品位，是都市菜品的一大特色。在菜品制作中，讲究原料的搭配和烹调方法的变化运用，在菜品的外观和质感上，注重色、香、味、形以及器皿的选用。

②汇集多种烹调技法，种类繁多，根据宾客的口味和季节的特点注重变化是都市菜品又一大特色。都市菜品可以充分满足不同时代、不同地域、不同阶层、不同情况下的饮宴需求。

③善于吸取，锐意创新，在技术上精益求精是都市菜品的第三大特色。都市菜品灵活多变，新品迭出，以满足人们不断变化的饮食需求。

④在菜品经营上，流派众多，展现多种风味特色，并以名师、名料、名品和礼仪服务作为竞争手段，重视餐饮场所气氛的渲染，强调餐饮经营的社会效益和

经济效益。

4. 都市菜品的再认识

都市菜品汇集了全国各地肴馔的精品，它与乡村菜品比较是一个大而全的风味体系。各个都市几乎都在力求向这个方面靠拢，在菜品经营方面都不断趋向接近，随着对外开放、对内搞活形势的深入，各都市在餐式经营和风格上由过去的地方风格分明的特色开始趋向大一统和进一步雷同。从某种意义上说，乡村菜品在保持传统特色的基础上，不断吸收都市菜的优势，而都市菜品（撇开风味小吃）在互相借鉴、吸收中渐渐缺少和掩盖了地方特色，从北京到南京，从上海到广州，从成都到拉萨，从昆明到哈尔滨，走进中高档的餐饮场所都不难发现相同的面孔，菜肴的色、形、味和装盘几乎没有过大的差别，而是你有、我有、大家有；基围虾、烤鸭、佛跳墙、松鼠鱼、炸乳鸽、烹蛇段、葱姜膏蟹等随处都有，由此，都市菜品已形成“饮食潮流全国通，爆焗烤炖各地行”的大趋势。

（1）菜品风味多样和烹饪风格的相互吸取　改革开放以后，经济发展使得中外交往、各地之间的交流合作更为频繁，彻底扫除了地区间的封锁与障碍，各地区、各都市之间在烹饪技术方面相互学习和运用，使广大的烹调师们见了世面，开了眼界，不断学习别人之长，来丰富自己的技术和不足。都市是五方杂处之地，加之中外交往机会多，由此只有具备各种不同的风味特色才能适应各种不同的人群。外国风味、地方风味、民族风味在保持自己特色的情况下，在各都市不断涌现，都市各饭店、餐馆的厨师们在保留了人们喜爱的菜品的同时，也在淘汰一些人们不喜欢的菜品，各地、各店都在实行一种交合。这种各自的自觉与不自觉的交合趋向，最终导致都市之间、店与店之间的相近与统一，都市食肆中的中外菜式风味多样，将会出现“国际化的食部”；各餐式烹饪风格的汇聚，又将会减弱各都市各地区间的风味特色。

（2）食物原料的广泛使用打破地域的界限　这是交通发达、民众富裕所致。近20年来，我国交通业发展迅猛。航空、高速列车和高速公路将都市与都市之间的距离拉近，整个世界成了一个地球村。在饮食方面表现尤为突出，过去在本地小范围内使用的原料，一下子走遍全国，食物原料方面成为大家共享的资源。各种海鲜坐上了飞机，一两个小时后就可到另一都市人的餐桌上。特色的山菌名蔬也成为外地人常用的佳品。这不仅丰富了都市菜品的菜单品种，也为各地的烹饪发展奠定了坚实的基础。在调料使用上，如今的都市人不拘一格，南方人用的，北方照常使用，外国人用的，我们也要尝试。西方人用蜗牛、象拔蚌、皇帝蟹、黄油、沙拉酱、香叶等，中餐也不偏忌。占有了各式原料，都市菜品就冲出了地区，走向了世界。

三、民族与宗教：饮食个性的人文差异

我国是一个多民族的国家。在中华民族这个大家庭中，各兄弟民族之间不断交流，共同发展，创造了包括饮食文明在内的光辉灿烂的中华文化。由于我国各民族所处的社会历史发展阶段不同，居住在不同的地区，形成了风格各异的饮食习俗。根据各民族的生产生活状况、食物来源及食物结构，从历史发展来看，可大致划分为采集、渔猎型饮食文化，游牧、畜牧型饮食文化，农耕型饮食文化等类型。

在民族大家庭里，一方面，由于各地的自然环境和人文环境的不同，人们的生活、消费、饮食、礼仪等，都各具特有的风情。以牧业为主的民族，习惯于吃牛、羊肉，喝奶类和砖茶；以农业为主的民族，南方习惯于吃大米，北方习惯于吃面食及青稞、玉米、荞麦、马铃薯等杂粮。气候寒冷地区的民族爱吃葱、蒜；气候潮湿、多雾气的四川、云、贵等地的民族，就偏爱酸辣。各民族所留下的宝贵的饮食文化遗产，有些是完整地保留下来了，有些进行了改良，有些也已被全国各地引进和移植。另一方面，随着各民族人口不停地移动或迁徙，民族之间的饮食文化也相互地影响与模仿着。事实上，人们的饮食生活是动态的，饮食文化是流动的，各民族之间的饮食文化都是处于内部和外部多元、多渠道、多层面的持续不断的传播、渗透、吸收、整合、流变之中。①

各民族均有独特的饮食风尚的知名食品。我国的少数民族大都散居在边远的大漠、林原、水乡或山寨。他们千方百计开辟食源，食料选用各有特点，烹调技艺独擅其长，炊具食器奇特简便，民风食俗别具一格。民族菜肴风味浓郁，选料、调制、自成一格，菜品奇异丰满，宴客质朴真诚。像维吾尔族抓饭、朝鲜族冷面、傣族虫菜、苗族酸鱼全席，都不同凡响。

（一）民族饮食与文化特色

众多的民族，各自不同的发展历史，形成了各民族丰富多彩的饮食文化。从我国少数民族的饮食来看，各民族所处的地域环境和气候条件的影响以及在特定环境内的生活方式的差别，使我国各民族在饮食上形成了不同的风格特色。地处

① 邵万宽. 中国境内各民族饮食交流的发展和现实［J］. 饮食文化研究，2008（1）:12-20.

不同环境的自然特点是决定各民族生活资料、饮食、烹制特色的最主要方面。

魏晋砖画面点庖厨图

1. 不同民族之间的饮食差异

（1）自然因素与民族食风　不同民族之间的饮食差异是由多方面因素所形成的。饮食的民族性表现在不同民族对同一种食物资源的取舍不同，对同一种食物资源的态度和解释不同。有时在同一个地域内不同民族也对同一种食物采取不同的取舍，除了饮食背景之外，就是所处的环境与生活方式的差别。应该说，地理、气候等自然特点是决定各民族饮食、烹饪特色的最主要因素。但是，许多民族所处的地理、气候较为相似，而在饮食上却有许多不同的特点，如东北的满族和朝鲜族的饮食差异，青海、甘肃一带几个民族的饮食不同，以及全国各地回族在饮食文化上的差别等。

自然环境首先是影响食物的种类，我国北方自古以来以粟为主，南方以稻为主。草原游牧民族的肉食和海边捕鱼民族的肉食不同，也是自然环境使然。其次才是由此而来的饮食方式和习惯。生产力水平越低，这种限制和影响越明显。

自然环境对饮食的影响还体现在制作和烹调方法的不同。青藏高原海拔高，气压低，水的沸点低，煮东西熟的程度不及正常气压下的透熟，这也就是藏族等民族多喜欢焙炒青稞碾为粉末做糌粑吃的主要原因之一。藏族如果不是居住在青藏高原，那么其饮食必定是另外一种样子。北方寒冷的气候是制作风干肉的有利条件，南方只在西藏地区有这种习俗，这也是青藏高原的地理和气候的赐予。东北的气候使土地不能长年提供新鲜蔬菜，因而人们才有腌制酸菜过冬的习俗。

南方众多少数民族中大部分以农业生产为主，因此大多把米、面作为主食，很少有狩猎经济占较大比重的。而北方民族尤其是东北的许多民族，因为身处气候寒冷、无霜期短的自然环境中，单纯从事农业无法保证食物的来源，因此渔猎和畜牧所占的经济成分比重较大，也有兼营农业的，但开始只是蔬菜的栽种，后来也只是种植不需要细致管理的作物，如黍米之类，在他们的生活中肉食还是占主要地位。而且也只有大量的肉食，才能保证抵御寒冷的热能充足。

一个民族由于分布较广，不同地区的地理、气候及与其他民族的接触不同，因而所处经济类型不同，也造成饮食习惯的差异。如黔东南的苗族以水稻种植为主，而黔西北的苗族则以畜牧业为主，滇东南苗族则以刀耕火种为主。以酸食而言，黔东南苗族的酸食习惯与周围的侗族、布依族相差不大。而云南苗族的酸食主要是把蔬菜在开水锅中烫一下，取出放凉，再与用米汤配制的酸汤泡在坛子里。这种制作方法似乎还是他们居住在黔北一带的时候受到当地汉族的影响。[①]淳朴、厚实、宁静的各族人民，创造了朴实清新、乡土气息浓郁的民族风味。

（2）民族饮食的南北特色　尽管各个民族之间的饮食千差万别，但从总体上看，各民族之间的分布还是有一个共同的分野的，这就是以奶食品为主的民族与以稻米为主食的民族的分布。在北方省、区，如内蒙古、青海、新疆、宁夏等地，不同的民族带给人们的食品多以牛、羊肉、奶制品为主，喝的是奶茶、奶酒，吃的是奶饼、奶粥，尝的是奶片、奶糖，用奶制作的食品随处可见。南方民族诸地，如云南、贵州、广西、海南等地，各民族的一日三餐其主食都是以稻米（古代主要是糯米）为主，过年过节和日常生活常以糯米饭和糯米舂粉制作年糕、糍粑、黏米糕为其生活特色。据农学史专家考证，春秋时吴越人就是以糯米为主食的，自秦汉后东南及岭南地区的居民陆续向西南贵州、广西、云南等地迁徙，他们仍保留以糯稻为主食的习惯。云南等南部少数民族（如彝族、侗族等）都可称之为“糯米饮食文化圈”[②]。这正是民族饮食文化的基本现象。

奶类自古便是我国北方游牧民族的主要食品之一。我国北方草原地区的土壤气候条件均不适于粮食生产，而适宜于畜牧业，因而这些民族的饮食便以肉、乳为主，食肉饮酪便成为他们的基本饮食习俗。现今中国比较典型的畜牧民族主要是哈萨克族和牧区的蒙古族。古代文献记载中曾说哈萨克族、蒙古族等游牧民

① 李炳泽．多味的餐桌［M］．北京：北京出版社，2000：55.

② 游修龄．糯米饮食文化圈的兴衰［J］．饮食文化研究，2006（3）：3-9.

族的饮食特点是“不粒食”，即饮食中没有一粒粮食。现今在这两个民族的饮食中，奶和肉仍占较重的比例。哈萨克族人说：“宁可一日无食，不可一日无茶。”又说：“奶子是哈萨克的粮食。”他们把吃饭称为“喝茶”。蒙古族人把奶食品称为白食，一方面是指奶的颜色，另外一方面是视其为纯洁、高贵的象征。各种奶食和饮料丰富多彩。蒙古族人即使食用炒米，也是兑上酸奶子，既解饿，又解渴。除上面两个民族外，饮用奶食的民族还有北方的10多个民族，包括鄂温克族、达斡尔族、土族、裕固族、塔吉克族、藏族、俄罗斯族、维吾尔族、塔塔尔族、柯尔克孜族。这些民族所食用的主要是牛奶，其次是马奶，也有骆驼奶。奶食分为食品和饮料两类。奶制食品有奶皮子、奶酪、奶油、白油、奶豆腐、奶饼、奶果子、乳饼、酸奶疙瘩、奶粥等。奶类饮料则有酸奶、奶茶、酥油茶、马奶酒、奶酒（牛奶酒）等。

在历史上，南方少数民族对于糯米食品的消费是与其稻作农耕的生产方式紧密联系的。通过长时间的生产实践和经验积累，形成了特定的糯米生产和消费习俗，进而造就了独具风格的南方民族糯食文化。在中国南方以稻米为主食的民族有：壮、畲、毛南、仫佬、苗、瑶、黎、彝、哈尼、拉祜、基诺、景颇、阿昌、白、羌、佤、德昂、傣、布朗、布依、侗、水、仡佬、土家、京、高山等族。在这些民族中，壮侗语民族和苗瑶语民族的“糯食”最有代表性。这些民族地区是我国野生稻发现的地区，也是栽培稻起源的地区。南方农耕民族普遍种植稻谷，糯稻成了当地许多民族不可缺少的主食。

在我国云、湘、黔、桂四省（区）毗邻的广大地带，山峦重叠，林木葱茏，盛产水稻等农作物。傣族、布依族、侗族、壮族等的无数村寨，就遍布在这一带苍翠的山谷里。这些民族的社会生产方式相近，他们以农为主，以大米为主要食粮，尤喜食糯米。对于长期从事稻作农耕的壮族等南方民族而言，不论是节日祭祀、红白喜事还是请客送礼，都少不了糯米食品。这些都是南方民族“糯米”食品文化的显现。各民族代表的“糯米”食品有糯米饭、糯米粥、竹筒饭、瓦罐饭、五花糯米饭、粽粑、侗粑、黏米饭、糍粑、小米粑、粽子、汤圆、麻糬、年糕、甜糕、打年糕、各式糯米饭、二合饭、糯米糍粑、糯米酒等。

2. 民族饮食文化的相互交流

自古及今，饮食与文化的接触和交流历来都是双向的。我国历史上的四次民族大融合，不仅各族人民相互杂处，其民族饮食也在潜移默化地发生着变化。

在民族饮食文化的交流上，早在汉代就有胡人到内地从事餐饮业，把胡人的饮食文化与汉族进行交流。汉代张骞出使西域，为各民族间的经济文化交流创造了有利条件。西域的苜蓿、葡萄、石榴、核桃、蚕豆、黄瓜、芝麻、葱、蒜、香菜（芫荽）、胡萝卜等特产，以及大宛、龟兹的葡萄酒，先后传入内地，大大丰富了内地汉族地区的饮食生活。魏晋南北朝时，出现了我国历史上第二次民族大融合的盛况，各民族在饮食上互相学习。一方面，北方游牧民族的甜乳、酸乳、干酪、漉酪和酥等食品与烹调术相继传入中原。另一方面，汉族的精美肴馔和烹调术，又为这些兄弟民族所喜食和引进。北魏《齐民要术》中谈到了许多少数民族的饮食品。从书中看，饮食的南北交流、汉族与北方少数民族之间的交流也很普遍。书中记载了一些原来只有少数民族常用的食物及其烹调方法和配料。这些食物原料和配料许多是汉代从西域引进来的，已经在汉族地区生根开花结果，如胡麻、蒜、兰香、葡萄等。另外，如寒具、环饼、粉饼等，本为汉族古老食品，许多兄弟民族人都喜欢吃，寒具和环饼均改用牛奶或羊奶和面；粉饼要加到酪浆里才吃，等等。

隋唐时期，汉族和边疆各兄弟民族的饮食交流，在前代的基础上又有了新发展。唐太宗时，地处丝绸之路要冲的高昌国的马乳葡萄，不仅在皇家苑囿中种植，并用它按高昌法酿制葡萄酒，其酒色绿芳香，在国都长安深受欢迎。“葡萄美酒夜光杯，欲饮琵琶马上催”的著名诗句，表达了唐人对高昌美酒的赞美之情。而汉族地区的茶叶、饺子和麻花等各式美点也通过丝绸之路传入高昌。1972年，在吐鲁番唐墓中出土的饺子和各样小点心，是唐代高昌与内地饮食交流的生动例证。

宋、辽、西夏、金，是我国历史上又一次民族大融合时期。北宋与契丹族的辽国、党项羌族的西夏，南宋与女真族的金国，都有饮食文化往来。如辽代契丹人吸收汉族饮食的同时，也向汉族输出自己的饮食文化。在契丹人建国初期以肉食为主，粮食为辅，中期以后粮食在主食中的比重加大。同时契丹人的奶食影响了汉族尤其是进入北宋都城，并发展为“酪面”；羊肉进入汉族社会之后发展为煎羊白肠、批切羊头、汤骨头、乳炊羊等花样种类。西夏是祖国西北地区党项人建立的一个多民族的王国。西夏人饮食，粮、肉、乳兼而有之，公元1044年与北宋签订和约后，在汉族影响下，西夏的饮食逐渐丰富多样化。其肉食品和乳制品，有肉、乳、乳渣、酪、脂、酥油茶；面食则为汤、花饼、干饼、肉饼等。其中花饼、干饼是从汉区传入的古老食品。

元代蒙古族入主中原，带来了北方游牧民族的饮食品、饮食原料、制作方法等。蒙古族的祖先原在黑龙江上游额尔古纳河流域过着游牧生活。至成吉思汗时代，蒙古地区的农业逐渐产生，临近汉族地区的汪古部及弘吉剌部已“能种秫穄”，“食其粳稻”。元代太医忽思慧撰写的《饮膳正要》中的许多民族菜品流入民间，对汉族人的影响颇大。公元1279年，忽必烈完成统一中国的大业，更有利于各民族间的饮食交流。中原沿海汉族地区先进的烹调术传到了少数民族地区，少数民族特有的食汤和菜肴也传到了内地。

明代，汉族和女真、回族、畏兀儿等兄弟民族的饮食交流，空前活跃。这可从刘伯温所著的《多能鄙事》一书中看出来。书中收集了唐、宋、元以来各民族的食谱，如汉族的锅烧肉、糟蟹等；北方游牧民族的干酪、乳饼等乳制品；女真的蒸羊眉突、柿糕；回族人的哈尔尾、设克儿匹刺、卷煎饼、糕糜等。兄弟民族的食品传入汉族地区以后，有不少为汉族人民所喜爱。例如，明代北京的节令食品中，正月的冷片羊肉、乳饼、奶皮、乳窝卷、炙羊肉、羊双肠、浑酒，均是兄弟民族的风味菜肴加以汉化烹制而成的。

清朝建立以后，汉族佳肴美点满族化、回族化和满、蒙、回等兄弟民族食品的汉族化，是各民族饮食交流的一个特点。满、汉民族共同协作、影响深远的满汉全席形成于清代中叶，吸取了满、汉以及蒙、回、藏等民族的饮食精华。由于它产生于官府，因而肴馔繁多精美，场面豪华，礼仪讲究。席中的熊掌、飞龙、猴头、人参、鹿尾、鹿筋等是东北满族故土的特产。在《随园食单》中记有许多民族菜点，谈到了满族人的“烧小猪”，类似今日的烤乳猪；有全羊席，也有鹿尾、鹿筋、鹿肉等菜。《调鼎集》中记载的民族食品更是琳琅满目，并分别叙述了鹿、鹿筋、酪、羊、羊头、羊脑、羊眼、羊舌、羊耳及羊各部内脏菜品，还专门有“西人面食”一节，记载我国西北地区人民的种种面食品，可谓蔚为大观。在清末到民国时期，许多汉族人到云南少数民族地区从事饮食贸易，如酿制蒸馏酒、做豆腐等。

千百年来，回民与汉族人民长期居住在一起，在生活上许多食品已水乳交融，不少菜品的制作方法是你中有我，我中有你。如北京的回民以烹制牛羊肉见长，最擅长烤、涮、白煮、燎、炸等方法。烤肉、涮羊肉、家常烤牛肉、炸羊尾、扒羊肉条等地方名菜，都是回、汉民族共同爱食用的菜品。

饮食文化的交流带动了贸易和生产。有些农作物的传播穿越了许多民族地区，甚至漂洋过海而来。饮食文化的交流在很多情况下是奇异的调味植物和大宗主食植物的传播，前者如胡椒、大蒜等，后者如玉米、甘薯、马铃薯等。

3. 不同民族的特色风味食品

每一个民族的饮食中，总有一种或几种是特别受欢迎的。这些食品不论是主食还是副食，往往被看作是这个民族的象征。某种食品与某个民族产生这样的联系有许多原因，或是地理环境的决定，或者是宗教信仰的规定。环境所决定的民族食品往往在周围的许多民族中都存在，这些民族的社会生产方式相近。另外还包括蕴涵在某种饮食中的历史、文化所积淀的心理和习俗等内涵。这是物质和精神两方面的互为补充和促进，使某种食物与某个民族的关系日益紧密，相得益彰。

蒙古族人民自古以游牧生活为主，饮食上多食用牛、羊肉，其食用方法有手把肉、烤肉、炖羊肉、火锅、整羊席等。随着时代的发展，蒙古族人民在吃法上开始注意烹调技艺和品种的多样化了。如利用羊腿制作的“香炸羊锤”，是香味扑鼻的美味佳品。将小羊锤腌渍入味，入高温油锅炸至酥松，捞出沥油，撒上孜然粉等调料，手抓食之，羊肉酥，肉质嫩，香味浓，口感诱人。鄂伦春人长期以来生活在我国东北地区的大、小兴安岭原始森林中，主要以狩猎为主，采集和捕鱼为辅。因此，兽肉的加工和烹调以及食飞禽、鱼类在他们的饮食中占有重要地位。

回族是我国人口较多、分布最广的一个民族，其饮食习俗受伊斯兰教的深刻影响，故饮食特点鲜明。美味实惠的回族传统小吃牛、羊杂碎，早在历史上就享有盛名。它是用牛羊内脏精心烹制而成的杂碎汤。其主要原料是牛羊肉的心、肺、肠、肝、腰子以及腮肉、肚梁子、蹄筋等。风靡全国的新疆维吾尔族烤羊肉串，烤制时，油脂便滋滋作响，发出诱人的香味。特别是撒上辣椒面、盐和孜然，吃起来羊肉嫩香，别有一番风味。

别具风味的朝鲜族泡菜，布依族的血豆腐、酸辣豆，赫哲族的杀生鱼，哈萨克族的煮马肠子，彝族的砣砣肉，羌族的熏猪膘，苗族的瓦罐焖狗肉，傈僳族的烤乳猪等，以及满族的饽饽，朝鲜族的打糕、冷面，傣族的瓦甑糯米饭、竹筒米饭和青苔菜，锡伯族的南瓜饺子，毛难族的露蒸红薯，壮族的花糯米饭，布依族的二合饭、粽粑、魔芋豆腐，门巴族的石板烙饼，达斡尔族的稷子米饭，藏族的糌粑，维吾尔族的馕等。[①]为我国饮食的百花园增添了鲜艳的花朵。

壮族人民善于烹调，每年农历六月二十四日是壮族的火把节，在这个节日里，各家各户竞献绝技，名菜佳点层出不穷，如“巴马香猪”“白切鸡”“壮乡香糯骨”等。在庆祝宴上，除了家养畜禽类菜肴外，席上还必有野味，如“火把肉”“皮肝糁”“子姜野兔肉”“白炒三七花田鸡”等。

藏族的饮食因所居地不同而各异。牧区以牛羊肉为主食；农区以青稞面做成的糌粑为主食，由炒的青稞磨面与酥油、奶渣、热茶拌匀后，用手捏成团状，手抓着吃，不仅营养丰富，而且便于携带。但都喜欢喝青稞酒、酥油茶，吃糌粑，这是独具特色的藏族传统食品和饮品。

“合菜”是土家族过年家家户户必制的民族菜，俗称“团年菜”。相传明嘉靖年间，土司出兵抗倭，为不误军机，士兵煮合菜提前过年。其做法是将萝卜、豆腐、白菜、火葱、猪肉、红辣椒等合成一鼎锅熬煮，即成“合菜”。这道菜除味道佳美，还别有深意：它象征五谷丰登，合家团聚，同时又反映土家人不忘先民的光荣传统。

彝族大部分地区以玉米为主，其次是荞麦、土豆、小麦、燕麦、粟米、高粱等，稻米数量较少。将这些加工成粉，与水和成面团后，煮成疙瘩；用锅贴制成

① 赖存理. 中国民族风味食品［M］. 北京. 中国商业出版社，1989.

粑粑；擀成条成粗面条；经发酵烤熟称泡粑粑。肉食主要有牛肉、猪肉、羊肉、鸡肉等。彝族人特别喜欢将肉切成拳头大小的块煮食，汉语称之为“砣砣肉”。蜜制品是彝族人重要食品之一，“荞粑粑蘸蜂蜜”是年节期间的美味，也是平时待客用的名点。

地处我国西南边陲的云南省，是我国众多民族荟萃的地方。此地山高水长，林茂竹修，山林多野味，不提名目繁多的野生动物，单闻名天下的鸡纵、松茸等菌类，以及蕨菜、山药、竹笋、竹荪……就可以做出多种野味。云南红土地的山珍——野生菌，配菜、煲汤都为菜中上品。丽江和中甸是云南松茸的主要产地，纳西族创制的“酿松茸”和藏族创制的“油松茸”，便是两道高原名馔。

云南居住在亚热带山林、河谷的少数民族极喜吃酸，因酸能和胃、解乏、祛暑气，使人心明眼亮。居住在红河、文山一带的苗族、瑶族便制作了两道酸味河鲜——苗山酸汤煮鲫鱼及瑶寨酸菜蒸鲫鱼。苗家调制的酸汤，是一种民间调味品，用冬青菜、马蹄菜、嫩玉米心、米汤、清水混合入缸沤制，在常温下发酵24小时即成。滗出汤液，用以煮鲜活的鲫鱼，酸味纯正，汤汁乳白，鱼肉格外鲜嫩，清新爽口，野趣十足。酸菜蒸鲫鱼，用酸腌菜做底料，将鲫鱼剖洗干净置于其上，浇以杂骨汤少许，上笼蒸30分钟即可。鱼肉咸鲜滋嫩、酸甜爽口。

傣族人民居住在我国的西南地区，傣家的竹楼都依竹、依树、依水而造，在他们的寨子里，四周竹林环绕，远眺傣家村寨，仿佛生活在一片青山绿水之间。傣族人爱吃竹筒米饭是远近闻名的。他们取用当地的香竹，按竹节砍断，再把米装进竹节里，距筒口约10厘米左右，然后将水渗满，待米泡上一段时间后，便用洗净的竹叶把筒塞紧，再放火上烧烤。竹筒表层被烧焦的时候，竹筒米饭也就做熟了。特别是利用竹筒、竹节盛装菜品已在全国大行其道，几乎每家餐厅都少不了竹筒、竹节的器具，以盛放炒菜、烩菜、烧菜等，取得了很好的食用与观感效果。

西双版纳傣族食品“香茅草烤鱼”，以特有的香茅草缠绕鲜鱼，配以滇味作料，烧烤而成，外酥里嫩；竹筒、土坛、椰子、汽锅等，都能体现出地道的云南少数民族的乡土风味。傣族的另一道传统菜品“叶包蒸鸡”，肉嫩鲜美，香辣可口。将整鸡洗净用刀背轻捶，然后放上葱、芫荽、野花椒、盐等作料，腌制半小时，再用芭蕉叶包裹，放到木甑里蒸熟。此蕉叶、粽叶包制之法，应用十分广泛。[1]

西藏的特色原料虫草、藏红花是全国餐饮行业高档的好食材，许多大小饭

① 邵万宽. 中国境内各民族饮食交流的发展和现实［J］. 饮食文化研究，2008（1）：12-20.

店、餐馆纷纷推出虫草菜、红花汁制作的菜品，如虫草炖鸭、虫草焖鸭、红花凤脯、红花鲍脯等菜。虫草具有补肺益肾的功能，藏红花有安神、调血压等功能，是滋补身体的优良食物原料。西藏传统菜“拉萨土豆球”，是以土豆泥为主，稍加面粉、青稞粉用水调成面团，另外用牦牛肉、冬菇、冬笋一起炒制成三鲜馅，然后用面坯包馅制成椭圆形，入油锅炸至外酥内香。西藏的青稞原料制作菜品，如青稞炒鸡丁、青稞蔬菜汤、枣泥青稞饼等，都别具风味。

（二）宗教文化与饮食个性

宗教是人类社会的意识形态之一。从远古到如今，宗教一直是人类生活的一个基本要素。作为客观存在的事实，在人群聚居之处，必有宗教的痕迹。要了解一个民族，或是一个族群，不能不认识其信仰。正如要明白一个人的真相，不能不知道他相信什么。只有这样才能了解他们喜欢与不喜欢吃什么。

1. 佛教素食

佛教是公元前6世纪至公元前5世纪中，由古印度的迦毗罗卫国（今尼泊尔境内）的王子乔达摩·悉达多（即释迦牟尼）所创立。佛教自汉代传入中国，在饮食上也发生了一些变化。相对而言，我国佛教寺院所重视的主要是食物的性质。汉传佛教树立了“以素食为斋”的醒目旗帜，在饮食上不吃鱼、肉、蛋、奶酪制品、酒，以及葱蒜等刺激性的蔬菜、佐料，是素斋的特点。这就把佛教的精神更深入地与饮食结合起来。

（1）佛教寺院素菜的兴起　佛教的寺院素菜起源于我国佛教的传入，佛教传入我国最早的历史记载是距今近2000年的西汉哀帝元寿元年，即公元前2年。当时佛教的食俗据佛经记载，佛教教规并没有吃荤食素的分野，僧徒托钵求食，遇荤吃荤，遇素食素。东汉明帝时佛教为朝廷所提倡，至南北朝与隋唐时期，佛教大盛。兴佛主要是广度僧尼，广建寺庙。据称北朝时，北齐境内僧尼近300万；南朝梁武帝时，建康有佛寺700所；唐代武宗时，全国大小寺庙约5万处。佛教由于朝廷的提倡，僧尼增多，乞食的习俗已难以实行，加之寺庙的扩建，遂形成以寺院为居地的自制自食的寺院伙食，称之为“香积厨”，取“香积佛及香饭”之义[①]。当时的寺院菜并不是寺院素菜，至于寺院茹素脱俗的寺院素菜是从南北朝的梁朝伊始，以后逐渐发展和盛行。我国佛教协会前会长赵朴初曾说过：“我国大乘经典中有反对食肉的条文，我国汉族僧人乃至很多居士都不吃肉。从历史上来看，汉族佛教徒吃素的风习，是由梁武帝的提倡而普遍起来的。”在梁武帝

① 王仁兴. 中国饮食谈古［M］. 北京：中国轻工业出版社，1985：44.

提倡终身吃素、佛教“戒杀放生”“不结恶果，先种善因”的影响下，寺院素菜从而开始诞生，并不断地得以发展。因信佛而朝山进香的施主、香客逐步增多，有的还需招待，为了适应这种发展，于是，“香积厨”就扩大并兼营寺食，这就是寺院素菜的起因和由来。

（2）帝王的影响与传播　素菜经皇帝的提倡，便带上了鲜明的政治色彩和浓厚的宗教色彩。梁武帝萧衍以帝王之尊，崇奉佛教，素食终生。据记载，南朝时期萧衍曾四次舍身佛门，大臣花了大量钱财才把他赎出来。[①]在他的倡导下，佛教兴盛，僧尼之多，达于空前。《南史·循吏传》记曰：“都下佛寺五百余所，穷极宏丽；僧尼十余万，资产丰沃。所在郡县，不可胜言。[②]”南朝时几近天下人口之半的僧尼饮食并非严格划一的素食。在这种情况下，梁武帝首先在宫里受戒，自太子以下跟着受戒的达4800余人。

在梁武帝行为的影响下，南朝的僧徒和香客大增，这使寺院有必要制作出素餐系列，以便自给自足，佛教素食也由此发展起来。

佛教发展迅速，使僧徒大增，南朝“天下户口，几去其半”，“南朝四百八十寺”，素菜得到了迅速的提高，并向制作精美的方向发展，出现了许多精通素馔的僧厨，据《梁书·贺琛传》载，当时建业寺中的一个僧厨，能掌握“变一瓜为数十种，食一菜为数十味”[③]的技艺。其后许多寺庙庵观的素馔，不断著称于世，著名的“罗汉斋”是为佛门名斋，取名自十八罗汉聚集一堂之义，成为素馔中的名菜而流传至今。

唐代，佛教寺院素菜的制作达到了鼎盛时期，共有佛教寺院4万多所，僧尼30万人。经过汉唐数百年的发展，由佛教信仰而产生的食俗，已成为一种独特的文化现象。宋代时期，素菜再次掀起高潮，全国许多的寺院都能做出一些色香味形俱佳的素食名菜。汴梁还出现专门的素菜馆。皇宫中也专设有“素局”，以供皇帝、皇后斋戒之日用。清朝时期，素菜出现了黄金时代，不仅仅寺院有罗汉斋供应，民间甚至宫廷也常制作。

（3）佛教寺院素菜的特色　佛教寺院素菜，又名斋菜、释菜或香食，是我国素菜的特异分支。第一，它受佛教情况的影响较大，随佛教的兴旺、寺庙的增多、香火的旺盛而兴旺。第二，佛教寺院素菜仅在许多名山胜地的寺院中占据市场，并有一定的影响，区域范围有特定的条件。第三，在使用的烹饪原料上，除不用动物性的原料外，对植物类食物也有一定的限制。佛家还禁用“五辛”，即

① 姚伟钧. 中国传统饮食礼俗研究［M］. 武汉：华中师范大学出版社，1999：137.
②（唐）李延寿. 南史［M］. 北京：中华书局，1975：1721.
③（唐）姚思廉. 梁书［M］. 北京：中华书局，1979：548.

大蒜、小蒜、兴蕖、慈葱、茖葱。

佛教寺院素菜与中国传统中深厚的文化底蕴相结合，产生了独具特色的素食体系，它用各种瓜果、蔬菜和豆制品做成，禁用动物性原料和“五辛”。寺院素菜历经各代僧厨的不断改进和提高，不仅素菜品种增多，技艺逐步完善，而且形成了寺院素菜清香飘拂的独特风味，并成为素菜中的一个主流，对后世的影响深远。人们将它奉为“养生菜”，视作“不味众珍”“平易恬淡”的传统养生之道的典型。[①]

到清代，寺院“香积厨”的“释菜”，也有了较为显著的改进和提高。出现了一批像北京的“法源寺”、南京的“栖霞寺”、西安的“卧佛寺”、广州的“庆云寺”、镇江的“金山寺”、上海的“玉佛寺”、杭州的“灵隐寺”等烹制“释菜”的著名寺院。这时期的寺院素菜又出现了“以果子为菜者，其法始于僧尼家，颇有风味。如炒苹果、炒荸荠、炒藕丝、山药、栗片，以至油煎白果、酱炒核桃、盐水落花生之类，不胜枚举。”[②]佛寺素菜，其用料多系三菇、六耳、果蔬和谷豆制品，制作考究，品种繁多，四季分明，调味清淡，素净香滑，疗疾健身，在国内外具有较高评价。

素菜，从人类发源起的形成并长久存在，到今天日益兴旺的市场，究其主要原因，素食不仅清淡、时鲜，而且营养丰富，祛病健身。这对人类的繁衍生息以及健康、长寿都具有重要的意义。

2. 伊斯兰教食规

伊斯兰教是7世纪初阿拉伯半岛麦加人穆罕默德所创立，在中国旧称“回教”“清真教”。伊斯兰意为“顺从”，清真是中国穆斯林特有的专用词语，意为伊斯兰教的、含有“清净无染”“真乃独一”之意；穆斯林意为“顺从者”“和平者”，专指顺从独一真主安拉旨意、信仰伊斯兰教的人，是伊斯兰教徒的通称。穆斯林奉《古兰经》为其经典。7世纪中叶起，中亚细亚各族、波斯人、阿拉伯人陆续来到中国，集居于西安和银川等地，大量加入中国籍，逐渐形成回民，把伊斯兰教传入中国。

（1）清真风味的影响　清真风味，系指信奉伊斯兰教的民族所制作的菜品总称。在我国有回族、维吾尔族、哈萨克族、乌孜别克族、塔吉克族、塔塔尔族、东乡族、保安族、撒拉族、柯尔克孜族10个少数民族信仰伊斯兰教。他们在饮食习俗与禁忌方面严格遵循着伊斯兰教所规定的饮食清规，形成了独特的饮食方式和饮食风俗。它是我国烹饪的重要组成部分，也是一株独特的菜品之花。我国

---

① 尹邦志，晏菊芳. 饮和食得——佛教饮食观［M］. 北京：宗教文化出版社，2005：87.
②（清）钱咏. 履园丛话［M］. 上海：上海古籍出版社，2012：222.

清真风味由西路（含银川、乌鲁木齐、兰州、西安）、北路（含北京、天津、济南、沈阳）、南路（含南京、武汉、重庆、广州）三个分支构成。

随着伊斯兰教于公元651年传入中国始，清真饮食文化就逐渐在中国大地上传播。据史书记载，唐德宗贞元三年（公元787年）长安（今西安）城里就有阿拉伯和波斯穆斯林商人4000余户之众，长安大街上时有阿拉伯人卖饼，波斯人等卖清真食品。到了元代，大批阿拉伯、波斯和中亚穆斯林来到中国，使清真饮食在中国各地得到了较大的发展，并产生了深远影响。当时的饮食业主要是肉食、糕点之类。清代，北京出现了不少至今颇有名气的清真饭庄、餐馆，如东来顺、烤肉宛、烤肉季、又一顺等；清末民初，包子、饺子、烧饼、麻花一类的清真食品店铺已形成具有鲜明特色的餐饮行业。

清真菜品在选料上，南路习用鸡鸭、蔬果、海鲜为原料，烹饪特色鲜明；西路和北路习用牛羊、粮豆，烹调方法较精细。清真菜品的制作多为煎、炸、烧、烤、煮、烩类等方法；制作工艺精细，菜式多样，口味偏重鲜咸；注重菜品洁净和饮食卫生，忌讳左手接触食品。清真小吃以西北为主，尤以西安、兰州、银川、西宁等地最为有名。面食制作方面以植物油和制的酥面、甜点以及包、饺、糕、面等别具一格，如酥油烧饼、什锦素菜包、牛肉拉面、羊肉泡馍、油香、馓子、果子、馕、麻花等。

（2）饮食禁忌　伊斯兰教规定，穆斯林的饮食有很多禁忌，穆罕默德曰："一口不洁，废四十日之功。"伊斯兰教认为，若要保持一种纯洁的心灵和健全的思想，若要滋养一种热诚的精神和一个干净而又健康的身体，就应该对人们赖以生存的饮食予以特别的关注。所以不善不洁者决不可食用，酒也是需要绝对禁止的食物。

穆斯林对菜肴的制作必须遵守伊斯兰教规，在原料使用方面较严格，禁血生、禁外荤，不吃肮脏、丑恶、可怖和未奉真主之名而屠宰的动物，如猪肉、猪油、驴肉和狗肉等；忌血生，就是在宰杀家禽时未放尽余血或因枪击死亡而未放血的猎物，如野鸭、山鸡等；水产品中忌用无鳞无鳃的鱼，带壳的软体动物和蟹、鳖、鳝鱼等；食用羊肉选择绵羊，不用带皮山羊。

在伊斯兰教的饮食禁忌中，尤其以禁食猪肉的习俗最为严格。《古兰经》中有明确的规定："禁戒你们吃自死物、血液、猪肉、以及诵非真主之名而宰的动物。"伊斯兰教徒不仅不能食用猪肉，也不能养猪、用猪油炒菜，甚至忌讲"猪"字，称猪为"黑牲口"，猪肉为"大肉"，猪油为"大油"，属相为猪称"属黑"，饮食另起炉灶，不用汉族人使用的锅进行烹调。

（3）斋月与食规　穆斯林十分重视"斋月"。所谓"斋月"，就是在回历九月的一个月中，除老弱病幼以外的人，穆斯林每天从黎明到日落禁止饮食，日落后至黎明前进食。午夜一餐最为丰盛。直到十月初一才开斋过节。开斋这天是“开斋节”，又名“肉孜节”，人们宰牛宰羊，制作油香、馓子、奶茶等食物，沐浴盛装，举行会礼，群聚宴饮，相互庆祝。

伊斯兰教在饮食方面还规定：是可食之物在食用时也不能过分和毫无节制。因生病、妊娠、哺乳、旅行等特殊情况在斋月里白天可以进食，但须择时补行斋戒。

3. 道教食俗

道教是中国的本土宗教，源于远古巫术和秦汉的神仙方术。东汉顺帝汉安元年（142年），由张道陵倡导于鹤鸣山（今四川崇庆境内）。凡入道者，须出五斗米，故也称“五斗米道”。奉道家老子为教祖，尊称“太上老君”，以《老子》为经典，后经张角、张鲁、葛洪、寇谦、陆修静、王重阳、丘处机、成吉思汗、明万历皇帝等倡导，不断发展壮大。道教在其形成发展的过程中曾吸收了某些远古神话传说和民间方术中有关长生的观念和方法，兼收社会上各家的神秘主义的思想因素、伦理道德、宗教意识，形成杂而多端、相对独立的文化体系，把追求长生不老、修道成仙作为最高精神境界，形成了一套与长生观念相适应的养生之道或长生术。正如《诸家气法部·太无先生服气法》所说：“服食养生，贵其有常，真气既降，方有通感。岂有纵心嗜欲，而望灵仙羽化？必无此事也。”[①]

（1）道教尚素与养生　在饮食方面，道教徒恪守抱朴寡欢之基本义理。《唐太古妙应真人福寿论》对时人饮食奢靡之风提出强烈的批评：“饮食之非分者，一食而其水陆，一饮而取其弦歌。其食也寡，其费也多。世之糠粝不充，此以膻腻有弃，纵其仆妾，委掷泥涂。此非分也，神已记之，人不知也。”[②]有关饮食简单之见解更是旗帜鲜明：“蔬食弊衣，足延性命，岂待酒食罗绮，然后为生哉！是故于生无要用者，并须去之；于生虽用，有余者，亦须舍之。”[③]道家禁用“五辛”，即韭、薤、蒜、芸薹、胡荽。我国的膳食结构自古便是谷蔬为生，道教兴起后，善男信女甚多，大多数掌门弟子不嗜荤腥，饮食崇奉清素，久之便崇尚素食。由恬淡之人生观到清淡之饮食观有其内在自然理路。道教尚素习俗与其慈心万物之理念也有莫大关系。

道教徒认识到饮食对健康长生的作用，所以对饮食的取舍十分重视。在历史上出现了许多道教饮食养生家，如南朝高道陶弘景著有《神农本草经集注》所选食物和食疗药物就有195种，包括禽兽、果菜、米食等类。到了唐代，道医孙思

---

① 张继禹. 中华道藏（第二十九册）[M]. 华夏出版社，2004：478.
② 张继禹. 中华道藏（第二十二册）[M]. 华夏出版社，2004：661.
③ 张继禹. 中华道藏（第二十九册）[M]. 华夏出版社，2004：737.

邈在《急救千金要方》专设“食治”一篇，其中仅药用食物就收载164种，分为果实、菜蔬、谷米、鸟兽四大门类。后代还有多种相关的书籍，指导人们从饮食养生出发，合理调制饮食。道教经典认为“安身之本，必资于食。不知食宜者，不足以存生。”[①]道门人士在长期的生活实践中不断总结饮食保健宝贵措施，积极吸纳各个时期中国饮食先进经验，这些经验大多是有益健康、值得人们借鉴的。

（2）服食与辟谷　服食就是选择一些草木药物来吃。道士服食的药物大体有两类：一类属于滋养强壮身体的植物药，如芝麻、黄精、天门冬之类；一类属丹砂之类的金石药。这两类都被视作长生食物，尤其是食丹之术，为道教独有。认为修道之人只要按照规定的方法服用这些特殊的食物，到了一定的时限就可以实现长生不老的夙愿。植物药品种较多，主要包括：黑豆、栗子、胡桃肉、柿饼、花生、葡萄、莲藕等食用植物，以及灵芝、枸杞、地黄、菊花、茯苓、白术、松子、松叶、松脂、柏子、柏叶、柏脂、苡仁、山药、杏仁、白芍、玉竹、菖蒲、蒺藜、何首乌、天门冬、麦门冬等药用植物。这些植物药经过道教长生不老观念的渗透，并加以配方制作，成了修道之人服用的长生药饵。

除了植物药以外，被道教视作长生食物的还有某些用铅、金、银等金属及汞、云母、硫、钟乳石等作为原料而特制的金石药或金丹。由于金石药或金丹的长生作用被无限夸张，所以古代有不少皇帝效法服用此类仙丹。许多迷信神仙的人，辛辛苦苦日夜炼丹，炼成之后，吃了金丹，不仅不能延年益寿，反而中毒甚至身亡。所以古人诗中说：“服食求神仙，多为药所误。”后来食丹术渐不为人所信。

辟谷也称断谷、绝谷、休粮、却粒等，始于秦汉时期，是道教采取的一种特殊的饮食禁忌，即通过不吃谷麦饭食来清除肠中隐藏的“三尸之虫”，保持肉体和精神的纯洁，以此修身养性，达到长生不老、羽化成仙的目的。道教认为，人体中有三虫，亦名三尸。三尸常居人脾，是欲望产生的根源，是毒害人体的邪魔。三尸在人体中是靠谷气生存的，如果人不食五谷，断其谷气，那么三尸在人体中就不能生存了，人体也就消灭了邪魔，因此要益寿长生，必须辟谷。成书于汉代的《大戴礼记・易本命》中记载：“食肉者勇敢而悍，食谷者智慧而巧，食气者神明而寿，不食者不死而神。”这里的“不食”即辟谷，不食五谷。《淮南子・人间训》记载鲁国人单豹不食五谷，仅喝溪水，年届70犹有童颜。1973年长沙马王堆汉墓出土的帛书中《却谷食之篇》专门探讨了服气辟谷。[②]辟谷者不吃五谷，但可食大枣、茯苓、芝麻、蜂蜜、石芝、木芝、草芝、肉芝、菌芝等。不过，辟谷会导致人体营养不均衡，是不宜提倡的。

① 张继禹. 中华道藏（第二十三册）[M]. 华夏出版社，2004：749.

② 黄永锋. 道教饮食养生指要 [M]. 宗教文化出版社，2007：52.

四、贵族与平民：等级社会的饮食反差

在中国人吃的历史上，有两种截然不同的风格值得说明一下。古代社会最明显的标志是社会的等级性，不同的人群由于所处的地位不同，其饮食生活的差别就很大。那些深深藏在宫墙院内的贵族阶层与普通平民百姓的生活形成了鲜明的对比。一种是富有、奢靡的生活，一种是朴素、粗陋的生活。这里所讲的贵族是广义的，既包括皇室及其亲属和大臣，也包括担任国家官职的官僚。平民泛指阶级社会中数量最庞大的群体，即普通百姓。

（一）历代皇帝的吃应有尽有

历代帝王深居宫廷，其饮食是应有尽有。所谓宫廷菜，是指我国历代封建帝王等用膳的菜肴。宫廷菜的制作有专司的御膳机构，负责烹调的厨师叫御厨。在清代，皇帝吃饭叫进膳，开饭叫传膳。身居皇宫中的帝王，不仅在政治上拥有至高无上的权力，在饮食上同样也享受着人间最珍贵、最精美的膳食。御厨利用王室的优越条件，取精用宏，精烹细做，也使宫廷菜具有传奇和神秘的色彩。

宫廷菜的制作特别注重它的功能性，主要是为了历代封建帝王们生活上的享受，以求延年益寿、长命百岁的需求。各朝历代君主深知健康长寿的重要，从商至清，各朝都设有食官和御膳，专门调配帝王饮食。这就使宫廷菜能够世代相续，并成为中国烹饪史画长卷中的浓墨重彩，在食坛上尽享殊荣。

1. 宫廷菜的历史传承

自商周始至清朝末，历代宫廷中都设有专司饮食的机构。商周时设置“膳夫”，有天官管理皇宫中的饮食；秦代设少府，有太官主管膳食，汤官主管饼饵，导官主管择米，庖人主管宰割。以后厨房的烹饪生产官职分工更加明确精细：汉代设尚食，有大官负责宫廷饮食；隋朝设祠部，初由侍郎掌管，炀帝时有直长；唐代设膳部、司膳等，由郎中、膳大夫等管理皇宫膳食；南宋有光禄寺；明代设尚食局，有宦官掌管饮膳；明清两代由光禄寺负责赐宴，清代宫中饮膳，设御膳房负责皇上膳事，下设荤局、素局、饭局、点心局、包哈局（挂炉局）。皇帝食用的菜点，御膳房将菜肴名称、制作厨师的姓名列入菜单，一旦皇帝需要，可以立即制作，另外可分清责任。如果受到皇帝奖罚，也便于查明。这种菜单留档存查，同时执事对皇帝进餐情况还要每天写出报告，送内务府大臣审阅，并作为文件保存。因此，宫中设有“回执事库”，专门保管皇帝衣食住行等文书。太后、后妃和行宫的膳食则分别由寿膳房、子膳房、野膳房分工掌管。历代宫廷中膳食机构的设置，一方面为封建统治者饮宴享乐服务，另一方面它聚集了全国烹饪原料精华于一房，集烹饪技艺超群人才于一堂，促进了我国烹饪技艺的提高，充实了中国菜肴的内容，形成了精美绝伦的宫廷风味。

有关历代宫廷菜肴的记载颇多。吕不韦编撰的《吕氏春秋·本味》收载了商汤时宫廷中的天下美食和烹饪技艺的原则及菜肴质量要求。《周礼》中记述了宫廷司膳的分工。《礼记》中的内则、曲礼诸篇，比较具体地记载了宫廷美味和烹饪制作原理，如周代著名的“八珍”美馔。屈原《楚辞·招魂》中的食单，洋洋洒洒，菜品众多。隋朝谢讽的《食经》、唐代韦巨原的《烧尾宴食单》、宋代的《玉食批》《武林旧事》《东京梦华录》《梦粱录》《都城纪胜》等书都记叙了御宴的食单。尤其是元代忽思慧所著的《饮膳正要》，这是我国古代收集最广泛、内容最详细的宫廷食谱。与现今留传下来的宫廷菜联系最密切的是现存清代的“内务府档案”，它保存了18世纪乾隆朝至20世纪光绪朝寿膳房、御膳房的食单，都是我们研究宫廷菜的珍贵资料。

2. 宫廷菜的风味特点

我国宫廷风味，主要是以几大古都为代表的风味，尚有南味、北味之分。南味以金陵、益都、临安为代表，北味以长安、洛阳、开封、北京、沈阳为代表。留传至现在的宫廷菜主要是元、明、清三代的宫廷风味。尤其是清代的宫廷菜，是今天宫廷菜的主体。

清代的宫廷风味，主要由三种风味组成。一是山东风味，明朝统治者将京城迁至北京时，宫廷御厨大都来自山东，因此，到了清代，宫中饮食仍然沿袭了山东风味。二是满族风味，清朝统治者是满族人，满族地区历来过着游牧生活，饮食上以牛、羊、鸟等肉类为主。在菜肴制作上形成了满族口味特色的满族风味。三是苏杭风味，乾隆皇帝前后六次出巡江南，对苏杭菜点十分赞赏，于是宫中编制菜单时，仿制和由苏杭厨师制作苏杭菜点，充实宫中饮食。从此，清代宫廷饮食便以这三种风味为基础逐步提高发展起来，成为今日宫廷菜之风味。

宫廷菜华贵珍奇，原料多数来自各地贡品，比较广泛且罕见难得。菜肴典式有一定的规格，十分

豪华精致，造型秀美而多变，菜名吉祥而富贵，筵席规格高，掌故传闻多，餐具华贵而独有。宫廷菜实际上集中了我国传统烹饪技艺的精华，它始终保持着中国菜共有的基本特点和属性。但由于历史的原因，它仍有自身所独有的特色和内涵。

（1）烹饪用料广泛珍贵　宫廷菜的制作原料得天独厚，它不仅有民间时鲜优质的普通原料，也有性质特异的地方土特产品，有博天下之万物中精选的稀世之珍，更有数不尽的山珍海味、罕见的干鲜果品，这些烹饪原料四面八方向宫中汇集。如长江中镇江的鲥鱼、阳澄湖的大闸蟹、四川会同的银耳、东北的鹿茸、鹿尾、鹿鞭、鹿脯等，南海的鱼翅、海南的燕窝、山东的鲍鱼、海参，这些稀世之珍源源不断地从水陆运到宫中。

宫廷菜的这些原料，一部分来自于皇家庄园精心培育所产的精品，而大多数则是向民间索取，也就是各地向皇上进贡的所谓“贡品”。有时皇帝为吃时鲜而特色的菜品，甚至不惜劳民伤财。蒙古草原上优良的羊群蹚过清水河涌进京城；新疆的哈密瓜漫过丝绸之路，经过数月的风沙洗礼而呈进皇宫；东北的山珍越过山海关抵达京城；南方的金丝官燕顺着大运河直抵京都；江浙的名产沿着驿路抵达皇宫。这充分反映了宫廷菜独特的物质条件，因此原料广泛而珍贵是宫廷菜最基本的特点。

（2）菜肴制作技术精湛　宫廷菜制作精细，厨师技艺高超，而突出的一点是制作上尤其注重规格。据溥杰先生的夫人爱新觉罗・浩所著《宫廷饮食》一书记载，宫廷菜的配制上不得任意配合，如八宝菜，只要凑上八个品种材料即可，种类可以不限。但宫中菜点，只限八个规定品种，不得任意更换代用。在调味上，“主次关系严格区分，如做鸡时，无论使用某种调料、材料，必须保持鸡的本来味道。”在制作的刀法上，宫廷菜制作有严格刀法要求，如红烧鱼制成“让指刀”，干烧鱼制成“兰草刀”，酱汁鱼制成“棋盘刀”，清蒸鱼制成“箭头刀”。不同的烹调方法，要求不同的刀法，不仅在加工主料时表现出来，就是在加工配料时也严格区别。[①]

为了使菜肴美观，操作讲究量材下刀。造型上主要用围、配、镶、酿的工艺手法，使菜肴外形整齐、饱满。加之宫廷对烹饪的程序有严格的分工和管理，如内务府和光禄寺就是清宫御膳庞大而健全的管理机构，对菜肴形式与内容、选料与加工、造型与拼摆、口感与器皿等，均加以严格限定和管理。使得宫廷饮食的加工技艺精湛而高超。

（3）重视保健寓意吉祥　封建统治者为了乞求益寿延年，万寿无疆，除要求

① 唐克明．宫廷菜与传说［M］．沈阳：辽宁科学技术出版社，1983：17.

菜肴琳琅满目、奇异珍贵、显示尊严外，还要求菜肴有滋补养生的功用。为此，历代御膳机构中还专门设有“食医”等指导御厨进行菜肴的烹制，用中国传统的中医与烹饪菜肴相结合，并形成一定的理论，“食物相克”“食物禁忌”等就是一例。宫廷菜自元代宫廷饮膳太医忽思慧《饮膳正要》一书刊刻问世后，“食疗”不仅在宫中更加盛行，而且从宫中流向社会，影响后世。

（清）康熙帝南巡图（局部）

宫廷菜是宫廷皇上所享用的，于是，宫中的达官贵人、司膳、太监为了迎合皇帝的欢心，挖空心思给菜肴冠以象征性的名称，宴席冠以敬祝的席名。诸如菜肴有龙凤呈祥、宫门献鱼、嫦娥知情等等，点心有五福寿桃，宴席有万寿无疆席、江山万代席、福禄寿禧席等，都具有吉祥、富贵、美好的寓意。

宫廷菜的技艺特色，反映了我国传统烹饪文化的宫廷风格，虽然随着历史的变迁，钟鸣鼎食的帝王们已被历史所埋葬，但历代御厨们所创造的宫廷菜，今天仍在烹坛上放射出夺目的光彩。

（二）官宦府第的吃追逐高档

我国历代封建王朝的许多高官极其讲究饮食，不惜重金网罗名厨为其服务，创造了许多别有特色的名菜名点。这些官府菜，一方面厨师手艺高超，制作精细，富有特色；另一方面，官府中互相宴请交流，博采众长，还有名人的品味、总结、宣传，以致形成了有一定影响的官府菜。有些官府菜不断地传向社会，已融入了地方菜系，但影响深远的官府菜，仍然以其独特的风味保留至今，有的经过系统地发掘整理，继承和发扬，重新绽放出光彩。

历代官宦的门第特点，在饮食中求享乐、重应酬，追求饮食的高品位必然也重视饮食；还有人用珍馐作敲门砖，谋求升迁，故而官府肴馔历来精细。官府菜亦称“公馆菜”，多以乡土风味为旗帜，注重摄生，讲究清洁，工艺上常有独到之处，不少家传美馔，遐迩闻名。如山东孔府菜，北京谭家菜，河南梁（启超）家菜，湖北东坡菜，川黔宫保（丁宝桢）菜，安徽李公（鸿章）菜，东北帅府（张作霖）菜，都是其中的佼佼者，至今仍有魅力。

1. 第一家族之孔府菜

孔府是我国历史最久，也是最大的一个世袭家族，受到历代封建王朝的赐封。到明、清王朝，孔府又世袭“当朝一品官”，有极大的特权，是名副其实的“公侯府第”。在漫长的历史长河中，孔府经常举办各种宴席，来迎接钦差大臣、皇亲国戚或进行祭祀、喜庆活动，并逐步形成制度，具有严谨庄重、讲究礼仪的风格。

孔府菜是我国延续时间最长的典型官府菜，孔府菜的形成主要是孔子的嫡裔秉承孔子有关饮食卫生、养生之道的言行，由历代封建统治阶级和孔子后裔逐步形成的。

孔府菜名馔丰盛、规格严谨、风味独具，这与孔子有关饮食卫生的养生之道的饮食观是分不开的。孔子十分讲究饮食科学，如“食不厌精，脍不厌细”，“失饪不食，不时不食，割不正不食，不得其酱不食”。其次，孔子对饮食卫生也特别强调，他曾说过“食饐而餲，鱼馁而肉败，不食；色恶，不食；臭恶不食。”“不撤姜食，不多食。”就是孔子强调饮食卫生的深刻阐述。另外，孔子还重视饮食的量与度，讲究饮食时的礼节等。这些饮食要求对后世的孔府菜烹饪和饮食观有极其重要的影响。也是今日孔府菜风格的根本起源。

孔府菜形成王公官府气派、圣人之家的风度和礼仪等级，与历代封建帝王尊孔是分不开的。封建帝王为了维持他们的统治，不仅尊崇孔子，而且竞相优礼孔子的嫡系后裔，使他们生活优厚，声势煊赫。孔府在每年与帝王、贵族的交往中，必须要进行各种宴请，在客观上促进了烹饪技艺的发展，逐步形成孔府菜的规格和礼仪。当然，创造孔府菜技艺的不是统治者，而是历代专业的烹饪厨师们，他们是孔府菜形成如此美味佳肴的真正创造者。孔府菜在长期的发展中形成了自己独有的特色：

第一，原料取材广泛。上至山珍海味，有燕、翅、参、骨、鲍、贝等名贵原料，低到瓜果、菜蔬、山林野菜皆可成菜，更有冬瓜、茄果、芋艿、山药、豆腐、青菜等平常原料。

第二，烹调精细，讲究盛器、技法全面。孔府菜做工精细，许多菜肴需多道工序完成，风味清淡鲜嫩，软烂香醇，原汁原味。孔府菜历来讲究盛器，银、铜、锡、漆、瓷、玛瑙等各质具备，鹿、鱼、鸭、果、方、圆、瓜、元宝、八卦等各形俱全，使菜肴形象完美，按席配套，既雅致端庄又富丽堂皇。孔府素有众多烹调技法，尤以烧、炒、煨、㸆、炸、扒见长。

第三，菜名寓意深远，古朴典雅。家常菜多沿用传统名称，宴席菜多富含诗意或赞颂祝语。如“阳关三叠”“白玉无瑕”“合家平安”“吉祥如意”等。

第四，宴席菜礼仪庄重，等级分明。孔府是礼仪和文化的真正传人，大到国宴之礼，小至日常节日便酌之礼节，在孔府宴中尤其突出。其所设宴席等级差别甚严，必须根据宴饮者的身份和地位以及亲疏远近来区分。

孔府菜在历代劳动人民和专务其事的厨师的创造下，代代相传，沿袭至今，并且日益丰富，它是我国官府菜中的佼佼者。

孔府菜主要名菜有：燕菜四大件、诗礼银杏、八仙过海闹罗汉、玛瑙海参、神仙鸭子、合家平安、鸾凤同巢、一卵孵双凤、一品锅、锅爆凤脯等。[①]

2. 清末官僚之谭家菜

谭家菜是清末封建官僚谭宗浚家庭的菜肴，流传至今已有百余年的历史。谭在清同治年间中榜眼，以后入翰林，成为清朝的官僚阶层。他热衷于同僚中相互宴请，以满足口腹之欲。菜肴制作讲究精美，在同僚中名声大噪，此后他不惜重金礼聘名厨，吸南北风味为一体，精益求精，独创一派。

第一，烹调讲究原汁原味。如鸡要有鸡味，鱼要有鱼鲜，以至于受到许多食客的大加赞赏。

第二，菜肴口味有甜咸适口、南北皆宜的特点。在烹调中往往是糖、盐各半，以甜提鲜，以咸提香，菜肴具有口味适中、鲜美可口、南北均宜的特色。

第三，以制作海味菜最为擅长，其中燕窝、鱼翅的烹制最为有名。鱼翅菜肴有10多种，其中黄焖鱼翅最负盛名，它用料实惠而珍贵，制作复杂，菜肴汁浓味厚，柔软糯烂，极为鲜醇。"清汤燕菜"也是海味佳肴中的代表作。

谭家菜为了达到以上菜肴特色，在烹调上选料讲究质量，原料都由烹饪厨师亲自选购采办，从不马虎。调料上下料狠。提鲜多用的清汤，在制作上除用老母鸡、整鸭、猪肘子外，还加入金华火腿、干贝提鲜，这样用汤辅助制作的菜肴味浓而鲜美。其次，谭家菜的多数菜肴火候足、质软烂。如烹制鱼翅，要在火上㸆6~7小时。谭家菜最擅长的烹调方法是烧、㸆、烩、焖、蒸、扒、煎、烤以及羹汤，而绝少用爆炒技法。总之，谭家菜在烹调上的特色是选料精、火候足、下料狠、重口味。[②]

谭家菜作为北京清末的官府家庭菜，现仍保留在北京饭店，并由彭长海师傅得其真传。谭家菜主要名菜有：黄焖鱼翅、清汤燕窝、红烧鲍鱼、扒大乌参、柴把鸭子、口蘑蒸鸡、葵花鸭子、银耳素烩、杏仁茶等。

3. 官府人家的饮食排场

在我国封建的社会结构中，社会成员的社会地位存在着很大的差别。古代官

① 赵建民. 孔府美食［M］. 北京：中国轻工业出版社，1992.

② 彭长海. 北京饭店的谭家菜［M］. 北京：经济日报出版社，1988：9.

宦所具有的这种特殊社会地位，是建立在封建政权所赋予他们种种特权的基础之上的。正是由于有了这种种特权，官官相护、官商勾结，才使得他们有别于其他平民，而形成一个特殊阶层，使得他们乐于与封建政权合作，从而成为封建政权的支持者，这也正符合了封建政权优待官宦的初衷。许多官宦贪婪腐败，资产万贯，表现在饮食上，最明显的就是铺张和讲排场。

唐代中宗年间，韦巨源官拜尚书令，便在自己的家中设宴宴请唐中宗，此官宦人家的宴请几乎与皇宫御宴无异，宋代陶谷在《清异录》中挑选了他认为奇异有特色的菜点58道记录在册，其肴馔丰美，世所罕见。

许多官宦仰仗皇帝的幸宠得意忘形，如南宋宋高宗进封张俊为清河郡王前后，张俊享受其优厚的礼遇，贪婪好财，大肆兼并土地，其家财实力迅速扩张，府邸周围一带商业均被其染指，从周密收入《武林旧事》张俊进奉给高宗皇帝的礼单上看，其家资丰盈的程度已经到了不可想象的地步。张俊宴请皇帝高宗的食单，分“初坐”“歇坐”和“再坐”的豪宴。“初坐”即客人进门后坐下喘口气儿，随便吃点零食消乏。高宗进张家，“初坐”就上了72道大盘子。“再坐”又上了66道大盘子。之后，正式家宴才开始。俨然是地道的御宴排场。

明代宰相张居正在万历年间实行改革，做了很多有利于社会进步的事情，但是就是这样一位政治家在生活上却十分奢侈。有一年，他回乡办理丧事，地方大吏都来迎接，请他吃饭时，“上食味逾百品，犹以为无下箸处”。真定（今河北正定）守令钱普是无锡人，会做苏味菜，便亲自下厨烹调，菜做好后，张居正很喜欢吃，对他说：“吾至此始得一饱。”于是江苏人中凡是能做菜的，都被召来为张居正服务。[①]从这里不难看出，当朝宰相的饮食也奢侈无比，上百种菜肴，还觉无以下箸，这种风气定然会影响整个社会。

在《金瓶梅》中，兰陵笑笑生在描写官府的吃请筵席方面，也是不厌其烦地加以渲染，场面一个接一个，在叙述方面花了许多的笔墨，如第五十五回西门庆赶往东京与蔡太师拜寿的描述，西门庆先来到蔡太师管家翟谦家，翟谦的地位不可小觑，在与西门庆洗尘接风筵时的描述简单几笔，“只见剔犀官桌上摆上珍羞美味来，只好没有龙肝凤髓罢了，其余般般俱有，便是蔡太师自家受用，也不过如此。”招待的早餐也是简单几笔，“里边有三十来样美味，一把银壶，斟上酒来，吃早饭。”在描写蔡太师寿诞宴请时，也没有用太多的笔墨去粉饰，只是简笔叙述：“蔡太师那日满朝文武官员来庆贺的，各各请酒。自次日为始，分做三停：第一日是皇亲内相；第二日是尚书显要衙门官员；第三日是内外大小等

① 岑大利. 中国历代乡绅史话［M］. 沈阳：沈阳出版社，2007：191.

职。……那时相府华筵，珍奇万状，都不必说。”[①]

清代余怀在《板桥杂记》中叙述徐达长子魏国公徐文爵的后裔徐青君，家资巨万，性情豪奢。家里蓄有妓乐，每到夏日，在园中设宴，选名伎四五人，邀宾侑酒，木瓜、佛手，堆积如山，茉莉、芝兰，芳香似雪。“夜以继日，恒酒酣歌，纶巾鹤氅，真神仙中人也”。[②]清代官宦的饮食越来越讲究饮食排场，讲究食物的精美。钱泳《履园丛话》（卷七）中记载，在江苏太湖地区，许多官宦待客、开宴会，均找戏馆，因这里地方大，能容纳上千人。所以官宦家的宴请“皆入戏园，击牲烹鲜，宾朋满座”。因此之故，戏馆内筵席规模庞大，浪费惊人：“当开席时，哗然杂遝，上下千百人，一时齐集，真所谓酒池肉林，饮食如流也。尤在五、六、七月内天气蒸热之时，虽山珍海错，顷刻变味，随即弃之，至于勾龤不能食。呜呼！”[③]就连作者钱泳也由衷地感叹“暴殄如此，而不知惜耶！”

古代官宦之家的饮食奢靡之风是带有普遍性的，它从侧面反映了官宦生活的富足是社会现象。需要说明的是，从有些资料来看，也不是所有的官府都讲究饮食的排场，历史上许多廉洁自律的清官在饮食上还是较为节俭的，他们从老百姓的角度考虑，自己节衣缩食，想百姓之所想，过着平民的饮食生活，如“扬州八怪”之一的郑板桥，在他的家书中都一一展现了他的生活境况。

（三）普通平民的吃充饥糊口

平民是个最基础的层次，是没有任何特权或官职的普通民众。由广大最底层民众构成，其中以占全部人口绝大多数的农民为主体，包括城镇居民中的帮工、雇工、短工、手工业者、小商人，以及其他贫困者。他们经济困难，饮食生活水平是在温饱线上下波动。即是在自给自足的自然经济条件下，只能达到维持生产和延续劳动力所必需量值食物的最低标准。他们的饮食生活，在很大程度上属于一种纯生理活动，还谈不上有多少文化创造。

平民饮食指的是乡村、城镇居民家庭日常烹饪的菜肴，是中国烹饪生产规模最大、消费人口最多、最普遍、最常见的类型，是中国烹饪最雄厚的土壤和基础。在一定意义上，可以说平民饮食是中国烹饪的根。

占全社会人口主体的广大平民是饮食文化创造和发展的基石，历史上，平民阶层的饮食生活总体上表现为简单、朴实。主要有以下几个特点。

---

①（明）兰陵笑笑生．金瓶梅［M］．济南：齐鲁书社，1991：818.

②（清）余怀．板桥杂记［M］．上海：上海古籍出版社，2000：58.

③（清）钱泳．履园丛话［M］．上海：上海古籍出版社，2012：129.

1. 就地取材巧食用

平民的饮食生活是随着社会的安定而相对稳定的。平民饮食既无帝王官府的权势气派，也无市肆商贸之便利，只能就地取材加工食用，或入山林采鲜菇嫩叶、捕飞禽走兽，或就河湖网鱼鳖蟹虾、捞莲子菱藕，或居家烹宰牛羊猪狗鸡鹅鸭，或下地择禾黍麦粱、野菜地瓜，随见随取、随食随用。正所谓“靠山吃山，靠水吃水”。种植业发达的地区，饮食以粮食蔬菜为主要原料；养殖畜禽之地，饮食可以牛羊鸡鸭为调剂原料；水产资源丰富之地，饮食常以水产品为主要原料制作菜肴。平民的选材，巧妙利用各式食物原料，田埂的野菜、家畜的下水、家禽的内脏、各式昆虫、田间的瓜蔓藤茎等都充分利用，只要能够食用、充饥、无毒的原料都可作为食用的材料。

清末民初龚乃保撰写的《冶城蔬谱》，记载了金陵蔬菜之美，正如他在“自叙”中所说：“返棹白门，结邻乌榜，购园半亩，种菜一畦，菽水供亲，粗粝终老。”[1]他详细介绍了家乡金陵的多种蔬菜孕育了当地市民老百姓，如早韭、枸杞、豌豆叶、油头菜、春笋、菊花叶、苜蓿、马兰、诸葛菜、蒌蒿、茭儿菜、毛豆、萝卜、茭白、瓢儿菜等。当地百姓随地种植，采撷食用，不假修饰，自然芳洁。同时代的陈作霖在《金陵物产风土志》介绍，在南京，果饵中的煮熟菱、藕、糖芋，粉粢中的茯苓糕、黄松糕、甑儿糕等都由市人就地取材“担而卖之”。又有油炸小蟹、细鱼，炸面裹虾的虾饼，炸藕团为藕饼，担到市巷去卖。这些小本经营者以本地土生土长的原料为主，进行简单的加工，供广大平民享用。

在我国历史上，南北地区广大农民的主要食物，基本是属于他们自己或替他人耕作土地上的生长物，蔬菜以自种的品种为主，至于肉食是少之又少，因为家禽家畜的饲养同样要消耗许多秕糠、藤蔓、野菜等饲料。而这些有限的宝贵饲料同时也是人们接济常用不足和挨度荒年的救命之物，所以普通的自耕农或佃农是没有能力更多饲养禽畜的[2]。即使饲养少量禽畜也要去换成钱或购买粮食或完纳税种。即使渔民可多食鱼虾蚌蛤、牧民多食牛羊乳酪，由于生产条件和社会地位以及苛捐杂税，老百姓的饮食生活仍然是果腹为

（清）卖吊炉烧饼图

① （清）龚乃保. 冶城蔬谱［M］. 南京：南京出版社，2009：141.

② 赵荣光. 中国古代庶民的饮食生活［M］. 北京：商务印书馆国际有限公司，1997：4.

度并且是极不稳定的。

2. 简便烹调充饥饿

选材的方便随意，必然带来制作方法的简单易行，在食品加工制作方面，平民饮食所用烹调方法奉行从简实惠的原则，一般是因材施烹，煎炒蒸煮、烧烩拌泡、脯腊渍炖，皆因时因地，普遍比较原始和简单，不刻意追求精致、细腻。如北方常见的玉米，成熟后可以磨成粉、烙成饼、蒸成馍、压成面、熬成粥、糁成饭，可以用整颗粒的炒了吃，也可以连棒煮食、烤食。与市井菜馆中的精心烹制，尤其是达官巨贾家宴上那些奢侈摆阔的复杂烹制方法，恰成鲜明对比。但值得一提的是，许多令人望而生畏的山珍海味、野菜山果正是经过平民阶层的大胆尝试之后，才发现其食用价值，流入市井，乃至登临高高的宫墙之内，成为豪门摆阔的象征。

平民饮食产生于社会底层，数量很大，档次较低，一般以素食为主，少有荤腥搭配，以经济实惠见长，在古今食谱中多有记载，文人著述中也经常描述。像白居易《即是寄微之》中写的“饭下腥咸白小鱼”，陆龟蒙《食》中写的“水蔬山药荐盘飧”，梅尧臣《和挑菜》中写的“近水芹芽鲜”，陆游《野饭》中写的“苦笋馔白玉”，袁景澜《年节酒词》中写的“割鸡剪韭享比邻”，李调元《南海竹枝词》中写的“南人顿顿食鱼生”，杨静亭《都门杂咏》中写的“严冬烤肉味堪饕”等，都是各地平民就地取材简易烹制的菜肴。明代吴宽《食蜀秫米饭简济之》诗云：“碗面盈盈红玉浆，不妨礌块塞空肠，饥时信矣易为食，珍品徒然何足当。朝士有谁餐粝饭，市人犹自号粗粮。传闻吴地今为沼，一饱甘随雁鹜行。”[①]老百姓的饮食生活就是靠这种粗茶淡饭聊以度日、充饥为生。

平民饮食在很大程度上属于一种生理活动，他们的劳动创造，多为自在的偶发行为，往往处于初步的和粗糙的“原始阶段”，以粗茶淡饭维持生活，正如《金瓶梅》第五十五回中，记述北方山村小酒店的平民是“打上两角酒，攮个葱儿、蒜儿、大卖肉儿，豆腐菜儿铺上几碟”的简单生活，而第一百回中，记载工地上的“挑河夫子”的生活境况：“一个婆婆，年纪七旬之上，正在灶上杵米造饭。……那老婆婆炕上柴灶，登时做出了一大锅稗稻插豆子干饭，又切了两大盘生菜，撮上一包盐。只见几个（挑河）汉子，都蓬头精腿，裩裤兜裆，脚上黄泥，进来放下锹镢……当下各取饭菜，四散正吃。”[②]这是劳动人民艰难生活的写照，为了维持贫苦的生活，只能简单地进行充饥饱腹而已。

3. 食物简朴多节俭

从整个封建社会平民的食品结构上看，基本上是“粗茶淡饭，糠菜半年

① 汪福宝，庄华峰. 中国饮食文化辞典［M］. 合肥：安徽人民出版社，1994：585.

②（明）兰陵笑笑生. 金瓶梅［M］. 济南：齐鲁书社，1991：1570.

粮”。任何菜肴，只要首先能够满足人生理的需要，就会成为“美味佳肴”。中国老百姓的饮食生活总的来说比较简单，甚至在家境允许的情况下，我们也不会见到他们铺张奢侈。在食物上的代代节俭可以说是中国平民百姓的显著特点。

宋代文人陈达叟“自奉泊如”，崇尚粗蔬之食，过着平民化的淡泊生活，撰写的《本心斋疏食谱》，记录自家疏食二十品，包括豆腐切条淡煮蘸酱来吃，蔬根叶花实煮成羹，粉米蒸熟加糖，初春的韭菜炒制，煮一碗白如雪花的水引蝴蝶面，炊熟的山药切片渍蜜、雪藕生熟皆可、栗子蒸开蜜渍、芋艿煨香片切等。[①]简易烹调的疏食，为历代平民所喜爱。

清代“扬州八怪”之一郑板桥，童年是在艰苦与辛酸中度过的，灾荒连年，亲人相继去世。在山东曾做过12年县官，他清正廉洁，政绩甚佳，口碑甚好。在《板桥家书》中描绘了自己的日常饮食及其感悟，他思念家乡粗茶淡饭的平民生活，而自得其乐。从整体上看，平民饮食以温饱为基本需求，日常生活精打细算，日子过得平凡、实在、朴素。平民阶层在饮食方面，一般由家庭成员主持制作，食物不奢华、不矫饰，家常味道浓厚，这是由平民的消费水平、消费习惯和心理所决定的。民间平民菜的日常食用性和各地口味的差异性，也决定了平民菜的味道以适口实惠为特点。

在全国各地的平民家庭，老百姓的饮食生活是相当粗陋的。明代谢肇淛《五杂俎》中记载：“北方婴儿卧土坑，啖麦饭，十余岁不知酒肉。”“燕、齐之民每至饥荒，木实树皮无不啖者，其有草根为菹，则为厚味矣。其平时如柳芽、榆荚、野蒿、马齿苋之类，皆充口食。园有余地，不能种蔬，竟拔草根腌藏，以为寒月之用。”[②]正如林语堂先生所说：“我们也吃蟹，出于爱好；我们也吃树皮草根，出于必要。经济上的必要乃为吾们的新食品发明之母，吾们的人口太繁密，而饥荒太普遍，致令吾们不得不吃凡手指所能夹持的任何东西。”[③]有了好的收成，老百姓的一日三餐大多靠的是自家的劳作，利用现有的粮食做成窝窝头、贴饼子、煮老玉米、大楂子粥、地瓜干、晒鱼干、熬粉条、土腊肉，不加任何修饰，食品粗陋、自然，以保养家糊口。

① （宋）陈达叟．本心斋疏食谱［M］．北京：中国商业出版社，1987：35-43.
② （明）谢肇淛．五杂俎［M］．上海：上海古籍出版社，2012：203.
③ 林语堂．吾国与吾民［M］．南京：江苏文艺出版社，2010：320.

第六章

中国人吃的方式

早期的史料记载，我国原始部落中的饮食以及氏族聚会时，都是席地而坐（或跪，双膝着地，上身挺直）的，因室内无桌椅，在地面上铺设物品，这是最早期的饮食方式。在食物的分配上，对老者较为优待。在吃的方面，除尊老、养老外，对天地、祖先、鬼神的崇拜也是食饮的关键因素。古人经常举行祭祀天地、祖先、鬼神的活动，祭祀当有祭品，主要是食物，祭毕，就可以分食。如参加祭祀的人围在一起，大家席地而坐，直接用手抓取食物食用。同样的道理，部落首领聚会，在一起聚饮进食，也是如此。坐地、手抓、分食的方式就是人类最原始的饮食特征。

考古资料表明，古代中国人使用的进食用具，主要有勺和筷子两类，还一度用过刀叉。这些进食器具中，最能体现中国文化特色的是筷子，它的使用有3000年上下连续不断的历史。餐勺的起源可以追溯到距今7000年以前的新石器时代。其实，中国人在很早的时候就发明了餐叉，只是由于这个传统时有中断，同时，餐叉的使用在地域上又不很普及，所以不为人所知晓。[①]在考古发掘中，考古专家们曾分别在甘肃武威市齐家文化遗址、青海同德马家窑文化遗址中，均发现有距今4000～5000年前的骨质餐叉。

中国早期经过了几千年的分餐制饮食形式，约从唐代后期才开始逐渐地走向合餐制，这是随着社会的发展变化而改变人的饮食方式的。我们的祖先尝试着各种不同的进食用具、就餐方式，由此形成了不同时代的饮食风格特色。发展到今天，历史上传统的许多饮食方式人们已经淡忘了。

汉代壁画上的席地而坐、一人一案的饮宴场面

中国人最终选择筷子作为进餐的主要餐具，对筷子真正作出精辟论断的是我国“学界泰斗”蔡元培。1924年2月，中法大学董事会在法国里昂召开，中方董事长邀请法方董事长巴黎大学教授欧乐吃中国菜。欧乐见宴席上放的是中国筷子和汤勺，便对蔡说：“你们中国人用筷子不用刀叉，不方便吧？”蔡元培笑着回答：“早在三千多年前，我们的祖先也用刀叉，不过，我们中国人是酷爱和平的民族，总觉得刀叉是杀人的武器，使用它吃饭菜太不文雅，所以从商朝时起就改用‘匕’割肉，用箸夹菜。后

① 王仁湘. 勺子·叉子·筷子——中国古代进食方式的考古研究[J]. 寻根，1997(5).

来烹饪改进，筷子可以夹肉，‘匕’就不再用于席上。”蔡元培说出了筷子的演变历史和它美好的象征，使外国人进一步了解中国和筷子。[①]

一、分餐与合餐：从聚餐到筵宴

（一）从原始野宴到钟鸣鼎食

上古社会，食物有了剩余，聚餐可能时而产生。在多种庆祝活动后，部族的人共同会食，这就是原始野宴的开始。当然，这时的野宴也可以说是一种最早的聚餐方式。另外，不同的民族、部落之间，在生产上有所分工或各有侧重，因此民族、部落之间，或同一氏族内的不同家族之间互有往来，主人接待客人，即以食物款待客人的原始野宴就自然地产生了。

在原始社会中，每个部落在主要的庆典或遇到重大事件（如祭祀、战争）时，都要举行集会、典礼，会后要聚餐。早期的聚餐大多是一种原始野宴的形式，当时人们居住的条件十分狭小而简陋，住所的高度也较低，多人的共饮聚餐大多在室外宽敞的地方，特别是肉食的烧烤和石烹，聚餐的形式基本以野宴为主。随着时代的进展，生产的日益丰富，祭祀和宴飨也就日渐丰富了。

奴隶社会形成以后，宴飨又出现了新的意义。据《中国饮馔史》论述，这时的宴飨有两种不同的意义。一是“酒肉祭神”，包括天地、神灵祖先，这也可能是从原始社会末期开始形成的。二是“饮宴群臣”，最初可能是部落联盟的首领，召集各部落的酋长，为了商讨当时的大事，事后同他们共同宴饮。[②]上古时期由于物质生产水平的限制，其宴飨是极其简单的。《礼记・礼运》说：“夫礼之初，始诸饮食，其燔黍捭豚，汙尊而抔饮，蕢桴而土鼓，犹若可以致其敬于鬼神。”[③]这里阐述的是：礼制的产生，是从饮食开始的。那时，把黍粒烧熟，用手掰开猪肉火上烤熟，在地面掘个洼坑积水，用双手捧着喝水，用木块敲击土墩当奏乐，都可以用来敬献给鬼神。殷商时代，因为“殷人尊神，率民以事神，先鬼而后礼。”[④]所以后人分析时就有“设宴请客起于祭祀鬼神”的说法。在甲骨文中见到许多祭奠的不同名称，如乡祭、竖祭、侑祭、御祭等。名称虽为“祭祀”，

① 卢茂村．筷子古今谈［J］．农业考古，2004（1）．

② 曾纵野．中国饮馔史（第一卷）［M］．北京：中国商业出版社，1988：291．

③（汉）郑玄注．（唐）孔颖达正义．礼记正义［M］．上海：上海古籍出版社，1990：415．

④（汉）郑玄注．（唐）孔颖达正义．礼记正义［M］．上海：上海古籍出版社，1990：913．

但实际上是一次宴会。

殷商之人，敬信鬼神，并且利用它来加强其统治地位。各代殷王不断地亲自率领其宰臣们去祭祀他的祖先，还用诸如牛鼎、鹿鼎等这些祭器（也是炊具和食具）来供奉祭品。在祭祀之后，所有参加的人便围在那些装满食物的祭器旁大吃大喝宴飨起来。

奴隶社会生产力十分低下，人们的生活极其简陋，饮食起居只能坐在地上。由于地面凉寒潮湿，人们往往将兽皮、茅草等铺地，以隔潮和御寒。殷商时期，设宴待客都是席地而坐，并没有桌子板凳之类的东西。《周礼·司几筵》中郑玄注说："铺陈曰筵，籍之曰席。"[①]先铺于地上的为筵（芦苇编的），加铺在上边的为席。席就是当时的座位。在地上铺设筵、席后，人们会感到饮食起居的方便，特别是在宴会时，更有利于清洁卫生的改善，所以铺筵设席就日渐成了宴飨或宴会时所必需的。

早期的野宴多与古时的郊祭风俗有着密切的关系，周代时期许多地方在每年三月上旬逢巳的一天（上巳节），带上祭祀的食品到野外有水的地方举行祭神活动，祭祀过的食品大家分食，认为这样可以消除疾病和其他不祥。

经过虞舜时期到夏、商、周三代的孕育，到春秋战国时期，筵宴已初具规模了。《诗经·大雅·行苇》云："或肆之筵，或授之几。肆筵设席，授几有缉御。"[②]可见西周时期人们已经以"筵席"代指宴饮了。

筵席出现以后，人们宴飨或宴会还是坐地或跪地就食，时间稍久，是比较耗费体力的，因此筵席边还有"几"的设置，以便于尊者和长者凭几而食。《周礼·春官·司几筵》有："司几筵，掌五几五席之名物，辨其用，与其位。"[③]这时的筵宴，不仅以酒食款待他人，而且也含有"乐"的内容。

殷商人祭祀时是要奏乐的，这从许多出土文物中就可得知。殷墓中尚见有石磬、铜铙、陶埙、仪仗等的出土，这些东西自然是在乐舞之中用的。殷代的最后一帝纣，更是奢侈至极，《史记·殷本记》关于殷纣王的一段记载："帝纣……好酒淫乐……使师涓作新淫声，北里之舞，靡靡之乐，……大最乐，戏于沙丘，以酒为池，悬肉为林，使男女裸相逐其间，为长夜之饮。"[④]殷代帝王宴飨时大吃大喝，金石齐鸣，乐舞并举以为常态。这也为后世帝王、封建士大夫阶层大摆筵宴时，举酒行乐，舞乐大作的奢靡之风起到了引导作用。

进入西周时，人们举行典礼或隆重的喜庆活动以及饮食聚餐宴会时都有音乐

① （汉）郑玄注.（唐）贾公彦疏. 周礼注疏［M］. 上海：上海古籍出版社，2010：753.
② 诗经［M］. 北京：中华书局，2015：630.
③ （汉）郑玄注.（唐）贾公彦疏. 周礼注疏［M］. 上海：上海古籍出版社，2010：753.
④ （汉）司马迁. 史记［M］. 长沙：岳麓书社，2001：15.

演奏。西周的筵宴中就已有钟鼓奏乐娱客。《诗经·小雅·宾之初筵》曾淋漓尽致地描述了当时宴饮的情景。这里摘录开头几句就可见一斑：

“宾之初筵，左右秩秩。笾豆有楚，殽核维旅。

酒既和旨，饮酒孔偕。钟鼓既设，举酬逸逸。”

今译为：宾客入座刚就筵，左右秩序井井然。杯盘碗筷摆整齐，菜肴果品都齐全。酒味醇美又绵软，喝着美酒礼不乱。钟鼓已经设妥当，举杯敬酒也舒缓。[①]这充分说明了宴乐以及成为当时筵宴的重要组成部分。之后，人们逐渐以“宴”代指有礼有乐的筵宴，以致“筵”与“宴”通用了。

早期的筵席与祭祀、礼仪、宫室、起居等习俗关系密切。人们为了五谷丰登、老少安康，都会郑重地举行祭祀活动。在国事方面，据《周礼》记载，先秦有敬事鬼神的“吉礼”、丧葬凶荒的“凶礼”、朝聘过从的“宾礼”、征讨不服的“军礼”、婚嫁喜庆的“嘉礼”等。行礼必奏乐，乐起要摆宴，欢宴须饮酒，饮酒须备菜，备菜则成席。如果不用丰盛的肴馔款待嘉宾，便是礼节上的不恭。甲骨文中的“飨”字，就像两人相对跪坐而食，其含义是设置美味佳肴盛礼接待贵宾。

筵宴中的礼器，有豆、登、尊、俎、笾、盘。每逢大祀，要击鼓奏乐、吟诗跳舞，宾朋云集，礼仪颇为隆重。《诗·小雅·彤弓》写的就是周天子设宴招待诸侯的场面，从其中“钟鼓既设，一朝飨之”[②]两句看，官宴场面一般要列钟设鼓，以音乐来增添庄严而和谐的气氛。“飨”，郑玄笺：“大饮宾曰飨。”孔颖达疏更详细地解释：“飨者，烹大牢以饮宾，是礼之大者，故曰大饮宾。”足见官场御宴的排场相当之大。

周代时，人们集体活动或欢庆的时候都会群集歌舞。所以在祭祀时，要击鼓奏乐、吟诗跳舞，宾朋云集，举行乐舞就成了一种重要仪式，而且礼仪颇为隆重。《周礼·春官·大司乐》记载：“大司乐……以乐舞教国子，舞云门、大卷、大咸、大磬、大夏、大濩、大武。”这六种乐曲都是古乐，所以郑玄注曰：“此周所存六代之乐，黄帝曰云门、大卷……大咸、咸池，尧乐也……大磬，舜乐也……大夏，禹乐也……大濩，殷乐也……大武，武王乐也。”[③]这表明那时已有完整的乐章，在举行典礼或隆重的活动时要进行演奏的。后来，周代人们逐渐将殷人祭祀的宴乐改变过来，出现了许多为活人而设的宴会制度，其名目有“乡饮酒礼”“大射礼”“婚礼”“公食大夫礼”“燕礼”，等等，并且立为国家的礼仪制度。

① 诗经［M］. 北京：中华书局，2015：534.

② 诗经［M］. 北京：中华书局，2015：368.

③（汉）郑玄注.（唐）贾公彦疏. 周礼注疏［M］. 上海：上海古籍出版社，2010：834.

周代“列鼎而食”的现象较为普遍。在贵族的墓葬中，一般都随葬有食器鼎和簋，鼎多为奇数，而簋则是偶数，鬲则随而增减。列鼎数目的多少，是周代贵族等级的象征。用鼎有着一套严格的制度。据《仪礼》和《礼记》的记载，大致可分别为一鼎、三鼎、五鼎、七鼎、九鼎等。《周礼·膳夫》说：“王日一举，鼎十有二”①，十二鼎实为九鼎，其余为三个陪鼎。九鼎为天子所用。鼎不仅被看作是地位的象征，而且也是王权的象征。原先仅仅作为烹饪食物之用的鼎，在商代贵族礼乐制度下成为第一等重要的礼器。

周代天子的饮食分饭、饮、膳、馐、珍、酱六大类，其他贵族则依等级递降。据《周礼·天官·膳夫》所载，王之食用稻、黍、稷、粱、麦、苽六谷，膳用马、牛、羊、豕、犬、鸡六牲，馐共百二十品，珍用八物，酱则百二十瓮。这些大多指的是原料，烹调后所得馔品名目更多。

贵族们进食，往往有庞大的乐队奏乐，以乐侑食，口尝美味，耳听妙乐。地位越高，乐队的规模也就越大。这类“食饮进行曲”令人陶醉，使整个宴饮过程变得庄重而有韵律。击鼓撞钟，以乐侑食的场景在后来战国铜器上有生动的刻画，大约也能反映出西周时的一般情形，从出土的周代编钟来看，已是十分的壮观。

历史发展到秦汉两代，筵宴已颇具规模，从色、香、味、形、器等质量特征看，制作水平已达到相当水准。丝绸之路的开辟，促进了中国和中亚各国以及西北疆的频繁交流，再加上漆器、青瓷、金器、玉器的频频亮相，整个席面形佳色丽，令人赏心悦目。汉宫御膳已很有规模，皇帝宴赏群臣时，则实庭千品，旨酒万钟，列金罍，满玉觞，御以嘉珍，飨以太牢。管弦钟鼓，妙音齐鸣，九功八佾，同歌并舞。真可谓美味纷呈，钟鸣鼎食，觞爵交错，规模盛大。可见当时的宫廷筵宴陈设华美，珍馐可口可目，宴厅规模盛况空前。

（二）从分餐进食到围桌合餐

中国筵宴历史悠久，筵宴起源于原始聚餐和祭祀等活动，在新石器时代的孕育和不同时代的发展中不断成熟与兴盛。筵宴，又称筵席、宴会、宴席、酒席。从语源上看，筵、席二字出现较早，古人席地而坐，“筵”和“席”都是宴饮铺在地上的坐具。人们往往就饮食为设筵，且筵上有席，故称之为“筵席”。这是最早的词义，后专指人们聚餐而设置的、按一定原则组合的成套菜品及茶酒等。宴会，是社会发展后的称谓。它因习俗、礼仪或其他目的需要而举行的以饮食活

① （汉）郑玄注.（唐）贾公彦疏. 周礼注疏［M］. 上海：上海古籍出版社，2010：115.

动为主要内容的宴饮聚会，也称燕会、酒会。

从早期中国人的饮食与筵宴来看，古代中国人最早实行的是分餐制进食。我国早在周、秦、汉、晋时代，就已经实行“分餐制”了。只是到了唐代，才逐步渐进地演变为合餐的“会餐制”。从古代文献资料中，可以找寻到唐代以前中国实行“分餐制”的充分证据。实际上“分餐制”的形式比我国“合餐”的饮食时间要长得多，合餐形式也就只有1000年多一点。

原始社会时期，人们提倡的是公共所有、共同担负、共同享受，一切生产品共同所有，平均分配，食物严格按份供给，饮食中的“分餐制”是那时最佳的选择。从早期的筵宴来看，早期人类的进食一般都是席地而坐，面前摆放着一张低矮的小食案，案上放着食具和食物，一人一案，或一人一份，单独进食，无论贵族还是平民人家，采用的都是这种分餐制。

先秦时期，礼俗开始对饮食与人们饮食心态产生作用。“礼”的作用是“辨异”，即把人与人、群体与群体之间的区别表现出来。这种通过区别显示出来的层次叫做“等”。“礼”就是要标明等差，使各等之人按照适合自己所属之等的礼数去做、去生活，这是维护天下安定的根本途径。所以儒家强调君臣有别，长幼有序，所以要教之以“敬”和“让”，以此实现社会和谐。它的重要特点即是强调饮食应遵循礼制。为了体现君臣、长幼的尊卑关系，在君臣共餐时，根据不同的等级实行分餐制，天子九鼎八簋，诸侯七鼎六簋，大夫五鼎四簋，士三鼎二簋；在长幼同食时，为了表达对长者的尊敬，规定“六十者三豆，七十者四豆，八十者五豆，九十者六豆，以明养老也。”①宾主共宴时，“主人者尊宾，故坐宾于西北，而坐介于西南以辅宾。宾者，接人以义者也，故坐于西北；主人者，接人以仁，以德厚者也，故坐于东南；而坐僎于东北，以辅主人也。”②这是当时儒家饮食礼制的规范，从中可以看出不同等级和长幼是有许多礼制要求的，这正是分餐制的用餐方式，因为分餐，等级高的、辈分长的派份就多。

汉代时期人们采用的还是分餐制，从遗留下来的相关资料中都可以找寻到踪迹。如《史记·项羽本纪》中描述“鸿门宴”的场面，其文曰：“项王即日因留沛公与饮。项王、项伯东向坐，亚父南向坐。沛公北向坐，张良西向侍……樊哙从良坐。”当樊哙入席，项王“赐之彘肩……樊哙覆其盾于地，加彘肩上，拔剑切而啖之。”③很明显，这里的宴饮实行的就是分餐制，而是一人一案，分而食之的就餐情景。

---

①（汉）郑玄注.（唐）孔颖达正义. 礼记正义［M］. 上海：上海古籍出版社，1990：1004.
②（汉）郑玄注.（唐）孔颖达正义. 礼记正义［M］. 上海：上海古籍出版社，1990：1003.
③（汉）司马迁. 史记［M］. 长沙：岳麓书社，2001：63-64.

在我国考古发现的实物资料和绘画资料中，也可以看到分餐制的真实场景。特别是汉墓壁画、画像石和画像砖上，经常可以看到席地而坐，一人一案的宴饮场面，并看不到许多人围坐在一起吃食的场景。如山东诸城前凉台出土的“拷打、髡刑图”，从整个画面来看，画面的上边一排和右边列坐的官吏都是席地而坐，在他们面前是一人放置一份盛放食物的餐具[①]。在河南密县打虎亭一号汉墓内画像石的饮宴图上，主人席地坐在方形大帐内，其面前设一长方形大案，案上有一大托盘，托盘内放满杯盘，主人席位的两侧各有一排宾客席，都是分餐而食的。

魏晋南北朝时期，国土战乱频繁，加之周边少数民族纷纷入主中原，特别是西域胡风饮食对汉族生活的影响，从宫廷到民众的饮食方式开始发生潜移默化的变化，在原有分餐制的习惯下，合餐式开始显现，但总体上还是以分餐制为主，南北朝时期，特别是北朝逐渐有合餐制萌芽。东晋著名画家顾恺之的名作《烈女仁智图》，其中一幅描述了灵公夫人服侍卫灵公进食的情景，两人面对面席地而坐，各自面前地上分别放着各自的食盘，这是一种分餐制饮食图。而嘉峪关魏晋墓室砖画《宴乐图》中四人并列坐于一大长方形食案一侧，边欣赏音乐，边品尝食物，这显然描绘的是当时一种合餐制的萌芽[②]。在早期的饮食中，为了适应席地而坐的习惯，使用的案几都是低矮的，以木料制成的为多。

唐代中后期，古老的分餐制开始向众人围坐在一起进餐的会食、合食制转变。唐代的进食方式是“合而分餐”的形式，如高启安先生在对敦煌壁画的研究考证时认为：“虽然共同坐在一个食床上进食，但主要的菜肴和食物由厨师或仆人‘按需分配’，只有如饼类干食或粥、羹、臛、汤类食物，才‘共器’，放在食床上或食床旁（传统饮食图中汤羹类食物往往放置在食床前），由进食者或仆人、厨师添加。这在敦煌壁画的饮食图上有反映。”[③]这种会食制的形式比较类似于西餐的分餐形式，此“合而分餐”在五代十国时期仍可见到。在南唐时期，画家顾闳中的《韩熙载夜宴图》就透露出每人面前摆着一张小桌子，放有完全相同的一份食物，每人碗边放着匙勺和筷子，这里虽然是围绕大桌面的会食场景，但还是分餐制的用餐形式。所用家具有：长桌、方桌、长凳、椭圆凳、扶手椅、靠背椅、圆几、大床（周围有屏风）等，其饮食的方式基本上属于一人一桌一椅的一席制。在晚唐五代之际，场面热烈的会食方式已成潮流，但那只是一种有会食气氛的分餐制。人们虽然围坐在一起了，但食物还是一人一份，还没有出现后来

① 任日新. 山东诸城汉墓画像石［J］. 文物，1981（10）.
② 刘容. 中国古代用餐方式的衍变［J］. 文化学刊，2014（7）.
③ 高启安. 唐五代敦煌饮食文化研究［M］. 北京：民族出版社，2004：261.

那样的完全合餐的形式。这种以会食为名、分餐为实的饮食方式，是古代分餐制向会食制转变过程中的一个必然过渡阶段。到宋代以后，真正的会食合餐才出现在饭店的餐厅里，合餐制形式基本定型，现代式的高桌椅凳已成为各阶层普遍使用的餐饮家具。

（南唐）顾闳中　韩熙载夜宴图（局部）

在《清明上河图》中，我们看到汴京餐馆里摆放的都是大桌高椅。明清两代，是合餐制完全成熟时期。明朝朱元璋一统天下，歌舞升平，自明朝红木家具问世以后，筵宴也开始使用八仙桌、大圆桌、太师椅、鼓形凳等，十分有利于人们舒适地合餐与交谈。八仙桌以坐八个人为宜，上下座区分严格。大约在清代康熙到乾隆年间，圆桌开始在饮宴上出现。这种新型桌子比起长方桌和八仙桌来，更适合交流、团聚饮宴，故备受人们的欢迎。从现实情况来看，高桌椅凳比低矮食案使人们坐着更舒适，而合餐制较之分餐制更有利于情感交流与欢乐和谐气氛的营造。明清时期各式筵宴的名目繁多，选择合餐也正顺应了人们这种饮食心理需求。

有学者分析说："席地而坐的形式在唐代以后，以不同的变异形式保留了下来。例如我国北方人习惯使用炕桌，人们坐在炕席上，围着摆有酒菜的矮腿炕桌宴饮。炕桌的形象在金代的墓葬中就已经出现，至今仍在我国北方的许多家筵上使用。寒冬腊月，家人盘腿坐在热炕上围着炕桌饮酒，是别有情趣的。"①

（三）历史上显赫铺张的筵宴

在我国几千年饮宴的发展史上，各种筵宴层出不穷，品类繁多，大多是以显赫地位权势为主，并始终处于变化之中。古代历史名宴名目繁多，吃的方式变化多端，体现了奢侈铺张的阔绰场面。

1. 唐代的烧尾宴与曲江宴

唐代是我国历史上的鼎盛时期，也是中华饮食文化辉煌时期。筵宴形式多样，规模庞大，菜点精美。这在中国筵宴发展史上形成了一个高潮。陶瓷工业的

① 郭泮溪. 中国家筵礼仪初探//上海民间文艺家协会. 中国民间文化（第二集）[C]. 学林出版社，1991：108.

发展，促进了彩釉陶餐器和精美的瓷餐器的发展。特别值得一提的是，唐朝盛行的筵席，名目纷繁且各具特色。有在野外风景秀丽的地方所设的野宴（最早见于周朝），还有鲜明女性特色的探春宴、裙幄宴；有为文士聚会的文会宴（最早见于晋朝，因宴中必奏《鹿鸣》之歌，故又称“鹿鸣宴”）。这些宴会集室内宴、野宴及文会特色于一体，既重游乐，又重食义。最为影响的名宴有“烧尾宴”和“曲江宴”。

烧尾宴 唐代的繁华盛世，带来了君臣上下的美酒欢宴。“烧尾宴”就是这个时期的美食风尚。唐初的“烧尾宴”一般都是新官上任时的宴会，或大臣进献皇帝，或新官宴请同僚的宴会。宋代陶谷所撰《清异录》中，记载了韦巨源拜尚书令左仆射时设“烧尾宴”所留下的一份不完全的食单，使我们得以领略这种盛宴的概貌。食单共列菜点58种，其中除“御黄王母饭”“长生粥”外，共有单笼金乳酥（酥油饼）、贵妃红（红酥饼）、曼陀样夹饼（炉烤饼）、巨胜奴（芝麻点心）、婆罗门轻高面（笼蒸饼）、生进二十四气馄饨（二十四种馅料馄饨）①等糕饼点心20余种，其用料之考究、制作之精细，令人叹为观止。

筵席上有一种工艺菜，主要用作装饰和观赏，名叫“看菜”。这张食单上的“看菜”，用素菜和蒸面做成一群蓬莱仙子般的歌伶舞女，共有70件，可以想见其华丽与壮观的情景。食单中的菜肴有32种。从原材料看，有北方的熊、鹿、驴，南方的狸、虾、蟹、蛙、鳖，还有鸡、鱼、鸭、鹅、鹌鹑、猪、牛、羊、兔等，真是山珍海味，异彩纷呈。其烹调技艺的新奇别致，更是别出心裁。

“烧尾宴”是一种极其奢靡的宴会。这正是唐朝达官贵人、富商巨贾的豪华奢侈生活的写照。但是“烧尾宴”对饮食烹饪事业的发展却具有极大的推进意义。“烧尾宴”是这个时期丰富的饮食资源和高超的烹调技艺的集中表现，是初唐饮食文化艺苑中的一朵奇葩。

曲江宴 唐代著名的筵宴之一。因在京城长安的曲江园林举行而得名。曲江，又称曲江池，是当时京城长安最著名的风景名胜区，因其水曲折故名，这里风景秀丽，烟水明媚，其南是皇家园林，紫云楼、芙蓉园。这里成为长安城风景最优美的半开放式游赏、宴饮胜地，当时人们把在这里举行的各种宴会通称为“曲江宴”。

其内容具体又分为三种：一是上巳节这天，皇帝通常要在曲江园林大宴群臣，凡在京城的官员都有资格参加，而且允许他们携妻妾子女前来；作为一种惯例，连绵不下百年，特别是开元、天宝年间，每年都要举行。此宴规模巨大，有万人参加。上巳节曲江大宴之日，长安城中所有民间乐舞班社齐集曲江，宫中内

---

①（宋）陶谷. 清异录［M］. 上海：上海古籍出版社，2012：105.

教坊和左右教坊的乐舞人员也都来曲江演出助兴。这一天的曲江园林，鲜车宝马，摩肩击毂，万众云集，盛况空前。从皇家的紫云楼到池中彩舟画舫、绿树掩映的楼台亭阁、沿岸花间草地，处处是宴会，处处是乐舞。二是浪漫的文化盛宴，为新科进士举行的宴会。新进士及第，皇帝例行要在曲江举行盛大的筵宴，以示鼓励。曲江新进士游宴，实际上是京城长安的一次规模盛大的游乐活动。整个曲江园林，人流如潮，乐声动地，觥筹交错，为乐未央，弥漫着狂欢、奢糜的气息。三是京城士女春日游曲江时举行的宴会。此宴最风韵，长安士女多盛装出行，并常常以草地为席，四面插上竹竿，然后将亮丽的红裙连接起来挂于竹竿之上作宴幄，肴馔味美形佳，人人兴致盎然，这便成了临时饮宴的幕帐，称之为“裙幄宴”。

2. 宋代供奉的御宴

宋代人对饮食生活，从宫廷以至平民都是相当讲究的。当时的宴会酒席有繁有简，格式不一。北宋时期百官给天子、皇后上寿，皇帝设筵席招待，用酒只有9杯，除看盘、果子之外，前后总共只有20种左右（见《东京梦华录》）。但是南宋将此种制度扩而大之。今天所能看到的文字记载，南宋时期最大的一张菜单，是绍兴21年（即1151年），清河郡王张俊在家中宴请宋高宗赵构所供奉的“御宴”。菜单中从“绣花高饤”到15盏“下酒”（每盏2件菜肴），从“插食”到“对食”，共计有250件馔肴。它是一张完整的酒席单。这样不顾国家之安危，但求淫逸享乐，最终落得国家败亡的下场。

现列举下酒十五盏，每盏二道，共三十道菜：第一盏，花炊鹌子、荔枝白腰子；第二盏，奶房签、三脆羹；第三盏，羊舌签、萌芽肚胘；第四盏，肫掌签、鹌子炙；第五盏，肚胘脍、鸳鸯炸肚；第六盏，沙鱼脍、炒沙鱼衬汤；第七盏，鳝鱼炒鲎、鹅肫掌汤齑；第八盏，螃蟹酿枨、奶房玉蕊羹；第九盏，鲜虾蹄子脍、南炒鳝；第十盏，洗手蟹、鯚鱼假蛤蜊；第十一盏，玉珍脍、螃蟹清羹；第十二盏，鹌子水晶脍、猪肚假江瑶；第十三盏，虾枨脍、虾鱼汤齑；第十四盏，水母脍、二色茧儿羹；第十五盏，蛤蜊生、血粉羹。另有“插食”八味，厨劝酒十味，食十盏二十分，对展每分时果五盘，晚食五十分各件等。[①]

3. 元代的诈马宴

成吉思汗统一漠北之后，各民族之间的饮食交流异常活跃，回族饮食、女真食馔等，都登上了大雅之堂，为筵宴注入了鲜丽的色彩，丰富了筵宴内涵。元朝时期，筵宴要相对简单些，但这只是暂时现象。最有影响的要数诈马宴。

① （宋）司膳内人．玉食批．景印文渊阁四库全书（第八八一册）[M]．台北：台湾商务印书馆，1982：402.

诈马宴 元代宫廷或亲王在行使重大政事活动时所举行的宴会，又名诈马宴、质孙宴或着衣宴。“诈马”是波斯语“外衣”的音译，“质孙”是蒙古语“颜色”的音译，质孙服是穆斯林工匠织造的织金锦缎缝制的衣服，由皇帝按照其权位、功劳等加以赏赐，有严格的等级区分。赴宴者穿的“质孙服”每年都由工匠专制，皇帝颁赐，一日一换，颜色一致。据史料记载，凡是新皇即位、皇帝寿诞、册立皇后或太子、元旦、祭祀、诸王朝会等都要举行这种大宴。这种大宴展出蒙古王公重武备、重衣饰、重宴飨的习俗，一般欢宴三日，不醉不休。筵宴地点常常是可以容纳6000余人的大殿内外，菜品主要是羊，以烤全羊为主，还有醍醐、野驼蹄、鹿唇和各种奶制品，用酒很多，且是烈性酒，用特大型酒海盛装。大宴上，皇帝还常给大臣赏赐，有时也商议军国大事，此活动带有浓厚的政治色彩。一种宴席同时用波斯语、阿拉伯语、蒙古语、汉语命名，并流传下来，这在中国筵宴史上是绝无仅有的。

4. 清代的满汉全席与千叟宴

清朝的筵宴和酒席是集历代之大成者。就其御膳房“光禄寺”而言，它在各代御用膳馔的基础上，又加入了满、蒙、回、藏各种食品，成为一个混合的大厨房。它所办的“筵宴”称为“满洲席”，又称“满洲筵桌”“饽饽桌子”。这种筵宴以点心为主（以用面粉的多少来分等级），共分6等，菜肴多用汉菜，每一个等级有一定的“菜单”。其第一等，用面60公斤，红白馓支3盘，饼饵20盘，又2碗，干鲜果品18盘，熟鹅1只，共计有44件（见《大清会典》，其他的等级不赘述）。

满汉全席 也称“满汉席”“满汉大席”。清代中叶兴起的一种规模盛大、程序复杂、由满族和汉族菜点组成的饮食精萃的宴席。其中包括红白烧烤、各类冷热菜肴、点心、蜜饯、瓜果以及茶酒等，入席品种最多时达200余品。“满席”“汉席”最初是清帝国朝廷的礼食制度，定制于康熙二十三年（1684），之后，“满席—汉席”很快便成为官场迎送的礼宾之食，并一直延续到道光（1821~1850）中叶，于是出现了合璧的“满汉席”。“满汉全席”到清代末期日益奢侈豪华，风靡一时。各地也因京官赴任，使“满汉席”的格局广为流传，并逐渐融合一些当地的风味菜肴而成各具特色的“满汉席”。满汉全席是中国古代烹饪文化的一项宝贵遗产，是在整个中华民族文化全面交流融合的总体运动和系统过程中逐步实现的。

满汉全席兼用满汉两族的风味肴馔，用料上多取汉食的山珍海味，重满食的面点；其程式繁琐，礼仪隆重，有的菜品服务人员要屈膝献于首座贵客，待贵客举箸，其余与宴者方可下箸；菜品丰富多彩，常常分多次进餐，有的须数天分数次吃完；并以名贵大菜带出相应的配套菜品，席面多是按大席套小席的模式设计，有席席相连的排场，既有主从，又有统一的风格。

千叟宴 又称千秋宴，是清代专为各地老臣和贤达老人举办的宫廷盛宴，因赴宴者多在千人以上，故名。由于其规模最为盛大，后人又称之为历史大宴。据史料考证，清代历史上共举行过四次千叟宴，其中康熙年间两次，乾隆年间两次。据清宫有关资料记载，乾隆五十年的千叟宴，共设800桌，计消耗主副食物约略如下：

白面375公斤，白糖18公斤，澄沙15公斤，香油5公斤，鸡蛋50公斤，甜酱5公斤，白盐2.5公斤，山药1.25公斤，江米80公斤，核桃3.5公斤，干枣5公斤，猪肉850公斤，菜鸭850只，菜鸡850只，肘子1700个，玉泉酒200公斤。为举办千叟宴用烧柴1924公斤，炭206公斤，煤150公斤等。[①]

千叟宴的礼仪环节特别多，所有参加千叟宴的人员，皆由皇帝钦定然后交由有关衙门分别行文通知，于封印前抵京，保证准时入宴。由于其规模盛大，场面豪华，宴前需要大量的物资准备。开宴之前，在外膳房总理大人的指挥下，依照入宴耆老品位的高低，预先摆设了千叟宴桌席，按照严格的封建等级制度，分一等桌张和次等桌张两级设摆，餐具和膳品也有明显的区别。席间，众臣都要行跪、叩之礼。宴赏之后，由管宴大臣颁赐群臣耆老赏赠礼物。王公大臣可当即跪领赏物，并行三跪九叩礼谢天恩；三至九品官员以及兵丁士农等耆老则被引至午门外行礼后按名单发给礼品。

清朝宫廷内筵宴名目繁多，改元建号时有定鼎宴，过新年时有元日宴，庆祝胜利时有凯旋宴，皇帝大婚有大婚宴，皇帝过生日有万寿宴，此外还有冬至宴、宗室宴、乡试宴等。各式全席宴琳琅满目，如全鳞席、全羊席、全鸭席、鳝鱼席、莲藕席等脱颖而出，别具特色，尤其是满汉燕翅烧烤全席是其中的上上品。

中国古代饮宴，从商纣王的“以酒为池，悬肉为林”开创了糜烂生活的先河，以后历代剥削阶级穷奢极欲，荒淫无耻，令人惊愕，不胜枚举。明清两代，其筵宴规模之盛大、品类之繁多、珍馐之丰美，达到了奢侈铺张的高峰。这些各种各样的美味食馔，都是千千万万劳动人民的膏血凝聚而成。

这里真实地载录了古代帝王、官僚的饮食规模与奢侈的场面，只是让人们多了解在古代苦难深重的平民老百姓的清贫生活下还有那么一些人确有这么多的排场与暴殄；我们当然不应该赞同帝王将相们在饮食方面的侈靡，也不能过分地渲染帝王菜、宫廷菜，甚至为它歌功颂德、大加赞扬，更不能歌颂其中的糟粕。实际上，古代帝王的饮食史也是贫苦人民的创造史和劳民伤财的血泪史。

---

① 周光武. 中国烹饪史简编［M］. 广州：科学普及出版社广州分社，1984：226.

二、民筵与名筵：吃的形式与变化

应该说，烹饪的历史是人民创造的。帝王将相、达官贵人的饮食和筵宴的菜品都是广大人民群众提供的。千百年来，虽说老百姓由于家境贫寒、不掌握权力，不能在吃的方面有更多的讲究，但是，他们在好的收成的同时也会对食物进行必要的和可能的改进与提高，以丰富平时的饮食生活，特别是在节庆和团聚的时候，也会举行一些宴饮活动，以表达自己的喜悦心情。

在我国古代的筵事中，由于人文和时代的不同，也出现了一些异样的风格，如文人的游宴，而对于一些暴富的人们在筵席上也显示出他们独特的筵事心态。对于各地区的筵事而言，全国各地区基本都是立足本土文化，传承本土民众喜于享用的乡土筵席，如四川的“田席”、山东博山的“四四席”、许多地区的“八大碗”、全羊席、洛阳水席、江南船筵等。这些都体现了不同地区特色的地域饮食文化风格。

（一）娱乐性、显富性的餐食筵事

1. 文士的游宴与野炊

古代的文人雅士常常把美景与美食紧密地结合起来，赏美景以饱眼福，品美馔以饱口福。人们到野外风景秀丽的地方设宴，更加乐趣无穷。这类饮食方式称为“野宴”或“游宴”。

东晋书法家王羲之的《兰亭集序》就是关于野宴盛况的记述。他在永和九年暮春，约友人到会稽山阴的“兰亭”饮宴。当时“天朗气清，惠风和畅”，“上有万里晴空，下有清流激湍”，又有“崇山峻岭，茂林修竹”，他们“群贤毕至，少长咸集”，一面观赏自然美景，一面投壶猜拳，开怀畅饮。美景与美酒、佳肴相得益彰，饮酒、赋诗别出心裁，他们把盛有美酒的羽觞（酒杯）放在曲曲弯弯的小溪里任其漂流，流到谁面前，谁就得一饮而尽，称为“流觞曲水”。此“一觞一咏，亦足以畅叙幽情”。[①]

北宋文学家欧阳修的《醉翁亭记》也记述了他任滁州太守时约朋友在琅琊山亭饮宴的欢乐情景。其实这位六一居士设在山亭上的筵席，不过是一些“山肴野

① （东晋）王羲之. 兰亭集序. 古文鉴赏辞典［M］. 南京：江苏文艺出版社，1987：518.

味”而已，但是由于他们一面观赏那“日出而林霏开，云归而岩穴暝”，“野芳发而幽香，佳木秀而繁阴”的美景，一面觥筹交错，谈笑赋诗，其情景就令人陶醉了。正如欧阳修所说：“醉翁之意不在酒，在乎山水之间也。山水之乐，得于心而寓之酒也。”①

2. 富家的宴饮与食事

古代平民百姓包括一些富民之家的饮食生活基本上都是“向崇简朴”、比较节俭的。但这种现象在明代中后期（成化年间）发生了很大的变化，一些富贵之家的饮食生活开始由俭朴向奢侈方面转化。有一些读书寒微人家，一旦做官显荣，就忘记昔日的艰难，为官夫妇及其子女都开始轻衣肥食、讲究吃喝起来，而忘却了勤俭持家的传统美德。晚明时期，因社会生产力发展，人民的生活水平得到了提高，人们的饮食比过去更加考究。特别是工商业发展，社会流动性也显著增大，工、商竞起，贫富变化加剧，社会变迁将改观明初构建的很少变动的乡土社会。总体上说，明后期的社会具有世俗化的趋向，奢靡相尚，富与贵等功利方面成为衡量人们的地位、身份的重要标准。社会世情与乡饮酒礼所表达的“孝悌”“礼让”的教化内涵形成了强烈的对比。明嘉靖《茶陵州志》卷上有云，成化以后“一席之费，甚至数十，谚曰：富家一席，贫家三年。其尚既奢矣。”民谚的一句话即反映了当时富家奢侈的程度。明嘉靖人何良俊在形容明朝前期松江府宴会时，“只是果五色、肴五品而已。惟大宾或新亲过门，则添虾蟹蚬蛤三四物，亦岁中不一二次也。”但是到了晚明就不同了，“今寻常燕会，动辄必用十肴，且水陆毕陈，或觅远方珍品，求以相胜。”②江西建昌府的饮食风俗在成化以后，也有一变：以前宴会，果肴用大器，多不过五品，谓之聚盘；后用小盘，多至数十品，谓之簇盘，近来（正德十二年）仿效京师，杂陈奇品，土货就被淘汰了。据嘉靖《建宁县志》（卷一）记载，福建邵武府建宁县明初“宾燕至五六品而上”，嘉靖二十三年宴会“则陈添换至三十余味”。民间富家宴会菜肴品种的发展，已经令人感到惊讶，而那些豪绅显宦的宴饮则更使人为之咂舌。③随着社会的发展，富家的饮食发生了较大的变化，明显表现在品种数量上的增加。这代表了当时社会的真实现象，也是一些门户最终衰败的缘由。

晚明时期，在上层阶级宴会奢靡之风的影响下，富家中产阶级也在一味地模仿，整个社会饮食消费的奢华形成了一大特色。明人谢肇淛在《五杂俎》中就指出富家巨室的豪奢场面：“今之富家巨室，穷山之珍，竭水之错，南方之蛎房，

① （宋）欧阳修. 欧阳修集［M］. 南京：凤凰出版社，2006：165-166.

② （明）何良俊. 四友斋丛说［M］. 北京：中华书局，1959：314.

③ 岑大利. 中国历代乡绅史话［M］. 沈阳：沈阳出版社，2007：190-191.

北方之熊掌，东海之鳆炙，西域之马奶，真昔人所谓富有小四海者，一筵之费，竭中家之产，不能办也。此以明得意、示豪举则可矣，习以为常，不惟开子孙骄溢之门，亦恐折此生有限之福。”[①]

明代江南地方志中的《风俗志》经常提到当地宴会的场合，在明朝前期时不太讲究食材，菜肴种类不多，数量也不大，而到了明中叶以后逐步开始变化，许多地区都比较讲究奢华。

晚明的社会风尚对一些富家饮食的影响是较大的，江南地区尤盛。在《客座赘语》中就记载着正统年间在南京吃请的情况：“如六人、八人，止用大八仙棹一张，殽止四大盘，四隅四小菜，不设果，酒用二大杯轮饮，棹中置一大碗，注水涤杯，更斟送次客，曰‘汕碗’，午后散席。”再过十余年，宴客吃饭时，“棹及殽如前，但用四杯，有八杯者”；再过二十余年之后，“两人一席，设果殽七八器，亦巳刻入席，申末即去。至正德、嘉靖间，乃有设乐及劳厨人之事矣”。[②]

文学名著《金瓶梅》展现的是明嘉靖、万历年间社会市井文化的一个侧面。这部百回小说，作者用了大量的篇幅对暴发户之家的饮食生活进行浓墨重彩的描述，被人们称为研究明代人生活的绝好作品。作者在家宴和便餐的描写方面较多的是实写具体的菜肴和点心，如烧猪头、水晶膀蹄、馄饨鸡、糟鹅胗掌、山药肉丸子、炖鸽子雏、白切羊肉、酿螃蟹、烧滑鳅、春不老炒冬笋、鹅油烫面蒸饼、玉米面蒸糕、薄脆、蒸酥糕饼、果馅元宵、雪花糕，等等。在西门庆家中，就连一般的接待筵也是十分显赫的。[③]如在第四十九回中的一张食单：

“厨下肴馔下饭都有，安放桌儿，只顾拿上来。先桌边儿放了四碟果子，四碟小菜，又是四碟案酒：一碟头鱼、一碟糟鸭、一碟乌皮鸡、一碟舞鲈公。又拿上四样下饭来：一碟羊角葱火川炒的核桃肉，一碟细切的餶饳样子肉，一碟肥肥的羊灌肠，一碟光溜溜的滑鳅。次又拿了一道汤饭出来：一个碗内两个肉圆子，夹着一条花肠滚子肉，名唤一龙戏二珠；一大盘裂破头高装肉包子。……随即又是两样添换上来：一碟寸扎的骑马肠儿，一碟腌腊鹅脖子，又是两样艳物……：一碟子癞葡萄，一碟子流心红李子。落后，又是一大碗鳝鱼面，与菜卷儿，一齐拿上来。”[④]

晚明社会的奢靡风尚，这在《金瓶梅》中得到了真实的反映。书中西门庆一家，过着纵情享乐、游宴无度的生活。无论饮食、衣物、日用，还是婚丧拜贺，都

① （明）谢肇淛．五杂俎［M］．上海：上海古籍出版社，2012：197.

② （明）顾起元．客座赘语（卷七）［M］．北京：中华书局，1987：225.

③ 邵万宽．明代暴发户之家饮食风俗的缩影——《金瓶梅》中的宴事描述［J］．南宁职业技术学院学报，2015（4）：5-9.

④ （明）兰陵笑笑生．金瓶梅［M］．济南：齐鲁书社，2012：729.

极尽铺张，尤以筵席描写最为突出。一席之费动辄花费数百金，甚至上千两白银。社会风气的变化和饮宴奢靡铺张之风的劲吹，其后果自然是国家政权的快速更替。

（二）地区性、群众性的乡俗民筵

以本乡本土的特色或特产原料制作乡土筵席，自古以来在许多地方都有记载。一是以本地常用的菜肴组配而成的乡席，如博山的“四四席”、四川的“田席”等。陕西富平地区一直流传的“两品两盘六小菜”之筵席，先有凉菜，后有饭菜；两品为烧肉垫红豆腐、杂烩。两盘为八宝米、糟肘子，六小菜为生汆丸子、酸辣汤、红肘子、甜汤、小炒、粉条豆芽[①]。这种筵席形式如今一直保留着，只是在菜肴方面有所改变和提高。二是以某一种或一类原料制作的或炒、或烹，或煎、或炸，或蒸、或煮，口味变化、造型变化、色彩变化的“全席筵”，如“全羊席”“全鸭席”等。

在广大农村，乡民老百姓自家遇有喜事举办的喜庆饮宴，都是在自家的院落中举行，办事时大多搭了席棚，也有露天不搭的，请客排座有家族邻居、亲戚朋友帮忙服务。其所用的桌椅、碗筷基本都是从村里挨家挨户借来的，碗筷总是款式多、品种杂，桌椅总有七长八短，各式各样。乡村的筵席场面乡土气息浓，十桌八桌不在话下。一直以来，在广大农村流传的许多饮食风俗习惯，仍然保持着原有的乡土风貌。目前较有代表性的乡土名筵主要有以下几种。

1. 民间特色筵席

四川的“田席” 田席，是四川农村流行的筵席。旧时农村办红白喜事，都要举筵请客，宾客较多，有几十桌者，有上百桌者，多在屋外田间晒谷坝上排席，故名。其特点一是就地取材，用自己家内的猪、鸡、鸭、菜，不尚高档、新异，菜腴香美，朴素实惠；二是菜重油荤，多用禽畜之肉；三是因席桌多，出菜要快，多用蒸、炖、烧、扣之法，所以称“三蒸九扣”（蒸菜多，扣碗多）。从出菜速度来说，又称“流水席”，形容出菜如流水一般，连续不断。田席的格局比较简单，一般只有九个菜，所以称“九斗碗”（斗是量多的意思）。也有用八个菜者。所以有“八大碗”之称。田席也有起席、头菜、甜菜、座汤等的格局，只是用料普遍，制作简单，不讲排场，注重实惠而已。以前的上等田席，也有加冷蝶子和席点的。

菜单举例：①起席：瓜子或花生米（碗装，还放有一叠纸）；八大碗：清蒸杂烩（蒸，头菜），扣鸡（蒸），姜汁肘子（蒸，挂汁），红烧羊肉（烧），咸烧

① 何金铭. 百姓食俗［M］. 西安：陕西人民出版社，1998：171.

白（蒸，扣肉），蒸鲊肉（蒸），白菜丸子（烧），八宝饭（蒸，甜食）；座汤：酥肉海带汤（炖）[1]。②四八寸盘：中盘：黑瓜子、姜汁肚片、鱼香排圆、椒盐炸肝、松花皮蛋；大菜：芙蓉杂烩、白油兰片、酱烧鸭条、软炸子盖、豆瓣鲜鱼、热窝鸡、稀卤脑花、红烧肘子、八宝饭、酥肉汤；点心：金钩包子；随饭菜：炝白菜、香油菜薹、泡菜头、拌胡萝卜丝。

山东博山“四四席” 山东博山“四四席”是以体现齐鲁民间礼食文明和礼俗文化的典型代表之一。现被列入山东省非物质文化遗产名录。“四四席”是流传于鲁中地区民间的一种筵席种类。传统的“四四席”一般为传统的“八仙桌”，盛装菜肴食品的餐具则以圆形见多。“八仙桌”讲究两两相对，宾主得序。坐席之间专留两个空座以备敬酒之人随时入席敬酒，为之“敞口席”（少一人为“缺口席”，多一人为“挂桌席”），以示待客的隆重与礼数的周全。

山东民间的筵席，在酒菜的设置上，一般遵循丰盛而不奢侈，质朴而不粗野，实惠而不俗气的原则。《临淄县志·礼俗志》记载说：“每食四簋，陈馈八簋，皆有限制。祭品以土产为贵，鸡、鱼、肉，加时菜四件即可，多不过八，烧烤未免过分。前辈宴客，八人一席，菜用八碟八碗，适合乎中。今人添没过分，搜索异味，动云大件几个，主人示客以侈，座客复以盛馔。”博山“四四席”食品均以“四”为单元呈现。一般多配备四押桌、四干果、四鲜果、四蜜饯、四点心为“预席”之仪，“预席”结束，先上四味时令平盘凉菜，即“四冷盘”，然后逐渐穿插“四大件”“四行件”“四点心”“四饭食”等。[2]

江苏盐城“八大碗” 苏北盐城地处东海之滨，当地流行的“八大碗”是苏北地区盐城等地人婚丧嫁娶、招待客人的传统主打筵宴菜品程式，共有八个大碗菜肴组成。分别是：第一碗是“杂烩菜”，也叫农家烩土膘。以猪皮作主料，佐以青菜、咸肉等料红烧烩制；第二道菜是“红烧糯米肉圆”，也叫斩肉、肉坨子，糯米饭加肉油煎而成，一桌8人（八仙桌）24个，每人3个；第三道菜是“涨蛋糕”，以鸡蛋为主材，佐以少量青菜或韭菜制成，既简便又节俭；第四道菜是“红烧肉”，主要为猪肋条肉，制作时放些萝卜，用于吸收肉中油脂，肉的色泽红亮，口感甜烂；第五道菜是“鸡肉丝粉丝”，把鸡肉切成丝，配合粉丝，加上豆油红烧而成；第六道菜是“蚬子烧茶干”，蚬子在盐城大大小小的港汊河道里到处都有，蚬子经开水煮沸，取其肉，不加任何香料，加茶干，清烧即可，汤鲜肉嫩；第七道菜是“红烧刀子鱼”，刀子鱼又名鲫鱼。苏北河网地区盛产鲫鱼，盐城水多河多鱼多，红烧烹制乡土味浓；第八道菜是“芋头虾米羹”，用豆腐、

① 熊四智．侯汉初等．川菜烹调技术［M］．成都：四川科学技术出版社，1987：93.
② 赵健民．曲均记．中国鲁菜文脉［M］．北京：中国轻工业出版社，2016：170.

芋头、茶干、虾米、猪肉等做成羹，美味可口。最后还上青菜豆腐汤，一桌菜的调味品就是香葱、生姜、食盐、白糖，简简单单，味道纯正。

盐城“八大碗”上菜是一道道上，按菜品和做事风俗习惯顺序上菜，吃完一道菜，撤掉，再上下一道菜。苏北各地的筵席菜肴大同小异，泰州、扬州、淮安等地区也基本相似。

湖北仙桃“八肉八鱼席” 在湖北城乡的节庆中也有不少民间筵席，代表性的如仙桃“八肉八鱼席”，它是荆州地区的民俗酒筵，以仙桃地区为主要流行区。其制是每桌10道菜，由8斤肉8斤鱼作主料调制而成。通常是：瓜子、红蒸鱼、炒菜、鱼圆子、八宝饭、扣鸡、冰糖白木耳、油炸酥鱼、扣肉、肉圆子（每盘30个，又大又泡酥，每个重约150克，每位客人各取三个带走）等菜。这类筵席的最大特点是菜式简练，蒸扣为主，又吃又带，轻松愉快，体现出沔阳一带“无菜不蒸”“省己待客”的饮食风情。

2. 民族特色筵席

清真“全羊席” 全羊席是流传于北方少数民族地区的著名风味筵席。清乾隆年间，全羊席已见记载，袁枚在《随园食单》中说：“全羊法有七十二种……此屠龙之技，家厨难学。一盘一碗虽全是羊肉，而味各不同才好。”[①]晚清徐珂《清稗类钞》载：“全羊席：清江庖人善治羊。如设盛筵，可以羊之全体为之，蒸之，烹之，炮之，炒之，爆之，灼之，熏之，炸之。汤也，羹也，膏也，甜也，咸也，辣也，椒盐也。所盛之器，或以碗，或以盘，或以碟，无往而不见为羊也，多至七八十品，品各异味。号称一百有八品者，张大之辞也。中有纯以鸡鸭为之者。即非回教中人，亦优为之，谓之曰全羊席。”[②]

全羊席为清真菜中最高档的筵席。我国北方少数民族历来有“以羊为贵”的传统，羊在人们的日常生活中占有极其重要的地位。全羊席之名始见于清初，至迟在乾隆时期已开始流行于西北、华北和东北地区。

至民国初年，全羊席已日臻完善，发展成为礼仪庄重、程式严谨、菜肴精致、配膳合理的盛筵。全羊席有高、中、低不同的档次，少则十多道菜品，多的几十道菜品。菜肴命名生动别致，如把羊眼叫做“玉珠灯”，羊鼻叫“采灵芝”，羊舌叫“落水泉”，羊脖叫“蝴蝶肉”，别有情趣。全羊席属清真风格的筵席，它不用穆斯林禁忌的食物原料，而且不论南方、北方，菜品风味无不保持清真风格特征，因此全羊席带有浓郁宗教色彩和北方少数民族饮食风情。

---

①（清）袁枚. 随园食单. 续修四库全书（第一一一五册）[M]. 上海：上海古籍出版社，1996：666.

②（清）徐珂. 清稗类钞（第十三册）[M]. 北京：中华书局，1986：6267.

哈尼族“长街筵” 云南哈尼族每年农历十月的第一个属龙日作为新年的开始，相当于汉族春节的大年初一。哈尼族叫“干通通”或叫“泽腊和实”，也就是哈尼族传统盛大节日“十月年”，“十月年”的第五天要“开年门”，表示“辞旧迎新”，家家户户都把自家一年中的收获，做成各式各样的美味佳肴（特别是欢心谷舞红米饭），抬到指定的街心摆放起来，一家摆一两桌，桌子连着桌子，摆成街心宴（当地人称长龙宴或街心酒）。因蜿蜒似龙，俗称“长龙宴”；又因从街头摆到街尾，绵延几十至几百米，又称“长街宴”。

摆宴席时，锣鼓喧天，热闹非常，全寨男女老幼穿着节日的盛装，从四面八方集拢来入席。入席时，主持人龙头坐首席，其他人根据男女性别、年龄层次、兴趣爱好自愿组合围长桌而坐。各家各户的菜肴上桌时，都先端到龙头面前，让龙头品尝，接受龙头的真诚祝酒。龙头将各家各户菜肴扒出部分，堆在一起，然后又分发到各处去，这种混合在一起的菜肴，示意全寨人同心合力祭神迎龙来和全寨人共度佳节。“长街宴”是哈尼族特色文化的一个缩影，既生动体现了哈尼族同胞团结友善的传统，又集中展示了哈尼族的节日饮食、风俗礼仪、歌舞服饰等多方面的文化特色。

（三）特色性、流行性的地方名筵

各地的饮食习惯和特点常常与本地的地域文化、历史发展、民风食俗、食物原料、食品制作等相关。如洛阳水席、江南船宴等。新中国建立以后，各地政府和企业利用本地区的特色原料、风味和独特的烹调方法以及本地区的人文特点开发地域风味浓郁的筵席，不仅影响深远，而且对地方饮食文化的传扬起到很重要的作用。如南京“秦淮小吃宴”、西安“饺子宴”、山西“面食宴”、淮南“豆腐宴”、海南“椰子宴”等。许多企业利用黑色食品原料制作的“黑色宴”，选取市场上能买得到的所有黑色食品原料，像黑木耳、黑芝麻、黑蚂蚁、蝎子、乌鸡、黑鱼、乌参、泥鳅、花菇等，然后反复斟酌，精心调配，列出了一系列黑色宴会菜谱，因为黑色食品营养丰富，得到了人们的喜爱和享用。

1. 传承的地方筵席

江南船宴 江南地区水网密布，尤其是在长江三角洲一带的苏州、无锡、南京、杭州等地，河湖交错，当地人习惯于在船上举办“船宴”。船宴融游乐观光和品尝美食于一体，颇受人们喜爱。相传春秋时期的吴王阖闾曾在船上观赏江景时举行宴饮，将食剩的残鱼脍倒入江中，首开船宴之先河。五代后蜀主孟昶之妃花蕊夫人也写过“厨船进食簇时新，列坐无非伺从臣。日午殿头宣索脍，隔花催换打鱼人。”的宫词。到了宋代，船宴更为盛行，当时杭州西湖上的游船造型美观，往来如梭。船分大小，“无论四时，常有游玩人赁假舟中，所须器物，一一必备，但朝登舟而饮，暮则径归，不劳余力。”明清时期，南京秦淮河上游船很多，总称秦淮画舫。游人上船后，可一边吃酒品馔，一边听曲，欣赏沿途风光。这类画舫，大船是上下二层的楼船，船舱内可同时摆开两桌酒席，船尾另专挂一只烹调饭菜的伙食船；中号船舱内可摆一桌筵席，小船不设筵席，只是供人游览。秦淮船菜，风味独特，为游人所欢迎。

苏州宴游之风开创于吴，至唐兴盛。清人顾禄在《桐桥倚棹录》中记述了姑苏船宴的盛况：游船“多停泊于野芳浜及普济桥上下岸，郡人宴会与估客之在吴贸易者，辄凭沙飞船会饮于是。船制甚宽，重檐走轳，行动捩舵撑篙……艄舱有灶，酒茗肴馔，任客所指。舱中以蠡壳嵌玻璃为窗寮，桌椅都雅，香鼎瓶花，位置务精。船之大者可容三席，小者亦可容二筵。沈朝初《忆江南》词云：‘苏州好，载酒捲艄船。几上博山香篆细，筵前冰碗五侯鲜。稳坐到山前。’”①

江南船宴是一种流动筵宴（也有船不动），它往往游弋于江南水乡城镇的市井巷陌之中，边欣赏城镇风情，边品尝美味佳肴。船宴菜品多以水产为本，鱼鲜为主，菜点精致鲜美，尤其是船宴中的小吃点心，多玲珑小巧，故“江南船点”乃为面点之一流派。过去，举办船宴多为一些官宦之家和文人墨客，也有一些散客登船游赏。

洛阳水席　洛阳水席名扬天下，蕴含洛阳千年传承下来的饮食文化，是我国历史久远的地方名筵之一。水席是洛阳特有的风味，风格独特，选料讲究，烹制精细，味道鲜美，口感爽利。传说隋唐时期，为获取上流社会的支持，僧尼们潜心研制精美的斋饭。王公贵族吃腻了鸡鸭鱼肉，乍吃素食倍觉清爽，于是这些素食汤菜的制作方法被传入上流社会，配上山珍海味，开始登上大雅之堂。随后一些讲究排场的百姓又把素食荤做的汤菜搬到民间筵席，这就是洛阳水席的起源。所谓水席，有两层含义：一是以汤水见长；二是吃一道换一道，一道道上，像流水一般。洛阳水席共24道菜，即八个冷盘、四个大件、四个压桌菜。先摆四荤四素八凉菜，接着上四个大菜，每上一个大菜，带两个中菜，名曰“带子上朝”。第四个大菜是甜菜甜汤，后上主食，接着四个压桌菜，最后上一道“送客汤”。24道连菜带汤有章有序，毫不紊乱。“真命天子假燕窝”指的是水席素菜荤做，以假代真。水席中有名的“洛阳燕菜”“假海参”，其实是普通的萝卜、粉条，但经厨师妙手烹制后脱胎换骨，味美异常。爱吃冷食的人可以找到适合自己的凉菜；爱吃酸辣菜的人能辣得冒汗，酸得生津；第四组菜足以让喜食甜食的人吃得称心。水席的独到之处是汤水多，赴宴人菜、汤交替食用，肠胃舒适。鸡

---

①（清）顾禄. 桐桥倚棹录［M］. 北京：中华书局，2008：387.

蛋汤是“送客汤”，意味着24道菜已全部上完，水席到了尾声，宾主皆大欢喜，纷纷起身离席。洛阳水席以其独特的风味、精湛的技艺、逼真的造型、美好的传说、深厚的文化，堪称洛阳一绝。

2. 开发的地方名宴

秦淮“小吃宴” 南京秦淮区夫子庙地区是南京历史文化名城的古城风貌区。随着历史上各种节令风俗的产生，秦淮传统的时令糕点茶食因时更新，成为我国“四时茶食”的产生地和发源地之一。夫子庙一带饭馆茶楼、摊贩小吃，鳞次栉比，满目皆是，形成了独具秦淮传统特色的饮食之集中点。20世纪80年代以来，秦淮区政府十分重视传统小吃的挖掘工作，号召饮食界继承、研究、开发、出新地区风味小吃。通过研究组合，夫子庙地区的许多饭店、餐馆相继策划、开发了“秦淮风味小吃宴”，因其工艺精细、造型美观、选料考究、风味独特而著称。其面点小吃以一干一稀配套上桌。

主要品种有：茶盒（四干果）；五香茶叶蛋、雨花茶；烧鸭干丝、鸭血汤；牛肉锅贴、金牌牛肠；酥油烧饼、鸡汁回卤干；什锦菜包、原汁筋叶；薄皮包饺、豆腐脑；鸡汁馄饨、油炸臭干；糯米甜藕、春卷；雨花石汤圆、牛肉粉丝汤。

西安“饺子宴” 饺子有着千余年的历史。西安的面点技师们在20世纪80年代研究历史资料的同时，他们走出店外向社会学习，经过一番认真的准备，他们集众家之长，巧妙地把炒菜的烹调方法用于制馅和烹制饺子上，打破了饺子只能生皮生馅的制作方法，采用了生拌、熟制法。在口味上从单纯的咸鲜，发展到甜、咸、鲜、麻辣、鱼香和怪味等六种味型。在烹制方法上从单纯的煮饺，发展到煮、蒸、煎、烤和炸等。在原料上采用各种新鲜的、干制的荤、素原料及干果、果品等。制作出一百余种花样饺，初步形成了独树一帜的“饺子宴”。

在研制过程中，他们把每一种饺子造型技术与艺术巧妙结合，使上席的饺子有的像金鱼，有的如白兔，有的似寿桃，有的若明珠，形象生动，意境高雅。为了配合旅游宣传，还特地研制了各种应时饺宴，如二龙戏珠、金龙迎宾和龙凤呈祥等。饺笼上席，食者在品尝美味饺子的同时，得到了情景交融的艺术享受。西安德发长饺子馆设计的饺子宴有九大种类，即“二龙戏珠宴”“金龙迎宾宴”“龙凤呈祥宴”“鸡鸭宴”“贵妃宴”“鸳鸯宴”“吉祥宴”“三鲜宴”和“罗汉宴”。这些筵席，在研究的过程中总体注意了究其料、考其技、品其味、会其意，讲究营养组合，使其饺子风味更趋浓郁，以使这朵传统的面点之花争芳斗妍，大放异彩。

山西“面食宴” 山西面食宴运用山西面点前辈几十代人总结出的经验形成了擀、拉、揪、切、拨、削、压、捻、擦、抿、溜、抉、剪、捏、握、扯、拌、包等面食制作的高超技艺，并形成蒸、炸、煎、烙、烤、煮、焖、烩、氽等熟制工艺，面食品种达百种之多。

在太原的面食宴，凉菜是用山西杂粮制作的风味食品，有荞面碗托、荞面灌肠、苦荞河捞、莜面拨鱼、莜面切条，或者是凉粉、拉皮等选择其中一种，经过精心调制，制作而成。面食宴六种热炒特色鲜明，面中有菜，菜中有面，滋味鲜美，营养全面。菜肴有：迎宾花篮面、大展鸿图面、扇贝珍珠面、山花烂漫面、瀑布全鱼面、香菠猪扒面等。餐中汤和随汤点心，面食有：刀削面、剔拨股、擦蝌蚪、抿曲曲、小拉面、猫耳朵、夹心面、剪刀面、搓鱼鱼、栲栳栳、一根面等。就餐者还可以欣赏到精彩的面食制作技艺表演等。

淮南“豆腐宴” 豆腐是中国人的伟大发明，李时珍曰：“豆腐之法，始于淮南王刘安。凡黑豆、黄豆及白豆、泥豆、豌豆、绿豆之类，皆可为之。”[①]据史料记载，汉淮南王刘安好道，为求长生不老之药便与方术之士在八公山中著书炼丹，偶将石膏点入丹母液豆浆之中，经过化学变化，形成了鲜嫩绵滑的豆腐。之后，豆腐技法流入民间，传播海外。而淮南八公山上仍留有“中国豆腐村”可供世人探询。豆腐及其制品入馔，是徽菜的优良传统。八公山豆腐、朱洪武豆腐、四喜豆腐、寿桃豆腐、清汤白玉饺等名菜早已名扬海内外。

淮南豆腐，以八公山清冽甘甜的古泉水泡制淮河流域的优质大豆，加之豆腐发祥地世代相传的精湛工艺制作而成，使得淮南豆腐不仅口感细腻绵滑，营养丰富；也更显得质地细若凝脂，洁白如玉；更为神奇的是，淮南豆腐还能够托于手中晃动而不散塌，掷于汤中久煮而不沉碎。

目前，淮南八公山豆腐制品已多达数十个种类，烹饪方法达30余种，可做成菜肴400余种，誉满华夏，名扬海外。八公山豆腐晶莹剔透，白似玉板、嫩若凝脂、质地细腻，无黄浆水味，托也不散碎，故而名贯古今。一顿豆腐宴，可荤可素，清淡中藏着鲜美，品尝时清爽生津。如今用八公山豆腐烹饪制作的“豆腐宴”，以独特的风味和丰富的营养驰名，成为淮南地区别具一格的上等筵席，赢得了中外嘉宾的高度赞誉。

三、炊具与食具：饮食器具的演进

在远古的人类社会，人与一般动物的取食方式是没有什么区别的，并无任何食具可言。人们走到河边总是直接用嘴巴在河面上舔水喝，或是用双手捧水喝，有时也用较大的蚌壳、葫芦之类舀水喝；遇到肉食直接用手抓、嘴啃，生吞活

① （明）李时珍．本草纲目［M］．北京：人民卫生出版社，1979：1532．

剥。人类用手进食是一个相当长的历史阶段，由于人类自身手食的动物性明显，所以，只有发明了食具，在进餐时才有可能不直接用手接触食物，进入人类文明生活的时代。

（一）饮食器具的源流

1. 因食所需的原始器具

（1）从手撕裂到陶器皿　从人类利用自然界的锋利的石器来切割、撕裂、捶打食物开始，原始的饮食器具就诞生了。火的使用是人类社会能够进入熟食发展阶段的前提，也是促使人类去发明制作各种饮食烹饪器具的根本原因。在原始社会，当人类学会用火熟食以前，祖先们是不会制作各种饮食烹饪器具的，而是利用自然界中存在的一些东西，例如木棍、骨棒、动物的头盖骨及植物的坚果壳等。从利用自然物到学会制作饮食烹饪器具，是一个巨大的历史飞跃。

经过旧石器时代的发展孕育，饮食烹饪器具是人类社会进入熟食发展阶段的历史必然产物，是人类赖以熟食的、吃饭、做饭的必要条件，同人类的饮食生活休戚相关，也唯有人类才会制作和使用器具。它们随着人类社会生产的发展与科学文化的进步而不断地发展演变，推陈出新，为改善人类饮食生活、促进人类的饮食文化发展增添异彩。所以说餐具、炊具是人类文明的产物，也是人类文明的象征，是人类的劳动与智慧的结晶。

早期人类使用的器具从模仿现有的物品开始。新石器时期，人类最初是利用一些自然的打击石器作为使用工具，慢慢学会使用和制作生产工具，还将原来所用的一些自然状态的饮食器具（如木棒、骨棒等）进行加工，制成匕、箸、叉等简单的进餐用具。“匕”多用动物的骨、角或木、石等质地的材料来制作。“叉”最初是模仿手的形状而制成的一种烹饪器具。用火熟食使人类直接以手取食很不方便，为避免伤手，人类最先用树枝、木棒、骨棒之类的东西取食，用坚果壳、贝壳、动物头颅骨等做盛器，直接利用自然物作食器是烹饪器具形成的最初阶段，是陶器产生的前提。人类从最初直接使用自然界中一些可为容器的物件（如动物的颅骨等），逐渐发展为模仿其形态来制作各种碗、钵、壶、杯、鬲、罐等各种饮食器皿。

（2）陶罐及其分野　关于陶器的发明，恩格斯在《家庭、私有制和国家的起源》一书上论述说：“可以证明，在许多地方，或者甚至一切地方，陶器都是由于用黏土涂在编制或木制的容器上而发生的，目的在使其能耐火。因此，不久之后，人们便发现成型的黏土，不要内部的器具也能用于这个目的。”[①] 陶器首先烧制出来的是具有炊具和食具双重作用的陶罐，以后逐步由陶罐分化演变出专门的炊具和多种钵、盆、盘、碗、碟……一类的器皿食具来。因此陶器问世之日，也是食具诞生之时，它是继石器之后人们最早产生出来的生活用具，所以可以得出一个结论：新石器时代最初出现的陶罐，是今天各种锅的老祖宗。

在陶器产生之初，人类使用手工制作的各种饮食器具在相当长的一段时间内并无明显的功能区分，炊器、饮器、食器、储存器相互交叉使用，这是由于当时生产力水平低下、物质生活资料匮乏以及当时人们饮食习惯所导致的结果。

在我国饮食器具史上，真正烹饪器具的诞生始于陶器的发明。陶罐最早演变出来的是釜和鼎，还有鬲（lì）、甑（zèng）、甗（yǎn）、斝（jiǎ）、鬹（guī）等。釜状如陶罐。陶器的发展是经过陶罐到釜、釜到鼎、鼎到鬲这样一个过程的。这些炊具都各有各自的用途。从相关史料看，最先烧成的陶罐，既作烹煮器，又作盛食器。陶釜是最先从陶罐分化出来的一种圆形、圜底、口敞而微敛的炊具，在釜的底部加上三条腿便演变成后来的陶鼎。此后，为增加受热面，将鼎足改成中空锥状的袋足，这便是陶鬲。同时还出现了腹部圆突的形似盆的陶甑，将甑置于釜或鬲之上便成陶甗，这是一种类似当今蒸锅的蒸器，使用时，装水入釜或鬲进行烧煮，中间置陶箅，蒸汽通过箅格和甑孔进入甑内将食物蒸熟，至于后来出现的鬹，则是侧身有一提耳，口有流舌的炊饮两用陶器。此外，在仰韶文化时期，还出现了类似现代人烙饼用的饼铛或摊煎食物用的铁鏊子的陶鏊。随着陶艺技术的进一步发展。出现了以澄泥制坯烧成的碗、钵、盂、豆、盘、盆等餐食器，另外还有尊、壶、杯等酒器，同时还出现连釜炉、陶炉、陶灶等灶具和陶釜、陶刀等陶制用具。

陶器的产生年代大约是在7000～10000年前人类学会用火并用熟食之后的新石器时期。在学会用火之后，人类最初的熟食法主要有火烹法、包烹法、石燔法和石烹法。把食物直接置火上烧烤至熟的方法称为“火烹法”；用草、泥包裹食物置火中煨烤成熟的方法称为“包烹法”；将食物置于烧热石块上制熟的方法称“石燔法”；而“石烹法”是指在地上挖坑，以兽皮装水下料，然后投热石块使食物成熟的方法。

陶器的发明，使人类直接用火烧烤熟食发展为用陶器间接加热熟食，解决了人类食谷问题，把人类的饮食生活推向一个文明、卫生的新时期。

此后，随着社会发展和科学文明的进步，饮食器具的发展经历了从简单到复

① 恩格斯．家庭、私有制和国家的起源［M］．北京：人民出版社，1955：23.

杂、从粗糙到精致、从低级到高级的几千年的发展历史。其中在历史上影响较为深远的几类烹饪器具是青铜器、漆器、金银器、铁器和瓷器。

2. 饮食器具的发展

经过陶器时代的演变发展，中国饮食的器具又进入了一个新的时代，青铜器、漆器、金银器、铁器的相继问世，为国人的饮食又开辟了一个个新的领域。汉代是中国器具文化的发展时期，国家统一强盛，农业发达，汉代丝绸之路的开通，促进了中外交流，加上温室种植技术的发明，大大丰富了中国的饮食内容。

金属铸造的青铜食器 人类的制陶业在造型技术和火候掌握两方面不断总结劳动实践经验，为金属铸造准备了条件。在距今4000 年前后，先民们发明了冶炼术，并开始制作铜器。郑州商代遗址掘出的青铜酒尊，被认为是最早发现的青铜饮具，而约在公元前1500年出现的青铜鼎，则被视为铜烹时代开始的标志。冶炼技术的不断提高，使得铜质饮食器具的品种增多，铜质的酒器有爵、觚、壶、觥、觯等，西周时更出现了尊和角。铜制的盛食器有簋、簠、豆等，还有水器盘、盂、盆、鉴等，形制多样，且有多种纹饰，其中不乏精美绝伦的艺术品。青铜烹器的应用，使高温油烹法产生，但随着历史的发展，发现青铜器作为饮食器具，如在温湿条件下生成的铜绿和在空气中氧化产生的过量铜或锡，同样对身体有害。青铜烹饪器具逐渐被淘汰，转而作祭器或祀器使用。

装饰艳丽的漆器食具 青铜器时代后出现了漆器时代，漆器在历史上作为高档餐具，曾在楚、汉、魏、晋时期统治阶层的日常生活中广为流行，其中以西汉最甚，其时漆器工艺已达到完美程度，中国漆器的制作工序繁杂，技艺精湛，在表现手法上，或雕成凤凰、鸳鸯、鸟兽，栩栩如生；或镂刻成花草云纹美斑，流畅如行云流水；或以金属镶嵌成扣，熠熠生辉；或以黑、朱、紫、白等颜色绘画，多色相间，古色古香。但因其不能作炊具，而且与酸、碱、盐、油等接触时易使漆剥落等因素，所以两汉以后漆餐具越来越少，南北朝之后几乎少见，而作为工艺品出现在人们的生活中。漆器作为饮食器具，在我国饮馔史上曾有过重要地位。

富丽精美的金银食器 进入汉代后，又出现了金银饮食器具。隋唐时期银制器皿有了较大的发展。除了日常器皿、装饰品、医药用具之外，跟饮食有关的酒器、食器也非常多。此后，历朝历代的银制食器、酒器和茶具层出不穷，工艺也越发精湛。古代金银餐具是众多餐具中的奢侈品，以象形器具多见，有极高的艺术成就。也许是太昂贵的缘故，金银餐具在后来的使用中逐渐少见。

经久耐用的铁器器具 秦汉以后，铁器普遍使用，中国烹饪进入了铁器烹饪阶段。这一时期铁器迅速大面积取代了铜器、石器、竹木器。此外，铁鼎、炒勺、铁钳等都大量出现了，深受人们的欢迎。而用铁质刀具代替了铜质刀具，可使原料加工更为精妙。在西汉，铁质刀具已逐渐普及。东汉，还出现了钢质菜刀及各种形状的刀，如尖刀、阔刀、圆口刀、方头刀、雕刻刀等。有史料证明，我国在商代即有铁器出现，约在公元前6世纪就发明了生铁，人工冶铁始于春秋，而广泛使用于战国。隋唐以后，各类烹饪铁器有了明显改进，加热器具由厚变薄，形制不断推陈出新。元、明、清时期是铁质器具的鼎盛时期，各种铁制烹饪器具的制作技术更加先进，样式更加繁多，品种也更加丰富。直到今天，铁器依然是烹饪不可缺少的重要烹饪器具，中国烹饪能走向繁荣，与铁质烹饪器具的使用是密切相关的。

汉代时期，陶、铜、玻璃等器具以及镂银错金的各种食具被广泛使用，还出现了玉石、象牙、骨头、漆木等各种食具。在传承前代饮食文化的基础上，初步形成了一个较为完整的体系。这一时期的饮食器具的品种已经较为齐全，不同形制的花色器具更加丰富多样，同时不同食具用途相对确定，并且都讲求成套搭配，杯盘碗碟、锅盆盂瓮，品种齐全，功用完备。盛汤的有勺和匙等，饮器则有盏、杯、盅等。在工艺制作上轻巧精致，更加生活化，实用性更为突出。正如史书记载，当时的食器讲究“雕文雕漆”。

3. 我国瓷器的发展

唐代的社会发展，促进了手工业艺术不断进步，这又促使饮食器具得到丰富的发展。瓷器是中国的一大发明，这时期瓷器烧造业空前繁荣，最具代表的青瓷、白瓷和“唐三彩”表现出制陶工艺的最高境界，用这样的制陶工艺制作了许多精美的饮食器具更以华丽优美著称。最早的瓷器是2600多年前商代后期有釉陶演变而成的原始青瓷，史称青釉器。至东汉魏晋时期，青釉器制作技术已相当成熟，出现了标准的青瓷，它是世界上最早的硬质瓷器。两晋南北朝时期生产的青瓷是缥瓷，同时也出现了白瓷。隋唐始产秘色瓷，以越窑最著名。在同一时期，还出现了彩绘瓷器。到了宋代，随着商业的发展，城市化的生活方式更是促进了饮食文化的繁荣和昌盛，人们更注重美食与美妙食器的相配，达到饮食的最高境界。这时制瓷业的大发展，各地瓷窑大量兴起，形成了“官、哥、汝、定、钧”五大名窑，还生产出釉上彩瓷，即在釉面上以色料作画，然后在小窑中用低温烧成，俗称“宋加彩”，它对我国瓷器以后的装饰艺术的发展，具有划时代意义。

元明时代，我国的制瓷业进入一个新发展阶段，除青瓷和白瓷有极高的水平外，黑釉瓷的成就十分突出，明代的宣窑、成窑、嘉窑和万窑是当时的“四大名窑”，所产的白釉、青花、彩瓷和红釉等精品，成龙配套，富丽堂皇，代表当时的最高水准。著名的瓷器餐具，有优秀的画手在瓷胎上挥洒自如，使单色青花瓷具有浓淡参差的丰富层次，给人以妙趣横生的感觉，极大地增加了餐具的艺术效果。而这些饮食器具与当时品种繁多的各类肴馔相结合，形成了丰富多彩的饮食文化的内涵。

清代康熙、雍正、乾隆年间，是我国瓷器史上的鼎盛时期。这时宫廷的食器十分讲究，开始出现了珐琅彩，并且还饰有“五福”“万寿无疆”等吉祥祝福之语，此外更为讲究的是，食器在绘饰上还针对某一种菜肴，绘制与菜肴内容相关的图纹，如每年农历七月初七，清宫御膳房所做的巧果，要放在绘有“鹊桥仙渡”图案的珐琅彩瓷碗中，其图案取材于喜鹊搭桥牛郎织女天河相会的神话传说，这种菜肴与食器在内容上一致、色彩上和谐的结合，可以说在饮食与器具的配合上，从内容到形式都向前迈进了一大步。

4. 食具的设计与美化

从博物馆里展示的古代食具来看，由远古而来的食具不仅仅是用来“吃饭”的，无论是陶器、青铜器还是瓷器，这些食具的表面都是有丰富的花纹、图案、雕刻等，这里为什么有那么多的设计与美化？随着人类生产力的提高，人们的饮食行为已经由最初单纯地为了填饱肚子逐渐分化出复杂的加工工艺、制作工具及饮食器具等内容。人们在饱食之余，更讲究吃得好、吃得美、吃得雅。人们把饮食作为一种生活方式的组成部分并赋予文化的形式和内涵，从而形成了别具一格的饮食文化。如原始彩陶器的稚拙之美、瓷器的清新淡雅之美、青铜器的庄重肃穆之美、漆器的质朴隽丽之美、金银器的富贵之美、玻璃器的清透亮丽之美都曾给使用者无限的满足与惬意，这种占有的满足是食物不能给予的。

食具主要是美化食品菜肴的。自古以来，食具盛器的种类很多，形态也各异，可以说琳琅满目。从造型上看，盛器分几何形和象形两大类。几何形的盛器一般多为圆形、椭圆形、方形、长方形和扇形。象形盛器可分为植物造型、器物造型、动物造型和人物造型。植物造型常见的有树叶、竹子、蔬菜、水果和花卉等；器物造型常见的有扇子、篮子、坛子、风斗等；动物造型常见的较多，如鱼、虾、蟹、贝壳、鸡、鸭、鹅、鸳鸯、龟、鳖、龙、凤、蝴蝶等；人物造型的不多见，如紫砂八仙盅等。盛器造型之所以有很多创意，其主要功能是为了迎合不同风味菜肴及筵宴的需要，达到引起顾客联想、渲染就餐气氛的目的。最终以体现席面美器与美食的和谐美、整体美。正如唐代杜甫在《丽人行》中“紫驼之峰出翠釜，水精之盘行素鳞”的描写，更是将饮食行为的食器相结合带入了色彩和谐的诗意境界。

（二）烹食炊具的应用

饭菜之所以能够被人们食用，炊具在日常的饮食器具中占据着核心的地位。人们常说“无炊不成饭”，只有炊具才能够完成各种烹调方法，将生的食物加工成熟的菜肴食品。古代烹调所用的炊具，跟当时烹调的技术、饮食的习惯密不可分，而这一切又都取决于生产力、生产工具的发展状况。远古时期，正是那些形制规格多样的灶和锅的结合在燃料的加热中成就了烹、煮、蒸、炒等的炊事。

1. 炉灶

人类最原始的灶是掘地为灶。灶，从火从土。我国发现最早的灶是西安半坡遗址的“双连地灶”，在地上挖成的土坑，烹饪时直接在土炕内或在其上悬挂其他器具进行，这种灶坑在新石器时代十分流行。据《释名・释宫室》记载：“灶，造也，造创食物也。”①后来发展成为用土在平地上垒砌成的固定的土灶或用砖头和石块垒砌的灶，新中国成立后广大农村还在普遍使用。新石器时代中期发明了可移动的单体陶灶，为商周秦汉各代所继承，并为后代制作的铜灶、铁灶提供了物质条件，较小的可移动的就是炉。

我国古代最早的炒炉，出自距今2400多年前的春秋战国时代，它也是从湖北随县曾侯乙墓出土的。其形似双层盘，上层为盘，下层为炉。出土时，上层盘内装有鱼骨，下层炉盘已烧裂变形，并有木炭。它是我国目前发现最早最先进的炒炉之一。秦汉时期以后，绝大多数灶具和炊具相结合进行各种烹饪活动。

春秋青铜灶　　西汉青铜灶　　隋代灶和厨俑

2. 鼎

古代炊具，也用作食器和礼器。鼎为三足或四足容器，有陶质或青铜质等。在8000多年以前，人类就发明了陶鼎。进入青铜时代以后，继续使用的陶鼎在工艺方面有了提高，并开始铸造青铜鼎。

一作炊鼎。主要用于炊煮之器。青铜质或陶质，圆形，腹腔较深，三足两耳，亦有方形四足，具体形制则因时因地而变化。商代早期多为薄壁，小耳，深腹，空锥形足或扁足；商代晚期多为厚立耳，直口，深腹，柱足。西周早期多为大立耳，口部略呈钝角三角形，深腹大而下垂；西周晚期至春秋早期多为锅体形或浅腹束腰式，兽蹄足。此外，尚有呈深分档式的鬲鼎、短足扁圆体的盖鼎及长足鼎、平底鼎、卵形体鼎等。盛行于商周时期，汉代以后仍流行。《淮南子・说山训》：“尝一脔肉，知一鼎之味。”汉高诱注：“有足曰鼎，无足曰镬”《说文・鼎

① （汉）刘熙. 释名［M］. 北京：中华书局：2016：83.

部》："鼎，三足两耳，和五味之宝器也"[①]。

一为食鼎和礼鼎。史前时代有许多容量不大的小陶鼎，是专用的食鼎而不是炊鼎。从青铜时代的情形看，作为食器和礼器的鼎，主要用于盛放肉食。贵族们食必有肉，肉必有鼎，称为"肉食者"。或于祭祀时陈列牺牲、盛放肉食。祭必以鼎，鼎必有牲，毕恭毕敬。殷人食肉风盛，杀牲也多，铸大鼎盛牲肉，著名的后母戊鼎重达875千克。到了周代，不仅鼎的大小受到贵族们的重视，用鼎数目的多少也成了区别地位尊卑的标志。作为礼器的鼎，用于"明尊卑，别上下"。等级愈高，用鼎数愈多，享用肉食品的种类愈丰盛。周代天子用九鼎，称太牢；诸侯用七鼎，称大牢；卿大夫用五鼎，称少牢；士用三鼎或一鼎。

商代青铜鼎

春秋战国青铜鼎

西周青铜三足鼎

3. 鬲

鬲（lì），古代炊具。形状像鼎，但三足中空。古时礼宾客必以鼎，日常烹饪则以鬲。陶质或青铜质。自新石器时代沿用至战国时期。其形制多为大口、圆形、深腹，上有双立耳，束颈，圆肩，底部分档成三条乳状空心袋足的形制，亦称袋腹，下有三个短锥形足。将鬲足做成中空与腹部相通的袋状，目的是为了使袋腹受火面积增大，提高热效率，便于快速煮熟食物。这是适合在新石器时代用火塘烹制食品的一种较理想的炊具。后袋腹逐渐退化，形体由高变低，口部出现较宽的唇边，多不再铸双耳，说明已失去烹煮作用，改作盛器或礼器。《尔雅·释器》："鼎款足者谓名鬲。"[②]邢昺疏："款，阔也。谓鼎足相去疏阔者名鬲。"《汉书·郊祀志》上："空足曰鬲"。《陈书·高祖本纪》曰："其夜大雨震电，暴雨拔木，平地水丈余，齐军昼夜坐立泥中，悬鬲以爨。"[③]至汉代，普遍使用带有灶台、火眼的炉灶之后，鬲即退出历史舞台，被釜、锅等炊具所取代。

① （汉）许慎. 说文解字［M］. 北京：中华书局，1963：143.

② 尔雅［M］. 北京：中华书局，2016：43.

③ （唐）姚思廉. 陈书［M］. 北京：中华书局，1972：11.

商代四足鼎

周代陶鼎

西周陶鼎

4. 甑

甑（zèng）古代蒸食炊具，陶制或青铜制。敞口翻唇或直口无唇，上有双立耳，深腹，腹壁斜收或腹部圜收，底部有七小孔以通蒸汽。陶甑在中原地区始见于仰韶文化时期，但数量不多，器形也不很规范，到龙山文化时期陶甑就已十分普遍，黄河中游地区的史前遗址中都能见到陶甑。陶甑的外形与一般的陶器并无大异，只是在器底刺上一些孔洞，做成箅，以便蒸汽自下上达就行了，使用时将甑套在鼎或釜上，下煮上蒸。《礼仪·少牢馈食礼》：“廪人概甑、甗、匕与敦于廪爨。”《说文·瓦部》：“甑，甗也。[①]”南朝梁简文帝箫纲《大法颂·序》：“桂薪不斧而丹甑自熟，玉帛讵牵而银翁斯满。”安阳殷墟妇好墓出土的一件青铜汽柱甑，相当别致。外形颇似一个敞口深腹盆，特异之处在于底内中部有一个中空透底的圆柱，柱头为立体花瓣形，四片花瓣中裹一个突起的花蕾，花蕾表面有四个柳叶形镂孔。经过研究，这是一件3000多年前的汽蒸铜锅，而且是迄今为止发现最早也是唯一的一件商代汽锅。

战国青铜釜甑

汉代铜甑

汉代彩绘大陶甑

唐代铜釜甑

5. 甗

甗（yǎn）古代蒸煮炊具。是甑与鬲配套使用的一种烹饪器具。主要用于蒸饭，有陶制和青铜制。形制有圆形，方形，有上下合体，亦有上下分体的。上体为甑，用以盛米；下体为鬲，用以煮水；中为箅，蒸汽可通过箅孔进入甑内将米

① （汉）许慎. 说文解字［M］. 北京：中华书局，1963：269.

饭蒸熟。有三足支地，足间可以燃烧炭火。略似今之蒸锅，盛行于商周时期。《周礼·考工记·陶人》："陶人为甗，实二鬴，厚半寸，唇寸。"[1]《仪礼·少牢馈食礼》："廪人概甑、甗。"郑玄注："甗如甑，有孔。"宋王黼《博古图录·甗定总说》："甗之为器，上若甑而足以炊物，下若鬲而足以饪物，盖兼二器而有之。"这种蒸煮器出现于新石器时代晚期，初为陶制，商代始用青铜制作，出现了双耳或四耳，多为似锅的原型甗。甗的使用到了汉代随着鬲的消失，即改为甑与釜的配套使用，从而发展成为后来的蒸锅。

新石器时期红陶甗

商周陶甗

青铜甗

商代妇好三联甗

西周兽面甗

6. 釜

釜，古代炊具，是最古老、沿用时间最长的烹饪器具。基本形态特征是大口、深腹、圜底，或有两耳，相当于现代的锅，有陶制、青铜制、铁制三种。起源于新石器时代，早期均为陶釜，所用的陶土一般都加入较多量的羼和料，使其受热后不破裂，增加耐热性能。釜可以直接用来煮、炖、煎、炒，也可以在上面安放甑、笼蒸制食品。考古发现年代最早的釜是在中国东部地区的早期新石器时代文化遗址中，距今已有7000余年的历史。商周时代出现了青铜釜，与陶釜并用。铁釜出现于战国时期，现在用的铁锅与铁釜有着一定的继承关系。釜盛行于汉代。《诗·召南·采蘋》："于以湘之，维锜及釜，于以奠之。"[2]毛亨传："有足

① （汉）郑玄注．（唐）贾公彦疏．周礼注疏［M］．上海：上海古籍出版社，2010：1638.
② 诗经［M］．北京：中华书局，2015：30.

曰锜，无足曰釜。”《孟子·滕文公》：“许子以釜甑爨，以铁耕乎?”曹植《七步》：“萁在釜下燃，豆在釜中泣。”釜置于炉灶之上烹制食品，比用三足鬲、鼎火力更为集中，既节省时间，又节省燃料。另一方面，随着冶铁业的发展，铁制釜耐火导热性更好，于是鬲、鼎便逐渐被釜全面取代。

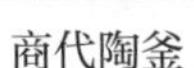

商代陶釜

周代青铜釜

汉代六耳行军铁釜

南北朝青铜釜

7. 鏊

鏊，俗称鏊子或鏊盘。古代炊具。多用于烙饼，铁制，圆形平底，中心稍凸，下有三足。唐段成式《酉阳杂俎·贬误》：“尝目一达官为热鏊上猢狲，其实旧语也。……杨仲嗣躁率，谓之热鏊上猢狲。”[①]宋道原《景德传灯录》：“但欲傍鏊求饼。”明张自烈《正自通·金部》：“鏊，今烙饼平锅曰饼鏊，亦曰烙锅。”清王筠《说文句读·金部》：“鏊，面圆而平，三足，高二寸许，饼鏊也。”

8. 镬

镬（huò），古代炊具，为釜的一种。青铜制或铁制，形似鼎，圜底，无足。因为鼎受火过于猛烈，足部容易损害，所以镬作为煮肉器更为常用。《周礼·天官·亨人》：“亨人，掌共鼎镬以给水火之齐。”郑玄注：“镬，所以煮肉及鱼、腊之器，既熟，乃脀于鼎。”[②]这时的镬是铜制的，以后则为铁制。《礼记·内则》：“钜镬汤，以小鼎芗脯于其中。”[③]陈澔注：“钜镬汤，以大镬盛汤也。……而小鼎则置在镬汤内。汤不可没鼎。”《淮南子·说山训》：“尝一脔肉，知一镬之味。”汉高诱注：“有足曰鼎，无足曰镬。”镬，实际上就是铁锅，今天南方的广东人还把锅子叫镬。

先秦时期的陶鏊

汉代青铜镬

①（唐）段成式. 酉阳杂俎［M］. 上海：上海古籍出版社，2012：146.
②（汉）郑玄注.（唐）贾公彦疏. 周礼注疏［M］. 上海：上海古籍出版社，2010：132.
③（汉）郑玄注.（唐）孔颖达正义. 礼记正义［M］. 上海：上海古籍出版社，1990：530.

9. 炒锅

锅是一种用于煎、炒、蒸、煮、煨、炖等烹饪操作的加工器具，是最重要的一种烹饪器具。炒锅是中餐厨房生产中不可或缺的重要烹调工具。炒锅，分为带手柄的和双耳炒锅。炒锅的雏形是由釜、鼎演化而来，早在新石器时代的制陶时期就出现了。炒锅的雏形出现较晚一些，因为陶器的受力限制，如果是带手柄的炒锅很易折断，加上当时的陶制食器只需煮、蒸食物的功能，带手柄的炒锅是没有任何生活实践意义的。

"炒"以及其他类似的烹饪加热方法，是在只有少量液体传热介质或没有液体介质的情况下进行的，非金属炊具不能采用这些加热方法。因此炒锅的雏形最早只能出现在青铜时代，它是在舀酒器斗、勺，容酒器耳杯、樽、鐎斗等器形基础上演化而来。

青铜器是贵族阶层的专用品，民间大量使用金属炊具，只有在铁器时代的到来之后，才能产生炒锅。然而，从春秋战国进入铁器时代开始，直到明清时期，轻巧灵便的炒锅取代笨重的铁釜才出现在灶台上。由于当时生产力的发展和食物原料的拓展，不断催生新的烹饪工艺，丰富的烹饪工艺则衍生出炒锅。

清代袁枚的《随园食单》在火候上总结出了"有须武火者，煎炒是也，火弱则物疲矣；有须文火者，煨煮是也，火猛则物枯矣；有先用武火而后用文火者，收汤之物是也，性急则皮焦而里不熟矣"。[①]"纤（芡）必恰当""一物各施一性，一碗各成一味"等。此时的"武火煎炒，火弱则疲""纤（芡）必恰当"等，已证明，旺火速成菜、勾芡菜单靠手勺的翻拌是远远达不到要求的，必然需要同时翻动炒锅方能完成。此时的炒锅早已出现，伴之而来更为省力、灵活的炒锅也就出现了。

（三）进食餐具的历史

进食餐具，一切是以"吃"为目的，辅助人类把食物送到嘴里的工具。人类不是把烹制好的美味佳肴摆在桌子上就算了事，你的烹饪技艺高超如何、你的菜肴美味怎样，关键是如何把菜肴送入嘴中，收入腹中，才能知晓。要想完成这个"吃"的过程，这就必须依赖于进食餐具，它是人与自然之间的文化链条，是完成人进食的重要关键点。

1. 筷子

筷子，古称箸。它是最具中国特色的进食具。我国是世界上最早发明和使用

① （清）袁枚. 随园食单. 续修四库全书（第一一一五册）[M]. 上海：上海古籍出版社，1996：646.

筷子的国家，以筷子进餐在中国至少已有3000多年的历史了。

在材质上，筷子多为竹木制成，也有用金、银、铜、铁、象牙等材料的。考古发现最早的铜箸属商代，最早的银箸属隋代。《礼记·曲礼上》说："共饭不择手，毋抟饭……饭黍毋以箸。"即吃饭粥不能用箸，应该用匕。又说："羹之有菜者用梜，其无菜者不用梜。"[①]梜即筴，《广雅·释器》："筴谓之箸。"说明箸在古代是用来夹取羹汤中的菜食的。中国至迟在商代中期已较普遍地使用箸了。除主要依据先秦典籍之外，还有自20世纪30年代以来，在我国黄河流域与长江流域先后出土的商代箸文物。最典型的出土实物有河南省安阳市殷墟侯家庄M1005的铜箸和湖南省香炉石遗址的骨箸，约有3300年历史。从新的资料看，陕西临潼姜寨（6000年~6600年）、浙江余姚河姆渡（7000年）等遗址的出土物，更证明早在新石器时代，距今六七千年时，箸已作为我们祖先的进食用具了。[②]

文献记载最早见于《韩非子·喻老》："昔者，纣为象箸而箕子怖。以为象箸必不加于土铏，必将犀玉之杯，象箸玉杯必不羹菽藿。"[③]与殷墟的文物相呼应，都说明商代已经有了箸，已有铜箸、象箸和骨箸，而使用竹木材料制成的箸当早于商代。学者们都认为在新石器时代已经使用竹木制成的箸。先民们在烧烤动物时，不可能直接用手操作，需借助木棒、枝条或竹枝竹片来放置和翻动，取食时也要借助它们来拨弄挑刺。在炊具中烧煮肉块和蔬菜的羹汤，也要用它们来挑取，逐渐学会用两根木棒或竹条来夹取。在煮粥时用它们来搅动，以免米粒附着陶器底壁而烧焦。在吃粥时也可用它们来拨食。可以说箸的产生是和用陶器烹煮食物的方法密切相关的。所以它也成了以粒食为主的东亚农耕民族最具特色的进食工具。

约在宋代把箸又称为"筷子"，这一名称一直沿用至今。筷子在长期的使用过程中也形成了一些习惯性的礼仪，甚至成为人们行为规范的一部分。它是中国饮食文明的象征，有较深的文化内涵。

2. 匙

匙，古称匕，用于进食。《方言》："匕谓之匙。[④]"它是古代取饭的器具，类似近代的汤匙，但匙端较浅平。新石器时代的匕形态较原始，据王仁湘先生研究，大体可分为匕形和勺形两类。匕形一般为长条状，末端有薄刃口；勺形明显分为勺和柄两个部分。从出土文物看，史前居民大量使用的是前者。至少在七八千年前黄河流域和长江流域都已开始使用匕。如河北省武安县磁山遗址发现的30多件骨器中，有23件长条形的骨匕。河姆渡遗址出土30多件骨匕，有长条

①（汉）郑玄注．（唐）孔颖达．礼记正义［M］．上海：上海古籍出版社，1990：40.
② 刘云，朱碇欧．筷子［M］．天津：百花文艺出版社，2007：12.
③（战国）韩非子．韩非子．喻老［M］．郑州：中州古籍出版社，2008：165.
④（汉）扬雄．（晋）郭璞注．方言［M］．北京：中华书局，2016：171.

形匕，也有勺形匕，制作精致，在匕的柄端刻有精美的纹饰。勺形匕只出土一件，是迄今年代最早的，距今约近7000年。河姆渡遗址还出土一件鸟首形柄的象牙匕，匕柄作鸟身，柄端为鸟头状，匕身作尾状，中部左侧钻一圆孔，富有艺术性，是件难得的珍品。对一件取食的餐具制作如此讲究，亦可见当时人们在注重实用之外，还追求艺术美感，具有文化色彩。

出土的匕以骨匕为多，一是因为兽骨取材方便，加工容易。二是骨器容易保存下来。根据少数民族至今还大量使用竹木器具推测，新石器时代也可能使用竹木制成的匕，只是容易腐烂难以保存下来。匕虽是添取饭食重要器具，但是也是可以用来剔取肉食的。如原始居民经常将兽肉进行烧烤，或者连骨放进陶釜中熬煮，在啃食之后，还有一些筋肉附在骨头上，用匕剔取也是较方便的。现在一般称匙而不称匕，或者概言为勺。现代的饭匙与古代有明显的区别，主要是匕较深，不仅用于取饭，而且用来调羹。

3. 餐叉与餐刀

古代餐具，用于进食。考古发现的大部分为骨质，也有铜质和铁质的。叉是用来取肉食的器具，其出现的年代较晚，中国最早的餐叉出土于甘肃省武威市皇娘娘台齐家文化遗址，为骨质扁平型三齿状。河南郑州二里冈商代遗址在20世纪50年代出土过一种骨质餐叉，也是三齿，全长8.7厘米。战国时代，餐叉在贵族们的食案上已常见。在河南洛阳的一座战国墓中，一次出土的骨餐叉一束共51件，为圆形细柄双齿，长约12厘米。也许在此之前曾使用过竹木之类的叉，否则骨叉就不可能诞生。叉作为取食器具，可能是从原始居民用树枝丫叉取动物在火中烧烤得到启发演变而来的。出土的骨叉较短小，从商周时期的骨叉考察，一般长度10厘米左右，它不可能叉取很大的肉块，可能是叉取一些小动物之类的食品；也可能是当时的烹饪技术有相当的进步，已将一些大动物切割成小肉块进行烹煮，再用骨叉取食。因此，尽管骨叉在新石器时代出现较晚，但它为商周时期餐叉的发展奠定了基础，且较西方使用餐叉的历史要早数千年，在饮食文化史上具有重要的意义。

古代餐叉的使用，没有像匕和箸那样广泛，只是在战国时期比较流行，也不普及。就是在上层社会，餐叉的使用也没有形成固定不变的传统，这传统时有中断，致使许多人不知道中国饮食史上曾经有过用餐叉进食的事实，以为用餐叉是西方文化的传统。据王仁湘先生介绍，其实西方人用刀叉进食的历史并不太长，西方社会在三个世纪以前，有相当多的人仍在用手直接抓食，而且还包括一些贵族统治者。现在中国流行的餐叉确实是由西方传来的，但与中国古代的餐叉比起来，年代要晚得多。

在中国人进餐的历史上，也使用过餐刀助食。在许多考古中，出土了多种被视为刀的原型的旧石器。汉语里的“匕”字同时也具有“羹匙”“匕首”以及“短剑”之意，这可能是从砾石或其他石材上打下的石片，在使用过程中不断地发生了功能分化的结果。当然也有骨角制、金属制的餐刀。[①]正如王仁湘先生所说：“在山西省侯马村遗址中发掘出了战国早期的骨刀，在河南省洛阳的西工区墓出土了铜刀，在山东省嘉祥石林村发掘出了元代的骨柄铁刀，根据这些挖掘结果，可以认定中国直到这一时期也在使用刀。”王先生特别强调，元代的两例重要发现：“一是甘肃漳县一座墓中出土骨餐叉1枚，双齿圆柄，长19.5厘米，同时还出土一件尖状骨餐刀，与餐叉大小相若，显然是配套使用的餐具。二是山东嘉祥石林村一座墓中的一套类似餐叉餐刀，叉长15.5厘米。更重要的是，这套刀叉还配有一件竹鞘，鞘间有隔梁，以便将刀叉分放。”[②]后来，中国人开始放弃使用这种刀、叉的危险食具，而一直使用筷子和羹勺了。

四、节庆与事庆：吃请方式与风俗

中国是一个十分重视传统节日的国家。在中华文明5000年的历史长河中，民间传统节日从先辈那里就与食品、饮宴密不可分，并世世代代传习不断。如除夕要吃团圆饭，端午要吃粽子，中秋要吃月饼，腊八要食腊八粥，其他繁多小节也有相关食品，如灶王节、鬼节等，也要糖瓜、素馔相伴。伊斯兰教的重大节日开斋节、宰牲节都与饮食有关系。壮族逢年过节都要制作花糯米饭，互相赠送；侗族的节庆喜食糍粑等糯米食品；瑶族人节日吃油茶、竹筒饭；土家族年节喜食熏制腊肉等。各个兄弟民族的节日与饮食都是不可分割的。

我国是一个农业大国，自古以来的各种民间传统节日主要来源于古代的农业生产与祭祀活动，大多与农业的田耕、播种、生长和收成有密切的关系；其次是宗教的节日。自古人们在节日团聚的时候始终不忘先辈，将制作最好的食品供奉给祖先；还常常利用五谷杂粮来制作食品祭天地之神，希冀来年风调雨顺。传统节日食俗，它集中表现着一个民族的历史与饮食文化传统，展示着一个民族的古老文明。它对本民族来说，具有无形的向心力和凝聚力。如农历春节，对于中国人来说，可以认为是最集中的饮食节日，各地各种走亲访友、礼物馈赠等方式都与吃请和食品有关系。[③]

①（日）山里昶著，尹晓磊，高富译．食具［M］．上海：上海交通大学出版社，2015：135.
② 王仁湘．饮食与中国文化［M］．北京：人民出版社，1994：275.
③ 邵万宽．民间传统节日与饮食习俗析论［J］．楚雄师范学院学报，2018（4）:7-14.

（一）传统节庆与饮食风俗

在全国各地，饮食是中华民族传统的节日仪式不可缺少的内容。古往今来，中华传统节庆都有其特定的风俗习惯和活动内容，但都离不开饮食的相伴。五代时的汴京（今开封）就有许多应节食品供应，这在宋代陶谷《清异录》中就有记载："每节则专卖一物：元阳脔（元日），油画明珠（上元油饭），六一菜（人日），涅槃兜（二月十五），手里行厨（上巳），冬凌粥（寒食），指天馂馅（四月八），如意圆（重午），绿荷包子（伏日），辣鸡脔（二社饭），罗睺罗饭（七夕），玩月羹（中秋），盂兰饼餤（中元），米锦（重九糕），宜盘（冬至），萱草麺（腊日），法王料斗（腊八）。"[①]此时的应节食品可谓丰富多彩。在民间传统节日期间通常有各种祭祀、娱乐、民间艺术表演或竞技活动，但都少不了饮食活动的穿插，这在历代的许多书籍中都有相关节令食品的记载。

元宵年画

1. 民间节日与传统食品

（1）礼俗——常有食品来相伴　中国的民间传统节日，比较注重亲族、朋友间的礼尚往来。"礼"，据《辞海》解释，其本意为敬神，表示敬意的活动，在古代指的是等级森严的社会规范和道德规范。随着社会的发展，礼由原来的祈神转为敬人，因此，礼便成为敬意的通称。

《礼记·礼运》曰："夫礼之初，始诸饮食。"礼制的产生是从饮食开始的。很自然，礼俗也离不开饮食的活动。《礼记·曲礼》云："太上贵德，其次务施报。礼尚往来，往而不来非礼也，来而不往亦非礼也。"[②]"礼尚往来"的原则在礼制文化初始时期即已产生，在长期的社会文明发展过程中，已经成为处理社会生活与人际关系的一个基本出发点。中国节日风俗都很讲究礼仪，礼俗与风俗是紧密相连的。节日期间走亲访友，看望前辈等，必少不了食品相馈赠，以示对长辈和前辈的尊重。如元宵节送汤圆，清明节送青团，重阳节送花糕等。尤其是过

① （宋）陶谷. 清异录［M］. 上海：上海古籍出版社，2012：109-110.

② （汉）郑玄注.（唐）孔颖达正义. 礼记正义［M］. 上海：上海古籍出版社，1990：17.

年，同宗拜祖，晚辈拜长辈，朋友互拜，也少不了面糕、点心及各类食品。你来我往，年复一年，循环不已。一方面是亲戚、朋友相互增加感情的纽带，另一方面也是“礼尚往来”的礼仪需要。

孝敬老人是我国人民的传统美德，许多民间节日都包含了这个内容。如农历四月初八侗族的姑娘节，姑娘回娘家，以乌饭赠婆家和亲友；傣族在农历二月初十举行彩蛋节，儿童以蛋黄敬奉父母、兄长等。

在闲逸的节日生活里，人们走访亲戚、朋友聚会、互送礼品、品尝点心，那种抑制不住的喜悦心情在传统节日中得到了酣畅淋漓的发泄，最终也复归于较平适的心境状态。每一个传统年节中均可找到重亲情、重友情的心理因素和操作内容，并都有糕点相配适。宋代元旦至初五，亲戚间要互相走访拜贺，宋施宿《嘉泰会稽志》曰：“元旦男女夙兴，家主设酒果以奠，男女序拜，竣乃盛服，诣亲属贺，设酒食相款，曰岁假，凡五日乃毕。”此种亲戚走拜之风古代兴盛，现在亦然。

（2）团聚——亲族吃请最美满　我国民间的传统节日，通常是全家人团聚在一起而进行的。每逢佳节，家庭中人与人之间更加讲究团圆聚会，所以古代人如果远在异乡，就必然要“每逢佳节倍思亲”，向往着全家团聚，共享天伦之乐。《东京梦华录》记载，除夕“士庶之家，围炉团坐，达旦不寐，谓之守岁。”[①]在我国，各地都有合家守岁之俗，这是中华民族共有的特色。如布依族在除夕之夜，全家大小要围坐在火炉旁边，通宵达旦地守岁。黎族每逢春节到来，家家户户都要宰猪杀鸡，摆上丰盛的佳肴美酒，全家围坐在一起吃“年饭”，席间还要唱“贺年歌”。高山族在大年夜，全家要一齐围坐在放火锅的大圆桌子前聚餐，为了表示家人团聚，凡是一时未能参加“团炉”的，要保留其空席位。

中秋之夜，月亮最亮、最圆，月色也最美好。人们望着玉盘般的明月自然会联想到家人的团聚，独在异乡旅居的人们，也期望借助明镜般的皓月寄托自己对故乡和亲人的思念之情。因而，人们又把中秋节叫作“团圆节”。明人沈榜《宛署杂记》记明万历年间北京风俗时说：“八月馈月饼，士庶家俱以是月造面饼相馈，大小不等，呼为‘月饼’。市肆至以果为馅，巧名异状，有一饼值数百钱者。”[②]田汝成在《西湖游览志馀》卷二十中说：“八月十五谓之中秋，民间以月饼相遗，取团圆之意。”[③]说明在中秋这天吃月饼，有以圆如满月的月饼来象征月圆和团圆的意义。所以中秋节这天，家人有在外未归者，分月饼时也要替他留一份。

① （宋）孟元老．东京梦华录［M］．北京：中华书局：1982：253.
② （明）沈榜．宛署杂记//稀见中国地方志汇刊［M］．北京：中国书店：1992：160.
③ （明）田汝成．西湖游览志馀［M］．北京：东方出版社：2012：372.

曹雪芹在《红楼梦》第七十五回中写贾母在凸碧山庄开设中秋赏月家宴时，就特意用圆桌来摆酒：“凡桌椅形式皆是圆的，特取团圆之意。上面居中贾母坐下，左垂首贾赦、贾珍、贾琏、贾蓉，右垂首贾政、宝玉、贾环、贾兰，团团围坐。”[①]一张圆桌团团围坐12人，这种长幼男女节庆大团圆的家宴场面，真正体现了节日合家欢的饮宴与美满。

节日团聚除了相互说说话、谈谈心、述衷肠，团聚必有聚餐，这是节日团聚的高潮。子女归来，家长们最想做的就是小孩最喜欢吃的美食，在节日的前几天，父母就在农贸菜市场精心采办食物原料，精心烹调着可口的菜肴，就等待着孩子的准时到家，美美地吃上一顿父母亲手做的饭菜。亲戚朋友的相聚也是如此，合餐相拥以表示由衷的喜悦之情。

（3）娱乐——总有食物相调剂　娱乐活动是民间节日文化活动的主要内容之一。几千年来的传统习惯，逢节必饮、逢节必聚是传统节庆饮食的一大特色。饮食所带给人的是直接的感官满足和享受，自然会使人心情愉悦，暂时忘却一切烦恼。节庆生活中较平时有更加丰盛的美味佳肴所给予人们的娱乐喜庆感受，则更显鲜明真切。每逢佳节，家家户户都要倾己之力做一桌好饭好菜，届时，大鱼大肉、蔬菜瓜果，应有尽有，足供大开朵颐。另外，节日丰盛的筵席上还可以营造一种丰收的气氛，使人体会到五谷丰登的喜悦。筵席之余，家人小孩载歌载舞，共度良宵，全家和乐融融。我国许多少数民族节庆娱乐的气氛更加浓厚，像藏族的“锅庄”、彝族的火把节、回族的开斋节、羌族的“跳锅庄”等民族节日都是歌舞娱乐、饮酒助兴、美馔装点，使节日的欢快气氛达到高潮。

每年农历六月初六日，为瑶族同胞的传统节日“过半年”，这是距“大年除夕”还有半年时间。节日期间，瑶族人与“过大年”一样地操持忙碌，家家户户都要杀猪宰羊、炖鸡煮鸭，备办丰盛的食物，除阖家共同欢聚饮宴外，还要在村寨中举办多种娱乐活动，尽情欢庆。

在《红楼梦》中，描写节日和吃食的场面十分普遍。如第五十三回“荣国府元宵开夜宴”，至十五这一晚上，贾母便在大花厅上命摆几席酒，定一班小戏，满挂各式花灯，带领荣宁二府各子侄孙男孙媳等家宴。在祥和的气氛中，菜肴一道接一道的摆放着，上了热汤接着又献了元宵，这是节日里不可缺少的环节。戏完乐罢，烟火、炮仗齐备，欢乐的场景随处显现，就连那一般小戏子们也有幸得到贾母的“恩典”。古代人在这众多的节日中，以不同庆祝方式和纪念仪式来调剂生活，增加乐趣，反映出古代社会的人们追求幸福生活的情趣。

（4）纪念——供奉食品慰亡灵　民间传统节日中，有些是以祭祀活动为主

① （清）曹雪芹，高鹗．红楼梦［M］．北京：人民文学出版社：1982：1076.

的。中国的社会组织以血缘氏族关系为中心，慎终追远是中华民族的一个重要传统。许多节日活动包蕴着广大民众的某种意愿。如清明节，祭扫先茔，七月十五日献麻谷，十月一日送寒衣，除夕、元旦悬像设供，家家致祭。中国古代对祭祖祭天十分重视，在每个节日到来之时，便以虔诚的心灵祭祀祖先，以表达对祖先的孝思与怀念。在年节，中堂供起列祖列宗的神牌位，一束香火腾起袅袅青烟，焚烧冥纸燃起对祖宗的思念，以示香火不断。这里不仅仅是磕几个头以示孝敬，还需摆放各种供品，诸如鱼、肉、水果等食物以及多种菜肴、糕点。对待死者有视死如生之礼，在节日祭祖中就得到完美体现。清明节祭扫风俗，各地人在祭扫时总离不开多种食物和菜肴。在墓前供放着各种饭菜，点上蜡烛焚烧冥纸。这是礼仪所需，并不能完全解释为迷信观念。

聚居在浙闽地区畲族的“三月三”是别具一格的节日，这一日是谷米的生日。每年的这一天，畲族家家户户都蒸乌饭祭祀祖先。乌饭是紫黑色的糯米饭，采集野生乌桕树的叶子煮汤，然后用汤浸泡糯米后蒸熟成味道香甜的饭。该节日的目的是为了让子孙后代记住畲族的米饭来之不易。

寒食节有一种说法，寒食禁火起源于春秋时期人们对介子推公的悼念。《荆楚岁时记》记载曰：“晋文公与介子推俱亡，子推割股以啖文公。文公复国，子推独无所得，子推作龙蛇之歌而隐。文公求之，不肯出，乃燔左右木，子推抱木而死。文公哀之，令人五月五日，不得举火。”[①]到了汉代，周举在并州任刺史时宣布：“寒食”之日，因为介子推抱木焚死，神灵不乐举火，所以士民不得烧火煮饭。后来魏武帝专门为“寒食”节颁发了禁火罚令：冬至后百五日绝火寒食。往后有的朝代还规定三日不得举火，冷食三日，士庶都作乾粥吃[②]。乾粥又名糗，即干炒后磨成粉面的小麦或粟、粳米，吃时用水调成稀糊状。南朝吴均的《续齐谐记》中，也记载了屈原投江自杀后，楚国人民哀悼他，便在每年端午以竹筒贮米投于水中祭吊的事。到了宋朝，朝臣追封屈原为忠烈公，把五月五定为端午节，传谕全国纪念屈原，并让人们佩带香袋，表示屈原的品德节操如馨香溢世，流芳千古。

2. 传统节庆的饮食差异

从前面我们了解到，传统节庆是离不开饮食的，不管是动物性原料还是植物性原料都是节庆之日饮食所选的食物。但不同节日所选的原料是有差别的，不同民族在不同的节日对食物原料也有一定的差异。这是根据民族、宗教和节日特点

① （南朝梁）宗懔．荆楚岁时记//景印文渊阁四库全书（第五八九册）［M］．台北：台湾商务印书馆：1982：20.

② 罗启荣，阳仁煊．中国传统节日［M］．北京：科学普及出版社，1986：115.

而选取的。

（1）不同时节的饮食差异　我国是四季分明的国家，春夏秋冬四季也都有不同的节日，但南北气候差别较大，节日饮食因时而异是合乎自然规律的。食物之中，冬春季节与夏秋之季的食物是有相当大的差别的。宋人周密在《武林旧事》中记载南宋都城临安的主要节日食尚情况说：立春“后苑办造春盘供进，及分赐贵邸、宰臣、巨珰，翠缕红丝，金鸡玉燕，备极精巧，每盘值万钱。”[①]端午节“作糖霜韵果、糖蜜巧粽，极其精巧。”[②]乞巧节“七夕节物，多尚果食、茜鸡。”[③]立春的“春盘”、端午的粽叶、七夕的瓜果，这些食物和原料都与季节相协调。在各地民间，不同时节都有应时食品供应，官宦和民众品尝不同食品也是很普通的事。

许多菜肴食品具有一定的季节性，这也不断地适应了群体民众的不同季节的饮食变化需要。农历六月初六，我国已进入夏季。这一天也是一个传统节日，叫“天贶节”，始于宋代。古时候，六月六是一个赶庙会和避暑游玩的日子。这种风俗在宋代盛行。这一日也是探亲访友的日子。在饮食方面，“六月里，六月六。新麦子馍馍熬羊肉。”在陕北，六月上旬正是麦收羊肥之时，紧张的收获季节刚刚结束，为了欢庆丰收，接女儿回娘家，阖家团聚，成为庄稼人的一件快事。在江苏流传着“六月六，吃口焦屑长块肉”之语。“焦屑”为面粉干炒而成者，有一股清香气味。在苏中、苏南的民间，这一天年轻的男女们都要吃上一碗炒面，或用开水冲泡成厚面糊，小孩更要加上红糖，口味甜香。在河南汲县、山东邹县等地，此日也有食炒面的风俗习惯。

自古北京人每到夏至都喜食冷面。《帝京岁时纪胜》上说：“京师于是日家家俱食冷淘面，即俗说过水面是也，乃都门之美品，……爽口适宜，天下无比。”[④]谚语中还有“头伏饺子二伏面，三伏烙饼摊鸡蛋”的说法。伏日吃冷面的习俗，大概源于上古时的“伏日祭祀”活动。而九月九日重阳节，正是菊花以及各色干果的食用季节，在唐宋时吃花糕的风气已更盛，唐代《岁时节物》上说：“九月九日则有茱萸酒，菊花糕。”唐代武则天就曾经命宫女采集百花，和米捣碎，蒸制花糕，赏赐众臣。宋代《东京梦华录》说，都人九月重阳，“前一、二日，各以粉面蒸糕馈送，上插剪彩小旗，掺饤果实，如石榴子、栗黄、银杏、松子肉之类。”[⑤]节庆食物因时节而变化的特点，也有人与气候相协调的因素在其中

① （宋）周密．武林旧事［M］．北京：中华书局，2007：48.
② （宋）周密．武林旧事［M］．北京：中华书局，2007：81.
③ （宋）周密．武林旧事［M］．北京：中华书局，2007：84.
④ （清）潘荣陛．帝京岁时纪胜//续修四库全书（第八八五册）［M］．上海：上海古籍出版社，2002：635.
⑤ （宋）孟元老．东京梦华录［M］．北京：中华书局：1982：216.

发生作用。

宋代的杭州，元夕节物是相当丰富的：“节食所尚，则乳糖、圆子、科斗粉、豉汤、水晶脍、韭饼，及南北珍果，并皂儿膏、宜利少、澄沙团子、滴酥鲍螺、酪面、玉消膏、琥珀饧、轻饧、生熟灌藕、诸色珑缠、蜜煎、蜜果糖、瓜蒌煎、七宝姜豉、十般糖之类……竞以金盘钿盒簇饤馈遗，谓之‘市食合儿’。”[①]宋代人的元宵之夜是最热闹的，这是对节日市食的经营与描述，体现出节日市场繁荣、珍品多样之景况。

（清）沙山春《春夜宴桃李园图》（局部）

（2）不同节事的饮食差异　中国节日风俗打上鲜明的农业文化特色，传统节日本身就反映出农业社会的生活规律。我们的祖先在长期的农业生产中，不断地探索着季节变化和气候变化的规律性。许多节日本身就反映了季节和气候的变化。由于人们对土地丰收寄予很大的愿望，于是产生出许多祈祷丰收的仪式，并逐渐演变成风俗。中和节为二月初一，入清以后一度改为二月初二，或称为“龙抬头”。这时春日融融，该是播种的季节了。《新唐书·李泌传》记李泌请以二月朔为中和节，“民间以青囊盛百谷瓜果种相问遗，号为献生子。里闾酿宜春酒，以祭勾芒神，祈丰年。百官进农书，以示务本。”[②]过中和节，体现了对农业生产的重视，表达了人们祈求五谷丰登、人丁兴旺、国泰民安的美好愿望。苏州风俗，中和节要吃撑腰糕，即是将剩下的隔年糕切成薄片，油煎了吃，以为可以强健筋骨、避免腰痛。

① （宋）周密．武林旧事［M］．北京：中华书局：2007：55.

② （宋）欧阳修，宋祁．新唐书［M］．北京：中华书局，1975：4637.

唐初，“立春日食萝菔、春饼、生菜，号春盘”（《四时宝鉴》）。唐宋时吃春盘风气较盛，杜甫有“春日春盘细生菜”的诗句。农历十二月初八，俗称“腊八”，据古书记载，“腊”是一种祭祀。因为远古时代，人们常在年终打猎获得禽兽来祭祀天地、祖宗，以祈福求寿，避灾迎祥。从汉代起才把年终行祭的日子定在腊月初八这一天。“腊八”这一天，也是佛教徒的节日，相传是释迦牟尼得道成佛的日子。到了南北朝时期，佛教盛行起来，又把年终祭日与佛祖纪念日合为一体，统一在十二月初八这一天。宋代《武林旧事》记该日“寺院及人家用胡桃、松子、乳蕈、柿、栗之类为粥，谓之‘腊八粥’”。腊月“二十四日，谓之‘交年’。祀灶用花饧、米饵及烧替代，及作糖豆粥，谓之‘口数’”。[①]

节庆活动的饮食最终要围绕着节日主题来进行，而一年中每个节日的主题又各不相同，从而节庆饮食也就呈现出因节日主题不同而迥然不同的特点。如春节各地都要吃“更岁饺子”和年糕，期盼年年丰收、岁岁登高；元宵节则盛行吃汤圆和元宵，寓意“人间骨肉，同此团圆”；端午吃粽子、中秋吃月饼、冬至吃馄饨，也都各有其缘由。

（3）不同地区的饮食差异　我国传统节日饮食在各地区有许多共通的地方，但也有些节日不同地区有自己的饮食个性和差异。我国地域广阔，东西、南北跨越较长，素有“千里不同风，百里不同俗”之说。各地的节庆饮食也互为差异、不尽相同。如同是春节，东北的满洲人爱好吃猪肉，还有“初一无鸡不成宴”之说，肉食成为新年的主食；南方地区则因气候温和，可以吃到各色水果，而江浙水乡人们还喜吃鱼、虾、鸭；藏民饲养放牧的牲畜以牛为主，所以有雪顿节痛饮酸牛奶之俗；蒙古族、哈萨克族等游牧民族的饮食特点是“不粒食”，即饮食中没有一粒粮食，只是肉和奶占较大比重，所以其节庆中喝奶茶、马奶酒，吃手把肉、奶饼就成为年复一年的传统习俗。

同一个节日，不同的地区饮食习俗是有差异的。如“中和节”这一日，俗称“龙抬头”，江南水乡流行吃“撑腰糕”，北方盛行在二月二吃面食，亦称“龙须面”，如在这天吃“烙饼”，则称吃“龙鳞”，如吃“饺子”，则称吃“龙牙”。而扬州一带，家家户户于此日将已出嫁的女儿和女婿接回娘家，备好酒肉，盛筵款待一番。如果没有把女儿女婿接回来，做母亲的便处于十分尴尬的境地。故当地民间俗语云：“二月二龙抬头，家家户户带活猴（指外孙、外孙女）。带得回来催碟子，带不回来提鼻子。”农历二月二，关中地区普遍讲究吃炒黄豆、爆玉米花、用面粉制成的萁子豆。淳化一带有把剩下的馍馍切小块炒而食之。凤翔县有将萁子豆制作成各种鸟兽花草以及棋盘、笛子等物，并用来赠送新婚女儿。萁

① （宋）周密．武林旧事［M］．北京：中华书局，2007：96.

子豆用发面擀作小颗粒，炒熟炒干即成。此日所吃食物，多为炒品，又多要干燥，据说寓意将一切毒害扫除干净，有防毒保平安之意。

即使端午节，各地也有一些不同的饮食习俗。除了通行的各地吃粽子外，许多地区流行食“五黄”的习俗。这“五黄”是指：雄黄酒、黄瓜、黄鱼、咸蛋黄、黄鳝（有的地方也指黄豆）。每逢端午节，江南水乡的孩子们胸前都要挂一个用网袋装着的咸鸡蛋或咸鸭蛋。江汉平原一带，每逢端午必食黄鳝。端午时节黄鳝最为鲜美。清末《汉口竹枝词》记有：“艾糕箬粽庆瑞阳，鳝血倾街秽莫当”之句，可见当时的汉口人吃鳝鱼之普遍。福建晋江地区，每逢端午节有“煎堆补天”的风俗。煎堆是用米粉、面粉或番薯粉和芝麻、白糖等配料一起做成入油锅煎炸而成的食品。端午节在梅雨季节，常常阴雨不断，传说远古时代，女娲炼石补天处，每年都有裂隙，所以阴雨连绵，必须煎堆补天，方能塞漏止雨。这一习俗，反映了农民担心久雨成涝、影响夏季作物收成的心理。

（二）节日食品与美好向往

千百年来，中国各族人民在传统节日中，除了多种活动外都与饮食有千丝万缕的联系。尽管各地风俗差异明显，但同一节日饮食品种大多较为类似。如在我国北方春节吃饺子就是一个较为一致的风俗，在不少地区，如果春节那天吃大饼而不是饺子，则公认为是比不过年还要糟糕的一件事情。

1. 节日馈赠食品，调节亲朋关系

在一年四季的民间传统节日中，其饮食大多是迎合节日之需，许多特色鲜明的节日食品也成为亲族联系和人际关系的最好媒介。传统节日之际，中国人都会本能地定期返回到长辈住所，尽管路程遥远，但他们仍时刻做着回家的打算，时间也多以一年为期。所以春节是国人返乡最为普遍的现象，除非有极意外和无法控制的情况发生，否则他们是不会在春节时错过回家的行程的，更是因为许多亲人的团聚和亲族朋友的交往机会，还有就是渴望重温一顿暖心的美餐。

在节日亲族交往中，馈赠特色食品等就成为了连接亲族关系的交际纽带和见面礼。在新年敬拜中，晚辈则敬拜那些他们必须敬拜的长辈，这种礼仪有严格的时限而不可延误。家庭内部的问候结束之后，还要出门到村里团拜一圈，拜访依照家谱所指定的次序进行。新年的第一天一般是在自己的出生地拜访，此后的日子则可以外出拜访居住在其他村镇的亲戚，首先以母亲家开始，然后扩展到其他一些亲戚（拜访则需要带上新年礼，大多为食品）。这种亲族间的拜访往来避免了亲属间的疏远，还能缓解紧张的关系。这些拜访不仅是新年的一个重要组成部分，而且在实际意义上就是中国新年节庆的基本特点。

从民间传统节日文化来讲，馈赠食品、享乐美食是节日交往中不可或缺的重要活动。在春节活动中，从元日起至十五日上元节止，家家设宴，你邀我请，互为宾主，江苏吴俗称为年节酒。因为这不是为了品味佳肴，实在属于礼数应酬，况且走东家吃西家，要去的地方很多，一般只是稍吃几杯，就告辞出门，当然也有尽醉而归的。每一次拜会都包括“丰盛的饭菜”和尽情的娱乐。遗漏了这些节日社交活动，不仅会使人们失去许多乐趣，而且还会严重失礼。

中国人传统的家庭观念影响着节日习俗的形式，传统节日中走亲访友、看望族众的传统习俗，又反过来加强血缘亲族的联系，巩固家庭成员中的亲属关系和亲族名分的认同。这种传统习俗，是以加强人际关系为直接目的的。我国许多少数民族的传统节日也同样有着加强亲族联系、调节人际关系这一功能。除夕之夜，白族人要守岁，初一早饭后，身着民族盛装的小孩，由成年人带领向远亲近戚的老年人拜年，表示对长者的敬意。云南碧江一带的白族同胞，初一早上人们互相祝福，赠送礼品，然后各自回家杀猪。凡是杀了猪的，都要献出一份。肉煮熟后，全村男女老少平分，每人一份。未杀猪者，也以“亲肉”馈赠一份，充分显示出白族人民友爱相亲、互相帮助的可贵品质。除夕夜的蒙古族人合家席坐在蒙古包内，通宵开怀畅饮，晚辈纷纷向长辈敬“辞岁酒”，沉醉在欢乐之中。初一早晨，人们便开始互相串蒙古包，串包时先要给长辈叩头祝愿，接着饮主人家的酒。藏族全家老小，有时还约上亲友去公园游玩，叫做“耍林卡”。初二这天，亲戚、朋友和邻居就是常见的都要热情地互道“扎西德勒”（吉祥如意）和“洛萨尔桑”（新年好），更亲近的还要互献哈达，祝贺新年愉快幸福。佤族同胞要互相拜访祝贺，特别要向寨子里的长者祝贺。拜访时双方要互赠芭蕉、糯米粑粑和甘蔗，象征团结、和睦。其他许多民族如彝族、黎族、达斡尔族、鄂伦春族等都有互相拜访、互赠食品、全家团聚以及向长辈请安、敬酒、行礼和拜年等风俗。

不同民族在传统节日期间，亲戚、朋友之间的互访，流于世俗的应酬，都鲜明地反映了中国人对家庭伦理、人际关系、礼尚往来的珍视，都具有加强亲族联系、调节人际关系的功能，并得到继承和延续。综观来看，国人在传统节日中的人情味更浓，这正是中国传统节日人伦关系渗透影响的最明显的时段。

2. 传统节日食品，寄托民众愿望

在传统节日风俗中，有关节日的食俗表现最丰富，也最具有民族特色。节日风俗的形成，适应人们生产和生活的需要，其中有些节日，是随着季节变化、生产要求而产生的。如各民族的年节，出现在粮谷入仓的农事生产结束之后，这一方面庆祝一年的收获与神明的保佑，另一方面祈祷列祖列宗降福于来年再获丰收。食俗结构因活动形式而发生变化，人们总是竭尽智慧，改进食品制作花样，丰富平时的饮食生活，给各种食品赋予不同的含义和象征。

在我国广大村镇，新春拜年或看望亲戚，都要送上面条食品。特别是看望长辈，因面条在各类食品中是最长的，人们习惯把它与吉祥、长寿联系在一起，成为人们最合适的节日祝福食品。自古以来，新春拜寿或生日祝寿常常离不开面条，这已成为历代的传统风俗。

我国各民间节日一般都是在特定环境和文化下产生的，其目的和动机都不太一样。如春节吃饺子，在明清史料中记载较多，“元旦子时，盛馔同享，如食扁食，名角子，取其更岁交子之义。”[①]饺了作为“贺岁”食品，历来受到人们的喜爱。因饺子形如元宝，人们在春节吃饺子取“招财进宝”之意。过大年南方人爱吃年糕，人们吃年糕，实则是借年糕谐音，祝愿生产、生活“年年（黏黏）高（糕）”。古代有“冬至大如年”之说，所以每到冬至，人们总要做些好吃的祭祀祖先。宋代《梦粱录》上说：“冬至岁节，士庶所重，如送馈节仪，及举杯相庆，祭享宗烟，加于常节。”[②]冬至之日，“京师人家，冬至多食馄饨。”[③]而在南方苏州人过冬至时，“比户磨粉为团，以糖、肉、菜、果、豇豆沙、芦菔丝等为馅，为祀先祭灶之品，并以馈赠，名曰‘冬至团’……有馅而大者为粉团，冬至夜祭先品也，无馅而小者为粉圆，冬至朝供神品也。”[④]无论是北方的“馄饨”还是南方的“冬至团”，都是源于古代的祭祀活动和后人纪念祖先的美德。

九月九日重阳节，是尊老并充满团聚意义的节日。宋代《梦粱录》中有云，“今世人以菊花、茱萸浮于酒饮之。”[⑤]古人重阳日插茱萸、饮菊花酒，在某种意义上也是从健康考虑的。明代谢肇淛《五杂组》引吕公忌云：“九日天明时，以片糕搭儿女额头，更祝曰：‘愿儿百事俱高。’此古人九日作糕之意。”[⑥]清代潘荣陛《帝京岁时纪胜》说；“京师重阳节花糕极胜。有油糖果炉作者，有发面累果蒸成者，有江米黄米捣成者，皆剪五色彩旗以为标帜。市人争买，供家堂，馈亲友。”[⑦]明代作糕，预祝百事俱高；清代的花糕，成了亲朋好友间相互馈送、增进友谊的节令礼品。

自古民间传统节日，从宫廷、官府到民间都有用“龙凤”为食品取名的。我

---

①（清）富察敦崇．燕京岁时记［M］．北京：北京古籍出版社，1981：2.

②（宋）吴自牧．梦粱录［M］．杭州：浙江人民出版社，1980.

③（宋）陈元靓．岁时广记//续修四库全书（第八八五册）［M］．上海：上海古籍出版社，1996：431.

④（清）顾禄．清嘉录［M］．北京：中华书局，2008：84.

⑤（宋）吴自牧．梦粱录［M］．杭州：浙江人民出版社，1980：30.

⑥（明）谢肇淛．五杂组［M］．上海：上海古籍出版社，2012：26.

⑦（清）潘荣陛．帝京岁时纪胜//续修四库全书（第八八五册）［M］．上海：上海古籍出版社，1996：679.

国古典书籍中有关“龙凤”食品的记载是较多的，如隋朝有“缕金龙凤蟹”，谢讽《食经》里有“龙须炙”；唐代“烧尾宴”食单里有“水晶龙凤膏”。后世还把龙肝、凤髓列为“八珍”之一。“炮龙烹凤”则用来称赞食品的丰盛和珍奇。时至今日还有“龙须面”“龙虎凤”“丹凤朝阳”等。龙凤用作节日食品命名，成为吉祥、富贵的象征。

我国民间传统节日文化是民族文化的精华，民间传统节日期间的饮食和饮宴活动是一个民族共同创造和共同享用的一种文化，这种文化会自然形成一种民族凝聚力以及社会影响力。祖先积累并传承下来的这些节日文化传统充实了民族民间的文化内涵，节日文化中的饮食活动和不同食品组配的方式是我们民族文化的重要文化遗产。在新的时代，让节日文化成为促进社会交往、调节人际关系、整合社会群体的催化剂，这不仅有利于我国传统文化的弘扬与保护，而且可使节日文化成为民众的一种美好的精神寄托。

（三）人生礼仪与饮食风俗

我国各地民间的人生礼仪食俗丰富多彩，活动方式也多种多样，使用的食品更是品种繁多。人生礼仪是指每个人从出生到死亡各个重要人生阶段的礼仪，如婚嫁、寿礼与丧礼等人生阶段的礼仪习俗。人生礼仪即是社会物质生活的反映，同时也表现了一定历史时期民族的心理状态。我国各地民间的婚庆喜丧之俗是历史传承而连绵不断的，尽管各地风俗千差万别，但都离不开饮食活动的内容。对于各地普通百姓来说，无论是喜事还是丧事，都是一件庄严的大事，并已成为各地的重要风俗。

唐代奉食图

1. 婚嫁食俗

自古以来，婚嫁食俗在具体表现形式上具有隆重、吉祥的显著特点。大凡婚宴，都具有喜庆、热闹、隆重的特点。在置办婚宴中，人们往往通过多种方式来表达吉祥的心愿，寓示美好未来。

新婚佳期将至，男方要派人通知女家及早为新娘准备嫁妆，以便及时亲迎，民间谓之“催妆”。催妆要带催妆礼，明代人吕坤《四礼疑》说：“催妆，告亲迎也，……近用果酒二席、大红衣裳一套、脂粉一包、巾栉二面。”其中“果酒二席”，即是说在迎亲的头天，由男方办两桌酒席（多为半成品）送至女家。这个习俗在很多地区仍在流行。

催妆礼以食品为主，鄂东南一带，催妆礼用的是鲜鱼和鲜肉，其数量多寡，依男方家庭情况而定，一般是各50斤。在羌族居住区，男方派人去催婚，必定要带去十几斤好酒作为催妆酒，否则女家不开口说话，男方不能娶走新娘，故此酒礼又叫“开口酒”。

在老北京，娶媳妇的男方，要在结婚的前一天给女方家里送去米、面、肉、点心、红枣、花生、莲子等食品，娘家人要请有儿有女、有丈夫、有老人的“全和人”，给新娘子做“子孙饺子、长寿面”，要把栗子、花生、大枣放在新人的被褥底下。入洞房后，新郎、新娘共坐一处，由“全和人”给他们喂煮得半生不熟的饺子，并问：“生不生?”新娘一定要回答：“生!”新娘子结婚后的前三天，每天只能吃少许饭，其他可享用的食物就是栗子、花生、百合、鸡蛋、长寿面，取其“早生贵子、和和美美、天长地久”之意。

在甘肃、宁夏等地，由于当地百姓喜爱吃面条，面条也就成为男女定情的爱情食品。男方到女方家里去提亲，若能吃上长面、宽面，就表示女方已经答应了这门亲事，希望男女双方长久来往；如果得到的是又细又短的杂混面，就表示这门亲事还不成熟，需要继续考验，如果得到的是煮鸡蛋，那就意味着这门亲事要完，知趣的男方最好早早离开。结婚这一天，还要把新娘从娘家带来的两把长寿面，煮成四碗，男女各吃两碗，祝福他们情深意长成双成对、白头偕老。

男女新婚之日，最隆重的活动就是婚宴，也称“吃喜酒”。如果说婚礼把整个活动推向高潮的话，那么婚宴则是高潮的顶峰。我国民间非常重视婚礼喜酒，把办喜酒作为婚礼活动中一个重要的、甚至唯一的内容。旧时结婚可以不要结婚证，但不可不办酒席，婚宴成了男女成婚的一种证明和标志。即使现在，这种旧俗依然存在。

宁夏回族的婚宴，除了干果以外，还有馕、抓羊肉、抓饭、油炸馓子等几样主食；云南傣族地区的婚宴上，只有芭蕉叶包的糯米糕及加料血炖等二三样食品。在黄土高原地区，新婚男女要吃用黄米面、红枣做成的黏糕，这种又黏又甜的黏糕象征着男女爱情亲密无间、黏黏糊糊，永不分离。

民间婚宴，礼仪繁琐而讲究，从入席到安座，从开席到上菜，从菜品组成到进餐礼节，乃至桌席的布置、菜品的摆放等等，各地都有一整套规矩。这里就不一一赘述。洞房花烛之夜，民间还有一个古老的习俗，即新郎新娘饮交杯酒。宋代孟元老《东京梦华录·娶妇》记载：“用两盏以彩结连之，互饮一盏，谓之交杯酒。”[1]这些习俗到现在还被人们广为应用。

2. 寿庆食俗

中国人民崇尚文明礼仪，自古以来就有祝寿献礼的习俗。在中华民族民俗文化的底蕴深处，祝寿的习俗可谓是流传极为深广。人们一般把诞辰称之“生日”，把50岁或60岁以上的生日称之“寿辰”，为特别的生日庆贺称之“做寿”，逢十的“整寿”如60、70、80等都是大寿，规格更是超过一般生日。“做寿”体现了中华民族孝亲养亲的传统美德，饱含祝福健康长寿和幸福吉祥的美好祝愿。

凡祝寿活动，不分官民，不讲门第，不分男女，每逢亲朋好友寿诞之日，都可以举行庆寿仪式。给老人祝寿，子女儿孙要向老人拜寿，奉献生日礼物，亲友也携带各种象征长寿的寿桃、寿面、寿糕、寿酒登门祝寿。一时鞭炮、丝竹齐鸣，喜庆气氛热烈洋溢。

古代人们常借寿诞名义向人进酒或用财物赠人，主人为寿，在家举行寿诞，赐同人寿宴寿酒等。《史记·项羽本纪》记曰：“沛公奉卮酒为寿。”又《刺客列传》载：“严仲子奉黄金百镒前为聂政母寿。”《红楼梦》第六十二回，贾宝玉生日那天，亲友们都送了贺礼。他的大舅王子腾家的礼物和往年一样，“仍是一套衣服，一双鞋袜，一百寿桃，一百束上用银丝挂面。”[2]祝寿献礼，古今亦然，无论是平民百姓，还是商贾官僚之家，每当寿辰，总少不了与“寿”相关的食品。

寿面、寿桃、寿糕等，均为祝寿的传统吉祥食品，这些祝寿食品，都蕴涵着深刻的含义，并已成为历代的传统风俗。

我国人民祝寿的风俗是多种多样的。有些地区在寿辰过后，对亲朋好友所送来的桃、糕不能全数收下，要留下一些还给送者，留下的数目不限，但一定要成双数，俗称“留福”；收下的桃糕也不能自家全吃掉，要连寿面等由家人送给附近邻里，俗称“散福”。老人做寿那天，“寿星”穿上新衣，要接受晚辈的鞠躬和祝愿（旧俗磕头）；富裕人家还要在这天请戏班子唱戏，以烘托热闹气氛等。《鲁迅日记》也曾记载：在鲁迅母亲六十寿诞之时，他特地从南京赶回绍兴老台门，为他母亲祝寿，还请了隔壁戏，平湖调唱“寿”戏。

为老人举办寿宴也很有讲究，菜品多与“九”“八”相关，宴席名如“九九寿席”“八仙席”等。除了祝寿专用食品外，还有白果、松子、红枣汤等，菜名多有“八仙过海”“福如东海”“寿比南山”“松鹤延年”等，寓意美好、长寿。

3. 丧事食俗

我国的丧葬祭祀食品起源较早，远古时期人们祈求平安、风调雨顺常利用不

① （宋）孟元老. 东京梦华录［M］. 北京：中华书局：1982：145.

② （清）曹雪芹，高鹗. 红楼梦［M］. 北京：人民文学出版社：1982：866.

同食品来祭祀神灵和死去的祖辈，而且讲究食品的规格、祭祀的方式等。中国人历来强调事死如事生，对于去世的人的供奉以及生者在丧期的饮食都有严格规定。于是，就形成了丧葬习俗。

（1）古代人丧葬期的饮食要求　在我国从古至今各地各族的丧葬仪式中，均有为亡灵供献饮食的习俗。如《礼记·间传》中说，“斩衰三日不食，齊衰二日不食，大功三不食，小功、缌麻再不食，士与敛焉则壹不食。故父母之丧既殡食粥，朝一溢米，暮一溢米；齐衰之丧疏食水饮，不食菜果。大功之丧不食醯酱；小功、缌麻不饮醴酒。此哀之发于饮食者也。”[①]遭遇父母之丧的头三天不进食，在入棺停灵后最开始吃的是粥。《礼记·问丧》载，“水浆不入口，三日不举火，故邻里为之糜粥以饮食之。夫悲哀在中，故形变于外也；痛疾在心，故口不甘味，身不安美也。”[②]食粥制在《礼记》中有多处记录。再如《礼记·檀弓》中所记，“悼公之丧，季昭子问于孟敬子曰：‘为君何食？’敬子曰：‘食粥，天下之达礼也。吾三臣者之不能居公室也，四方莫不闻矣。勉而为瘠，则吾能，毋乃使人疑夫不以情居瘠者乎哉！我则食食。’”[③]

（2）各地丧葬食俗的一些差别　在山西沁水、阳城的农村，丧家在出殡前，儿女侄孙辈要提米饭、油饼、馒头等到坟地会餐，撒五谷于地，儿女连土带谷抓在手里，装入口袋，名曰“抓富贵”。保德、河曲一带，出殡这天早饭要吃得特别早，食物为红粥、油糕、面条。饭后进行祭祀活动，祭品有馒头、点心、猪肉、羊肉等。应县祭品则是12个白面馍，外加猪头、面鱼等食品。宁武县的一些地方祭品分大祭、小祭。大祭是12个马蹄馒头和猪、羊、鸡三牲，小祭是12个白面馍。

山东的富贵之家的丧葬之风出手比较阔绰，丧葬习俗也特别讲究，要五畜具备，五谷齐全，各种美食应有尽有。单从一年一度的祭孔场面，人们就为其祭品之多、礼节之繁而感到震撼。至于平民百姓的祭祀食品，一般是能简就简，不外乎黄米糕、红枣蒸糕、煮鸡蛋等。

在江西樟树市的黄土岗镇柘湖一带，死者下葬那天，全村人都去吃“送葬饭”。山东的一些地方，这一顿酒席谓之“吃丧”。有的地方在辞灵（下葬仪式结束后，亲属回家祭拜死者的牌位，谓之“辞灵”）以后，亲属要一起吃饭，叫做“抢遗饭”。临朐的遗饭是豆腐、面条。据说吃了豆腐，后代托死者的福，会兴旺富裕；而吃了面条，后代蒙死者的阴德，就会长命百岁。有的还吃栗子、

① （汉）郑玄注.（唐）孔颖达正义. 礼记正义［M］. 上海：上海古籍出版社，1990：953.
② （汉）郑玄注.（唐）孔颖达正义. 礼记正义［M］. 上海：上海古籍出版社，1990：944.
③ （汉）郑玄注.（唐）孔颖达正义. 礼记正义［M］. 上海：上海古籍出版社，1990：172.

枣，意即子孙早有，人丁兴旺。在黄县等地，圆坟（葬后的第二天或第三天，死者亲属为新坟添土，称“圆坟”）之后，每人分一块发面饼，据说吃了发面饼，胆子就会变大，夜间走路不害怕。

过去，满蒙八旗祭拜去世亲人，大多要送白面“饽饽”。所谓饽饽，就是满汉饽饽铺所定制的“七星饼”。“七星饼”如同汉人的点心，上有小孔。祭祀死人的“七星饼”要半生不熟，以祈祷去世的亲人在另一个世界灵魂转世，获得重生。“七星饼”放在灵位的矮桌子上，五个一层，每层几十份，上架红油木板，共架七层九层不等，最上层放假花盆等物。如今满族人办丧事，要在院中搭大棚，安排厨房，租赁家具，置办丧宴。

信仰伊斯兰教的民族，亲人去世都要按照伊斯兰教的习俗，举行祭奠活动。新疆的维吾尔族，在亲人去世当日、3日、7日，祭奠活动的形式是宴请相亲做祈祷，请阿訇诵经。祭奠中的饭食，是用大块的牛羊肉做成的手抓饭。饭前饭后，还需要做“杜瓦”，即祈祷诵经，并向亡者的家属表示慰问。在祭奠活动中，所有人员都不准饮酒，不准高声谈笑，不准播放音乐，整个场面始终都要保持庄严、肃穆。凡来参加祭拜活动的客人，都要携带礼物，例如维吾尔族日常食用的烤馕、砖茶、方糖、白布等，都是不可缺少的祭品。

在办丧之家，苏北一带有“偷碗计寿”的习俗。《海州民俗志》载：“用从喜丧人家偷来的碗筷给孩子吃饭，也能讨来长寿。因此喜丧人家常多买些碗筷供人偷。”这就是丧葬食俗中的所谓“偷碗计寿”。可见，民间的丧葬食俗，主题有二：一是尽孝；二是祈福。

第七章

中国人吃的花样

2005年，中国社会科学院考古研究所的专家们对青海省剌家遗址齐家文化进行多年的考古研究，挖掘出离现在4000多年的面条。这是一条重大的新闻，这一发现，把中国面条的制作历史向前推进了1000多年。关于此项研究论文，已刊登在英国《自然》杂志（2005年10月13日出版）上，这项研究成果能够被世界顶级的科学刊物所重视和接受，说明它的意义是世界性的和前沿性的，也成为世界饮食文化研究领域的一个重大突破。

剌家遗址出土有骨制刀叉，还发现普遍使用壁炉烤制食物（面食），与在火塘烹煮食物（粒食）同时存在。这里明确发现了粟作农业，也有畜牧养殖业。现在确认的这个粟黍面条，表明剌家遗址的面食可能是比较多样化的。[①]通过这个考古发现，很自然就可以证明，4000年前的剌家地区食用的面食已经是加工成“粉状”的食料了。

4000年前有没有面条，也有不少外国的考古专家怀疑。难道当时中国人真的已经制作了细长形的面条?从考古得知，当时肯定没有像现在这样制作的面条，也没有擀制面食的擀面杖。专家得出的结论是，当时的剌家人不是刀切、不是擀制，而是早期人类用搓绳子的方法将揉好的面团搓制成如同绳子一样的细的面条，这显然是说得在理、说得可信的。从这一点可以说明，中国人很久很久以前在吃的花样上就开始注重变化、注重开拓、注重翻新了。

元代奉食图

一、技的传承：从厨入行的基本功夫

人类在烹调与饮食的实践中，随着食物原料的扩展和炊具、烹调法的不断发展与提高，烹饪工艺在时代的变迁中，已逐步形成众多的技法体系，构成为许多

① 叶茂林，吕厚远等. 剌家遗址四千年前的面条及其意义［N］. 北京：中国文物报：2005-12-13：7.

完整的工艺流程。在社会的发展与科学的进步中，中国烹饪工艺逐渐地由简单向复杂、由粗糙向精致发展。在此过程中，不但通过烹调工艺生产制作出食品，适应与满足人们饮食消费的需要；而且在烹调生产与饮食消费中，逐渐认识到它们所产生的养生保健作用，并能动地加以发挥与利用；同时，也逐渐认识到它们所有的文化蕴涵，赋予它们以艺术的内容与形式，使饮食生活升华为人类的一项文明的享受。

因此，中国烹饪技术活动，兼具有物质生活资料生产、人的自身生产和精神生产的三种生产性能。应该说，烹饪工艺是一种复杂而有规律的物质运动形式，在选料与组配、刀工与造型、施水与调味、加热与烹制等环节上既各有所本，又相互依存，而在这些生产过程中，都要靠人来调度和掌握。通过手工的、机械的或电子的手段（目前我们主要靠手工）进行切配加工、加热，使之成为可供人们食用的菜点。

（一）运刀自如的刀工技术

中国烹饪刀工技术古今闻名。《庄子·养生主》中“庖丁解牛”所记述的庖丁，分档取料时高超的刀工技艺，达到了神屠中音的地步，“手之所触，肩之所倚，足之所履，膝之所踦，砉然响然。奏刀騞然，莫不中音，合乎《桑林》之舞，乃中《经首》之会。”[①]故而庖丁成为历史上刀技超凡的事厨者的代称。烹饪技术的不断发展，烹饪技艺的历代秘传，厨师的不断实践与总结提高，发展到今天，不仅刀法变幻无穷，而且使菜肴通过刀切赋予艺术的生命，使食用与艺术相结合，寓艺术于菜肴之中，给人以美的享受，这是今日中国烹饪刀工精湛的重要特色。

1. 握刀批切，刀法多变

从厨这一行，最主要的烹饪实践就是打好基础，夯实烹饪基本功。这是厨师技术发展的前提。烹饪基本功，就是在烹饪生产过程的各个环节中，操作者必须掌握的最基本的烹饪知识、烹饪技能和技巧运用等的综合能力。只有掌握了这些基本知识和技能技巧，才能为下一阶段熟练地制作色、香、味、形俱佳的菜点做好各方面的准备。刀工刀法是烹饪技术最基础的训练，首先要正确认识烹饪基本功的重要性，了解刀具、磨刀石的种类和用途，掌握用刀的操作姿势和用刀的方法。每一位厨师只要刻苦练习基本功，掌握刀工的操作要领，就能通过普通的菜

①（战国）庄子. 养生主. 中国古代文学作品选（上）[M]. 江苏人民出版社，1983：106.

刀随心所欲地改变原料形状，就能达到“薄片如纸，细丝如线，粗细均匀，长短一致”的刀工技术效果。

在餐饮行业，已基本形成了一个共识：虽然现在烹饪器具的机械化程度提高了，但厨师的菜刀仍然有用！刀工是根据烹饪和食用需要，将各种烹饪原料加工成一定形状的过程。烹制任何菜肴，都很难离开刀工这道重要的工序。刀工，是厨师的真功。

古代形容人的刀工技术水平高低，从使用刀具的功夫上面来评价。“良厨岁更刀，割也；族厨月更刀，折也。今臣之刀十九年矣，所解数千牛矣，而刀刃若新发于硎。”[①]这是先秦时期厨师技术高低与用刀方面的直接体现，良厨和普通厨师的水平均在用刀上面形成了差别。

我国刀法精妙，名目众多。古代的刀法有割、批、切、剐、剥、劀、削、剁、封、剜、刓、刌、斫等，成形手法灵活，切批斩剁惯成条理，已达到了“游刃有余”“分毫之割，纤如发艺”（汉·傅毅《七激》）、“蝉翼之割，刃不转切”（魏·曹植《七启》）、“数之豪不能厕其细、秋蝉之翼不足拟其薄”（晋·张协《七命》）、“鸾刀若飞，应刃落俎，霍霍霏霏”（晋·潘岳《西征赋》）的精湛境地。随着烹饪技艺的不断发展升华，我国目前的刀法已不下百种，有切、斩、剁、砍、排，剞、削、施、拍、挖、敲……其中又可细分，如，同是切，又可分为直切、推切、锯切、铡切、滚切，等等。多变的刀法适应了各种质地的原料需要，达到了美化菜肴形态的目的。

宋代厨娘砖画　　三国时期庖厨俑

传统的精湛刀工技术不仅善于变化，同时尤讲究技术的精妙。《礼记》

① （战国）庄子．养生主．中国古代文学作品选（上）［M］．江苏人民出版社，1983：107.

记载的周代八珍之一的“渍”，是古人讲究刀技的一个范例。其上云：“取牛羊肉必新杀者，薄切之，必绝其理。”[①]此中的“理”，指的就是牛羊肉肌肉的纹络。此菜的刀技不仅要求切得片薄如纸，同时讲究切断肌肉的纹理，达到“化韧”、烹调不变形、成形美观的目的。古人的这条刀技原理，至今仍为从厨者所遵循。其次，刀技还讲究洁净，不仅多磨刀，多刮砧墩，多洗抹布，而且要求切葱之刀不可切笋，因为两物味道迥然，使用同一刀具必然互相沾染味道，影响菜肴质量，此类洁净原理可以类推。再次，刀技还讲究快、巧、准。快则要求运刀快捷如飞，料若散雪；巧则运刀刚柔自如，刀底生花，双刀飞舞音响合拍而悦耳动听；准则下刀剖纤析微，不差分毫，游刃有余。

讲究刀技，既要一刀一式清爽利落，又要成形精巧，基本要求是“大小一致，长短一致，厚薄一致，整齐划一，互不粘连，均匀美观”。精巧的薄片要精细到秋蝉之翼不足拟其薄，可以用来照灯，川菜中的“灯影牛肉”可谓一例。精细的丝要细如发芒，江苏菜“大煮干丝”中的生姜丝就是如此，要求细如丝、匀如发，穿针能引线。诸如此类在中国菜中不胜枚举。如今，虽然有很多机械化的食品加工方法，但刀工在烹饪中的作用仍无可代替。刀工从产生到日益成熟，是中国烹饪从实用性阶段发展到艺术性阶段的重要标志，其中凝聚着中华民族的优秀文化和非凡的创造力。

2. 刀法精妙，成形精巧

千姿百态的菜形是通过具体的刀法实现的，经刀工后的原料，形成了栩栩如生、生动逗人的优美形象，从而使菜品具有较强的艺术性。刀工形成的基本形态有：块、丁、片、条、丝、米、粒、末、泥、蓉、球、段等。这些基本的形态通过精妙的刀法又可形成各种姿态。仅片就可形成牛舌片、刨花片、鱼鳃片、骨牌片、斧楞片、火夹片、蝴蝶片、双飞片、梳子片、月牙片、象眼片、柳叶片、指甲片、凤眼片、马蹄片、韭菜片、棋子片等。

艺术刀工的成形更是多姿多态。它是一种刀工美化，用剞花的方法，又称混合刀法。就是直刀法、平刀法和斜刀法混合使用。剞花的基本刀法是直剞、平剞和斜剞。具体地说，它是运用剞的方法在原料表面剞上横竖交错、深而不透的刀纹，受热后原料卷曲成的各种形象美观、形态别致的形状。这类形状的成形较复杂些，品种也较多。如爆炒腰花、炒鱿鱼卷、松鼠鳜鱼、菊花鱼等。特别是整形的鱼、方块的肉、畜类的胃、肾、心、禽类的胗、鱿鱼和鲍鱼等，植物原料如豆腐干、黄瓜、莴笋等，采用剞花之法，可以显现刀工的表现力，突出剞花刀纹的美观。这是中国

① （汉）郑玄注.（唐）孔颖达正义. 礼记正义［M］. 上海：上海古籍出版社，1990：530.

烹饪工艺中精美绝妙的技法。

松鼠鳜鱼

刀工美化的形状丰富多彩，如菊花形、蓑衣形、麦穗形、荔枝形、网眼形、鱼鳃形、凤尾形、牡丹形、兰花形、波浪形、螺丝形、蜈蚣形、万字形、箭尾形、钉子形……使菜肴的成形达到观之者动容、出神入化的艺术境地。其主要表现在：第一，将原料改造切制成一定的象形，使菜肴产生新颖的造型美，菜肴兰花肉、菊花肫、葡萄鱼、牡丹虾球，蝴蝶海参等，就属于这一类。第二，将原料切制成规格一致的形态，形成菜肴的整齐美。菜肴扣三丝、炸八块就是如此。第三，原料成形大小适宜，使菜肴产生谐调美。一卵孵双凤、龙戏珠等菜肴就是这样。第四，切制成形后，使菜肴显露优点，形成自然美。如烤乳猪、三套鸭等。第五，将原料切制堆叠拼摆成型，形成图案的美。如寿满桃园、百花争艳等。总之，刀工可以体现艺术的美感，这是由中国烹饪精湛而多变的刀法所体现的，是国外菜肴艺术所无法比拟的，可堪称我国烹调技术之一绝。

（二）临灶烹调的翻锅工艺

中国菜肴的制作离不开传统的深尖底炒锅，又称深底锅、尖底锅，北方人称其为“炒勺”，广东人称之为“镬”。利用炒锅进行颠翻炒制是中国厨师烹调的基本功，也是中国菜肴制作中不可缺少的基础工艺。其必不可少的工具就是炒锅（勺），在行业中，人们习惯认为，炒勺为带手柄的炒锅；煸锅为双耳炒锅。有了炒勺，便随着实践的积累逐渐形成了使用炒勺的技巧，这种使用炒勺技巧的熟练程度，就称之为“勺工”。

这种锅具除了中国人使用以外，很少有外国人使用。西餐锅是平底锅，只能适宜煎制菜肴。而中餐炒锅底较深，便于翻炒烹制，适合大火爆炒，利于料、味的融合和变化；炒菜时锅边四周甚至锅内都会有火苗飞溅，可以五味渗透，快速成菜，这就是翻锅炒菜口味爽滑、鲜嫩的原因，也是中国菜肴味中有味的奥秘。

翻锅（勺），就是炒菜，炒的操作大多需急火速成，能保持原料本身风味特点，菜肴的质地鲜嫩、脆嫩，咸鲜不腻。“炒”以及其他类似的烹饪加热方法，是在只有少量液体传热介质或没有液体介质的情况下进行的，非金属炊具不能采用这些加热方法。

翻锅工艺是为使菜肴原料在勺内均匀受热所进行的翻动运动。它是通过手、腕、臂、肩、身、锅六位一体的协调动作配合，使菜肴在锅中运动自如，或保持均匀受热，或保持菜肴在锅中完美的造型形态，或保证受热面的光亮度，或利于菜肴的瞬间出锅。翻锅的方法根据菜肴在勺中运动方向及炒锅的运动方向和运动幅度不同，分为正翻勺、左、右侧翻勺、前翻勺、大翻勺等。[①]

中国菜肴制作中的“大翻勺”，是对大幅度翻勺动作的称谓。实践中，有许多整只、整型的菜肴，根据烹调工艺方法、亮度色泽的要求，需将勺中的这些大型原料或码放造型完美的原料不遭破坏地完整翻过来。此时，勺中的原料必须进行大幅度的弧线运动。如翻勺幅度过小，将发生破碎、断裂、甚至翻不过来的现象。大翻勺不仅解决了整只、整型菜肴小翻勺难以完成的大抛物线翻转问题，而且还能保持菜肴在摩擦不变的情况下出锅。

在我国南北方经常听到广大厨师们自我介绍，南方的厨师自称“我是炒菜的”，北方的厨师说“我是颠大勺的”。这已成了职业厨师的代名词。大勺，就是炒菜锅，这是北方人的称谓。“颠大勺”就是“翻锅”，此就是炒菜。只有“炒菜”才能代表中国的菜肴烹制，可见“炒菜”的“炒”在中国烹饪的地位之高。

烹饪初学者接触炉灶，首先要学习的技术就是“翻锅”，锻炼炒菜的手腕、手背，翻锅技术学好了才能上灶台炒菜。炒菜也是厨师的基本功，从炒蔬菜开始一步步练习。大凡大师傅都是炒菜技术比较高的人，不会炒菜何谈大师傅？中国的厨师围绕炒菜在论高低、拼地位，它是进入厨行的关键点。

中国烹饪独特的翻锅（勺）工艺，可以产生以下好处：

第一，翻锅炒菜是将加工成丝、片、丁、条等小型形状的原料，以油为传热介质，用旺火中油温快速翻炒成熟的一种烹调方法。通过不同的炒制方法，拓展了烹调工艺，增加烹调工艺方法的多样性，增加菜肴品种，适应不同消费需求。

第二，中国厨艺的翻锅技艺，有前翻、后翻、左翻、右翻等技巧，根据不同的菜肴采用不同的翻锅方法。翻锅速度快，菜肴翻拌均匀，翻锅时比铲子翻动更加整齐，不损坏菜肴的整体形状，还促使菜肴受热均匀。

第三，翻炒的菜肴往往需要上浆处理，这样能够保持甚至增加菜肴的营养成分。经上浆处理，水分和养料就会受到有效的保护，使用鸡蛋浆时，还会与原料起互补作用，从而大大地提高菜肴的食用价值。促使菜肴汁芡包裹均匀，菜肴丰润饱满，达到菜肴色泽上的属性要求。

第四，利于菜肴的迅速装盘，干净利落，缩短不必要的时间。翻锅勺功运用中，还有着一种节奏感、韵律美和形体动作美，通过这些变化的动作还会提高工

① 陈学智. 中国烹饪文化大典［M］. 杭州：浙江大学出版社，2011：506.

作人员的工作效率。

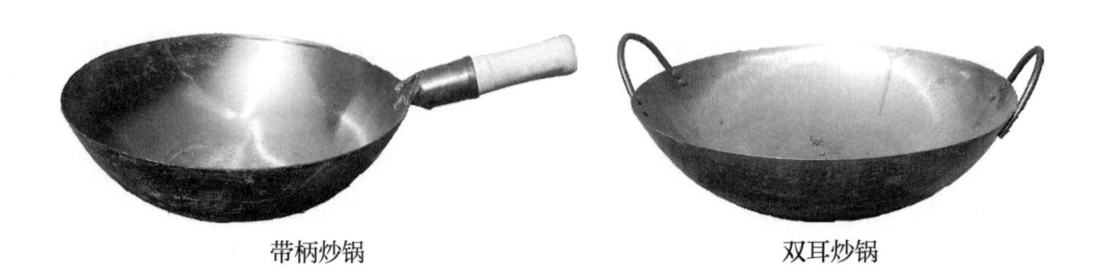

带柄炒锅　　双耳炒锅

（三）烹制前后的基础技艺

把一份菜肴做到位、做成功，不是一件简单的事，它是一种综合的技艺。从厨入行除了运刀熟练、翻锅自如外，接下来就要做好烹制前后相关的基础工作，最终使菜肴的口感达到应有的效果。从初加工到最后成菜，在制作菜肴的流程中，任何一方面做得不到位，都有可能导致菜肴口感达不到审美需求。中国菜肴的工艺手法多变，为了保证菜肴的美味可口和风味特色，在菜肴制作中常常采用一些辅助工艺，如挂糊、上浆、拍粉、勾芡工艺等。

许多菜肴的原料在烹调以前，往往需要进行糊浆处理。糊浆工艺，是在经过刀工处理的原料的表面上，挂上一层黏性的糊浆，然后采取不同的加热方法，使制成的菜肴达到酥脆、松软、滑嫩的一项技术措施。挂糊、上浆就像替原料穿一件衣服一样，所以又统称“着衣”。

明代菜肴的制作已注意到原料预先浆腌和拍粉等工艺。如《宋氏养生部》中有两个牛肉菜肴“生爨牛”“盐煎牛”，切片后的牛肉都是经过腌浆处理的。“生爨牛”：“视横理薄切为牒，用酒、酱、花椒沃片时，投宽猛火汤中速起。凡和鲜笋、葱头之类，皆宜先烹之。”[①]“盐煎牛”：“肥腯者，薄破牒。先用盐、酒、葱、花椒沃少时。烧锅炽，逐透内，速炒，色改即起。”[②]牛肉片在加热前先经过调料“沃”片刻，这就是当时的腌浆处理工序。在该书中还有一款“和糁蒸猪”菜肴，“用肉小破牒，和粳米糁、缩砂仁、地椒、莳萝、花椒坋盐，蒸。取干饭再炒为坋和之，尤佳。”[③]这是一种粉蒸猪肉。利用大米粗粉与香料一起蒸制，可使猪肉中的油腻被米粉吸掉，增加了猪肉的糯润感和干香风味。如同今日的“粉蒸肉”制作。

①（明）宋诩．宋氏养生部［M］．北京：中国商业出版社，1989：87.
②（明）宋诩．宋氏养生部［M］．北京：中国商业出版社，1989：87.
③（明）宋诩．宋氏养生部［M］．北京：中国商业出版社，1989：100.

上浆技术介绍得比较全面的还要数清代《随园食单》中的“芙蓉肉”：“精肉一斤切片，清酱拖过，风干一个时辰。”[①]《食宪鸿秘》中的“粉鸡”：“鸡胸肉，去筋、皮，横切作片。每片搥软，椒、盐、酒、酱拌，放食顷，入滚汤焯过取起，再入美汁烹调。松嫩。”[②]这就是肉片、鸡片的腌浆工艺。《随园食单》中的“粉蒸肉”：“用精肥参半之肉，炒米粉黄色，拌面酱蒸之，下用白菜作垫。熟时不但肉美，菜亦美，以不见水，故味独全。”[③]

明清时期菜肴原料的上浆大多是用酒、盐、酱、椒等腌制，还未像现在用淀粉、面粉上浆。现在的挂糊和上浆所用的原料基本相同，主要是淀粉、鸡蛋、面粉、苏打粉及水等。它们是烹调前一项比较重要的操作程序，如果制糊、浆所用的原料比例掌握不当或操作方法不对等，对菜肴的色、香、味、形等各方面均有很大的影响。

在操作过程中，为了使菜肴达到应有的效果，糊浆必须把原料表面全部包裹起来，否则，烹调时油就会从没有裹住的地方浸入，使这部分质地变老，形态萎缩，色泽焦黄。在制糊、调浆时必须厚薄均匀地包裹原料，以保证糊浆均匀地裹住原料，使菜品的外观和质量符合标准要求。

为了使菜肴的融合入味，中餐菜肴大部分在烹调时都需要勾芡。勾芡又称打芡、拢芡、走芡，广州一带俗称“打献”，潮州一带则俗称“勾糊”。勾芡所用的原料叫做“芡”，它是一种水生草本植物的果实，又叫芡实，俗称“鸡头米”，属睡莲科。最早勾芡就用“芡实”磨制成粉，加适量水和调味品，调成芡汁，但这种原料产量有限，不能满足需要，以后人们逐渐地用绿豆粉、马铃薯粉等代替，目前虽然很少用芡粉了，却仍然保留了这个名称。勾芡从概念上讲就是在菜肴接近成熟时，将调好的粉汁淋入锅内，使汤汁稠浓，增加汤汁对原料的附着力的一种调制工艺。勾芡实质上是一种增稠工艺。勾芡是否得当，不仅能直接影响菜肴的滋味，而且还关系到菜肴的色泽、质地、形状等方面。

菜肴的勾芡工艺最迟从元代就开始出现了，元末的《易牙遗意》中记述了一款“爊鸭羹”菜肴。这是利用整鸭（去头颈）煮熟，将鸭肉、香料（掰碎）与胡萝卜一起烧制，“临熟，火向一边烧，令汁浮油滚在一边，然后撇之，汁清为度。又下牵头……每汁一锅，约用爊料一碗，又加紫苏末，另研入汁牵，绿

①（清）袁枚．随园食单．续修四库全书（第一一一五册）[M]．上海：上海古籍出版社，1996：661.

②（清）朱彝尊．食宪鸿秘 [M]．上海：上海古籍出版社，1990：166.

③（清）袁枚．随园食单．续修四库全书（第一一一五册）[M]．上海：上海古籍出版社，1996：661.

豆粉临用时多少打用。”[①]这里三次说到了“芡粉”：一是“牵头”，指的是牵粉汁，现今“牵”已改作“芡”；二是“汁牵”，即牵汁，应为“芡汁”；三是绿豆粉，是说明“汁芡”的使用多少。当时的芡粉使用的是绿豆芡粉，其质量是上乘的。

袁枚在《随园食单》中专门有“用芡”论道，并有具体菜肴为证。在“芙蓉肉”中，菜肴在锅中快起锅时，“再用秋油半酒杯、酒一杯、鸡汤一茶杯，熬滚浇肉片上；加蒸粉、葱、椒、糁上起锅。”[②]这里的“蒸粉”就是绿豆淀粉。他在“须知单”中专门有一篇“用纤须知”，此“纤”即为“芡”。文章说：

“俗名豆粉为纤者，即拉船用纤也。须顾名思义。因治肉者，要作团而不能合，要作羹而不能腻，故用粉以纤合之；煎炒之时，虑肉贴锅必至焦老，故用粉以护持之。此纤义也。能介此义用纤，纤必恰当。否则乱用可笑，但觉一片糊涂。《汉制考》：齐呼麯麸为媒。媒即纤也。”[③]

勾芡的粉汁，主要是用淀粉和水调成。袁枚已将用芡的好处说得很清楚，淀粉在高温的汤汁中能吸收水分而膨胀，产生黏性，并且色泽光洁，透明滑润。

勾芡是改善菜肴的口感、色泽、形态的重要手段。它是在菜肴即将成熟时进行，过早过迟都会影响菜肴的质量；锅中汤汁必须恰如其分，不可过多或过少。由于芡汁加热后有黏性，裹住了原料的外表，减少了菜肴内部热量的散发，能较长时间保持菜肴的热量，特别是对一些需要热吃的菜肴（冷了就改变口味）不仅口味融合、味中有味，而且保温特别好。

二、吃在古代：菜肴制作的不断翻新

我国古代菜肴的制作是随着社会的发展而不断地变化出新和丰富多彩的，不同时期都涌现出许多异彩纷呈的品种。就食品原料的利用情况来看，从原料的内外变化、组合变化再到以假乱真的替代变化，使得历代菜肴新的风格时时展露、创新佳品频频出现。它为近现代中国菜肴的制作工艺奠定了坚实的基础，也为后

① （元）韩奕. 易牙遗意. 续修四库全书（第一一一五册）[M]. 上海：上海古籍出版社，1996：626.

② （清）袁枚. 随园食单. 续修四库全书（第一一一五册）[M]. 上海：上海古籍出版社，1996：661.

③ （清）袁枚. 随园食单. 续修四库全书（第一一一五册）[M]. 上海：上海古籍出版社，1996：649.

来的菜肴创新开辟了广阔的途径。

在古代的食谱中寻找特色的制作技艺也是不难发现的。如汉代《淮南子》中就记有："今屠牛而烹其肉，或以为酸，或以为甘，煎熬燎炙，齐味万方，其本一牛之体。"[①]正如"庖丁解牛"，将牛体经过分解取出不同部位的牛肉，根据不同部位牛肉的老、嫩、筋膜来加工烹制，运用多种烹调方法，制成不同风味口感的牛肉菜肴。这正是后来发展的"全牛席"。汉代已经有如此独到的烹制经验，这在于厨师技艺的变化和菜肴的翻新。

在琳琅满目的古代食谱中，冷菜、热菜、糕点、小吃花样繁多，各种不同的烹调方法繁花似锦。要说古代的中国菜肴特色最鲜明的不仅仅是品种多、方法精，更体现的是技艺绝。通过对我国古代菜肴的检索研究，发现不同时期的菜肴翻新，最引人入胜的体现在主辅原料的变化上，一盘菜肴内外不同原料的变化组合就可能出现意想不到的效果，这就是古代菜肴革新的技巧。通过这些不同技艺、不同手法的变化，也为我国古代菜肴工艺变化出新和花样繁多奠定了基础。在对这些菜肴的分析中，不难看出中国古代厨师的聪明才智和不断革新的创作精神。[②]

（一）菜肴原料的内外变化与出新

查阅古代的食谱与食单，从菜肴的制作技艺来分析，历代菜肴的变化与突破大多从食物原材料开始。一个菜肴，更换主料或辅料就会出现奇迹。古代厨师们善于从菜肴的原料中加以变化，如把原料内部的材料挖出，换上其他原料，做成与原来一样的模样，食用时令人耳目一新。从北魏时期开始，就有如此这般操作，为菜肴的制作开创了新的局面。它为中国菜肴的丰富多彩、变化万端的特色增添了绚丽的色彩。

1. 北魏时期菜品原料与技艺的变化

在早期的食谱中，北魏《齐民要术》中所记载的菜肴虽然数量不多，但大多都是精品，制作方法也很独特，在技艺方面，利用原料的变化使菜肴内外有别、变化出新。如"胡炮肉法"，"肥白羊肉——生始周年者——杀，则生缕切如细叶。脂亦切。著浑豉、盐、擘葱白、姜、椒、荜拨、胡椒，令调适。净洗羊肚，翻之。以切肉脂，内于肚中，以向满为限。缝合。作浪中坑，火烧使赤。却灰火，内肚著坑中，还以灰火复之。于上更燃火，炊一石米顷，便熟。香美异常，

① （汉）刘安．淮南子［M］．南京：江苏古籍出版社，1990：175.
② 邵万宽．中国古代菜肴制作与工艺革新研究［J］．农业考古，2015（6）：235-240.

非煮炙之例。”[①]这是一款制作独特的菜肴，其制法实际就是后来人们总结的菜肴制作的“酿制法”。此菜就是一道“酿羊肚”，即将切碎的羊肉酿入羊肚中。所谓酿制菜肴，就是将加工好的物料或调和好的馅料装入另一原料内部或上部，使其内里饱满、外形完整的一种热菜造型工艺。

在《齐民要术》中还有一道别样的酿制菜肴，叫“酿炙白鱼法”：“白鱼，长三尺，净治。勿破腹，洗之竟，破背，以盐之。取肥子鸭一头，洗治，去骨，细剉。鲊一升，瓜菹五合、鱼酱汁三合。姜桔各一合、葱二合、豉汁一合，和，炙之令熟。合取，从背入著腹中，串之。如常炙鱼法，微火炙半熟。复以少苦酒，杂鱼酱、豉汁，更刷鱼上，便成。”[②]这是一道在白鱼中酿鸭肉之菜。其工艺是在鱼的背部剖开，当酿入调制好的鸭肉以后，封口串之，烤炙成熟，味香无比，鱼肉中掺入了鸭肉，外鱼内鸭，一菜双味，一举两得，手法新颖。

2. 唐宋元时期菜品原料变化与“酿菜”技艺的发展

唐代的烹饪技艺已得到进一步的发展，目前留存下来的资料不多，在现有的饮食资料中，昝殷所撰的《食医心鉴》中有一个利用原料变化酿制而成的菜肴是较有特色的，此菜名叫“酿猪肚”。其制法是：“猪肚一枚净洗，人参、橘皮各四分，下贲饭半升，猪脾一枚净洗，细切。右以饭拌人参、橘皮、脾等，酿猪肚中，缝，蒸，令极熟。空腹食之。盐、酱多少任意。”[③] 这是治脾胃气弱的食疗方，这只食疗菜肴的制作已如此精细，外观猪肚的原形，肚内酿着米饭、人参和橘皮，食用时饭香肚鲜，再加上人参、橘皮、脾相伴，其味无穷，别具一格。

宋代林洪在《山家清供》中记载了在李春坊招待的筵席上曾享用的一道“莲房鱼包”菜，因其制作独特，他便用心地记下：“将莲花中嫩房去穰截底，剜穰留其孔，以酒、酱、香料加活鳜鱼块，实其内，仍以底坐甑内蒸熟。或中外涂以蜜，出碟，用渔父三鲜供之。三鲜，莲、菊、菱汤齑也。”[④]这是在嫩莲蓬中挖出莲子，然后用调好味的鳜鱼肉再塞进莲子孔中，宛然一个完整的莲蓬，但内心却是鱼肉填充。此品用莲、菊、菱汤佐餐，更体现了较高的档次和技术水准。食用时鱼的鲜嫩，而“三鲜”的清香雅致，真乃是菜肴的极品。

元代无名氏的《居家必用事类全集》中记载了三个酿制菜肴。一是“酿烧

---

① （北魏）贾思勰. 齐民要术［M］. 北京：中华书局，2009：863.

② （北魏）贾思勰. 齐民要术［M］. 北京：中华书局，2009：896.

③ （唐）昝殷. 食医心鉴//王仁兴. 中国古代名菜［M］. 北京：中国食品出版社，1987：155.

④ （宋）林洪. 山家清供［M］. 北京：中华书局，2013：91.

鱼”：“鲫鱼大者，肚脊批开，洗净。酿打拌肉。杖夹烧熟供。”[①]二是“酿烧兔”：“只用腔子。将腿脚肉与羊膘缕切，鐀饭一匙，料物打拌，酿入腔内，线缝合。杖夹烧熟供。”[②]最值得一提的是“油肉酿茄”，其制法曰：“白茄十个去蒂。将茄顶切开，剜去瓤。更用茄三个切破，与空茄一处笼内蒸熟取出。将空茄油内炸得明黄，漉出。破茄三个研作泥。用精羊肉五两切燥子，松仁用五十个，切破，盐、酱、生姜各一两，葱、橘丝打拌，葱醋浸。用油二两，将料物、肉一处炒熟，再将茄泥一处拌匀，调和味全，装于空茄内。供蒜酪食之。”[③]前两个菜肴分别是在动物原料鲫鱼和兔子腹腔内酿入其他的肉，使其鱼中有肉、兔中有羊，双料配合，口感一新。“油肉酿茄”是将羊肉末、松仁末、茄子泥用调料调拌后酿入去瓤的茄子中，宛如一个完整的茄子，但已经出神入化了，这些都是古代菜肴制作工艺的革新之品。

3. 明清时期“酿菜”制作的高水准

进入明清时期，有关菜肴的变化出新是较为突出的，在原料的酿制中涌现出许多新式菜肴。如酿肚、瓤柿肉小圆、带壳笋等，均为酿制法制作的特色菜肴。其特点注重原料的内外变化，做工精细。这些菜肴的操作流程主要有三大步骤，第一步是加工酿菜的外壳原料；第二步是调制酿馅料；第三步是酿制填充与烹调熟制。这已为后代酿制菜肴的基本操作流程奠定基础。

明代韩奕《易牙遗意》中记载的“酿肚子”，是“用猪肚一个，治净，酿入石莲肉，洗擦苦皮，十分净白，糯米淘净，与莲肉对半，实装肚子内。用线扎紧，煮熟，压实。候冷切片。”[④]这是在北魏时期基础上的革新之品。在猪肚中酿入莲子肉和糯米，有荤有素，有饭有菜，一菜多味。

清代袁枚《随园食单》中记载的“空心肉圆”是肉圆中酿冻猪油，成熟后油化则空心：“将肉捶碎郁过，用冻猪油一小团作馅子，放在团内蒸之，则油流去，而团子空心矣。”[⑤]此创意是很特别的，袁枚品尝后说“此法镇江人最善”，后来在当地演变成“灌汤肉圆”“灌汤鱼圆”，改“冻猪油”为“皮冻”，一口咬

---

①（元）佚名. 居家必用事类全集. 续修四库全书（第一一八四册）[M]. 上海：上海古籍出版社，1996：571.

②（元）佚名. 居家必用事类全集. 续修四库全书（第一一八四册）[M]. 上海：上海古籍出版社，1996：571.

③（元）佚名. 居家必用事类全集. 续修四库全书（第一一八四册）[M]. 上海：上海古籍出版社，1996：578.

④（明）韩奕. 易牙遗意. 续修四库全书（第一一一五册）[M]. 上海：上海古籍出版社，1996：627.

⑤（清）袁枚. 随园食单. 续修四库全书（第一一一五册）[M]. 上海：上海古籍出版社，1996：662.

下，汤汁饱满，效果绝佳，已成为江苏名菜。

清代顾仲《养小录》中的“带壳笋”曰：“嫩笋短大者，布拭净。每从大头挖至近尖，以饼子料肉灌满，仍切一笋肉塞好，以箬包之，砻糠煨熟。去外箬，不剥原枝，装碗内供之，每人执一案，随剥随吃，味美而趣。”[①]这是一个制作绝妙的菜肴，在嫩笋中灌肉，依然用笋塞好保持原样，以箬叶包之煨熟，不仅笋的外形完整，口味清香，而且鲜笋与鲜肉的组合鲜美异常。《调鼎集》中的“瓤柿肉小圆”记述：“萝卜去皮挖空，或填蟹肉、蝉螯，冬笋、火腿、小块羊肉，装满线扎柿子式，红烧，每盘可装十枚。”[②]此柿非真柿，用萝卜制成柿子形，挖空再酿诸多鲜美之物，成熟后，多味并举，口味丰富。

（二）菜肴原料的组合变化与出新

清代袁枚在《随园食单》中曾说：“凡一物烹成，必需辅佐。要使清者配清，浓者配浓，柔者配柔，刚者配刚，方有和合之妙。”[③]在菜肴制作中，配菜得当可使菜肴锦上添花，还会起到巧夺天工的效果。古人常常在烹调中利用原材料变化的技巧，创制出一些新式的肴馔。

1. 主食与副食原料组合翻新

古代人在菜肴制作中常常利用主食原料如米、面来组配菜肴，使其达到一个全新的效果。在2000多年前的周代，周天子食用的八种菜肴（号称周代“八珍”），前两味“淳熬”“淳母”[④]，即是稻米肉酱饭和黍米肉酱饭。这是首开我国主副原料组合创新菜品的先河。菜品的组合变化出新，就是重新组合菜品的各式原料和工艺，通常要综合运用原料重组、外形重组、工艺重组和馅料重组等嫁接艺术。

唐代“浑羊殁忽”是利用糯米饭与羊、鹅结合的菜品。宋代《太平广记》转引《卢氏杂说》云：“……取鹅，焊去毛，及去五脏，酿以肉及糯米饭，五味调和。先取羊一口，亦焊剥，去肠胃，置鹅于羊中，缝合。炙之。羊肉若熟，便堪去却羊，取鹅浑食之，谓之‘浑羊殁忽’。”[⑤]这是用整只羊制作的菜肴。首先是按用膳的人数杀子鹅若干只，烫去鹅毛，掏出五脏，将肉和糯米饭用五味调和

① （清）顾仲. 养小录［M］. 北京：中国商业出版社，1984：42.
② （清）佚名. 调鼎集［M］. 郑州：中州古籍出版社，1988：15.
③ （清）袁枚. 随园食单. 续修四库全书（第一一一五册）［M］. 上海：上海古籍出版社，1996：646.
④ （汉）郑玄注.（唐）孔颖达正义. 礼记正义［M］. 上海：上海古籍出版社，1990：530.
⑤ 邱庞同　于一文. 古代名菜点大观［M］. 南京：江苏科技出版社，1984：23.

好，装在鹅腔内。再杀一只羊，剥皮，掏去内脏。把子鹅装入羊腹，用线缝合好，再用火烧烤。烤熟后，皇帝只将子鹅取出食用。此菜工序复杂、繁琐，子鹅鲜嫩而香，并伴有猪肉和糯米以及羊肉的鲜美。

主副原料之间的组合变化可使菜肴的风格焕然一新。与“浑羊殁忽”有异曲同工之妙的还有《清稗类钞·饮食类》中的“蒸鸭”：“以生肥鸭去骨，用糯米一杯，火腿、大头菜、香蕈、笋丁、酱油、酒、麻油、葱花，装入其腹，外用鸡汤，置于盘，隔水蒸透。”[①]这里将“羊”改成了“鸭”，其外形变小，更适合餐桌之用。此菜后来演变成“八宝糯米鸭”，流传全国。

利用主副食原料的组合变化在古代不在少数，而且荤素菜品均可。《食宪鸿秘》中有“灌肚”：“猪肚及小肠治净。用晒干香蕈磨粉，拌小肠，装入肚内，缝口。入肉汁内煮极烂。又肚内入莲肉、百合、白糯米亦佳。”[②]《调鼎集》中有“如意卷”：“半干腐皮，或包米粽，或裹豆沙，或包素菜，各卷成粗笔管大，三卷合成，再用大腐皮一张，将三卷叠成品字，入油炸，捞起切段。”[③]无论是荤菜还是素菜，不同原料之间的有机组合与变化，可为菜肴工艺的革新提供较好的创作之路。

古人在面条的制作方面，大胆运用主副食原料之间的优势，开创了许多新款面条。唐代时出现的“槐叶冷淘面”是用嫩槐叶取汁和面。宋代《清异录》中的“云英面”：“藕、莲、菱、芋、鸡头（芡实）、荸荠、慈姑、百合，并择净肉，烂蒸之。风前吹晾少时，石臼中捣极细，入川糖、熟蜜，再捣，令相得，取出作一团。停冷性硬，净刀随意切食。”[④]这是利用淀粉量较大的原料去皮取其肉一起拌和而制成的风味面条（片）。

《居家必用事类全集》中记载了“山药面”和“翠缕面”，分别用山药、槐叶汁和面，是继承前代的传统。“山药面”曰：“擂烂生山药，于煎盘内用少油摊作煎饼。摊至第二个后不用油。逐旋煿之。细切如面。荤素汁任意供食之。”[⑤]“翠缕面”即是唐代制作的继续：“采槐叶嫩者，研自然汁。依常法搜和。捍切极细，滚汤下。候熟，过水供。汁荤素任意。加蘑菇尤妙。味甘色翠。”[⑥]

明代制面技术得到了很大的发展，如《宋氏养生部》中就有“豆面”“槐叶

① （清）徐珂. 清稗类钞（第十三册）[M]. 北京：中华书局，1986：6461.

② （清）朱彝尊. 食宪鸿秘 [M]. 上海：上海古籍出版社，1990：193.

③ （清）佚名. 调鼎集 [M]. 郑州：中州古籍出版社，1988：58.

④ （宋）陶谷. 清异录 [M]. 上海：上海古籍出版社，2012：44.

⑤ （元）佚名. 居家必用事类全集. 续修四库全书（第一一八四册）[M]. 上海：上海古籍出版社，1996：582.

⑥ （元）佚名. 居家必用事类全集. 续修四库全书（第一一八四册）[M]. 上海：上海古籍出版社，1996：582.

面”“山药面”“莱菔面”“鸡面”“虾面”“鸡子面”诸种，人们在和面时加入不同的荤素原料，其口感别饶风味。如“虾面：取生虾捣汁滤去滓，和面，轴开薄摺之，细切如缕。余同前制。其滓投鸡鹅汁中，滤洁，调和为汤。”①

（明）谢庭循《杏园雅集图》

进入清代，李渔在《闲情偶寄》中也专列内容阐述他制作的“面条”，“以调和诸物，尽归于面，面具无味而汤独清”的“五香面”“八珍面”，这是两种特色面条。在和面时掺入鸡、鱼、虾之肉及笋、蕈、芝麻、花椒之物，都是以面条本身味的变化而取胜的。这种既吃面又食汤，面有料汤有味，可以说是面条制作中的珍品。“八珍者何？鸡、鱼、虾三物之肉，酒使极干，与鲜笋、香蕈、芝麻、花椒四物，共成极细之末，和入面中，与鲜汁共为八种。酱醋亦用，而不列数内者，以家常日用之物，不得名之以珍也。……鲜汁不用煮肉之汤，而用笋、蕈、虾汁者，亦以忌油故耳。”②

清代《调鼎集》中出现的“馓子炒蟹肉”，是将“脆馓子拍碎，同蟹肉炒，加酒、盐、姜汁、葱花。”③此是菜肴与点心两者组合创新的典型范例。

2. 主料与辅料组合变化翻新

我国古代多料组合创新的菜品，最出色的要数宋代《清异录》中的“辋川小样”：“比丘尼梵正，庖制精巧。用鲊臛脍脯、醢酱瓜蔬，黄赤杂色，斗成景物。若坐及二十人，则人装一景，合成辋川图小样。”④《紫桃轩杂缀》也记曰：“唐有静尼，出奇思，以盘饤簇成山水，每器占辋川图中一景，人多爱玩，不忍食。”辋川之地，是唐朝著名诗人王维晚年居住的山谷别墅，风景秀丽，景色宜人，有山水、花草、树木、流泉等风景21所。梵正将此风景用动植物原料经烹调加工，搭配不同的颜色，拼摆成20个小冷盘，拼合成大型辋川图景。这是一款相当高水平的可分可合、口味多变的大型冷拼图，需要有相当巧妙的艺术构思和烹饪技艺才能完成。它开创了我国大型花色冷拼制作的先河，在中国古代烹饪史上是极其伟大的艺术创造。

在原料的组合方面，我国古代有许多较好的菜例。如《随园食单》中的

①（明）宋诩．宋氏养生部［M］．中国商业出版社，1989：37.
②（清）李渔．闲情偶寄［M］．上海：上海古籍出版社，2000：274.
③（清）佚名．调鼎集［M］．郑州：中州古籍出版社，1988：243.
④（宋）陶谷．清异录［M］．上海：上海古籍出版社，2012：104.

“芙蓉肉”：“精肉一斤切片，清酱拖过，风干一个时辰，用大虾肉四十个，猪油二两，切骰子大，将虾肉放在猪肉上，一只虾一块肉，敲扁，将滚水煮熟撩起；熬菜油半斤，将肉片放在有眼铜勺内，将滚油灌熟，再用秋油半酒杯、酒一杯，鸡汤一茶杯，熬滚，浇肉片上，加蒸粉、葱、椒、糁上起锅。”[①]袁枚记载的“八宝肉圆”曰：“猪肉精肥各半，斩成细酱，用松仁、香蕈、笋尖、荸荠、瓜姜之类，斩成细酱，加芡粉和捏成团，放入盘中，加甜酒、秋油蒸之。入口松脆。”[②]“芙蓉肉”是猪精肉与大虾的组合，两者和合敲扁，肉中有虾，虾中有肉，合二为一，甚为神奇；“八宝肉圆”的肉圆用八宝原料一起制成，口感多味并举，松脆鲜香，也是在传统菜肴基础上的变化出新。

《养小录》记录了“囫囵肉茄”一菜：“嫩大茄，留蒂，上头切开半寸许，轻轻挖出内肉，多少随意。以肉切作饼子料，油、酱调和得法，慢慢塞入茄内。作好，迭入锅内，入汁汤烧熟，轻轻取起，迭入碗内。茄不破而内有肉，奇而味美。”[③]此名为肉茄，因肉与茄的组合，口感别致，煞是可爱奇美。

《食宪鸿秘》有“虾圆”一菜：“暑天冷拌，必须切极碎地栗在内，松而且脆。若干装，以松仁、桃仁作馅，外用鱼松为衣更佳。”[④]此菜的工艺更是别具一格，虾圆冷吃，需放地栗（即荸荠），食之松脆，内酿松仁、桃仁为馅，外裹鱼松，这是一个十分精细和高雅的菜肴，设计者匠心独具，口感层次分明。

《调鼎集》是我国古代菜点品种最多的食谱，它转载了明清时期其他食谱的内容。在菜肴的组合变化方面内容是较为丰富的。就“鸡”的原料而言，如松仁鸡、炸鸡卷等，运用不同的原料、不同的工艺手法就可产生风格别样的菜肴品种。“松仁鸡”：“生鸡，留整皮。将肉与松仁斩绒成腐，摊皮上。仍将鸡皮裹好，整个油炸，装碗蒸。”[⑤]“炸鸡卷”：“鸡切大薄片，火腿丝、笋丝为馅作卷，拖豆粉，入油炸，盐叠。”[⑥]此两道鸡的菜肴，一种是鸡肉与松仁结合，摊在原来的鸡皮上，初看是鸡，通过技术手法已变成了无骨的“整鸡”。另一种是用鸡片与火腿丝、笋丝的结合，将其卷起油炸，又是另一种风格。就“鸡圆”而言，就变化出不同的“鸡圆”：“肥鸡煮七成熟，起去骨，脯与余分用。鸡脯横

---

①（清）袁枚. 随园食单. 续修四库全书（第一一一五册）[M]. 上海：上海古籍出版社，1996：661.

②（清）袁枚. 随园食单. 续修四库全书（第一一一五册）[M]. 上海：上海古籍出版社，1996：662.

③（清）顾仲. 养小录[M]. 中国商业出版社，1984：39.

④（清）朱彝尊. 食宪鸿秘[M]. 上海：上海古籍出版社，1990：229.

⑤（清）佚名. 调鼎集[M]. 郑州：中州古籍出版社，1988：158.

⑥（清）佚名. 调鼎集[M]. 郑州：中州古籍出版社，1988：159.

切，斩成绒，加松仁、豆粉作圆。又，生鸡肉配猪膘斩绒，取其松作圆，内裹各种丁，火腿丁或各馅，鲜汤下。”[①]“糯米鸡圆”：“取鸡肉、熟栗肉、鸡蛋清、豆粉、酱油、酒，斩绒作圆，外滚糯米蒸。”[②]“鸡脯萝卜圆”：“取鸡脯横切，配火腿斩蓉，鸡蛋清、豆粉、酱油、酒作圆。另用萝卜斩绒作圆，蒸透，俱入鸡汤煨。”[③]这里“鸡圆”的制作由于改变和添加不同原料，聪明的厨师们便研制出了松仁鸡圆、火腿鸡圆、糯米鸡圆、萝卜鸡圆等不同品种。

（三）菜肴原料的真假变化与出新

菜肴原料的真假变化，这是古代早就出现的事。利用某种原料的替代，可使得原本陈旧的菜肴出现新的风格，也就成为新的菜式。这就是古代菜肴制作“以假乱真”的方法。在宋代的资料中，已有假炙鸭、假羊事件、假驴事件、假熬腰子、假蛤蜊、假河豚、假鱼圆、假乌鱼、虾肉蒸假奶等30多个“真假”菜肴。这些菜肴，大多是利用植物性原料，烹制像荤菜鸡鸭鱼肉一样的肴馔；也有一些是利用一种荤料以假乱真制作另外一种荤料的菜肴，其构思精巧，选料独特，令人刮目相看。

1. 以素托荤的真假变化技艺

以素菜原料制作成像荤菜一样的菜肴，这是一种创造性的制作。较有特色并有详细制作记录的如林洪《山家清供》，有一味叫“假煎肉”：“瓠与麸薄切，各和以料煎，麸以油浸煎，瓠以肉脂煎，加葱、椒、油、酒共炒。瓠与麸不惟如肉，其味亦无辨者。”[④]这就是用瓠与麸（面筋）制作成带有肉味的“假煎肉”，可与真肉媲美。

在宋代食谱的记录中，大多是简单的菜名或菜单，缺少那种详细的方法介绍，进入明清时期，这样的食谱较为丰富。如清代《食宪鸿秘》中记有“素肉丸”：“面筋、香蕈、酱瓜、姜切末，和以砂仁，卷入腐皮，切小段。白面调和，逐块涂搽，入滚油内，令黄色取用。”[⑤]肉圆用多种素料制成，通过卷、切，裹面糊油炸而成。《随园食单》有“素烧鹅”，用山药制成：“煮烂山药，切寸为段，腐皮包，入油煎之；加秋油、酒、糖、瓜姜，以色红为度。”[⑥]用腐皮制作，再用调料卤制，比较接近现代的方法。

---

①（清）佚名．调鼎集［M］．郑州：中州古籍出版社，1988：157.
②（清）佚名．调鼎集［M］．郑州：中州古籍出版社，1988：157.
③（清）佚名．调鼎集［M］．郑州：中州古籍出版社，1988：157.
④（宋）林洪．山家清供［M］．北京：中华书局，2013：130.
⑤（清）朱彝尊．食宪鸿秘［M］．上海：上海古籍出版社，1990：231.
⑥（清）袁枚．随园食单．续修四库全书（第一一一五册）［M］．上海：上海古籍出版社，1996：681.

清代《调鼎集》（卷十）中记载有多种“以素托荤”菜肴，如“面水鸡”：“取紫苏嫩叶、黄酒、酱油，少加姜丝和面，拖水鸡，油煎。”[①]“素水鸡”：“又将面和稠，入紫苏嫩叶、香蕈、木耳丁，少加盐、油，炸脆。”[②]另一种“素水鸡”：“藕切直丝拖面，少入盐椒油炸。”[③]这是利用素料拖面糊油炸而成，成菜后较像水鸡肉的口感一样，嫩且有咬劲。

2. 此荤非彼荤的真假变化

用此荤料代替彼荤料，这也是古人经常使用的创作方法。人们在制作中常采用脱胎换骨之法，用不同的原料代替主料，成菜后让人辨不清真伪，产生绝好的效果。这种制作方法记载的例子较多。如《居家必用事类全集》中的特色菜就有“假炒鳝”“假鳖羹”“假腹鱼羹”等。“假炒鳝”：“羊膂肉批作大片，用豆粉、白面，表裏匀糁，以骨鲁搥拍如作汤脔相似，蒸熟，放冷。斜纹切之，如鳝生用，木耳、香菜簇飣。鲙醋浇。作下酒。纵横切，皆不可，唯斜纹切为制。”[④]这是以羊肉加工调味制成的类似炒鳝鱼的风味。“假鳖羹”：“肥鸡煮软，去皮，丝擘如鳖肉，黑羊头煮软，丝擘如裙栏，鸭子黄与豆粉搜和为卵，焯熟，用木耳、粉皮衬底面上，对装肉汤，烫好汤浇，加以姜丝、菜头供之。加乳饼尤佳。”[⑤]这是以鸡、羊肉等烹制成像鳖羹一样的菜品。“假腹鱼羹”：“田螺大者煮熟，去肠靥，切为片。以虾汁或肉汁、米熬之。临供，更入姜丝、熟笋为佳。蘑菇汁尤妙。”[⑥]腹鱼为“鳆鱼”之误，即为鲍鱼。利用田螺肉做成像鲍鱼一样口感的菜肴。另一味“假香螺羹”也是利用田螺肉与鸭子黄、粉皮、粉丝加工，佐以盐、酱、椒末、橘丝、茴香等调料经过蒸、拌、再蒸、浇后作羹食用。

《随园食单》中的“假牛乳”：“用鸡蛋清拌蜜、酒酿，打掇入化，上锅蒸之。以嫩腻为主，火候迟便老，蛋清太多亦老。”[⑦]此是以鸡蛋清、蜂蜜和酒酿等料来乱“真”的。《调鼎集》中的“假甲鱼”：“将海参、猪肉、鲜笋俱切薄片，用鸡油、酱油、酒红烧，加栗肉作甲鱼蛋衬，油炸猪肚块。又，将青螺磨粉，和

---

① （清）佚名. 调鼎集［M］. 北京：中国商业出版社，1986：861.

② （清）佚名. 调鼎集［M］. 北京：中国商业出版社，1986：861.

③ （清）佚名. 调鼎集［M］. 北京：中国商业出版社，1986：832.

④ （元）佚名. 居家必用事类全集. 续修四库全书（第一一八四册）［M］. 上海：上海古籍出版社，1996：573.

⑤ （元）佚名. 居家必用事类全集. 续修四库全书（第一一八四册）［M］. 上海：上海古籍出版社，1996：577.

⑥ （元）佚名. 居家必用事类全集. 续修四库全书（第一一八四册）［M］. 上海：上海古籍出版社，1996：578.

⑦ （清）袁枚. 随园食单. 续修四库全书（第一一一五册）［M］. 上海：上海古籍出版社，1996：666.

豆粉做片，如甲鱼裙边式。又，鸡腿肉拆下，同鸡肝片、苋菜烧，俨然苋菜烧甲鱼也。”[①]此三种假甲鱼菜各式各法均有特色，可见古代人对菜肴制作工艺的追求与不断创新的取向。《调鼎集》中的“煨假元宵”：“萝卜削元如圆眼大，挖空，灌生肉丁或鸡脯子，镶盖，入鸡汤煨。”[②]其实，这是一种“偷梁换柱”的创制方法，此类菜往往能给顾客带来意想不到的效果，还可产生较好的经营效应。

自古及今，中国人在吃的花样方面从未停止过变化革新。历代的烹调师们总是在不断地扩大食物原料的利用，寻找菜肴制作的新路，以满足不同时期消费者的求新需要。虽然创作革新的道路是十分艰难的，但人们总是想方设法从原料的利用和烹饪工艺的变化方面入手，设计一些在传统技艺上有所突破的菜品，以求得到市场的认同和顾客的好评。从历代菜肴的革新变化来看，一方面有饭店主人、老板等主观上的求异需求，迫使烹调师们挖空心思去琢磨去探索，以求得主人和老板的满意，以此保住自己的饭碗；另一方面，是广大烹调师们的自身努力，不断探究烹调技艺，以提高自己的技能水平，奠定自己在行业中的地位；再一方面，不同时期的社会进步，新的原料不断增多，新的调味品也常有出现，这些也加速了菜品出新变化的步伐。在历代食谱的字里行间，不仅透视出中国几千年来广大民众的饮食制作情况，而且更充分地显现着历代烹调师们的精湛技艺和丰富的制作经验，所有这些都是我国历代烹调师们（包括家庭主妇在内）心血浇灌的成果和智慧的结晶。这些保存下来的历代食谱，是我国珍贵的文化遗产，也是世界美食文化中的一笔宝贵财富。

三、吃与审美：质美意美的综合体验

古之以来，“美”的出现就与饮食有关。以食为美符合“美”的原初形态和最初含义。因为中国的“美”字源出于“大羊”。汉代许慎《说文解字》云：“美，甘也。从羊大。羊在六畜主给膳也，美与善同意。”[③]宋代徐铉校定曰：“羊大则美。”明确指出美，从羊大。清代小学大师段玉裁是这样注释的：“甘部曰美也。甘者，五味之一，而五味之美者皆曰甘。引申之，凡好皆曰美。羊大则肥美。”这个解释完全符合古意。“民以食为天”，上古之民的美的概念首先形成于饮食，

① （清）佚名．调鼎集［M］．郑州：中州古籍出版社，1988：255.
② （清）佚名．调鼎集［M］．郑州：中州古籍出版社，1988：298.
③ （汉）许慎．说文解字［M］．北京：中华书局，1963：78.

美是以肥大好吃的羊作为标志、作为象征的。古代字源的考据，虽然也存在见仁见智的理解和阐释，但证据性的、共识性的东西基本是确定的，这就是：中国古代的“美”字与大羊、甘、膳、善等是非常有关系的。

中国烹饪经过历代烹调师的苦心钻研，新的工艺方法不断增多，新的菜肴品种不断涌现。许多烹调师在菜品制作与创新中，都善于从食物的搭配和工艺变化的角度作为菜肴审美的突破口，开拓出许多菜品的新风格。而菜品主要的功能是制作营养的美味供人食用，它与其他工艺审美有质的区别，既受时间、空间的限制，又受原材料的制约，菜品的审美始终是以食用为前提的。具体来说，吃的审美主要体现在菜品的色、香、味、形、器、养、意诸方面，而最关键的是菜品的质美。

（一）菜肴组配美的养生需求

中国几千年的饮食文化传统，我们炎黄子孙自古就注重饮食配膳，这标志着中华民族的文明进程。饮食能养生治病，亦能伤身致病。正如医圣张仲景所说：“若能相宜则益体，害则成疾。”由于人的个体年龄、性别、体质及所处时空环境不同，所以每个人一日三餐需要进用什么性味的食物，才能适合五脏及身心的需求是不相同的。当人体受到病源侵袭后，其阴阳、表里、虚实、寒热就会失去平衡，这时就需要运用食物有的放矢的调理，正如《黄帝内经·素问·至真大要论》所说：“辛甘发散为阳，酸苦涌泄为阴，咸味涌泄为阴，淡味渗泄为阳。六者或收或散，或缓或急，或燥或润，或软或坚，以所利而行之，调其气使其平也。”[①]不同体质、不同疾病的人应选用不同的性味食物调养各个不同脏腑的平衡，这就需要适宜吃各脏腑“所入”“所嗜”性味的谷、果、肉、蔬。因此，我们必须合理配膳，讲究烹饪，食饮相宜，调养脾胃，还需要有良好的进食习惯。我国传统的饮食理论有许多是很符合膳食健康的。

1. 食疗养生与合理配膳

（1）主副食比例搭配适当　我国古代就注重主食与副食的平衡搭配，“肉虽多，不使胜食气”，即所食动物性食物不应超过植物性食物。综观我国中医文献，自古以来评论人体健康状况时，常用精、气、神充足来描述身体健康。精、气是生命的支柱，在这两个字中都包含有“米”字（氣）。我们祖先又有“世间万物米为珍”之语。可见中华民族从生活实践中已认识到五谷杂粮是须臾不可离的主食，主、副食比例适当是保障营养平衡的基础。

---

① 黄帝内经·素问［M］. 北京：人民卫生出版社，1963：540.

（2）注重菜肴的荤素搭配　自古以来，我国饮食就讲究合理的调配。饮食配伍注重荤料与素料的组配，荤素之料的使用，自古就强调以素为主，按规矩、循准绳、无偏过，方可有益于身心。最合理的菜肴配膳，在荤素配合中，且蔬菜的总量要超过荤菜的一倍，或一倍以上，是最符合营养要求的。通过长寿地区的实际调查，证明了以各类蔬菜瓜果为主者，多获得高寿。富含蛋白质的鸡、鸭、鱼、肉类等食物属于酸性食品，而瓜、果、蔬菜是食物中的碱性食品。在日常生活中，人们都应掌握膳食酸碱的平衡，两者不可偏颇。否则，将会影响人体健康。

（3）提倡杂食和精粗结合　我国早期的启蒙读物《三字经》中就明确地说："稻粱菽，麦黍稷，此六谷，人所食。"所谓杂食，就是说，对食物原料都要去品尝食用，而不要有所偏嗜。每天的主食，不能单纯，要杂合五谷，才能符合人体营养的需要。在这些谷物中，有精、粗之分，一般认为上等的粳米、面粉为精品，以高粱、玉米、大麦等之类为粗食。提倡杂食与精粗结合，是因为粗粮的营养价值超过细粮。现代营养学家曾作过测定，同样一公斤粮食，供给热能较多、蛋白质含量较高的是莜麦面、糜子面，其次为小米、玉米和高粱米，而大米、白面最低，而且微量元素也高出许多倍。所以，过于偏食、精食者，会产生营养缺乏症。故在《黄帝内经》中，就有"五谷为养，……气味合而服之，以补精益气"的论说。

（4）强调食物的性味平衡　所谓"辨证用膳"，即指饮食营养也应结合四时气候、环境等情况，做出适当的调整。由于四季气候存在着春温、夏热、暑湿且盛、秋凉而燥以及冬寒的特点，而人的生理、病理过程又受气候变化的影响，故要注意使食物的选择与之相适应。

根据我国药食同源的传统理论，膳食寒、热、温、凉四性必须保持平衡组合。食物有四种不同的属性，如绿豆性寒无毒，清热解毒，生津止渴；菊花苦平无毒，清热明目；羊肉甘苦大热无毒，补虚去寒。我国百姓夏天喝绿豆汤、菊花茶，冬天食涮羊肉，正是基于对这些食物功效的了解。

我国民间十分重视食性寒与热的平衡，吃寒性食物时必需搭配些热性食物：如螃蟹属寒性，生姜属热性，吃螃蟹时要佐以姜末，等等。破坏摄食食物四性的寒热平衡自然有损于健康。

（5）讲究膳食五味的平衡　食物有多种多样，并有酸、苦、甘、辛、咸五味之分。正因为有五味的不同，所以对五脏所起的作用亦不相同。饮食五味与五脏各有所宜，各有所利。辛有发散作用，酸有收敛作用，甘有缓和作用，苦有坚燥作用，咸有软坚作用。五味进食得当，能营养五脏，但是偏颇太过，相关之脏腑不胜负担，反受伤得病。《黄帝内经·素问》曾说："夫五味入胃，各归其所喜，故酸先入肝，苦先入心，甘先入脾，辛先入肺，咸先入肾。久而增气，物化之常也。气增而久，夭之由也。”[①]这是说，饮食五味与五脏各有其亲和性，其味先入某脏，从而有益于某脏。所以应当根据这种关系，适当选用食物，补益某脏。饮食五味虽各有所喜，能增五脏之气，但若长期偏嗜某味的食物，就可能使某脏之“气”偏盛，损伤内脏的功能，甚至可能影响生命。所以饮食五味补益五脏，亦应当全面照顾，不能偏食。元代《饮膳正要》“序”中也说：“若滋味偏嗜，新陈不择，制造失度，俱皆致疾。”[②]古人提出的五味之论，其要旨在于强调传统的食养原则：提倡五味平和，反对滋味偏过；指导人们在饮食上把握“恰当”二字，惟平衡适宜方能益于健康。

2. 营养设计与科学膳食

当近现代营养科学走进中国并不断得到发展以后，国人的重视程度已越来越高。许多人逐步认识到人体对热能和各种营养素的需要以及平衡膳食的基本要求。从全国范围来讲，营养与健康的关系，已经成为中华民族以及每一个人都十分关心的问题，尤其是生活相对富裕、市场繁荣的今天。但吃得好并不意味着能摄取到身体所需的各种营养素，并不意味着健康；收入低者，无缘山珍海味，也未必就营养不良。营养的不足与过剩，都对身体有不良影响。所以，要国家强盛、民族兴旺、国民健康，就必须注重营养、关心健康，而一日三餐的饮食，正是我们通向这里的坦荡之路。

关心人类健康、追求均衡膳食，这已成为中国政府和营养学家的共同目标。20世纪90年代初期，中国卫生部门就推出了20世纪90年代中国营养改善计划，提出了12项具体目标，其中主要包括使饮食结构合理化、有效控制与饮食结构有关的慢性病、食盐全部碘化，基本消除碘缺乏病，以及将儿童孕妇的缺铁性贫血症的发生率降低到1990年的2/3等内容。1995年，国家计委、财政部等部门共同成立了公众营养与发展中心，与联合国儿童基金会一起推行国家公众营养改善项目，并将食物强化作为改善行动的主要切入点。

1997年4月，我国发布了新的膳食指南。在第一个膳食指南发布以后，其间随着社会经济的发展，国民膳食结构发生了一些变化，有必要加以修订。调查统计表明，我国居民因食物单调或不足所致的营养缺乏病，如儿童发育迟缓、缺铁性贫血、佝偻病虽有所减少，但仍然需要进一步控制；而与膳食结构不合理有关的慢性疾病如心血管病、恶性肿瘤等患病率与日俱增；我国居民维生素A、维生素B_2和钙的摄入量普遍不足；部分居民膳食中谷类、薯类、蔬菜比例明显下

① 黄帝内经·素问［M］. 北京：人民卫生出版社，1963：544.
②（元）忽思慧. 饮膳正要［M］. 上海：上海书店，1989：5.

降，而油脂和动物性食物摄入过高；能量过剩、体重超常问题在城市中日益突出；食品卫生也有待改善。针对上述种种问题，政府组织专家委员会对“老指南”进行了相应的修改。

随着社会的发展，已修订的“指南”于2016年再次进行修订。国家卫生计生委疾控局委托中国营养学会组织专家制订了《中国居民膳食指南2016》。这是在今后相当长的一段时间里，我国居民应遵循的科学膳食的基本准则，这将对我国人民的身体健康具有重要的指导意义。

《中国居民膳食指南2016》摘要：食物多样，谷类为主；吃动平衡，健康体重；多吃蔬果、奶类、大豆；适量吃鱼、禽、蛋、瘦肉；少盐少油，控糖限酒；杜绝浪费，兴新食尚。国民如能遵守指南中所述各项原则，则营养状况必将得到进一步改善。

进入21世纪，讲营养已成为人们餐桌上谈论最多的话题。中国菜以味为主，高脂肪、高油的菜肴往往是口味比较好，如何去解决口味和营养的矛盾问题呢？这确实是个问题，有专家认为可以用一些香料给菜品增鲜，同时一些原料、调料的用量可以作适当降低，这需要有一个过程，加上一些营养知识的宣传，最终我们的老百姓是慢慢会接受的。

菜肴需要营养分析，这是新时代餐饮业的一项重要工作。作为餐饮企业也需要营养菜肴来武装自己、吸引客人，为民族的兴旺、国民的健康而服务。据世界卫生组织（WHO）报道：生活方式疾病已成为威胁人类健康的头号杀手，食物摄入不均衡正在危害健康。2000年世界卫生组织就宣布，全世界因营养过剩死亡的人数，首次超过了由于营养不良而死亡的人数。我国虽然是世界首屈一指的烹饪大国，但是营养学在现代餐饮业中的应用比较落后，餐饮的美味与营养往往不能兼顾，甚至发生冲突。目前我国城镇居民因饮食不当引发的现代“文明病”的发病率上升很快，而且有低龄化趋势。

中国著名营养问题专家于若木曾指出：“由于餐饮业缺乏营养指导，很难做到膳食平衡，诱发高血压、心血管疾病、糖尿病等现代文明病。”解放军总医院营养室主任赵霖先生在一篇文章中论述：“肥胖、糖尿病、高血压、高脂血症和冠心病是相互联系、互为因果的五种疾病，是一组与营养摄入过多有着密切关系的富裕型疾病，而‘五病综合征’的根源肥胖，被慢性病医学界列入病理范畴，认为它是一种营养失调症。”赵霖先生的研究结论是：人类正在痛快地吞进“文明病”，用自己的牙齿制造坟墓。

菜单设计的科学营养性是一项社会健康工程。所谓营养配餐就是根据不同就餐对象的特点，综合运用营养、烹饪、食品材料、食品化学、食品卫生学、中医滋补养生理论等知识，通过合理的营养计算、食谱设计、烹饪原料搭配及烹饪方法的改进，向就餐者提供既美味可口，又营养平衡的餐食，使得人们吃得更健康、合理。

人们需要健康的体魄，就必须补充合理的营养，补充营养就是补充食物，按比例调配食物的种类和数量就是设计食谱和菜单。所以说食谱是用餐的计划。菜单食谱的设计科学合理与否，对人们的身体至关重要，而餐饮企业的菜单设计就必须与现代人们的饮食观念相匹配，这也是新时期对餐饮业的基本要求。

（二）菜品感觉美的技术追求

我国菜品制作有其独特的表现形式，它是通过烹调师精巧灵活的双手经过一定的烹饪工艺而完成的。创制菜品的根本目的，是为了具有较高的食用价值，因为，菜品是专供食用的，而不是仅仅欣赏和审美。它通过一定的艺术加工手法，就是使人们在食用时达到审美的效果，食之觉得津津有味，观之又令人心旷神怡。它在食用为本的前提下，展现在宾客面前，以此增加气氛，增进食欲，勾起人们美好的联想，感到一种美的享受。

1. 食材厨艺相得益——质地美

菜品的质美，即是菜品的品质之美。它是美食的前提、基础和最终目的。首先是食材美。就是原材料新鲜，具有应有的质感，无异味，符合营养卫生的要求。美食的起码要求是能提供多种营养素和在一段时间内实现营养素的合理搭配；美食还要求保证安全卫生，食材无生物污染和环境污染，保持应有的质量指标。

其次，是生产过程中符合美的要求，最终达到菜品的触觉美。在原料选取、加工、组配、烹调等流程中，达到应有的要求和效果，无论是冷菜还是热菜，都要讲究营养价值，合乎卫生要求，讲究熟嫩脆烂的火候程度和质感（菜肴的质感即品尝的触觉，通常用酥、脆、松、滑、嫩、爽、软、硬、韧、糯、烂、绵等表示），以促进人们的食欲，提高人体的消化吸收率，从而促进人类的智力、体力的发展。

在菜肴质与量的配合上，还要遵循“按质论价、优质优价”的配菜原则，考虑时间、地点、客人需求等因素。在确定菜品规格的情况下，决定菜肴的数量多少、原料的高低贵贱、取料的精细程度以及主辅料的搭配。在菜肴外在感观的配合上，要利用原料刀法、烹制、味型、菜式的相互调配，即将不同质地的原料组配在一起，使菜肴的质地有脆有嫩，口感丰富。给人以一种质感反差的口感享受。如“宫保鸡丁”：鸡丁软嫩，油炸花生米酥脆，质地反差极大。在炖、焖、烧、扒等长时间的加热烹调方法制作菜肴中，主、辅料软硬相配的情况经常碰到，通过菜肴口感差异，使菜肴的脆、嫩、软、烂、酥、滑等多种口感风味得到体现。

2. 料汁配搭相悦目——色泽美

菜品的不同色彩带给人不同的美感，它具有迷人的魅力。中国菜品对菜点色彩的配置和运用，尤为重视和讲究。菜品的颜色可以使人们产生某些奇特的感情。菜点的色彩和人们的口味、情绪、食欲之间，也有某种内在的联系。理想的菜品色泽，应是悦目爽神、明丽润泽的，即能充分地保留原料最佳的颜色。当人们一看见红色的火腿、香肠、苹果，自然也就容易联想起这些醇美之气的美食之味，刺激起人们对饮食的强烈欲望。对于菜品的烹制，既要考虑到主、配、调料各种颜色之间的合理组配，也要考虑到经过加热后的菜品的色泽光亮、优美。这种自然本色和组配协调色以及热加工后的变化色是中国菜品审美的综合体现。

视觉是人们审美感受的主要器官。菜品色彩的绚丽明快、光彩夺目，既能满足人们的色彩审美需求，又能增进人们的食欲，活跃就餐者的气氛，启迪人们的思维。菜品色彩的掌握，往往是烹饪高手的基本功之一。为了使消费者在色彩审美感受上得到满足，烹制菜品就要在色彩的合理组合上，辅料色彩衬托点缀主料的关系上付出一定的劳动，具有一定的审美能力，使菜品色彩浓淡相宜、相映成趣，从而达到“淡妆浓抹总相宜”的奇效。

广东名菜烤乳猪，最显著的特点就是使人一见其金黄色的外表便食欲倍增，所以古人云：“色同琥珀，又类真金；入口则消，状若凌雪，含浆膏润，特异凡常也。”其色之美，其味之香，堪称之绝。

心理学告诉我们，感觉可以分为外部感觉和内部感觉两大类。外部感觉是指受外界刺激而产生的，是对外界万物属性的感觉，有视觉、听觉、味觉等，内部感觉是内脏器官对刺激的反映。再有视觉，赤、橙、黄、绿、青、蓝、紫以不同的波长作用于眼睛，产生了各种颜色的感觉，不同的颜色能引起不同的心理反应。夏天，当看到食物里的红辣椒，可能会使你额头冒汗，而冬天，你看见它却会感觉到温暖，就是这个道理。色泽搭配合理，也就是说主料和辅料，料与汁及装饰物的色泽配合好，能促进人的食欲，且能给人以美感。

3. 整齐适度总相宜——造型美

菜点的造型工艺是烹饪艺术的主要内容。美的菜点形态能愉悦情怀，从而引起人们强烈的食欲。但菜品审美中的形的表现，要受到食物原料特性的制约，也受到工艺过程的制约，它不能像绘画那样随心所欲，也不能像雕塑那样随意造型。

形是通过刀工技术和装盘技术而达到审美艺术效果的。原料的种类是多种多样的，性质是千差万别的，单一主料制成的菜肴固然不少，如松鼠鳜鱼、脆皮鸡、香酥鸭、菊花豆腐等，但是绝大多数菜肴却是由两种或两种以上的原料组合而成的，如腊味合蒸、萝卜烧排骨、三丝鱼卷、金银蹄等。

菜品中的形的构成，大致有三种类型：一是以原料自然形构成。如鸽蛋的椭圆形呈玲珑之态，鱼、虾的自然形态等。这种利用原料的自然形态构成的菜肴，最能体现原料本身的面貌特色，没有任何的人为雕琢。二是将原料解体切割而成。即将原料进行解体分档，然后根据需要加工成块、片、丝、条、丁、粒、末、蓉泥等一般形状以及各种花式形状，组成菜肴，如腰花、鱼卷等。利用娴熟的刀工技巧，可以将原料切割、分解并创造出均匀的节奏和韵律之美。三是通过装配构成。它不仅关系到菜品的外观，而且直接影响到烹调和菜品的质量，是配菜的一个重要环节。如块配块、条配条、丝配丝等，有些利用其他的工艺手法如卷、叠、包、镶等，使菜品的整体美感得到充分的发挥。

为了保证原料受热均匀，成熟度一致，在对原料进行刀工处理时就必须讲究大小、粗细、厚薄一致，这样才能产生整体的美感。

雀巢果仁香螺

总之，菜品的形状之美，是通过人的观赏反映到大脑中，使菜品增加美的感染力，这是目的所在。因此，要求菜品的形状必须做到主题鲜明，构思新颖，形象优美，色彩明快，从而可以使人们轻松愉快地通过视觉观察到菜品整体的美而增加对美食的兴趣。

4. 绿叶红花两得体——盛器美

一盘美味可口的佳肴，配上精美的器具，运用合理而得当的装饰手法，可使整盘菜肴熠熠生辉，给人留下难忘的印象。那些与众不同、精巧美观的餐具器皿与整齐美观、造型生动的菜肴有机结合，使菜品达到整体美的艺术效果。

盛装菜肴的盛器，是中国菜品审美的一个重要内容，其原则是雅丽与适用的统一。菜品与盛器的关系就像西施头上戴的一朵花，起到了锦上添花的作用。同样，一份菜肴如果放在既破烂不堪又肮脏的盛器里，这份菜即使是用山珍海味做成的，恐怕也没有人愿意动筷。反过来，精美的盛器，如盆形鸭池，衬托着色香味形俱佳的菜肴“神仙鸭子”，犹如牡丹绿叶相配合，令人叹为观止。这就可以看出，选择好的器皿至关重要。一般来说，器皿的大小、色泽、质地、形状应与菜肴的数量、色彩、质量、形态相配合。比如，盛放食物的器皿是红、橙、黄之类的暖色，那就会使人觉得比较开胃，人会吃得比实际需要的多一点；反之，如用白色、蓝色或浅绿色的器皿，则会使人产生一种饱满感，人会吃得少一些。

美食配美器，好的菜肴需要有好的盛器衬托，绿叶护牡丹，方能相得益彰。随着人们饮食观念的变化，不仅对菜肴有更高的要求，同时对餐具的选用、造型，以及器皿与菜肴配合的整体效果上也有更高的观赏要求。古人云：美食不如美器。这并不是说菜肴的色、香、味、形不重要，而是从另一个方面强调了餐具在烹饪中的审美意义。我国烹饪素来把菜肴的色、香、味、形、器这五大要素作为一个有机体看待，是同等重要的。至于"钟鸣鼎食"、至高无上的封建帝王在饮食中对餐具的讲究和重视，就更是到了无以复加的地步了。人们重视食器的配制，倒不如说是更重视美食的整体审美观。

5. 热烹锅气先感知——香气美

菜肴的香气，是指通过嗅觉器官感受到的外界信息。当挥发性物质的分子刺激嗅觉器官时，便会产生嗅觉。大部分食物不经过烹调都没有什么香味，或者气味很淡，鱼肉类甚至有难闻的腥膻气味，通过厨师合理运用火候和烹饪技艺恰当加工调理，就会使不同的食物原料产生意想不到的香气，如肉香、鱼香、菜香、谷香、酒香、糟香、腊香、油香、清香、醇香等，使菜肴更加特别的诱人。

菜肴的调香是烹制工艺中一项十分重要的基本技术。菜肴在烹制调香时，运用各种呈香调料和调制手段，消除和掩盖某些原料的腥膻异味，使菜肴获得令人愉快的香气。它还是确定和构成菜肴不同风味特色的重要因素。调香与调味、调色、调质相互交融，相互作用，融为一体，但调香工艺的特性及在调和工艺中的作用，其它工艺是无法来包容和替代的。

在菜肴烹调中，有不少挥发性物质也会使口腔内产生味觉，因此食物的香和味常常同时存在于食品之中，有时很难区分。但是，香和味有着本质区别，是物质具有的两个完全不同的感官属性。香属于嗅感，是挥发性物质刺激鼻腔嗅觉神经而在中枢神经中引起的感觉。中国烹饪的调香，烹调师们总是千方百计地运用多种手段把平淡无味或有异味的原料调制成香味扑鼻的菜肴。

烹调也是调香，虽然色、香、味都要考虑，但香味仍然是最重要的。烹调师可以把来自植物和动物的食物配成美味佳肴，也可以用香辛料掩盖牛、羊肉的膻味和水产品的腥味。铁锅爆炒之法，需旺火速成才能体现菜品特有的香味；砂锅炖焖之法，需用小火长时间慢慢加热，才使炖焖之菜散发出特有的香气。这是不同锅气的加热使菜肴释放出独特的诱人之香味。福建名菜"佛跳墙"在加热过程中，由于菜肴特有的香气飘散，连外面的"僧人"都挡不住其诱惑，充分说明调制好的香味对食物来说多么重要。

不同的原料有不同的天然香气，如水果的香味、奶油的香味等。在烹调中尽量保持原料本身的天然香气。菜肴的调香，最关键的是通过厨师的烹饪技术，使制作的成品带来美好的香气。历代的烹调师善于把握和调理香气，通过合理的加工烹制，让食物原料经过烹调后产生特殊的香气，主要有酱香（如豆瓣香、豆豉香、面酱香等）、酸香（如泡菜香、腌菜香等）、酒香（如料酒香、米酒香、醪糟香等）、腌腊香（如火腿香，腊肉香、腊鱼香等）、烟熏香（如烤肉香、熏鸡香等）、加热香（如煮肉香、蒸肉香、烧鱼香、煎炸香等）。

6. 五味调和求适度——滋味美

美味可口的菜肴可使人们获得生活的愉快，又能增加食欲。欣赏和追求美味是人之共性。我国传统上把“味”分为甜、酸、苦、辣、咸五类，并且把这五种味叫做“基本味”。中国丰富多彩的菜肴就是这五种基本味经过加工调制成各种复合味，再经过千变万化的调制工艺调制成各式各样不同的菜肴风味。

中国菜品制作讲究色、香、味、形、质俱佳，但最终是满足人们的口福之欲，不管什么食物，恰当地加入调味品合理调制，才能令人垂涎欲滴。菜肴主要是为了“吃”，滋味美才令人爱“吃”。高明的烹调师就是食物的调味师，必须掌握各种调味品的调制知识，并善于适度把握，五味调和。

我们的先祖很早就对菜品味美有了很高的审鉴和独到的领悟。在古代的调味理论中，运用烹饪的技术手段，将各种调味品进行巧妙的组合，并运用加热的技术，调制出变化精微的非常适口的多种味道来，并对滋味的调和积累了许多宝贵的经验。早在先秦时期，古人就讲究滋味调和了。在调味中强调要掌握好“度”，要恰到好处。对某一口味的调味既不要“不及”，也不要“过”，要把控好“适度”。清代袁枚的《随园食单》特别列了“作料须知”和“调剂须知”。 在“调剂须知”里，指出了味的调和要“相物而施”，酒、水的并用或单用，盐、酱的并用或单用，等等，需要加以区别对待，不能死板教条。袁枚的许多主张，使我国古代烹饪调味理论进入一个较为完备的时代。

《说文解字》曰:“味，滋味也。”味是某种物质刺激舌头上的味蕾所引起的感觉，也就是滋味。从人体生理学的角度讲，在人的舌面的不同部位，味的感觉是不一样的。善于调味是我国烹饪的一大特色，而调味在烹调技术中处于关键的地位，是决定菜肴风味质量的关键，是衡量厨师技艺水平的重要标准。滋味之美的许多内容已在其他章节中叙述，这里就不赘述了。

（三）菜品意境美的人文所求

我国传统的菜品在注重质美的同时，也十分讲究菜品的观感效果。除了在菜品的外表讲究一定的造型外，还重视菜品的整体气势，即意的美感。如清炖狮子头、松鼠戏果、霸王别姬、桃花泛、掌上明珠等菜品都是别具匠心的。如面点技艺中的抻面，拉抻之时，自由、放松、抒情、奔放的魅力；刀工中的各种艺术花刀，均各具特色。传统的餐饮店家在保障为广大顾客提供烹制精良的美味佳肴，还千方百计地吸引顾客以达到最佳的艺术美感。在菜品的设计上、器皿的选用上注重菜品的整体的意境和韵味美。以使饮食者产生愉快、欢乐的情绪和久久不忘的美好记忆。这种现象在新中国成立以后更加突出。

现代人对美味佳肴的要求已不仅仅局限于其制作、造型、调味、命名等方面，而是对饮食文化内涵提出了更高的要求。在菜品质美的基础上，还讲究菜品的气氛烘托，即造势。它是在菜品营养健身、美味可口的基础上人们求新求异心理所需要的结果，其主要起到渲染菜品文化氛围、升华餐饮环境的作用。

注重菜品的造势，是意境美的一种体现，可利用美观而独特的餐具，可利用设计华丽的装饰；可以是气氛环境对菜品的烘托，可以以饰物小品的寓意与表达等。这些都能体现菜品的文化特色。菜品的造势不是所指的“目食”或华而不实的菜品，而是以美味可口为主体营造餐桌气氛，或带有某种“噱头”的富有特色风格的菜品。在菜品设计中，挖掘和开发传统菜品的文化内涵，创造新的菜品气氛，可以有利于提高顾客的就餐情趣，吸引更多的回头客。

造势菜，即是营造餐桌气氛的“意境”菜。它是利用独特的烹饪技艺或借助一些奇特的效果来渲染菜品的气势，以迎合顾客的好感、好奇，达到调动客人就餐情趣的目的。造势菜的气势越大、越恰到好处，就越使顾客欢心和喜爱。由于它风格独特，因而十分引人。

我国传统菜品有许多独特的造势菜肴，其制作设计巧妙，工艺精良，特色分明，匠心独运，给人们留下的印象也是非常深刻的。如：

松鼠鳜鱼：鳜鱼去骨取肉、剞花刀，制成松鼠形，其形、声的特色，成为中国菜品中的“精品”。此菜的精华不仅是均匀的刀工使鱼肉张开似松鼠的造型，更在于通过高油温的复炸浇上卤汁后发出的吱吱响声，以“声”夺人，利用其声响之气势，吸引众多的品尝者，参赛时评委们常以声响的气势评判运用火候的程度。

拔丝苹果：一道流传海内外的甜菜，也是闻名全国的特色甜品。用糖熬制拔丝，金丝缠绕，香甜可口，外焦里嫩，特色鲜明，并富有趣味，食用时你拉我扯的金丝，交叉缠绕，丝丝分明。这种造势效果，大大增添了席上的气氛，颇得到食用者的青睐。

灯笼鸡片：这是一款渲染热闹气氛的菜品，用大方块玻璃纸包入与胡萝卜、香菜炒制的鸡片，用红绸带扎紧收口，放入较高油温的锅中炸至玻璃纸鼓起成灯笼状，放入盘中，快速上桌，气氛热烈、和融，激发了顾客的就餐热情，使人觉得趣味无穷。

春蚕吐丝：这是近年来开发的创新菜。其引人之处，主要在于"蚕丝"上。将虾蓉包馅后制熟成蚕茧，用糯米纸切成细丝，入油锅中炸脆即起，裹入蚕茧装入盘中；或将熬糖用竹筷拉丝裹入蚕茧。蚕丝缕缕，惟妙惟肖。食用时丝丝相连，脆嫩相间，别有一番情趣。

菜肴的制作许多是以形态本身的意趣而形成特色的。如鱼肉经花刀处理，油炸后，活脱脱像带绒花的松鼠；鸭脆经刀工处理，再爆熟后酷似朵朵开放的菊花；土豆丝、芋艿丝置模具内放油中炸过后，竟是"凤还巢"的巢了。中国许多菜肴的制作造型生动，意趣横生，雅俗共赏，情趣盎然。

在菜品设计上，运用其工艺的特色来营造餐桌气氛，可以起到意外的惊喜，这是造势菜品的一大特点。20世纪后期，从西方借鉴、引进和改良的造势菜更多的出现在餐饮店家，如"铁板菜""桑拿菜""烛光菜""火焰菜""烟雾菜"等。①

1. 火焰菜品好煽情

火焰菜品，即是菜品装盘上桌前在盘内倒上酒类，点燃，菜肴在盘中，燃焰在菜肴四周（菜品与火焰相隔离），随火焰上桌，煽情造势，用以渲染餐桌气氛。

火焰菜品使用的酒类有白酒、洋酒和酒精等，火焰主要是用来烘托和陪衬菜肴的气势，以期先声夺人。其要求是火不影响菜，菜不接触火，并起到加热保温作用。在具体运用过程中，一般菜品与火焰都用某一物料相隔离，具体表现方法如下。

（1）用食盐相隔离　将食盐在锅中炒烫或烤烫，装入盛菜的盘中，略堆成馒头型成"盐山"，号称"火焰山"。在烤得发烫的盐山上放置菜品，往往多用于贝壳类的菜肴，如响螺、田螺、生蚝、鲍鱼、鲜贝等。此类菜肴烹调成熟后仍放入原壳，装摆在盐山上。在盐山下倒上酒类点燃，再将菜品上桌供顾客食用。

（2）用锡纸相隔离　用锡纸制成船形或长方形，以保持底不漏汁，折叠封闭严密，放入装菜的盘中。将带汤汁的菜品烹制好后，连菜带汁装入锡纸中，上桌前，在锡纸外放入酒精或酒，点燃火，燃焰入席；或用锡纸将整形菜品包裹严密，燃焰上桌后，用餐刀从中间划开食用。此类菜品，上桌气氛浓烈，还可起到保温作用。

① 邵万宽. 餐饮时尚与流行菜式［M］. 沈阳：辽宁科学技术出版社，2001:332-336.

（3）食用酒燃焰　选用串炸、串烤的菜肴，中间点燃食用酒（如白兰地、威士忌、朗姆酒等），预先安排好菜肴装饰、围边、点缀物，使造型多姿，外形美观。跟上调味与蘸的佐料，边烧边吃，气氛热烈其乐融融。

例：火焰焗鳜鱼

原料：鲜活鳜鱼1条500克，葱、姜拍松各10克，红椒丝、葱丝、姜丝、蒜蓉各5克，料酒10克，白糖1克，精盐1克，XO海鲜酱、美极鲜酱油各适量，鲜汤100克，色拉油30克，湿淀粉10克。

物料：酒精或白酒150克，锡纸约50平方厘米。

制法：①鳜鱼宰杀、洗理干净，放入锅中稍煎两面，放葱、姜、料酒、鲜汤、白糖、精盐、XO海鲜酱、美极鲜酱油，加盖烧至鱼肉入味，勾入湿淀粉，淋入色拉油。

②取锡纸，折叠成长方形敞口盒，底部按平，使其不漏汤水，放入盘中。将鳜鱼带汤一起倒入锡纸盒中（使锡纸盒与鱼体大致相衬）。

③在鱼身上放上红椒丝、葱丝、姜丝和蒜蓉，以沸油浇之。在锡纸外倒上白酒或酒精，点燃即成。

特点：肉嫩味鲜，蒜香馥郁，边燃边食，情趣盎然。

2. 烛光菜品显温馨

所谓烛光，就是借助蜡烛点燃后发出的微微、红红的光线，用来衬托菜肴。烛光菜品在成菜以后，配上细小的或短小的红烛入席，以营造餐桌浓郁的气氛，尤其是在晚上，用餐环境亮度略暗，点亮蜡烛，映着烛光，装饰在菜品中间或旁边，增加用餐的情调和亮度，显示出餐厅高雅与幽静的环境，调节愉悦的心情。在情侣之间、夫妻之间营造出一种温情、亲情和友情，其价值已超越菜品本身，给人以遐想、给人以欢乐、给人以友谊。

利用烛光显现菜品的风格，增加菜品的观赏性和情趣感，这是近几年来由西方传入港澳又传入内地的烛光造势菜。中国古代有在西瓜灯和镂空食品雕中装上小蜡烛，以体现其雕刻的绝技和餐厅的气氛。而今，人们自行设计的小型煲具，小煲盘下面设计一个小垫盘，此垫盘像一只小炉子，有镂空通光口，中间放上一支小蜡烛，每人一小煲，既显示出烛光进餐的幽雅，又保持了菜品的温度，可谓一举两得。新颖的餐具，微微的烛光，体现了现代餐饮之典雅气派。

例：红烛煲刺参

原料：水发刺参400克，火腿50克，老母鸡1只，猪蹄500克，高汤500克，料酒15克，精盐4克，味精2克，胡椒粉1克，浙醋适量，绿豆芽200克，葱姜各25克，湿淀粉20克，色拉油50克。

物料：煲仔盅、座各10个，扁红烛10个。

制法：①将火腿、母鸡、猪蹄、葱、姜、料酒一起用慢火煨4小时。将海参切成条状，入沸水稍烫捞出沥干水分。

②炒锅上火放油、葱姜爆香，加入熬制高汤、精盐、料酒、胡椒粉等多种调料烧沸，放入海参，烧开后，拣去葱、姜，加味精，用湿淀粉勾琉璃芡，分别倒入小煲盅内。

③将绿豆芽洗理干净，火腿切丝，放入10个小碟中；浙醋倒入调味碟。取小煲盅底座，每个放上小扁红烛，点燃，将小煲仔放于底座上，与绿豆芽、火腿丝、浙醋一起上桌，分别供顾客佐食。

特点：香味浓郁，刺参糯滑，汤羹鲜醇，边煲边食，烛光摇曳，别有风味。

3. 烟雾菜品如仙境

烟雾菜品，即是指菜品中借助烟雾来渲染煽情，给人一种仙境霞雾之感，大有排场胜于味道之趣。

利用烟雾造势，风格殊异，不仅儿童好奇，成人也颇感蹊跷。菜品运用烟雾，最初是由舞台灯光布置移植而来，最早用在食品展台展示菜上，近几年来开始应用到菜肴装盘上面，既可以放在菜品左右旁边，也可以放在菜品的下面。将特色的烟雾菜品送上餐桌时，服务人员不仅仅端上了一盘菜，而是带来了烟雾迷漫的梦幻般的仙境，给人出神入化之感。其实这也相当简单，乃是干冰加水所产生的杰作。

烟雾菜

冰罩菜

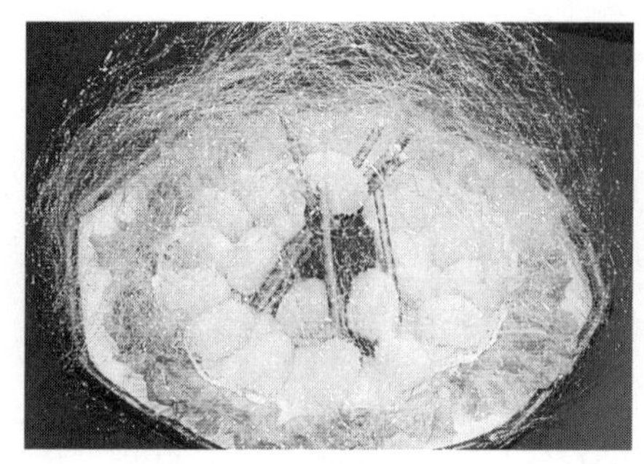

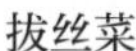
拔丝菜

火焰菜

菜品中烟雾的形成，即是用干冰放在盘碟中，加点水，冒出大量烟雾，与菜品一起上桌，烘托出就餐的气氛，这便是特技效果的造势。

例：烟雾新地雪糕

原料：芒果雪糕1个，椰子雪糕1个，菲律宾甜豆、椰青肉、小番茄、马奶葡萄各适量。

物料：双层杯、干冰。

制法：取一只双层杯食具，下层先放着颜色水，上层摆放椰青肉、菲律宾甜豆、小番茄、马奶葡萄，再放入芒果雪糕及椰子雪糕各一个。从保温箱中取出少许干冰，放在下层，再摆好上层，即可奉客，特技烟雾效果由此而生。

特点：食味新鲜，凉爽可口，云雾弥漫。

从展台菜品、大型宴会菜品的安排和布置等情况看，造势菜品还是有其发展市场的。在餐饮经营中，适当地推出一些造势菜，也会起到意想不到的效果。当然，我们反对一味地故弄玄虚和华而不实。除了这些以技、以艺取势外，还有“以器取势”，以特色、典雅、象形、仿古或现代的餐具来渲染餐桌气氛。如各式玻璃器皿，形制较大，造型高低错落，并雕刻成一定形状，煞是美观和吸引人；加之各种象形餐具，气势不凡，足以营造餐桌之气氛。

需要说明的是，历史上任何留下不衰声誉的菜品，都是拒绝浮躁、遵循烹饪规律的。菜品的设计者，如果不从基本功入手，舍本逐末，在菜肴制作时，不讲究刀工、火候和餐具的合宜，不重视食品的卫生，却像涂鸦一般不知所云，搞一些华而不实、哗众取宠的东西，一味地夸大造型，那根本谈不上美感，就像一堆垃圾。装饰固然需要，但主次必须明确。菜品的制作者，应脚踏实地把每一个菜肴做好，再按食品的标准作适当的装饰，是值得提倡和发扬的。

四、吃在现代：追逐新颖与潮流变化

社会经济的发展带来了人们生活质量的提高。现代人的饮食都注重追逐新颖，讲究时尚，在饮食上显示出的特点就是饮食潮流更替频繁。流行潮是饮食市场固有的文化属性。它是指饮食的品种、原料、配伍以及食饮风格在一个时期内的迅速传播和盛行，成为社会上人们饮食的主导潮流，从而形成特殊的饮食景观。现代人都十分重视饮食的流行潮。餐饮商家与广大顾客都有一个共同的趋向特点，即喜欢体验新奇并制作和品尝新的菜点食品，这是人的求新心理使然。

现代饮食市场的潮流变化是纷繁复杂的，它几乎遍及人类社会生活的所有领域。它是在某一特定群体或社会的生活中形成的，并为大多数成员所共有的一种特殊的生活方式。饮食变化往往与社会的发展、人们的饮食趋向心理以及时代审美等有密切的关系。

（一）饮食市场发展与流变潮

社会生产力发展水平的提高和社会生活内容的多样化，以及交通和大众传播的发展，饮食市场的潮流现象便会自然地涌现、发展与变化。人们追赶着潮流去品尝那些新鲜的、新颖的、新潮的各样食品菜肴，那些国外的、国内的食品菜肴以及海鲜、干货、蔬果等食物都可以由飞机、火车输送到国内各地饭店、餐馆的餐桌上，丰富各地居民的生活。时尚海鲜、流行菜蔬等已走进了各地的菜市场，满足了人们求新、求鲜的需求。

饮食市场的流变，首先在于它的新颖性和独特性，从时间的角度说，饮食潮流的新颖性显示和以往的不同，具有独特的风格和新颖的个性。如20世纪80年代的粤菜热、90年代的火锅热、21世纪初的生态土菜热等。[①]

1. 饮食流变潮与人们的生活

（1）“饮食流变潮是”经济发展和时代风尚的产物　“饮食流变潮”是一种社会现象，又是一种历史文化现象，它是经济发展和时代风尚的产物。饮食流变潮的产生和传播，只是在人类社会开化到一定阶段，才有可能开始出现。在原始

① 邵万宽．餐饮市场流变与饮食潮流探析［J］．江苏商论，2012（3）：32-34.

社会，无所谓潮流和流行；在封建社会，只在社会上层才有，但寥寥无几。近代社会与古代社会不同，现代时尚、潮流与近代社会也不同，它是随着人类历史的发展变化而不断演变的。特别是贵族阶层，在条件许可的情况之下，想方设法来更新食品，以满足自己的饮食欲望。汉代丝绸之路的开通，西汉张骞和东汉班超都对丝绸之路的拓展立下了汗马功劳。透过丝绸之路，葡萄、苜蓿、胡桃、胡豆等“番邦”之物传入中国。当时的长安已称得上是国际都市。汉代“胡食”进入中国市场，从皇宫贵族兴起的一股“胡风”热，影响着整个都城。由于帝王与贵戚的影响，胡食之风成为当时国内饮食的时尚。“灵帝好胡饭……京都贵戚皆竞为之”①。帝王的胡食之风，带动了大臣、贵戚，也影响着广大市民乡野，全国形成了一个胡食热潮，而影响最广的莫过于吃胡饼了。《续汉书》云：“灵帝好胡饼，京师皆食胡饼。”②

唐宋时期饮食市场的繁荣，出现了许多花色菜点，特别是节令食品，人们争相购买，以为尚品。鸦片战争以后，西方风俗逐渐传入中国，洋货的影响迅速扩大。陈作霖在《炳烛里谈》中记载，道光年间，“凡物之极贵重者，皆谓之洋，重楼曰洋楼，彩轿曰洋轿……火锅名为洋锅，细而至于酱油之佳者亦名洋秋油……大江南北，莫不以洋为尚。”“饮食日用曰洋货者，殆不啻十之五矣。”③而最明显的标志是西餐的吸引力逐渐扩大，在上海，“遇有佳客，尤非大菜花酒，不足以示诚敬。”（《申报》1912年8月9日）在重庆，“民国光复，罐头之品，番餐之味，五方来会，烦费日增。”（《巴县志》卷五）饮食崇尚时尚自古有之。饮食潮流的变化，它不能不受到经济基础的制约，并被时代风气所左右。像当今的绿色、有机食品热的出现，则是现今人民生活改善、企盼健康长寿、渴求无污染的安全、优质、营养类食品的心态及时尚所致。而且在“热”的背后，都需要经济实力作支撑，也系当今时代变革、思想开放的产物。

（2）“饮食流变潮”给各地饮食市场增添了活力　“饮食流变潮”给当今饮食业经营提供了新的机遇，也使各地区饮食活动丰富多变。饮食流变潮带来市场的活力。每一次菜品潮的出现，对饮食企业都是一个发展的机遇。谁抓住了它，谁就抓住了客源，抓住了效益，抓住了声誉。它要求饮食业经营者顺应并迎合饮食市场的走向，经营者通过调查研究，面向市场，以服务消费者的责任感，抓住潮流，吸引顾客，以适应这种流行及经济变化带来饮食经营方式和经营风格的变化，而争得最佳的经济效益和社会效益。

① （南朝）范晔. 后汉书·志第十三［M］. 北京：中华书局，1965：3272.

② （宋）李昉. 太平御览（卷860）引《续汉书》［M］. 石家庄：河北教育出版社，1994：930.

③ 赵庆伟. 中国社会时尚流变［M］. 武汉：湖北教育出版社，1999：227-228.

“饮食流变潮”尽管是社会生活、文化的现象，但对于一个地区、一个城镇来讲，它丰富了一个地区的饮食文化生活，给地区的饮食文化带来又一道新的风景，同时也极大地丰富了广大民众的饮食文化生活，而且也为整个饮食市场注入了生机，满足了人们求变的需要，刺激了人们的消费欲望，促使更多的人去饮食场所消费，提高了饮食企业的效益和声誉。饮食消费市场的发达，必将使各个相关行业发展起来。

（3）“饮食流变潮”改变了现代人的饮食生活　“饮食流变潮”把现代人们的生活妆扮得多姿多彩。饮食潮流尤其是现代社会里的饮食潮流是反传统的、逆传统的。其一，传统带有守旧性，饮食潮流或流行是以“标新”为主要特征，追求“新”和“奇”，好像与以往不同才算新，并且越新、越奇、越有特色就越好、越是流行。其二，传统是长时间不变的，潮流或流行则重在“入时”，过了时候就不再时兴。随着社会经济和文化的发展，潮流的周期有相对缩短的趋势，而且这一趋势将越来越明显。其三，饮食潮流具有大众性，它不在于多么高档，只在于合口味、价格比较适中。如20世纪90年代的火锅热、家常菜热以及上海香辣蟹、新疆大盘鸡、重庆烧鸡公等流行菜品，由于食用方便、口味独特、价格公道、吃法新鲜，得到了各地消费者的欢迎，一时间成为饮食的时尚潮流。总之，饮食潮流是任何一个社会都不能避免的社会现象。有传统的、陈旧的生活方式，就有对传统的某种反抗和改造，但是，潮流、流行在历史上都是短时间的。正因为是短时间的，才使得一些人产生一种不失时机的追赶心理。

2. 饮食潮流变化的原因

现代饮食的发展，其趋势是多元化和崇尚流行效应。饮食发展的动力，是时代的更进和人类求新心理的向往。人们在某一时期崇尚某一种饮食风格，既是一个心理学的问题，也与社会观念密切相关。纵观古今，饮食流行潮的形成确是一个十分复杂的现象，受到许多因素的制约。

（1）社会经济的发展推动着饮食潮流的滚动　饮食活动必须具备一定的经济条件，而决定饮食演进的，主要是社会生产力的发达水平。要吃得好，首先要发展生产。要追逐潮流，更要有一定的经济基础。在贫穷落后的年代，人们为了生存、温饱而奔波，这时期饮食需求就是养家糊口，把肚子填饱，也根本谈不到追逐时尚潮流。而在繁荣发展的时代，人们生活有了保障，在饮食上的要求已不局限于吃饱，这时期人们开始有意识地讲究饮食美味、多样、变化。从近60年来的饮食状况来看，20世纪50年代，饭店坚持传统，创名牌风格，求质量规格，但只是少数人的饮食场所，而“老字号”饮食店成为有钱有地位的少数人的宴请时尚；20世纪60、70年代，风行大锅菜、大众菜，老百姓可以受用，但大多缺少特色，行业企业开始向社会招聘青年，由传统师带徒进入学校教育，饮食业开始复苏，那大锅菜、大众菜成为这时期的潮流；20世纪80年代，饮食烹饪专业学校崛起，重视饮食理论的研究，饭店不断增多，各地挖掘地方传统菜，饮食业出现新的喜人景象，传统菜、仿古菜成为饮食业争相学习的潮流；20世纪90年代，饮食业进入逐渐完善阶段，交通发达，开始打破地域性的封锁，中高档次的饭店迅速增多，饮食市场注重吸收外来的东西，中外结合的成分不断增加，并遵循市场规律，改良菜、迷宗菜成为企业叫卖的时尚；新世纪初，饮食企业争创优质产品、名牌产品，连锁、快餐、中心厨房、标准化生产等展现新的风貌，并重视保健、方便的饮食方式，生态食品、药膳食品、功能食品成为人们追求的潮流等。这些都是循着社会发展、国民素质提高、观念更新而发展的。

（2）人们的从众和求异心理推动着饮食潮流的循环更进　从社会心理学来说，人们往往有一种从众的心理或遵从的现象，即“从众行为”和“模仿”。在日常生活中，往往被大多数人接受的事物自己一般也乐于接受。这是因为人们总是倾向于相信多数，他们认为多数人正确的机遇多，遵从群体、与群体保持一致，不仅可以避免决定的失误，而且也能避免被群体排斥和视为保守的人。“从众行为是跟着别人去做，纵使是遵守某种规范，也是看别人遵守，自己随从。”①就一般情形而论，对潮流的东西十分注意或极不注意的人是很少的，大多数人是随着潮流的发展而转移注意力的。另外，求异心理也是导致饮食菜品流行的一个原因。人的认识总是在不断提高的，饮食审美情趣也在不断发展和变化，寻求新的刺激、变换新的花样，可以说是人们始终追求的目标。这种心理状态的存在，使人们在满足了一时的心理之后，随之而来又感到不满足，并产生新的渴望和要求，以达到新的目标。因此，社会的从众心理和求异心理，是饮食流行潮的重要条件和连续发展的源泉。

饮食潮流从饮食菜品的创新变化开始。对传统固有的菜品进行改革，创造出新的形式，使社会大众接受并流行，达到趋同并形成新的传统定式，又成为固有的菜式。然后，新的变异又开始了。如此循环往复，形成不间断的周期。

（3）饮食潮流的形成同人们的生活质量和生理需求密切相关　人的饮食水平的高低与自身的劳动工资报酬是连在一起的，生活富裕，有所积余，花在饮食消耗上的支出就较宽裕；手头拮据，入不敷出，就很难在饮食上讲究，也无法追寻潮流。当今社会的发展，人民生活水平提高，生活节奏的加快，人们在外就餐的机会增多，要求节省时间，由此产生了快餐业。快餐热的市场兴旺发达加速了快餐的不断发展。一定人群的生活质量提高，高档酒店、会所的发展，许多家庭的婚宴、寿宴等都进入高档餐厅消费。保健食品、大酒店的喜寿宴热的浪

① 沙莲香. 社会心理学［M］. 北京：中国人民大学出版社，1987：295.

潮生生不息。随着各个层次对饮食的要求不同，在进餐方式上也产生了新的欲求，就是一种强烈的求新心理和猎奇心理，时时企求得到进食的满足，以获得精神上的快慰，而饮食中的潮流更替更能引起人们对生活的美好联想和感情上的共鸣。

（4）时代的审美心理，与外界的接触交往也造成饮食潮流的变换　在不同时期，人们喜爱的菜点、食品是不同的，这种喜爱往往体现不同时代的精神向往，成为人们在不同时期审美心理的产物。当某一类菜点、食品、烹饪方法迎合人们的爱好、理想和希冀时，它就是具有感染力的，就会在社会上流行开来。如20世纪80年代，在饮食发展阶段，人们到处寻觅新的饮食制作方式，在创新艰难的时候，许多饮食企业与学者联手，到历史的陈迹中寻找“新品”。饮食经营者们为了迎合许多人的思古情趣，全国各地纷纷推出了“仿古菜”，如北京的仿膳菜、山东的孔府菜、西安的仿唐菜、杭州的仿宋菜、扬州的红楼菜等。于是，古色古香、文化底蕴浑厚的仿古菜也就一度流行起来。20世纪90年代中期，人们物质丰富了，食物多样化了，许多菜又感到腻味了，当人们进餐厅欢宴时，心中最希望吃到一顿多年没吃上的地道的“乡土菜”“家常菜”，享受一番儿时的随意与温馨，值此，“回归自然”的食风，正好适应了人们的消费要求，营养丰富，风味浓郁，口感朴实，人们易于接受。所以，乡土、家常菜曾风行全国各大中城市。

“让我们的生活更美好”，许多食客对饮食的追求是执著的。他们不囿于传统，时时刻刻和方方面面都在要求饮食品种的变革，要求产品制作以美味可口、形式多样、不断推陈出新的和谐美，装点着生活，美化着生活，升华人们美的心绪。饮食潮流正是随着饮食品种的不断演变而变化的。

（二）饮食潮流与社会影响

1. 饮食潮流的基本特征

一般来说，饮食潮流通常与人的经济地位、文化生活相适应。在饮食方面，有守旧者，更有猎奇者；有从俗者，更有开拓者。其实，饮食潮流有其自身的特征。而新颖性、民众性、周期性，是形成饮食潮流的最基本的元素。

（1）新颖性的吸引　饮食潮流的推广与流行，正是由于它具有新颖性的东西在拨动着人们心弦。当今时代，我们面临着太多的新的思潮和时尚流变。正是这些听上去就会令人热血沸腾、一尝为快的时髦花样，奠定了今天迷人的饮食潮流。各种饮食名词术语不绝于耳，各种风味体系竞相争荣，各种菜品风格你追我赶，饮食经营者们也乐此不疲，天天都在传播着如此这般的声音：“开发创新菜，迎接新顾客，调动老主顾。”饮食经营的新颖性，是吸引顾客前来用餐的最主要原因。那生猛海鲜热、药膳热、乡土菜热、洋快餐热、绿色食品热等，这些新颖的饮食潮流，调动和诱惑了一代又一代人的向往，广大顾客纷纷追逐饮食潮流，趋之若鹜。

（2）民众性的参与　饮食潮流离不开民众的参与。饮食之所以能形成潮流，首先必须具有民众性。所谓民众性，就是要得到广大老百姓的喜爱，要考虑消费者的消费需求和消费能力，以及消费习惯、民族风俗等。这是成为饮食潮流的主要因素。潮流是民众的集成，它是民用的，也是民爱的，潮流的民众性越强，它的社会影响力就越大、持久性就越明显。因此，一种潮流的诞生，就看它对民众具有多少吸引力。20世纪90年代流行的火锅潮，在全国引起了各地饮食企业的关注，由于广大民众百姓的踊跃参与，使各火锅商家盘满钵满，并产生了许多知名品牌火锅企业，如小肥羊、小尾羊、小天鹅、谭鱼头、德庄、海底捞、彤德莱、川江号子……这就是民众参与的结果，带来了火锅的一片春天。

（3）周期性的更进　社会的进步，追逐饮食时尚潮流已成为人类普遍的社会现象。随着人们生活节奏加快，饮食潮流的不断更进，饮食潮流的流行周期也越来越明显，而周期也在相对的缩短。据国内饮食发展资料的探究，在19世纪以前，从饮食市场的基本形式和内容来看，饮食菜品循环的周期大都在百年以上，进入20世纪以后，特别是20世纪80年代以后，饮食菜品的流行周期已经大为缩短。随着创新、变革的求新、求异心理需求的提高，这一周期还有缩短的趋势，就近10多年的饮食潮流看，多风格的流行菜式同时出现，而菜品的固定模式制作周期在相对缩短。

2. 不同菜品的流行潮

各地菜肴的流行与变革也和服装潮流一样。改革开放以后的餐饮业，方便食品、冷冻食品、减肥食品、黑色食品、昆虫食品、纤维食品等的出现，给各地餐饮工作者提出了新的要求。在不同时期兴盛、走红、风行，甚至火爆的一系列菜点品种，通过“人为的炒作”“社会的舆论”“新闻媒体的宣传”等方式，不断推陈出新，掀起阵阵新潮，这是社会发展、餐饮繁荣、行业兴旺的一个重要标志。20世纪80年代以来，我国餐饮业出现了一批批饮食潮流，它推动了菜点的蓬勃发展，也锻炼了一大批的厨房技术骨干。

（1）仿古菜热　仿古菜兴盛于20世纪80年代中后期，20世纪80年代初期主要是酝酿研究阶段。全国各地的仿古菜的研制，主要是一些院校学者、烹饪研究史家们与饭店厨师联手，从研究到生产、炮制、再认证，在全国兴起一股热潮，如山东的仿孔府菜、西安的仿唐菜、杭州的仿宋菜、扬州的仿红楼菜、南京的仿随园菜、徐州的仿金瓶梅菜，等等。在这股热潮中，许多地区都相继开发新的仿古宴，如镇江的三国宴、乾隆御宴，无锡的西施宴、乾隆宴，南京的仿明宴、随园宴等纷纷登场。扬州的红楼宴还打到香港、新加坡及国内许多大饭店，一时成为轰动效应。日本饮食界人士曾三番五次专程到南京点吃随园菜，其影响深远。

（2）生猛海鲜热　生猛海鲜是南方广东菜饮食风格特色，它兴起于20世纪80年代中后期，其起因与广东沿海的深圳、珠海等城市辟为经济特区直接相关，加之全国交通发达，许多的海鲜生猛原料可以通过空运输送到全国主要城市。生猛海鲜，原料鲜活，其口感嫩爽、鲜美，风味盎然，其他原料难以媲美，所以受到全国各地广大宾客的一致赞誉，加之粤菜的功力深厚、注重质量、时代气息浓、宴会品位高，一时间社会反响比较好，至21世纪初期一直传盛不衰。

（3）火锅热　火锅热最早以西南地区重庆、四川火锅在全国走红，它的流行大约与生猛海鲜热同步。川味火锅热主要是在全国各地的深远影响，其调味多变、麻辣香浓、气氛浓烈、贴近民生、食客随意，博得了千家万户、企业机关人员的一致喜爱。特别是适应不同需要的“双味火锅”、各客小火锅以及各式底料的不同风味火锅。火锅，对于饭店来说，只要个别的专业人员（或者四川的民间厨师）即可，其他只需一般的厨工准备原料就行。餐厅不需要高档次的装潢，餐台也比较简易，比较适合一般工薪阶层，一些爱吃辣味的人都愿意加入这个行列。

（4）小吃热　小吃热从20世纪80年代到现在，随着休闲市场的活跃，而日渐火爆。近10多年来全国各地许多城市都陆续兴建“小吃街”“小吃城”。小吃是中华民族饮食文化的精髓，发掘、恢复、整理传统的民族小吃文化是各族各地人民都十分关注和踊跃的。小吃与人民群众的生活联系比较紧密，也特别容易得到男女老少的共鸣，许多小吃不加修饰、朴实无华，广大群众有种亲切感，其群众基础深厚，特别是旅游、观光的宾客对其也表示了浓厚的兴趣。人们习惯将旅游、品味、尝吃联系在一起，小吃街本身也是一种旅游资源，像上海城隍庙、南京夫子庙、成都的宽窄巷以及西安、武汉、北京等地的小吃街，不但吸引了本地的市民，而且也吸引了大批旅游的客人。

（5）乡土菜点热　乡土菜点热是20世纪90年代初期兴起的返璞归真的饮食潮流。乡土菜即是土生土长的民间菜。20世纪70、80年代，人们追逐饭店大菜、花色菜，追尚华丽、款式，而视乡土菜土里土气，习以为常、不予重视。进入20世纪90年代，人们又开始留恋起带有民风淳厚的、别有一番风味的、实实在在的乡土菜，而且在餐厅的布置上注重营造特定的环境气氛，努力回到“历史的真实”中去。如将大红的辣椒一串串挂起来，玉米棒、斗笠、蓑衣、犁耙都置入餐厅，使就餐者走进餐厅便进入“角色”，给人以物似味浓的氛围，调动人们的饮食情趣。

乡土菜热从原来的农家餐桌，经过厨师的加工、配器走上了大饭店、大宾馆的宴会，许多饭店专设乡土菜餐厅、乡土菜食品节。这些乡土风味的菜品，客人欣赏它的主要是朴实、无华、味醇、实惠和价廉。

餐饮业的发展潮流不断地向前推进，这是市场发展之必然，也是人们用餐品味的需求。进入21世纪，火锅热、乡土菜热一直在社会上流行，而家常菜热、绿色食品热、天然食品热、药膳热以及各地方菜系的流行等，菜系"风水轮流转"已成为一种常态，但功能菜品、健身菜品、生态菜品等将成为未来菜品的主旋律。

（三）饮食潮流与市场的变化

1. 饮食潮流变化模式

饮食市场流变往往表现出这样的模式：从某个别饮食企业兴起，然后模仿者效仿，产生一定市场后，跟风者逐渐增多，成为一定的饮食潮流，市场能量增大，然后发展到顶峰，再往后就是势头逐渐衰落直至彻底消失。纵观几千年来人类饮食的发展史，可以发现人类饮食需求与潮流变化，呈现出这样几方面的模式。

（1）由简到繁　人类最初的饮食，仅仅是为了填饱肚皮，不讲究饮食的精细和烹调，而是相当简陋和粗糙，随着人类的物质生活和精神需求的不断提高，人类的饮食逐渐向可口化、复杂化、美观化方向发展，以致有些饮食菜点品种终于因为失去其原来本质而走向消亡。比如周代"八珍"中的"肝膋"（烤狗肝）是2000多年前周天子的美味佳肴，而现代除某种特殊需要偶有所见外，实际生活中人们已不再如此加工和食用，因为它与今人的生活要求相距实在太远了。从早期的煮鸭、烧鸭、烤鸭，到后来的八宝鸭、香酥鸭、烤鸭两吃、全鸭席等。这是由简到繁、由实用到美味的饮食变迁模式。

（2）由繁到简　随着社会的高度发展，由于人类方便生产、方便生活的需要，一些过于讲究制作、过于复杂而又颇为不实用的饮食菜点，如一个菜要十几道工序，制作时间长达几个小时，费时费工，营养损失也大，这些菜肴逐渐而自然地沿着实用化方向演变，变为简朴、保健的食品，最终成为现代的实用菜品。这是另一种模式，即由繁至简的风格演变模式。如扬州传统菜"三套鸭"，在制作中使家鸭套野鸭，野鸭套菜鸽，三个不同的禽品都要经过整料出骨，制作十分繁琐，也不适应现代的需求，后来有饭店简单制作并保持原味特色，直接用三种禽料斩成大块料，焯水加入调料后，放入小紫砂汽锅中上笼蒸炖，保持原有风格，每人一盅，食用方便，不失高雅风格。上海名菜"糟钵头"，在乾隆时代，它是一道糟味菜，并不是汤菜，后来将其发展为汤菜，入糟钵头，上笼蒸制而成，汤鲜味香，再后来因供应量大，原来制法已不适应，又化简为汤锅煮、砂锅炖，其味仍然香美，深受顾客欢迎。

（3）内因为主　饮食的发展与演变受外界的制约和人类本身内在要求的影响，但无论外界制约强弱如何，人的主观意愿这个内因始终占据着支配地位，是推动饮食演变的最积极因素。人们的心理变动，是导致饮食变革的根本原因。因此，研究因环境等因素的变化而给人们心理所带来的变化，是掌握饮食变迁的重要环节。许多菜品的潮流出现，基本都是人为造成的。一是店家有意推销某种菜品，特别是新的原料、新的制作、新的口味等菜品。如10年前在南京市推广的“江鲜菜”，近10多年来，每年的春天“江鲜”上市的季节，许多饭店都在进行推广，并已成为扬子江临近城市的饮食特色。二是市场需求某种菜品，许多人都有这个愿望，特别是这种菜品的口味、质量方面都得到人们的认同，从而形成了潮流。如家常菜、乡土菜的一经推出，就得到许多城里人的无限向往和前往品尝。不仅如此，许多人在周末和节假日还携家带口开车到乡村专门品尝农家乡土菜，以满足全家人的口腹要求。

（4）价值位移　价值位移模式意指饮食原料在价值上由下位升格到上位的趋势。尤其是在现代，随着饮食的简朴化、方便化、保健化，以前那些不能作为人们一般饮食使用的粗粮、野菜、土菜，不知不觉中被升格为具有吸引力的食物而被人们广泛使用，即出现了价值位移。例如，过去少有人问津的玉米、小米、山芋、南瓜以及马兰头、蒌蒿、菊花脑等野生蔬菜，目前已被普遍认同并成为高档宴会中的常备之品。

“菜饭”是过去农家的常食之品，当时因大米紧张，只能以菜充之。如今的大饭店、大排档大量供应，因其饭香、菜香，主副相配，营养均衡，食者甚众。在宴会上，上一小碗菜饭，既吃饱又清口，深受消费者欢迎。而开发出的“火腿菜饭”“腊肉菜饭”“双冬菜饭”等系列品种，已成为不少饭店宴会中的重要饭品。“葱蒸臭豆腐”本是贫穷年代城乡居民的很平常的菜肴，现如今又被城乡饭店、餐馆卷土重演。“清蒸臭豆腐”“啤酒蒸臭豆腐”等也成了畅销菜。而含脂肪高的肉类反而地位下降，这正符合现代人的健康饮食需求。

（5）保守与革新同存　自古以来，人就有着两种饮食心理。一种是固定吃惯了的饮食方式和菜点口味的保守心理，另一种是在新样式、新事物的吸引下改变旧有的饮食模式与菜点求异的革新心理。这两种心理并存，影响着饮食的发展与变化。前一种心理阻碍着饮食变化，后一种心理促进饮食发展。只有当革新心理达到一定程度并且占据主导地位时，饮食潮流才能发生。人有不同的年龄、层次、喜好，保守与革新的同时存在是必然的。一般来说，年轻人比较赶时髦，老年人比较守旧。年轻人喜欢一些新的模式、新的饮食风格，这也就形成了各种不同风格时尚餐厅的出现与存在，特别是那些新式样的菜肴、品尝方式，成为广大年轻人追逐的对象和标榜的资本。

一般说，注重实用性的饮食品种变化周期长，注重装饰性的饮食品种变化周期短，这是由于保守与革新这两种饮食心理在不同饮食品种上反映出来的程度不同所造成的。

（6）模仿从众　从众心理驱使大多数人去努力适应周围环境，寻求认同感和安全感。从众心理在饮食上的表现是人们在追求新潮流时，往往“看变化”、赶时髦，互相影响，互相模仿，最后导致新风格的饮食菜点的广泛传播和普遍使用。从众促使了模仿，并形成了潮流。如20世纪30年代广州“星期美点”的互相影响、协作和模仿，使广东点心出现了新的风格特色。当今饮食界效仿西方饮食制作的中西结合的饮食风格成为年轻人的时髦。

一个新菜品的出现，往往会吸引很多人的光顾，并就会有很多人照此模仿。如多年前在市场上兴起的古法新做“石烹虾”，将烤烫的鹅卵石放入耐高温的玻璃盆中，再倒进活虾，冷热相碰，卵石发出“吱吱”响声，将卤汁倒入盆中，顿时似桑拿浴一样雾气腾腾，营造出餐桌上的热烈气氛。当这种“桑拿”菜一经推出，成为当时的时髦菜品。一时间，模仿从众者络绎不绝，品尝者趋之若鹜。模仿从众心理作用所引起的饮食变迁，一旦成为社会饮食的潮流，即形成“流行”。

（7）名人效应　饮食和推广在一定程度上，因名人的推崇、喜爱而普遍流传开来。古之汉代以“胡食”为尚、苏东坡创作“烧肉诗”（即东坡肉）、乾隆皇帝品尝“荔浦芋”、朱元璋讨吃“瓤豆腐”、戚继光平倭的“光饼”以及邓小平同志在江苏食用“沙锅鱼头”之后，这些菜点便在大江南北广为流传。湖南“毛氏红烧肉”的流行，正是由于当年毛主席喜爱吃红烧肉，便有厨师认真制作、宣传而名声远扬的。习主席2013年12月在北京西城区庆丰包子铺品尝过“庆丰包子”，庆丰包子铺也因为主席的到来而人气爆棚，“主席套餐”也成为食客必点的招牌菜。一时间“庆丰包子”名声大噪，使得该店包子的销量大增。党中央强调饮食节俭，提倡“四菜一汤”的饮食模式，由此，在全国各地广泛盛行。名人效应和权威倡导的饮食模式也是饮食风行的一种趋势。

（8）猎奇心理导向　人有特别的好奇心理，喜欢去探索、去实验、去尝试。在饮食活动中，许多人不囿于原来的食物和口味，就像第一个吃螃蟹的人一样。如岭南人最早吃蛇肉、鼠肉、蚕蛹，北方人最先吃蝎子、蚂蚱、蝉，江浙人开发的蚂蚁食品等，这种猎奇心理，也会导致一种新的饮食风格。如今许多地区流行吃昆虫食品等，正是受猎奇心理导向模式的影响，而成为饮食潮流的。

许多文化主题餐厅的设计创意具有较强的猎奇吸引力，如“拼图餐厅”“知青餐厅”“球迷餐厅”“沙滩餐厅”“光头餐厅”“水浒餐厅”“红楼餐厅”等，主题突出，出乎一般人的想象，烘托一种独特气氛和情调，以此产生吸引力和新鲜感，成为一种潮流。

2. 饮食市场的变化发展

进入21世纪，人们的饮食发生了很大的变化，展现在人们面前的“保健”“方便”菜点影响着全国各地。人们趋向回归大自然，“纯天然”“无公害”“无污染”食品等成为饮食消费的又一潮流。那些药膳菜品、减肥菜品、粗粮菜品、野菜食品等，成为饮食生产最关注的方面。

（1）从人员的流动到城市多风味并举　随着城镇化的进程加快，城镇之间人员的互动与对流也逐渐加快。乡村与城市、城市与城市间人员的相互迁徙，造成外来人员的大量流动。一城之中，东西南北中五方杂处，各地、各民族的饮食风味在一地、一城都显露了出来。

21世纪，各地人员的流动已是一种常态。从人的居住层面来讲，都市是一个地区的集中体，它不仅是一个地区的政治、军事、经济和文化中心，而且有可能吸引、汇聚四乡的物质和精神文化成果。城市菜品是周边本土文化的结合体。在古代，它是宫廷菜、官府菜孕育的场所，为商贾菜提供了肥沃的土壤，为民族菜提供了有利的市场。而现在，交通的发达，它为各地的外来菜的进入提供了有利的条件。

在开放革新的年代，一些非本土的餐饮店、外国的大酒店随着资金的积累纷纷冲出自己的领地向外扩张，在全国各地的餐饮市场，一家又一家的饭店、餐馆拔地而起、迎面而来，进入人们熟悉的视线，你认可也罢、拒绝也罢，它们驻地扎根后，通过自己的经营手段带来了兴旺的市场，并接二连三地发展下去。一城之中各种不同的风味酒店、餐馆相互共存，谱写了多彩缤纷的欢乐之歌。

城市由于人口集中，分工复杂，人与人的交往频繁，文化传播、文化积累的信息量也比较大。政治、军事、经济和文化机构荟萃四面八方能人志士，加之外事交往和庞大的流动人群，这一切，使得城市餐饮荟萃东西南北地区的风味（包括外国风味），去满足四面八方人群的口味需要。由于城市所处的特殊地位，由此而涌现了不同地区风味的特色菜品和外国餐饮菜品。这是社会经济发展的需要，也是城市不同地缘人群的饮食需求。

（2）从本土菜突围到品牌餐饮的开拓　社会经济的发展，交通的便利，使大批人员的快速流动成为可能。当餐饮经营发展到一定的程度之时，向外拓展也是必然的。改革开放的春风一吹，吹来了餐饮空前的繁荣，也吹来了本土菜与外来菜之间的市场之争。从粤菜的风行到川厨走天下，从浙菜的拓展到湘菜的扩张，从南方菜北上到北方菜南下，菜系搏击振兴此起彼伏，各地本土菜举本地文化之力奋起抗争、力争振兴，而外来菜调动自身特色抢占商机、争得地盘。餐饮市场轰轰烈烈的大战从20世纪80年代后期拉开了序幕。每当一种外来风味、外来菜品在市场上流行，都会在餐饮市场上形成“强有力的冲击波”，它使许多商家获得高额利润，也会使一些商家关门转让。在这种外来菜系外来风味的攻势面前，各个城市的表现也不尽相同，有的是调兵遣将、合力抵抗；有的是整合资源、走出重围；有的是开发创新、迎头面对；有的是岿然不动、彰显特色；有的是招兵买马、抢得失地；有的是忍着伤痛、坚守阵地；也有的是一触即溃、解甲投降。菜系风味的搏击是比较残酷的，谁抓住了它，谁就抓住了客源，抓住了效益，抓住了声誉。餐饮市场是适者生存，但只要有特色、有个性、菜品质量好，不管是什么风味，都应有自己的市场。反之，只能是自我消亡。[①]

（3）从洋快餐的入侵到本土菜的拓展　外国洋品牌餐饮挺进中国市场，给中国餐饮丢下了一颗“定时炸弹”。从1987年肯德基进入中国起，接二连三的洋品牌一起跟进。中国餐饮人望“洋”兴叹、悲愤交加。洋餐不断扩大势力范围，一步一步抢占中国市场，甚至渗透到二、三线城市，扩张的速度十分惊人，他们不但有强有力的食品安全卫生和良好的配送管理体系，更有高明的生产和营销手段。更让人惊讶的是他们的中国本土化运营不断成熟。肯德基从叫卖“榨菜肉丝汤”的家常风味，到“老北京鸡肉卷”的北京特色、“嫩牛五方”的川辣口味等新菜品的推出，表明了肯德基在中国本土化程度的进一步升级。这再一次给我们警醒：它这纸杯、纸盒里装的已不再是奶油蘑菇汤、苹果派和土司饼，而是一道道再普通不过的中国本土菜和改良中国菜。为了研究中国人的胃口，洋餐饮在本土化之路上不断进行积极的尝试，这也将进一步加剧“中外餐饮”之间的竞争，中国餐饮业竞争格局日渐激烈。

当然，我们也不要过多地喟叹，加入世贸组织，我们的机会均等，利益共享，外面的可以进来，我们也可以出去。几百年前，我们的中餐就已经外出了，开放、入关以后，我们的企业也不断地向外挺进，现代餐饮企业如全聚德、小肥羊、大娘水饺等集团也在国外生根发芽、开花结果。

正如中国的发展速度一样，中国餐饮品牌企业的扩张正整装待发。虽然我们比别人晚了一步，沉睡的时间长了点，但我们的企业有信心，通过科学的管理，也一定能够在短时间内赶超。到那时，随着中式餐饮（快餐）企业的不断发展和壮大，特别是经营理念的不断更新，中国餐饮企业的排名位置也将会重新排序，淘汰生意冷落的洋餐这也是预料中的事。

（4）从菜品的交流更新到餐企的相生共荣　城市是大汇聚、大融合之地，

① 邵万宽. 餐饮市场的攻略、突围、坚守与发展. 江苏商论，2011（6）：36-38.

加之中外交往机会多，因此，一个城市只有具备各种不同的风味特色才能适应各种不同的人群。外来风味、本土风味在保持自己特色的情况下，已在城市不断繁衍、扩张，城市各饭店、餐馆的厨师们在保留了人们喜爱的菜品的同时，也在淘汰一些人们不喜欢的菜品，各地、各店都在实行一种扬弃。这种自觉的扬弃过程，最终形成城市之间、店与店之间的相互吸取、异中有同和个性张扬，城市食肆中的中、外菜式风味多样的结果，必将会出现一个个国际化的“食市”和“食都”。

多风味、多菜系的城市餐饮发展是社会发展的必由之路。适者生存，弱者淘汰已成为经营中的一种常态。作为餐饮人不要哀叹、不要牢骚、不要消极、不要怨恨，这是不以人的意志为转移的。我们应该多研究、多动脑，分析别人进攻的策略，多总结自己成功的经验，为本土菜的挺进与发展献计献策。

在大都市的北京、上海、广州和其他省会城市，餐饮风味的多姿多彩、风味林立，与本土风味一起同样得到不同客源市场的认可，不同的消费主题、消费事由选择不同风味的餐饮场所，这是十分正常的，本土菜和其他风味餐馆都一样得到人们的厚爱。当今香港地区的饮食业之所以繁荣发达，并被人们称为“世界美食天堂”，也是靠饮食业的百花齐放。香港拥有国内30多种地方风味和30多个国家的各种风味特色的餐厅。它们饮食网点众多，但各有分工，各种特色菜点应有尽有，而且各店都保持自己的风味特色，因而都营业兴旺。这种多风味的竞争态势，不仅加速了餐饮业的发展，而且还能让广大消费者享受到各种风味。

民众生活的富裕，导致当今的餐饮市场人群十分广阔，因为人们有条件去消费，只是高低档次而已。本土菜有本土菜的忠实客源，外来菜有外来菜的尝味来宾。人们消费的主题不同，消费的地点、风味就有不同的选择。正因为有“本土”和“外来”双方的比拼，中国餐饮业才能以如此快的速度发展。

（四）中国餐饮步入多元发展市场

现代的餐饮市场在20世纪80年代后良好发展的基础上出现了多姿多彩的喜人景象。餐饮信息、广告、视频、网站更是异彩纷呈，它昭示着新世纪国民餐饮生活发展的水平和新的风貌。

1. 餐饮场所百花齐放，五彩缤纷

为了适应不同人群的饮食需要，不同档次、不同规格、不同特色的餐厅不断涌现，如酒店、餐馆、会所、自助餐厅、主题餐厅、单品店、咖啡店、酒吧、面包坊、午餐室、熟食店、餐饮超市、大排档、火锅店、美食广场、甜品店、粥面店、糕团店、早点店、夜宵铺等五花八门。餐饮的经营业态日益增多，不仅在街面和宾馆饭店，大商场、购物中心、居民社区乃至洗浴、度假等一些新型的休闲场所中，都能见到它的身影。

民族餐饮将随着市场大潮的发展越发突飞猛进，各具特色的民族风味菜品将不断走进都市服务于广大市民，傣族菜、苗族菜、土家族菜、布依族菜、维吾尔族菜、蒙古族菜、朝鲜族菜、彝族菜、壮族菜等，会越来越受到人们的青睐，走入繁荣期。

饮食业放开经营后，国有、集体、私营、外资一齐上马，开办了独具特色的餐厅，形成了一个竞争的势态。随着旅游事业的快速发展，外国客人增多，世界各地的餐饮在国内都市的市场上应运而生，以满足中外客人的饮食需求。

中国烹饪工业化生产势在必行，特别是中低档的餐饮活动和易于机械化生产的菜点。随着商品经济和现代科技的发展，社会需求提供更大量营养、卫生、方便、可口、价廉的食品，在生产和管理上应用现代科技的连锁规模经营的现代餐厅已异军突起。新时代的餐饮业迎来了百花齐放、百舸争流的餐饮局面。

2. 快餐市场遍布城镇，不断壮大

我国现代快餐经过20余年的发展，已取得了丰硕的成果。快餐业作为直接为大众日常基本生活需求服务的一个行业，得到社会的广泛关注与大力支持，消费需求日趋增强，行业迅速发展。快餐业的大发展，为餐饮业增加了一个新的经济增长点。全国各大中城市都涌现出一批快餐连锁企业，以快餐店、送餐、外卖和快餐食品等多种经营形式发展，直接进入家庭厨房、单位食堂、学校餐桌等，成为家庭与单位后勤服务社会化的重要途径，成为开拓服务消费市场的重要渠道。

我国快餐业的营业额正在以每年大约20%的速度增长。专家们认为，2015年以后，是我国快餐业发展最辉煌时期的开始。一些新闻媒体将快餐业列为21世纪的头20年最有发展前途的十个产业之一。在我国，快餐业是一个朝阳产业，蕴藏着无限商机。中餐在国际上享有盛誉，深受世界各国人民喜爱，中式快餐也将凭借中餐的这些优势走向世界。

3. 连锁经营奋起直追，发展迅猛

自20世纪90年代开始，以我国传统商业的转制为背景，连锁经营方式逐渐深入到食品店、快餐店、超级市场、便民店、百货店、名特商店、老字号、专卖店、服务店等众多的行业。从1990年底创办第一家食品连锁店起，20多年来，连锁经营已在全国大中小城市不断扩展开来，形成一股强大的市场优势。

餐饮连锁经营范围广泛，有特色餐厅、速食店、便餐店，也包括酒吧、咖啡屋、冰淇淋店等种类。餐饮业的连锁经营与独立的经营活动相比，餐饮连锁经营通过经营模式的统一性，经营产品的大众化及独特性，管理方式的规范性及管理手段的科学性，进行规模经营，实现了规模效益。

目前，我国的连锁经营拥有几十家、上百家和数百家连锁店的餐饮企业逐步涌现，规模经营和规模效益的优势日趋显现，连锁经营显示出强大的市场潜力，成为企业发展与壮大的重要途径。规模经营实行对客服务标准化，操作程序规范化，烹饪技艺专业化，商品购销（购进原料、销售食品）廉价化，资源配置优良化，资金周转快速化，可加速资金周转，提高效益。

4. 健康饮食的观念不断深入人心

饮食健康问题已成为现代人们饮食的头等重要的事情。20世纪80年代以前，由于大部分中国居民脂肪、蛋白质摄入不足，造成儿童发育不良、抵抗力下降，成人体质虚弱。然而，经过几十年的发展，人们的消费观念却发生了变化。因为，在人们面前，不仅出现了污染问题，而且由于营养不当、营养过度引起的疾病越来越多，其中最具代表性的就是所谓“富贵病”——诸如肥胖症、糖尿病、冠心病等。营养不足是个问题，营养过足也是个问题。如今的餐饮业和广大的顾客更注重的是“三养哲学”——营养、保养、修养。餐饮业在极力推广健康食品，聪明的消费者希望选择一个维护他们身心健康的餐厅，吃到有别于往日常规的食品。

我国人民的饮食消费经由初级阶段的饱腹消费、中级阶段的口福消费，已发展到高级阶段的保健消费。如今，人们对于食品的色、香、味、形十分讲究，但动物性食品的比重超过了植物性食品，导致了营养过剩和失衡，诱发了富贵病的流行。其美中不足的是，食品消费日益陷入营养第一、精细第一、方便第一的误区。

随着口福消费弊端的显现，科学技术水平的提高以及营养科学的进展和普及，人们开始进入保健消费阶段。人们的消费观念也将发生一系列根本的转变，即不再把口感作为对食品好恶取舍的唯一标准，而是采取口福与健身、美食与养生兼容并包的态度；不再对营养素摄入采取多多益善的方针，而是根据人体生理需要和劳动消耗的具体情况，对各种营养素予以适量的调配和安排等。总之，当今人的食品消费行为，被进一步纳入科学的规范，实现饮食为健康服务，美食与养生统一。

5. 文化经营与国际交流更加突出

随着市场经济的发展，文化正在更多地占据餐饮领域。餐饮文化，已成为人们寻求餐饮发展方略的一个巨大宝藏。在新世纪，餐饮市场与文化将紧紧地“拥抱”在一起，成为中国市场上一道亮丽的风景线。

人们生活水平的提高，餐饮活动已不单纯是为了满足生活的基本需求，而且还需要获得精神上的享受，这表现在消费者对食品的需要已不仅停留在图实惠、味感丰富，更讲究消费的环境、档次和品位，要求食品能给人以美感和享受，即

“文化味”要浓，集食用、欣赏、情感于一体，食品能满足人们的多种需求（即物质方面和精神方面的），这就注定菜品中应有精神内涵和文化底蕴。

用文化创意开发产品，发挥自己独特的地方文化优势，增加餐饮和菜品的文化味，已成为当今餐饮经营者的经营思路。在市场竞争激烈的情况下，以文化创名牌已成为一些餐饮企业的经营策略。餐饮竞争也由低层次的价格竞争逐步走向高层次的质量竞争和企业文化竞争。现代餐饮美食文化展销活动，将美食与文化紧密结合，有时还增加和穿插一些特殊的文化、娱乐、游艺活动，以渲染美食文化的气氛。如：外国餐美食文化食品节；地方菜美食文化展销月；民族菜美食文化大促销；节假日美食文化宣传周；仿古宴美食文化大行动；创新菜美食文化让利月，等等。

文化主题餐厅的发展，为餐厅经营又增添了浓浓文化味。环境布置增强了文化氛围，满足了顾客的多种需求。如“红楼菜美食餐厅”，把我国古典名著《红楼梦》中的饮食再现在人们面前，每道菜都有一个典故，一段佳话，这也是一种美的享受，餐厅也由此具备了文化功能。

“名牌的一半是文化”已成为人们的一种共识。没有文化便没有餐饮市场；没有高品位的文化渗透，也就不会有高水平的餐饮营销策略。可以预见，随着餐饮竞争的日趋激烈，将会有越来越多的经营者把眼光聚集于文化促销。可以肯定，今后的餐饮商战，必将是一场文化之战。

对外开放的深入和加入世界贸易组织，中国餐饮市场出现了异彩纷呈的繁荣景象，来自国外的投资合作必将继续增多，中外厨师的技术交流也更为频繁，这种中西交融的餐饮局面，展现了国际化食都的喜人景象。

第八章

中国人吃的传播

在中华民族的开化史上，有发达的农业和手工业的支撑，由此派生的饮食文化的历史源远流长。我国是世界上文明发达最早的国家之一。我国伟大的先行者孙中山先生早年曾留学国外，从事医学研究，对我国和欧美的饮食烹调和食品营养及饮食习尚都有一定的研究。他在1917—1919年所著的《建国方略》中对中国食物、食品、烹调、菜肴等有较详细的论述，全面阐述了中国饮食文化的历史价值和深远影响：

"我中国近代文明进化，事事皆落人后，惟饮食一道之进步，至今尚为文明各国所不及。中国所发明之食物，固大盛于欧美；而中国烹调法之精良，又非欧美所可并驾。""近年华侨所到之地，则中国饮食之风盛传。在美国纽约一城，中国菜馆多至数百家。凡美国城市，几无一无中国菜馆者。美人之嗜中国味者，举国若狂。""中国烹调之术不独遍传于美洲，而欧洲各国之大都会亦渐有中国菜馆矣。日本自维新以后，习尚多采西风，而独于烹调一道犹嗜中国之味，故东京中国菜馆亦林立焉。"[1]

孙中山先生铿锵有力、坚信不疑的评价正说明：中国烹饪技术的发展与提高是同整个社会经济和文化发展紧密联系在一起的，中国烹调技术之精是中国社会文明进化之深的结果，是我国数千年来社会文化发展的结晶。

《星岛日报》（欧洲版）曾报道一位曾在中、英两所名牌大学学习的博士罗孝建先生，他认为推广中国饮食文化是一种使命。罗先生是英国华人拿破仑杰出成就奖中国厨艺得奖者，他指出："在文化交流方面，中国文化对西方文化最大的贡献是中国菜，不是中国历史，更不是中国文字，试看中国菜在西方国家受欢迎的程度，便是一个很好的证明，中国菜广受西方人士的接受和欣赏。"[2]他写了37本介绍吃中国菜的心得，建立了自己的厨艺学校，教外国人做中国菜，将中国的饮食文化进一步在英国推广。

作者在荷兰东方皇宫河景饭店（1991—1993）

中国菜的传播真正的传布情况是怎样的？近来看到一本很有特色的书，美籍华人作者詹妮弗·李是这样描述的："中餐已经

① 孙中山．建国方略［M］．呼和浩特：内蒙古人民出版社，2005：6-7.

② 邓建华．罗孝建未当过厨师却写食经办厨艺校［N］．星岛日报（欧洲版），1993-2-24.

遍布全世界七大洲，甚至包括南极洲。在常年处于冰天雪地中的麦克默多站，每个星期一晚上通常都吃中餐。麦克默多站是美国在南极洲设立的主要科研前哨基地。可以说，中餐不仅是我们这个星球上最具魅力的菜肴，也是地球之外最受欢迎的食物：美国国家航空航天局（NASA）为宇航员们配备热稳定化的咕噜肉和酸辣汤。”[①]这已充分说明了中餐在世界传布的真正价值所在。

一、中餐与流布：扎根海外的中国餐馆业

自古以来的文化传播都是双向的、对流的。尽管中国在亚洲的东部，与欧亚大陆的西部相距遥远，被崇山峻岭、戈壁沙漠断然隔离，面临这样的环境，中外文化的交流依然如流水般绵延不绝。

（一）古代的中外饮食文化交流

随着秦统一中国以后，进入汉代文、景之治，大汉帝国国力逐渐强盛，与外国的文化交流活动逐渐多了起来。据《史记》《汉书》等记载，汉武帝时期朝廷曾派张骞两次出使西域，从长安出发，经河西走廊，越过天山南路，直达中亚、西亚，进而连接起欧洲大陆的陆路通道。在这条道路上，精美的丝绸源源不断地流入西方，西方的物产也传入中国，极大地丰富了中西方人民的物质和文化生活。德国的地理学家李希霍芬称这条闪耀着文化交流光辉的道路为“丝绸之路”。这条丝绸之路成为连接中国与亚洲和欧洲各国家友谊的桥梁，中国文明迅速向外传播，西域文明也流向中原。张骞等人除了从西域引进了胡瓜、胡桃、胡荽、胡麻、胡萝卜、石榴等物产外，也把中原的桃、李、杏、梨、茶叶等物产以及饮食文化传播到西域。今天在西域地区的汉墓出土文物中，就有来自中原的木制筷子。后来班超再次出使西域，在中国与中亚、西亚各国之间建立了关系；还有汉帝王室多次与匈奴和亲以及江都王刘建之女细君远嫁乌孙国王等友好活动。东汉建武年间，汉光武帝刘秀派伏波将军马援南征，到达交趾（今越南）一带。当时，大批的汉朝官兵在交趾等地筑城居住，将中国农历五月初五端午节吃粽子等食俗带到了交趾等地。所以，至今越南和东南亚各国仍然保留着吃粽子的

① （美）詹妮弗·李. 刘正飞译［M］. 幸运签饼纪事：中餐世界历险记，北京：新星出版社，2013：249.

习俗。

隋唐时代，特别是大唐帝国国力强盛，曾多方吸取各国优秀文化。先有东晋僧人法显至天竺求法历时13年，游历29国，后有唐代玄奘“西天取经”以及鉴真东海传教。鉴真第二次东渡时，从扬州出发，携带了多种中国食品、炊具和烹饪技术，其中有落脂红绿米、面、干胡饼、干蒸饼、干薄饼以及甘蔗、蔗糖、石蜜等①，尤其是制作豆腐的方法，经他传至日本，深受日本民众的喜爱。至今日本人还奉鉴真为豆食始祖，并对他奉若神明，顶礼膜拜。唐代时，在中国的日本留学生还几乎把中国的全套岁时食俗带回了本国，如元旦饮屠苏酒，正月初七吃七种菜，三月上巳摆曲水宴，五月初五饮菖蒲酒，九月初九饮菊花酒等。其中，端午节的粽子在引入日本后，日本人又根据自己的饮食习惯作了一些改进，并发展出若干品种，如道喜粽、饴粽、葛粽、朝比奈粽等。唐代时，日本还从中国传入了面条、馒头、饺子、馄饨和制酱法等。许多外国王孙来朝受聘人员众多，波斯胡商云集长安、扬州、广州等地。仅日本一国就先后派出“遣唐使”32次，每次少者数十人，多者达五百余人。大批留学生来到中国，其中就有专门学习制造食物的（包括造酱）味僧。

元代，成吉思汗横征欧、亚两洲，并保持了各国之间的联系，互通使臣，长期往来不绝，欧亚各国的饮食文化都深受元朝的影响，大陆上人口空前流动。在元统治时期，中国是当时世界上最强大的最富庶的国家，它的声誉远及欧亚非各地。西方各国的使节、商人、旅行家、传教士来中国的络绎不绝。元世祖时，威尼斯人马可·波罗随父亲和叔父来到了元上都，旅居中国17年，足迹遍及长城内外、大江南北的重要城市，曾任扬州总管3年。在他叙述所留下的游记中，对元朝的幅员广阔和工商、饮食业的繁盛作了生动、具体的描绘，激起了西欧人民对中国文明的向往。马可·波罗利用自己的特殊身份，进一步宣传遥远中国的点点滴滴，他把中国面条带到了意大利，经勤劳聪明的意大利人民发展创造，演变为今天举世闻名的意大利面条；与此同时，马可·波罗也给成吉思汗的子孙带来了意大利人民的美味佳馔。这时期由于中国同外国的交往频繁，中外饮食文化交流也更加深入和兴旺。中国的大量瓷制餐具通过海运陆运，扩大了在世界上的影响，而中国菜谱中也加进了大量的“四方夷食”。

明永乐三年至宣德八年之间，中国杰出的航海家郑和曾率领船队7次下西洋，前后经历了亚、非30多个国家，达27年之久。据《明史》记载，郑和第一次下西洋时所率部众就有27000多人，船舶长44丈、宽18丈的就有62艘，规模之大，史所未有。这是一件闻名中外的大事。这件事加深了中国和所到各地的贸

① 卞孝萱. 鉴真东渡所带食品考略［J］. 中国烹饪，1980（1）.

易和文化交流，而郑和远航对东南亚地区的开发，贡献尤大。与邻国特别是越南、缅甸、马来西亚、柬埔寨、泰国、印度以及南洋各国之间的饮食文化与政治接触比以前更加频繁了。他们把瓷器、丝绸、铁器和饮食文化带到了南洋，同时收买当地的胡椒、谷米和棉花，发展了中国和南洋的商业关系。明朝的中国是当时亚洲的一个强大的国家，它在政治、经济、饮食文化各方面对亚洲各国都有较深远的影响。

第二次世界大战以后，大量的中国移民旅居国外，这些海外的华人华侨也先后加入居住国国籍，早期的“唐城”“唐人街”等华人生活集聚区以传统的中国文化的生活方式在异国他乡保留着、保持着，华人杂货店、中国餐馆的经营不仅满足了旅居海外的华人需求，也给所在国的当地居民带来了中国的食品原料、饮食菜品，把中国的饮食文化、茶酒菜品带到了五湖四海，在当地落地生根。

晚清时期不仅欧、亚、非、美四大洲，而且大洋洲也有了中国侨民，中外饮食交流遍及全球。中国的茶叶、瓷器、食品作料等都大量出售国外。中外各国的饮食文化交流，更是十分密切。我国的饮食著作在日本广泛流传，日本还出版了中国社会风貌、市场和宴会等场面的画册，向日本人民介绍中国的文化和烹饪的制作情况。

（二）早期的中国移民与华人餐馆业

大明王朝至永乐皇帝登基后，为了确立自己的统治地位和扩大王朝的影响，为此，他特地派遣大将郑和率庞大船队七次远航（1405—1431）。这支配备了千名水手的武装船队航行于东南亚海域，甚至向西穿越印度洋，远抵波斯湾。此举的重要意义还在于船员们带回了关于远洋航路和潜在市场的信息。正是由于这数次的远航，带回了外域丰富的物资，看到了外域莫大的市场机会。移民可以沿着贸易航线流动向外航行，这时期的远航可视为中国近现代移民的先驱。

中餐最早开始向全球的扩展可以追溯到19世纪中叶至20世纪初，主要是因为中国人向西方国家移民，尤其是向美国、加拿大和澳大利亚移民。美国第一家中餐馆是1850年在旧金山开业的。这是源于1848年首批华人移民，主要是在加利福尼亚州淘金热和修筑铁路带来就业机会的吸引下，引发了中国南部居民向美国移民的热潮。据《广东省志·华侨志》记载，当时入境美国的中国华工大多数是广东江门人，主要来自台山、开平、新会、恩平四邑和中山县。新的移民来了以后，除了淘金以外就是开餐馆。自那以后，开餐馆历来就是既不会英语又无资金的新移民的谋生之道。正如为南加州数百家中餐馆安装厨房设备的卡姆·C·劳所说：“如果你是新来的移民，而且不会说英语，最容易做的事就是开一家餐馆。你不需要什么技术，你也不必会说一口流利的英语，只需和钱打交道，顾客吃饭、顾客付钱。”[①]。据统计，到1951年已有大约2.5万中国人来到加利福尼亚，大多数人从事淘金或家庭手工业的劳作。由于从事家务的妇女短缺，一些人干起了厨师的行当。[②]中餐馆的饭菜价廉物美，美味可口，得到当地人的认可和好评。但好景不长，美国人的种族歧视和排斥以及媒体的反宣传，华人和中餐馆经常会遭到恶意攻击。特别是反华法案的通过和1882年限制中国移民的政策，给中餐馆和华人的生活雪上加霜。

中国人勤劳朴实，踏实能干。不久以后，美国白人对华人的态度开始有所改善，在加利福尼亚，中国劳工比他国移民的劳工更受信赖。中国厨师越来越炙手可热，只有富人们才雇得起。1896年，当时的中国官员李鸿章对纽约和温哥华的访问提高了北美地区华人的地位。据野史流传，李鸿章在美国设宴，美国人把一桌菜吃光了，意犹未尽不愿离席。李鸿章急中生智，吩咐厨师把剩料来一个“大杂烩”。美国人以为这才是主菜，赞不绝口，从此“杂碎”成了英语外来词，流传至今。美式版本则说，宴会最后端上来一盘五颜六色大杂烩，洋人问李鸿章：这叫什么菜？李胡乱回答：“好吃！好吃!”洋人们以为他说“大杂烩”，于是“李鸿章杂碎”名声大震。在早期的美国中餐馆中，这种“杂碎”流传了几十年。

中国人的加拿大移民潮始于1858年左右的英属哥伦比亚弗雷泽河谷的“淘金热”时期。为了向加拿大和平铁路建设输送劳工，在19世纪80年代形成了第二波移民潮。从起初政府的友善到后来的不断苛刻，不少矿工们便开始转向服务业，从事厨师和中餐业以及洗衣店、市场园艺业寻求就业机会。

18世纪末，少数中国船员来到伦敦东部。1914年世界大战爆发的第一年，英国、法国参与了战争，这一来，造成了后方的空虚，劳力缺乏，经济受损。在这一背景下，英国和法国两大殖民大国决定从其殖民地国，尤其是中国输入劳工，1916年，中国政府向英、法政府先后输出14万劳工，为期5年，根据协议，这些劳工“不参与任何军事活动”。原则上，华工只参与工业和农业生产，但事实上，什么都做，甚至去挖战壕、扫雷等工作。据官方统计，在英法的华工中，共有3000多阵亡。到19世纪，英国小规模的中国社团在伦敦、利物浦、格拉斯哥和加的夫等地相继建立。19世纪80年代末，伦敦莱姆豪斯区已出现了中国杂货店、餐馆和会所。在英国，中餐馆的发展情况与在北美的风行完全不同。

① （美）肖恩. 美国唐人街的餐馆大战［J］. 经济世界，1997（2）.

② （英）J. A. G. 罗伯茨. 杨东平译. 东食西渐——西方人眼中的中国饮食文化［M］. 北京：当代中国出版社，2008：104.

1884年在伦敦举办的一个国际性的健康展览，彻底纠正了西方人对中国人饮食习惯的偏见。[①]法国的华人商业始于20世纪初，以两大行业为主：餐饮业和修脚业。1910年初，最初的两家中餐馆，一家在蒙巴那斯大街的“中华饭店”，另一家是拉丁区豪耶歌拉街的“万花楼”。从此，中国美食在法国得到大大发展。

中餐在北美的盛行可以追溯到20世纪上半叶，这时正是美国和加拿大的经济发展时期。由于政府的需要，华人移民时不再受到质疑，就业时也不会受到各种限制，这使许多的华人开始从事适合自己的行业，但绝大多数人还是选择干洗衣和餐饮业。

第二次世界大战后，社会开始出现了变化，许多国家百废待兴，促使中餐业开始向西方及其他地区扩展。特别是大批华人涌入西方国家，尤其是美国、英国、加拿大、澳大利亚。根据全国侨联20世纪80年代末的调查和统计，在海外大大小小的华人中餐馆总数约有15万，主要分布情况如下：

国别、地区	中餐馆数	国别、地区	中餐馆数	国别、地区	中餐馆数
美国	16000	德国	1500	东南亚	65000
加拿大	5000	比利时	1000	澳大利亚	4500
中南美洲	2000	意大利	600	新西兰	600
英国	7000	奥地利	300	中东地区	1500
法国	4500	西班牙	200	非洲	800
荷兰	4000	日本	5000	瑞典	500

根据上述的数据，我们来看一下当时全国侨联黄如捷撰写的一篇“战后海外中餐业发展剖析”文章中的具体叙述：

现有的数量及分布状况可以说明，这一行业现已遍及全球的几乎每一个角落，成了华人经济中分布区域最广泛的行业。如新西兰华人只占全国人数1%，却经营着全国餐馆总数的40%。从总体上看，战后中餐馆在西方国家增长的幅度最大，特别集中在北美和西欧两地区。

相对而言，欧美的华资中餐业近20年的发展尤为迅猛，远超过战后初期的20年间。以法国为例，1955年全国华资中餐馆20家，1960年180家。荷兰1950年拥有中餐馆65家，1960年40家，大规模的起步是从60年代末70年代初开始的，这与东南亚新移民和印支难民的大量涌入有关。在美国，1965年移民法的修正，1972年尼克松访华后中美关系的解冻，大大刺激了北美华人中餐业的兴起。

① （英）J. A. G. 罗伯茨. 杨东平译. 东食西渐——西方人眼中的中国饮食文化 [M]. 北京：当代中国出版社，2008：109.

与战前传统格局相类似的是，各地中餐馆的集中地，仍旧是各国的唐人街。日本横滨的中华街全长不及一公里，聚集了200家各种风味的中餐馆。纽约唐人街的中国餐馆数达300家。在这基础上，中餐业近十几年来陆续扩散到各国的众多城镇，这方面最典型的例子是英国，几乎任何一座集镇都能让人品尝到中国菜肴。

这些为数众多的各式中国餐馆，已经成为今日海外华人，特别是欧美、大洋洲华人移民最基本的谋生手段。英国华人十分之九从事餐饮业或与此相关的行业，荷兰华人70%靠餐馆谋生，美国华人有20多万人，餐厅老板、厨师、服务生或洗碗工。在华人大多数传统行业如洗衣工、理发业相继衰落的形势下，中餐业成了欧美地区中下层华人家庭赖以谋生的主要行业。

中餐的兴旺还带动了相关行业的发展，美国新泽西州的中国农产公司以及荷兰阿姆斯特丹市郊的农民，纷纷栽培种植北京大白菜、芥菜、木瓜、茄子等中式蔬菜，作为中餐厅的原料供应并满足当地市场需求。[①]

（三）中餐业在亚洲地区的发展状况

亚洲中餐馆主要集中地是日本和东南亚地区。中日两个民族，自古就有着亲密的交往和广泛的文化交流，正是于此，使日本民族的饮食文化与中国产生了十分密切的联系。早在春秋战国时期，中国文化发展的巨大影响，就波及到日本列岛。汉代，汉武帝开辟了丝绸之路，很快，西方的一些农作物就通过中国传到日本。中国17次遣唐使的派遣，不仅把唐朝昌盛的文化带到了日本，同时也把中国的饮食习惯带了过去，“其中唐点心共14种。[②]”

南宋时期，中日关系再度活跃，当时有不少南宋石匠东渡日本。中国的石磨又在日本得到普及，随着石匠的普及，面粉也开始在日本的家家户户中不断普及起来。这就更进一步丰富了日本人的饮食生活，于是中国的年糕、糕点、面条、挂面、馄饨也开始大量出现在日本人的饭桌上了。

对于中国的饮食文化，有的是被中国人送去的，也有的是被日本人带回的。南宋以后，到中国来留学的日本僧侣，又把中国的豆腐、豆包等传统食品以及制作方法带回了日本。日本的贵族十分喜欢搜集各地的美味食品和调理方法，从现在的文献看，这些美味食品以及制作方法大都是从中国传过去的。

中日两国的饮食文化交流源远流长。至1877年，曾有相当一批广东和福建

① 黄如捷. 战后海外中餐业发展剖析［J］. 华侨华人历史研究，1991（2）.
② 贾蕙萱. 中日饮食文化比较研究［M］. 北京：北京大学出版社，1999：107.

出生的人士随洋人一同来到日本谋生，这样，在早年的横滨和神户、长崎等地，已经有一批中国人居住。1883年，东京开出了两家中餐馆“偕乐园”和“陶陶亭”。据统计，1893年时，横滨的外国人居留地中居住着约5000名外国人，其中中国人约为3350人，在整个外国人中所占的比率是67%。[①]自古以来，中国食品传入日本的较多，而中国菜肴及中国餐馆进入日本的并不多，直至20世纪初期，中国菜在日本的影响仍然有限。随着西洋饮食在日本的大举登陆，明治时代中期以后，中国饮食开始以具有体系的形式传入日本。中国的饮食，尤其是菜肴及其烹制法在近代以后完整地向日本传入，并对已有的日本料理和日本人的饮食产生前所未有的重大影响。

在亚洲地区，日本人对中国菜是十分感兴趣的。20世纪中后期，日本的各大城市都有相当数量的中国餐馆，许多城市都有中华街，而在全日本最大的中华街是在第三大城市横滨。中华街就是卖中国商品和经营中餐馆的综合性商业街，其生意兴隆，热闹非凡。这里有广东料理、扬州饭店、太湖名菜、四川火锅等等，中国各种风味在这里都有叫卖。开店的老板多为中国人，他们在这里已经营十几年甚至几十年，有的已创下了可观的家业，如“大观园”“万珍楼”“永安楼”等，装饰豪华，陈设典雅，高朋满座，宾客如云。日本人对中国菜是很欣赏的，所以中国厨师在这里很吃香。中华街上酒店林立，菜馆毗连，各种风味小吃也是星罗棋布，烧饼、油条、肉包、饺子、粽子等也是应有尽有。

东南亚各国，地处热带，自然环境相似，因与我国的广东、福建、香港、澳门接壤，在饮食习惯上有许多雷同和相似之处。在19、20世纪，广东、福建人向东南亚移民的较多。在新加坡、马来西亚、泰国、印度尼西亚、越南等国，有相当多的华人移民，他们要谋生、要吃饭，更要满足这么多的中国移民的外出吃饭，开餐馆自然就成为部分华人的主要生活和经营方式。随着华人数量的不断增加，中餐馆的数量也就相应地增多。

我国南部的香港之地，1842年成为英国殖民地，在这样一个特定情况下，香港就成为输送中国人出洋的中转地。从这个新殖民地出发前往海外的广东人超过了以往任何时代（其次是福建人）。但是，不仅广东人经由香港出洋，香港还充当了来自中国内陆地区的移民的中转码头。他们多经由香港前往新加坡，那里是一个重要的劳动力聚散地，经过新加坡以后，他们再转往荷属东印度、马来亚和暹罗（泰国），还有的去往北美和澳大利亚。[②]在长达三个世纪的历史进程中，

① 徐静波. 日本饮食文化历史与现实［M］. 上海：上海人民出版社，2009：223.

②（美）孔飞力. 李明欢译. 他者中的华人：中国近现代移民史［M］. 南京：江苏人民出版社，2016：109.

东南亚华人不断适应不同的经济阶段和不同的经济体制，大批华人在当地吃苦耐劳，许多人走上了成功之路，也有许多人从事中餐业的经营。

东南亚地区，在食物原料上就有许多相同和共通之处，海产、农作物丰盛，居民生活大同小异，口味亦然。使用辣椒和香料调味品是东南亚美食的最大特点之一。马来西亚人和印度尼西亚人大都信奉伊斯兰教，故均不吃猪肉。利用椰子、香料、海鲜、瓜果以及鱼露、咖喱、香茅、沙姜、辣椒等调料，就成了这个地区的主要食物原料和调料。

东南亚地区的华人移民多，同属于广东、福建等地的东南亚华人移民，不仅喜爱家乡的味道，中国北方菜肴的制作和特色也吸引了他们。东南亚人的中餐馆，在吸收广东、香港菜肴的优长之外，又增加了我国四川菜、淮扬菜和北方菜的制作特色。广东人爱吃的各式菜肴和小吃在东南亚中餐馆都有经营。在传统中餐中，如烤鸭、砂锅菜以及鱼香肉丝、宫保鸡丁、麻婆豆腐、扬州炒饭等在当地中餐馆的菜单中都有售卖。实际上，广东本土菜外加东南亚菜肴的风格特色和调味品，就是东南亚中餐馆菜肴制作的风格。除此以外，还有当地人爱吃的“咖喱饭”“菠萝饭”“牛肉汤河粉”等，在新加坡、马来西亚的中餐馆，最代表的菜肴就是“肉骨茶”，将肉排骨加蔬菜及调料用砂锅炖制而成，成为当地最有名的菜肴。

（四）20世纪中后期欧美的中餐业

随着国家的体制改革，集体农业解体，民营商品经济摆脱国家控制而获得更多的发展自由，这一切推动整个中国涌起为谋求某种生活而离乡外出的移民潮。在这些移民中，其中就有一些学校毕业的专业厨师加入到这样一个行列中，为传统的中餐馆又输送了一批新鲜血液，并且以北美、欧洲和澳大利亚为迁移的主要目的地。正是在这种情况下，中餐在欧、美、大洋洲又进一步风靡开来。

欧美澳地区是世界上美丽而富裕的地区，各国人民生活的福利待遇也是世界上首屈一指的。近代以来，中国人几乎遍及世界的每一个角落，而移居欧美澳的华人也特别多。华侨大批定居海外已有百年历史，旅居海外的华人，长期以来大都以经营饮食业为主，其中以老一辈的华侨为甚，不少

美国中餐馆一景

第二代的华人仍继承上一代的饮食行业经营，加之其他后来者亦纷纷新建或购买新餐馆，因此，美、英、法、日、澳是海外中餐馆较多的国家。①

中餐业——作为海外华人谋生的“古老”行业，到20世纪80年代不仅没有衰败，反而在华人“三大传统行业”（连同洗衣业、制衣业）中一枝独秀，在欧洲及美洲、大洋洲等地如雨后春笋般蓬勃兴旺。

1. 20世纪中后期欧美中餐业的发展

（1）20世纪中后期欧洲中餐业的发展　在海外的饮食市场上，各国菜式餐馆林立，风味多样，而中餐馆独占鳌头。在历史上，早期中国人移居欧洲的人数并不多。至1934年，全欧洲的华侨华人大约只有1.7万人。第二次世界大战后，由于从香港和东南亚等地赴欧人数增加，特别是20世纪70年代中期。据1994年的资料统计，全世界华侨华人共计3700万人，其中欧洲已达87万人②。在五大洲的华侨华人人数中，欧洲排在亚洲、美洲之后，而居第三位。

旅欧华人多来自中国大陆、中国港澳、中国台湾、印尼、新加坡、马来西亚、苏里南、越南等国家和地区，几十年来，华人在海外艰苦创业，自强不息，开办了一家又一家中式餐馆。从几十年的中餐业经营情况来看，中国菜对欧洲人有很大吸引力，人们欣赏它的美味可口，喜欢它的价格公道。20世纪50、60年代，中餐业在欧洲已进入发展阶段，进入20世纪70、80年代，中餐馆的生意已非常兴旺，各大小中餐馆顾客盈门。据许多老板讲，那时的餐馆生意繁忙红火，从早忙到晚都没有时间休息，每天晚上都来不及数钱，要抓紧时间休息，准备第二天工作。在这发展阶段，一家又一家中餐馆相继开张，一条街上甚至有三五家中餐馆。由此，各餐馆之间竞争力特别强，有的相互压低菜肴价格，有的抬高菜肴设计档次，有的到国内聘请专业名师。在这时期，赢利丰厚的许多餐馆华人经营者实力大增，并开设多个分店，扩大其影响和势力。由于每天客人爆满，厨师的工作量很大，有些为了适应外国客人的口味，许多菜肴的烹制就渐渐变了样，变得简单、快捷，带有西味，使许多传统中国菜发生了不少的变化，以满足西方人的饮食需求。

为了进一步推动和促进欧洲中餐业及东方中华美食文化的发展，欧洲各国都创建了中餐饮食业公会。就荷兰来说，成立了“荷兰皇家中国饮食业公会”“荷兰国际东方美食酒楼集团”“荷兰中厨协会”“荷兰东方厨艺协进会”等中餐行业组织，各个组织每年都定期组织各类厨师培训班和中国厨艺公开赛，以促进各中餐馆厨师的技艺发展。

① 邵万宽．20世纪后期欧洲中餐业探析［J］，扬州大学烹饪学报，2012（1）：56-59.

② 方雄普．欧洲中餐业掠影［J］，海内与海外，1998（1）.

进入20世纪90年代初期，欧洲餐馆的经营状况已不如80年代那么热火朝天，这是欧洲经济不景气的大气候带来的，许多餐馆的生意开始进入低谷，比、英、法、荷不少餐馆生意都比较平淡。欧洲许多的中小型餐馆、外卖店，这时期停业和关闭的不少。

20世纪90年代，欧洲饮食业成低谷亦不局限于中餐馆，当然也不是中餐馆的发展势头不好。究其原因是多方面的，主要还是这时期各式餐馆数量在欧洲不断增多。诸如印尼餐、马来餐、日本餐、泰国餐、越南餐、阿拉伯餐，加之西方固有的法国餐、英国餐、意大利餐、西班牙餐、希腊餐等也在不断增加，人们尝到了在欧洲开办饮食店的甜头，便从四面八方涌进欧洲，加之欧洲人的饮食口号是“遍尝各味”，因此中餐馆受到排挤。但从作者在欧洲餐馆业两年的感觉和自助餐销售中与客人接触的过程中了解到，欧洲人除钟爱传统的西餐之外，也特别喜爱吃中餐。

（2）20世纪中后期美国中餐业的经营　中国餐馆分布在美国的各个角落，随便到一个城市，都可以看到中国餐馆。从早期的杂碎、炒面，到云吞汤、蛋卷、叉烧捞面、绿椰菜牛肉，这些已成为美国中餐馆的固定菜式。二十世纪后期，美国中餐馆的菜式，已发展到粤、闽、川、台、湘、江浙和北方菜的全面开花，还有素菜和风味小吃，这已成了美国人多吃不厌的菜肴品种。美国的犹太人比较富裕，而犹太人特别喜欢吃中国菜。

在美国，几乎每个人都有自己喜爱的中餐馆。很多美国人每周每个月都要去中餐馆用餐，这已经固化成了一种仪式，那种执着劲儿堪比基督教徒上教堂做礼拜。①

美国的中国餐馆除了有些供应早餐小吃点心外，大多以午、晚餐供应为主，午餐也提供价廉的快餐。对于厨房的厨师来说，菜肴烹调时口味要灵活，按客人需求而定。例如有辣椒的菜，要征求客人的意见，可加辣，加大辣，或少辣，少少辣，免辣，不辣的菜也可加辣。对于花椒，美国人特别敏感，一般要求不能在菜肴中出现。菜单中常出现免糖、免盐、免味精，甚至免油的菜肴。在传播中华传统食品文化的同时，也适当地吸收所在地的某些制作方法，把它们融合在中式食品制作之中。有的在具体制作中，迎合美国某些人不爱吃酱油、腌制品以减少盐的摄入的心理，适当减少些盐、葱、麻、辣等调味佐料。

要说到美国最有影响的中国餐馆，不能不提到华盛顿的“北京饭店”。这是一家临街的只有单扇门的中餐馆，却吸引着美国从总统、将领到豪门巨子以及众

① （美）詹妮弗·李. 刘正飞译［M］. 幸运签饼纪事：中餐世界历险记，北京：新星出版社，2013：1.

多国家外交官成为老顾客。它仅有的两扇窗子面街，其中一扇窗子的玻璃是防弹的，窗帘通常是不拉开的。布什总统曾40多次光顾这家饭店。部长、议员、各国外交官是这里的常客。不管在什么情况下，生意不景气与它无关，这家北京饭店始终保持门庭若市的兴隆景象。

中餐馆为了在竞争中取胜，总是比其他类型的餐馆营业时间长。他们还常常在经营手段上不断搞些新的花样，以吸引客人前来就餐。如送上一小吃食品，免费提供一杯汤饮，给儿童送一点香脆的点心等。有的中餐馆准备了一部分减肥菜，即是无油、无盐、无味精的菜，制作时用汤将肉和菜在锅内煮断生即可。如水煮素烩、煮白菜鸡片、汆芥蓝牛肉等，这类菜在美国销路很好，美国人吃得津津有味，甚至吃完一份还要买一份带回家下一餐食用。

20世纪70年代，尼克松总统访问中国，大批的美国记者随行，在中国待客的诸多宴席上，他们品尝了中国不同菜系的风味，回到美国大肆宣扬。有关对京菜、川菜、湘菜、鲁菜、淮扬菜的推荐，不断登上各大报刊的饮食版，而且赋予优和特优的星标，打破了粤菜独领风骚的局面。于是，外省人士纷纷插足粤菜天下的华人饮食业。[①]

改革开放以后，除合法移民美国的中国大陆和中国香港、台湾人士外，还有其他渠道进入美国的中国人。这时期中餐馆迅猛发展，同时竞争也更加白热化。

在美国的中餐业，除了以家庭经营的中餐馆外，早在20世纪80年代时，以陈查礼为先驱的中式食品标准化公司就已成立，总部设在俄亥俄州，初期分店已达40多家，以经营快餐为主，后来发展甚为迅猛。而人称美国“中式快餐大王”的程正男，也在洛杉矶率先创办了聚丰园快餐连锁店，20世纪后期，已遍布美国18个州，130多个分店，员工近3000人[②]。

2. 20世纪中后期海外中餐业厨师状况

早期的海外中餐馆执厨者，一般是为谋生和养家糊口的“老板”自己。他们不了解中餐厨房技艺，没有专门学习过烹调技术，只是会烹制些个别的家常小菜。20世纪50、60年代，中餐业的迅速发展，当时的厨师很多是半路出家，绝大多数也都不是正规厨师。进入20世纪80年代，当地的执厨者开始学习烹饪技术，而从中国香港和台湾以及大陆走出来的专业厨师也不断增多。这时期在海外执厨的厨师可分为以下几类。

一类是半路出家。这类人员占绝大部分，许多从中国出来的人，为了在海外谋生，不得不在华人最有市场的饮食业打工。最初在餐馆只是打杂，

① 徐熊. 美国饮食文化趣谈［M］. 北京：人民军医出版社，2001：7.

② 青松. 中餐馆在美国［J］，中国集体经济，1999（6）：31.

然后从炒饭、炒面开始，走上从厨之路。目前大多数是许多农村人靠亲戚带出来从事饮食业的，有部分是大学毕业或通过关系自费出国的而在饮食店洗碗、跑堂和炒饭、面的。这些人对传统的中国烹饪一窍不通，而是沿袭前人的技术，其烹饪操作大多不是正宗中餐，而是前人遗留下来的外国中餐。

一类是长期生活在欧美的中国香港和广东师傅，他们从事烹饪几十年，按过去的方法以及香港出版的菜肴书籍制作菜肴，大多数是广东菜。随着时间的推移，其菜肴也在潜移默化地变化，许多正宗中餐之味已渐渐走样，而在西方人的心目中，认为这些走了样的菜肴为真正的中国菜。

一类是对外开放以后公派或自费等形式出国的厨师。这些人把正宗中菜带到了海外，一些菜被保留下来，但大多数菜肴没有落户。这原因有两方面：一是受餐馆老板的限制；另一是受速度、人手的限制。饭店老板有两种情况。一是了解和精通烹饪的。这些人对菜肴制作有一个概念，他们认为：正宗的，并不一定是受欢迎的。故此，很多正宗中菜就很难在欧洲立足。厨师必须按老板的思路去做，哪怕是错的，不好的。俗话说："欧美中餐，是老板餐。"另一是老板不通烹饪的，国内来的厨师他们很信赖。这样厨师可以照自己的思路做并自由发挥，制作一些正宗口味的中国菜。但长时间这样做中餐，又发现比较难，一是有些菜客人不喜欢，认为与过去吃的菜不同。另外主要是速度跟不上，求质量就减少了数量，由此便想一些快速简便的方法。因为，海外厨房人手少，事情多，加之西方人也不能真正品评中国菜的真谛，故做菜时开始寻找捷径，如鸡片、肉片可以先用油滑好，随来随要随制，速度快；香酥鸭、烧鸭可以大批量制好，剔骨并一份份包好放入冰箱，随点随取随用；春卷可以提前包好很多放入冰柜；复杂的菜肴可以变化成简易菜肴而走上餐桌，等等。其实这样做已经大大降低了菜肴的口味和质量；但不这样不行，用餐急用时来不及。当然，这些厨师都是按正宗之法而炮制的，客人也较喜欢。

3. 20世纪中后期海外中餐馆经营状况

海外的中餐馆，其形式和风格是多种多样的。从餐馆的规格、档次来看，有豪华型、中档普通型和小巧简易型；从餐馆的规模、形式来看，有酒店型（内设中餐馆），有一店多餐型，即中餐馆中兼做日本餐、泰国餐，或中餐馆兼外卖、餐馆兼酒吧形式等，有专做外卖或快餐型。从餐馆的设计、装潢来看，有中国传统型，其布置、装饰带有中华民族浓郁的传统风格，如墙壁的雕龙画凤，账台旁的观音、关公，悬挂的宫灯、字画，外观的翘角屋檐，门窗的红木、彩玻，包括背景音乐、服务人员的旗袍服饰等，走进餐馆，便会感到置身于中国古老文化的氛围之中。有中西结合型，利用某些中国元素，大量借鉴西洋风格和装潢特色，以适应西方人的视觉效果，其色调的选取、餐椅的样式、餐桌上的摆设，都体现了西方的风格特点。但从总体来看，海外的中餐馆还是以中档普通型为主体，因中档消费具有普遍性和灵活性，适应面较广，容易被广大顾客所接受。

值得一提的是，海外数量较多的普通中小型中餐馆，绝大多数是以家庭式经营为主，很多是男的当老板兼大厨，女的管收账兼服务招待，已成年的子女大都也在自家的餐馆打工，再请上几个厨房帮工和招待员。由于欧美当地劳动力成本较高，所以中餐馆中雇佣的几乎全是中国人，其中不少是中国的留学生。中餐馆的经营者精打细算，亲自动手，再加上全家上阵，可以极大地降低成本，这样也就大大地节约了开支。

在欧美的餐饮市场上，中餐馆是舶来品，其身价是难以与当地法国菜媲美的。中餐馆由于数量多、规模小、专业技术人员不足，使得整体形象受到一定的影响。在欧美人的心目中，法国菜的档次是相当高的。欧洲人在传统重大活动中，大多是进食法国餐。法国人重视烹饪术，一向将美食与艺术、哲学并列于同样崇高的地位。而欧美的中国菜在相互竞争中压低了价格，在缺少专业技师的条件下，菜肴的制作也缺少规范，其价格低廉也成了中餐馆的一个普遍特点。因此，在欧洲，东方的中国菜就不如法国菜有地位、有档次，吃过法国菜的人都连声叫中国菜便宜得冤枉。

中国菜在欧美的声誉在几十年中虽日渐提高，但远不及它应有的地位。法国菜价钱贵一倍，却没有中菜那么费时费工。中菜价廉物美，原因很多，如不重视菜品的宣传和装潢、自己人恶性竞争等。在欧美饮食业中，除了大厨，其他人甚少经过技术训练，这也降低了形象。

在欧美的中国餐馆与法国餐馆比较，其餐厅的装潢布置、规格档次各有千秋，东方饮食文化氛围与西方的饮食文明在欧洲大陆相互并存，并保留着各自的风格。从中餐馆的厨房来说，中餐馆80%的厨房卫生都不可与法国厨房媲美。这可能有两个方面的原因：一是华人老板的要求没有欧美人要求那么严格，以传统的习惯养成为当今的自然；二是华人厨师文化素质低，卫生要求不严，有一部分的饭店厨师不穿工作服，许多厨工及其帮工都是老板的亲戚，绝大多数是来自农村的农民，没有经过专业技术训练，对烹调知识知之甚少，营养知识更是一窍不通，这显然是不可与法国厨师比高低的原因。在欧美，要中国菜提升到法国菜的地位，一时也不易办到，若因势利导，在薄利多销过程中提高各中餐馆的管理水平，尤其要善于应用现代科技。

20世纪90年代初，欧美不少中餐馆，特别是比较高档的中餐馆，已经开始应用电脑点菜系统，并利用传真机做外卖生意，厨房的现代化设备和工具，也已不断地得到完善，这是海外中餐馆在传统技艺的基础上的更新发展。这一点，在当时要比国内先进。应用现代化的设备和机具，既方便了厨房的生产，又提高了工作效率，更保证了饭店管理的质量。

在这些餐馆中，经营、管理和操作中餐业的人士也是五花八门，各式各样。有的是百万富翁投资餐馆业，大手笔装饰门面，更新设备，并从国内聘请名厨掌勺；有的是从厨房学徒打杂工再干到炒锅大师傅人员，在一线干了几年，凑点资金买下个小店，做起这档营生；也有的是夫妻老婆店，勤勤俭俭辛辛苦苦讨生活，那些当餐馆老板的人中，博士、硕士学历的人大有人在，而文化水平不高的、英文水平较差的更多。

在中餐馆里打过工的新移民更是数不胜数，几乎80%以上的留学生及其家属都或多或少在中餐馆打过工，有的甚至就因此与中餐馆结下不解之缘，由此开拓了自己的事业，做起了小老板。

20世纪中后期，中国的产品在欧美市场上不多见，但中国的饮食文化在海外却很普遍。只要你在大街上走一走，就会很容易发现中国的餐馆、中国的文字、中国的菜单、中国的菜肴。在海外任何国家，中国的餐馆几乎是中国人在异国他乡温馨的港湾，也是传播中国文化、增进国家之间民众友谊的最佳场所。

二、餐馆与经营：中国菜肴在海外的嬗变

在海外的饮食市场上，各国菜式餐馆林立，风味多样，而中餐馆独占鳌头。从地中海沿岸到莱茵河诸国，从大不列颠岛到波罗的海四邻，从密西西比河到圣劳伦斯河，从大洋洲诸国到东南亚各地，到处可以看到华人开设的风格独特的中国餐馆。中国餐馆在海外市场上已有相当高的地位，欧美澳人爱吃中国菜也已成为人们生活中的一种习惯。中国菜大批进入海外市场不过近百年历史，其发展之速度、影响之深远为世人所瞩目，也是国人引以为自豪的。

细细品味海外之中国菜，可以感觉这里既保持着中国菜的传统风味，又带有所在国本土饮食的特色。中餐为了在海外立足、生存，适应海外各地人的饮食习惯，因而在制作中不得不在传统的基础上加以发展、变化，这也就是海外中餐生命力旺盛之所在。从海外几十家著名餐馆的菜肴制作来看，海外中餐的生存、发展在于合理地演化，适应当地人的习惯。这里将海外中餐馆菜肴制作的特色归纳于此，供大家品鉴。

（一）厨房生产加工的变化

1. 刀切加工向简易发展

刀工精细是传统中国菜的一个重要特色，也是菜肴制作的一个重要环节。在刀切加工中，我国自古就有“片薄如纸，丝细如发”的精巧制作。而海外中国餐馆的刀切加工与传统技法就相差甚远，一方面许多餐馆的师傅由于不谙熟中餐刀工技艺，特别是一些在海外“半路出家”之人，对中国刀工技巧知之甚少；另一方面从海外人的食用角度看，往往不需要过分细和薄的菜料，中餐馆中所加工的片较厚、丝较粗，这是为了适应西方人用刀、用叉的饮食需要，若过细、过薄的丝和片，客人使用刀叉就餐不方便，而粗、厚的丝和片食用时就较灵活，便于取食，客人也很欢迎。一位在意大利餐馆工作过的陈师傅曾说过：西方刀工不求精细，粗厚的料在烹调炒制时也不易老、硬、碎、焦，可以便于掌握火候。

在海外中餐馆一般都配有切片机，厨师们大多使用切片机操作，肉丝、肉片、肉丁等都依赖于机器，将冻好的肉用机器刨片，然后再加工切丝，使其溶冰后上浆使用，这样刀工运用就少得多，特别是在繁忙、人手少时，利用机器加工速度快捷，且适宜大批量的加工生产。由此，手工刀切也就相应的减少了。

利用刀工制作象形配料和复杂的花色菜肴，这在海外也较少见，一般餐馆都不推崇这些。这主要是浪费时间，不够实用，很多是好看不一定好吃。利用刀工剞花刀的菜肴也很少见，主要是费工费时，而且不少厨师也不精通。但海外中餐馆利用简易刀法制作一些水果、瓜类装饰物较多，如用苹果切成桃形，用番茄制成花形等较普遍，下刀利落，造型抽象，刀法简单明了，艺术性强。

从众多餐馆看来，海外中餐在刀工刀法的应用上较为简单，没有国内要求严格，原料成形只是简便的片、丝、丁、条、块、段、粒等形态，起到便于烹煮和调味的作用即可。

2. 菜肴制作向无骨演化

传统中国菜的许多菜肴往往是带骨烹调的，讲究骨香肉美、酥烂脱骨，造型完整的特色菜是少不了骨头的，如油淋仔鸡、清炖鸡、烹仔鸡、香酥鸭、京葱扒鸭、丁香排骨、腐乳排骨、糖醋鲤鱼、清蒸鳜鱼、荷包鲫鱼等，都是带骨一起烹调的。但这些菜肴搬到西方来就必须在制作中加以变化，以适应海外人的饮食需要。因为海外人的饮食要求是菜肴中不带骨头，带骨菜使得他们用刀叉无法下手而且咀嚼时感到不雅，便不敢问津。这样许多菜肴的制作过程都得发生变化，如在海外各地畅销的“香酥鸭”的制作，即是先将鸭加工去内脏，从脊背下刀，加盐、花椒、葱姜腌制后，放入蒸笼内蒸熟至烂，取出冷却，去内骨，放盘中压平。待食用时，在没有皮的一面挂上全蛋糊，放入热油锅中炸至酥香出锅，改刀装盘。此香酥鸭是传统菜的改良与演变。作者在德国杜塞尔多夫扬子饭店与南京的师傅探讨过，他们认为许多脱骨菜是很好的，如香酥鸭演变后更有特色，特别适合高档宴会使用，既没有骨头，又两面香酥。这是一个好的改进。

海外人爱吃“龙利鱼”（即比目鱼的一种），烹制后整条鱼上桌是带骨头的，但龙利鱼油煎或清蒸后，鱼的骨与肉就会很容易脱离开，通过筷子或刀叉一剔，鱼骨就会很快从鱼肉中分离开，且骨肉整齐美观。当人们在做好一盘盘“干烧明虾”“蒜蓉牛油虾”时，有些海外客人也提出要吃不带壳的大虾。

一般认为，越是档次高的宴席和菜肴，在制作中往往都尽量不带骨头。海外人认为，吃带骨头菜比较麻烦，要去骨去皮，吃相难看。他们要求吃饭菜时嘴里不要吃出声音来，也不主张在人面前龇牙咧嘴啃骨头，而是注重饮食的高雅情趣。从另一角度看，刀叉的配合使用，对于带骨菜肴的食用也不太方便。无骨菜有许多长处，但它的整体造型略逊一筹，但这种改良也许正是烹饪发展的一种必然趋势。[①]

3. 烹制方法向简捷转变

中国菜肴精细微妙，丰富多彩，在很大程度上指的是变化多端的烹调技法。中国烹调方法之多、之精是世界上任何国家都无法比拟的。中国菜带到海外后，许多菜的制作都发生了变化，并且避开了那些费时的、繁复的烹制法，保留的是一些制作较简便的菜肴和时间短促的烹调方法，将一些注重火工的、技术难度大的都放弃了，以炒、炸、烤、煎、扒为多，兼带蒸、煮、烩、烧、熘、汆等法，这些方法的运用，也是较为简单的。

炒制法是海外中餐馆应用最为普遍的，因其出菜速度快，炒制简便灵活，为餐馆酒楼和外卖出菜带来了极大的方便。旺火炒菜也是中国餐馆最富代表的烹调特色。海外中餐中运用的炒制法，以滑炒最为广泛，其他炒法运用极少。许多菜名冠以“干炒”，而许多餐馆的师傅都以“滑炒”用之。如比利时一饭店大师傅，姓廖，香港人，他在海外炒菜20多年，曾在伦敦、巴黎、鹿特丹等地主厨过，小有名气。他制作的“干炒牛肉丝”和“干烧明虾”等菜，在西欧中餐馆具有一定的代表性。从他的制作来看，“干炒牛肉丝”就是一般的滑炒牛肉丝；“干烧明虾”，将山东对虾切成两段加洋葱、蘑菇烧制。据他说，十几年来一直这样制作。

炸制法在海外运用是非常广泛的，无论是大饭店，还是小餐馆，抑或是外卖店，都有专职的油炸岗厨师。这与国内有些地区的小饭店厨师做一只菜同时用几个锅有些不同，特别是烹、熘等菜需要用油锅的都由油炸岗做好。海外中餐馆，

---

① 邵万宽. 中国菜在西欧的演化与嬗变［J］，中国烹饪，1992（9）：7-9.

大师傅炒菜与油炸岗厨师配合默契，凡是要走油锅的，都由专职油炸岗完成。这样制作菜肴较为方便、快捷，节省时间。

烤制的菜肴，海外人尤其喜好，其风味特色别具，烤肉、烤鱼、烤虾、烤鸭、烤鸡等，利用烤箱、挂炉、扒炉制作的菜肴，都是深受欧美人欢迎的肴馔，加之现代化的设备，使用灵活，制作也不复杂。

除此之外，还有煎、扒、蒸、烩、烧、汆、煮等技法，许多餐馆也不一定遵循传统的技法制作菜肴，大多工序简单。海外中餐馆的点菜单的菜目，95%的餐馆或多或少都有许多相同的菜品，每个餐馆运用方法也不多，除上述几种以外，一般餐馆很少有突破，只是一些较大的、较高档的餐馆或是专做华人生意的餐馆有所差异，带传统技法和口味的成分多一些。在海外，炖、焖、煨、焐技法运用实在很少，卤、冻、酱、熏技法也难以看到。

火候是中国菜肴之灵魂。海外中餐馆在火候运用上，变化也不大，因为许多中餐馆讲究火工的菜品很少，大多是旺火速成、中火慢煎而成的菜肴，很多是借助微波炉和烤箱的配合使用，掌握火候的难度是不大的。由于炒、炸、煎、烧之类菜品较多，只要掌握不生、不焦煳的度就行了。在这方面，海外人对中餐菜品的要求比国内人要低些，就像中国人对西餐菜品的要求比西方要低一点一样，所以餐馆在烹制中应用火候的难度也小得多。

（二）调味汁配制与口味特色

1. 菜肴调味多使用兑制的调味汁

在欧美烹饪界有这样一种说法，即“中国菜重火候，法国菜重沙司，日本菜重餐具”。中国菜的难度和菜肴特色就在于火候的独到之功。法国菜似乎不太重视火候，而讲究菜肴的“沙司”，即调味汁，许多菜肴的原料本身味道是比较单调的，必须用沙司来增加菜肴的味感和美感，即使是油炸、油煎的菜肴，也要另用小碟，配上适宜的沙司。日本菜肴特别讲究餐具器皿的变化和配套，方形的、圆形的，各式各样，竹器、漆器、瓷器、木器、藤器，林林总总，一桌筵席好像是各式餐具的大展览。

海外人所食菜肴多汤水与中国菜亮油包汁的制作方法很不相同，往往高明的中国大师傅制作的正宗拿手菜，得不到海外人的赏识，反而会招致一种难以下咽的冷遇，这种旺火炒菜的真功夫得不到好评的原因，实则是西方人生活习惯的明显差异所致。

湿菜多汤水，干菜配沙司，这已成为西式菜肴的一个显著特点。就这一点，在海外烹制中国菜要比在本土制作中国菜容易得多，难怪海外许多中餐馆的厨师，不是真正厨师出身的特别多，尽管如此，生意照样火爆，顾客盈门，其原因在于适应海外人爱沙司的饮食需要。若以沙司即调味汁来看，实际上中国菜中沙司很多，而且各具风味，一个味型就是一种沙司或几种沙司。中国菜习惯把菜肴与沙司融合在一起，如糖醋排骨的排骨与糖醋汁、咕噜肉的熟肉块与甜酸汁、鱼香肉丝的肉丝与鱼香汁、麻婆豆腐的豆腐与麻辣味汁、回锅肉的熟肉片与家常味汁（台湾人称回锅汁）、豉汁鱼片的鱼片与豉汁等。烹制菜肴时，直接用调制好的沙司调味，像甜酸沙司，可以直接与原料制成咕噜肉、芙蓉虾、甜酸鱼、京都肉排，等等。因为不需要凭经验现兑调料，不仅大师傅、小师傅，甚至勤杂工，都能制作，菜肴味道一样，方便了操作，节省了时间，增加了效率。

餐馆每天所用的沙司应该每天按照一定的配方比例当天制作，才能体现其特色风味，但苦于人手少，只能每周调制1～2次供平时所用。有时也直接使用工厂化生产的调味汁。但也产生一个弊端，即是风味特色不明显，千篇一律，食用时总感到味道大减，特别是沙司的配方和不同原料的不同制法，没有现场制作和当天调制的味道纯正、地道。对于小餐馆及其外卖和普通家庭使用还是十分便利的。中餐馆注重沙司的调味，每天开饭前提前调制好的常用沙司是有助于菜肴口味的统一以及保证制作时间的快捷方便，是值得提倡和发扬的。

2．中餐业复合调味汁大流行

海外中餐的烹饪技艺在继承传统中餐技艺的基础上，又吸收了西餐的烹调之长。就菜肴调味来看，也是洋为中用、中西合璧。20世纪80年代中后期，海外中餐业还借鉴西餐复合调味汁制菜的特点，大胆使用了一些根据中国菜肴风味调制的固定味型调味汁，在繁忙的餐馆经营中，这些复合调味汁的运用既方便快捷，又保持了中菜的风格，为海外中餐馆带来了可观的效益。

中餐馆使用的“复合调味汁”，是根据中餐菜肴的固定复合味型调制而成的调味沙司（汁），它是将几种调味品按一定比例调和在一起，制成不同用途、不同味型的调味品。在海外的中国杂货店里，这些瓶装的调味汁很多，如鱼香汁、回锅汁、麻婆汁、宫保汁、麻辣汁、陈皮汁等，以及港粤流行的调味品沙司，如OK汁、柱侯酱、烧烤酱、海鲜酱、苏梅酱、樱桃酱、山楂酱、甜辣酱、甜面酱等，可谓品种繁多，包装各异。这类调味汁几乎所有的中国杂货店中都有供应。它们确实给居住在海外的华人学制中国菜带来了极大的便利，同样也给海外中餐馆的老板、厨师们制作中餐菜肴找到了捷径。①

这些复合调味汁在许多中小型的餐馆使用较多，他们认为比较方便。对于

① 邵万宽．海外中餐业抄近道，复合调味汁大流行［N］，中国食品报，1995-8-20.

一些大餐馆，以及从中国大陆派去的中国厨师都不用或很少用这种调味汁，总嫌其味道不纯正、不地道。这些调味汁是经过改良而适应外国人的，风味自然不是十分地道，没有现制现吃的味道好。正如重庆一位烹饪大师所言："假如把辣油、辣椒酱提前做好放入冰箱，第二天的口味总比当天的逊色。"海外人并没有如此品味的讲究，从效率和人手方面来讲，复合调味汁的使用确是有许多优势的。

生产厂家的精明之举，不仅在于制作这些现成可用的复合味汁，他们还随这些调味汁出版相应的菜谱。20世纪90年代初期，海外中餐厨师中流传着一本《四川菜谱》，其出版单位是台湾某出版公司与配制调味汁的企业共同编辑出版的。这是制作复合调味汁的制造商在推行调味汁时，同时出售菜谱作范本，以使华人家庭和餐馆的厨师们依照此菜谱而使用复合调味汁。此菜谱应用的都是各种调味汁，烹调十分简便，约20多个菜肴，印刷精美，人们看着菜谱制作，一看就会，很实用。

应该说，复合调味汁投入机械化生产，是人类调味史上的一大创造，它是对过去那种繁复、模糊的调味方法的一次革命。但如何更科学化、标准化、美味化的调制各传统味型，创新味型，也是摆在商家面前的一个课题，我们祝愿这朵含苞的花儿能够越开越美丽。

3. 菜肴口味由多元向一个系列升华

中国菜肴美味可口，令世界瞩目，关键在于它的口味的丰富多彩，不同的地区、不同的气候都产生出了不同的口味品种。素为群众喜爱的咸鲜味、鲜甜味、甜酸味、香咸味、麻辣味、香辣味以及鱼香味、荔枝味、椒盐味、怪味等等，使得中国菜"一菜一格、百菜百味"而饮誉海外。中国菜口味的多元化，就像作曲家由音符变化出美妙的乐曲一样，各具感染力。而发展到海外的中国菜，为了得到西方人的认可，就必须适时适地进行适当的改变。海外人的饮食要求以甜、酸、微辣为主。中国菜在海外立足，从引进照搬到变化改良，是经历了一个发展过程的，经过几十年的演变发展，多少年来，正是顺应海外人的饮食要求，向甜、酸、微辣方面靠拢，而制作出了一个系列的、深受人喜爱的菜品。如咕噜肉、荔枝肉、京都肉排、甜酸鱼、松鼠鱼、滑溜鱼片、虾仁锅巴、茄汁虾仁、干烧明虾、菠萝鸭片、柠檬软鸡、橘络大虾以及微辣带甜酸的改良菜，如宫保鸡丁、鱼香肉丝、辣子鸡丁、麻婆豆腐等，这些菜海外人特别爱吃，以甜酸为主，辣味次之。所以，海外中国餐馆白糖、白醋用的是最多的，甜辣酱应用也很普遍。

番茄酱是制作甜酸菜肴常用的调味品，西餐中应用比较普遍，中国餐馆在传统甜酸味型的基础上，大胆使用西方的番茄酱和番茄沙司，海外中餐馆利用番茄酱调味制作的茄汁菜、西汁菜、甜酸菜、糖醋菜，都是各中餐馆比较叫卖的品种，许多菜肴的沙司也都是由番茄酱配制而来，如咕噜汁、京排汁、火肉汁等。

甜酸菜在西方盛行。海外人爱吃甜品，中餐馆的白糖是使用最多的一种调味料。海外中餐使用的甜辣酱和国内的甜辣酱不同，它是海外生产的，口味相当醇和，甜度较重，辣味较小，食用很爽口，海外人常作为佐餐调料，制作菜肴别饶风味。利用橘子、橙子、菠萝、柠檬、荔枝、樱桃等水果的鲜美甜酸风味制作的菜肴，是较畅销的风味菜品之一。几十年来，甜、酸、微辣的系列菜肴已得到不断发展和创新，同时兼收并蓄西菜之特色，现已成为海外人日常饮食的重要菜品。

在甜、酸、微辣菜肴的主旋律以外，还有一些咸鲜、甜咸等味菜肴。在海外中餐馆，由于使用一些适合当地人的西式调味料，所以许多菜肴的口味也有些西化了。生在其地，深受其变，顺应潮流，合乎情理。

（三）入乡随俗与保留个性

1. 落户海外的中餐菜肴制作

中国菜在海外安家落户，已越来越得到当地人的青睐和关注。应该说，随着某一餐馆或某一中国厨师在海外的时间延长，其餐馆或厨师都会在时间的推移中慢慢地、不知不觉地受着当地饮食潜移默化的影响，很正宗的中国大师在海外执厨一两年以后，他制作的菜肴和传统菜肴相比，可能会发生一些变化。这当中的原因是多方面的。

首先是原料、调料的变化。随着厨师们在外国执厨时间的延长，逐渐接受和习惯了西方的原料和调料。从植物原料的口感来看，诸如洋葱、胡萝卜、生菜、葱、蒜等口味都与中国所产的有所不同；在烹调上，大量使用黄油、咖喱、番茄酱、沙姜、黑椒、柠檬、椰酱、香叶等调味品。其次，西方人的饮食要求、餐馆老板们的指使，都促使中餐走上了入乡随俗之路。另外由于外国人的饮食要求不同，各个老板的口味特点、承受能力和性格的不同，由此而产生各餐馆各套路各菜肴各风格的差异性和随意性。

用“菜无定式”来形容海外中餐馆的中国菜，可以说是比较确切的。在海外许多中餐馆，同一菜肴，各餐馆做出的色香味形风格是有一定的差距的：大饭店与小餐馆各自的要求不同；大老板与小老板的见解不同；大城市与小村镇的追求款式不同；各个地区的口感差别不同；生意兴隆的与生意清淡的餐馆对菜肴的卖相要求不同等。如同样一份“鱼香肉丝”，同一地区的餐馆其配料也是千差万别的，有青椒肉丝加辣椒的，有罐头笋丝加辣椒直接炒肉丝的，有用现成的鱼香汁烹调的，也有用甜辣酱或酸辣味调味的，绝大多数餐馆不放小料或只放蒜蓉，总之，花样很多。海外餐馆走多了，总给人感觉海外中餐馆没有一个固定而统一的格式，这真是叫“老板餐”，老板想怎么做就要求厨师照样去做。

在海外各国，不同国家有不同国家人的饮食要求。餐馆老板在国外生活了十多年甚至几十年，对各地人的饮食生活了如指掌，所以这也是老板们的口头禅：“我对这里人的饮食了解，他们最喜欢吃……”老板餐自有老板餐的道理，更何况要入乡随俗、顺其自然，才能有生命力。在海外中餐馆做烤鸭，不能按照中国人的传统习惯，先准备好灯笼葱、调拌好甜面酱、烙好面饼，然后乘热片下鸭皮，再切下鸭肉，如法炮制上桌后效果并不理想，客人把鸭肉吃光了，面酱也使用了，而鸭皮、大葱则原盘返回，没有一人食用。究其原因，这一方面是客人对烤鸭一菜的食法不了解，也不知道这是中国的“国食”，但另一方面也是我们不了解海外人的饮食习俗。生大葱味哄辣，这种异味西方人不敢生吃；鸭皮没鸭肉，粗糙的鸭皮，客人感到厌恶，显然是不敢问津的。这必须加以改变，以适应西方人饮食要求，可以用少量葱丝、大量黄瓜丝作配，皮和肉也不要分开，而是连在一起给客人食用，效果就会更好。

入乡须问俗，只有全面了解不同地区客人的饮食习惯和特点，才能制作出符合各地客人所需要的菜肴食品。

2. 上菜程序顺应西餐的格式

中餐的上菜程序自古至今一直是冷菜、热炒、点心、汤、甜菜的一般形式，这是中国人的饮食传统。海外中餐馆的供餐形式，主要有零点餐、套餐、快餐、自助餐、宴会、冷餐会、茶会等。不管是什么餐式，总体上上菜程序是按西餐的顺序而进行的。中餐到海外后也入乡随俗，顺应西方人的饮食次序，其上菜程序为“头盘、汤、热菜（鱼、肉、禽）和蔬菜、水果、咖啡或茶”。头盘即指前菜，一般是以冷菜和点心为主，也有部分热菜，如烧卖、春卷、虾饼、蟹钳、麻辣鸡丝、烤大虾、煎田鸡、沙拉等，大多为干性的菜点，一般都配有沙司（调味汁）。头盘与汤都是每人一份，各客方式。

套餐，又称份饭、包餐，这种形式在欧美使用十分广泛，大中小餐馆一般都有套餐供应。套餐形式起源较早，约在中世纪（476—1453年）欧美就已盛行。那时，饭店和旅馆按照不同的标准，制作出不同规格的套餐供宾客选用。由于这种形式既节省时间，又方便宾客，故很受欢迎，所以一直延续到现在。

套餐的形式，基本都严格按照比例，安排成套，对用餐者极为方便，尤其对那些不熟悉菜点的宾客，以及无空余时间点菜及团体用餐的客人，更为适宜。套餐大多是餐馆老板或厨师设计。如：

烤大虾/鱼汤片/芦笋鲜贝、香酥鸭、豉汁生蚝、双冬牛肉、什锦中菜/雪糕/水果拼盘/咖啡。

春卷/冬菇汤/蜜汁鹅肝、宫保虾球、茄汁鱼片、炒时菜/菠萝鸭/冰淇淋、水果/咖啡或茶。

锅贴龙虾、烤鸭片汤、豉汁蒸蚝、双冬比目鱼、炒时蔬、香草牛肉、雀巢鸡丁、水果冰淇淋、咖啡或茶。

宴席、套餐的上菜方式，一般是先上质优的菜肴。水果的装盘是比较讲究的，它是将多种时令水果加工切配后，搭配成一定的格式，与雪糕、冰淇淋一起，点缀一些巧克力，撒上一些糖粉，配上一些水果沙司，既美观又好吃。

海外人品尝中餐的饮食礼仪一般也和西餐相似。服务员在餐厅摆台时，既配有中餐传统的筷箸、汤勺，同时还配有刀、叉。这是为了适应海外人的饮食方式，以防止西方人不会使用筷子取菜。上菜时菜点都是从座位的左边递上桌，饮料从右手倒。海外人进食中餐，节奏也较缓慢，动作文雅，讲究卫生，听不到咀嚼声和刀叉盘碟的撞击声。

3. 中餐头盘菜品的变化

进入海外的中餐馆，其套餐、宴席菜肴一般是依照西餐的上菜程序，即：头盘—汤—热菜—水果、冰淇淋。这里的“头盘”，与传统中餐的冷盘是相通的，但也有许多不同。头盘的编排，已不局限于传统中餐冷菜的范围，而是灵活多变，特色分明。海外中餐的头盘，是从西餐前菜演变而来的，并为顺应西方人的饮食生活和上菜程序而设置的。

按照西餐的上菜程序，第一道菜称为开胃菜，开胃菜的内容有果盘、腌渍菜、少量热菜、各种冷菜等，以冷菜居多。

开胃菜称为头盘。据说从前的西餐的正餐是从汤开始的，而头盘在汤前面提供，其目的是为了促进食欲。头盘的服务形式可能是受俄国宴会形式的影响，俄国在宴会的宾客没有到齐前，先到的客人都安排在其他房间用餐前酒和点心。现在几乎所有餐厅都将这种习惯作为头盘固定下来，客人一入座就提供。点过菜的客人正在等待正餐菜肴的到来，提供开胃菜的目的是为了增加食欲，所以开胃菜应以不影响主菜风味为前提，需注意做到以下几个方面：具有独特风味；带有一定咸味或酸味；量少而精。

海外中餐馆配制的头盘，吸收了西餐头盘的特色，大胆利用中餐菜点的不同品种配制头盘，使得海外中餐既能适应海外人的进餐方式和进餐程序，又能达到中餐西式、中餐西用的良好效果。

纵观海外中餐馆的套餐和宴会菜式，头盘的使用一般包含以下几个内容。

①以冷菜作为头盘：这种配制方法应用比较广泛，此法吸收了中国菜传统的配宴特点，比较适应海外华人用餐，如五香牛肉、麻辣鸡丝、盐水大虾、苏式熏鱼、油鸡、茄汁鱼片等。用冷菜作头盘，既可用单盘，也可以双拼或三拼，比较

灵活。冷菜可以预先制作好，出菜速度快，客人随时到随时上菜，十分方便。

②以点心作为头盘：这种配制方法应用很普遍，特别是中小型的中餐馆，大多使用中国传统的速冻点心，如春卷、干蒸烧卖、炸馄饨、蟹钳、虾饺、锅贴等。使用速冻食品既方便又迅速，比较适应中餐馆厨师人手少、出菜快的现状。点心小巧可爱，特别得到外国宾客的喜爱。

③以热菜作为头盘：这种配菜方法质量略高一点，因是热菜，要保持菜肴的温度和特色。如蜜汁鹅肝、烤虾皇、蒜蓉田鸡、锅贴鱼、炸虾球、桃仁鸭方、皮包虾等。热菜作头盘，一般要求干制的菜肴，而不能汤汤水水，大多以煎、炸、烤等小量菜肴为主，外配沙司小碟。

④以色拉作为头盘：海外中餐馆制作色拉、沙嗲较多，这也是顺应欧美等海外人食用要求。此配制方法，西式风味浓郁，一般用生菜、芦笋、黄瓜、番茄、洋葱等新鲜蔬菜或水果、海鲜制成。

⑤以多盘冷菜组合成一道头盘：这种多味多盘的组合冷菜，是继承中国传统筵席的配菜方法，有四单盘、六单盘、八单盘等，此法大多是宴会形式，规格档次较高，大多招待华人（外国大多使用各客拼盘头盘），多味小盘能够适应华人的饮食方式，若是外国人一般不用此法，否则会显得菜品偏多。[①]

4. 菜肴讲究盘边装饰

注重盘边装饰是在继承传统的中国菜美化工艺，借鉴国内菜盘花边装饰，依循传统中国烹饪盛器讲究食与器完美统一的基础上而发展普及的。盘边装饰在香港、新加坡、海外的中国餐馆特别盛行。装饰菜盘，是海外中国菜馆必备的一道工序。只要在餐厅就餐的客人，无论是快餐、套餐、点菜，还是大型自助餐，所有菜肴的盘边都必须配以雕刻的花卉、带色的菜蔬。最简便的有用几片番茄或几片黄瓜或几片柠檬，加一点生菜丝的装饰；较普通的是用萝卜、土豆、洋葱、番茄、白菜雕刻的各种小型花卉；还有用柠檬、番茄、柑橘的简易造型用以点缀的；较复杂的是高级自助餐的金、银器盘边的装饰，一般要雕刻成立体的花、鸟、鱼、虫，如雕刻的孔雀、凤凰、瓜盅、瓜灯等。

海外中餐的盘边装饰，绝大多数是利用简易的花卉、果蔬配形，多使用菜丝、萝卜丝、生菜、番茄片、香草等装饰配合，它不同于菜肴的围边装饰，只是起到简单的点缀作用，不使整体感到单调、乏味。可贵的是，海外中餐几乎每一盘菜盘都配有装饰，不论是宴席菜、点菜，还是套餐、自助餐菜肴，抑或是餐厅的快餐菜，这似乎已成为海外各大、中、小餐馆的装盘惯例。

经过装饰以后的菜盘，摆放在客人面前，餐馆老板心里踏实些，自我感到对

① 邵万宽. 风靡欧洲的中国菜［M］. 南京：江苏科技出版社，1995：215-217.

客人的重视和负责态度；客人自己也感到特别舒服。一朵美丽的花儿，制作时间不过花三五分钟，所起的作用是让客人对餐馆有一种信赖感。

海外中餐馆盘边装饰的显著特色在于它的普遍性和随意性，它不同于国内重要场合和宴会菜、考核菜、重要的接待餐等的精雕细刻，注重高品位有难度。

所谓普遍性，即从中餐厨房出来的菜肴点心，都必须有一定的装饰物，一般在菜肴的盘边缀上生菜丝、柠檬、番茄、黄瓜、胡萝卜丝、白萝卜丝、萝卜花、土豆花、西洋菜、紫菜头花、紫包菜等。这些简易的和雕刻的品种，都是厨师们忙里偷闲制成的，而没有用大量的时间去费工费时、精雕细刻，有些装饰料就是黄瓜片、番茄片、柠檬片，既简便，又配色，既作装饰，又可食用。

所谓随意性，即不受条件的限制，盘边装饰不拘一格，可根据原料情况和接待任务的多少而利用装饰物料。用生菜切成丝；用机器绞成萝卜丝；用机器刨萝卜片卷制成花；用紫菜头、红辣椒、白菜心等制成的各式花卉等。盘边装饰以雕制的花卉为主体，繁忙时也可采用较为简便的方法，而且花卉也可以回收使用。

简洁、朴实的装饰，可以说是海外中餐的总的特色。通过盘边装饰，可以把一些杂乱无章的菜肴，装饰得美观有序；可以把平淡的盛器映衬得高贵；可以把单调、暗淡的色彩，装点得生机勃勃；可以把简单平庸的菜肴，打扮得光辉艳丽。生菜、蔬果的装饰，还可以做荤食菜肴的配料，使菜肴营养配备适宜。不同的装饰法，可使整体菜肴变得丰富多彩。究其盘边装饰的特色，至少有这样几个好处：

①使盘中菜肴活泼、灵活，没有单调感，增加配色效果。

②客人在品尝美味之余，可欣赏到饭店厨师的雕刻艺术，简单的片型菜蔬还可用来食用和调剂口味。

③菜肴盘边利用各色雕刻花卉镶边，使客人感觉到饭店与菜肴的档次、水平，以及对客人的重视程度。

④盘边留一装饰处，可使菜肴盛装得更为饱满，艺术效果也更强。

欧洲中餐馆一景

三、菜点与传播：流传海外的中国餐特色

近百年来，在西方人的眼里，中国烹饪乃是一种艺术，而且他们日趋爱好中国菜。在华人相对比较集中的地区，中国餐馆林立，门庭若市。特别是中国菜以素菜为主体、以荤菜为辅助的健康饮食理念得到了许多西方人的认可。

（一）海外中餐馆菜肴制作的主体风味

海外华人谋生的中餐业，第二次世界大战前，更多典型的中国餐式未被介绍到海外，在一段时间里，“杂碎”几乎成了中餐的代名词，远不能真正体现中餐的魅力。在百年内除了数量的急剧膨胀，经营特色日趋专业化、现代化外，海外中餐中一些简单的陈旧的“杂碎、炒面、炒饭、甜酸肉”成了主要菜谱，这种局面在20世纪中后期得到明显改观。原有的老式中餐近几十年来也开始让位给烹艺精湛、迎合食客口味的粤菜、川菜、苏菜、京菜、湘菜等各式中餐，从宫廷御膳到江南小点，品种从北方的涮羊肉到南方的海鲜，从蒙古族烤肉到江苏的清蒸大闸蟹，在海外中餐馆里都能找到。这与海外华人不懈地经营努力及其有意识地推广宣传有关。纵观海外中餐的制作特色，不难发现有一个明显的主旋律一直在海外中餐业中繁衍、生息、兴盛不衰，这就是一直在国内比较活跃的岭南地区的粤菜，其次是西南地区的川菜。①

20世纪90年代初，作者在海外游历了好几个国家，光顾了不少中国餐馆，翻阅了许多餐馆菜单，很明显，饭店菜单中的菜肴绝大部分是广东菜，其次是四川菜和其他地方菜，究其原因，这与华人餐馆老板的接触、见解和菜系的特色、宣传有很大关系。

总的看来，20世纪海外华人回大陆的机会较少，但去中国香港和台湾的机会较多，在大陆广州停留的机会也比内地多，而品尝广东菜的次数比其他菜多得多，故广东菜常常“代表着中国菜”而影响着东南亚一带（华人），而中国香港、新加坡的饮食市场对这些海外华人、餐馆老板影响很大，他们对广式、港式的美味佳肴容易接受，对港式的菜肴装潢十分欣赏，通过品味，他们又把它带到了海外各地，带到了自己的饭店，根据自己的口味和当地的习惯进行了适当的改良，这样大批大批的广东菜以及香港菜输入了海外饮食市场，加之，广东菜清鲜、淡

① 邵万宽．海外中餐菜路浅析［J］．中国烹饪，1994（10）：21-22.

雅、爽滑，也较适应欧、美、澳人的饮食口味。广东菜制作简洁、干净、速度快，正适应海外中餐馆人手少、较繁忙的节奏，所以一些老板们对广东菜更是推崇备至。东南亚的华人和粤、闽、港、澳人士定居海外的较多，他们特别喜欢广东、港式的风味菜肴，故此，广东菜便在海外各地慢慢繁衍、扎根下来，而占据了海外的主要中餐市场。像新加坡、印度尼西亚、泰国、越南等地的华人，他们除了喜爱广东菜以外，在饮食口味上，他们偏爱辣味，定居海外后，他们除了喜欢吃自己的传统风味外，把四川等地的辣味菜也带到了海外，这些华人和餐馆老板又为了适应海外人的饮食要求，把过辣的味道进行了改良，以适应外国人士微辣的需要，由此川菜改良后微辣的特色也在海外落户、扎根。由于四川菜的味型有其独特的风格和魅力，加之海外华人和外国人又爱吃些甜、酸、辣的菜肴，所以四川菜博得了海外人士的一致公认。像鱼香肉丝、麻婆豆腐、宫保鸡丁、回锅肉、香酥鸭等菜已在海外中餐馆安家、生根。

20世纪90年代，广东菜在中国烹饪领域发展的步伐是较快的。如果说广东、香港的厨师走遍世界，这话也不过分。在海外，一般华人的流行语言是广东话，所以许多华裔（饭店服务员）不会讲国语，而会讲一口流利的粤语。这就使我们联想到菜肴，许多饭店服务员对广东菜了解甚深，这也就毫不奇怪了。广东菜通过香港的窗口传到海外，并在海外落户、扎根，加之广东菜肴也较适应西方人的饮食口味（因粤菜善于吸取西餐精华，并以中西合璧的特色著称）。从菜肴的配料到烹制的口味，基本都能使海外人认同和适应。加之香港、广东厨师在海外工作、定居的较多，能做一手广东菜，这样长此以往，制作、传导，便结成一种菜肴制作的势力（即流派）。许多广东菜搬到了海外，有的进行了改良，以适应海外人的要求，不少菜肴在海外扎根了下来。广东许多兑制好的复合味汁也在海外中餐流行并发展。如咕噜汁、京排汁、茄汁、豉汁、果汁、柠汁、西汁等，有的虽稍有变化、改良，但这些都已得到海外人的承认与享用。

广东菜的主流风格在海外中餐馆是很强的，许多老板到广东、香港走了一趟，就会带进几个新菜来，而且十几年来海外传统中餐（粤、川、京、苏、鲁菜等）一直兴盛不衰，有的已深入海外民间，有的菜虽然改了样，但也被人们所接受，传统菜与新菜汇聚，海外人总是感到传统的有魅力，新颖的有特色。特别是广东菜肴，长期以来已得到海外人士的青睐，所以许多厨师对广东菜的学习也特别感兴趣。但是，也由于华人老板和厨师见识的局限，限制了其他菜和一些正宗中菜在海外的发展，因为许多菜没有通向海外的桥梁，而海外人士也不知道中国菜有其他千姿百态的特色菜。

广东菜在海外的深远影响，这与天时、地利、人和有很大关系。天时，广东自古就是我国的重要通商口岸，与海外交往较多，20世纪80年代的对外开放，更是走在内地的前面，加之广东菜简洁、雅致、快捷等，能适应西方人的生活；地利，广东地处我国的南大门，与香港、新加坡临近，广东在地利的情况下，有许多渠道和海外交往，这是其优势之二；人和，广东在海外的华人最多，在几十年前就有许多人定居在海外，她是我国有名的侨乡，华人要吃饭、吃菜，这也自然把广东菜带到海外，带到世界各地，这是其优势之三。

中国菜在海外的发展与影响，离不开在海外的广大厨师的辛勤创造。立足海外，吸收西方的原料制作才有更大的生命力。近几十年来，中餐馆结合海外人的饮食特色，在菜肴中加进了西式常用原料如牛油、黄油、咖喱等，并吸收了马来、印尼、泰国等餐馆的制作特色，创制了许多深受欧美、大洋洲人享用的菜肴，如黄油鸡片、蒜蓉牛油虾、西汁龙利、水果龙利、奶油鱼卷、咖喱牛肉、杂肉串、沙爹等。这些菜肴也已成为中餐馆的特色菜肴而相继流传着、影响着。

纵观海外之中国菜，它与传统中国菜相比是有一些差别的。从原料上说，西式的与中式的也有些不同，如鸡、鸭，它没有中国品种有其鲜美的香味；如牛、羊肉，它要比中国的有嫩度、较爽口，长时炒制不易老、硬。从技术上说，海外之中餐没有多少难度，不求技术之精，不求菜肴之形，只求海外人适口之味。中国菜在海外定居、发展、演化至今，它已成为中国菜的一个重要分支，我们可以从它的演化中吸取其长处，反过来为传统中餐所用，使中国菜更加发扬光大，影响深远，为世界人民造福。

（二）海外中餐馆菜品特色分析

1. 海外中餐菜品制作的风格

走进西方城市大街小巷里的中餐馆，不难发现，欧、美、澳洲许多中餐馆的菜牌都是些相类似的菜肴。综观海外中餐馆的菜肴制作风格，一般可分为三大系列。一是以经营广东、香港的菜点、小吃为主，包括其他的中国传统菜点。这里主要的客人对象是当地及周围城镇的华人，品种地道，价格便宜，制作较正宗，既卖早点、早茶，经营各地名小吃，又卖中国地方菜。粤式早点如虾饺、蒸凤爪、水晶饼、干蒸烧卖、油条、烧饼、肠粉、叉烧包、沙河粉、糯米鸡、荷叶饭等以及猪肚、鸭肫等内脏，口味地道，几乎与广州相似。厨师们大多聘请的是香港、广东的师傅，或跟广东师傅学习过正宗制法的人。这些餐馆以经营小吃、传统菜为主，生意特别兴旺，特别适应那些远离家乡的海外游子的口味和华人的亲朋聚会，因而每天餐馆客人爆满，90%的客人是华人老客户，每次来时大多是全家开着小车一道而来。由于这样的餐馆价格公道，口味地道，同样也得到了许多欧美人的青睐。

另一种是带有西方色彩的中国餐馆经营的菜肴，其餐厅装潢布置以中国格调为主，但也掺入了西洋风格，大多是东西方文化结合的特色。这些餐馆比上一种面积大，档次高，投资多，餐厅富丽堂皇，情调优雅。主要客人是有钱的欧美人和有钱的华人，原料高档，菜肴也比较西化，并设有特别中餐（正宗中餐）项目，有许多菜是改良和引进西方的菜品，菜肴的价格较贵，菜肴的口感、观感较好，厨师的技艺中西结合，故而，深受有钱人欢迎。

还有一种是中等档次的普通中餐馆经营的菜肴，这在海外占绝大多数。这些餐馆民族风格浓郁，菜肴制作中西结合，变化的很多，其消费者大多是饭店周围及附近居住的客人。大多数厨师没有学过正宗中国菜的技艺，只是在海外中餐厨房互相模仿着制作。运用传统的菜名，制作改良的菜肴，调制变化的口味。以家庭经营为主，其菜肴制作都顺应当地人的饮食习惯，黄油、奶油、蛋黄酱、洋葱、咖喱应用较多，并掺杂了东南亚风味、阿拉伯风味、西餐风味和墨西哥风味等，名为中国菜，实际上是以中国菜风格为主的世界各地风味的大杂烩。这些虽然是长期生活在海外的厨师的改良制法，但已得到很多餐馆厨师和食客的认可。所用的是中国菜中的深底锅和爆炒制作方法烹制，除极个别的菜肴有传统风味之外，基本上都改了样，只能叫做“海外的中国菜”，可深得西方人的喜欢。

在海外的中餐馆，每家菜谱上的菜肴制作大多数是不同的，即使同一个菜肴名称，各家的制作也是有差异的。每家中餐馆都有的一种原料，那就是豆腐，如红烧豆腐、麻辣豆腐、油煎豆腐、豆腐果、豆腐汤，不同的餐馆都能做出不少花样。

不同档次的中餐馆中，基本都供应外卖菜，备有各式包装，盛菜的，装汤的，包鱼的，高温油焗的，放调料的等，包装盒很精美，包装质地不同，形态各异，客人只须打一个电话需要什么菜就行了，许多中餐馆还特设专人外送。欧美的中餐馆总是以菜肴特色和服务周到而取胜。

2. 海外中餐菜品的基本特色

细细品味海外市场之中国菜，可以感觉到这里既保持着中国菜的传统特色，又带有西方饮食风味的成分。中餐为了在海外立足、生存，只有入乡随俗，注重传统与适应、变化与发展的关系，这也是海外中餐生命力旺盛之原因所在。

中国菜在海外安家落户虽然只有百年多的历史，但是，在海外无论走到哪里都可感受到中国菜在当地受欢迎的程度。海外人爱吃中国菜，这是人们所共知的。根据海外人的饮食需求，中国菜在海外也形成了自己的风格特色。

（1）菜品烹调较为清淡　就海外人来说，他们比较重视去餐馆就餐这一活动，十分讲究餐厅的气氛和情调。他们对中国菜肴的要求，不喜欢口味过于浓腻，讲究清淡，注重营养的配置，对色调雅淡、偏重本色的菜点特别喜爱，不用不必要的装饰，忌大红大绿，菜肴追求一种高雅的格调，唾弃有损于色、香、味、营养的辅助原料，否则很难招徕回头客。

（2）菜肴制作略施汤汁　欧美澳人要求菜肴带有汤汁（即沙司），就是人们通常所说的汤汤水水。欧美澳人爱吃烩菜，中国的炒菜到西方需要多加些汤汁，假如你炒出正宗够水平的中国菜来，他们反而大皱眉头。即使是烧烤油炸之品，也要配上一碟沙司，或是甜汁、或是葱汁、或是甜辣汁、甜咸汁等。因为西方人在吃菜前先喝汤润口，而到最后吃饭时就依靠菜肴中剩下来的汤汁拌饭吃。这是西方人干稀搭配的一种饮食习惯，也是人们经常所说的最后用面包蘸汤汁吃完的情况。

（3）口味以甜酸、微辣为主体　西方人的口味除了要求菜肴清淡爽口之外，在风味上最喜爱吃的是甜酸类菜肴，不少欧美国家还爱吃微辣菜肴。番茄酱、番茄沙司是西方餐饮业用量较大的调味料，许多菜肴的汤汁都要用番茄酱调配，口味较好的番茄沙司可以直接做菜和蘸着吃。

（4）菜品突出酥香风格　在制作菜肴的烹调方法中，欧洲以及美洲、大洋洲等地顾客很看重烧烤、煎炸、铁扒、焗烩类菜肴。他们对北京烤鸭、香酥鸭、叉烧、扒大虾、松鼠鱼、脆皮虾、煎牛柳等爱不释手，烧烤、铁扒、油炸之法是西餐制作中的主要方法，人们主要是爱它独特的酥香风味，像中国的小吃春卷，几乎是每个尝过的外国人都难以忘怀的。

海外中餐声誉的不断提高，为华资餐馆业的兴旺奠定了基础。中餐虽然早已流传海外，但真正被系统地介绍出国，从而引起世界各地民众广泛兴趣的，主要还是近50多年。特别是20世纪70年代以来，海外的“中餐热”及其分门别类的“豆腐热”“春卷热”“素食热”等高潮叠起，中国烹饪在海外受到了前所未见的礼遇。

总之，中国菜在海外经过一个世纪的发展，从传统的“杂碎”到改良的中餐，从人员素质到环境卫生，从经营思路到待客之道都发生了很大的变化。海外中餐业在艰难中生存，在变化中发展壮大。

（三）中国小吃香飘海外

近百年来，中国小吃随着华人及其中国餐馆在海外的不断增多，而不断地流入海外市场，并越来越多地引起世界各国人民的关注和重视，细心浏览一下，海外华人杂货店、食品商场、各式中餐馆、中式快餐店等，随处都可发现这些风味浓郁的传统的中国小吃品种。

“春卷”是流传海外销路最广、且最令外国人叫绝的风味食品。从美洲到大洋洲，从东南亚到欧洲，其酥脆油香的特色，无不令当地人叹服。早就有传闻，在美国的华人中有专卖“春卷”而发大财的。在海外，几乎每家中餐馆都有春卷出售，其品种也在不断增多，有大卷、小卷的，有肉馅、素馅、甜馅的等，在海外，时常可见人们坐在路边的太阳伞下饮着啤酒、嚼着春卷，或在大街上一边行走一边品尝。

玲珑的春卷，有薄如蝉翼的皮，如翠缕红丝的馅，食之香脆、绵软、多汁、鲜嫩，在海外市场上招徕了越来越多的食客。由于春卷的销势特别火旺，越南、泰国、柬埔寨、日本等国便加入了模仿制作春卷的行列，特别是越南春卷，因价格便宜，皮薄脆韧，因此，也大批涌进海外的食品市场。

精致小巧、特色分明的中国小吃深受海外广大人士的普遍欢迎，许多华商们瞄准市场，并开始利用机器大批量地生产制作烧卖、虾饺、蟹钳、水饺、馄饨等速冻食品，以满足海外华人、中餐馆、外国各地人民的需要。这些小巧玲珑、品种丰富的小吃品种，现已成为中国传统食品的代表作，在海外广为流传。

“虾饺”以其形美、色艳、味鲜、透明的风格特色而被人们大加赞赏，因其皮薄味鲜、爽滑不腻，隔皮可见嫣红的虾肉，摆在盘中如艺术品一般，看了就让人赏心悦目。香港、新加坡的华人利用机械化生产虾饺，用小保鲜盒包装，8只一小盒，这就是目前海外饮食市场上的速冻虾饺，欧美、东南亚都有出售，客人随点随蒸随食，十分方便。

“烧卖”在海外是与虾饺一厂而出的机械化速冻食品。它是模仿广式干蒸烧卖的方法制作而成的。烧卖皮的用料有用全蛋的，也有半蛋半水调和的。一张正方形烧卖皮包入一个小虾肉圆，食用时，馅身润滑，质地爽嫩，烧卖皮软滑而爽口，并带有枧水（植物碱）的香味。

“蟹钳”是由炸酿蟹钳这道热荤菜演变而改良再由机械化生产的冷冻食品，它以虾仁、猪肉斩泥做成椭圆球，在一边插上螃蟹的大钳，外层沾上加入黄色素的面包粉而成。这是广式的风味小吃，造型美观，食品商将其装入盒内，速冻保鲜。食用时先放入温油锅余熟，然后重油炸至金黄，外配一个沙司碟。它色泽金黄，外酥香内软嫩，蘸上沙司，十分可口怡人。

“馄饨”有包装现成的速冻品，而一般中餐馆，多买现成的速冻馄饨皮，由厨师自己当场制作当场供应。馄饨是海外中餐馆较为畅销的小吃品种，一般餐馆都有“馄饨汤”和“炸馄饨”两种，馄饨汤一份2~4只，馅料用虾仁和肉馅配合，用小汤盅盛装，配上葱花，滴上麻油，食者甚众。炸馄饨大多用大馄饨皮包制，放入油锅炸熟后，面皮酥脆，馅心鲜嫩，很受欧美人青睐。

“水饺”的冷冻食品较为普遍，这特别受到许多华人家庭的欢迎。身处国外，在中国杂货店可以买到中国的饺子，这常常是许多华人家庭的美餐。由于中国的水饺名声远扬，许多外国人也加入了食饺子的行列。

中国式“包子”也香飘海外。天津的狗不理包子在纽约的饮食业中就占有一席之地，生意兴隆。上海的“小笼包”风靡纽约。在海外中餐馆的菜单上有多种多样的名称：小包子、三鲜包、蟹肉灌汤包。一位上海餐馆的老板说：“来到唐人街，许多美国人都要到我这里来。他们对灌汤包情有独钟。”

中国的“面条”也是海外客人的爱好。一碗带汤的面，可以加上猪肉，也可以加上蔬菜，爱吃海鲜的还可以在里面加上虾、干贝等。也可以吃云吞面等纯中式的面食，再浇上多种中国的麻油、麻酱等调料；干炒面配上荤素多种原料一起炒制，也是外国人的偏爱。

其他名小吃有四川抄手、担担面、川北凉粉、北方水饺、兰州拉面、宁波汤圆以及广式的早茶小吃等，品种繁多，应有尽有。

纵观海外的食品市场，在中国食品中，岭南小吃是唱了主角的，这是东南亚地区及岭南商人的主要贡献。19世纪末至20世纪30年代，不少海外华侨就将中国的食品带到外国去，并兴办中国式餐馆，加上广州毗邻港澳、接近新马，从此，包括饼食小吃在内的中国饮食，以前所未有的规模传到海外，而岭南小吃充当了排头兵。

岭南小吃以其小巧雅致、款式新颖、口味丰美的特色名扬中外，其品种丰富繁多，特色分明，许多品牌在欧洲、美洲、大洋洲、东南亚等地已经扎根，特别是那些以小吃为主要特色的中餐馆，其品种有几十种之多，诸如虾饺、肠粉、荷叶饭、糯米鸡、沙河粉、荔浦芋角、马蹄糕、干蒸烧卖、凤眼饺、莲蓉包、蚝油叉烧包、水晶包、椰蓉软糍、麻枣、咸水角、江南百花饺、广式月饼等，这些餐馆和国内一样，早餐（早茶）从上午卖到中午，还兼卖各式菜肴，食客络绎不绝，这其中70%的客人是华人，30%是外国当地人，并吸引着方圆几十里甚至上百公里的老华侨们。

“荷叶饭”是海外中餐馆中常制作销售的品种，这是一款岭南人民自古代起就食用的一种方便食品。海外中餐馆因循岭南人的制法，选用上等大米、虾肉、叉烧、烧鸭肉、鸡蛋、冬菇等料炒制，再用荷叶包裹，预先蒸制好，然后客人即点即食，十分方便，食之荷香味美，风味怡人。

“蚝油叉烧包”已风靡海外的食品市场，柜台里有皮白光滑的速冻叉烧包，供各国人民家庭食用；中餐馆里有现做现卖暄软馅嫩的叉烧包，特别吸引东南亚地区的食客，许多欧美人也常作为休闲点心食用。

“月饼”“粽子”也是海外华人世界里十分旺销的中国小吃品种，在华人食品店一年四季常年供应。华人们已经打破季节食品的习惯，传统小吃成为许多华人家庭不可缺少的消闲食品，多种多样的馅料风味，也不同程度地吸引着海外各国人民。

中国的小吃点心在海外的影响范围已越来越广泛，特别是现代化生产的各类速冻食品，已不局限于中国杂货店，许多食品商场里都大量供应。中国式的水饺皮、馄饨皮、春卷皮，质量好，规格全，可满足各类餐馆、家庭制作中国式的小吃。中国餐馆里各套餐（头盘）、点菜单、自助餐等，都少不了各式中餐风味小吃。中国的风味小吃与中国的菜肴一起已深入到世界各地，并带着浓郁的民族特色在海外各国长久飘香。

作者出版的《风靡欧洲的中国菜》一书

四、汲取与交流：近现代饮食技艺与发展

中国菜品在古代几千年传承的基础上，一直保持着传统的制作方法，体现了各地区的饮食菜品特色。进入近代以来，外国列强入侵，封闭的中国也涌进了西方的菜式和菜品的制作方法。新中国成立以后，特别是改革开放以后，中国的菜品为了适应和满足外国客人的口味，在制作技艺上不断吸收外国菜品技术。进入21世纪以来，中西菜烹饪技艺已进一步融合发展，从原料的引用、调味品的引入，到烹饪技法的借鉴，使中餐菜品不断增加新的内容和新的制作思路。①

（一）鸦片战争以后西餐及其烹饪技术的逐步传入

1840年鸦片战争，西方的洋枪洋炮挺进的同时，也带来了西方人的饮食方式。这些西方“洋人”为了适应自己的饮食生活，不得不带来自己原来喜好的本土菜式，甚至带来他们的制作工具和厨师。最明显的是西方传教士不断进入我国

① 邵万宽．近现代西餐烹饪技艺在中国的渗透与发展［J］．南宁职业技术学院学报，2017（3）：1-5.

传播西方文化，他们除了偶尔品尝一下中餐以外，大都保留了西方人自己的饮食方式，从他们住宅中的厨房设备和餐食来看，不少的传教士家里都有美式烤炉和深谙他们烹饪法的厨师。西餐进入中国之初，主要供西方人士食用，后来逐渐向外推广。有许多传教士家中还雇佣中国厨师，要求按西餐的方式去烹调，并要求他们学会做面包和黄油。这些西方的菜式大多是由传教士的妻子或女传教士们来教中国厨师，她们将西餐烹调技艺带到了中国。进食西餐与推广西餐，由传教士开始并在部分高档的餐厅经营与推广。

在中国饮食发展史上，19世纪中叶至20世纪30年代，被称作为“西洋”饮食文化传入时期。鸦片战争以后，中国沦为半殖民地，洋务运动使近代西洋科学引进中国。在帝国主义势力所及的大城市和通商口岸，出现了“西餐”行业，并且以前所未有的规模传入古老的中国。那些在西餐馆工作的中国厨师也逐渐掌握了西餐的基本技艺。西餐的传入，对于国人来讲，也经过了拒绝、尝试和接受的过程，随之而来的是一些“西洋”原料进入中国，如：洋山芋、洋姜（菊芋）、洋白菜等。到了晚清，不仅市面上有西餐馆，甚至西太后举行国宴招待外国使臣有时也用西餐。同时，大量侨民外流，把中国饮食技艺也带到了世界各地。

西餐的传入方式是多种多样的。1866年，一位传教士的妻子玛莎·克劳福德（Martha Crawford）出版了一本教西餐的书《造洋饭书》，旨在帮助外籍人士的妻子给他们的厨师讲解西方食物的做法。该书罗列了270种食物的烹饪法，包括土斯卡鲁沙特色菜，如煎牛肉片和酸奶饼干。1890年，戴尔·鲍尔（J. Dyer Ball）在香港出版了《英汉烹饪法》，菜谱包括约克郡布丁、烤牛肉等。[①]

《造洋饭书》是上海美国基督教会出版社于1909年（即宣统元年）出版。这是基督教会为适应外国传教士吃西餐的需要和培训厨房人员而编写的。随着东西方商业、交通、传教等活动的开展和相互交流，这本饮食烹饪书把西餐的食谱、饮食卫生的要求都系统地进行介绍，这对西餐在中国的传播起到了很大的作用。它系统介绍了汤、鱼、肉、蛋、菜、酸果、糖食、排、面皮、布丁、甜汤、杂类等品种[②]，是当时西餐学习的范本，这对西餐在我国的推广发挥了很大的作用。

在这以前，西洋饮食曾在明末清初由传教士献艺款客和使节进贡的方式传入中国。例如明朝天启二年（1622年），来华的德国传教士汤若望在北京居住期间，曾用以“蜜面和以鸡卵”为原料的“西洋饼”来款待中国同事，食者皆“诧为殊味”。清朝康乾盛世时，杨中丞的“西洋饼”用铜夹模具“一糊、一夹、一

① （英）J. A. G. 罗伯茨. 杨东平译. 东食西渐——西方人眼中的中国饮食文化［M］. 北京：当代中国出版社，2008：53-54.

② 邓力，李秀松注释. 造洋饭书［M］. 北京：中国商业出版社，1987.

馍，顷刻成饼”，使美食家袁枚留下了“白如雪，明如绵纸”[1]的赞语。一些舶来品如葡萄黄露酒、葡萄红露酒、白葡萄酒、红葡萄酒和玫瑰露等西洋名酒及其特产，当时只可在宫廷、王府和权贵之家的宴席上才能见到。这些舶来品在当时既未摆脱“舶来”的特点，也未对中国饮食界产生广泛的影响。此后，其他西方国家的传教士、外交官与商人大量入境，西餐食物更多的制作方法和烹调技术也相应传入。19世纪50年代清后期所出的西式菜馆，大多建立在上海、广州。后来，各个通商口岸也纷纷开设西餐厅和面包店。

到了近代，情况就迥然不同了。起初，西洋（还有日本料理）菜肴、糕点、酒类等在外国饭店、公使（领事）馆、教堂等一切有外国人的地方制作，然后或自食，或款客，或出售。显然，这些西洋美食的享用者，仍限于外国人和清朝权贵。随着时间的推移，到清光绪时，以营利为目的的“番菜馆”“咖啡店”和“面包房”等陆续出现在中国的都会商埠中。“国人食西式之饭，曰西餐，一曰大餐，一曰饭菜，一曰大菜。席具刀、叉、瓢三事，不设箸。光绪朝，都会商埠有之。至宣统时，尤为盛行……我国之设肆售西餐者，始于上海福州路之一品香，其价每人大餐一元，坐茶七角，小食五角，外加堂彩、烟酒之费。当时人鲜过问，其后渐有趋之者，于是有海天春、一家春、江南春、万长春、吉祥春等继起，且分室设座焉。”[2]上海、北京、广州、天津是中国最早建立番菜馆和咖啡店的地方，而且这时已经出现了许多由中国人经营的番菜馆以及咖啡厅、面包房等。许多西餐的烹饪术语如“吐司”“沙司”“沙拉”之类名词也带进了中国。“面包”“布丁”等西式点心都走进了中国饮食市场。由此便可以看出当时西餐在中国市场传播之广。

这些番菜馆制售的皆是西洋名菜，如“炸猪排”，是将精肉切成块，外面蘸满面包屑入大油锅炸之。食时自用刀叉切成小块，蘸胡椒、酱油，各取适口。梁实秋先生在谈论“咖喱鸡”一菜时说：“高级西餐厅的咖喱鸡，除了几块鸡和一小撮白饭之外，照例还有一大盘各色配料，如肉松、鱼松、干酪屑、炸面包丁、葡萄干之类，任由取用。也有另加一勺马铃薯泥做陪衬的。”[3]梁先生记载的这个“咖喱鸡”是高档西餐厅里正宗的西菜，用干酪屑、炸面包丁等佐配，这是西菜中常使用的方法。

清末民初的徐珂1911年在编写的《清稗类钞》中专列了“西人论我国饮食”之内容：“西人尝谓世界之饮食，大别之有三。一我国，二日本，三海外。我国

① （清）袁枚．随园食单．续修四库全书（第一一一五册）[M]．上海：上海古籍出版社，1996：694.

② （清）徐珂．清稗类钞（第一三册）[M]．北京：中华书局，1986：6270-6271.

③ 梁实秋．梁实秋谈吃[M]．哈尔滨：北方文艺出版社，2006：184.

食品宜于口，以有味可辨也。日本食品宜于目，以陈设时有色可观也。海外食品宜于鼻，以烹饪时有香可闻也。其意殆以吾国羹汤肴馔之精，为世界第一欤?”[①]徐珂将其收录在该书中，这说明当时西方人士对中、西、日之餐饮已经有了一定的认识，并进一步地将西餐、日餐与中餐进行了形象的比较，而且是比较贴切的，这也得到了后来人们的认同。

20世纪20、30年代，上海的西餐馆已不断地增多。在上层社会掀起了一股西餐浪潮，享用西餐成了当时权贵阶层的一种时尚。据孙家振所记，民国初年，王韬在主编《申报》时，喜欢在上海福州路的“一品香”或“江南春”西餐馆吃西餐。[②]当时北京的西餐厅有东安市场内的“吉士林”、东四牌楼北路西的“森春阳”、南河沿南口路西的欧美同学会西餐厅、西单牌楼、长安大戏院右邻的大地餐厅以及森隆、华宫食堂、半亩园西餐馆等。民国时的天津地区成为北方的贸易中心和金融中心，中外商行、银行的职员、管理人员文化程度高，思想进步，观念先进，他们常选择西餐宴饮。在天津出现了“以中为本，中西结合”的公馆菜。清末举人潘复曾任北洋政府的财政总长和内阁总理，潘公馆内设有专做鲁菜、豫菜、淮扬菜和西餐的四座厨房。西餐以德式为主，兼英式、法式，却聘请中国厨师主理。[③]广州从汉代以来就是对外的通商口岸，与西方交往一直比较频繁。第一家西餐馆太平馆早在1860年就开张了。广州西餐早期是在洋行的洋商宅子里边，而中资的洋行，因为工作的需要，也学着洋商做西餐搞接待，并渐渐地成为风尚。清末民初，西餐在成为时尚消费的同时，也成为了大众消费。许多酒家更是中西并营，打出“有唐洋酒菜，海鲜炒卖”之类的广告[④]，如著名的岭南楼。这比起那些高档的西餐厅确实要便宜多了。

民国时期饮食风情

① （清）徐珂. 清稗类钞（第一三册）[M]. 北京：中华书局，1986：6237.

② 季鸿崑，李维冰，马健鹰. 中国饮食文化史（长江下游地区卷）[M]. 北京：中国轻工业出版社，2013：206.

③ 万建中，李明晨. 中国饮食文化史（京津地区卷）[M]. 北京：中国轻工业出版社，2013：305.

④ 周松芳. 民国味道[M]. 广州：南方日报出版社，2012：145.

民国也是一个文采风流的时代，在当地出现了一些能吃、爱吃还懂得谈吃、品吃的人。翻开昔日的杂志、报纸，不难发现一篇篇吃喝豪举、如数家珍的饮食文章，时而追忆旧食，时而感慨品食，时而分析养生健康等。其中也出现一些谈论西餐吃食的小品文。如朱宝瑞在《中西吃经》中介绍了中西餐之间的不同吃道："西人每餐不离糖，……上菜之顺序，热咖啡倒数第一，冰淇淋倒数第二，冷热相反，二者紧随。……西菜中最使人口干者，莫过于在火上干烤之吐司。""国人吃西菜久之，每苦乏味，此无他。我国各地西菜厨师经辗转传授，业已变质。""西餐以吐司代饭，以火鸡为上菜，乃以火鸡吐司敬客。其他尚有沙门（Salmon）吐司，普通者有鸡蛋吐司，……为鸡蛋三明治。"[①]在该文中，并叙述了黄油、吉士、热狗等多种食品。在《中菜与西菜》一文中，对西餐的变化也有一些叙述："好像在战前，吃西餐所费高于中餐，至少是相等，而近年来却相反了。这点，也许是我国人抬头的一点。""到了最近，中菜少了饭的供应，于是西餐更成了大众化的家常便饭了。中区的职业人士们，不是'邓脱摩'便是'摩脱邓'，既快而廉。"在文章的最后还说"中菜抬头，西菜没落，这并不稀奇。"[②]从这个内容看，西餐一些菜品的大众化走进了普通百姓的身边，像三明治、热狗之类成了较时尚的快餐。

近代以来，随着西餐厅不断涌进与增多，西餐烹饪技艺也在国内得到传播。民国时期进入我国的西餐中，俄罗斯西餐是重要的一个流派，最早从上海进入南京的西餐就是俄式西餐。当时有权有势的人家中也可以吃到西餐菜肴。在台北的王新衡（蒋经国的同学、幕僚）家中就有两名家厨，一个擅长俄罗斯式的西餐，另一个擅长美式西点。在一次宴请张学良的餐桌上，主菜包括奶油肉片、番茄肉饼、清酥鸡面盒、串烧牛肉、软煎大马哈鱼、三鲜烤通心粉、黄油笋鸡、罐焖鱼肉等。[③]

千百年来，我国食物来源随着国际交往而不断扩大和增多，肴馔品种不断丰富，我国的烹饪技术在不断吸收外国经验丰富自己，同时也扩大了我国烹饪在外国的影响。中国烹饪在不断借鉴他山之石、"洋为中用"的同时，始终保持中国烹饪自己的民族特色，而屹立在世界的东方。

---

①（民国）朱宝瑞. 中西吃经. 船菜花酒蝴蝶会［M］. 沈阳：辽宁教育出版社，2011：138-140.

②（民国）盟迹. 中菜与西菜. 船菜花酒蝴蝶会［M］. 沈阳：辽宁教育出版社，2011：134.

③ 二毛. 民国吃家［M］. 上海：上海人民出版社，2014：142.

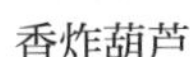

香炸葫芦

芝士大虾

（二）新中国成立后西方食材与烹饪技艺的借鉴

新中国成立以后，随着中外之间的外事活动与交流，中国的外事接待和旅游饭店业开始吸收西方菜肴的制作特色，特别是在接待西方外国首脑和外国友人中，经常会穿插一些西餐菜肴的制作方法。如借用西方的调味料、西餐的制作技艺和制作方式、西餐的装盘方法等。其表现形式大多是中餐西吃、中西结合或中菜分餐等。这种制作方法也从另一方面加速了中餐菜肴制作的改进与创新，也使得传统中餐菜肴制作不断地拓展与变化，无论是原料、器具和设备方面，还是在技艺、装潢方面都掺进了新的内容。在许多外事接待的饭店，菜肴的制作一方面发扬传统优势，另一方面善于借鉴西洋菜制作之长，为我所用。

1. 西式调味料的运用

在菜肴制作中，最为普遍的是广泛吸取西方常用调味料，因为调味料是制作菜肴风味的前提。西餐中的各式香料、多种调味酱、汁和常用的调味品，如黄油、奶油、黑椒、辣酱油、沙律酱、咖喱等，这是最能体现西餐风味的基础。在中国香港、广东，这些调料使用较为普遍，香港菜、广东菜也最早使用了番茄酱、咖喱、奶油、黄油、果汁、西汁、柠汁、沙律汁等。最早制作了咖喱牛肉、茄汁明虾、果汁肉脯、黄油焗蟹、黑椒牛柳、沙律鱼卷、XO焗大虾、柠汁煎鸭脯、西汁焗乳鸽等。在北京、上海、广州等外事接待的饭店中，开始使用中菜西吃、中西融合和分餐制的形式。

（1）番茄酱的推广　自16世纪中叶西班牙和葡萄牙人从秘鲁把番茄带到欧洲以后，至18世纪初人们才开始食用番茄。最初，海外人是直接使用新鲜番茄的，因番茄属脂溶性物质，用油煸炒后，能使其变成红色。秋冬以后没有新鲜番茄，人们即在夏季番茄大量上市时，把新鲜番茄搅烂，装在有盖的瓶中，连瓶放入水内煮上几个小时，酱体一经受热，便会凝结，排出水分，将水分去掉，就能得到优质的番茄酱。番茄酱，又称茄汁，是以番茄为主料与糖、盐、辣椒和醋由食品工厂制作生产的。番茄酱本是西菜的调料，而听装或罐装的番茄酱则是现代食品工业的产物，在西方各大小酒店、餐厅应用广泛。

新中国成立以后，从北京、上海、广东开始，在外事饭店里最早将番茄酱运用到菜肴制作中，如茄汁大虾、茄汁牛肉、京都肉排、咕噜肉、酸甜鱼块、瓦块鱼、西汁龙利、荔枝肉、菠萝鸡片、菠萝笋片等，绝大多数是炒、烩、烧、熘等菜类。这些菜肴都程度不同地用了番茄酱作佐料，菜肴风味以甜酸为主，更加适合欧洲、美洲、大洋洲人的饮食特点，起到了很好的接待效果。

广东菜“茄汁煎牛柳”[①]，以西式牛柳为主料，利用茄汁、喼汁等多种味料佐配，当牛柳煎成以后，用多种调味料勾芡，浇淋在牛柳上，使这些芡汁与牛柳的焦香味浑然一体，咸、甜、酸、鲜俱全。其调味、牛柳、浇汁法几乎都是运用西餐的方法完成菜肴。苏州菜“翡翠鸡翼”[②]，用西菜中常用的番茄酱、土豆泥、黄油、辣酱油、油咖喱、青菜泥，加中菜中的高汤，制成调味汁，浇在蒸烂的鸡翼上，成菜后碧绿剔透，浓香酥烂，味厚汁醇。既有中菜“五味鸡翼”的特色，又具浓郁的“西菜”风味，博得中外宾客的好评。

（2）辣酱油的使用　在20世纪60年代，我国外事饭店开始运用辣酱油烹调菜品。辣酱油，为英国特色调味品，又称喼汁、辣醋酱油、英国黑醋。辣酱油与普通酱油稍有不同，其味道酸甜微辣，色泽黑褐。

在西方，辣酱油广泛用于各种菜肴和其他食品的制作中，特别是牛肉菜和制品。这种舶来品进入中国后，很快得到人们的认可和使用，特别是沿海地区比较常见。在华南地区，辣酱油在19世纪从英国传入中国广东及香港，直到现时使用仍非常普遍，例如用于粤式点心上的山竹牛肉球。在上海，辣酱油在19世纪末、20世纪初从西餐厅推广到其他食品。上海西餐中的炸猪排、罗宋汤用到辣酱油。本地人常吃的食品，如生煎馒头、排骨年糕、干煎带鱼有时也用辣酱油做蘸料。从《上海粮食志》和《上海轻工业志》综合材料来看，民国时期，上海梅林罐头有限公司、东亚食品厂先后生产辣酱油。新中国成立以后，上海生产的辣酱油在全国畅销，除了国内销售外，也有部分出口。各大城市涉外饭店的厨房内几乎都有辣酱油的调料，其用途有二：一是许多中餐菜肴中投放辣酱油以调味，可以适当代替酱油的使用；二是直接作沙司放入小碟供客人蘸着吃，特别适应油炸干香类的菜肴蘸味使用。

广东菜在调味中使用辣酱油是比较多的，如制作西汁、果汁等是必不可少的

① 广东省饮食服务公司．中国名菜谱（广东风味）[M]．北京：中国财政经济出版社，1991：60.

② 吴涌根．新潮苏式菜点三百例[M]．香港：香港亚洲企业家出版社，1992：120.

调味料，都需要辣酱油的佐调。西汁是用番茄、洋葱、胡萝卜、芹菜、香菜、葱条、蒜子等加油煸炒，再加茄汁、辣酱油、果子汁、汤、盐、糖调制而成，如“西汁焗乳鸽”。从其配料来看，这是一种典型的西餐调味汁的调制方法。果汁是将茄汁、辣酱油与盐、糖、醋、汤等一起调制而成，如“果汁肉脯”等。其他如喼汁牛柳、喼汁鸡、喼汁大虾、铁板喼汁鳝鱼等都少不了辣酱油的调制。

（3）奶油、黄油的运用　在西方以畜牧业为主的地区，“吃肉喝奶”是其主要饮食特色，奶制品烹制菜肴成为西餐中常使用的制作方式。利用奶油、黄油就成为西餐中重要的烹制特点。

黄油是西餐中的主要调味品，其独特的风味是任何油脂类皆无法替代的。在西餐中，它可以使用于所有的菜肴。黄油是将奶油用搅乳器加工而成。2000克奶油大约可制出500克黄油。黄油只需32～33℃，便能完全溶解，过度加热会烧焦和蒸发，而全然失去其味道。因此，制作菜肴时除了把黄油和其他原料同时放进去煮以外，还要十分留意火势。奶油是从牛乳中分离出来的高级脂肪液体乳制品。它是由未均质化之前的生牛奶顶层的脂肪含量较高的一层制得的奶制品，通常标准含脂率不低于18%（黄油脂肪）。离心分离器依据重力原理，用于分离牛奶和奶油。奶油有稀奶油（也叫单奶油）和稠奶油（也叫双奶油）两种。稀奶油一般不能打成泡沫状，但可用于各种汤、菜、点心中。稠奶油含脂肪高于30%以上，能打成泡沫状（即掼奶油）装饰点心。

借鉴西式奶油、黄油制作中式菜点已有近百年的历史。菜点制作中一旦添加此物就有一股十足的西餐味。近50年来，许多涉外旅游饭店的使用量在逐年上升，一方面是满足海外宾客的饮食习惯，另一方面借鉴西方烹调技法，来不断扩大和丰富菜点品种。如《京菜经典菜谱》中，记载的北京“又一顺饭庄”在20世纪30年代创制的清真菜肴“奶油鸡卷”①，运用黄油调治，外裹面包屑烹制，具有浓郁的奶油香味，这正是运用中国传统技艺、借鉴西餐制作方法烹制而成的一道特色菜肴。《中国菜谱·北京》中有“奶油扒白蘑”②，取用500克牛奶调制，成菜色泽乳白，质地软嫩，咸中带甜，奶香味浓。《中国菜谱·广东风味》中的“奶油扒菜胆”③，用上汤与鲜牛奶调制，选用芥菜做成，菜色翠绿，菜质软烂，用奶油做调味料，色泽乳白，味甘而香。《金陵饭店食谱88》中的“酥皮海鲜”“五彩酥盒龙虾”、“绿波鳜鱼”④等热菜都使用了黄油制作，菜品中都带有独特的黄

① 王文福. 京菜经典菜谱［M］. 西安：太白文艺出版社，1995：101.

② 中国菜谱编写组. 中国菜谱. 北京［M］. 北京：中国财政经济出版社，1975：244.

③ 广东省饮食服务公司. 中国菜谱. 广东风味［M］. 北京：中国财政经济出版社，1991：200.

④ 胡永辉. 金陵饭店食谱88［M］. 南京：译林出版社，1995：21、22、64.

油甘香。其他代表菜点有奶油白菜、奶油一棵松、奶油海鲜汤、黄油焗膏蟹、黄油煎鳕鱼、黄油焗蜗牛、黄油蒜蓉虾、各式奶油蛋糕，等等。

2. 面包在菜肴中的运用

（1）面包片做吐司　面包是舶来品，是西餐包饼房生产的主要食品。也是西方人日常生活中不可或缺的食品。吐司菜，英文toast。西餐菜品中常用的一种制作菜式。它是以无糖的方片面包切片作底层，用虾蓉、鱼蓉或加辅助料酿入面包上作面层，亦有在鱼、虾蓉上再点缀或酿入原料的，入油锅煎或炸后，上桌时外用调味碟装上沙司。吐司菜色泽金黄、鲜香、松脆。20世纪50、60年代，国内许多外事宾馆、饭店用其款待外国来宾。到20世纪70年代被我国许多饭店引进并广泛采用。中餐引用后，在吐司菜的制作中，呈现出丰富多彩各不相同的外形，出现了方形、三角形、长方形、鸡心形、圆形、梅花形、菱形、半圆形等外形。在各地创制出的品种有虾仁吐司、炸鱼吐司、炸虾吐司、鸽蛋吐司、吐司菊花盹、肉桂吐司等。利用面包片还可以制作成鲜虾面包夹、龙眼面包卷；面包丁可制作成菠萝面包虾、绣球面包鱼等。

（2）面包屑做吉列炸　广式菜肴中的许多称谓，也直接引用西餐之叫法，如用面包屑的炸制技法，取名“吉列炸”。所谓“吉列炸”，是cutlet的音译，它原是指带骨的炸肉排，现已讹传引申为一种香炸，并已流传全国餐饮业。

面包屑，又称面包糠、面包粉。早期的面包屑是面包的加工品，将面包烤干后搓成碎小粒；后来食品厂专门生产成面包屑，因加入了牛奶，颜色洁白，乳香味浓。西餐菜品中的“裹面包屑法”，就是将加工成形的原料加入调味品，拍上面粉，裹上鸡蛋液，沾上面包屑，投入油锅中炸制成熟的一种操作方法。它源于法国，但很快被西方国家普遍采用。中餐在20世纪50年代就开始利用，在荤、素原料的表层挂蛋糊、面糊后，裹上面包屑，经油炸后外酥脆内松嫩，口感触觉特别酥香爽口。

吉列炸是广东厨师最先引用西式的称谓。《广东菜烹调技法》释曰：吉列炸是“经过腌制后的生料，表面粘上一层蛋粉浆后均匀地拍上面包糠，再放入沸油中炸至表面呈金黄色，成为香脆的产品的方法。”[①]此意与原西餐“吉列”（音译）之意相悖。粤菜中的吉列炸，实则类似传统中餐中的“香炸”之法。就吉列炸菜肴的特点来说，其制品具有色泽金黄、酥化甘香的特点。

最典型的面包屑菜品要数各大超市叫卖的、海外中餐馆畅销的“百花炸蟹钳”。此菜原是饭店的一款菜肴，20世纪80年代后期，海外的华人已利用食品厂批量生产成半成品，用盒包装。其制法是：取蟹钳，轻轻用刀把蟹钳外壳拍裂，

① 庄汉城，黎丽甜. 广东菜烹调技法［M］. 广州：广东科技出版社，1995：93.

剥去壳，钳的一边外壳留下，把虾胶分别酿在蟹钳的肉上，取鸡蛋液打匀并加入干生粉调匀成为蛋粉糊，在蟹钳表面均匀地粘上一层蛋粉浆，并拍上面包屑，装入盒中。餐厅销售时直接放入热油锅中炸至表面金黄色，滤干油即成。“吉列虾球”也是表层粘上蛋液，裹上面包屑油炸而成。此法后来在全国推广，成为中餐一种常用的烹调方法，因其油炸后质酥脆、味干香而受到广大顾客的喜爱。

烧汁扒鸡腿

（三）改革开放以后中西烹饪工艺的融合与发展

改革开放以后，中国餐饮发生了很大的变化。西方的烹饪技术与菜式大批的走进中国的餐饮市场，特别是西方酒店管理公司相继来到中国，如希尔顿、喜来登、洲际等酒店集团陆续渗透中国各大城市，各大酒店都设有西餐厅、西厨房，经营和主理西餐的大多是外国人，他们把正宗的和发展的西餐带进了中国。这在进入21世纪后更加突出。中国菜也在这样一个开放的社会更加重视中西结合，除了在原有基础上的发展以外，许多传统西餐也随着社会的发展发生了新的变化，从法国菜、意大利菜再到美国西餐和欧美结合的西餐，在中国的许多高档餐饮场所，西餐的引进和中西结合的成分越来越高。

这时期中西餐结合的范围是很广的，如盛行于全国各大饭店的自助餐，即是20世纪80年代后期从西方引进而来，20世纪90年代迅速推广；而提倡的“中餐西吃”，实则也是受西方饮食之影响，“西餐中用”“西菜中制”之法，已在全国各大城市普遍应用和效仿制作。高档的西餐厅和西式简餐、休闲餐厅在全国不断开花结果。

1. 菜品工艺与造型的变化

最早且大量将中西菜技艺融合在一起的应该是有“美食天堂”之誉的香港，这里是中西方人士会聚交集之地，也是东西方饮食杂处之所，当地厨师们吸取中餐菜肴制作之优，并博采西菜之长，互为借鉴，便形成了中西结合的港式中餐。中菜在香港受到西洋风气的影响，不论在食物选材方面或是菜肴的卖相，同样是变得多样化。在内地，广东菜技艺是中西菜技艺结合的典范，厨师们以传统中餐为基调，掺入大量的西餐制法，使菜肴另辟蹊径，“集技术于南北，贯通于中西，共冶一炉”，形成了中西并融、合二为一的菜点制作特色，其调味技法既运用传统中餐之“入味”，也有西餐烹制之“浇味”，常常使味与料分开，并预先调制好许多复合调味汁，不少调味汁是根据西餐技法模仿演变而来。

（1）菜品工艺的改良　改革开放后，世界各地来华人员日益增多，进入21世纪，这种开放风气更盛，信息的交流和物流的畅通为我们带来了更多的技术和原材料。

随着西餐厅在我国各大城市开张迎客的增多，西餐制作技术也越来越多地被人们所熟悉，中国人品尝西餐的机会逐渐增多，对西餐中的烹调方法、菜肴制作风格和盛器、装潢等越来越熟知。中外交流的频繁，必然带来新一轮烹饪技术交流的大发展。

在这些因素影响下，中国厨师大胆地尝试西式烹饪制法，加以巧妙运用或对传统菜肴进行改良尝试。如吸收西餐菜肴中的基本加工、制作方法，来应用于中菜制作之中，使其显示中西结合的风格特色。“千岛海鲜卷”，是将千岛汁拌虾成沙律，然后用威化纸包裹成春卷形，挂糊后拍面包屑炸至金黄色而成。“果味熘龙虾”，一改传统将龙虾取肉清炒的制作方法，而是将澳洲龙虾肉与新鲜水果改刀成粒，一起熘炒，这款西方流行的海鲜水果菜色泽鲜明，果味浓香，口味特别，深受消费者喜爱。上海许多饭店制作的“双味富贵虾球”，就是借鉴西餐的调味酱，一是运用西餐沙律酱与拉油的虾仁拌匀，一是利用西餐的甜辣酱将拉油的虾仁炒拌，两种风味，两种颜色，一白一红，口感爽脆鲜嫩，已成为时尚的海派菜。

中西菜点技艺的结合在近20年发展更快，在前几十年发展的基础上，特别是肯德基、麦当劳对餐饮市场的影响，西式烹饪技艺也对中小型饭店起着潜移默化的作用，如用馒头、烧饼做成“中式汉堡包”，牛排、猪排、羊排的煎与炸的烹制，多种西方调味汁的运用等。

利用西式酥皮作盖，盖在汤盅之上，这是法国人经常使用的制作方法。20世纪80年代中期，南京金陵饭店引用法国大菜的“酥皮焗制”之法应用到中餐汤菜之中，成为该饭店的特色招牌菜。进入20世纪90年代后，国内许多饭店相继模仿学习，在国内产生了较大的影响，如酥皮焗海鲜、酥皮焗什锦、酥皮焗鲍脯等。而在江南广为流传的“酥盒虾仁”“酥盒海鲜”“贵盏鸽脯”，以黄油和面粉制成的酥盒为盛器，纳虾仁、干贝、鲍鱼诸海味于盒中，菜与盒皆可食。此酥盒是利用黄油制成的西式擘酥，整个菜品菜点合一，有菜有点，独具风趣。

巧妙利用西餐的工具和制作方法，使传统中餐菜肴进行适当的变化，或者使原有的特色进行强化，可产生意想不到的效果。比如，北京大董烤鸭店的烤鸭完全是一道中国菜，且具备自己的特色，他们经过研制使其酥脆，变成现在的“酥蜜烤鸭”，为了使其“酥”，他们从工艺上进行改进，选用了一些西餐炉具，从原料配比上采用了一些西餐的调味品，这样就使烤鸭在脆的基础上又达到了酥。[①]此菜工艺的改良，既保持了菜品原有的风格，还让这道菜更加符合现代人的饮食需求。

（2）菜品造型的革新　在菜品的造型装饰上，西餐的菜点装饰风格对中国菜的影响是颇大的。中国传统的菜肴，向以味美为本，在菜肴的色、香、味、形、器五个方面，而对“形”历来不受重视。古代食谱中的菜肴，许多古籍食谱几乎不把精力放在造型上，而是重点用在调味上。袁枚在《随园食单》中介绍烹调操作的20个“须知单”中，没有一项是谈造型的。新中国成立以后，中国菜开始从西式菜品中吸收造型的长处。西式菜点造型多呈几何图案，或多样统一，表现出造型的多种意趣。在菜点以外，又以各种可食原料加以点缀变化，以求得色彩、造型、营养功能更加完美。西式菜点色、香、味、形、营养并重，这对中国传统菜品制作产生了一系列的影响。

20世纪中叶以后，以香港菜、广东菜领头，特别注重菜点的盘边装饰，如用萝卜花、黄瓜、番茄、香菜叶、芹菜叶等点缀在菜肴之中、旁边和四周。近20年来，香港菜肴装饰风格更加突出，这也是西式饮食风格直接影响的结果。进入21世纪，中餐西吃的品种不断涌现，特别表现在装盘上，最典型的是各客分餐的菜肴，打破传统的10人一盘菜的格式，因每人一份，以西餐菜品的风格出现，必然要注重简单的盘边装饰。许多年轻的厨师，一味地模仿西餐菜肴的装盘特色，在菜肴的盘边用蓝莓汁、柠檬汁等在盘边点缀，尽管这不是很适应中国人的作法，但许多厨师们都时不时地运用着，最具代表的是“意境菜”，使中餐菜肴更加的西式化。

中餐菜肴的造型还有一种较为显著的特点，就是传统的菜肴造型比较扁平化、平面化，而现在的许多菜肴更加重视立式化、立体化。这也是受欧洲菜肴、日本菜肴造型影响的结果。如“双色炒饭”不是直接盛放在盘中，而是用不锈钢的圆筒式模具，将炒饭上下两层叠起成圆柱体形状竖立在盘中，既美观整齐，又雅致大气。“三色蔬菜色拉”也是层层叠起，三色分明。这些都是受外来菜肴制作的风格所致，给菜肴增加了新的靓丽和特色。

2. 烘焙技术的推广与运用

改革开放以后，西式点心在我国的餐饮市场不断发展壮大，面包房、包饼房、西点屋等店铺从南方向北方不断挺进，经过近20多年的发展，已基本遍布

① 董振祥，阎虹斐．中西餐结合必须保持自己的特色［J］．中国烹饪，2004（6）．

全国各大中城市。西式面点主要是来源于欧美国家的点心，它是以面、糖、油脂、鸡蛋和乳品为原料，辅以干鲜果品和调味料，经过调制成型、装饰等工艺过程而制成的，具有色、香、味、形、质俱佳的特点。西点行业在西方通常被称为“烘焙业”，它的制作主要是依靠烘烤箱加热成熟，在世界烹饪史上享有很高的声誉。

而广式点心广采西点制作之长，大量运用西餐包饼制法之优势，来丰富广式点心的技艺和品种，这在烹饪领域是一个较有代表性的例子，如面包皮、擘酥皮、班戟皮、裱花蛋糕、批、挞、卜乎、曲奇、瑞士角等。西点广泛应用于各大饭店中，在全国各地影响颇大，并蔓延全国，特别是西点饼屋已在全国各地扎根、开花。

蛋糕是西点中最常见的品种之一。生日蛋糕是西风东渐“取代”传统的寿桃、寿面的生日寿辰食品。蛋糕的品种很多，归纳起来可分为清蛋糕、油蛋糕两大类。中餐制作蛋糕向来以蒸为代表，而西餐制作主要是烤制成熟。生日蛋糕是利用烤制的清蛋糕经夹层或不夹层通过裱挤技术装饰而成。利用烤箱烘焙蛋糕，对烤炉的温度、烘烤的时间尤为重视。西餐要求，蛋糕烘烤成熟后，如条件具备，所有蛋糕制品都应装饰和点缀。装饰蛋糕的目的是为了增加制品的风味特点、美好外观，吸引宾客，丰富品种，给人带来美的享受。同时，蛋糕装饰的本身也是某些蛋糕制品所必需的一道工序，是喜庆节日中不可缺少的内容，如各式生日蛋糕、圣诞蛋糕、婚礼蛋糕等。

裱挤技术是装饰西点的常用操作方法，也是蛋糕装饰的一门艺术。它的技术性很强，质量要求也很高。因此，它是过硬的操作基本功、较强的审美意识和较高的文化修养三者的结合。西点中的不少蛋糕、花饼类，便是将奶油和糖调制后，用特制的工具在糕、饼上挤出各种花款图案，也有用蛋白等原料挤上各种图案，以作装饰。它是将用料装入裱花袋（或裱花纸）中，用手挤压，装饰用料从花袋的花嘴中被挤出，形成各种各样的图案和造型。既可裱挤出动植物原料图形，又可裱成一朵朵花卉和书写文字等。西点的裱挤技术被中餐借鉴，并广泛在我国饮食行业中盛行，这在20世纪50年代就已开始。在城市里，过生日吃蛋糕，已慢慢地取代了中国传统的“长寿面”和“寿桃”，如今此风已深入民间，影响各个家庭。裱挤技术和生日蛋糕，从西方而来，现已和我们的生活紧密相连，甚至连我们高级面点师升级考核也离不开的技术项目和制作品种。

中西菜品技艺的交流与融合，已经历了100多年的发展。鸦片战争后的西餐最早是传教士和西方列强带进来的，因为他们涌入后的生活需要西餐的补充，并一步步地扩展。新中国成立以后，为了外事的交往活动，我们需要有适合外国友人的菜式来接待，就必须要了解和制作一些西餐菜式。1978年改革开放，中国人需要走出去看看外面的世界，了解西方人的饮食，外国人不断地走进来，这就需要有西方的菜式来融合。开放的大门打开，许多的中国厨师走到外国饭店的厨房，为外国人提供中国的餐饮菜品，同时外国本土餐饮菜式的耳濡目染和交流学习，也为中西烹饪技艺的有机结合创造了条件。

本土文化的坚守与外来文化的影响，这是餐饮文化发展的两个方向。一方面要传承好自己的传统文化，另一方面也要学习外来的文化丰富自己。近几年来，电视新闻媒体的传播与影响，也为中西饮食的交流提供了很好的舞台。特别是中外顶级厨师参与的“厨王争霸赛”，自2009年世界华人健康饮食协会、中国厨师网举办以后，2012年以来中央电视台二套再现中外厨师的烹饪技艺交流与对决，由海外顶尖厨师与中国各路顶级专业厨师进行比拼，中国厨师与法国、意大利、美国等国家厨师还开启了欧洲和美洲之旅，分别在中国和欧洲、美洲的饭店进行技术较量。电视传播媒介的拉动与撮合，各大星级饭店的中外大厨的面对面比武，加速了中外厨师零距离的接触与交流，也扩大了中西烹饪技艺的相互学习与提高。

第九章 中国人吃的思辨

中国饮食文化有着辉煌的成就，从古至今，生生不息，特色名菜迭出，烹饪技艺翻新，令后人受之不尽。对传统的饮食文化，我们都习惯于歌功颂德，沾沾自喜，总认为一切都是很好的，而很少去辩证地看待它。实际上，在这些辉煌成就的背后，也不容忽视地留下了一些不尽如人意的地方。如传统饮食的不良习惯以及饮食中并不美妙的地方一直影响着国人的形象。对于祖国传统文化遗产应当是取其精华，去其糟粕，在继承的基础上，更需要的是革新和创造。新的时代，需要我们进一步反思，破除旧习，革故鼎新，以期营造一个风清气正、科学节俭、文明饮食的美好环境，从科学、文明出发来谱写中国饮食文化的新华章。

掀开过去那一页页的畸形消费与扭曲的餐饮消费记录，在痛定思痛之后，我们迎来了一股清新之风。自中央八项规定出台以来，一股餐饮业新风扑面而来，过去那种大吃大喝的奢靡之风得到有效遏制，大众消费逐步走向台前；身在云端的餐馆们开始脚踏实地，借着此次中央厉行节俭风尚之机回归餐饮业竞争本质。我国经济的飞速发展，居民消费水平不断提高，人们外出就餐次数的增多，消费增加，大众化已成为餐饮市场的主流。优质的服务和让人放心的菜肴是餐饮业的立足之本，不管是高端餐饮还是小微餐饮企业都应以此为基础。未来餐饮业将是理性消费大于感性消费、商务消费大于政务消费、中端消费大于高端消费——这就是常态化餐饮的回归之路。

（清）焦秉贞《耕·收刈图》

一、好客与铺张：饮食的习惯与心态

中国是一个讲究吃的国度。长期以来，中国人见面时总是用“吃了没有？”这样的经典用语来相互问候，可见“吃”在中国人心目中占有何等至高无上的地位。国人对于饮食的渴望程度特别明显，远超西方发达国家，这到底是什么原因导致的？是中国几千年来一直与饥饿作斗争的结果，还是中国人的味蕾特别发达？是中国人传统观念的积习，还是中国人饮食铺张的惯制？这样的问题，值得人们思索。这里从中国人的饮食习惯和饮食心态进行分析，目的是使人们摒弃饮食传统中的糟粕，走向饮食科学、文明与节俭的时代。[①]

翻开《论语》，开宗明义第一句就是“有朋自远方来，不亦乐乎！”中华民族是一个好客的民族。这种好客是建立在“礼仪之邦”基础上。表现在饮食方面，对待客人不仅热情友好，更是把最好的食物奉献给客人享用。

（一）中国人的好客之礼从饮食开始

中国的饮食礼仪特别讲究，而且从上到下形成了相当完善的礼仪规范。早在古籍《礼记·礼运》中就记载曰：“夫礼之初，始诸饮食。”[②]这表明，礼产生于饮食，中国人从野蛮走向文明，无论是敬天地、祀鬼神，还是婚丧寿庆的种种礼仪活动，都与饮食密切相关。

孔子曰：“不学礼无以立”，告诉了人们礼是一个人的立身之本。历经几千年，形成了一套完整的礼仪思想和规范。重礼仪、守礼法、讲礼信、遵礼仪已成为广大民众的一种自觉行为，并贯彻于社会各个方面，成为中华民族的文化特征。

《周礼》《仪礼》《礼记》中就记载了许多场合下具体的饮食礼仪制度、礼仪程序及其礼义。这些饮食礼义规范，集中体现了我国古代礼的基本精神，对安定社会、振兴纲纪、建立伦常等国之大事起到相当重要的作用，对后世的影响也很深远。如《礼记·曲礼》曰：“凡进食之礼，左殽右胾。食居人之左，羹居人之右；脍炙处外，醯酱处内。”[③]这是宴请客人的礼仪要求，带骨菜、无骨菜、饭菜、汤菜、肉类菜、肉酱菜等有不同摆放要求。《礼记·少仪》：“羞濡鱼者进尾，冬右腴，夏右鳍。”[④]对上菜的每一个细节也有具体的规定。例如上鱼肴时，如果是先烧煮之鱼，要把鱼尾朝着客人，冬季以鱼腹向着客人的右方，夏季以鱼脊向着客人的右方。在《礼记》中有关饮食的礼仪相当多，特别强调的是中国饮食礼仪非常注重尊老爱幼，入席时，年长者、尊贵的客人入上座，年幼者受到特殊照顾。常常是长者、贵客先动手食用，其次才轮到年轻人食用。这种谦虚、含蓄、尊老爱幼的餐饮礼仪，委婉地表达了中华传统美德，体现了家和万事兴的审美原则。

礼的核心是诚敬与尊重。礼是律己、敬人的一种行为规范，是表现对他人尊重和友好的态度和方式方法。《礼记·曲礼》有云：“夫礼者，自卑而尊人。”又

① 邵万宽. 中国人饮食习惯与心态思辨［J］. 美食研究. 2015（4）：18-21.
② （汉）郑玄注（唐）孔颖达正义. 礼记正义［M］. 上海：上海古籍出版社，1990：415.
③ （汉）郑玄注（唐）孔颖达正义. 礼记正义［M］. 上海：上海古籍出版社，1990：38.
④ （汉）郑玄注（唐）孔颖达正义. 礼记正义［M］. 上海：上海古籍出版社，1990：633.

云“夫礼者，所以定亲疏、决嫌疑、别同异、明是非也。”谈到礼的深层意义，又说：“人有礼则安，无礼则危，故曰礼者不可不学也。”[①]礼仪之于饮食，在周代贵族们看来，那是比性命还要重要的事。周礼中的食礼，其严肃性是不容怀疑的。

礼是人类文明的重要标志。文明时代的饮食礼仪是发端于史前时代的，不同的是更加规范，更强调它的社会意义。在中国，根据文献记载可以得知，至迟在周代时，饮食礼仪已形成为一套相当完善的制度。这些食礼在以后的社会实践中不断得到完善，在古代社会发挥过重要作用，对现代社会依然产生着影响，成为文明时代的重要行为规范。

中华民族是知礼守礼的民族。我国的一整套饮食礼仪的宗旨，是培养人们“尊让契敬”的精神，它要求社会不同阶层的人们都遵照礼的规定有秩序地从事饮食活动。数千年来，中华各民族的人们都在按照祖先留下的饮食礼仪一代代的沿袭相传，使得中国人的饮食礼仪在国际上享有盛名。

中国人重视饮食文明礼仪，这是得到人们赞许的。然而，中国人在饮食上重视礼仪礼节却不注重食物的节省与节制，常常出现重礼轻物的怪现象。即在重视饮食礼仪的同时，却对劳动成果不加珍惜，食物铺张的现象随处可见，这种被世人所唾弃的浪费现象却与饮食礼仪格格不入。

（二）自古而来的饮食铺张之风

翻开泱泱5000年文明史，饮食文化是颇令我们自豪的组成部分，然而，细细推敲我们博大精深的饮食文化，不难发现其中也竟有些不太美妙的乐章。

有人认为中国人的饮食铺张之风是古代传承而来的，这确是有案可稽的。从商纣王酒池肉林开始，中国人饮食就打开了奢侈铺张之门。晋代的奢侈之风很盛，晋武帝司马炎就是奢侈之风的倡导者，他的大臣和亲信有许多也都因奢侈而出名，《晋书》有十分详细的记载。位至三公的何曾，史称其生活最奢侈，甚至超出帝王之上，日食万钱之费，它自己却还说没有下筷子的地方，其儿子何劭骄奢更甚，吃起饭来“必尽四方珍异，一日之供，以两万钱为限”。晋代的斗富现象特别嚣张，南朝刘义庆的《世说新语》中记曰：“王君夫（王恺）以饴精澳釜，石季伦（石崇）用蜡烛作炊。”[②]明代富家巨室奢靡之风盛极，“孙承佑一宴杀物千余，李德裕一羹费至二万，蔡京嗜鹌子，日以千计，齐王好鸡跖，日进

① （汉）郑玄注（唐）孔颖达正义．礼记正义［M］．上海：上海古籍出版社，1990：15．
② （南朝）刘义庆．世说新语［M］．北京：中华书局，1984：469．

七十，江无畏日用鲫鱼三百，王黼库积雀鲊三楹。口腹之欲，残忍暴殄，至此极矣。”[①]清代宫廷的满汉全席，美味肴馔多达100多道。历代剥削阶级穷奢极欲的糜烂生活随处可见。杜甫曾对唐代皇室宴享穷极水陆之珍，感慨愤言“朱门酒肉臭，路有冻死骨”！暴殄天物的斗奢的行为，为历代黎民所切齿。翻开这些饮食史料，给人们的感觉就是这些中国人太不注重节约了。新中国成立60多年来，国人为什么不加选择地好的不好的都把它继承下来呢？以至于改革开放后的饮食比富、公款消费的挥霍等，一个还不很富裕的国家却在浪费着自然界太多的饮食资源。这是一个民族素质和国民文明程度问题！

改革开放以后，地方官员的吃喝风因循封建社会的传统，大禁不止。在中国，个别的有钱人，为了赌气、发泄、排遣，在饮食上挥霍浪费现象严重。这样的案例不胜枚举。据有关部门测算，酿酒1吨，需耗粮食2.5吨。那么就以20世纪的1988年来说，全国因酿酒就有125亿公斤粮食被‘干杯’干掉了！怪不得法国经济学家普扬·法威博士尖刻指出：“中国是（世界）最大的浪费国！”[②]

1987年，中共中央、国务院推行宴会改革，实行四菜一汤。国宴首先进行了改革，为全国上下转变观念树立了榜样。各省市也相应制定了严禁用公款宴请，加强廉政建设的规定。但各地区、各单位，事实上则不然，多少年来依然是“上有政策，下有对策”，依然我行我素。

几年前我国高端白酒接二连三的涨价，一项由媒体发起的在线调查发现，92.9%的公众认为这是公款吃喝所导致。有专家认为，公款吃喝形成了对高端白酒的“刚性需求”，其最大特点就是对价格不敏感。[③]

人们记忆犹新利用公款消费的场景，在吃饭时一掷千金，看起来很潇洒，吃得冠冕堂皇，因为不是自己的钱，糟蹋的是国家资源，白花花的银子就这样在“潇洒”中被扔掉了，用李波先生的话说，这在医药和心理学上看，他们都是病人，是一种叫“肠道寄生虫病并发营养不良症”，俗称“疳积”，是一种严重的心理疾病[④]。如此放任的吃喝之风，它损害了国家形象，毁坏了民族的声誉。

洪烛在《中国人的吃》一文中引用了鲁迅先生的话：“饮食问题，不仅可以反映社会的物质文明程度，也可以反映出一定社会的社会状况以及暴露种种社会痼疾。”饮食文化似乎也可扩大到社会学的范围。可以是辉煌的，也可以是腐朽的。在中国古代，有太多铺张浪费、争奇夸富的例子用来证明饮食的堕落——不

---

① （明）谢肇淛．五杂俎［M］．上海：上海古籍出版社，2012：198.

② 钟青．换一种吃法——中国餐桌上的革命［M］．北京：中华工商联合出版社，1995：159.

③ 向楠．高端白酒涨价92%的人认为与公款吃喝有关［N］．中国青年报，2011-02-22.

④ 李波．中国食文化批判［M］．北京：华龄出版社，2010：102.

仅仅是文化的堕落，更是政治的堕落。[1]

林语堂曾在《吾国吾民》中描绘民国时期的状况时说："中国政府效率的所以低弱，直接导因于全体官僚大老爷个个需每晚应酬三四处的宴会。他们所餐的四分之一在滋养他们，而四分之三乃在残杀他们。"[2]这是当时国民政府亡国前的年代，在现代社会，放任的吃喝风如果仍然大禁不止，难道我们要重蹈覆辙、残害民族、扼杀文明吗！几年前就有人们预料，如果国家下决心对各级机关旗帜鲜明地整治公款吃喝风，那高档酒楼、会所与生产高档酒的企业之前途命运便可想而知。今天，在国家的重斧之下，现在真的是验证了。但若重拳不力，就会有人在痴心妄想地等待公款吃喝的回潮。

据《劳动报》2005年7月记者调查，上海日产餐厨垃圾1100吨，占全市生活垃圾总量的7%左右。[3]在饭店、餐馆的后场，我们都常常会看到的一幕，那就是在多个泔水桶里充溢着米饭、点心、蔬菜、肉食甚至海鲜。据2011年对国内的饮食浪费数字报告，武维华院士经过对大、中、小三类城市共2700桌不同规模的餐桌中剩余饭菜进行推算，我国消费者仅在规模以上餐馆的餐饮消费中，就最少倒掉了约2亿人一年的口粮。如果加上集体食堂浪费、个人和家庭的食物浪费等，全国每年浪费的食物总量可养活2.5亿到3亿人。[4]这不是一个小的数字，这是值得人们深思的。吃喝铺张的问题是一个复杂的问题，它涉及到现行的体制、文明的程度和国家的政策，以及财务制度、行政及司法惩罚等，还包括传统思想的因袭势力等，另外还有个人的经济基础、文化背景等诸多因素。

公款吃喝的严重性是损害国家形象和社会风气的，这里我们来看一下《中国青年报》的一份调查。

治理公款吃喝的调查

湖南大学廉政研究中心教授龙太江认为：公款吃喝泛滥，首要原因是缺乏外部监督。在此次调查中，94.7%的公众认为，当前社会上的公款吃喝情况严重，其中81.9%的人表示"非常严重"，15.5%的人觉得"比较严重"。

虽然没有具体数字确切说明当前公款吃喝的额度，但相关新闻报道屡见不鲜，也能从侧面看出问题的严重程度。

2007年年初，河南省信阳市连发3份红头文件，禁止公职人员在工作日中午饮酒。新华网报道显示，仅这项措施，就让当地政府在2007年上半年节约酒水钱4300万元。

① 洪烛. 舌尖上的狂欢［M］. 天津：百花文艺出版社，2006：25.

② 林语堂. 吾国与吾民［M］. 南京：江苏文艺出版社，2010：324.

③ 沪餐饮畅节俭吃剩食物不打包加餐费［N］. 劳动报，2005-07-28.

④ 顾瑞珍，吴晶晶. 年浪费食物量可养活3亿人［N］. 京华时报，2011-06-23.

龙太江认为，公款吃喝之所以如此泛滥，主要有三方面原因，其中缺乏外部监督是首要原因。公务招待本有内部监督机制，但监督主体是政府机关。它们本身就是公款吃喝的利害关系人，所以监督效果自然大打折扣。

其次，不少公款吃喝账目不透明，不利于社会监督。在一些国家，公务员在哪儿吃、请谁吃、吃什么等公款消费信息，都能在政府网站上查到，我国在这方面做得还不够。

最后，财政预算太粗，没有细化。这给相关部门挪用经费，用于公款吃喝提供了便利。

“其实，想要真正解决公款吃喝问题，技术上并不存在很大阻力，关键在于决心。另外，许多官员也没有意识到问题的严重性，普遍认为吃点喝点没啥关系。”龙太江说。

“抑制公款吃喝的本质，就是限制公权力，让老百姓监督政府。”舒放认为，治理公款吃喝的关键，要落在老百姓的监督上，要建立起老百姓对政府的直接监督制约机制。

调查显示，在各项治理公款吃喝的措施中，最受公众认可的是“政府应公开公务招待账目”（77.1%），其次是“尽快出台相应法律”（61.9%）、“加强对公款吃喝的审计”（59.9%）、“政府预算及其支出制度亟待完善”（57.5%）等。

（资料来源：向楠．高端白酒涨价 92.9%的人认为与公款吃喝有关［N］．中国青年报，2011-02-22.）

2012年12月中央八项规定的实施，给疯狂的公款吃喝风迎头一棒。尽管近年来公款吃喝收敛了许多，但消除传统饮食恶习也不是一两年的事情，这需要全社会和全民众的维护和支持，需要广大人民在饮食理念上有所改变。如百姓的婚宴市场一直浪费惊人。2014年国庆期间，《法制晚报》记者兵分多路，走访、调查了50场次婚宴，“结果显示，在总计超千桌的婚宴中，仅有56桌‘光桌’，占比不到一成。……每年因为婚宴浪费就造成约1000亿元损失。”[①]中国饮食独特的国民性与现代社会文明极不相称，这种与礼仪相悖的饮食铺张之风，不仅损害了国民的形象，而且也给国人在国际舞台上造成了不良的影响。国民饮食的传统陋习必须彻底更改，才能无愧于这个文明的时代。此举对社会风气的净化、饮食文明之风的养成，都能起积极的作用。更何况还能把天文数字的资金节省下来，投入到经济建设与人文发展的诸多正事上来！

① 张鑫，平影影．国庆假期婚宴成浪费重灾区，剩菜价值万元［N］．法制晚报，2014-10-7.

（三）国人的“面子”与文明的较量

“中国人好面子”，在饮食上尤其如此。这是过去遗留下来的自卑心理作祟，怕别人笑穷，嫌自己小气。老百姓请客吃饭，也总是一摆一大桌。在中国的城镇乡村，不管是子女结婚、老人祝寿、小孩满月、远亲来客、朋友聚会等，主人在请客吃饭安排菜单时，无一不要求菜品丰盛、桌上满载的。只有菜品丰盛了他们才感到有面子。不管你讲多少理由都无法打消他们的想法。至于浪费的事全然不顾，否则太寒酸了，这是一种根深蒂固的观念。

面子，是中国人一生中举足轻重同时又很有趣的词，常常体现出的是刻意或无奈，它代表了渗透于整个社会生活中的一种观念。正是这种观念使每个中国人总想在别人面前显得体面和优越些，能够做到这一点就算是有“面子”，反之则是“丢面子”。中国人深知体面的好处，因而总在旁人面前像演戏一般表现得很体面。这在中国人的请客吃饭问题上就显得特别突出。明明自己家庭境况不好，还要撑起面子大摆宴席；明知自己薪水不高，还要山珍海味堆盘叠碗款待别人，特意做出一种“富阔”“摆阔”的姿态。只要桌子上菜品丰盛了，他们才感到有面子，至于剩下来多少浪费掉全然不顾。“死要面子活受罪”“穷大方”等几乎已成为国人的一种生活习惯。根据不同城市的饭店调查得知，在饭店就餐平均的浪费率在10%～20%，有些还大大超过这个数字。中国烹饪协会发布的2009年度我国餐饮业的浪费比例，有10%的费用都被消费者给浪费掉了（这是中国烹饪协会网站2009年度发布的我国餐饮业的浪费比例[①]）。这实际上是一个比较保守的估计。

《重庆晨报》2005年6月载文，重庆一家酒楼的楼面经理，曾留意消费者的浪费问题。严重的时候，她发现可摆38桌的大厅，没有哪一桌没剩下菜品，剩得多的甚至一两道菜基本没动。[②]在饭店就餐，公务商务消费和常规的朋友聚餐，消费者都不愿打包，而这两类消费，往往点的菜比较丰盛，浪费也更多。

宴席是中国饮食生活中的重要组成部分。几十年来，传统宴席改革一直在喊，但收效甚微。放眼全国，不管是大都市还是小乡村，不管是公款请客还是私人办酒席，宴请的基本格局未有多大的改变。传统模式的宴席有这样几种负面表现：经营者把“赚钱”放在第一位，只顾兜售，只重传承，只讲结构，而不讲科学；公款者把“形象”放在第一位，以丰盛为好客，以俭朴为不礼；自掏腰包者把“面子”放在第一位，比丰盛，摆阔气，讲排场。假如人们不从根本上去改变

① 中国烹饪协会 http：//www. ccas. com. cn/.

② 杨光毅. 餐桌上浪费巨大，泔水桶一年倒掉13亿［N］. 重庆晨报，2005-06-16.

这些传统的观念，丢弃不良的老“习惯”，就很难有根本性的突破，那中国人的“饮食文明”“文明民族形象”必将受到损害。①

那场面宏大的婚喜宴席，有的摆下一两百桌，可以吃上2~3天，近10多年来档次还在步步升级。还有那开业典礼、竣工典礼、毕业典礼、通车典礼；厂庆、店庆、社庆、院庆，这些典庆活动必少不了阔气的吃喝在内。

中国人的饮食销售量每年都在递进式发展，而且速度是特别的快。这主要是不少中国人在外饮食消费往往比较阔绰，出手大方，菜品丰盛。我们暂且不谈其发展和变化，而从国人饮食的“大方”“潇洒”方面来看。就中国人在饭店消费情况，但凡在餐厅消费，几乎没有把所点的菜都吃完了的，特别是在饭店的宴请，标准越高的浪费的数额越多，相对贫穷的地方浪费的菜品也多。老百姓的婚宴、寿宴、满月宴、聚会宴亦如此，那同学宴、老乡宴、战友宴更不待言，讲排场，几乎是吃一部分倒掉一部分。公款的宴请自不待说，非常之大方，吃一半剩一半不稀罕。从省城宾馆、酒楼到地方的饭店、餐馆，企业在安排宴席菜单时，餐桌上十几甚至二十几盘菜肴，量的过大、品种道数偏多，这是导致浪费的根源。尽管有些家庭消费开始采用吃剩的打包回家，但这只是冰山一角。关键是很大一部分食品并未进肚子，而是当做垃圾扔掉了。

（四）畸形消费与扭曲的心态

在许多人看来，饮食消费是我自己花的钱，我想怎么花就怎么花！对于公款消费来讲，不少人的心态就是“不花白不花”，“今朝有酒今朝醉”等。在全国各地各种饮食消费的怪现象随处可见，在各地的报纸上也经常会看到一些饮食浪费的报道：

据《中国食品报》记载，20世纪90年代，有一腰缠万贯的东北“大款”袁某，有一次，在广州返回哈尔滨时，途经北京，想领略一下京味美食丰采，便乘兴来到北京有名的大酒家，叫了几位朋友，坐罢，走过来一位体态苗条的服务小姐，由于服务小姐随口的一句话：您知道吃这么一桌要花多少钱吗？这位仁兄一听，便不高兴了，“不就是一万元吗？又有什么了不起的！”为了赌气，这位仁兄接着一连六天，天天换着带几个朋友喝酒，就为服务小姐的一句话他花了10万元！最后还是朋友苦苦相劝，才肯罢休。②

2003年初，《华商报》《三秦都市报》等多家报纸报道，西安满汉全席饭庄，

① 邵万宽．我国饮食消费现象与问题研究［J］．江苏商论．2012（8）：7-11.

② 李青山．走样的饮食文化［N］．中国食品报，1993-10-3.

一桌号称“天龙御宴”的满汉全席卖出36.6万元的天价。开胃茶一两一万多，陪宴酒一瓶一万六，“头牌菜”是绿豆芽掏空塞进燕窝和鸡蓉蒸煮而成。据工作人员介绍，12位客人从早上8时多开始一直吃到下午一时多才离开。据了解，12名客人之中绝大多数都是来自香港的客商，做东之人是广东的一名企业家。①这或许是商家的有意炒作，但不管怎么说，这应是值得我们深思的。

2007年两会期间曾传出了一个数字：我国公款吃喝一年在2000亿元以上，相当于一年吃掉一座三峡大坝。如果老板们相信各地各级机关都将旗帜鲜明地整治公务员吃喝，高档酒楼与生产高档酒的企业之前途命运便可想而知。②

新华社记者2011年1月报道：广东汕尾市烟草局长，尽管所在地区经济并不发达，可一个月招待费高达200多万元，就连本单位食堂一天的招待费也达到惊人的13万元，而一年的招待费用1200万。荒唐的是，该局人员4月6日在汕尾的街边大排档吃饭、买食品面包，也花出1.5万元。③

国家下发的禁止公款吃喝的文件有近百个，每年三四遍的紧箍咒，但总是收效甚微。吃者我行我素，而且胃口越来越大，规格越来越高，排场越来越阔，政府倡导“吃食堂”“四菜一汤”等工作餐，基本上是一纸空文。关键是没有治本的具体措施和法律的约束。

我国庞大的行政机构中每年用于公款吃喝招待的费用是十分惊人的。从全国各地大大小小的餐厅特别是高档餐厅、高级会所的数量、宴会包间数量也可知一二。可以肯定的说，几乎没有公款大吃大喝不浪费的，那餐桌上的一道道菜品堆得像小山似的，就餐者酒足饭饱后剩菜满桌、酒瓶成堆，每年由此造成的资金、资源浪费难以计数。在各种由头的吃请中，有些人不得不每天奔走于各种饭局、盛宴之间，甚至一晚要赶二至三个饭局的场子。在政府和企业中，还有一些人肆意挥霍公款，每周都找理由穿梭在饭店餐厅的交易场中。国人的吃喝之风已到了非刹不可的地步！

在人们看来，公款吃喝问题已经固化为官场的“文化传统”，从官员到民众都对此熟视无睹，已经是官场上的一个普遍性。中国人的公款吃喝如同雾霾一样污染着社会风气，在世界舞台上也影响了大国的形象。我们该到了反省的时候了，纠缠在饭桌上的“吃喝理论”应该在文明的国度中辨清是非，难道还不足以引起我们的深思和警醒吗？它是关乎民族未来发展的大问题！

在吃喝方面，且不说国人用公款一年消费掉多少亿元，却没有人测算过，国

① 袁学伟，张弦．一顿豪宴竟花36万［N］．华商报，2003-01-7.

② 椿桦．高档酒楼应当再倒闭一些［N］．南方都市报，2008-01-2.

③ 刘大江．烟草局长吃喝账［N］．现代快报，2011-01-26.

人用于吆三喝五地劝吃劝喝耗费掉多少时间、多少精力，丧失了多少创造和办实事的机会。有些是找由头的海吃滥喝并推出一个个高潮，一顿饭可以多吃上三五个钟头，可以多喝掉三五瓶美酒，可以多花掉三五百元乃至三五千元的钞票……

“浪费固然可耻，而我们却习以为常。”这种饮食习惯我们能不能纠正？我们还不是一个很富裕的国家，还有很多人生活比较贫困，恐怕还容不得我们对餐食问题轻慢待之，如果稍不留意，出现滑坡，13多亿人口吃饭随时都可以重新出现危机。尤其在“计划经济”取消之后，一个存在贫富差距的社会，一旦面临短缺，某些矛盾会更加尖锐。

政府的强硬政策一出台，若真正切中要害，就会在社会上产生较大的影响。在“八项规定”出台之前，其实不少地区已经采取行动了。据《晶报》报道，继有着10多年历史的深圳翠都酒楼改成药店后，近日又有一家“老字号”新地酒楼关门了。高档酒楼倒闭在深圳并非个别现象。据调查，今年以来，仅罗湖区的翠竹片区，就有五家大型高档酒楼关门。高档酒楼为何如此集中地关门？深圳市餐饮协会一位负责人说，主要是深圳市机关和企事业单位改革，人们到机关或有关单位办事无须再请客吃饭了。[①]《南方都市报》报道，2007年初，河南省汝南县纪委掀起偷拍公款吃喝行动，使得公务消费大受影响，一些高档酒楼不得不关门停业。同期，信阳市发布了“禁酒令”，禁止公务员中午饮酒，仅此一项，就导致当地酒厂销量下降了1/3。因此，为了使更多的酒楼及公务员的胃免受其害，电子政务与效率改革必须全面推广，党纪政纪对公务吃喝的约束必须更加强硬。[②]开酒楼，尤其是高档酒楼，办酒厂，尤其是生产高档酒，都不再像从前那样好赚钱了。这些都是因公款吃喝而支撑起来的，现如今，如果有酒楼欲打“公款吃喝”的算盘，同样面临着高风险。

二、品味与口欲：美食的追寻与放任

品味，这里指品尝滋味、仔细体味之意。什么才是珍品？对饮食的评判，中国历史上不同的人有不同的认识，有的人认为稀有之物是珍品，有的人认为山珍海味是珍品，还有的人认为自己喜爱的才是珍品。宋代学者苏易简在寒冷的冬天夜间因饮酒口渴喝了一碗腌菜汤觉得美味异常，提出了“食无定味，适口者珍”

---

① 椿桦. 高档酒楼应当再倒闭一些［N］. 南方都市报，2008-01-2.

② 椿桦. 高档酒楼应当再倒闭一些［N］. 南方都市报，2008-01-2.

的观点。[1]这是人们品尝滋味的心理感受，是在不同时期不同情况下对饮食的感知认识。

（一）品味的意趣与口腔的放任

中国人对美食的追寻由来已久，孔子早就提出“食不厌精，脍不厌细”的饮食思想。历代的人们对美食都有过向往和追求。

晋代张翰“在洛，见秋风起，因思吴中菰菜、莼羹、鲈鱼脍，曰：‘人生贵得适意尔，何能羁宦数千里以要名爵！’遂命驾便归。”[2]这初秋的松江鲈鱼正肥、茭白正鲜、莼羹正美，令人垂涎的家乡名菜，促使人难舍难忘。为了家乡的美食，可以弃官返乡，这是何等的情操！即使现实主义诗人杜甫在夏季品尝“槐叶冷淘面”时，吃在嘴里十分凉爽可口，也感叹“入鼎资过熟，加餐愁欲无。”[3]他认为进餐时有了它，百忧皆可消除。苏轼在《食猪肉诗》中大谈烧制猪肉的秘诀和爱吃肉的程度：“慢著火，少著水，火候足时他自美。每日起来打一碗，饱得自家君莫管。”[4]对美味的酷爱是每个人都孜孜以求的，这是人的共性所需，也是合情合理的。“人莫不饮食也，鲜能知味也。”（《中庸》）讲求食物的隽美之味，是中华民族很早就明确并不断发展的一个突出特点。

味，本来是人的主体感受。在人类的各种审美活动中，品味，也应是一种最基本、最普通的审美活动。但把味欲无限制的放任和扩张，以至于走火入魔那必然会带来生理之疾。

“拼死吃河豚”是中国几百年来的一句饮食流行语。为了吃，只要味道好、味道鲜，哪怕是毒性强的河豚鱼！人们为了吃野味，不顾有无寄生虫，以至于2003年吃出了“非典”。近几年来，在南京、武汉等地的餐饮市场上，小龙虾的流行风刮遍了城市的许多角落，有饭店每天的销量以吨来计算，甚至有人吃一餐能干掉三大盘，1.5～3千克不在话下。《金陵晚报》2014年8月报道，“一对小夫妻，两人吃了3千克龙虾后，患上‘龙虾病’。发病后肌肉酸痛。”[5]近几年来每年都有报道，吃小龙虾吃出“龙虾病”，如横纹肌溶解综合征、肾脏衰竭、痛风、唇炎、荨麻疹、哮喘等。2010年江苏有许多人因吃龙虾得怪病，最终导致5人因

---

①（宋）林洪．山家清供［M］．北京：中华书局，2013：15．

②（南朝）刘义庆．世说新语［M］．北京：中华书局，1984：217．

③（唐）杜甫．杜甫全集［M］．上海：上海古籍出版社，1996：79．

④（宋）苏轼．食猪肉诗．//陈淑君 唐艮．中国美食诗文［M］．广州：广东高等教育出版社，1989：58．

⑤ 张子青，章琛．一次吃6斤小龙虾撂倒小夫妻［N］．金陵晚报，2014-8-6．

横纹肌溶解综合征而死亡。这些都是为了满足口欲而惹的祸。由于中国人对食品味觉的片面追求，过度放纵，以至于营养、安全、卫生都放在了一边。几年前成都的“老堂客”连锁火锅店被央视曝光，此店的火锅油都是顾客每天吃剩下的汤料过滤后的口水油，因价位便宜，特别是口感辛香，让成都成百上千的人吃了好多年，只图一时的口腔满足，而忽略了人的安全健康。这种把口味放在饮食的第一位，而不顾身体的安全与健康，是本末倒置，是诱发“口腔病”“食源病”、导致身体伤害的罪魁祸首。

（二）口欲的麻木与舌尖的挥霍

口欲，即口腹之欲。中国人的口腔文化过于发达，口腹欲望过于强烈，以至于许多人都重视口腔的快感，喜欢放纵滥吃而不加节制。

中国人自古就有一种特殊的品味能力，即吃的门道精。从某种角度来看，发现从古到今见诸文字的典籍和有关方面的论著，给人的感觉就是中国人在“吃”上面太讲究。除了基本的品味以外，相当一部分人是在无休止地追逐美味，玩弄美味，糟蹋美味。故此，中国饮食在长达数千年里一直走在世界的前列，它所树立起的一座座“丰碑”至今被人们“津津乐道”。

品味本来是一种对美食的享受，这是人之常情，无可厚非。但欲望过于强烈，以至于多多益善、铺张浪费或是对口欲的放任，无所不吃，就另当别论了。

中餐是中国人智慧的产物，是对人类的一大贡献，是一门绝妙的文化艺术。在中餐饮食消费的同时，伴随着一些弊端以至糟粕，如好奇的食尚导致生态破坏，其典型如对穿山甲的奢求，为了舌尖上的猎奇而猎杀野生动物，一直为人所诟病。另外，餐饮的经营也促使我们思考：中餐发展至今，铺张浪费讲排场，大吃大喝比气派的现象屡禁不止，而这一点又压过了中餐的真正的艺术特色。

讲起吃来，国人的确不同凡响，天上飞的，地下跑的，树上长的，河里游的，无所不吃。在生活富裕的年代，许多经营者、“猎奇”者，不顾社会的舆论，偷偷摸摸地干起丑陋的饮食消费行为。

一方面，我们中国人的善吃、会吃、敢吃，令天下人钦羡、咂舌；另一方面，正是这种没遮拦的吃，又引起国人愤恨乃至唾骂。在餐饮经营中，各种各样的怪现象较多，许多企业为了招徕顾客，想方设法营造猎奇感，结果造成了很坏的影响。据《吃遍大江南北》一书披露：有“君子”喜吃烫驴肉、烫鹅掌、活灌闷鳖、活吃猴脑，有饭店便如法烹制。[1]与商纣时代的炮烙之刑有无差别？这些

① 胡静如. 吃遍大江南北 [M]. 广州：广东旅游出版社，1994：339-345.

残酷的吃法，当然不是广大百姓的创造，而是那些少数巨富豪绅吃腻山珍海味，异想天开地吃一些不寻常的东西。但愿这样的事件能给我们提个醒儿，我们在饮食文化领域里的道德水准、文明精神已不能进一步下滑了。

一个外国人看到一桌筵席先后竟上了几十道名贵菜肴，啧啧摇头，动情而又真诚地对主人说："你们自称是发展中国家，可是，你们的筵席比发达国家的筵席还要豪华阔气啊！"

还有不少不法商家，为了赚取高额利润，不顾社会的舆论和法律的要求，经常触犯条例。许多个体小餐馆，常常偷偷地叫卖国家保护的"野生动物"。不少经营者还以此为"荣"，实在令人唾弃。许多食客也自诩"夸口"，以显其"才能"。诸如此类，不胜枚举。

一些来中国访问的外国朋友，看到珍稀动物放在餐桌，竟不敢动箸。一位中国官员出访外国时曾看到这样一组镜头——一只猫很不安心，主人瞪眼吓唬猫：你再折腾，我把你送到中国去！于是，那只猫变得老老实实。

"什么都敢吃"致使什么野生动物都难逃厄运。这是《羊城晚报》在"非典"前刊载的文章中的副标题。"什么都敢吃"已绝非对食文化的赞誉之辞。

野生动物是国家宝贵的自然资源，保护、发展和合理利用野生动物资源，对发展经济、维护自然生态平衡、拯救濒危物种、开展科学研究、改善和丰富人民物质和文化生活，都具有十分重要的意义。一些人还把吃野味冠以"饮食文化"的美名，这是对中华饮食文化的亵渎。

自古以来，饮食与文化确实是牢牢连在一起的，从古代击缶为乐以助酒食兴致开始，就一脉相传了。曾经，有位国际友人领教了中国筵席"文化"的厉害之后问记者："你们中国人为什么只有让对方喝得酩酊大醉才算友好呢？"这是一种什么样的友情？这是一种怪诞的人格和畸形的心态！多年来在国内常常出现赴宴闹酒、命归黄泉的事例，这不仅是"老外"百思不得其解，国人也难以理会，曾有人解释说，这就是吃的文化！看来，当"文化"一旦沦为无知、伤害、残忍、颓废的帮闲，还不如没有"文化"。

看来，"吃"与"吃"是大不一样的，有高尚的吃，卑鄙的吃；有清廉的吃，腐败的吃；有文明的吃，野蛮的吃；有干净的吃，污浊的吃；红军啃树皮草根是吃，官僚们海味山珍暴殄珍物是吃；焦裕禄白水咽馍是吃，"大款们"数千上万元一席是吃，……那些"虐吃""残忍的吃"、一切"损人利己毫无意义的吃"应该休矣。这种消费观无论如何也不能再继续下去了。倡导饮食文明之风，需要全社会的共同努力，应该从生态环境、法律法规、民俗民风、饮食健康、伦理道德等方面，摒弃饮食中的糟粕，彻底转变人们的饮食观念，建立健康文明的饮食消费观。

三、饭局与负重：宴席的减负与分餐

饭局为民间语汇，指宴会、聚餐。改革开放以来，中国人比较喜好各种形式的饭局，同学宴、战友宴、老乡宴、新婚宴、祝寿宴、满月宴等，各种饭局的主人对饭店、餐馆几乎都提出一个同样的要求，即是菜品一定丰盛，要有面子。饭店的菜单全国也几乎大同小异，八单冷盘、十道菜点以上，多则二十多道菜品。主人讲的是“面子”，饭店讲的是“赚钱”，这两者一拍即合，最终导致了饭菜的大量过剩。

蓝鲸渔港酒楼

宴

The Banquet

498元/桌	548元/桌	598元/桌	668元/桌	788元/桌	888元/桌	988元/桌	1288元/桌
四季发财四凉碟	吉祥如意四凉碟	事事如意四凉碟	吉祥如意四凉碟	吉祥如意四凉碟	吉祥如意四凉碟	吉祥如意四凉碟	六六大顺六凉碟
淮扬藤桥烟薰鸡	淮扬美极葱油鸡	鸿运当头卤水拼	金牌港式烧鹅皇(半只)	鸿运当头卤水盘	金牌港式烧鹅皇	鸿运当头卤水盘	富贵双飞比翼鸽(2只)
椒盐麻花基围虾	白灼游水基围虾	双味游水基围虾	白灼游水基围虾	白灼游水基围虾(1斤)	白灼游水基围虾	白灼游水基围虾(1.5斤)	白灼游水基围虾(1.5斤)
清蒸加州鲜鲈鱼	清蒸原味鲜鲈鱼	豉汁加州鲜鲈鱼	清蒸原味桂花鱼	清蒸原味多宝鱼	清蒸原味桂花鱼	清蒸原味石斑鱼	清蒸深海老虎斑
干锅腊味茶树菇	冬瓜薏米老鸭汤	锅仔脆笋飘香鸡	吉祥蓝鲸好吃鸡	鲜淮山炖老水鸭	十全大补乌鸡汤	蒜茸粉丝蒸扇贝(6个)	秘制脆菇焗鹅肝
绿豆海带排骨汤	干锅口味牛蛙王	瓦罐红枣炖猪肚	干锅脆椒八爪鱼	干锅常德烧水鱼(1.5斤)	干锅特色土龟肉	养生天麻炖乳鸽	宫廷银杏雄鸭煲
岳阳农家炒三卜	农家梅菜蒸扣肉	鸿福香芋蒸扣肉	农家梅菜蒸扣肉	黄金香辣霸王肘	黄金香辣霸王肘	锅仔特色常德鱼	干锅常德烧水鱼(1.5斤)
农家梅菜蒸扣肉	干锅肉沫黑木耳	竹网玫瑰掌中宝	尖椒爆炒月亮骨	蒜蓉粉丝蒸澳带	蒜蓉粉丝大扇贝	富贵香辣霸王肘	蓝鲸特色冰花螺(1.5斤)
青椒小炒黄牛肉	鸡汁肉丝脆笋尖	白椒大蒜腊牛肉	芹菜木耳卤牛肉	糯米珍珠香肉丸	砂锅三珍野生菌	鸡汁鱿鱼脆笋尖	黄金香辣霸王肘
碧绿西芹炒百合	岳阳农家炒三卜	荷香珍珠香茨丸	黄金香辣霸王肘	富贵秘制牛仔骨	芹菜木耳拆骨肉	荷香糯米蒸排骨	蒜苗麻辣鲜肚丝
糯米珍珠香肉丸	西芹百合炒木耳	营养玉米松子仁	青椒黄焖鲜肚条	特色鸡汁脆笋尖	营养玉米松子仁	腊八豆炒猪脚皮	营养玉米松子仁
鸡汁肉丝脆笋尖	糯米珍珠香肉丸	腊八豆炒猪脚皮	糯米珍珠香肉丸	卜辣椒炒风吹肉	干锅带皮黄牛肉	富贵秘制牛仔骨	小炒香菜黄牛肉
清炒本地嫩时蔬	清炒田园嫩时蔬	清炒本地嫩时蔬	清炒田园嫩时蔬	白灼广东嫩菜心	清炒本地嫩时蔬	清炒本地嫩时蔬	白灼广东嫩菜心
奶油拼老面馒头	奶油拼老面馒头	奶油拼双色馒头	奶油拼双色馒头	香煎美点葱油饼	极品生煎伏苓包	香葱芝麻生煎包	极品美点双辉拼
赠送精美水果盘	赠送精美水果盘	赠送精美水果盘	赠送精美水果盘	赠送精美水果盘	赠送精美水果盘	赠送精美水果盘	赠送精美水果盘

国内流行的宴席菜单选

（一）庞杂的传统宴席菜品必须要减负

宴席是中国饮食文化的重要组成部分。几十年来，从大都市到小乡镇，从公款宴请到私人请客，饭店宴请菜单的格局几乎没有太大的变化。宴席菜单琳琅满目，从冷菜、热菜到点心、主食，一般都在十几到二十几道，不仅造成了极大的浪费，而且使得人们食物摄入不均衡，长此以往会造成营养失衡，还会带来人体的疾患。就食客而言，真正能够把菜点全部吃完的宴席并不多。宴席菜肴的品种多、数量过大，这是导致浪费的根源，而西方国家的宴席只有3～4道菜。

为什么中国宴席菜品数量难以削减？是中国人饮食的传统惰性作祟，还是人们愿意这样把劳动成果白白浪费？在我国，对饮食文化的追求者大有人在，但人们似乎从不加以选择，不去分辨哪些是精华哪些是糟粕？哪些需要传承，哪些应该扬弃？中国人似乎一谈到饮食文化几乎都是沾沾自喜，老祖宗留下的传统值得颂扬，而很少有人会去探索这一古老的文化传统如何适应新的时代，适应人的身心健康。在很大程度上，各层各级以至于普通百姓一味地为传统饮食歌功颂德，大加赞赏，而对传统饮食中的弊端不加区分，甚至把中国饮食文化中铺张浪费这种并不值得称道的习俗，推向了极致，以至于造成铺张的宴席有面子、吃不掉的菜肴没关系、宏大的形式有噱头等怪现象。

行业协会和餐饮企业应首当其冲，大胆地倡导宴席改革，不能一味地追随商业价值而忽略整个国民大计；经营者把“赚钱”放在第一位，但也要讲究科学膳食、营养膳食；公款者真正要把“形象”放在第一位，不是以丰盛为好客，而应以适量、俭朴体现其素质和形象；自掏腰包者把“面子”放在第一位，不是比丰盛，比排场，而应体现主人的热情与友好、菜品的美味和丰俭由人、恰到好处。如果我们能够改变传统的观念，为传统宴席减负，我们的铺张之风、营养之痛就容易根除，我们的“饮食形象”就更加光彩夺目。

传统宴席的“负重”是多方面的，最主要的是品种和数量上的负重，特别是动物性原料的负重。在2003年食品消费结构比例中，中国居民的肉类消费为20.4%，而日本仅为8.8%。[①]由于多方面的原因，过多的品种和过量的菜点一直是宴席久治不愈的痼疾，使得人们食物摄入不均衡，并造成营养失衡，这不仅危害人们的健康，还会带来人体的疾患。就食客而言，真正能够把菜点全部吃完的宴席少之又少。大家都习惯了吃剩下比较有面子。为什么人们对此熟视无睹？并且感觉不到这样的浪费对社会带来的危害？由此，我们应该反省：为了我们的国力强盛、为了我们的身体健康、为了我们的子孙后代，请做“文明民族”饮食“减负”的倡导者和实施者吧！

（二）科学膳食：期盼着国民宴请的变革

科学膳食应按照一个人一天的营养需求计算，如中等体力劳动者，每天需要供给热量3000千卡，产生这些热量的食物要分三餐用完，根据人们的生活习惯和劳动强度的需要，三餐的分配为35%、40%、25%或30%、40%、30%。[②]中餐或晚餐也就是1000千卡热量左右，其菜式基本上就是一荤三素加主食。一个人如果长期不按照膳食制度来用餐，不仅不能健康长寿，而且还会适得其反，造成身体的疾病。依据此数据推行，宴席菜肴的配份就是：一冷拼、一汤羹、一主菜、一蔬菜，加主食，或四菜一汤。这个热量的摄入正暗合我们国宴的“四菜一汤”“三菜一汤”的标准，合乎健康饮食的要求。当前我国的宴席菜品，动物性原料偏多，饮食已远远超出了人的负荷、偏离了方向。

① 陈启杰，张丹．中日居民饮食消费结构比较研究［J］．现代财经，2005（12）．

② 傅良碧．饮食营养与健康［M］．北京：人民军医出版社，1997：203.

对照中国宴席的菜单，宴席减负工作任重而道远，必须要全社会的积极宣传响应，教育广大民众宴席需要减负，使广大百姓认识到合理配膳的意义，否则营养过剩，势必会对个人的身体大为不利；同时要全国餐饮行业协会和企业带头执行，不能为了企业的利益而造成食物资源的浪费和对百姓造成身体的伤害。

我国国家领导人宴请贵宾的国宴，当然是隆重的，但菜肴不多，上菜不过四道：第一道是开胃冷菜；然后上三道主菜；最后是点心、水果或甜食。国宴简朴的规格和带头垂范的节俭作风值得各层各级的政府效仿与实践。

在西方国家，人们待客的宴会与我国百姓宴客有天壤之别，他们的筵席形式就是头盘、汤羹、一道主菜、面包、水果，结构简单，营养合宜，经济实惠、不摆阔气，并以节俭为准则。从他们的饮食活动中，我们真正透析出西方民族的节俭、环保、良好的生活作风和朴素的民族精神。

国学大师林语堂先生早在半个世纪前就说过：“中国人，他们的恰到好处的感觉在绘画与建筑方面是那样锐敏，可是在饮食方面而好像完全丧失了它，中国人的对于饮食，当其围桌而坐，无不尽量饱餐。凡属重大菜肴，像全鸭，往往在上了十二三道别样的菜以后，始姗姗上席，其实光是全鸭这一道菜，也就够任何人吃个饱畅。这样过于丰盛的菜肴，是出于敬客的虚假形式。”他接着又说：“虽说中国在安排宴会时，食料的适量方面应该学学西式才好。”①

医学家们研究证实，有80多种人体的疾病同营养摄入是否科学合理有关，人类疾病死亡原因中，因营养摄入不当而导致的疾病占首位。心脑血管疾病、肿瘤、内分泌失调和许多流行性疾病都直接或间接与营养摄入不当有关。中国宴席以高热能、高脂肪、高胆固醇食品为主，因此，经常吃宴席的人往往摄入热量、脂肪、胆固醇较多，而这“三高”饮食是脑血管疾病、冠心病、肿瘤、高脂血症、胆石症、糖尿病、肥胖症、肠癌等疾病的重要致病因素。据一些宴会较盛行的城市调查，居民人日均摄入脂肪中动物脂肪的比重已达33%，已超过联合国推荐的30%的标准；人日均摄入胆固醇已达400毫克，大大超过联合国推荐的300毫克的标准。调查发现，这些城市的上述疾病发病率呈持续上升的趋势。近10多年来，医学家们还发现，常吃宴席的人往往出现头晕头痛、血压偏高、厌食、消化不良、腹泻等症状，这种被医学家称为“宴会综合症”的病近年来日趋增多。

饮食文明新风尚，是需要政府和全体民众的共同努力和支持的。近年来，中央八项规定的贯彻执行，堵住了官员公款挥霍之路，这样，我们的日常饮食不仅可以大大节约，而且我们的务实作风也会进一步增强并落到实处。国民饮食，也

① 林语堂．吾国与吾民［M］．南京：江苏文艺出版社，2010：324.

需要我们转变观念，回归到科学、节俭的道路上，只有这样，中华民族的优良饮食之风才会大加传扬，中华悠久的饮食文明才会大放异彩。

（三）从传统的多人合餐中走出来

在世界饮食的今天，合餐式用餐方式的国家并不多，中国既是一个“老牌的”“分餐制”国家，也是一个有悠久历史的“合餐式”国家。其实，在我国古代的早期并不是大家共用一盘菜的，2000多年前，我国就有人提倡“食不共器”了。根据饮食考证，我国古代分餐饮食的时间至少有3500年的历史，而合餐饮食至少也有1000年的历史。

1. 古代食不共器的分餐制

在第六章“中国人吃的方式”中已较详细地分析和介绍了古代“分餐制”饮食的情况。据相关资料考证，至少在唐代以前，古代中国人都是分餐进食。他们进行饮食时，一般都是席地而坐，面前摆着一张低矮的小食案，案上放着轻巧的食具，重而大的器具直接放在席子外的地上。后来所说的“筵席”，正是这古老分餐制的一个写照。因为食案不大不重，一般只限一人使用。根据史料的分析，分餐制的历史可上溯到史前时代。

会食制的诞生大体是在唐代，发展到具有现代意义的会食制，经历了一个逐渐转变的过程。周秦汉晋时代，筵席上分餐制之所以实行，应用小食案进食是个重要的原因。

晋代以后，传统的席地而坐的姿式也随之有了改变，特别是家具的变化发展带来了新的风格，常见的跪姿方式受到更轻松的垂足坐姿的冲击，这就促进了高足坐具的使用和流行。公元5～6世纪新出现的高足坐具有束腰圆凳、方凳、胡床、椅子，逐渐取代了铺在地上的席子。唐代时各种各样的高足坐具已相当流行，垂足而坐已成为标准姿势。从唐代后期开始，高椅大桌的会食已十分普遍。到宋代以后，具有现代意义的会食方式才出现在餐厅里和饭馆里。

在合餐形式的饮食中，古代也有类似分餐的记载。明代田汝成的《西湖游览志馀》曾载道，宋高宗赵构“在德寿宫，每进膳，必置匙箸两副，食前多品，择取欲食者，以别箸取置一器中，食之必尽，饭则以别匙减而后食。吴后尝问其故，对曰：不欲以残食与宫人食也。”[①]这段记载详细地说明了宋高宗就餐时使用了两套餐具，一套自用，一套是用来拨取菜肴和饭食的，类似于现在的“公筷制”和“双筷制”。皇帝的饭菜食前方丈，丰盛无比，赵构是想自己能吃多少就拨多

① （明）田汝成. 西湖游览志馀［M］. 北京：东方出版社，2012：12.

少，以免弄脏弄乱了饭菜，因为剩下的饭菜还要赐给宫人。从这点记载来讲，真不知封建社会还有这样饮食的皇帝，自己吃饭还考虑到下面的宫人，真是难能可贵。就此事来讲，这种“合餐制”形式下的“分餐”，是值得称道和传扬的好事。

2. 合餐中津液交流的危害

团聚会餐，同饮共食，这是我国遗传下来的传统筵宴方式。长期以来，我国人民的吃饭方式普遍采用集餐。如迎宾宴会、节日聚餐、会议包餐、喜寿宴饮等场合，以至千千万万个家庭用餐都普遍使用这种集餐方式，而且一直被人们认为是一种“传统习惯”。对此，科学的回答是否定的。从卫生角度来看，这种集餐方式极易传染疾病，是一种不良的进餐习惯，必须加以改革。

中国人传统的饮食习惯是应该加以甄别选择了，不能一股脑地都把它继承下来，明显不卫生、不科学的东西就应该抛弃。今天，现代中国人必须要痛下决心，革除传统进食方式的不卫生习惯。团聚会餐式助长了人与人之间饮食的亲密交流，特别是将各人特有的那些菌种毫无保留地传播给了同桌共餐的人。对于此，早在1943年王力先生在《劝菜》一文中就加以揭示，对传统进食方式中的“津液交流”有十分深刻的警诫和论说。他说，10个或12个人共一盘菜，共一碗汤，酒席上一桌人同时操起筷子，同时把菜夹到嘴里去，只差不曾嚼出同一的节奏来。“新上来的一碗汤，主人喜欢用自己的调羹去把里面的东西先搅一搅匀；新上来的一盘菜，主人也喜欢用自己的筷子去拌一拌。”“一件山珍海味，周游列国之后，上面就有了五七个人的津液。将来科学更加昌明，也许有一种显微镜，让咱们看见酒席上病菌由津液传播的详细状况。现在只就我的肉眼所能看见的情形来说。”[①]王力先生提到的这种饮食方式，我们人人都曾亲见或亲历过，当然我们只是传统的继承者和随大流者，我们牺牲的是自己的一点卫生，顺从的是传统的习惯，维护的是不健康的观念。从另一角度看，许多人也是心甘情愿地容纳和承受这种饮食方式，把自己置于危险之中还洋洋自得。

应该说，这种在一个盘子里共餐的会食方式，虽然是中国传统饮食文化的重要内容之一，但以我们现在的眼光看，它确实算不上高尚和优良。不好的东西就要改，这才是一个伟大的文明的民族优良的品质，而抱残守缺不是我们文明民族的素质。

3. 推广分餐制的有效措施

分餐而食，古已有之。合餐而食，弊端不少。通过上面的分析，我们都已明白它的利与弊。但分餐制的推广，在国内喊了多少年，一直未深入下去，特别是家庭和小餐馆，民间的宴饮还出现大量集餐会餐的现象，如不加以杜绝，长期以

① 王力. 劝菜. //范用. 文人饮食谭［C］. 北京：生活·读书·新知三联书店，2004：27.

往下去，势必要影响国民的身体健康。

20世纪90年代以后，我国饭店企业的菜品在保持传统特色的基础上，普遍使用公筷、公勺，人们不是用自己食用的筷子直接到盘中夹菜，而是用公筷、公勺把菜夹入自己的盘中，这种讲究卫生、健康的饮食方式在全国许多饭店得到推广，并产生了很好的效果。许多大饭店、中高档餐饮场所带头垂范，在餐饮接待方面采取“单上式”“分餐式”和“自选式”的饮食方式，也产生了一些效果，许多中高档宴会的上菜基本都是分餐各客制，既卫生又高雅。特别是筵宴菜品的配置出现了一些新的风格，并成为当今人们乐于接受的筵宴组配方式。

（1）自选式　21世纪以来，自选式饮食风气在许多饭店餐厅以至于单位食堂逐渐流行。在餐台上配置冷菜、热菜、点心、甜菜、水果等，品种多样，展示在贵宾面前，餐台上备有刀叉、筷子、餐盘，让客人端着餐盘，按自己的喜好选用菜点，吃多少、取多少。

（2）公筷式　在筵宴中，每一盘菜点，都配上公筷、公勺，餐桌上也配有公筷、公勺。档次高的宴会，由服务人员将每盘菜平均分配给客人，一般的筵宴，宾客可用公筷、公勺盛取食品。这样既保持了中国筵宴的风格特色，又符合卫生要求。目前，许多地区和饭店广泛采用双筷制，在餐位上摆放不同颜色的两双筷子，外部的筷子取菜，内面的筷子食用。

（3）分餐式　这是中餐西吃的方式，整桌菜点都是由厨房或餐厅人员分配好，每客一份，就如同西餐上菜一样，菜用盘，汤用盅，按筵宴的顺序，一道一道的由服务人员送上餐桌，这种形式，多流行于国宴或高级宴会，现在许多宴会和聚餐方式都开始应用。

分餐宴会菜单：

美味六拼盘（各客）、上汤海鲜盅（各客）、雀巢带子虾（每人一小巢）、黑椒牛肉卷（各客）、虾酱炖胖鱼（餐厅分菜）、猴头烩双蔬（各客）、鸡火鸭舌汤（各客）、甜咸双美点（各客）、雪糕水果盘（各客）。

4. 西方人饮食用餐的比照

在扩大开放、深化改革的进程中，经济建设的许多方面都开始与国际标准“接轨”，这很有必要，也很有效果，这也是走入世界经济大圈的必需。但在请客吃饭问题上，我们的广大同仁既没有继承好古人优良的节俭之风，也没有与国际用餐方式“接轨”，除了国宴的接待以外，在地方和民间却迟迟不见动作。

说到吃饭与国际接轨，很多人会嗤之以鼻、不屑一顾。这不是崇洋媚外，学习外国人节俭本没有错。西方人之节俭，的确以宴请宾客之节俭最值得引进。理由是：第一，针对性强。中国人目前铺张浪费之处甚多，而最令人痛心者莫过于“宴请”。第二，可行性强。发达国家虽然富有，尚且在“宴请”上如此节俭，可见照此办理并不有损我们的形象。

在发达国家，人们早就超越了吃这个阶段，“吃”只被认为是身体给养、维持生命的活动而已。西方人待客的宴会是经济实惠、不摆阔气、不拘泥于形式，并以浪费为罪恶。

繁荣的大众消费市场

英国女王宴请我国领导人的食谱为：“熟蛋芦笋、烩鸡和鸡肝、炒饭；配菜有胡萝卜、菠菜，甜食为鸡蛋布丁、草莓、奶酪。”主菜实际只有两道。伊丽莎白女王用餐最喜清淡、简朴，她反对皇家厨师花费大量的时间和精力在肴馔的色、香、味上下功夫，要求“有营养，可口”就行。

欧洲各国首脑每年在布鲁塞尔聚会一次，东道主比利时宴请各国首脑只有三道菜：冷菜、主菜、甜食。在新加坡，如果你在餐馆点的菜吃不完，会受到法律的处罚。

美国总统宴请贵宾的国宴，当然是隆重的，但规格是上菜不过四道：第一道是开胃食品——小碟冷菜；然后上两道主菜：一道鱼，一道牛肉；最后一道是甜食，即水果、蛋糕、冰淇淋之类。美国前国务卿舒尔茨宴请我国领导人：“海味拼盘、仔鸡、烤番茄、青豌豆、冰冻柠檬精。”主菜实际上也仅只三样。

外国企业老板请客也绝不像我们的国人那样阔气。2006年4月，中国领导人访问美国微软公司，美国媒体透露，微软创始人兼全球首富比尔·盖茨，在其位于西雅图的湖畔大宅设晚宴，以三道菜盛情款待中国贵宾。据悉，这三道菜分别是：烟珍珠鸡沙律、华盛顿州产黄洋葱配制的牛肉，或阿拉斯加大比目鱼配大虾任选其一；最后是甜品：牛油杏仁大蛋糕。

德国一家大啤酒企业宴请参观访问的来宾，不管是外国大企业家还是部长，照例是一个盘子放两根小香肠和两个小圆面包，只是啤酒可以随意取用。倘若换了我们的企业家，这种宴请标准，肯定是会被认为过于寒酸而拿不出来的！

我们可以看一看外国总理饮食的一举一动，是不是值得我们各地各级人员好好学习。《现代快报》记者跟踪报道：2007年8月底，德国总理安格拉·默克尔为在华系列活动“德中同行”揭幕抵达南京访问。而首次来南京的默克尔下榻的仅仅是索菲特银河大酒店43楼70多平方米的普通豪华套间。这样的房间挺常见，面积相当于总统套房的1/6，入住价格相差20几倍。可客人对房间的评价是“条件已经足够好了”。这令我们中国人大感意外。第二天用早餐时，默克尔总理婉言谢绝了酒店专门为其准备的私密性强的索菲特会所，坚持要求不搞特殊化，和德方工作人员一同到7楼西餐厅用餐。在西餐厅用早餐时，她选了一支法式长棍面包，并婉谢服务人员的帮忙，坚持自己动手切成片。而在取一种燕麦面包时，默克尔不小心将一片面包掉到了地上，按照惯例，酒店的工作人员会帮客人拣起来换一个，而默克尔却拒绝了服务人员的帮助，弯腰拣起掉在地上的那片面包，并放进自己的餐盘里，直至把它吃完。[①]

从德国总理食用早餐十分自然的一言一行中，我们看不到矫揉造作、故弄作秀的成分在内，而是真正透析出这个民族的节俭、环保、良好的生活作风和朴素的个人魅力。

由此看来，引进国外的节俭宴饮法确实是当务之急。此举对社会风气的净化，干部廉洁作风的养成，都能起积极的作用。

如果我们以古代中国人分餐而食的吃饭方式以及良好的饮食节俭宴饮法为蓝本，再加上传统的中国烹饪技艺和特色，两全其美，弘扬我国传统的文明之花，这将是国人感到无上光荣和自豪的。在当今社会，节俭饮食仍是我们应该追求的优良品质，这符合当代中国的社会主义核心价值观，应当得到倡导和传扬。

（清）杨柳青年画《新年多吉庆　合家乐安然》

四、节俭与常态：饮食的匡正与自律

（一）吃饭问题关乎民族的未来发展

在贫穷落后的旧中国，广大老百姓尝尽了吃不饱、穿不暖的苦头。“世界上什么问题最大？吃饭问题最大。”这是1919年毛泽东创办《湘江评论》时写在发刊词的第一句话，这个思想在他几十年的政治生涯中一以贯之。新中国建立以

① 陈刚. 默克尔：面包掉地拣回餐盘［N］. 现代快报，2007-08-30.

后，人们深知吃饱饭的重要性，1959年，毛泽东又在党内通讯中写道："须知我国是一个有六亿五千万人口的大国，吃饭是第一件大事。"吃饭，"人事之所本者"，其重要性不只在于满足口腹之欲，还会影响到一个民族的未来发展，关乎国家的命运、人民的健康等一系列问题。

在新中国成立后几十年的国家事务工作中，为了解决中国几亿人的吃饭问题，党和政府付出了巨大的努力，结束了旧社会"饿殍遍野，哀鸿千里"的历史。但是，应该承认，直到20世纪70年代末期，吃饭这个"世界上最大的问题"，在中国解决得并不够理想。有统计数据表明，从1954年到1978年的24年中，我国农村人均消费粮食每年只增加0.5%，肉食0.8%，植物油0.6%，人们各种营养摄入量与卫生部制定的标准相比差距始终比较大。根据国家统计局资料，全国城乡居民1979年人均消费粮食仅207千克，只比1952年多14千克，植物油1.96千克，比1952年还少，肉禽蛋鱼16.35千克，比1952年多5.7千克。[①]

落后的食品消费是由落后的食品工业决定的。新中国成立之初，我国只有寥寥几家面粉厂、罐头食品厂、糖厂和啤酒厂，而且大多是作坊式的手工操作。解放后的30年间，全国食品工业虽获一定发展，但总体的发展速度较慢，与巨大的消费需求相比，仍然是严重滞后的。

真正发生变化的是1978年改革开放以后，国家和地方政府投入数百亿元资金，用于发展食品工业，到1990年，国家重点扶持食品工业，使得食品工业迅猛发展，当时已经成为仅次于机械、纺织工业的我国第三大工业。

改革开放的春风和国民经济的发展给餐饮业带来了前所未有的变革。广大人民传统饮食思维也正在发生许多空前的变化。过去岸边、田埂上的野菜大多是用来喂猪，现在是人们抢着吃；过去的粗杂粮如地瓜、木薯、高粱、莜麦，现在价格大涨，供不应求；那些动物内脏、膘厚肥肉、动物油脂逐渐被人们所贬弃；而海参、干贝、蘑菇、木耳之类过去被奉为高档的食材，如今已经"飞入寻常百姓家"，成为城乡居民家庭餐桌上的常品。

细细浏览一下全国大中城市，星级酒店不断增多，个体餐馆迅猛发展，文化餐厅特色鲜明，餐厅装潢的档次节节升高；各地电视里的餐饮广告、市民食事、菜市行情、店家风采、畅销食店、周末口福、域外餐饮、名厨表演、海外食谭等比比皆是，特别是各地方报纸上的餐饮广告异彩纷呈，各地方菜的异地经营，走遍全国：你可以在拉萨吃到四川的水煮牛肉或广东的盐焗鸡，也可以在昆明吃到江苏的小笼汤包或陕西的牛羊肉泡馍，更可以在各地吃到山西的刀削面和北京的烤鸭。在一个城市吃到全国主要特色风味的菜肴和点心已是平常之事，餐饮连锁

① 张念群. 吃的变迁［N］. 经济日报，1990-02-16.

经营、异地经营已发展成为常态化，它昭示着现代国民饮食生活丰富多彩发展的水平。

餐饮市场的大踏步变化升级，国民饮食消费水平节节攀升，随之而来的国民饮食浪费现象也越来越明显，中国社会面临的饮食问题发生了根本性的变化：一方面贫穷困难的人口还不在少数，另一方面花天酒地的浪费现象还比比皆是，这已成为破坏中国社会和谐稳定、影响国民文明素质非常严重的问题，所以，必须予以解决。但要从根本上和长远上解决问题，却需要全体国人遵守合理的饮食规范，崇尚节俭的饮食风尚。

2010年11月至2012年6月，是我国第六次人口普查时间。从第六次人口普查的数据显示，全国人口已达到13.39亿人。就2010年全国粮食总产量为10928亿斤来看，若按全国人口（男女老幼）平均每人每天250克主食而定，全国人民一天要消耗掉334750吨粮食。国家提出“要在全社会形成崇尚节约、合理消费、适度消费”，而要真正实现这一点，首先需要人们实行文明、节约的就餐方式。2010年初下发的《国务院办公厅关于进一步加强节约粮食反对浪费工作的通知》明确指出：“尤其是讲排场、比阔气等不良消费方式造成的食品浪费令人触目惊心。”由此看来，倡导节约环保生活方式刻不容缓，中科院院士武维华说：“全国每年浪费的食物总量估计可养活2.5亿到3亿人！”[①]而根据全国餐饮消费的浪费率来计算，国人一年饮食浪费1800亿的数字让人惊悚。

（二）2012：中国饮食消费的转折期

中国餐饮走进21世纪后，跨进了发展的高速通道，餐饮经营一路领先，中国餐饮市场的迅猛发展已让世人刮目相看。在2001—2010、2015年的时间内，国内餐饮业零售总额每年以两位数的速度递增，这是令国人引以为自豪的。

2001—2010、2015年中国餐饮业零售总额的发展变化情况　单位：亿元

年度	2001	2002	2003	2004	2005	2006	2007	2008	2009	2010	2015
零售总额	4368	5433	6066	7486	8887	10346	12352	15404	17998	21000	32310
同比增长	16.4%	24.4%	11.6%	21.6%	17.7%	16.4%	19.4%	24.7%	16.8%	16.4%	16.0%

根据中华人民共和国统计局2001-2010、2015年统计年鉴和中国烹饪协会2001-2010年全国餐饮业零售总额整理得出该表数据。

① 顾瑞珍，吴晶晶. 年浪费食物量可养活3亿人［N］. 京华时报，2011-06-23.

上面是国家统计局每年统计的数据，从表上的情况看，国人的饮食消费每年都在递进式发展，而且速度是特别的快。但仔细分析一下，这与西方发达国家相比，人均在外饮食的数字还不算高。其原因主要是普通百姓并没有成为中国餐饮消费的生力军，主要客源群体还是以高档的公款消费为主体（2012年前），与西方的以中低档的家庭消费和工薪阶层为主体的情况不同。这时期形成了中国餐饮的明显特征：一是公款消费高档酒水、山珍海味拉动餐饮的发展速度；二是高档餐饮场所最多，高级餐厅、顶级餐厅、高档会所、豪华饭店、高星级酒店占到了中国餐饮的半壁江山；三是浪费现象最普遍，从大人到小孩相互影响，缺少克制；四是吃喝腐败现象最严重，从高官到村长堂而皇之。

中共中央政治局2012年12月4日召开会议，审议中央政治局关于改进工作作风、密切联系群众的“八项规定”，分析研究2013年经济工作。中共中央总书记习近平主持会议。会议一致同意关于改进工作作风、密切联系群众的八项规定，规定要求要进行调查研究，到基层调研要深入了解真实情况，总结经验、研究问题、解决困难、指导工作，向群众学习、向实践学习，多同群众座谈，多商量讨论，多解剖典型，多到困难和矛盾集中、群众意见多的地方去；要轻车简从、减少陪同、简化接待，不安排宴请；要厉行勤俭节约，严格遵守廉洁从政等有关规定。同时并提出了中央“六项禁令”。

相关链接

中央“六项禁令”

1．严禁用公款搞相互走访、送礼、宴请等拜年活动。各地各部门要大力精简各种茶话会、联欢会，严格控制年终评比达标表彰活动，单位之间不搞节日慰问活动，未经批准不得举办各类节日庆典活动。上下级之间、部门之间、单位之间、单位内部一律不准用公款送礼、宴请。各地都不准到省、市机关所在地举办乡情恳谈会、茶话会、团拜会等活动，已有安排的，必须取消。各级党政干部一律不准接受下属单位的节日庆典活动。

2．严禁向上级部门赠送土特产。各地各部门各单位一律不准以任何理由和形式向上级部门赠送土特产，包括各种提货券。各级党政干部不得以任何理由，包括下基层调研等收受下属单位赠送的土特产和提货券。各级党政机关要严格纪律要求，加强管理，杜绝在机关收受和分发土特产的情况发生。

3．严禁违反规定收送礼品、礼金、有价证券、支付凭证和商业预付卡。各级领导干部一定要严格把关，严于律己，要坚决拒收可能影响公正执行公务的礼品、礼金、有价证券、支付凭证和商业预付卡，严禁利用婚丧嫁娶等事宜借机敛财。

4. 严禁滥发钱物，讲排场、比阔气，搞铺张浪费。各地各部门不准以各种名义年终突击花钱和滥发津贴、补贴、奖金和实物；不准违反规定印制、发售、购买和使用各种代币购物券（卡）；不准借用各种名义组织和参与用公款支付的高消费娱乐、健身活动；不准用公款组织游山玩水、安排私人度假旅游、出国（境）旅游等活动；不准违反规定使用公车、在节日期间公车私用。

5. 严禁超标准接待。领导干部下基层调研、参加会议、检查工作等，要严格按照中央和省委的有关要求执行。

6. 严禁组织和参与赌博活动。各级党员干部一定要充分认识赌博的严重危害性，决不组织参与任何形式的赌博活动。

（三）传统饮食消费的匡正与新风尚

中国人在菜品风味上给世界人民带来了无尽的美味，但在吃喝问题上却背上了沉重的包袱。在某些地方，在某些人的眼中，一提起中餐，马上就和铺张浪费连在了一起，甚至和贿赂联系在一起。这就促使我们思考：中餐发展至今，铺张的饮食讲排场，大吃大喝比气派的现象已"路人皆知"，而我们却置若罔闻、我行我素。面对如此的饮食消费，我们必须去其糟粕，走文明健康的饮食之路。

1. 弘扬节俭、文明的饮食之风

我国有节俭、文明的饮食传统。早在古代，我们的先人们就为我们做出了许多表率，并一直影响着我们的后代。

有关孔子的饮食生活的实践内容，孔子曾说过："君子食无求饱，居无求安，敏于事而慎于言。"[①]可以看出，他并没有把美食作为第一追求。他还说："士志于道，而耻恶衣恶食者，未足与议也。"[②]对于那些有志于追求真理，但又过于讲究吃喝的人，采取不予理睬的态度。可是，对苦学而不求享受的人，则给予高度赞扬。他的大弟子颜回被他认为是第一贤人，说："一箪食，一瓢饮，在陋巷，人不堪其忧，回也不改其乐。贤者，回也!"[③]做弟子的因不讲究饮食而受到夸奖，作先生的又如何呢？孔子自我表白道："饭蔬食，饮水，曲肱而枕之，乐亦在其中矣。"孔子自己所追求的也是一种平凡的生活，即粗饭蔬食，曲肱而枕，在这里他以饮食为切入点，表达其"安贫乐道"的人生态度和价值取向。

①（春秋）孔丘．论语［M］．北京：蓝天出版社，2006：13.
②（春秋）孔丘．论语［M］．北京：蓝天出版社，2006：106.
③（春秋）孔丘．论语［M］．北京：蓝天出版社，2006：66.

《汉书·循吏传》记载信臣太守，好为民兴利，“禁止嫁娶送终奢靡，务出于俭约。[①]”明清时期，在国内兴起的奢靡之风，并没有影响当时的徽州地区。徽州人多以勤俭为荣，各宗族历来注重遵循朱子之礼，不忘勤俭。各宗族的族长一直倡导勤俭持家，反对奢侈。他们提倡食物不求肥甘之美，充饥足矣。如绩溪县鱼川耿氏族人在其祖训中认为：“俭之为道……肥甘之美，不过口舌间片刻之适而已。若自喉而下，藜藿肥甘何异？人皆以薄于自奉为不爱其生，而不知是乃所以养生也。”[②]

清代“扬州八怪”之首的郑板桥，他是一个清廉节俭的县令，他无数次赈灾放粮，开仓济民。板桥辞官之日，潍县万人空巷，百姓痛哭挽留，家家画像以祀。他写下的许多饮食篇章，大都是他苏北家乡兴化市的饮食记载。因家住兴化东水关古板桥，故以为号。板桥出身寒素，生活简朴，于饮食很随便，并无特殊的考究。“佳节入重阳，持螯切嫩姜”；“春韭满园随意剪”；“紫蟹熟，红菱剥”；“白菜腌菹，红盐煮豆”；“蒲筐包蟹，竹笼装虾，柳条穿鲤”；“虾螺杂鱼藕”；“啖林中春笋秋梨”；“好闭门煨芋挑灯，灯尽芋香天晓”等。再如《郑板桥文集》中“家书”的一些段落：“可怜我东门人，取鱼捞虾，撑船结网，破屋中吃秕糠，啜麦粥，搴取荇叶蕴头蒋角煮之，旁贴荞麦锅饼，便是美食……”[③]；“天寒地冻时，穷亲戚朋友到门，先泡一大碗炒米送手中，佐以酱姜一小碟，最是暖老温贫之具。暇日咽碎米饼，煮糊涂粥，双手捧碗，缩颈而啜之……”[④]等。郑板桥未必没吃过山珍海味，也不是家乡没有这些。可是，诗言志，诗文所述正是他对家乡饮食的眷念和朴实生活的本质部分。这也是明清时期许多文人的饮食观念。从明代龙遵叙的《饮食绅言》中的“戒奢侈”“戒多食”“慎杀生”“戒贪酒”，到清代薛宝辰的《素食说略》中的“肉食者鄙，夫人而知之矣；鸿才硕德，未有不以淡泊明志者也。士欲措天下事，不能不以咬菜根者勉之。”[⑤]这些文人的饮食生活，却真正反映了当时日常生活的节俭状况。

在民间，老百姓的饮食生活是相当节俭的。明代陆容在《菽园杂记》中记载了民间百姓的节俭生活。卷二有曰：“吴中民家计一岁食米若干石，至冬月舂白以蓄之，名‘冬舂米’。尝疑开春农务将兴，不暇为此，及冬预为之。闻之老农云，不特为此。春气动，则米芽浮起，米粒亦不坚，此时舂米多碎而为粞（按：

① （汉）班固．汉书［M］．北京：团结出版社，1996：893.
② 夏晓慧．明清徽州宗族的尚俭之俗［J］．寻根，2016（2）.
③ （清）郑燮．郑板桥文集［M］．成都：巴蜀书社，1997：7.
④ （清）郑燮．郑板桥文集［M］．成都：巴蜀书社，1997：10.
⑤ （清）薛宝辰．素食说略［M］．北京：中国商业出版社，1984：7.

碎米），折耗颇多。冬月米坚，折耗少，故及冬春之。”[①]卷三曰：“江西民俗勤俭，每事各有节制之法，然亦各有一名。如喫饭，先一碗不许喫菜，第二碗才以菜助之，名曰‘斋打底’。”[②]这应该是中国老百姓饮食生活的真实情况，但也显现出百姓自给自足的饮食节俭状况。

有关古代饮食节俭的例子是很多的，当今也有许多好的案例。我国在国宴和国际重大会议上，早已注重科学合理与节俭膳食，如2001年10月在上海召开的亚太经济合作组织（APEC）第九次领导人非正式会议上，我国招待20首脑的宴会菜单是：龙虾色拉、翡翠羹、炒虾蟹、煎鳕鱼、片皮鸭，外加点心和水果，只有一开胃菜，一汤羹，三道热菜。2014年11月，北京APEC晚宴菜单：先是一道冷盘，随后是上汤响螺、翡翠龙虾、柠汁雪花牛、栗子菜心、北京烤鸭，之后是点心、水果、冰淇淋、咖啡和茶。

多少年来，我国政府在制止吃喝浪费上也曾采取过种种措施，下达过许多文件，但很多地方对制止吃喝浪费现象，只是一种外在的措施。实际上制止大吃大喝等浪费现象的关键问题在于两点：一是要转变观念，二是要采取法律约束。即使我们的消费是合法的，但是浪费仍然是可耻的。从另一个方面来看，一个不懂得珍惜辛勤劳动果实的民族是缺少良好文化修养的民族。

国人饮食消费的乱象已与当今文明社会形成极不和谐的对比，构建节约型社会更需要拨乱反正、遏制浪费现象。从2012年起，国家的重拳重斧对饮食铺张和奢靡之风进行了有力的打击，在政府的强势攻击下，国人的饮食确实发生了许多变化，整个社会餐饮风气已朝着向好的方面发展，中国人的饮食理念也发生了很多的变化。

没有比较，自己的行为自己总觉得不以为然。在构建和谐社会、节约型社会的进程中，如果我们能够尽快改变不良的饮食习惯，将使我们民族更加荣光，民众更加添彩。

2. 遏制饮食消费乱象应采取的措施

国人饮食消费的种种乱象所带来的后果十分严重。一个文明的民族，任何时候，暴殄天物都应该受到谴责。对此，我们应从杜绝公款吃喝做起，采取有力的措施，全面遏制此风的蔓延。[③]

（1）从国家层面，应制定有关法律，立法遏制餐桌浪费行为　近年来，国家对于食品安全采取重拳这是民心所向的，而对于餐桌浪费还未采取有效措施。一

① （明）陆容．菽园杂记［M］．北京：中华书局，1985：19．

② （明）陆容．菽园杂记［M］．北京：中华书局，1985：28．

③ 邵万宽．我国饮食消费现象与问题研究［J］．江苏商论．2012（8）：7-11．

直以来，我国强调的是消费者权益保护，而对于消费者的消费行为则很少涉及。当消费者的某些行为违背道德准则、影响文明国度时，国家应强制性介入，规范民众的行为。在餐食消费方面，国家也应制定相应的法律法规，加强对公款消费额度的监控，对违反规定者应给予处罚，并接受人民的监督。遏制餐食浪费也要与杜绝"公共场所吸烟"或"酒后驾车"一样采取必要的强制性措施才行。若没有非常具体的法律和制度措施予以保障，就难以真正落到实处。

在资源有限的节约型社会，构建可持续发展与和谐社会的价值诉求，拯救奢靡的"餐桌浪费"是节约型社会的主要环节。餐桌浪费就是一种资源浪费，同时浪费的粮食和食品也污染了环境，对这样的浪费现象，必须通过法律来解决。有专家建议，建立刚性的反"餐桌浪费"的具体措施才是当务之急。因此，立法遏制餐桌浪费行为（如建立《反浪费法》）对高档餐饮等奢侈消费征收高额税，应尽快提上议事日程。

（2）从行政层面，应制定公务交往的有关条例，强制性降低业务招待费用

全社会对于公款吃喝反映强烈，国务院对"三公"消费也采取重拳。按照国务院要求，98个中央单位的"三公"经费都要对外公布，并且要求"三公"经费数据进一步细化。对于不公开和公开不到位的部门，要有惩罚的规定。各行政部门应加大监察力度，严厉打击利用公款大吃大喝的浪费现象。严格执行国家和地方各类规章制度，制止正常公务交往以外的公款消费，遏制正常公务交往之内的过量消费。时任新闻出版署长柳斌杰主张"除外事招待审批费用外，其他吃喝一分钱也不许报销。岗位公务费给补贴，招待自己花钱。"[①]全国政协委员杨宝奎呼吁采取有效措施，根据单位收入情况，借鉴市场机制下企业的成本控制模式，强制性逐步降低业务招待费用等相关费用比例。鼓励媒体和个人举报利用公款大吃大喝浪费现象，保护举报人，公开处理相关责任人，在网站与相关媒体公布[②]。对于公款吃喝，各层各级应实行自主申报、网上举报等措施，坚决扼杀不良饮食消费的风气。

（3）从行业层面，应推广有效措施，采取多种手段做好鼓励和宣传工作　餐饮行业协会和饭店企业应承担餐饮节俭宣传的社会责任，从理性消费的角度进行宣传，引导民众厉行节约。近年来，国内许多餐饮企业做出了很好的榜样。如北京的某些餐厅推出"适量点菜，吃光了打9折"活动，提醒客人节俭消费，起到了很好的效果。上海的某些餐厅标有醒目的提示语："请按量取食，杜绝浪费，

① 人民网http：//www. people. com. cn/ 新闻出版总署署长柳斌杰发微博剑指公款消费，2012-4-8.

② 江跃中，潘高峰. 一年1000亿餐饮浪费数字惊人［N］. 新民晚报，2010-03-13.

如每位剩余食品超过100克，将收取20元，依次类推。”这样可规范消费者的饮食举动，为消费者节俭饮食起到一个推助器的作用。在一定规模的餐饮企业可推行“职业点菜师”帮助顾客点菜，根据客人的多少、口味、人员组合，给客人点出一桌既体面、且营养搭配又科学合理的菜肴。职业点菜师，能够为顾客做到“量体裁衣”，使所点菜品经济实惠又较少浪费。

行业协会对我行我素、助长浪费的企业应上“黑名单”，对其加强宣传和培训，扭转经营者的观念，对顽固不化者也应予以重拳打击和网上公示，使其走上文明、节俭的经营之路。

（4）从社会层面，各媒体和公益宣传应大力宣扬传统的节俭美德　建设节约型社会，事关人民群众根本利益，事关中华民族生存和长远发展，务必落实到行动。在树立民族饮食形象上，必须全社会共同努力，要彻底铲除各种饮食消费乱象，特别是餐桌浪费和猎奇食风，铲除盲目攀比、讲究“面子”的畸形消费文化土壤。在全社会提倡绿色消费和文明消费，并通过各种形式广泛宣传可持续发展的观念；政府、媒体和行业协会应大张旗鼓地进行社会舆论的引导，大力倡导中国传统的节俭美德和节约型的消费观，树立“节俭光荣、浪费可耻”的社会风气，让它成为全社会广大民众的共识，培养人们的节俭意识和自觉性。总之，在社会各层面要倡导从实际需要出发，合理消费、文明消费，营造一个节俭的社会环境，最终在社会上形成良好的社会风气和节俭型文化。

国人的饮食消费已到了必改不可的时候了，我们不能再过多地迁就餐饮浪费，它关系到民族整体素质和文明声誉，关系到国家形象和长远发展。只要我们转变消费观念，像在家中吃饭一样，就能回归正常饮食水平。如果我们以良好美德的节俭宴饮法为蓝本，这样，我们的宴饮不仅可以大大节约、简朴，而且我们的务实作风也会进一步弘扬、光大，中华民族的文明之花也将更加绚丽璀璨。

3. 中国餐饮常态化经营的美好明天

（1）国家政策指向明确　自2012年年底我国政府接连颁布改进工作作风、密切联系群众的“八项规定”和厉行勤俭节约、反对铺张浪费的“六项禁令”，再一次明确了政府层面上下级之间、部门之间、单位之间、单位内部一律不准用公款宴请的严肃性，为遏制公款消费的常态化下了一剂猛药，为营造清正廉洁的社会环境起到了很好的推动作用。

国家三令五申并推出政策措施，2017年7月12日，新华社再一次发布“商务部、中央文明办部署餐饮行业开展‘厉行勤俭节约反对餐饮浪费’工作”，电文如下：

近日，商务部、中央文明办联合发出通知，就餐饮行业深入开展“厉行勤俭节约　反对餐饮浪费”工作作出部署，引导全社会大力倡导绿色生活、反对铺张浪费。

《通知》指出，要针对目前一些饭店和单位仍然存在的宴席浪费、自助餐浪费和内部食堂浪费等现象，继续深入实施“光盘行动”，反对宴席浪费，深化餐饮节约。各级餐饮业协会要积极跟进、发出倡议，推动行业自律，制定《宴席服务规范》《自助餐服务管理规范》等相关标准，探索制定餐饮行业公约，提升餐饮行业绿色发展水平。餐饮企业要积极履行社会责任，严格规范服务，增强节约能力，国有餐饮企业要发挥示范带动作用。

《通知》要求，要把餐饮节约作为职业道德、社会公德、家庭美德、个人品德教育的重要内容，广泛开展勤俭节约教育，促进养成餐饮节约的习惯。各地要加快研究制定切合本地实际的餐饮节约工作方案，完善工作机制和保障措施，加强督促检查。各级文明城市、文明单位要积极行动，发挥示范带头作用。各地商务主管部门、文明办要将推动餐饮行业开展“厉行勤俭节约 反对餐饮浪费”工作，作为推动形成绿色发展方式和生活方式的重要内容，精心组织、形成合力。

各地政府也制定相关政策，行业协会也进行助推宣传，餐桌浪费问题受到中国社会各个层面的关注，不少地方政府、部门下达了餐桌文明活动部署，先后启动了各种形式的餐桌文明活动，不断强化人们以节约为荣、浪费为耻的思想理念，开始形成文明、科学、健康的餐饮消费新风尚。

（2）社会市场发展清晰　中国餐饮业的发展大致完成了改革开放后的起步阶段到数量型扩张阶段两个发展阶段，现在开始进入以大众化为主体的常态化发展阶段。国家快速发展的经济、人民收入水平的提高、社会生活节奏的加快、人们消费观念的更新以及广大民众带薪节假日的增多、家务劳动社会化的程度越来越高，这就意味着在家就餐人数的日渐减少，而外出就餐的人数将日益增多。中国餐饮消费已完全进入到大众化时代。

在经济发展新常态下，餐饮业也跟随市场的步伐回归本质，重返理性经营轨道，进入满足大众需求为主、质量与效率并重的“新常态”。面向大众不仅是市场的需求，也是建设和谐社会进程中餐饮企业的经营方向。以大众化市场为龙头的全面发展，可以适应不同人士的进食需要，但人民大众是我们餐饮市场的消费主体，消费内容也随着经济水平的提高而有所提高。

饮食的安全生态、营养健康等问题越来越受到关注，对食材供应的源头狠抓食品安全及质量监控，政府还需加强监督力度，为餐饮产业健康发展营造良好环境。

在社会经济新常态中，餐桌文明的科学普及工作已全面推开，也促进了大众对传统中国饮食的文明、餐桌礼仪的理解与学习，更全面、更准确地了解饮食，理解饮食文化，全方位提升了中国人的饮食素养。我国餐饮业的多种经济形式、多种风味、多种经营模式的发展格局，但最核心最主流的还应该是民族的、科学的、大众的发展才是必然的趋势。

在书稿即将完成的时刻，迎来了中共十九大的召开。会议期间，许多喜讯传遍神州，中共十九大会议比以往更加体现了节俭开会的特点，中央“八项规定”精神已一步步深入并真正落实到位。据媒体报道，中共十九大代表的餐厅和客房的准备，和以往也有很大不同，房间里没有再摆设任何水果，餐厅里全部都是家常菜，标准级别降低，没有了小海参、大虾等，都是自助餐，但味道还是比较符合大家的口味，照顾到南北差异，自助餐提供的是八个热菜、八个凉菜和几种主食。另外，全国各个代表团驻地的楼前、院后也都未见欢迎的横幅标语，没有了彩球、花坛等烘托气氛的物品摆设。一改以往的会务风格，中央率先垂范，树立正气，营造清正廉洁的大好局面。

古代部分

1 黄帝内经·素问［M］. 北京：人民卫生出版社，1963.

2 黄帝内经·灵枢［M］. 北京：中华书局，2010.

3 诗经［M］. 北京：中华书局，2015.

4 〔春秋〕孔丘. 论语［M］. 北京：蓝天出版社，2006.

5 〔战国〕楚辞［M］. 北京：中华书局，2010.

6 〔战国〕韩非子. 韩非子［M］. 郑州：中州古籍出版社，2008.

7 〔战国〕吕不韦. 吕氏春秋［M］. 上海：上海古籍出版社，1996.

8 先秦烹饪史料选注［M］. 北京：中国商业出版社，1986.

9 〔汉〕许慎. 说文解字［M］. 北京：中华书局，1963.

10 〔汉〕刘熙. 释名［M］. 北京：中华书局，2016.

11 〔汉〕扬雄. 方言［M］. 北京：中华书局，2016.

12 尔雅［M］. 北京：中华书局，2016.

13 〔汉〕郑玄注.〔唐〕孔颖达正义. 礼记正义［M］. 上海：上海古籍出版社，1990.

14 〔汉〕郑玄注.〔唐〕贾公彦疏. 周礼注疏［M］. 上海：上海古籍出版社，2010.

15 〔汉〕刘安. 淮南子［M］. 南京：江苏古籍出版社，2009.

16 〔汉〕司马迁. 史记［M］. 长沙：岳麓书社，2007.

17 〔汉〕崔寔. 四民月令［M］. 石声汉校注. 北京：中华书局，1965.

18 〔汉〕班固. 汉书［M］. 北京：团结出版社，1996.

19 〔汉〕史游. 急就篇［M］. 长沙：岳麓书社，1989.

20 〔晋〕张华. 博物志［M］. 上海：上海古籍出版社，2012.

21 〔南朝〕刘义庆. 世说新语［M］. 北京：中华书局，1998.

22 〔北魏〕贾思勰. 齐民要术［M］. 北京：中华书局，2009.

23 〔南朝梁〕宗懔. 荆楚岁时记. 景印文渊阁四库全书（第五八九册）［M］. 台北：台湾商务印书馆，1982.

24 〔唐〕李延寿. 南史［M］. 北京：中华书局，1975.

25 〔唐〕姚思廉. 梁书［M］. 北京：中华书局，1979.

26 〔唐〕姚思廉. 陈书［M］. 北京：中华书局，1972.

27 〔唐〕孟诜. 食疗本草［M］. 上海：上海古籍出版社，2007.

28 〔唐〕段成式. 酉阳杂俎［M］. 上海：上海古籍出版社，2012.

29 〔唐〕刘恂. 岭表录异.文津阁四库全书（第五八九册）［M］.北京：商务印书馆，2006.

30 ［唐］段公路. 北户录.文津阁四库全书（第五八九册）［M］.北京：商务印书馆，2006.
31 ［唐］杜甫.杜甫全集［M］. 上海：上海古籍出版社，1996.
32 ［宋］欧阳修. 欧阳修集［M］. 南京：凤凰出版社，2006.
33 ［宋］李昉. 太平御览［M］. 石家庄：河北教育出版社，1994.
34 ［宋］孟元老. 东京梦华录［M］. 北京：中华书局，1982.
35 ［宋］吴自牧. 梦粱录［M］. 杭州：浙江人民出版社，1980.
36 ［宋］周密. 武林旧事［M］. 北京：中华书局，2007.
37 ［宋］陶谷. 清异录［M］. 上海：上海古籍出版社，2012.
38 ［宋］林洪. 山家清供［M］. 北京：中华书局，2013.
39 ［宋］浦江吴氏. 吴氏中馈录.景印文渊阁四库全书（第八八一册）［M］.台北：台湾商务印书馆，1982.
40 ［宋］陈达叟. 本心斋蔬食谱.景印文渊阁四库全书（第八八一册）［M］.台北：台湾商务印书馆，1982.
41 （宋）司膳内人.玉食批.景印文渊阁四库全书（第八八一册）［M］.台北：台湾商务印书馆，1982.
42 ［宋］陈直. 寿亲养老新书.景印文渊阁四库全书（第七三八册）［M］.台北：台湾商务印书馆，1982.
43 ［元］倪瓒. 云林堂饮食制度集. 续修四库全书（第一一一五册）［M］.上海古籍出版社，1996.
44 ［元］忽思慧. 饮膳正要［M］. 上海：上海书店，1989.
45 （元）忽思慧. 食疗方［M］. 北京：中国商业出版社，1985.
46 ［元］大司农司. 农桑辑要［M］. 上海：上海古籍出版社，2008.
47 ［元］佚名. 居家必用事类全集. 续修四库全书（第一一八四册）［M］.上海：上海古籍出版社，1996.
48 ［元］贾铭. 饮食须知［M］. 北京：中国商业出版社，1985.
49 ［元］韩奕. 易牙遗意. 续修四库全书（第一一一五册）［M］.上海：上海古籍出版社，1996.
50 ［明］陶宗仪. 说郛.景印文渊阁四库全书（第八八一册）［M］.台北：台湾商务印书馆，1982.
51 ［明］宋诩. 宋氏养生部［M］. 北京：中国商业出版社，1989.
52 ［明］高濂. 遵生八笺.景印文渊阁四库全书（第八七一册）［M］.台北：台湾商务印书馆，1982.
53 ［明］徐光启. 农政全书［M］.上海：上海古籍出版社，1979.

54 〔明〕李时珍. 本草纲目［M］.北京：人民卫生出版社，1979.

55 〔明〕陆容. 菽园杂记［M］.北京：中华书局，1985.

56 〔明〕谢肇淛. 五杂俎［M］.上海：上海古籍出版社，2012.

57 〔明〕顾起元. 客座赘语［M］.北京：中华书局，1987.

58 〔明〕宋应星. 天工开物［M］.广州：广东人民出版社，1976.

59 〔明〕兰陵笑笑生. 金瓶梅［M］.济南：齐鲁书社，1991.

60 〔明〕张岱. 陶庵梦忆［M］.上海：上海古籍出版社，2001.

61 〔明〕朱橚. 倪根金校注. 救荒本草校注［M］. 北京：中国农业出版社，2009.

62 〔明〕田汝成. 西湖游览志馀［M］. 北京：东方出版社，2012.

63 〔明〕何良俊. 四友斋丛说［M］. 北京：中华书局，1959.

64 〔清〕李光庭. 乡言解颐［M］. 北京：中华书局，1982.

65 〔清〕叶梦珠. 阅世编［M］. 北京：中华书局，2007.

66 〔清〕朱彝尊. 食宪鸿秘［M］. 上海古籍出版社，1990.

67 〔清〕袁枚. 随园食单. 续修四库全书（第一一一五册）［M］. 上海：上海古籍出版社，1996.

68 〔清〕李渔. 闲情偶寄［M］.上海：上海古籍出版社，2000.

69 〔清〕王士雄. 随息居饮食谱［M］.南京：江苏科技出版社，1983.

70 〔清〕李化楠. 醒园录［M］.中国本草全书（第一〇九卷）. 北京：华夏出版社，1999.

71 〔清〕薛宝辰. 素食说略［M］.北京：中国商业出版社，1984.

72 〔清〕顾仲. 养小录.丛书集成初编（第一四七五册）［M］.上海：商务印书馆，1937.

73 〔清〕曾懿. 中馈录［M］.北京：中国商业出版社，1984.

74 〔清〕佚名. 调鼎集［M］.郑州：中州古籍出版社，1988.

75 〔清〕潘荣陛. 帝京岁时纪胜.续修四库全书（第八八五册）［M］. 上海：上海古籍出版社，2002.

76 〔清〕屈大均. 广东新语［M］. 中华书局，1985.

77 〔清〕顾禄. 清嘉录.桐桥倚棹录［M］.北京：中华书局，2008.

78 〔清〕曹雪芹，高鹗. 红楼梦［M］.北京：人民文学出版社，1982.

79 〔清〕郑燮. 郑板桥文集［M］.成都：巴蜀书社，1997.

80 〔清〕钱咏. 履园丛话［M］. 上海：上海古籍出版社，2012.

81 〔清〕余怀. 板桥杂记［M］. 上海：上海古籍出版社，2000.

82 〔清〕刘鹗. 老残游记［M］. 乌鲁木齐：新疆人民出版社，1996.

83 〔清〕徐珂. 清稗类钞［M］. 北京：中华书局，1986.

近现代部分

1 孙中山. 建国方略［M］.呼和浩特：内蒙古人民出版社，2005.
2 周作人. 知堂谈吃［M］.北京：中国商业出版社，1990.
3 林语堂. 吾国吾民［M］.南京：江苏文艺出版社，2010.
4 周谷城. 中国通史［M］.上海：上海人民出版社，1957.
5 姜习. 中国烹饪百科全书［M］.北京：中国大百科全书出版社，1992.
6 萧帆. 中国烹饪辞典［M］.北京：中国商业出版社，1992.
7 汪福宝，庄华峰. 中国饮食文化辞典［M］.合肥：安徽人民出版社，1984.
8 任百尊. 中国食经［M］.上海：上海文化出版社，1999.
9 李士靖主编. 中华食苑（第一——十集）［M］.北京：中国社会科学出版社，1996.
10 赵荣光. 中国饮食文化史［M］.上海：上海人民出版社，2006.
11 邱庞同. 中国菜肴史［M］.青岛：青岛出版社，2001.
12 徐海荣. 中国饮食史［M］.北京：华夏出版社，1999.
13 张孟伦. 汉魏饮食考［M］.兰州：兰州大学出版社，1988.
14 黎虎. 汉唐饮食文化史［M］.北京：北京师范大学出版社，1998.
15 汪曾祺. 食事［M］.南京：江苏人民出版社，2014.
16 王仁湘. 饮食与中国文化［M］.北京：人民出版社，1994.
17 洪光住. 中国食品科技史稿（上）［M］.北京：中国商业出版社，1984.
18 赵荣光. 中国古代庶民饮食生活［M］.北京：商务印书馆国际有限公司，1997.
19 姚伟钧. 中国饮食文化探源［M］.南宁：广西人民出版社，1989.
20 苑利. 二十世纪中国民俗学经典·物质民俗卷［M］.北京：社会科学出版社，2002.
21 邱庞同. 中国烹饪古籍概论［M］.北京：中国商业出版社，1989.
22 陶文台. 中国烹饪史略［M］.南京：江苏科学技术出版社，1983.
23 周光武. 中国烹饪史简编［M］.广州：科学普及出版社广州分社，1984.
24 张辅元. 饮食话源［M］.北京：北京出版社，2003.
25 王赛时. 唐代饮食［M］.济南：齐鲁书社，2003.
26 王赛时，齐子忠. 中华千年饮食［M］.北京：中国文史出版社，2002.
27 王学泰. 华夏饮食文化［M］.北京：中华书局，1993.
28 王仁兴. 中国饮食谈古［M］.北京：轻工业出版社，1985.

29 邵万宽．中国面点文化［M］.南京：东南大学出版社，2014.
30 邵万宽，章国超．金瓶梅饮食大观［M］.南京：江苏人民出版社，1992.
31 邵万宽．风靡欧洲的中国菜［M］.南京：江苏科技出版社，1998.
32 邵万宽．现代烹饪与厨艺秘笈［M］.北京：中国轻工业出版社，2006.
33 王子辉．中国饮食文化研究［M］．西安：陕西人民出版社，1997.
34 邱庞同，于一文．古代名菜点大观［M］.南京：江苏科学技术出版社，1984.
35 林乃燊．中国饮食文化［M］.上海：上海人民出版社，1989.
36 曾纵野．中国饮馔史（第一卷）［M］．北京：中国商业出版社，1988.
37 姚伟钧．中国传统饮食礼俗研究［M］．武汉：华中师范大学出版社，1999.
38 〔日〕篠田统．中国食物史研究［M］.北京：中国商业出版社，1987.
39 岑大利．中国历代乡绅史话［M］.沈阳：沈阳出版社，2007.
40 王仁湘．往古的滋味——中国饮食的历史与文化［M］.济南：山东画报出版社，2006.
41 朱伟．考吃［M］.北京：中国人民大学出版社，2005.
42 李炳泽．多味的餐桌［M］.北京：北京出版社，2000.
43 巫仁恕．品味奢华：晚明的消费社会与士大夫［M］.北京：中华书局，2008.
44 万国鼎．五谷史话［M］．北京：中华书局，1961.
45 章厚朴．中国的蔬菜［M］．北京：人民出版社，1988.
46 俞为洁．中国食料史［M］．上海：上海古籍出版社，2011.
47 王稼句．姑苏食话［M］.苏州：苏州大学出版社，2004.
48 高启安．唐五代敦煌饮食文化研究［M］．北京：民族出版社，2004.
49 中国烹饪编辑部．烹饪史话［M］.北京：中国商业出版社，1986.
50 赖存理．中国民族风味食品［M］.北京：中国商业出版社，1989.
51 颜其香．中国少数民族饮食文化荟萃［M］.北京：商务印书馆国际有限公司，2001.
52 尹邦志，晏菊芳．饮和食德：佛教饮食观［M］.北京：宗教文化出版社，2005.
53 黄永锋．道教饮食养生指要［M］.北京：宗教文化出版社，2007.
54 彭兆荣．饮食人类学［M］.北京：北京大学出版社，2013.
55 张亦庵等．船菜花酒蝴蝶会［M］.沈阳：辽宁教育出版社，2011.
56 （美）菲利普·费尔南德斯·阿莫斯图．食物的历史［M］．北京：中信出版社，2005.
57 〔美〕尤金·N·安德森．中国食物［M］.南京：江苏人民出版社，2003.
58 〔英〕J.A.G.罗伯茨．杨东平译．东食西渐：西方人眼中的中国饮食文化

［M］.北京：当代中国出版社，2008.
59 〔美〕孔飞力，李明欢译．他者中的华人：中国近现代移民史［M］.南京：江苏人民出版社，2016.
60 〔美〕詹妮弗·李，刘正飞译．幸运签饼纪事：中餐世界历险记［M］.北京：新星出版社，2013.
61 〔日〕山里昶。尹晓磊，高富译．食具［M］．上海：上海交通大学出版社，2015.
62 徐熊．美国饮食文化趣谈［M］．北京：人民军医出版社，2001.
63 梁实秋．梁实秋谈吃［M］．哈尔滨：北方文艺出版社，2006.
64 季鸿崑，李维冰，马健鹰.中国饮食文化史（长江下游地区卷）［M］.北京：中国轻工业出版社，2013.
65 万建中，李明晨．中国饮食文化史（京津地区卷）［M］．北京：中国轻工业出版社，2013.
66 二毛．民国吃家［M］.上海：上海人民出版社，2014.
67 张景明．中国北方游牧民族饮食文化研究［M］．北京：文物出版社，2008.
68 阎万英，尹英华．中国农业发展史［M］．天津：天津科学技术出版社，1992.
69 胡火金．协和的农业——中国传统农业生态思想［M］．苏州：苏州大学出版社，2011.
70 张继禹．中华道藏［M］．北京：华夏出版社，2004.
71 赵建民．孔府美食［M］．北京：中国轻工业出版社，1992.
72 何金铭．百姓食俗［M］．西安：陕西人民出版社，1998.
73 刘云，朱碇欧．筷子［M］．天津：百花文艺出版社，2007.
74 赵庆伟．中国社会时尚流变［M］．武汉：湖北教育出版社，1999.
75 洪烛．舌尖上的狂欢［M］．天津：百花文艺出版社，2006.
76 陈淑君，唐艮.中国美食诗文［M］．广州：广东高等教育出版社，1989.
77 胡静如．吃遍大江南北［M］．广州：广东旅游出版社，1994.
78 陆文夫．美食家［M］．北京：人民文学出版社，2014.
79 张振楣．张振楣谈吃［M］．哈尔滨：北方文艺出版社，2006.
80 傅良碧．饮食营养与健康［M］．北京：人民军医出版社，1997.
81 王仁兴．中国年节食俗［M］.北京：北京旅游出版社，1987.
82 范勇，张建世．中国年节文化［M］.海口：三环出版社，1990.
83 罗启荣，阳仁煊．中国传统节日［M］.北京：科学普及出版社，1986.
84 江苏省服务厅．江苏名菜名点介绍［M］.南京：江苏人民出版社，1958.
85 中国名菜谱（系列风味丛书）［M］.北京：中国财政经济出版社，1990–1995.

后记

中国作为世界文明古国，数千年来创造了光辉灿烂的农耕技术和饮食文化，距今七八千年的湖北枝城红花套的稻作遗址、河南陕县庙底沟的麦类痕迹已充分证明了这一点。千百年来，农业始终是国家关注的中心。由于人口众多，天灾人祸频发，所以，中国老百姓对吃的问题特别重视和敏感。在古今中国，人们是将“吃”作为人生至乐来追求的，因此，“吃”在中国人的生活中占有特殊重要的位置。它不仅渗透到人们的生活之中，而且浸润在人们的心理意识之中，在各式传统节日和婚丧嫁娶中，吃是必不可少的要务，它不仅是单纯地吃，而且还蕴含着人们对美好生活的向往与追求。

吃，是需要付出劳动的，这里有生产和创造的智慧，要吃得可口味美、合理科学，更需要付出技艺和才智，古今的中国人在“吃”方面花费了很多的心血，要达到吃的最佳效果，必须有高超的技艺水平和进行产品的选择，当然还有解囊消费的问题。

现代中国人对“吃”的讲究远远超过古代人，但大部分中国人对我国“吃”的相关知识和内涵还不够了解，本书旨在从食物、烹制、调和中，以专业的角度分析解读，从古今的食谱中分析中国菜品制作的奥妙，在吃的方式、吃的花样、吃的差异和吃的传播方面让人们明白真相，并且让人们了解过去与现在吃的源流与演进等。

我从事饮食烹饪与研究工作已有40个年头，从饭店调入学校任教也已32年，在教学过程中，从烹饪实践到文化理论、从专业培训到厨房管理，一直默默地努力着、奋斗着、思考着。30多年来一直不间断地对烹饪、饮食以及餐饮经营做了许多的探索和研究，撰写了800万字的文稿。回首往事，多少双休日、节假日、寒暑假就这样甘于寂寞地伏案敲打着键盘，使其变成墨香文字。

我的工作是餐饮与烹饪教学，无论是饭店总经理、餐饮部经理的培训，还是烹调师、厨师长的授课，以及专业的学生，这都是为餐饮业培训人才，为餐饮企业献计出力，开拓和引领充满生机的餐饮市场，为顾客提供吃的美食、创造更好的吃的环境。中国饮食与烹饪生产有明显的时代性和传承性，中国人的“吃”离不开古代人的智慧和创造，研究中国人的“吃”，必然要研究到古人烹调的技艺、古人的食谱、古代的餐饮市场。我持续关注中国人“吃”的技艺与“吃”的文化，在饮食领域里，翻阅了古代大量的文献资料和现代人的研究成果，特别是20世纪80年代后期研究《金瓶梅》饮食开始，研究的重心不再限于烹饪技术方面的探讨，而是注重烹饪技艺与饮食文化的有机结合。

在阅读与学习中，我发现目前国内确实缺少一本让人们明白中国人吃的智慧、吃的真相的书。我作为一名专业的餐饮教育工作者，有过近8年的国内外从厨经历和30多年饮食研究的历程，理应在这方面做些工作，10多年来，我一直为之努力，撰写了上百篇的研究论文，书中部分内容曾先后在《农业考古》《中国调味品》《美食研究》《江苏商论》《扬州大学烹饪学报》《四川旅游学院学报》等刊物上发表。

过去10多年来，我一直围绕中国人“吃”的文化方面进行研究，这是我多年来研究成果的一个总结。如果这本书对学界和社会还有一点点贡献的话，也说明我这些年苦苦的求索没有白费。衷心地感谢多年来在写作上给予我大力支持的杂志社、学报、学术界的师长、朋友们，以及我挚爱的亲人，正是由于他们的支持，才使我长期坚持写作的动力不减。书稿写成后，图书馆周延文主任又提供了部分图片，在此表示衷心的感谢！

由于个人的学识和水平所限，书中的不足和谬误之处在所难免，谨请专家、读者指正为感。

邵万宽

2017年10月30日于南京